中国国家标准汇编

2009年修订-27

中国标准出版社 编

中国标准出版社
北京

图书在版编目（CIP）数据

中国国家标准汇编：2009年修订.27/中国标准出版社编.—北京：中国标准出版社，2010
ISBN 978-7-5066-6033-4

Ⅰ.①中… Ⅱ.①中… Ⅲ.①国家标准-汇编-中国-2009 Ⅳ.①T-652.1

中国版本图书馆CIP数据核字（2010）第169083号

中国标准出版社出版发行
北京复兴门外三里河北街16号
邮政编码：100045
网址 www.spc.net.cn
电话：68523946 68517548
中国标准出版社秦皇岛印刷厂印刷
各地新华书店经销
*
开本 880×1230 1/16 印张 36 字数 1 078 千字
2010年10月第一版 2010年10月第一次印刷
*
定价 220.00 元

ISBN 978-7-5066-6033-4

出 版 说 明

1.《中国国家标准汇编》是一部大型综合性国家标准全集。自1983年起，按国家标准顺序号以精装本、平装本两种装帧形式陆续分册汇编出版。它在一定程度上反映了我国建国以来标准化事业发展的基本情况和主要成就，是各级标准化管理机构，工矿企事业单位，农林牧副渔系统，科研、设计、教学等部门必不可少的工具书。

2.《中国国家标准汇编》收入我国每年正式发布的全部国家标准，分为"制定"卷和"修订"卷两种编辑版本。

"制定"卷收入上一年度我国发布的、新制定的国家标准，顺延前年度标准编号分成若干分册，封面和书脊上注明"20××年制定"字样及分册号，分册号一直连续。各分册中的标准是按照标准编号顺序连续排列的，如有标准顺序号缺号的，除特殊情况注明外，暂为空号。

"修订"卷收入上一年度我国发布的、修订的国家标准，视篇幅分设若干分册，但与"制定"卷分册号无关联，仅在封面和书脊上注明"20××年修订-1，-2，-3，……"字样。"修订"卷各分册中的标准，仍按标准编号顺序排列(但不连续)；如有遗漏的，均在当年最后一分册中补齐。需提请读者注意的是，个别非顺延前年度标准编号的新制定的国家标准没有收入在"制定"卷中，而是收入在"修订"卷中。

读者配套购买《中国国家标准汇编》"制定"卷和"修订"卷，则可收齐上一年度我国制定和修订的全部国家标准。

3. 由于读者需求的变化，自1996年起，《中国国家标准汇编》仅出版精装本。

4. 2009年我国制修订国家标准共3 158项。本分册为"2009年修订-27"，收入新制修订的国家标准21项。

中国标准出版社

2010年8月

目　　录

ICS 35.100.30
L 78

中华人民共和国国家标准

GB/T 16974—2009/ISO/IEC 8208:2000
代替 GB/T 16974—1997

信息技术　数据通信
数据终端设备用 X.25 包层协议

Information technology—Data communications—
X.25 Packet Layer Protocol for Data Terminal Equipment

(ISO/IEC 8208:2000,IDT)

2009-09-30 发布　　2009-12-01 实施

中华人民共和国国家质量监督检验检疫总局
中国国家标准化管理委员会　发布

前　言

本标准等同 ISO/IEC 8208:2000《信息技术　数据通信　数据终端设备用 X.25 包层协议》(英文版)。

本标准代替 GB/T 16974—1997《信息技术　数据通信　数据终端设备用 X.25 包层协议》。

本标准与 GB/T 16974—1997 相比,主要变化如下:

a)　增加了模 32768 的超扩展包序列编号,其中包括:

——新的模 32768 操作的包格式;

——当使用模 32768 操作时,使用了一个协议标识符字段;

——一种新的超扩展包序列编号设施;

——修改了非标准默认窗口尺寸设施;

——修改了流量控制参数协商设施。

b)　扩充了 A 位=1(TOA/NPI 编址)性能:

——增加了支持 A 位=1 编址的地址类型和编号方案;

——扩充了 A 位=1 编址在呼叫建立和清除包中的使用;

——增加了 TOA/NPI 地址预约设施;

——扩充了在可替换编址相关设施的性能;

——新增了诊断代码#46。

c)　与在线设施登记设施相关联的修改:

——注明 X.25 1996 版删除了在线登记设施;

——增加了在线设施登记设施对模 32768 操作协调非标准默认窗口尺寸的能力。

本标准的附录 A、附录 B 为规范性附录,附录 C、附录 D 为资料性附录。

本标准由全国信息标准化技术委员会提出并归口。

本标准起草单位:中国电子技术标准化研究所。

本标准主要起草人:卓兰、张翠、黄家英、徐冬梅、郭楠、刘文志、吴东亚。

本标准所替代标准的历次版本发布情况为:

——GB/T 16974—1997。

ISO/IEC 前言

ISO(国际标准化组织)和IEC(国际电工技术委员会)已组成了致力于全世界范围的标准化工作的专门组织。ISO或IEC的成员国通过有关组织建立的技术委员会参与国际标准的制定,并处理特定领域中的技术事项。ISO和IEC技术委员会在相互感兴趣的领域进行合作。其他政府的和非政府的国际组织,与ISO和IEC进行联络以参与工作。

国际标准根据ISO/IEC指示第3部分中的规定起草。

在信息技术领域中,ISO和IEC已建立了联合技术委员会(ISO/IEC JTC 1)。由该联合技术委员会采纳的国际标准草案将被分发到各个成员国进行表决。国际标准的正式公布需要参加投票的成员中75%的赞成。

有关国际标准中的某些成分涉及专利权的可能性的问题引起了关注。ISO和IEC不对鉴别任何或所有这样的专利权问题负责。

国际标准ISO/IEC 8208,是由联合技术委员会ISO/IEC JTC 1"信息技术"联合技术委员会制定的。

本标准第四版取消并替代第三版(ISO/IEC 8208:2000),是第三版的技术修订本。

附录A、附录B是规范性附录。

附录C、附录D是资料性附录。

信息技术 数据通信
数据终端设备用 X.25 包层协议

1 范围

本标准规定了数据终端设备(DTE)操作使用的符合 ITU-T X.25 的包层规程、格式和设施。包括虚呼叫和永久虚电路两种操作方式。

本标准规定的包层协议能用于开放系统互连(OSI)和非 OSI 两种情况。在 OSI 语境中使用时,包层协议包融在 OSI 参考模型的网络层中,即 GB/T 9387.1—1998 中。

当借助于专用路径或电路交换连接访问符合 ITU-T X.25 的公用或专用包交换网络时,本标准包括包层上的 DTE 操作。本标准还包括两个符合本标准的 DTE,经专用路径、电路交换连接或局域网(LAN)直接通信(没有包交换网络介入)时所必需的附加包层规程。

本标准也包括使用 ITU-T X.25 连接到包交换公用数据网,而且也能对 DTE 提供 X.25 接口的专用网络(见附录 A)。

为评估特定实现的一致性,需有所实现的那些能力和选项的声明。这样的声明称之为"协议实现一致性声明(PICS)",在 GB/T 17178.1—1997 中定义。根据 ISO/IEC 9646-7:1997 给出的相关导则,附录 B 提供了 PICS 形式表。

相应国际标准的第一版是以 1984 CCITT X.25 的红皮书文本为基础的,也包括与早期 1980 CCITT X.25 的黄皮书文本兼容的必要条款。第二版是以 1988 CCITT X.25 的蓝皮书文本为基础的,第三版是以 X.25 的 1993 版为基础的,这个四版是以 X.25 的 1996 版为基础的。其中包括了与 1988、1984 和 1980 X.25 版本兼容的必要条款。本标准不同版本之间的差异在附录 C 中作了总结。

应该指出的是,在用于 DTE 时,本标准与 ITU-T X.25 的应用范围并不相同。本标准包含了 ITU-T X.25 加在 DTE 上的规范。另外,本标准还包含便于 DTE 间互工作和覆盖 DTE 到 DTE 直接操作的附加规范。这种更广泛的适用范围在本标准的应用中必须意识到。

2 规范性引用文件

下列文件中的条款通过本标准的引用而成为本标准的条款。凡是注日期的引用文件,其随后所有的修改单(不包括勘误的内容)或修订版均不适用于本标准,然而,鼓励根据本标准达成协议的各方研究是否可使用这些文件的最新版本。凡是不注日期的引用文件,其最新版本适用于本标准。

2.1 等同国际标准

GB/T 9387.1—1998 信息技术 开放系统互连 基本参考模型 第 1 部分:基本模型(idt ISO/IEC 7498-1:1994)

GB/T 15126—2008 信息技术 开放系统互连 网络服务定义(ISO/IEC 8348:2002,IDT)

GB/T 16966—1997 信息技术 连接到综合业务数字网(ISDN)的包式终端设备提供 OSI 连接方式网络服务(idt ISO/IEC 9574:1992)

GB/T 17547—1998 信息技术 开放系统互连 数据链路服务定义(idt ISO/IEC 8886:1996)

GB/T 17963—2000 信息技术 开放系统互连 网络层安全协议(idt ISO/IEC 11577:1995)

ISO/IEC TR 9577:1999 信息技术 网络层的协议标识

ISO/IEC 10588:1993 信息技术 与 X.21/X.21 bis 相结合提供 OSI 连接方式网络服务的 X.25 包层协议的使用

ISO/IEC 10732:1993 信息技术 经电话网络提供 OSI 连接模式网络服务的 X.25 包层协议的使用

2.2 技术内容等价的国际标准

GB/T 1988—1998 信息技术 信息交换用七位编码字符集(eqv ISO/IEC 646:1991)

GB/T 16976—1997 信息技术 系统间远程通信和信息交换 使用 X.25 提供 OSI 连接方式网络服务(idt ISO/IEC 8878:1992)

GB/T 17178.1—1997 信息技术 开放系统互连 一致性测试方法和框架 第1部分:基本概念(idt ISO/IEC 9646-1:1994)

ISO/IEC 9646-7:1997 信息技术 开放系统互连 一致性测试方法和框架 第7部分:实现一致性声明(eqv ITU-T X.296:1995)

2.3 附加的引用文件

GB/T 11595—1999 用专用电路连接到公用数据网上的分组式数据终端设备(DTE)与数据电路终接设备(DCE)之间的接口(ITU.T X.25:1996,IDT)

GB/T 14399—2008 信息技术 系统间远程通信和信息交换 高级数据链路控制规程 与 X.25 LAPB 兼容的 DTE 数据链路规程的描述(ISO/IEC 7776:1995,IDT)

GB/T 16646—1996 信息技术 开放系统互连 局域网 媒体访问控制(MAC)服务定义(idt ISO/IEC 10039:1991)

GB/T 17972—2000 信息处理系统 数据通信 X.25 包级协议在局域网中的使用(idt ISO 8881:1989)

ISO/IEC TR 10029:1989 信息技术 系统间远程通信和信息交换 X.25 互工作单元的操作

ISO/IEC TR 13532:1995 信息技术 系统间远程通信和信息交换 提供和支持 OSI 网络服务的协议组合

CCITT 建议 D.12(1988) 国际包交换数据通信服务根据容量计费的测量单元

CCITT 建议 X.610(1992) OSI 连接方式网络服务的提供和支持

ITU-T 建议 X.2(1996) 公用数据网和 ISDN 的国际数据传输服务和任选用户设施

ITU-T 建议 X.29(1997) 包拆装(PAD)设施与包方式 DTE 或另一 PAD 间交换控制信息及用户数据的规程

ITU-T 建议 X.31(1995) ISDN 对包方式终端设备的支持

ITU-T 建议 X.32(1996) 在公共交换电话网络或综合业务数字网络或电路交换公用数据网络访问公用包交换数据网的包方式终端操作中,数据终端设备(DTE)和数据电路终接设备(DCE)间的接口

ITU-T 建议 X.75(1996) 提供数据传输服务的公共网络之间的包交换信令系统

ITU-T 建议 X.96(1993) 公用数据网络中的呼叫进行信号

ITU-T 建议 X.121(1996) 公用数据网络的国际编码方案

ITU-T 建议 X.301(1996) 提供数据传输服务的子网内和子网间的呼叫控制的一般安排的描述

RFC 1166 Internet 编号 1990 年 7 月

3 一般考虑

从 DTE 的角度看,本标准定义包层,用以管理在 DTE/DCE 或 DTE/DTE 接口上的包的传送。在发送侧,发送 DTE 的包层在将信息交给数据链路层协议传输到 DXE 之前,应先对同一 DTE 中较高层包实体交付下来的消息,执行组包的基本功能。在接收侧,DTE 的包层执行从数据链路层接收包、检验包的正确性、去掉包层报头和将包化的用户数据形成消息,并把它们送给 DTE 中较高层实体这些基本功能。

本标准给出的是有关"虚呼叫"服务和"永久虚电路"服务的包层描述。

给出的信息如下：

a) 一般考虑(第3章)；

b) 通过DTE/DXE接口的包交换规程(第4章到第11章)，第5章是适用于虚呼叫服务建立和清除的规程，其他章适用于虚呼叫服务和永久虚电路服务；

c) 包的格式(第12章)；

d) DTE/DXE接口上可用的任选用户设施规程(第13章和第14章)；

e) 任选用户设施和登记设施的格式(分别是第15章和第16章)；

f) 诊断代码字段的编码(第17章)；

g) 定时器和重发计数(第18章)；

h) 状态图和状态表(分别是第19章和第20章)；

i) 一致性需求(第21章)；

j) 本标准在连接到包交换公用数据网并能为DTE提供X.25接口的专用网上的应用(见附录A)；和

k) PICS(见附录B)。

为便于理解，本标准在正文表述中采用了下列约定：

a) 状态名和包名全部为英文大写；

b) 任选用户设施的名称、包范围、章和诊断词首为大写；

c) 本标准中未显式定义的术语直接引用ITU-T X系列建议；

d) 缩略语在附录D中列出。

本标准中的包层规程是基于下层服务(如GB/T 14399—2008，或更常见的GB/T 17547—1998中定义的数据链路服务的条款)，它提供：

a) 可忽略的残留位差错率；

b) 可忽略的失序率；

c) 可忽略的包丢失率、重复。

包层提供下述增加数据通信可靠性和有效性的功能上的能力：

a) 复用——支持多路通信的能力；

b) 数据传送——发送和接收数据的能力；

c) 流量控制——控制数据流的能力；

d) 中断传送——独立于数据流，发送或接收少量信息的能力；

e) 差错控制——检测包层差错的能力；

f) 复位和重新起动——在遇到包层差错时，重新初始化通信路径的能力。

在为本标准中规定DTE制定包层规程时，运用下列设计原则：

a) 与包交换网操作时，完全符合建议X.25；

b) 把与包交换网操作和直接与另一DTE操作之间的差别减至最小；

c) 在可能的场合，提供从差错状态恢复的机会，而不会招致包层数据丢失；

d) 将包层提供的服务向开放系统互连定义的网络层服务看齐；

e) 通常遵循建议X.25正文的组织结构。

3.1 与建议X.25版本的兼容性

本标准规定的包层规程和格式与ITU-T建议X.25的1996版兼容。

注1：尽管在建议X.25的1996版中已经删除了在线设施登记任选用户设施，但是在本标准中保持了与建议X.25的1993、1988和1984版本的向后兼容以及DTE/DTE操作。

注2：附录C总结了本标准不同版本之间的差别。

如果DTE需要与早先的ITU-T建议X.25版本操作，受到如下限制。

3.1.1　与 X.25—1993 兼容性的限制

对需要按 1993 版建议 X.25 操作的 DTE,以下的 1996 版的能力不能使用。

a) 超扩展(模 32768)包序列编号;对 1993 版的操作,仅支持常规(模 8)和扩展(模 128)的包序列编号(见 7.1.3)。

b) 用 A 位＝1 来扩展编址能力(TOA/NPI 格式);对 1993 版的操作,仅支持可变地址能力(见 12.2)。

c) 下列可选用户设施:

——超扩展序列编号(见 13.2);

——TOA/NPI 地址预约(见 13.29)。

对 1993 版操作,这些设施未定义。

3.1.2　与 X.25 的 1988 版兼容性的限制

如果 DTE 需要与 1988 版(蓝皮书)建议 X.25 操作,以下的 1993 版的能力不能使用。

a) 地址字段的扩展格式;对 1988 版操作,仅使 A 位＝0 的地址块是允许的(见 12.2)。

b) CALL REQUEST、INCOMING CALL、CALL ACCEPTED、CALL CONNECTED、CLEAR REQUEST、CLEAR INDICATION 和 CLEAR CONFIRMATION 包的设施字段长度是 109～225 个八位位组(见 12.2.2,12.2.3.1,12.2.4.1,12.2.5.2 和 12.2.6.2);对 1988 版操作,该字段限于 109 个八位位组;

c) 下列任选用户设施:

——可替换的编址相关设施(见 13.28)。

对 1988 版操作,这些设施未定义。

d) 下列任选用户设施扩展能力:

——吞吐量级别协商设施(见 13.13);

——呼叫重定向和呼叫转向相关设施(见 13.25)。

对 1988 版操作,扩展吞吐量级别协商设施与网间呼叫重定向和呼叫转向(ICRD)控制设施未定义。

e) 下列 CCITT 规定的 DTE 设施(在建议 X.25 的 1993 版中更名为"ITU-T 规定的 DTE 设施")的编码被修改:

——最小吞吐量级别协商(见 15.3.2.3)。

对 1988 版操作,仅基本格式存在。

f) 128 000 bit/s 与 192 000 bit/s 的吞吐量级别(用基本格式)和从 256 000 bit/s 到包括 2 048 000 bit/s 的吞吐量级别(用扩展格式);对 1988 版操作,最大吞吐量级别是 64 000 bit/s。

3.1.3　与 X.25 的 1984 版兼容性的限制

如果 DTE 需要与 1984 版(红皮书)建议 X.25 操作,除了在 3.1.1 以外,以下的 1988 版的能力不能使用:

a) 以下任选用户设施扩展能力:

——网络用户标识(NUI)相关设施(见 13.21);

——RPOA 相关设施(见 13.23);

——呼叫重定向和呼叫转向相关设施(见 13.25)。

对 1984 版操作,呼叫转向和 NUI 取代未被定义,并且 NUI 和 RPOA 设施未被显式分成预约和协商设施。

b) 以下 ITU-T 的 DTE 设施:

——优先权(见 14.5);

——保护(见 14.6)。

对 1984 版操作，以上设施未被定义。

c) 以下 ITU-T 规定的 DTE 设施的编码被修改：

——主叫地址扩展(见 15.3.2.1)；

——被叫地址扩展(见 15.3.2.2)。

对 1984 版操作，只有地址的 BCD 编码是允许的。

d) 64 000 bit/s 的吞吐量级别；对 1984 版操作，最大吞吐量级别是 48 000 bit/s。

3.1.4 与 X.25 的 1980 版兼容性的限制

如果 DTE 需要与 1980 版(黄皮书)建议 X.25 操作，除了在 3.1.2 以外，以下的 1984 版的能力不能使用。

a) 在 DATA 包中，最大用户数据字段长度是 2 048 和 4 096 个八位位组(见 6.2)；对 1980 版操作，允许的最大的最大用户数据字段长度是 1 024 个八位位组。

b) CALL REQUEST、INCOMING CALL、CALL ACCEPTED 和 CALL CONNECTED 包的设施字段长度是 64～109 个八位位组(见 12.2.3.1 和 12.2.4.1)，对 1980 版操作，该字段局限于 63 个八位位组，并将设施长度字段的位 7 置 0。

c) CLEAR REQUEST/INDICATION、RESET REQUEST/INDICATION 和 RESTART REQUEST/INDICATION 包原因代码的位 8 置 1(分别见 12.2.5.1.1，12.5.1.1 和 12.6.1.1)；对 1980 版操作，该位置 0。

d) CLEAR REQUEST 和 CLEAR INDICATION 包的非 0 地址长度和设施长度字段(见 12.2.5.2)；对 1980 版操作，这些长度字段应指示为 0 个八位位组，而且仅当包中包含清除用户数据字段时才可能出现。

e) CLEAR CONFIRMATION 包的扩展格式(见 12.2.6.2)，对 1980 版操作，仅可使用基本格式。

f) INTERRUPT 包的中断用户数据字段包含 2 到 32 个八位位组(见 12.3.2)；对 1980 版操作，该字段确切地包含 1 个八位位组。

g) 以下任选用户设施：

——在线设施登记(见 13.1)；

——阻止本地计费(见 13.20)；

——网络用户标识(见 13.21)；

——计费信息(见 13.22)；

——搜索群(见 13.24)；

——呼叫重定向和呼叫转向通告(见 13.25)；

——被叫线路地址修改通告(见 13.26)；

——转接延迟选择和指示(见 13.27)。

对 1980 版操作，不能使用上述设施。

h) 以下任选用户设施扩展能力：

——封闭用户群(CUG)：预约无优选 CUG 的具有出和/或入访问设施的封闭用户群(分别见 13.14.2 和 13.14.3)，用以指示超过 100 个 CUG 的隶属关系的 CUG 选择设施的扩展格式的使用(见 13.14.6)和具有出访问选择设施的封闭用户群(CUG/OA)的使用(见 13.14.7)，对 1980 版操作，所有的 CUG 预约都应规定一个优选 CUG，只允许使用 CUG 选择设施的基本格式指示不超过 100 个 CUG 的隶属关系，而且不能使用 CUG/OA 选择设施。

——快速选择和快速选择接受(分别见 13.16 和 13.17)：在呼叫建立完成后，CLEAR REQUEST 和 CLEAR INDICATION 包中蕴含清除用户数据字段；对 1980 版操作，仅当分别是直接响应 INCOMING CALL 或 CALL REQUEST 包时，发出或接收到的上述包才含清除用户数据字段。

——RPOA 选择(见 13.23)：使用 RPOA 选择设施的扩展格式选择一个或多个 RPOA，以及与 DCE 就一段时间商定一组 RPOA，使其属于所有 CALL REQUEST 包，对 1980 版操作，希望选择 RPOA 的 DTE 只能在 CALL REQUEST 包中这么做，并且只能使用 RPOA 选择设施的基本格式选择单个 RPOA。

i) ITU-T 规定的 DTE 设施和关联的设施标记符(分别见第 14 章和 15.1)，对 1980 版操作，不能使用这些设施和标记符。

3.2 环境

在本标准中，包层协议的 DTE 方面适用于若干环境，包括：

a) DTC/DCE 操作：

——DTE 通过专用路径访问 DCE；

——DTE 通过电路交换连接[电路交换数据网，综合业务数字网(ISDN)的电路交换能力，或交换电话网]访问 DCE。另外的考虑在 3.4 中给出。

注 1："DTE"作为专用网络访问公用数据网络的情况包括在附录 A 中。

注 2：DCE 可以是一个按照 ITU-T 建议 X.25 操作的包交换网络或者按照 ITU-T 建议 X.31 操作的 ISDN 中的包处理能力。

b) DTE/DTE 操作：

——DTE 到 DTE 经过一条租用线路(数据网络，ISDN 或电话网)；

——DTE 到 DTE 经过电路交换连接(电路交换数据网络，ISDN 的电路交换能力，或交换电话网)。另外的考虑在 3.4 中给出；

——DTE 到 DTE 经过局域网(LAN)。GB/T 17972—2000 中的条款适用。

注 3："DTE"作为 LAN 上的网关到其他网络的情况包括在附录 A 中。

DTE/DCE 与 DTE/DTE 操作上的差异在 3.3 中列举。

3.3 DTE/DCE 与 DTE/DTE 操作上的差异

总体上讲，这里描述的包层协议大部分与 DTE 是连接到 DCE(例如 X.25 网络环境)，还是直接连接到另一个 DTE 无关。然而，在 ITU-T 建议 X.25 中确有一些 DTE 规程，它们不是必须的，但却是在 DTE/DTE 环境中所要求的。考虑到是与 DCE 还是与另一个 DTE 连接产生的差异的最小，DTE 通常要求下列规程：

a) CALL ACCEPTED 包中应提供的地址长度字段和设施长度字段，即使分别指示了没有地址和设施信息出现；

b) RESTART REQUEST、CLEAR REQUEST 和 RESET REQUEST 包中的诊断代码字段，即使指示了"无附加信息"(即尽管特定的诊断是为特定的差错情况定义的，DTE 还是可以使用更一般性的编码，如同表 25 注 1 中的讨论)；

c) 用户数据字段小于最大允许值并且 D 位置为 0、M 位置为 1 的 DATA 包不应发送；

d) 根据数据链路层业已完成其初始化规程，或已从断开连接阶段的失败下恢复的通告，DTE 应经 DTE/DXE 接口发送 RESTART REQUEST 包。

然而，对下面几章描述的一些规程，应考虑 DTE 是连接到 DCE 还是连接到另一 DTE。对 DTE/DTE 环境，这些考虑如下所列：

a) 对下述情况，DTE 中的一个应充当 DCE：

——呼叫建立期间逻辑信道选择(见图 1)；

——呼叫碰撞解决(见 5.2.5)。

注：如果使用了参考号设施则不适用。

(对 DTE 的每一包层实体,这种选择是独立进行的;见 3.8)

对上面两项,重新起动规程(见 4.5)可用来决定哪一个 DTE 充当 DCE,哪一个 DTE 保持 DTE 的作用(在经过专用路径或电路交换连接的 DTE/DXE 接口的一般情况下,可用使用 4.5 的规程。另一种情况是,如果 DTE 只在 DTE/DCE 环境下操作,或者,虽是在 DTE/DTE 环境下,但作用能由管理部门预先确定并固定,那么,DTE 按恰当的动作初始化)。

b) DTE 应能接受重新起动原因字段的"DTE 发起"的 RESTART INDICATION 包,这种事不会在 DTE/DCE 环境中发生。

c) DTE 不应接收原因字段不是"DTE 发起"的 RESTART、CLEAR 或 RESET INDICATION 包(尽管这种事不会在 DTE/DCE 环境中发生)。因此,DTE 既可以像在 DTE/DCE 环境中那样处理这样的包(即正常处理包),也可以按差错对待(仅在 DTE/DCE 环境)。

d) 在连接到网络时,仅当 DTE 能抑制它的后代时,才可在适当情况下发送 DIAGNOSTIC 包(见 11.1)。

e) DTE 在收到 DTE/DCE 环境不适用的设施码时,既可不予理睬,也可按差错对待。

f) 使用任选在线设施登记设施(见 13.1),要求对登记规程启动的每一方向进行商定,也就是说,对于给定的登记规程启动方向,商定使用这种设施,则允许发起 DTE 发送 REGISTRATION REQUEST 包,并要求响应 DTE 处理收到的 REGISTRATION REQUEST 包(在 DTE/DCE 环境中,DTE 不会收到 REGISTRATION REQUEST 包)。

g) 使用任选包重发设施(见 13.4),要求对 DATA 包传输的每一方向进行商定,也就是说,对于给定的 DATA 包的传输方向,商定使用这种设施,则允许目的 DTE 发送 REJECT 包,并要求源 DTE 处理收到的 REJECT 包(在 DTE/DCE 环境中,DTE 不会收到 REJECT 包)。

h) 使用任选快速选择设施(见 13.16),在利用这种设施传输任何呼叫建立包之前,应先由两个 DTE 进行商定(在 DTE/DCE 环境中,不要求预先商定——在呼叫建立时,DTE 总是可以使用这种设施)。

i) 如果主叫 DTE 满意默认值,因而也就不会在它的 CALL REQUEST 包中包括设施请求,那么,预约流量控制参数协商设施(见 13.12)和/或吞吐量级别协商设施(见 13.13)的被叫 DTE 将不会在 INCOMING CALL 包中收到要协商的设施指示。类似地,如果被叫 DTE 满意 INCOMING CALL 包中的值,因而也就不会在它的 CALL ACCEPTED 包中包括设施请求,那么,预约这些设施的主叫 DTE 将不会在 CALL CONNECTED 包中收到设施指示(在 DTE/DCE 环境中,如果 DTE 预约了这些设施,这些设施指示总是出现)。

3.4 在电路交换连接上的操作

当 DTE 和 DXE 之间的通信涉及电路交换连接(例如,通过电路交换数据网,综合业务数字网的电路交换能力,或通过交换电话网)时,可能要求标识规程。这样的规程还包括在 ITU-T 建议 X.32 中在包层定义的那些。

在电路交换连接上的大部分通信是在 DTE 和 DXE 之间进行的。而且,通过预先的管理规程,已经进行了兼容安排,必须对诸如使用的逻辑信道,窗口尺寸和一些属于包层操作的其他事项达成一致。然而,在某些情况下,可以期望允许进行随机通信。这时,DTE 经过电路交换连接访问 DXE 不必事先商定(例如,电子邮购服务)。为能这样,将用到包层规程的下述子集:

a) 接口应由使用逻辑信道标识符 1 的单个双向虚呼叫逻辑信道组成;

b) 要求 4.5 中描述的规程;

c) 第 15 章列出的所有适用参数的默认值应适用,而参数 T24、T25、T27、T28、R25、R27 和 R28 以及 11.2、11.3、13.1 和 13.4 中的规程不适用;

d) 如果收到有错的 DATA 包,复位规程应适用(见 11.3);

e) 不允许任选用户设施。

通过使用ITU-T建议X.32(1996)中定义的规程,可获得这些规程和能力的基本集之外的扩展。

3.5 OSI网络服务条款

本标准中规定的包层协议能用来支持各种环境下的OSI连接方式的网络服务(例如,见ISO/IEC TR 13532:1995和CCITT建议X.610(1992))。包层协议支持GB/T 15126—2008中规定的所有OSI连接方式的网络服务的要素。包层协议要素与连接方式网络服务的原语及参数的双向映射在ITU-T建议X.223和GB/T 16976—1997中描述。适用于ISDN环境的附加条款在GB/T 16966—1997中描述。适用于电路交换数据网环境的附加条款在ISO/IEC 10588:1993中描述。适用于电话网环境的附加条款在ISO/IEC 10732:1993中描述。

3.6 外部包层交互

这里描述的协议独立于任何外部考虑。然而,某些包层协议规程的启动受协议之外的要素的引导。同样,某些包层协议事件的发生也要恰当地报告。这些外部交互包括:

a) 数据链路层出包传输的请求。

b) 自数据链路层入包的接收。

c) 接收来自较高层实体的请求启动某些包层协议规程,包括:

——初始化包层(见4.1);

——发起虚呼叫(见5.2.1);

——接受虚呼叫(见5.2.3);

——终止虚呼叫(见5.5.1);

——传送数据和中断信息(见第6章);

——重新初始化逻辑信道(见8.1)。

这要求有充分的信息提供给协议,让它执行这些规程。请注意,在一定情况下,包层可根据自己的记录终止虚呼叫或重新初始化逻辑信道。

d) 向较高层实体报告某些包层协议事件的发生,包括:

——所有逻辑信道的(重新)初始化(见4.2);

——收到建立虚呼叫的入请求(见5.2.2);

——虚呼叫终止(见5.5.2);

——收到数据和中断信息(见第6章);

——一个逻辑信道重新初始化(见8.2)。

连同它们的发生信号,包层也向较高层实体提供与这些事件关联的数据。另外,包层还可能发出上面c)中列出的各项的状态信号。

3.7 逻辑信道

为使虚呼叫和/或永久虚电路同时存在,使用逻辑信道。

3.7.1 逻辑信道标识符指派的正常机制

每一虚呼叫和永久虚电路都被赋予一个逻辑信道标识符[1)]。这是一个1到4 095范围内的数。对每一虚呼叫,逻辑信道标识符是在呼叫建立阶段、从以前商定的逻辑信道标识符范围内分配的。对每一永久虚电路,逻辑信道标识符是与DXE协商分配的(逻辑信道标识符0既不分配给虚呼叫,也不分配给永久虚电路)。

DTE使用逻辑信道要与DXE就一段时间进行商定。图1展示了用于虚呼叫和永久虚电路的逻辑信道的分配结构。

1) 逻辑信道可被标识为一个12位的字段或两个分别包含4和8位的子字段。当被看作一个字段时,使用术语“逻辑信道标识符”或仅“逻辑信道”;当被看作两个域时,使用术语“逻辑信道组号”(4位)和“逻辑信道号”(8位)。在本标准中,将使用一个字段的解释。

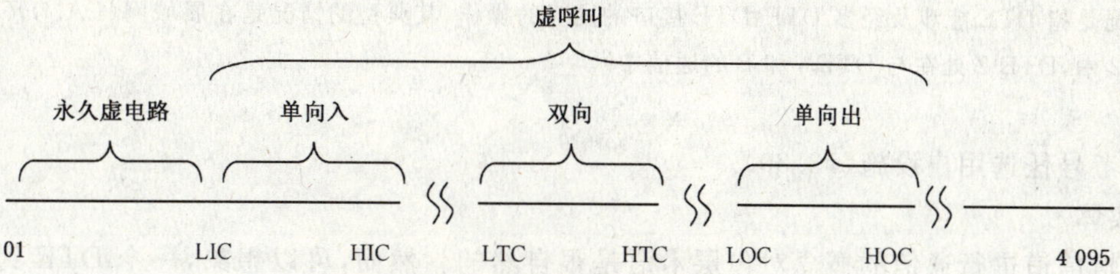

逻辑信道标识符

LIC——最低入信道；LTC——最低双向信道；LOC——最低出信道；

HIC——最高入信道；HTC——最高双向信道；HOC——最高出信道

逻辑信道 1 到 LIC－1：可能分配给永久虚电路的逻辑信道范围；

逻辑信道 LIC 到 HIC：可能分配给单向入虚呼叫的逻辑信道范围；

逻辑信道 LTC 到 HTC：可能分配给双向虚呼叫的逻辑信道范围；

逻辑信道 LOC 到 HOC：可能分配给单向出虚呼叫的逻辑信道范围；

逻辑信道 HIC＋1 到 LTC－1，HTC＋1 到 LOC－1，及 HOC＋1 到 4 095 是未分配的逻辑信道。

注 1：逻辑信道标识符是根据一个从 0(最低)到 4 095(最高)的连续数的集合进行引用的，它使用 12 个位，即由每个包的第 1 个八位位组的位 4 到 1 和第 2 个八位位组的所有位组成(见 12.1.2)。编号是使用第 1 个八位位组的位 4 到 1，后面接第 2 个八位位组的位 8 到的二进制编码，其中第 2 个八位位组的位 1 是低阶位。

注 2：逻辑信道标识符 0。不应分配给虚呼叫或永久虚电路。

注 3：所有逻辑信道的边界都是与 DXE 就一段时间商定的。

注 4：在 DTE/DTE 环境中，一个 DTE 看到的逻辑信道的范围同这里表示的一样，而另一个 DTE 将其看作是 DCE 的(例如，后一个 DTE 将 LIC 到 HIC 的范围看作是单向出)。这种决定在 4.5 中讨论。

注 5：为避免频繁地重新安排逻辑信道，并非在永久虚电路范围内的逻辑信道都必须进行分配。

注 6：当没有永久虚电路时，逻辑信道 1 可用作 LIC。当没有永久虚电路和单向入逻辑信道时，逻辑信道 1 可用作 LTC。当没有永久虚电路、单向入逻辑信道及双向逻辑信道时，逻辑信道 1 可用作 LOC 。

注 7：DCE 或在 DTE/DTE 环境中起 DCE 作用的 DTE，为新的入呼叫分配一个逻辑信道的搜索算法是使用 LIC 到 HIC 和 LTC 到 HTC 范围内处于 READY 状态(p1)中的最小编号的逻辑信道。

注 8：为使呼叫碰撞的风险最小，DTE 的搜索算法是从双向逻辑信道和单向出逻辑信道范围内处于 READY 状态(p1)中的最大编号逻辑信道开始。

图 1　逻辑信道标识符的分配

3.7.2　逻辑信道标识符指派的可替换机制

逻辑信道标识符指派机制仅适用于 DTE/DTE 环境。

只可能用在 DTE/DTE 环境中的逻辑信道标识符指派的可替换机制，是由参考号任选用户设施提供的。当使用这种机制时，图 1 不再适用。一个逻辑信道为 1～4 095 范围内的每一逻辑信道标识符值存在。但是，由 DTE 决定的仅有有限数目的值，在任意给定时间需要赋给永久虚电路和赋给已建立的或正在建立中的虚呼叫。

注 1：在逻辑信道标识符指派的正常机制情况下，赋给虚呼叫或永久虚电路的逻辑信道号，在一个接口上的两个传输方向中是一样的。然而，虚呼叫或永久虚电路指派的可替换机制，能对一个接口上的传输的每一方向赋予不同的号。

在单个逻辑信道 DTE/DXE 接口的情况下，使用逻辑信道 1。

存在多个逻辑信道 DTE/DXE 接口的情况下，逻辑信道的范围将根据图 1 商定。

注 2：通过允许 DTE 选择能出现在接收包中的逻辑信道标识符的值，可替换机制能简化管理逻辑信道的任务：这种情况是指 DTE 能涉及经多 DTE/DTE 接口的同时的操作，其典型的情况是在展域网（LAN）环境中（例如，在图 2 中，DTE Z 处在与 DTEA 和 B 的通信中）。

另见：

——参考号任选用户设施（13.30）。

3.8 包层实体

经过逻辑信道进行通信的概念对包层术语是很自然的。然而，可以想象，一个 DTE 到一个或多个包网络，和/或到一个或多个没有包网络介入的 DTE 可以有一个或多个连接。因此，在这点上，有必要引入“包层实体”的概念。一个这样的实体存在于每一 DTE/DTE（没有包网络介入）接口或每一 DTE/DCE（包网络）接口的 DTE 中，如图 2 所示。决定使用哪一个实体到达特定的目的地，是这里描述的协议的外部实现的功能。本标准所讨论的协议属于 DTE 中的每一包层实体。

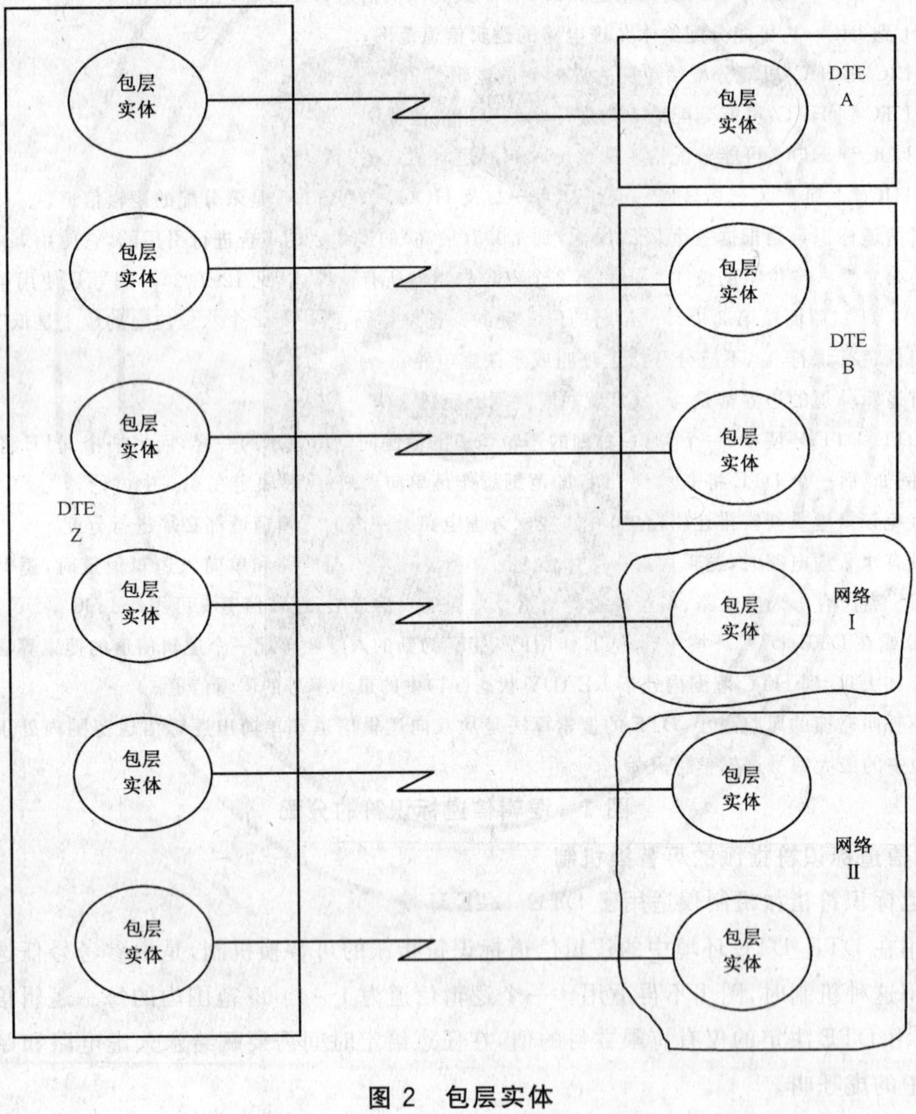

图 2　包层实体

3.9 包类型

包类型和它们与虚呼叫和永久虚电路服务的使用在表 1 中给出。

3.10 初始化规程

包层初始化相当于包层实体每一逻辑信道的初始化。在任一逻辑信道上的初始数据传输之前，应先完成数据链路层的初始化规程（例如，按 OSI 连接方式数据链路服务的术语，是建立数据链路连接），然后 DTE 初始重新起动规程。

另见：

——重新起动规程(第 4 章)。

表 1　包的分组与功能

包　组	功　能	包类型	服务：[a] VC	PVC
呼叫建立与呼叫清除	为 DTE/DXE 通信建立和终止虚呼叫，并可运送由较高层实体处理的数据	CALL REQUEST	×	
		INCOMING CALL	×	
		CALL ACCEPTED	×	
		CALL CONNECTED	×	
		CLEAR REQUEST	×	
		CLEAR INDICATION	×	
		CLEAR CONFIRMATION	×	
数据与中断	运送由较高层实体处理的数据和中断	DATA	×	×
		INTERRUPT	×	×
		INTERRUPT CONFIRMATION	×	×
流控与复位	控制经 DTE/DXE 接口的数据包的流量	RECEIVE READY	×	×
		RECEIVE NOT READY	×	×
		REJECT	×	×
		RESET REQUEST	×	×
		RESET INDICATION	×	×
		RESET CONFIRMATION	×	×
重新起动	初始化(或重新初始化)DTE 与 DXE 之间的所有通信	RESTART REQUEST	×	×
		RESTART INDICATION	×	×
		RESTART CONFIRMATION	×	×
诊断	把对差错的诊断送给 DTE	DIAGNOSTIC	×	×
登记	执行登记规程	REGISTRATION REQUEST	×	×
		REGISTRATION CONFIRMATION	×	×

[a] VC＝虚呼叫。
PVC＝永久虚电路。

4　重新起动规程

重新起动规程用于初始化或重新初始化包层 DTE/DXE 接口。重新起动规程同时清除 DTE/DXE 接口上的所有虚呼叫及复位 DTE/DXE 接口上的所有永久虚电路(即包层实体中的所有逻辑信道)。

同时，它用于决定 DTE 随后如何为虚呼叫选择逻辑信道以及如何解决虚呼叫碰撞(见 4.5)。

图 3 给出了重新起动规程的示意图。

有三种与重新起动规程有关的逻辑信道状态，如图 34 所示，它们是 PACKET LAYER READY (r1)、DTERESTART REQUEST(r2)和 DXERESTART INDICATION(r3)状态。当进入状态 r1 时，每一虚呼叫逻辑信道处于 READY 状态(p1)，同时，每一永久虚电路都处于 FLOW CONTROL READY 状态(d1)(请注意，这些状态都包含在 PACKET LAYER READY 状态(r1)内)。

表 32 规定了 DTE 在应用重新起动规程时，从 DXE 收到包后所采取的动作。

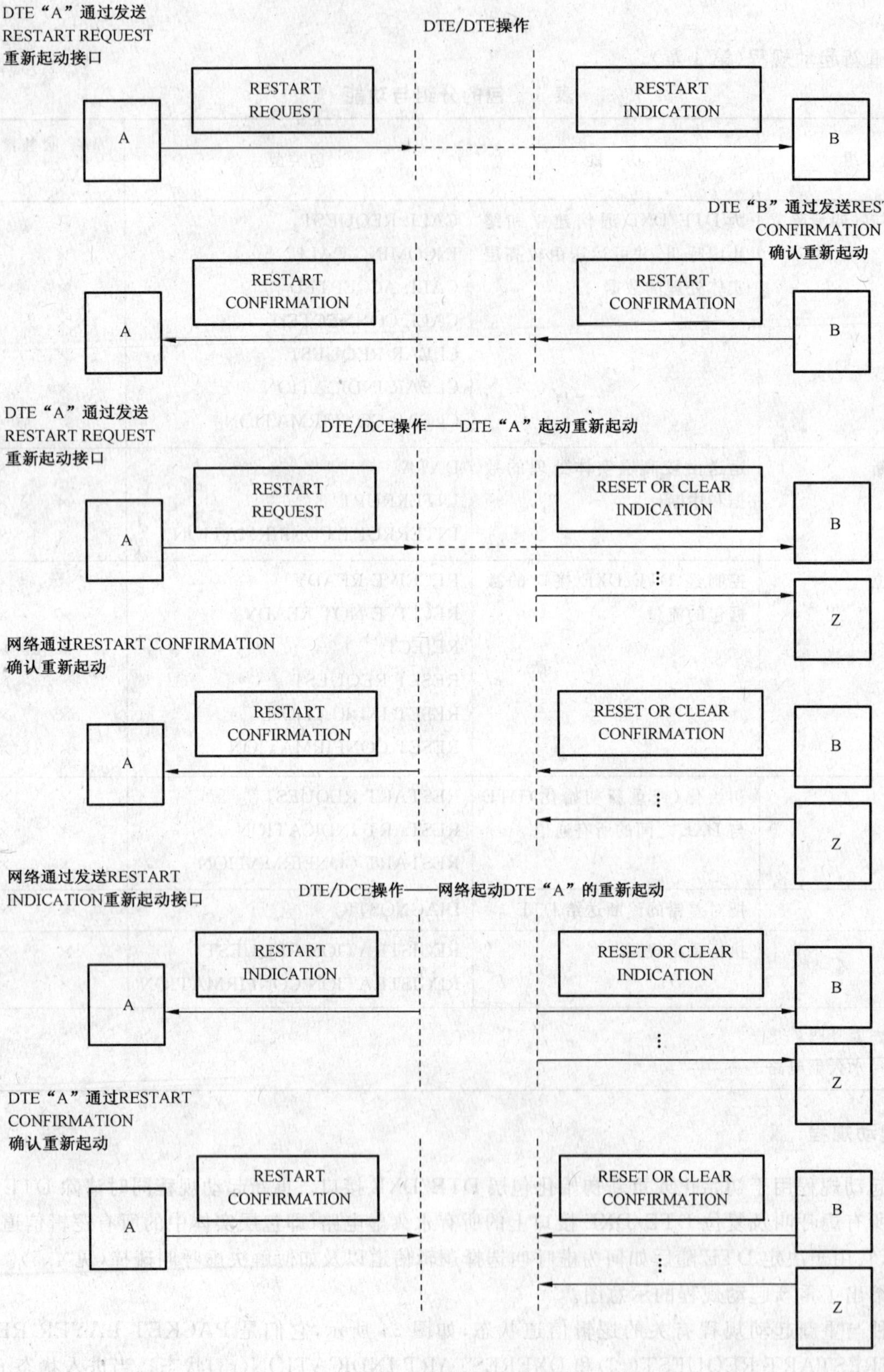

图 3 重新起动示意图

4.1 发起重新起动规程请求

DTE 可以在任何时刻发送通过 DTE/DXE 接口的 RESTART REQUEST 包，并起动重新起动请求响应定时器（T20），来指示重新起动请求。这时，每一逻辑信道接口都处于 DTERESTART

REQUEST 状态(r2)。在该状态下,除了 RESTART CONFIRMATION、RESTART INDICATION、REGISTRATION REQUEST(仅适用于在 DTE/DTE 环境)、REGISTRATION CONFIRMATION 和 DIAGNOSTIC 包之外,其他包均不予理睬。因此,较高层实体必须能够应付可能出现的各种情况。

在 RESTART REQUEST 包传输之后和定时器 T20 到时之前,接收 RESTART CONFIRMATION 包或 RESTART INDICATION 包失败,则被认为是差错。重新起动规程可重试至多 R20 次。之后,包层将通知适当实体,它未收到重新起动规程的证实。随后,每个逻辑信道保持 DTERESTART REQUEST 状态(r2)。

另见:

——RESTART REQUEST 包格式(12.6.1 和图 24);

——重新起动请求响应定时器(T20)(表 26);

——重新起动请求重发计数(R20)(表 27);

——接收重新起动指示(4.2);

——重新起动碰撞(4.3);

——重新起动证实(4.4);

——包层初始化和重新初始化(3.10 和第 10 章)。

4.2 接收重新起动指示

DTE 收到 RESTART INDICATION 包时,每一逻辑信道接口都处于 DXERESTART INDICATION 状态(r3)。在该状态下,DTE 收到的后续包如果不是 RESTART INDICATION、REGISTRATION REQUEST(仅 DTE/DTE 环境)、REGISTRATION CONFIRMATION 和 DIAGNOSTIC 包,则被认为是差错。DTE 将丢弃这样的包,并发送原因代码指示“DTE 发起”和“状态 r3 包类型无效”诊断代码的 RESTART REQUEST 包。

RESTART INDICATION 包规定重新起动的理由。重新起动原因代码、诊断代码和重新起动规程已经发生的指示应一起送给较高层实体。

注:在 DTE/DCE 环境中,一个 DTE 收到的 RESTART INDICATION 包与另一个 DTE 发送的 RESTART REQUEST 包相同。

DTE 在处理了 RESTART INDICATION 包之后,发送通过 DTE/DXE 接口的 RESTART CONFIRMATION 包。

另见:

——RESTART INDICATION 包格式(12.6.1 和图 24);

——重新起动原因(12.6.1);

——重新起动碰撞(4.3);

——重新起动证实(4.4);

——收到 RESTART INDICATION 包时定时器的考虑(表 28)。

4.3 重新起动碰撞

当 DTE 发送 RESTART REQUEST 包(按 4.1 所述),但接着又收到了 RESTART INDICATION 包时(按 4.2 所述),重新起动碰撞便产生了。在这种情况下,DTE 既不发送 RESTART CONFIRMATION 包,也不指望收到这样的包,而是认为重新起动完成了。然而,如果使用 4.5 中的规程,那么,DTE 应确定 RESTART INDICATION 包中的重新起动原因字段是否指示“DTE 发起”。如果是的话,DTE 要采取的唯一动作就是在一个随机选定的延迟后发送另一个 RESTART REQUEST 包。如果原因字段不是指示“DTE 发起”,那么重新起动规程完成了。

在重新起动规程完成后,每一虚呼叫逻辑信道都处于 READY 状态(p1),同时,每一永久虚电路逻辑信道都处于 FLOW CONTROL READY 状态(d1)。

4.4 重新起动证实

当 DTE 准备确认重新起动时,发送通过 DTE/DXE 接口的 RESTART CONFIRMATION 包。这时,重新起动规程就被认为完成了。

如果 DTE 启动了重新起动规程,那么,当收到 RESTART CONFIRMATION 包时,重新起动规程就被认为完成了。

在重新起动规程完成后,每一虚呼叫逻辑信道都处于 READY 状态(p1),同时,每一永久虚电路逻辑信道都处于 FLOW CONTROL READY 状态(d1)。

在网络环境中,从 DCE 收到的 RESTART CONFIRMATION 包只能被广义地解释为具有本地意义。

另见:

——RESTART CONFIRMATION 包格式(12.6.2 和图 25)。

4.5 确定"DTE"或"DCE"特征

针对虚呼叫建立期间的逻辑信道的选择和虚呼叫碰撞的解决,重新起动规程能用于决定 DTE 是充当 DCE 还是保持其 DTE 的作用。

当准备初始化包层时,DTE 应启动重新起动规程(即发送 RESTART REQUEST 包)。决定基于从 DXE 收到的响应,概括如下:

a) 如果 DTE 收到的 RESTART INDICATION 包中的重新起动原因代码不是"DTE 发起"(即它来自 DCE),那么 DTE 应遵循 4.2、4.3 和 4.4 中适当的规程,并保持其 DTE 的作用。
b) 如果 DTE 收到的 RESTART INDICATION 包中的重新起动原因代码是"DTE 发起"(即它来自另一个 DTE),而且没有悬而未决的未证实的 RESTART REQUEST 包(即没有重新起动碰撞),那么 DTE 应证实重新起动(按 4.4),并充当 DCE。
c) 如果 DTE 收到的 RESTART INDICATION 包中的重新起动原因代码是"DTE 发起"(即它来自另一个 DTE),而且有悬而未决的未证实的 RESTART REQUEST 包(即有重新起动碰撞),那么 DTE 应认为重新起动规程已经完成(按 4.3)。DTE 应采取的唯一动作,是在一个随机选定的延迟之后,发送另一个 RESTART REQUEST 包。
d) 如果 DTE 发的 RESTART REQUEST 包被后来的 RESTART CONFIRMATION 包证实(按 4.4),则保持其 DTE 的作用。

注 1:如果 DTE 只在 DTE/DTE 环境下操作,或者,虽是在 DTE/DTE 环境下,但其作用能由管理部门预先确定并固定,那么,上面描述的规程是不需要的。在这些情况下,DTE 可按适当的动作方式初始化。

注 2:如果 DTE 只在 DTE/DCE 环境中使用可替换逻辑信道标识符(参考号设施),则上面描述的规程是不需要的。

另见:

——逻辑信道选择(图 1);
——虚呼叫碰撞(5.2.5);
——发起重新起动请求(4.1);
——接收重新起动指示(4.2);
——重新起动碰撞(4.3);
——重新起动证实(4.4);
——重新起动原因(12.6.1);
——参考号任选用户设施(13.30)。

5 虚呼叫建立和清除规程

本章描述的虚呼叫建立和清除规程,独立地适用于 DTE/DXE 接口上分配给虚呼叫服务的每一逻辑信道(对永久虚电路,无建立和清除规程)。选择逻辑信道的规程既能按照这里的描述,也能按照对参考设施的描述。

图 4 和图 5 分别给出了虚呼叫建立和清除的示意图。这种信息也展现在图 35 状态图中。表 33 规

定了当DTE收到来自DXE的包时所采取的适用于虚呼叫建立和清除规程的动作。

另见：

——参考号任选用户设施(13.30)。

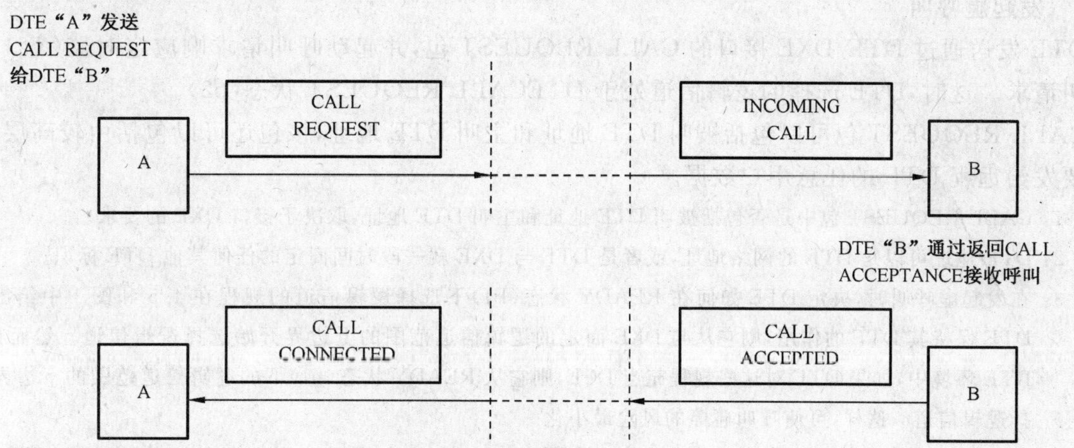

图4 呼叫建立示意图

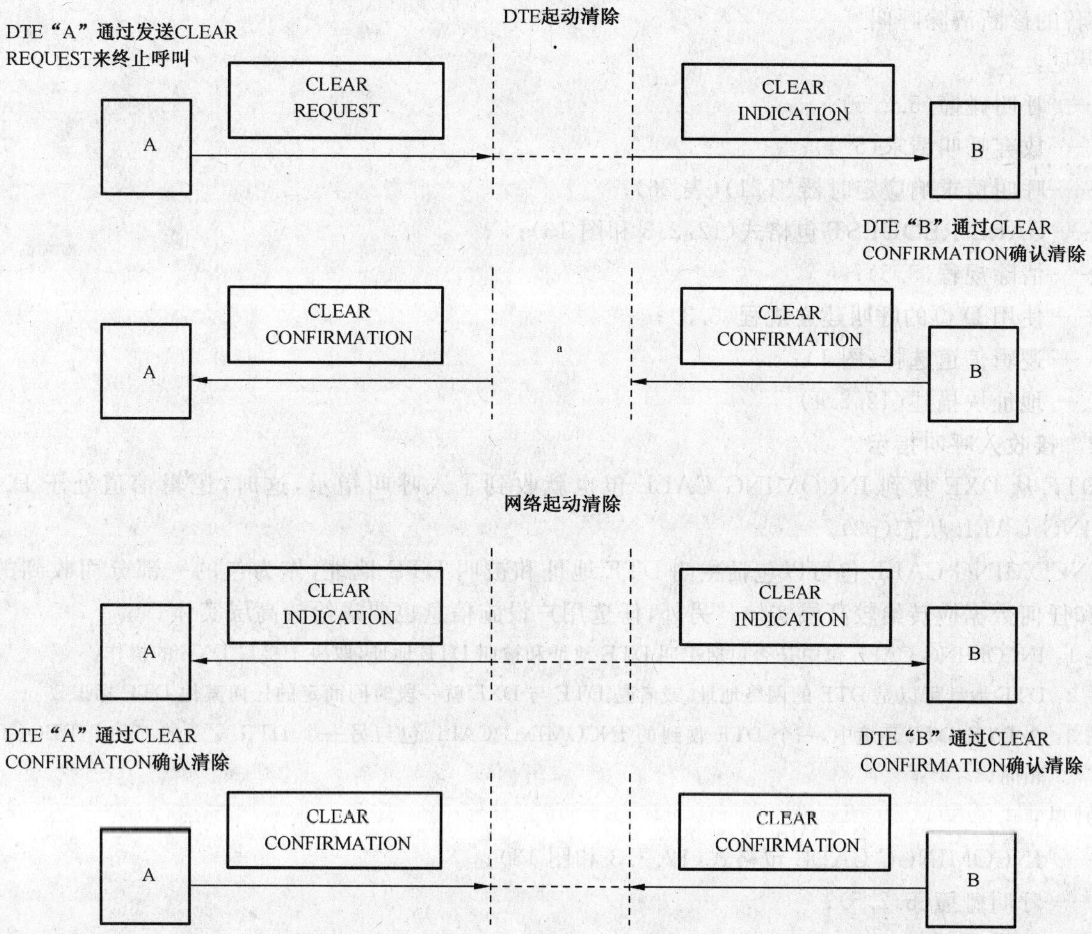

[a] 在网络环境中，DTE“A”收到的CLEAR CONFIRMATION包不需要作为DTE“B”发送的CLEAR CONFIRMATION包的结果。

图5 呼叫清除示意图

5.1 准备好状态

如果没有呼叫现存，则用于虚呼叫的逻辑信道处于 READY 状态(p1)。

5.2 虚呼叫建立规程

5.2.1 发起虚呼叫

DTE 发送通过 DTE/DXE 接口的 CALL REQUEST 包，并起动呼叫请求响应定时器(T21)，来指示呼叫请求。这时，DTE 选择的逻辑信道处于 DTECALL REQUEST 状态(p2)。

CALL REQUEST 包可以包括被叫 DTE 地址和主叫 DTE 地址，该包还可以包括由较高层实体提供的要发给远程 DTE 的任意用户数据。

注 1：CALL REQUEST 包中是否包括被叫 DTE 地址和主叫 DTE 地址，取决于接口 DXE 的要求。

注 2：DTE 地址可以是 DTE 的网络地址，或者是 DTE 与 DXE 就一段时间商定的任何其他 DTE 标识。

注 3：在发起虚呼叫时，决定 DTE 如何在 READY 状态(P1)下选择逻辑信道的规程在 4.5 和图 1 中给出。如果 DTE 保持其 DTE 的作用，则它从与 DXE 商定的逻辑信道范围的上边界开始选择逻辑信道。然而在 DTE/DTE 环境中，如果 DTE 对这些规程充当 DCE，则它从 READY 状态(p1)下的逻辑信道范围的下边界开始选择逻辑信道。这样，可使呼叫碰撞的风险最小化。

在 CALL REQUEST 包传输之后和定时器 T21 到时之前，接收 CALL CONNECTED 包或 CLEAR INDICATION 包失败，则被认为是差错。包层将用指示“DTE 发起”的原因和“呼叫请求定时器期满”的诊断清除呼叫。

另见：

——呼叫碰撞(5.2.5)；

——放弃呼叫请求(5.4)；

——呼叫请求响应定时器(T21)(表 26)；

——CALL REQUEST 包格式(12.2.3 和图 13)；

——清除规程(5.5)；

——使用 D 位的呼叫建立规程(6.3)；

——逻辑信道选择(图 1)；

——地址块描述(12.2.1)。

5.2.2 接收入呼叫指示

DTE 从 DXE 收到 INCOMING CALL 包也就收到了入呼叫指示，这时，逻辑信道处于 DXEINCOMING CALL 状态(p3)。

INCOMING CALL 包可以包括主叫 DTE 地址和被叫 DTE 地址，作为包的一部分而收到的地址信息和任何数据应转给较高层实体。另外，任选用户设施信息也要送给较高层实体。

注 1：INCOMING CALL 包中是否包括主叫 DTE 地址和被叫 DTE 地址，取决于接口 DXE 的操作。

注 2：DTE 地址可以是 DTE 的网络地址，或者是 DTE 与 DXE 就一段时间商定的任何其他 DTE 标识。

注 3：在 DTE/DTE 环境中，一个 DTE 收到的 INCOMING CALL 包与另一个 DTE 发送的 CALL REQUEST 包相同。

另见：

——INCOMINGC CALL 包格式(12.2.3 和图 13)；

——呼叫碰撞(5.2.5)；

——接受入呼叫(5.2.3)；

——拒绝入呼叫(5.3)；

——使用 D 位的呼叫建立规程(6.3)；

——收到 INCOMING CALL 包时定时器的考虑(表 28)；

——地址块描述(12.2.1)。

5.2.3 接受虚呼叫

收到 INCOMING CALL 包的 DTE,发送通过 DTE/DXE 接口的 CALL ACCEPTED 包指示呼叫的接受,该包应规定与 INCOMING CALL 包相同的逻辑信道。

这时,规定的逻辑信道处于 FLOW CONTROL READY 状态(d1)。

在包层返回 CALL ACCEPTED 包之前,较高层实体要作出是否接受呼叫的决定,而且,它可能提供返回主叫 DTE 的数据来作为 CALL ACCEPTED 包一部分。仅当 INCOMING CALL 包指示快速选择设施对响应无限制时,才可返回数据。如果 INCOMING CALL 包指示快速选择设施对响应有限制时,则不应返回 CALL ACCEPTED 包。

由于本地包层的理由(例如,INCOMING CALL 包格式错),可以拒绝呼叫,而不将它的接收通知较高层实体。

另见:

——CALL ACCEPTED 包格式(12.2.4 和图 14);

——使用 D 位的呼叫建立规程(6.3);

——拒绝入呼叫(5.3);

——快速选择任选用户设施(13.16)。

5.2.4 接收呼叫接受指示

主叫 DTE 收到与 CALL REQUEST 包规定相同逻辑信道的 CALL CONNECTED 包,这是指示呼叫已被被叫 DTE 接受。这时,规定的逻辑信道处于 FLOW CONTROL READY 状态(d1)。

作为 CALL CONNECTED 包的一部分收到的任何地址信息和任何数据都应转给较高层实体。另外,任选用户设施信息也要送给较高层实体。

注:在 DTE/DTE 环境中,一个 DTE 收到的 CALL CONNECTED 包与另一个 DTE 发送的 CALL ACCEPTED 包相同。

另见:

——呼叫请求的不确认(5.4);

——CALL CONNECTED 包格式(12.2.4 和图 14);

——使用 D 位的呼叫建立规程(6.3)。

5.2.5 呼叫碰撞

对同一逻辑信道,当 DTE 发送了 CALL REQUEST 包(按 5.2.1 所述),接着又收到了 INCOMING CALL 包(按 5.2.2 所述)时,呼叫碰撞便产生了。这时,逻辑信道处于 CALL COLLISION 状态(p5)。解决呼叫碰撞的进一步动作取决于 DTE 是保持其 DTE 作用还是充当 DCE(按 4.5 中的规程决定)。

——如果 DTE 保持其 DTE 作用,则它不应理睬 INCOMING CALL 包,并等待 DXE 的响应,DTE 或者是接收 CALL CONNECTED 包(如果呼叫被远程 DTE 接受),或者是接收与 CALL REQUEST 包规定相同逻辑信道的 CLEAR INDICATION 包。

——在 DTE/DTE 环境中,如果 DTE 充当 DCE,则应取消它的呼叫请求,并决定是发送 CALL ACCEPTED 包,还是 CLEAR REQUEST 包。

注:当使用可替换逻辑信道标识符指派机制(参考号设施)时,本条不适用。

5.3 拒绝呼叫

前面描述了接受虚呼叫的规程,然而,因各种理由,虚呼叫可能不被接受。例如:

a) 因不能完成到被寻址 DTE 的呼叫而被网络拒绝;

b) 因拥塞而被网络或被叫 DTE 拒绝;

c) 因包格式错而被网络或被叫 DTE 拒绝;

d) 主叫 DTE 请求的某些任选用户设施被网络或被叫 DTE 拒绝;

e) 较高层实体启动的被叫 DTE 的拒绝。

在任何情况下,DTE 或 DCE 通过向主叫 DTE 发送适当的包清除呼叫。在拒绝入呼叫的情况下,不发送 CALL ACCEPTED 包(如 5.2.3 所述)。

另见:

——清除规程(5.5)。

5.4 放弃呼叫请求(aborting)

主叫 DTE 可以在收到 CALL CONNECTED 或 CLEAR INDICATION 包前又将呼叫清除,就放弃了呼叫。这可能是由于较高层实体起动的放弃或定时器 T21 到时。

如前所述,定时器 T21 是 DTE 在起动呼叫请求时设置的。定时器的到时(在收到呼叫请求的接受或拒绝之前)被认为是规程差错,并导致 DTE 以指示"DTE 发起"的原因和"呼叫请求定时器期满"的诊断清除呼叫。

另见:

——呼叫请求响应定时器(T21)(表 26);

——清除规程(5.5)。

5.5 虚呼叫清除规程

呼叫或呼叫请求可由任何一方在任何时刻清除。可能是在呼叫建立时,例如,由于 5.3 中的理由被被叫 DTE 清除或由于 5.4 中的理由被主叫 DTE 清除。被叫或主叫 DTE 都可以因呼叫完成而正常终止虚呼叫,或因检测到差错而异常终止虚呼叫。

5.5.1 发起虚呼叫清除

DTE 可在任何时刻通过 DTE/DXE 接口发送规定了逻辑信道的 CLEAR REQUEST 包,并起动清除请求响应定时器(T23)来指示虚呼叫清除。这时,逻辑信道处于 DTECLEAR REQUEST 状态(p6)。在该状态下,仅可在逻辑信道上接受的包是 CLEAR CONFIRMATION 包和 CLEAR INDICATION 包。对逻辑信道上其他类型的包均不予理睬。因此,较高层实体必须能够应付可能出现的各种情况。

在定时器 T23 到时前接收 CLEAR CONFIRMATION 包失败,则被认为是差错。清除规程可重试至多 R23 次。之后,包层将通知适当实体,它未收到清除规程的证实。随后,逻辑信道保持 DTE-CLEAR REQUEST 状态(p6)。

CLEAR REQUEST 包可包含较高层实体提供的发给远程 DTE 的数据。仅当 CALL REQUEST 和 INCOMING CALL 包指示过快速选择设施时,才可如此。DTE 在发送 CALL REQUEST 包后和收到响应前,若要放弃自己的呼叫,则不应在 CLEAR REQUEST 包中发送数据。

另见:

——CLEAR REQUEST 包格式(12.2.5 和图 15);

——清除请求响应定时器(T23)(表 26);

——清除请求重发计数(R23)(表 27);

——快速选择任选用户设施(13.16);

——接收清除指示(5.5.2);

——清除碰撞(5.5.3);

——清除证实(5.5.4)。

5.5.2 接收虚呼叫清除指示

收到 CLEAR INDICATION 包指示虚呼叫清除。这时,逻辑信道处于 DXE CLEAR INDICATION 状态(p7)。在该状态下,DTE 在逻辑信道收到的后续包如果不是 CLEAR INDICATION 包,则被认为是差错。DTE 将丢弃任何这样的包,并发送原因代码指示"DTE 发起"和"状态 p7 包类型无效"诊断代码的 CLEAR REQUEST 包。

CLEAR INDICATION 包规定清除的理由。清除原因代码、诊断代码和清除规程已经发生的指示应一起送给较高层实体。在CLEAR INDICATION包中收到的任何数据和任选用户设施信息也应转给较高层实体。

注：在DTE/DTE环境中，一个DTE收到的CLEAR INDICATION包与另一个DTE发送的CLEAR REQUEST包相同。

DTE在处理了CLEAR INDICATION包之后，发送通过DTE/DXE接口的CLEAR CONFIRMATION包。

另见：

——CLEAR INDICATION包格式(12.2.5和图15)；

——清除原因(12.2.3)；

——清除碰撞(5.5.3)；

——清除证实(5.5.4)；

——收到CLEAR INDICATION包时定时器的考虑(表28)。

5.5.3 清除碰撞

对同一逻辑信道，当DTE发送CLEAR REQUEST包(按5.5.1所述)，接着又收到了CLEAR INDICATION包(按5.5.2所述)时，清除碰撞便产生了。在这种情况下，DTE既不发送CLEAR CONFIRMATION包，也不指望收到这样的包，而是认为清除完成了。

在清除规程完成后，逻辑信道处于READY状态(p1)。

5.5.4 清除证实

当DTE准备确认清除时，发送通过DTE/DXE接口的CLEAR CONFIRMATION包。这时，清除规程就被认为完成了。

如果DTE起动了清除规程，当收到CLEAR CONFIRMATION包时，清除规程就被认为完成了。在清除规程完成后，逻辑信道都处于READY状态(p1)。

在网络环境中，从DCE收到的CLEAR CONFIRMATION包只能被广义地解释为具有本地意义。然而，在某些网络中，清除证实可能具有端到端意义。

另见：

——CLEAR CONFIRMATION包格式(12.2.6和图16)。

6 数据及中断传送规程

本章描述的数据与中断规程，独立地适用于DTE/DXE接口上分配给虚呼叫服务的每一逻辑信道或存在的对永久虚电路。

正常操作的声明是DATA和INTERRUPT包中的所有用户数据透明和无改变地传送，或者是直接地，或者是在包式DTE到包式DTE通信情况下通过网络进行。DATA和INTERRUPT包中的位的顺序也被保护。包序列按照完整包序列交付。

另见：

——DATA包格式(12.3.1和图17)；

INTERRUPT包格式(12.3.2和图18)；

——完整的包序列(6.5)。

6.1 数据及中断传送的状态

为了数据及中断的传送，逻辑信道必须处于FLOW CONTROL READY状态(d1)。在呼叫建立完成之后与清除、复位、或重新起动规程完成之前，虚呼叫逻辑信道处于状态d1。永久虚电路逻辑信道除在复位或重新起动规程期间外，连续处于状态d1。

在状态d1下，DATA、中断、流量控制、复位、和REJECT(如果预约)包可以通过DTE/DXE接口发送。不在状态d1下，上面提及的包可丢弃。因此，较高层实体必须能够应付可能出现的各种情况。

另见：

——重新起动规程(第 4 章)；

——呼叫建立规程(5.2)；

——清除规程(5.5)；

——流量控制规程(7.1)；

——复位规程(第 8 章)；

——未收到窗口旋转信息(11.2)；

——有错 DATA 包的接收(11.3)；

——包重发任选用户设施(13.4)。

6.2 DATA 包的最大用户数据字段长度

标准的默认最大用户数据字段长度是 128 个八位位组。

此外，其他(非标准)默认最大用户数据字段长度可以是 16、32、64、256、512、1 024、2 048 和 4 096 个八位位组。

标准默认值与非标准默认值(如果有的话)合起来，数据传输每个方向的最大用户数据字段长度，都可以进行选择，对虚呼叫，这种选择共同地适用于 DTE/DXE 接口上的所有逻辑信道。对永久虚电路，每一逻辑信道各自进行选择。这些选择是与 DXE 就一段时间商定的。另外，如果预约了流量控制参数协商设施，则允许基于每一虚呼叫，协商最大用户数据字段长度。

DTE 发送的 DATA 包的用户数据字段应包含整数个八位位组(见 12.1)。

如果 DATA 包的用户数据字段超过本地允许的最大用户数据字段长度。或不是整齐的八位位组，则接收 DTE 应调用适当的差错恢复规程。

另见：

——非标准默认包长度任选用户设施(13.9)；

——流量控制参数协商任选用户设施(13.12)；

——有错 DATA 包的接收(11.3)。

6.3 交付证实位

交付证实位的设置，是用以指示 DTE 是否希望对其正在发送的数据，接收端到端的确认。若指示数据期望的端到端确认，则 DTE 将 D 位置为 1。确认借助于接收序列号 P(R)给出。当 D 位置为 0 时，后续接收的 P(R)没有所谓确认意义。

注 1：D 位的使用并不排除通信 DTE 协商较高层协议的需要。这样的协议可以有，也可以没有 D 位规程，用于从各种差错情况下恢复。

注 2：D 位设置与否，由收自较高层实体的指令决定。

DTE 可使用下面的任选机制，在虚呼叫建立期间协商是否在 FLOW CONTROL READY 状态(d1)下使用 D 位。

如果主叫 DTE 愿意使用 D 位规程，则应将 CALL REQUEST 包的通用格式标识符的位 7 置 1。反之置 0。如果被叫 DTE 愿意使用 D 位规程，而且收到的 INCOMING CALL 包的通用格式标识符的位 7 置 1，则应将 CALL ACCEPTED 包的通用格式标识符的位 7 置 1，反之置 0。

利用这个规程，将 CALL ACCEPTED 和 CALL CONNECTED 包的通用格式标识符的位 7 置 1，则指示 7.1.4 中的 D 位规程适用于虚呼叫。如果 CALL ACCEPTED 和 CALL CONNECTED 包的通用格式标识符的位 7 置 0，则 DTE 应将所有 DATA 包中的 D 位置为 0。

如果 DTE 不愿使用 D 位规程，但收到了 D 位置为 1 的 DATA 包，则可用指示“DTE 发起”的原因和“不支持 D 位规程”的诊断复位逻辑信道。

另见：

——包接收序列号 P(R)(7.1.3)；

——交付证实(7.1.4);

——虚呼叫建立规程(5.2);

——复位规程(第 8 章)。

6.4 更多数据标记

如果 DTE 或 DCE 希望指示多于一个 DATA 包的序列,则可以使用下面定义的更多数据标记(M 位)。

除了携带 D 位置为 0 的部分满的 DATA 包外,任何 DATA 包中的 M 位都能置 1。当满的 DATA 包或携带 D 位置 1 的部分满的 DATA 包中的 M 位置为 1 时,它指示后面还有更多数据。当满的 DATA 包中的 M 位置为 1,又有 D 位置为 0 时,DATA 包与后续的 DATA 包的重新组合只能在网络内进行。如果带有 M 位置为 1 的原始包是满的(不管 D 位的设置),或者是 D 位置为 1 的部分满的,那么,除最后一个外其余每个 M 位都置 1 的 DATA 包序列将作为最后包除外的 M 位置为 1 的 DATA 包序列交付。在本标准范围内,这样的序列用以界定较高层实体之间发送的逻辑消息。这种序列称为 M 位序列。对 M 位序列,图 6 示出了 D 位设置、M 位设置及 DATA 包的用户数据字段是否满之间的关系。

完整包序列包 0 个或多个"A"类 DATA 包和一个"B"类 DATA 包

D位	M位	用户数据字段	注 释
0	1	满	"A"类 DATA 包
1 1	1 1	<满 满	"B"类 DATA 包,标志着 CPS 结束,但不是 MBS 的结束
0 0 0 1 1	0 0 1[a] 0 0	<满 满 <满 <满 满	"B"类 DATA 包,同时标志着 CPS 和 MBS 的结束

a 网络将会把这个 M 位变为 0,所以 DTE 永远不会发起这种"B"类包。如果 DTE 收到这类包,则要用指出"DTE 发起"的原因和"无效部分满的 DATA 包"的诊断复位逻辑信道。

M 位——更多数据位;D 位——交付信息位;CPS——完整包序列;MBS——M 位序列

图 6 包序列排列

如表 2 所示,定义 A 和 B 两类 DATA 包。对虚呼叫或永久虚电路,表 2 示出了网络对 M 位和 D 位的处理。DTE 不应发送 M 位置为 1 且 D 位置为 0 的部分满的 DATA 包,一旦收到这种包,DTE 将用指示"DTE 发起"的原因和"无效部分满的 DATA 包"的诊断复位逻辑信道。

另见：

——消息的分段和重新组装(6.7)；

——复位规程(第8章)。

6.5 完整包序列

完整包序列被定义为由单个B类包和前面的所有连续的A类包(如果有的话)组成的序列。A类包有着恰好最大的用户数据字段长度，且为M位置为1和D位置为0。所有其他的DATA 包都为B类包。对完整包序列，图6示出了D位设置、M位设置及DATA 包的用户数据字段是否满之间的关系。

当源DTE发送时，完整包序列总是作为单个完整包序列交付给目的DTE(请注意，按本条的定义，M位序列可由一个或多个完整包序列组成)。

本条的其余部分是属于有关完整包序列中的包的传输和交付的。

如果接收DTE的最大用户数据字段长度大于发送DTE的最大用户数据字段长度，那么完整包序列内的DATA包将在网络内组合。它们将以完整包序列交付，其中，除了最后一个包，每个包都有恰好最大的用户数据字段长度，且M位置为1和D位置为0。序列的最后一个包的用户数据字段长度可以比最大用户数据字段长度短，而M位和D位按表2的描述设置。

表2 两类数据包的定义和网络对M和D位的处理

从源DTE收到的DATA包				如果可能，对顺序包的组合由网络来进行？	发送DATA包的目的DTE(见注1)	
类	M	D	满		M	D
B	0或1	0	否	否	0(见注2)	0
B	0	1	否	否	0	1
B	1	1	否	否	1	1
B	0	0	是	否	0	0
B	0	1	是	否	0	1
A	1	0	是	是(见注3)	1	0
B	1	1	是	否	1	1

注1：指交付的DATA包，其用户数据的最后一位对应于源DTE发出的DATA包中的用户数据的最后一位(如果有的话)。

注2：发起网络必备使M位为0。

注3：如果源DTE发出的DATA包要与其他包结合，直到并包括一个B类包为止，那么，目的DTE收到的DATA包中的M位和D位的设置，应根据源DTE发出并作为组合的一部分的最后一个DATA包，按照右边两列给出的情况进行。

如果两个DTE上的用户数据字段的最大长度相同，那么DATA包的用户数据字段将严格按照网络的接收交付。例外情况如下：如果满的DATA包M位置为1和D位置为0，之后跟着一个空的DATA包，则两个包可以合并成一个单个B类满的包。如果源DTE发送的完整包序列的最后一个包的用户数据字段长度小于最大长度，且M位置为1和D位置为0(在本标准范围内不允许DTE这样发送)，则网络向接收DTE交付的完整包序列的最后一个包的M位将被置0。

如果接收DTE的最大用户数据字段长度小于发送DTE的最大用户数据字段长度，那么这种包应在网络内分段，M位和D位由网络设置，以保持完整包序列。

另见：

——D位(6.3)；

——M位序列(6.4和图6)。

6.6 限定符位

在某些情况下，DATA包的用户数据字段需要指示符，用以区分该字段携带的两种信息类型。例如，有必要区分数据与控制信息。ITU-T X.29 包含一个这样的例子。如果需要这种机制，可使用所谓的限定符位(Q位)。

Q位的使用是任选的。如果不需要这种机制，则Q位总是置0。如果需要Q位机制，则发送DTE应将完整包序列的所有DATA包中Q位置为同一值，0或1。Q位设置与否，由收自较高层实体的指令决定。同样，所收到的每一完整包序列的Q位的设置也要送给较高层实体。

所发送的每一DATA包中的Q位都置同一值的完整包序列，仍被作为完整包序列交付，其所有DATA包中的Q位都设置成发送DTE赋予的值。

如果完整包序列的所有DATA包中Q位不是被DTE设置为同一值，那么网络并不保证传送到远程DTE的任何DATA包中的Q位的值或相应的完整包序列中的Q位的值。而且，某些网络可能会复位虚呼叫或永久虚电路。如果完整包序列的所有DATA包中Q位未被设置为同一值，那么接收DTE将用指示"DTE发起"的原因和"Q位设置不一致"的诊断复位逻辑信道。

不管Q位如何设置，DATA包连续编号。

另见：

——完整包序列(6.5和图6)；

——包的编号(7.1.1)；

——复位规程(第8章)。

6.7 消息的分段和重新组装

包层在两个对等较高层实体间提供发送消息的服务(也称为M位序列)。在源DTE中，包层将消息分段(即打包)成适当数目的DATA包，并对形成的每个包设置D位、M位和Q位。这种处理应考虑到逻辑信道允许的最大用户数据字段长度、消息中包含的每一完整包序列的长度和Q位的设置以及消息是否请求端到端确认。如果请求这样的确认，则将消息的最后一个DATA包中的D位置为1。

注：如果这样的分段导致了DATA包包含0长度的用户数据字段，也是允许的。

在接收DTE中，包层将DATA包的用户数据字段重新组装成消息。消息被送给较高层实体，并提供每一完整包序列的长度和Q位设置的指示以及较高层实体是否必须证实接到消息交付的指示。

另见：

——DATA包的最大用户数据字段长度(6.2)；

——D位(6.3)；

——M位序列(6.4和图6)；

——完整包序列(6.5和图6)；

——Q位(6.6)；

——交付证实(7.1.4)。

6.8 中断规程

中断规程允许DTE向远程DTE发送数据而不必遵守适用于DATA包的流量控制规程，该数据包含在INTERRUPT包中。中断规程的起动和数据的产生由较高层实体控制。一旦收到INTERRUPT包，指示中断业已产生的信号连同数据一起送给较高层实体。

图7给出了中断规程的示意图。

中断规程仅适用于FLOW CONTROL READY状态(d1)，因此，中断规程因被清除(仅对虚呼叫)、复位或重新起动规程而废止。在d1状态中，适用于中断规程的状态有四个(每一中断传输方向两个)，它们是DTE INTERRUPT READY(i1)、DTE INTERRUPT SENT(i2)、DXE INTERRUPT READY(j1)和DXE INTERRUPT SENT(j2)状态，如图34所示。表35规定了当DTE收到来自DXE的中断包时所采取的适用于中断规程的动作。

中断规程不影响虚呼叫或永久虚电路上适用于DATA包的数据传送规程和流量控制规程。对给定的虚呼叫或永久虚电路，INTERRUPT包在DATA包流中的中断产生点或之前交付。收到后必须

B:A,这里有一些你的数据。顺便告诉你,我已收到包0的全部DATA包,所以,下一个我希望从你那接收的包是包1。

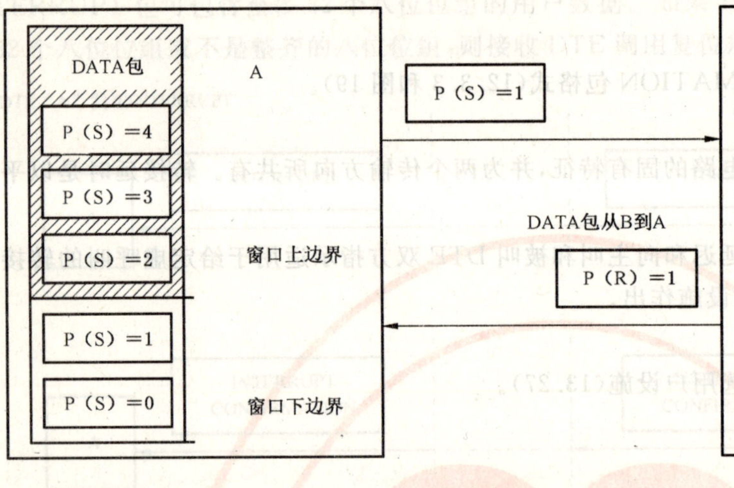

A:那么你收到了我的包0并且下一个是包1,好的,这已经在我的窗口内(并被发送)。我将移动我的窗口边界,使包1成为下边界,包2成为上边界,现在我能发送包2。

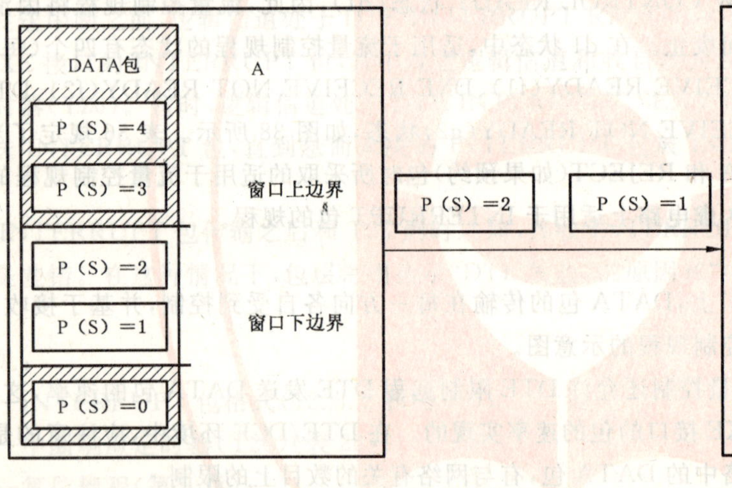

图8(续)

另见:

——收到DATA包时定时器的考虑(表28)。

7.1.1 包的编号

在给定的虚呼叫或永久虚电路上的每一数据传输方向,要发送通过DTE/DXE接口的每一DATA包都要按序列编号。

DATA包的序列编号执行模8操作,包的序列号在0~7的整个范围内循环。在DTE/DXE接口上可提供扩展包序列编号设施。如果选择了扩展包序列编号设施,DATA包的序列编号执行模128操作,包的序列号在0~127的整个范围内循环。在DTE/DXE接口上可提供超扩展包序列编号设施。如果选择了超扩展包序列编号设施,DATA包的序列编号执行模32768操作,包的序列号在0到32 767的整个范围内循环。模8、模128或模32768,对两个数据传输方向是相同的,而且是包层实体中所有逻辑信道共有的。

只有DATA包包含这种序列号,被称为包发送序列号P(S)。

当逻辑信道刚进入FLOW CONTROL READY状态(d1)时,对给定的数据传输方向,第一个要发送通过DTE/DXE接口的DATA包具有等于0的P(S)。后续的DATA包连续编号。

另见:

——扩展或超扩展包序列编号任选用户设施(13.2)。

7.1.2 窗口描述

在用于虚呼叫或永久虚电路以及用于每一数据传输方向逻辑信道的DTE/DXE接口上,窗口被定义为准许通过接口的W个连续DATA包的包发送序列号P(S)的(模)有序集合。

窗口中W个包的第一个包发送序列号被称作"窗口下边界"。当虚呼叫或永久虚电路刚进入FLOW CONTROL READY状态(d1)时,与每一数据传输方向有关的窗口的下边界等于0。"窗口上边界"是允许通过接口的W个包的最后一个P(S)。

第一个不准通过接口的DATA包的P(S)是窗口下边界的值加W(模8,或扩展时模128,或超扩展时模32768)。

模8和模128操作,DTE/DXE接口上每一数据传输方向的标准的默认窗口尺寸W都是2。模32768操作,DTE/DXE接口上每一数据传输方向的标准的默认窗口尺寸W都是128。

另外,其他(非标准)默认窗口尺寸也是可用的。

标准默认值与非标准默认值(如果有的话)合起来,数据传输每个方向的窗口尺寸都可从中进行选择。对虚呼叫,这种选择共同地适用于DTE/DXE接口上的所有逻辑信道。对永久虚电路,每一逻辑信道各自进行选择。这些选择就是与DXE就一段时间商定的。另外,如果预约了流量控制参数协商设施,则允许基于每一虚呼叫,协商窗口尺寸。

另见:

——非标准默认窗口尺寸任选用户设施(13.10);

——流量控制参数协商任选用户设施(13.12)。

7.1.3 流量控制原理

当DTE或DXE要发送的下一个DATA包的序列号P(S)在窗口之内时,准许DTE或DXE发送该DATA包。当要发送的下一个DATA包的P(S)在窗口之外,则DTE或DXE不应发送该DATA包通过DTE/DXE接口。

如果DTE或DXE收到的DATA包的序列号P(S)是序列中的下一个,并且在窗口之内,则DTE或DXE将接受这个DATA包。如果接收的DATA包包含失序的序列号P(S)(即P(S)编号中有重复或有间隙),或在窗口之外,或者进入FLOW CONTROL READY状态(d1)后第一个DATA包的P(S)不等于0,则被DTE或DXE认为是规程差错。在DTE/DCE环境中,DCE将用指示"本地规程差错"的原因复位逻辑信道。DTE将用指示"DTE发起"的原因复位逻辑信道。在这两种情况下,诊断都是"无效P(S)"。

另一种情况是如果收到的DATA包包含失序的P(S),但在窗口之内,那么DTE可使用11.3中讨论的规程b)或c)。

被称为包接收序列号P(R)的数(模8,或扩展时模128,或超扩展时模32768),运送通过DTE/DXE接口的来自接收方的关于DATA包传输的信息。当发送通过DTE/DXE接口时,有效的P(R)(下面定义)就变成窗口下边界。这样,又有一个DATA包被接收方准许通过DTE/DXE接口。

包接收序列号P(R)在DATA、RECEIVE READY(RR)、RECEIVE NOT READY(RNR)和REJECT(如果预约)包中运送。

接收的P(R)的值应大于或等于DTE或DXE上次收到的P(R)的值,而小于或等于那个DTE或DXE要发送的下一个DATA包的P(S)的值。否则,DTE或DXE将认为该P(R)的接收是规程差错,复位逻辑信道。DCE将用指示"本地规程差错"的原因复位逻辑信道。DTE将用指示"DTE发起"的原因复位逻辑信道。在这两种情况下,诊断都是"无效P(S)"。

在任何上述包中返回的P(R)都小于或等于期望的下一个DATA包的P(S)(模8,或扩展时模128,或超扩展时模32768),这意味着发送P(R)的DTE或DCE至少已经接受了直到并包括标号为P(R)-1在内的所有DATA包。

另见：

——RECEIVE READY 包(7.1.5)；

——RECEIVE NOT READY 包(7.1.6)；

——复位规程(第8章)；

——有错 DATA 包的接收(11.3)；

——包重发任选用户设施(13.4)；

——扩展包序列编号任选用户设施(13.2)。

7.1.4 文付证实

当 P(S)=p 的 DATA 包中的 D 位置为 0 时，对应于该 DATA 包返回的 P(R)(即 P(R)≥p+1)的意义是本地更新通过包层接口的窗口。在 DTE/DCE 环境中，返回的 P(R)并不表明已经收到来自远程 DTE 的 P(R)，而且，可达到的吞吐量不受 DTE 到 DTE 通过网络往返延迟的约束。

当 P(S)=p 的 DATA 包中的 D 位置 1 时，对应该 DATA 包返回的 P(R)(即 P(R)≥p+1)的意义是指示已经收到了来自远程 DTE 的 P(R)，而且，原来 D 位置为 1 的 DATA 包中的数据位全部收到。如果 DTE 不愿使用 D 位规程，但收到了 D 位置为 1 的 DATA 包，则可用指示“DTE 发起”的原因和“不支持 D 位规程”的诊断复位逻辑信道。

为获得更高的可靠性，DTE 可使用 D 位规程，表明较高层实体收到了数据。这种使用需要两个 DTE 事先商定。当使用该规程时，如果较高层设施实体期望端到端接收证实，那么发送包层要将 M 位序列中的最后一个 DATA 包的 D 位置为 1。一旦收到 M 位序列中的最后一个 D 位置为 1 的 DATA 包，接收包层直到该包中的数据被较高层实体确认后，才能返回相应的 P(R)(如果 D 位置为 1 的 DATA 包不是 M 序列中的最后一个，包层是否要等待较高层实体对该包中数据的确认有待进一步研究)。确认收到后，包层应尽快返回这个 P(R)(例如，不必等下一个 DATA 包)，以避免死琐的可能。DATA、RR、RNR 或 REJECT(如果预约)可用于运送 P(R)(见 7.1.6 之注 2)。同样，在网络环境中，也要在收到远程 DTE 的 P(R)后尽快给 DTE 发送 P(R)。

注 1：当 D 位置为 1 的 DATA 包的 P(R)悬而未决时，对 DTE/ECE 接口上后续 D 位置为 1 的 DATA 包的窗口的本地更新将被推迟。某些网络还可能推迟对以前(窗口之内)的 D 位置为 0 的 DATA 包的更新，直到悬而未决的 D 位置为 1 的 DATA 包的相应 P(R)发送到 DTE 为止。

注 2：在 DTE/DCE 环境中，对应于 D 位置为 1 的 DATA 包所包含数据的 P(R)的值，不要求在虚呼叫或永久虚电路每一端的 DTE/DCE 接口上相同。

注 3：如果 DTE 已经发送了 D 位置为 1 的 DATA 包，则 DTE 不需要在起动复位或清除规程前等待窗口的本地更新。

另见：

——D 位(6.3)；

——M 位序列(6.4)；

——复位规程(第8章)；

——清除规程(5.5)。

7.1.5 RECEIVE READY(RR)包

RECEIVE READY(RR)包被 DTE 或 DXE 双方用来指示已经准备好接收窗口内从 P(R)开始的 W 个 DATA 包，其中 P(R)在 RR 包中指示。

注：带有特定 P(R)值的 RR 包的传输不作为重发已发送的 DATA 包的要求。

另见：

——RECEIVE READY 包格式(12.41 和图 20)。

7.1.6 RECEIVE NOT READY(RNR)包

RECEIVE NOT READY(RNR)包被 DTE 或 DXE 双方用来指示暂时不能接受给定虚呼叫或永久虚电路上的其他 DATA 包。接收 RNR 包的 DTE 或 DXE 停止在指示的逻辑信道上发送 DATA 包，但如果 RNR 包的 P(R)有效，则用 P(R)的值来更新窗口。因传输 RNR 包而指示的接收未准备好的状况，将由同一方向上传输的 RECEIVE READY 或 REJECT(如果预约)包清除，或者由复位规程的起动清除。

注 1：在传输 RNR 包后传输 PR 包，不作为重发业已发送的 DATA 包的要求。

注 2：在不能接收其他包的情况下，RNR 包可用于运送通过 DTE/DXE 接口的对应于 D 位置为 1 和的 DATA 包的 P(R)的值。

另见：

——RECEIVE NOT READY 包格式(12.4.2 和图 21)；

——RECEIVE READY 包(7.1.5)；

——复位规程(第 8 章)。

7.2 吞吐量特征和吞吐量级别

一个传输方向的吞吐量级别，是与分配给虚呼叫或永久虚电路的资源数目有关的虚呼叫或永久虚电路的固有特征，是对虚呼叫或永久虚电路上所提供的在最佳状态下的稳态吞吐量的度量。然而，由于统计性共享传输和交换资源，不能保证吞吐量级别在 100%的时间都能达到。

吞吐量的最佳状态包括：

a) 本地和远程接口的访问线路特征不制约吞吐量级别；

注：特别地，由于帧和包报头的开销，当对应于 DTE 用户服务级别(即访问线路传输速率)的吞吐量级别应用于虚呼叫或永久虚电路时，稳态的吞吐量等于但永远不能达到那个吞吐量级别。

b) 本地和远程接口上的窗口尺寸不制约吞吐量级别；

c) 本地和远程接口上的其他逻辑信道的通信量特征不制约吞吐量级别；

d) 接收 DTE 不控制 DXE 的流量，否则吞吐量级别无法达到；

e) 发送 DTE 只发送具有最大用户数据字段长度的 DATA 包；

f) D 位置不为 1。

可能需要扩展包序列编号(见 13.2)、非标准默认包长度(见 13.9)、非标准默认窗口尺寸(见 13.10)和/或流量控制参数协商(见 13.12)等设施，以达到稳态吞吐量的高值，特别是对于具有高转换延时的虚电路或永久虚电路来说更是如此。

吞吐量级别用位每秒表示。在 DTE/DXE 接口上，最大用户数据字段长度是为虚呼叫或永久虚电路规定的，因此，吞吐量级别可被 DTE 解释为在 DTE/DXE 接口上每秒满的 DATA 包的数目。在不用默认吞吐量级别分配设施时，两个数据传输方向的默认吞吐量级别对应于 DTE 的用户服务级别(即访问线路传输速率)，但不超过 DXE 支持的最大吞吐量级别。另外，如果已经预约了吞吐量级别协商设施，则允许基于每次虚呼叫的吞吐量级别的协商。

注：DTE/DXE 接口上所支持的所有虚呼叫和永久虚电路的吞吐量级别的总和可能大于访问线路传送速率。

另见：

——D 位(6.3 和 7.1.4)；

——流量控制规程(第 7 章)；

——默认吞吐量级别分配任选用户设施(13.11)；

——吞吐量级别协商任选用户设施(13.13)。

8 复位规程

本章描述的复位规程独立地适用于 DTE/DXE 接口上现存的每一逻辑信道。

复位规程用于重新初始化虚呼叫或永久虚电路，在 DTE/DXE 接口上的虚呼叫或永久虚电路刚被复位后，应采取下述与逻辑信道有关的动作。

a) 关于 DATA 包：

——从窗口除去已发送的那些；

——尚未发送但包含在已发送过一些 DATA 包的 M 位序列中的那些，应从 DATA 包等待传输队列中清除；

——已经收到但尚未构成一个完整 M 位序列的那些，应从 M 位序列重新组装区中清除(另外，也可以将这些包连同它们尚未构成完整 M 位序列的指示，一并送给较高层实体)。

b) 每一数据传输方向的窗口下边界置 0，后续发送的 DATA 包从 0 开始编号；

c) 在复位之前业已存在的任何接收未准备好状态都被认为不再存在；

d) 任何悬而未决 INTERRUPT 包仍保持未证实；

e) 所有与数据及中断传送有关的定时器及重发参数置回它们的初始值(包括 T24，T25，T26，T27，R25 和 R27)。

在网络应用中，复位规程去除与那个逻辑信道关联的每一方向上的可能在网络中存在的所有 DATA、中断和流量控制包。

图 9 给出了复位规程的示意图。

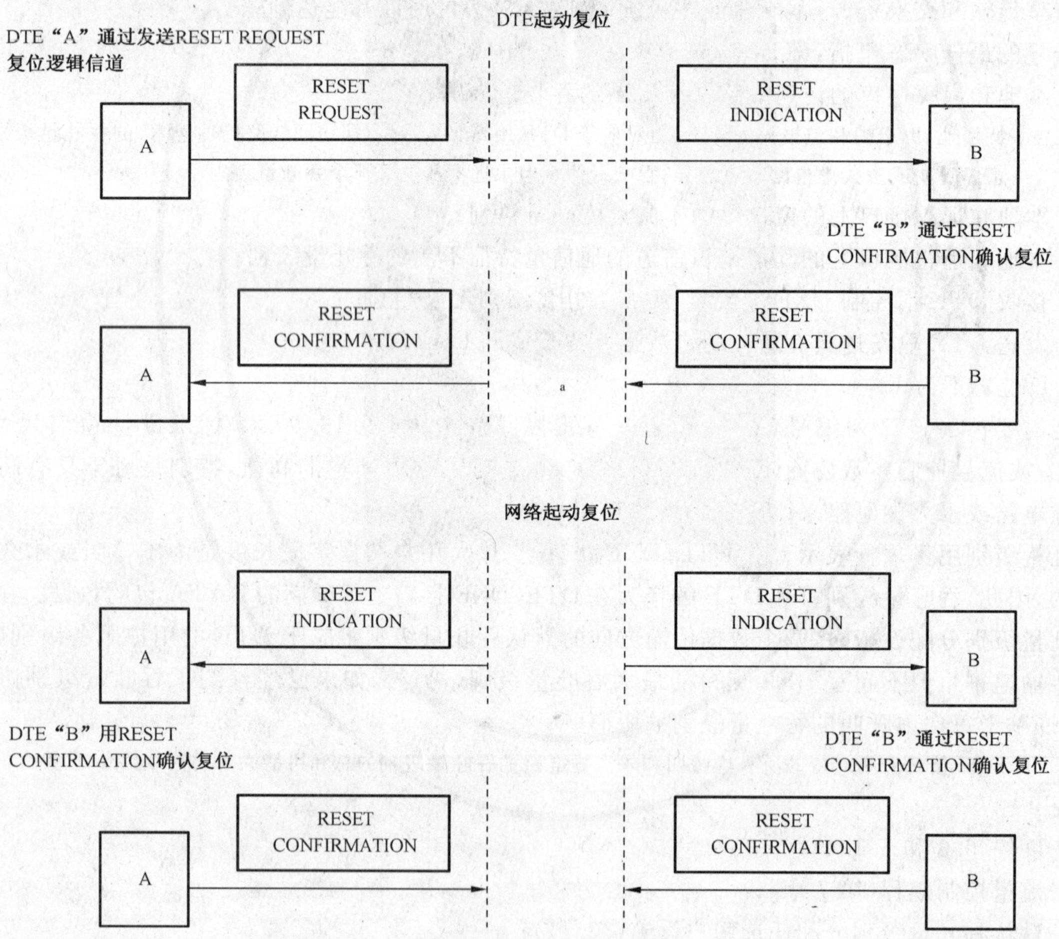

a 在网络环境，DTE“A”收到的 RESET CONFIRMATION 不需要是 DTE“B”发送 RESET CONFIRMATION 包的结果。

图 9 复位示意图

复位规程仅适用于 DATA TRANSFER 状态(p4)。在任何其他状态中，复位规程将被废止。例如，当起动清除(仅虚呼叫)或重新起动规程时，RESET REQUEST 或 RESET INDICATION 包仍保持未证实。有三个 p4 内的状态适用于复位规程，它们是 FLOW CONTROL READY(d1)、DTERESET REQUEST(d2)和 DXERESET INDICATION(d3)状态，如图 36 所示。在进入状态 p4 后，虚呼叫逻辑信道处于状态 d1。除了在复位或重新起动规程期间,永久虚电路逻辑信道总是处于状态 d1。

表 34 规定了当 DTE 收到来自 DXE 的包时所采取的适用于复位规程的动作。

另见:

——M 位序列(6.4 和图 10);

——流量控制窗口(7.1.2);

——定时器参数(表 26);

——重发参数(表 27)。

8.1 发起复位请求

DTE 可以在任何时刻,发送规定了逻辑信道的 RESET REQUEST 包通过 DTE/DXE 接口,并起动复位请求响应定时器(T22),来指示复位请求。这时,逻辑信道处于 DTE RESET REQUEST 状态(d2)。在该状态下,DTE 丢弃该逻辑信道上的 DATA、INTERRUPT、IDTERRUPT CONFIRMATION、RECEIVE READY、RECEIVE NOT READY 和 REJECT 包。因此,较高层实体必须能够应付可能出现的各种情况。

在 RESET REQUEST 包传输之后和定时器 T22 到时之前,接收 RESET CONFIRMATION 包失败,则被认为是差错。复位规程可重试至多 R22 次。之后,对虚呼叫逻辑信道,包层将用指示"DTE 发起"的原因和"复位定时器期满或重发计数超出"的诊断复位逻辑信道。对永久虚电路逻辑信道,包层将通知适当实体,随后,逻辑信道保持 DTE RESET REQUEST 状态(d2)。

另见:

——RESET REQUEST 包格式(12.5.1 和图 22);

——复位请求响应定时器(T22)(表 26);

——复位请求重发计数(R22)(表 27);

——清除规程(5.5);

——接收复位指示(8.2);

——复位碰撞(8.3);

——复位证实(8.4)。

8.2 接收复位指示

一旦收到 RESET INDICATION 包,所指示的逻辑信道便处于 DXE RESET INDICATION 状态(d3)。在该状态下,DTE 收到任何后续的 DATA、INTERRUPT、INTERRUPT CONFIRMATION、RECEIVE READY、RECEIVE NOT READY 和 REJECT 包都认为是差错。DTE 将丢弃任何这样的包,并发送原因代码指示"DTE 发起"和"状态 d3 包类型无效"诊断代码的 RESET REQUEST 包。

RESET INDICATION 包规定复位的理由。复位原因代码、诊断代码和复位规程已经发生的指示应一起送给较高层实体。

注:在 DTE/DTE 环境中,一个 DTE 收到的 RESET INDICATION 包与另一个 DTE 发送的 RESET REQUEST 包相同。

在 DTE/DCE 环境中,如果网络内部发生了瞬时故障,则将从 DCE 收到一个原因指示"网络拥塞"的 RESET INDICATION 包。如果网络暂时失去了处理数据通信量的能力,则将从 DCE 收到一个原因指示"网络故障"的 RESET INDICATION 包,在这种情况下,当网络又能处理数据通信量时,将用"网络可运行"的原因复位永久虚电路。

DTE 在处理了 RESET INDICATION 包之后,发送通过 DTE/DXE 接口的 RESET CONFIRMATION 包。

另见:

——RESET INDICATION 包格式(12.5.1 和图 22);

——复位原因(12.5.1);

——复位碰撞(8.3);

——复位证实(8.4);

——收到 RESET INDICATION 包时定时器的考虑(表 28)。

8.3 复位碰撞

对同一逻辑信道,当 DTE 发送 RESET REQUEST 包(按 5.1 所述),接着又收到了 RESET INDICATION 包(按 8.2 所述)时,复位碰撞便产生了。在这种情况下,DTE 既不发送 RESET CONFIRMATION 包,也不指望收到这样的包,而是认为复位完成了。

在复位规程完成后,逻辑信道处于 FLOW CONTROL READY 状态(d1)。

8.4 复位证实

当 DTE 准备确认证实时,发送通过 DTE/DXE 接口的 RESET CONFIRMATION 包。这时,证实规程就被认为完成了。

如果 DTE 起动了证实规程,当收到 RESET CONFIRMATION 包时,证实规程就被认为完成了。

在证实规程完成后,逻辑信道都处于 FLOW CONTROL READY 状态(d1)。

在网络环境中,从 DCE 收到的 RESET CONFIRMATION 包只能被广义地解释为具有本地意义。然而,在某些网络中,复位证实可具有端到端意义。

另见:

——RESET CONFIRMATION 包格式(12.5.2 和图 23)。

9 清除、复位和重新起动规程对数据传送包的影响

本章只属于网络环境。

在 DTE 或 DCE 在本地接口上启动清除(仅虚呼叫)、复位或重新起动规程之前,DTE(或网络)产生的所有 DADA 和 INTERRUPT 包,既可以在 DCE 向远程接口发送相应指示之前交付给远程 DTE,也可以由网络丢弃。

在本地接口完成重新起动(仅永久虚电路)或复位规程之后,DTE(或网络)产生的任何 DADA 和 INTERRUPT 包,都不能在远程接口完成相应复位规程之前交付给远程 DTE。

当 DTE 在本地接口起动清除(仅虚呼叫)、复位或重新起动规程时,在相应指示发送到远程 DTE 之前,远程 DTE(或网络)产生的所有 DATA 和 INTERRUPT 包,既可以在 DCE 证实发起的清除(仅虚呼叫)、复位或重新起动规程之前交付给发起 DTE,也可以由网络丢弃。

注:可能被丢弃的 DATA 包的最大数目是网络端到端延迟和吞吐量特征的函数,与本地窗口大小无关。对虚呼叫和永久虚电路上传送的所有 D 位置为 1 的 DATA 包,在一个传输方向上可能被丢弃的 DATA 包的最大数目不会大于该传输方向的窗口尺寸。

10 第 1 层和第 2 层对包层的影响

DTE/DXE 接口的第 1 层和/或第 2 层操作状态的改变并不意味着包层实体中任何逻辑信道状态的改变。当这样的改变发生时,是通过重新起动、清除(仅虚呼叫)或复位规程的恰当使用,在包层明确指示的。

第 1 层和/或第 2 层的故障情况定义如下:

a) 由于所造成的异常情况,例如,由于 DTE 和 DXE 之间的线路故障,帧不能通过 DTE/DXE 接口发送或接收;

b) DTE 已收到或发送过数据链路层 DISC 命令。

注:短暂的第 1 层断路(例如,瞬时失去载波)不认为是故障情况,也不通知数据链路层和包层。

在使用多重链路规程时,当执行多重复位规程时,或一旦丢失了多重链路帧时,故障情况的发生被认为是对 DTE/DXE 接口的每一个单链路规程同时出现的。

按照 OSI 连接方式数据链路服务术语，故障情况是发生在数据链路连接被释放时。

当监测到这样的故障情况时，DTE 认为用于虚呼叫的逻辑信道已被清除，用于永久虚电路的逻辑信道已被复位。

在 DTE/DCE 环境中，DCE 将向远程端发送：

a) 对于每一永久虚电路，带有“故障”原因的 RESET INDICATION 包；

b) 对每一现存的虚呼叫，带有“故障”原因的 CLEAR INDICATION 包。

在故障情况期间，DCE 将：

a) 对任何入虚呼叫，以“故障”原因清除呼叫；

b) 对在永久虚电路上收自远程 DTE 的任何 DATA 或 INTERRUPT 包，以“故障”原因复位永久虚电路；

c) 对在永久虚电路上收自远程 DTE 的 RESET REQUEST 包，通过 RESET CONFIRMATION 包，或通过 RESET INDICATION 包向远程 DTE 证实复位规程。

当故障情况恢复时，DTE 应启动重新起动规程。对在 DTE/DCE 环境中的每一永久虚电路，每一远程 DTE 都将收到 RESET INDICATION 包。

另见：

——清除规程(5.5)；

——复位规程(第 8 章)；

——重新起动规程(第 4 章)。

11 差错处理

包层定义的差错分类如下：

a) 语法差错——收到的包不符合包层格式规范和语法差错的例子有：

——收到任何带有无效协议标识符的包(仅模 32768 可操作)；

——收到任何带有无效通用格式标识符的包；

——收到任何带有未分配的逻辑信道标识符的包(这包括 RESTART、REGISTRATION 和 DIAGNOSTIC 包外，收到任何逻辑信道标识符是 0 的包)；

——收到任何带有无效包类型标识符的包；

——收到数据超过逻辑信道上允许的最大用户数据字段长度的 DATA 包。

b) 逻辑差错——收到的包是逻辑信道在当前状态下不能接受的输入，或包的 P(R)或 P(S)的值无效，逻辑差错的例子有：

——没有发出过 REQUEST 包，却收到了相应的 CONFIRMATION 包(CLEAR、RESET、RESTART 或 REGISTRATION)；

——在发出 INTERRUPT CONFIRMATION 包之前又收到了第二个中断包；

——收到任何其 P(R)值小于上次收到的 P(R)值的包，或大于要发送通过 DTE/DXE 接口的下一个 P(S)值的包；

——收到 P(S)值在窗口之外，或虽在窗口之内但失序的 DATA 包。

c) 传输差错——由于包的丢失或延迟导致的差错，传输差错的例子有：

——在 RESTART REQUEST 包传输之后和定时器 T20 到时之前，未收到适当的响应包(例如，RESTART CONFIRMATION)；

——在 CALL REQUEST 包传输之后和定时器 T21 到时之前，未收到适当的响应包(例如，CALL CONNECTED)；

——在 RESET REQUEST 包传输之后和定时器 T22 到时之前，未收到适当的响应包(例如，RESET CONFIRMATION)；

——在 CLEAR REQUEST 包传输之后和定时器 T23 到时之前，未收到适当的响应包(例如，CLEAR CONFIRMATION)；

——在 INTERRUPT 包传输之后和定时器 T26 到时之前，未收到适当的响应包(例如，INTERRUPT CONFIRMATION)；

——在 REGISTRATION REQUEST 包传输之后和定时器 T28 到时之前，未收到适当的响应包(例如，REGISTRATION CONFIRMATION)。

以上列举的例子并不意味着包括了所有的差错情况。表 31～表 36 汇总了 DTE 监测到语法或逻辑差错后采取的动作，表 26 和表 27 汇总了 DTE 监测到传输差错后采取的动作。

11.1 DIAGNOSTIC 包

DIAGNOSTIC 包适用于 DTE/DCE 和 DTE/DTE 两种环境。然而，前者只有 DCE 才可发送 DIAGNOSTIC 包。而在 DTE/DTE 环境中，仅当 DTE 连接到网络并能抑制它的生成时，才可发送 DIAGNOSTIC 包。

在通常指示方法(即带有原因和诊断的复位、清除和重新起动)不合适情况下，DIAGNOSTIC 包用于指示差错情况(见表 31 和表 32)。DIAGNOSTIC 包提供有关在包层是被认为不可恢复的差错状况的信息。一旦收到 DIAGNOSTIC 包，包层将接收指示和关联的差错信息一起送给较高层实体。每一特定的差错情况只能发一次 DIAGNOSTIC 包。DTE 收到 DIAGNOSTIC 包，不需要发证实。

另见：

——DIAGNOSTIC 包格式(12.7 和图 26)；

——诊断代码(表 24 和表 25)；

——复位规程(第 8 章)；

——清除规程(5.5)；

——重新起动规程(第 4 章)。

11.2 未收到窗口旋转信息

本条描述的规程是 DTE 任选实现的，用于从未收到窗口旋转信息(即传输了 DATA 包后未收到旋转窗口的 P(R))下恢复。这里大力推荐的是，使用较高协议实现这样的恢复比使用这些规程好得多。从发送 DATA 包的 DTE 的角度看，未收到窗口旋转信息可能由于下述状况引起：

a) 发送的 DATA 包丢失，可能是整个窗口值的所有 DATA 包(万一发生丢失事件，发送 DTE 不会收到旋转窗口的包)；

b) 包含使窗口旋转的 P(R)的包丢失(用于运送 P(R)的有 RR、RNR、DATA 和 REJECT(如果预约)包)；

c) 发送了少于窗口值的 D 位置为 0 的 DATA 包(在正常情况下，DXE 仅要求实施窗口旋转来满足吞吐量级别和确认 D 位置为 1 的 DATA 包的需要)；

d) 在接收 D 位置为 0 的 DATA 包时，由于暂时缺乏资源或其他原因，DXE 通过允许窗口关闭(即不发 RNR 包)来实现流量控制。

根据上述原因，接收窗口旋转信息失败，可能导致发送 DTE 在包层处于“流量控制禁止”状态。如果窗口关闭，则根据 7.1 中定义的流量控制机制，发送 DTE 不再发送更多的 DATA 包。DTE 保持流量控制禁止状态，直到它的发送窗口旋转为止，并且不受 RNR 包明确的流量控制。要特别注意上面 a)和 b)两项，因为 DTE 可能无限期保持流量控制状态。这种情况称为“流量控制封锁”。

另见：

——窗口描述(7.1.2)；

——流量控制原理(7.1.3)。

11.2.1 发送 DTE 的任选规程

为实现从未收到窗口旋转信息下恢复，DTE 在发送 DATA 包通过 DTE/DXE 接口时，可以起动窗口旋转定时器(T25)。当收到旋转窗口的P(R)时,如果有仍处在窗口内的以前发送的DATA包,或接着又发送了另外的DATA包,那么,重新起动定时器。否则,注销定时器。如果在定时器T25到时之前未收到旋转窗口的P(R),那么,发送DTE应该:

a) 复位逻辑信道;

b) 重发窗口中的所有以前发送过的DATA包,并重新起动定时器。如果重发次数超过R25的最大值,DTE应复位逻辑信道。

注1:这种DATA包的重发与包重发任选用户设施或REJECT包的使用无关。

注2:DTE(如果按11.3中的b)或c)条所述的两规程之一操作除外)和DCE收到的P(S)失序或在窗口之外的DATA包,将认为是规程差错,并复位逻辑信道。

当按上述a)或b)复位逻辑信道时,DTE指示的原因为"DTE发起",诊断为"DATA包传输定时器期满或重发计数超出"。

注:接收DATA包的DTE或DCE不被必备以实时方式旋转窗口,来防止发送DTE的T25定时器期满(例如,见11.2的c)和d)条)。因此,应小心使用上述规程。

另见:

——窗口旋转定时器(T25)(表26);

——数据包重发计数(R25)(表27);

——复位规程(第8章)。

11.2.2 接收DTE的任选规程

为减少丢失窗口旋转指示包的概率,当逻辑信道处于FLOW CONTROL READY状态(d1)期间,DTE每隔T24时间单位(即每当窗口状态传输定时器期满时)可发出一个RR、RNR、DATA或REJECT(如果预约)包。如果自上次窗口旋转指示包传输以来经历了T24时间单位,则要么发RR,要么发RNR包。发出的包应反映发送它的DTE的当前状态。因此,如果DTE不能接受更多的DATA包,就发送RNR包,反之,发送RR包。这些包包含的P(R)对应最新收到的正确的DATA包。然后,这个P(R)就变成了发送DTE的窗口下边界。

上述规程并不排除窗口旋转附加算法的使用。这个规程仅仅是试图确保,一旦决定了旋转窗口,即使原始包丢失,也要实现那种决定的传输。

注:在DTE/DCE环境中,在一个DTE/DCE接口上使用上述规程,对另一个DTE/DCE接口没有任何影响。

另见:

——窗口状态传输定时器(T24)(表26)。

11.3 收到有差错的DATA包

数据传送的正常操作要求DATA包按序列接收,不大于当前数据传送操作允许的最大包长度,并且在用户数据字段中包含整数个八位位组。如果收到的DATA包,其P(S)值不连续,(即P(S)≠前一个P(S)+1,模8或扩展时模128或超扩展时模32768),或用户数据字段长度大于最大允许值,或用户数据字段不是对齐的八位位组,都被认为是差错。

为从上述差错中恢复,DTE有三种方法可用,它们是:

a) 不理睬有差错的DATA包,并用指示"DTE发起"的原因和下面一种适当的诊断复位逻辑信道:

——无效P(S);

——包太长;

——非对齐八位位组数据字段。

b) 不理睬有差错的DATA包,并发送REJECT包,其P(R)等于所期望的下一个按序列的DATA包的P(S)。

这种方案只有在与接口DXE商定了使用包重发设施时才可使用。而且,在DTE/DCE环境中,作为收到REJECT包的结果,DCE的包重发只具有本地意义。也就是说,DCE通过重发请求的 DATA 包通过本地接口，来响应 REJECT 包(DCE 不向远程 DTE 发送 REJECT 包)。

c) 不理睬有差错的 DATA 包和后续所有的 DATA 包，直到收到正确的 DATA 包为止。这种规程依赖于源 DTE 在它的定时器 T25 到时之后重发仍在窗口之内的所有 DATA 包，直到最大重发次数 R25 为止(在这之后，源 DTE 应该用指示“DTE 发起”的原因和”DATA 包传输定时器期满或重发计数超出”的诊断复位逻辑信道)。

在 DTE/DCE 环境中，如果 DCE 收到了重复的 DATA 包，则将复位逻辑信道。这要求两个 DTE 都已商定了这种从有差错的 DATA 包恢复的方法。

恢复的标准方式要求复位逻辑信道。

另见：

——复位规程(第 8 章)；

——包重发任选用户设施(13.4)；

——窗口旋转定时器(T25)(11.2.1 和表 26)；

——数据包重发计数(R25)(11.2.1 和表 27)；

——流量控制原理(7.1.3)。

12 包格式

本章包含的信息有：

a) 通用包格式信息(12.1)；

b) 呼叫建立和呼叫清除包格式(12.2)；

c) DATA 和中断包格式(12.3)；

d) 流量控制包格式(12.4)；

e) 复位包格式(12.5)；

f) RESTART 包格式(12.6)；

g) DIAGNOSTIC 包格式(12.7)；

h) REJECT 包格式(12.8)；

i) REGISTRATION 包格式(12.9)。

12.1 概述

对模 8 和模 128 操作，一个包通常至少由 3 个八位位组组成，这 3 个八位位组包括通用格式标识符字段、逻辑信道标识符字段和包类型字段。对模 32768 操作，一个包通常至少由 4 个八位位组组成，这 3 个八位位组包括协议标识符字段、通用格式标识符字段、逻辑信道标识符字段和包类型字段。根据特定的包类型，还可以定义其他字段。图 10 示出了一般性包格式。

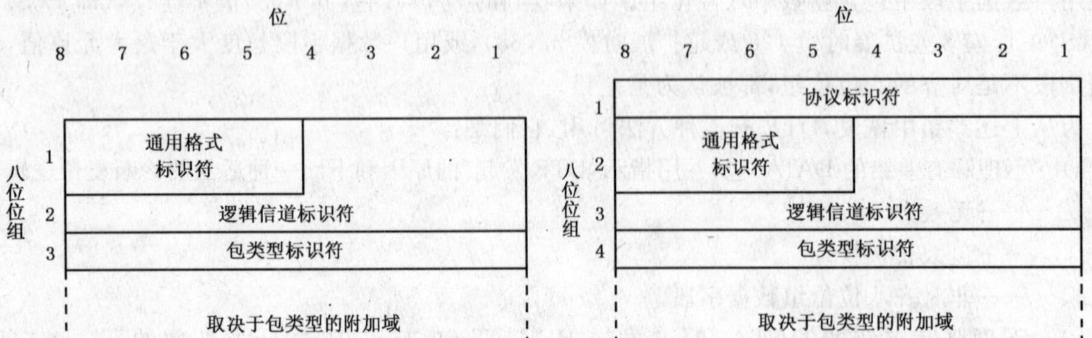

图 10 通用包格式

通过增加新字段对包格式的可能的扩展有待于进一步研究。

注：任何这样的新字段：

a) 只能作为接在所有以前定义的字段后面的附加字段，而不能插在任何以前定义的字段的中间；

b) 仅当已经通知了接口 DXE，接收 DTE 能够解释该字段并能依此动作时，或者仅当接收 DTE 可以不理睬该字段。而且对 DTE/DXE 接口的操作(包括计费)无不利影响时，才能发送的 DTE；

c) 不能包含任何属于 DTE 未预约的任选用户设施的信息，除非 DTE 可以不理睬该设施，而不会对 DTE/DXE 接口的操作(包括计费)造成不利影响。

八位位组的位是由 8 到 1 编号，其中位 1 是低阶位，并且首先发送。包的八位位组从 1 开始连续编号，并依此顺序发送。

为了通过所有 DTE/DXE 接口时的相互可操作性，任何加在前 3 个(或对模 32768 操作为前 4 个)八位位组后面的附加字段都要求包含整数个八位位组。收到的非整齐八位位组字段的包被认为是差错。如果数据链路层不提供从非整齐八位位组包的差错恢复，则应根据包类型，在包层调用恰当的格式错差错恢复规程。

通过 DTE/DXE 接口传送的每个包都包含在有长度限制的数据链路层信息字段中。信息字段中只包含一个包。按照 OSI 数据链路服务的术语，每一个包都作为单个数据链路服务数据单元的用户数据参数传送。

12.1.1 协议标识符字段

对模 8 和模 128 操作，协议标识符字段不体现在任何包格式中。对模 32768 操作，协议标识符字段包含在每个包的第 1 个八位位组中，并且编码为 00110000。

注：ITU-T Rec. X.263|ISO/IEC TR 9577:1999 定义了一个覆盖了每个 X.25 包的第 1 个八位位组的原始协议标识符(IPI)。对模 8 和模 128 操作，IPI 覆盖了每个包的第 1 个八位位组，其中位 8,7,6,5 包含通用格式标识符，位 4,3,2,1 包含逻辑信道标识符的一部分(如果出现，或为 0)。对模 32768 操作，IPI 覆盖了每个包的第 1 个八位位组，是协议标识符。

12.1.2 通用格式标识符字段

通用格式标识符字段是 4 位的二进制编码字段，用作指示头部其余部分的通用格式。对模 8 和模 128 操作，通用格式标识符字段位于每个包的第 1 个八位位组中。对模 32768 操作，通用格式标识符字段位于每个包的第 2 个八位位组中。通用格式标识符字段位于位 8,7,6 和 5 的位置，其中位 5 是低阶位(见表 3)。

表 3 通用格式标识符

		位：8	7	6	5
序列编号 模 8 方案	呼叫建立和 DATA 包(见注 1)	X	X	0	1
	呼叫清除包(见注 1)	X	0	0	1
	流量控制、中断、REJECT、复位、重新起动、登记和 DIAGNOSTIC 包	0	0	0	1
序列编号 模 128 方案	呼叫建立和 DATA 包(见注 1)	X	X	1	0
	呼叫清除包(见注 1)	X	0	1	0
	流量控制、中断、REJECT、复位、重新起动、登记和 DIAGNOSTIC 包	0	0	1	0
序列编号 模 32768 方案	呼叫建立和 DATA 包(见注 1)	X	X	1	1
	呼叫清除包(见注 1)	X	0	1	1
	流量控制、中断、REJECT、复位、重新起动、登记和 DIAGNOSTIC 包	0	0	1	1
保留格式(见注 2)		a	a	0	0

注 1：被指示为“X”的位既可置 0，也可置 1。如后面的讨论。

注 2：当正常格式标识符字段包含在包的第 1 个八位位组中时，这个值保留给其他应用。当包的第 1 个八位位组为协议标识符字段时，这个值保留给通用格式标识符扩展应用。

[a] 未定义。

位6和5编码为四种可能的指示，其中三个用于区分使用模8序列编号的包与使用模128和模32768序列编号的包，第四种编码和协议标识符字段联合使用来指示通用格式标识符编码扩展族的扩展以及有待进一步研究的扩展格式的扩展。

通用格式标识符的位7在DATA包和呼叫建立包中用于交付证实规程，在所有其他包中其置0。

通用格式标识符的位8用于呼叫建立包和呼叫清除包中的A位，或在DATA包中用作限定符位(Q位)，在所有其他包中其置0。

注1：DTE对通用格式标识符进行编码要与它是否预约了扩展包序列编号设施或超扩展包序列编号设施一致；

注2：可以预想，保留的通用格式标识符编码可以用来标识可替换的包格式，规定协议标识符字段是任何这些可替换的包格式的第1个八位位组。

另见：

——扩展和超扩展序列编号设施的任选用户设施(13.2)。

12.1.3 逻辑信道标识符字段

逻辑信道标识符字段[2]在每个包中出现。

对模8和模128操作，逻辑信道标识符字段出现在每个包的第1个八位位组的位4,3,2和1以及第2个八位位组的所有位中。该字段是二进制编码，用第1个八位位组的位4到1后面接第2个八位位组的位8到1，第2个八位位组的位1是低阶位。

对模32768操作，逻辑信道标识符字段出现在每个包的第2个八位位组的位4,3,2和1以及第3个八位位组的所有位中。该字段是二进制编码，用第2个八位位组的位4到1后面接第3个八位位组的位8到1，第3个八位位组的位1是低阶位。

在DTE/DCE环境中，对每一逻辑信道，该号具有本地意义。

在RESTART、DIAGNOSTIC和REGISTRATION包中，该字段编码为全0。

12.1.4 包类型标识符

每个包都应按照表4进行标识。对模8和模128操作，包类型标识符包含在每个包的第3个八位位组中。对模32768操作，包类型标识符包含在每个包的第4个八位位组中。

表4 包类型标识符

包类型		位：(注1)							
DTE到DXE	DXE到DTE	8	7	6	5	4	3	2	1
呼叫建立与清除									
CALL REQUEST	INCOMING CALL	0	0	0	0	1	0	1	1
CALL ACCEPTED	CALL CONNECTED	0	0	0	0	1	1	1	1
CLEAR REQUEST	CLEAR INDICATION	0	0	0	1	0	0	1	1
CLEAR CONFIRMATION	CLEAR CONFIRMATION	0	0	0	1	0	1	1	1
数据与中断									
DATA	DATA	X	X	X	X	X	X	X	0
INTERRUPT	INTERRUPT	0	0	1	0	0	0	1	1
INTERRUPT CONFIRMATION	INTERRUPT CONFIRMATION	0	0	1	0	0	1	1	1
流量控制与复位									
RECEIVE READY	RECEIVE READY								
模8	模8	X	X	X	0	0	0	0	1

2) 逻辑信道标识符字段，在另一方面，能被看作两个子字段组成：逻辑信道组号字段和逻辑信道号字段。逻辑信道组号字段在八位位组1的位4,3,2和1中。逻辑信道号字段在下列八位位组的所有位中。这两个子域都是二进制编码，其中位1是低阶位。这个可替换术语不在本标准中使用。

表 4（续）

包类型		位：(注 1)							
DTE 到 DXE	DXE 到 DTE	8	7	6	5	4	3	2	1
模 128(注 2)	模 128(注 2)	0	0	0	0	0	0	0	1
模 32768(注 10)	模 32768(注 10)	0	0	0	0	0	0	0	1
RECEIVE NOT READY	RECEIVE NOT READY								
模 8	模 8	X	X	X	0	0	1	0	1
模 128(注 2)	模 128(注 2)	0	0	0	0	0	1	0	1
模 32768(注 10)	模 32768(注 10)	0	0	0	0	0	1	0	1
REJECT(注 3)	REJECT(注 4)								
模 8	模 8	X	X	X	0	1	0	0	1
模 128(注 2)	模 128(注 2)	0	0	0	0	1	0	0	1
模 32768(注 10)	模 32768(注 10)	0	0	0	0	1	0	0	1
RESET REQUEST	RESET INDICATION	0	0	0	1	1	0	1	1
RESET CONFIRMATION	RESET CONFIRMATION	0	0	0	1	1	1	1	1
重新起动									
RESTART REQUEST	RESTART INDICATION	1	1	1	1	1	0	1	1
RESTART CONFIRMATION	RESTART CONFIRMATION	1	1	1	1	1	1	1	1
诊断									
DIAGNOSTIC(注 5)	DIAGNOSTIC(注 6)	1	1	1	1	0	0	0	1
登记(注 7)									
REGISTRATION REQUEST	REGISTRATION REQUEST(注 8)	1	1	1	1	1	0	0	1
REGISTRATION CONFIRMATION(注 9)	REGISTRATION CONFIRMATION	1	1	1	1	1	0	0	1

注 1：被指示为“X”的位既可置 0，也可置 1，如后面的讨论。

注 2：模 128 编号只能与扩展包序列编号设施一起使用。

注 3：仅当从 DTE 到 DXE 方向 REJECT 包的传输预约了任选包重发设施时，DTE 才可以发送 REJECT 包(见 13.4)。

注 4：DCE 永远不会发送 REJECT 包，因此，在 DTE/DCE 环境中，DTE 不要求能够处理收到的 REJECT 包。另一方面，在 DTE/DCE 环境中，仅当商定了使用包括 DTE 重发 DATA 包在内的任选包重发设施时，DTE 才必须能够处理收到的 REJECT 包。

注 5：只有在 DTE/DTE 环境中，并且仅当在 DTE 连接到网络时能被设置为抑制它的生成时，DTE 才可发送 DIAGNOSTIC 包。

注 6：在 DTE/DCE 环境中，如果由网络实施，则 DTE 可以从 DTE 收到 DIAGNOSTIC 包。在 DTE/DTE 环境中，如果发送 DTE 在连接到网络时能被设置为抑制它的生成，则 DTE 可以从 DCE 接收 DIAGNOSTIC 包。

注 7：仅当预约了任选在线设施登记设施(见 13.1)时，才可使用 REGISTRATION 包。

注 8：DCE 永远不会发送 REGISTRATIONR REQUEST 包，因此，在 DTE、DCE 环境中，DTE 不要求能够处理收到的 REGISTRATION REQUEST 包。另一方面，在 DTE/DTE 环境中，仅当商定了使用包括 DTE 响应登记规程起动在内的任选在线设施登记设施时，DTE 才必须能够处理收到的 REGISTRATION REQUEST 包。

注 9：在 DTE/DCE 环境中，DTE 不许发送 REGISTRATION REQUEST 包。另一方面，在 DTE/DTE 环境中，仅当商定了使用包括 DTE 响应登记规程起动在内的任选在线设施登记设施时，DTE 才必须能够发送响应 REGISTRATION REQUEST 包的 REGISTRATION CONFIRMATION 包。

注 10：模 32768 编号只能与超扩展包序列编号设施一起使用。

12.2 呼叫建立和清除包

下列包用于建立和清除虚呼叫：

a) CALL REQUEST 和 INCOMING CALL(12.2.3)；

b) CALL ACCEPTED 和 CALL CONNECTED(12.2.4)；

c) CLEAR REQUEST 和 CLEAR INDICATION(12.2.5)；

d) CLEAR CONFIRMATION(12.2.6)。

这些包的每一个都包含一个地址块，在 12.2.1 中描述。

包和设施字段长度的限制，在 12.2.2 中描述。

另见：

——建立和清除虚呼叫规程(第 5 章)。

12.2.1 地址块描述

呼叫建立和呼叫清除包含一个地址块，这个地址块有两种可能的格式，由通用格式标识中的 A 位的值决定。A 位置为 0 的格式能调节地址使其与建议 X.121 和 X.301 中描述的格式一致，它的长度(包括可能的前缀和/或转义码)不超过 15 位数。A 位置为 1 的格式能调节地址使其与建议 X.25 和 X.301 中描述的格式一致(不管长度)，并且用来在 CALL REQUEST 包和 CLEAR REQUEST 包的被叫 DTE 地址字段中，携带一个可替换地址(有关可替换编址的细节见 13.28)。A 位置为 1 的地址格式，除包含它自身地址外，还包含规定地址类型(TOA)和编号方案标识(NPI)。这种格式就是所知的“TOA/NPI 地址格式”(见 13.29 有关 TOA/NPI 地址预约任选用户设施)。

注 1：可替换地址是与建议 X.121 和 X.301 中规定的格式不一致的地址。

所有网络和 DTE 都支持 A 位=0 的地址块格式。一些网络和一些 DTE 可能支持 A 位=1 地址块格式。

如果 DTE 没有对 TOA/NPI 地址预约设施的预约，当通过 DTE/DXE 接口传输呼叫建立和呼叫清除包时，DTE 和 DXE 应仅使用 A 位=0 的地址块格式。在这种情况下，如果主叫 DTE 地址对 A 位=0 的地址块格式来说太长的话，在呼叫建立或清除包中，DCE 不包含主叫 DTE 地址。

如果 DTE 有对 TOA/NPI 地址预约设施的预约，当通过 DTE/DXE 接口传输呼叫建立和呼叫清除包时，DTE 和 DXE 应仅使用 A 位=1 的地址块格式。当 DTE 在呼叫建立或清除包中使用的地址格式和远程 DTE 所使用的地址格式不相同时，网络支持的 A 位=1 的地址块格式从一种格式转换为另一种地址格式。

注 2：A 位的使用同样控制设施中的地址格式(见 13.25.2.2)。

12.2.1.1 当 A 位=0 时的地址块的格式

图 11 示出了当 A 位=0 时的地址块的格式。

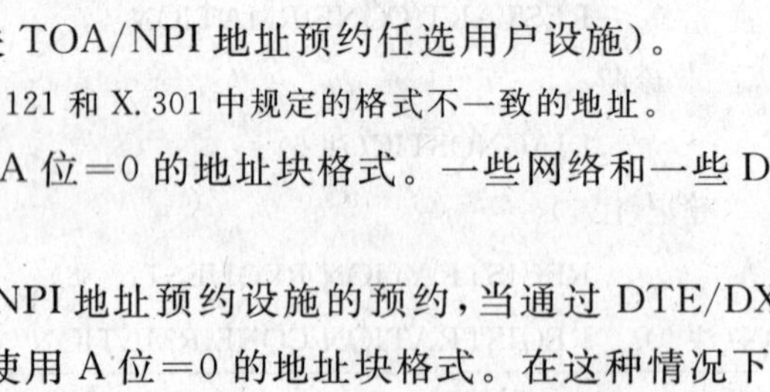

注：本图是在假定出现在被叫 DTE 地址字段中的地址数字的位数是奇数，而出现在主叫 DTE 地址字段中的地址数字的位数是偶数的情况下画出的。

图 11 当 A 位=0 时地址块格式

12.2.1.1.1 主叫和被叫 DTE 地址长度字段

这些字段都是四位长，并组成主叫和被叫 DTE 地址的字段长度指示器。位 8，7，6 和 5 半八位位组指示主叫 DTE 地址的长度。位 4，3，2 和 1 半八位位组指示被叫 DTE 地址的长度。每一地址长度指示器都是二进制编码，其中位 5 或 1 是指示器的低阶位。

12.2.1.1.2 主叫和被叫 DTE 地址字段

跟在地址长度字段后面的八位位组组成被叫 DTE 地址（当出现时），然后又是主叫 DTE 地址（当出现时）。

地址的每位数字都是半个八位位组的二-十进制编码，其中位 5 或 1 是指示器的低阶位。从高阶位开始，地址被编码在连续的八位位组中，每个八位位组两位数字。在每个八位位组中，高阶位被编码在位 8，7，6 和 5 中。

当出现时，主叫 DTE 地址字段是从紧跟在被叫 DTE 地址字段（当出现时）后面的第一个八位位组的开始，因而，当被叫 DTE 地址字段的个数是奇数时，主叫 DTE 地址字段（当出现时）的起始处并不是八位位组对齐。

当被叫 DTE 地址字段加上主叫 DTE 地址字段的数字个数总和是奇数时，应通过在组合字段的最后一个八位位组的位 4，3，2 和 1 中插入 0，将组合字段进为整数个八位位组。

注：这些字段可用于任选寻址设施，如简略寻址。所采用的任选寻址设施，连同这些设施的编码由 ITU-T 进一步研究。

12.2.1.2 当 A 位=0 时的地址块的格式

图 12 示出了当 A 位=0 时的地址块的格式。

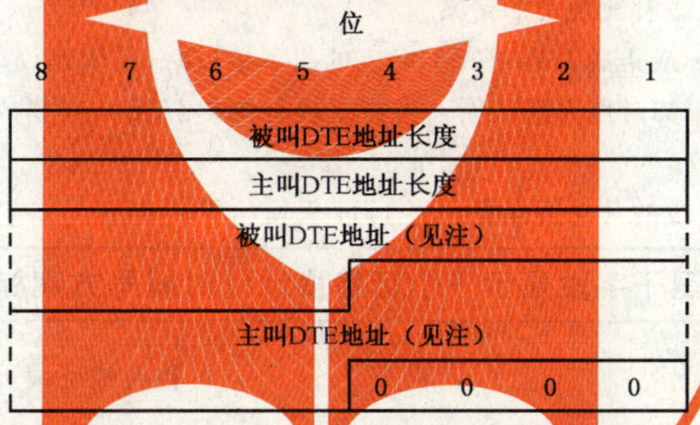

注：本图是在假定出现在被叫 DTE 地址字段中的地址数字的位数是奇数，而出现在主叫 DTE 地址字段中的地址数字的位数是偶数的情况下画出的。

图 12 当 A 位=1 时地址块格式

12.2.1.2.1 主叫和被叫 DTE 地址长度字段

这些字段都是一个八位位组长，并组成主叫和被叫地址字段长度指示器。第一个地址字段长度八位位组以半个八位位组个数指示被叫地址字段的长度。第二个地址字段长度八位位组以半个八位位组个数指示主叫地址字段的长度。每一地址长度指示器都是二进制编码，其中位 1 是低阶位。

注：尽管没有定义地址长度指标最大值，但决不允许超过用户呼叫建立和呼叫清除包的最大长度（见 12.2.2）。

12.2.1.2.2 主叫和被叫 DTE 地址字段

当出现时，这些字段分别组成被叫 DTE 地址字段和主叫 DTE 地址字段。每一 DTE 地址字段，当出现时，有三个子字段：地址类型（TOA）子字段、编号方案标识（NPI）子字段和地址数字子字段。前两个子字段在每一地址字段的起始处，并为二进制编码。

注 1：DTE 地址字段包含地址类型和编号方案标识子字段，但无地址数字子字段失效。

地址类型子字段的编码方式在表 5 左边给出。编号方案标识取决于地址类型子字段中定义的值，并在表 5 右边给出。

当地址类型子字段指示一个可替换地址时，编号方案标识子字段根据表 6 标识地址编码。

表 5 地址类型(TOA)子字段的编码,编号方案标识(NPI)子字段,及允许的 TOA 和 NPI 字段的合成

地址类型(TOA)子字段					编号方案标识(NPI)子字段				
地址 (注 3)	位: 8 或 4	 7 3	 6 2	 5 1	编号方案 (注 3)	位: 8 或 4	 7 3	 6 2	 5 1
依赖网络号或未知	0	0	0	0	依赖网络号或未知	0	0	0	0
国际号	0	0	0	1	建议 E.164(数字——注 2)	0	0	0	1
					建议 E.164(模拟——注 2)	0	0	1	0
					建议 X.121	0	0	1	1
					建议 F.69(用户电报)	0	1	0	0
国家号	0	0	0	1	建议 E.164(数字——注 2)	0	0	0	1
					建议 E.164(模拟——注 2)	0	0	1	0
					建议 X.121	0	0	1	1
					建议 F.69(用户电报)	0	1	0	0
网络指定号(私有网络使用)	0	0	1	1	私有编号方案(仅私用)	0	1	0	1
没有主地址的补充地址(注 1)	0	1	0	0	依赖网络号或未知	0	0	0	0
可替换地址	0	1	0	1	见表 6				

注 1:见建议 X.25 附录四关于补充地址的定义。

注 2:当需要目标网络(ISDN 或集成 ISDN/PSTN)上的数字接口时,应用建议 E.164(数字),并且在不需要区分服务类型或服务类型未知时作为默认项。当需要目标网络(ISDN 或集成 ISDN/PSTN)上的模拟接口时,应用建议 E.164(模拟)。

注 3:TOA 字段和 NPI 子字段的其他值保留。值 1111 保留给扩展应用。

表 6 当地址类型子字段显示一个可替换地址时编号方案标识子字段的编码

位: 4	 3	 2	 1	可替换地址编码
0	0	0	0	字符串按 GB/T 1988—1998 编码
0	0	0	1	OSI NSAP 地址按 GB/T 15126—2008 编码
0	0	1	0	媒体访问控制(MAC)地址按 GB/T 16646—1996 编码
0	0	1	1	Internet 地址按 RFC 1166 编码
其他值				保留

当地址类型子字段指示一个可替换地址外的地址时,DTE 地址的半个八位位组中是二-十进制编码的数字,其中位 5 或位 1 是数字的低阶位。从高阶位字开始,地址数字用连续的半八位位组来编码。在每个八位位组中,较高的位数用位 8,7,6 和 5 来编码。

当出现时,主叫 DTE 地址字段从紧跟在被叫 DTE 地址字段(当出现时)尾部的第一个半八位位组开始,因而,当被叫 DTE 地址字段的半八位位组的个数是奇数时,主叫 DTE 地址字段(当出现时)的起始处并不是八位位组对齐。

当被叫 DTE 地址字段加上主叫 DTE 地址字段的半八位位组个数总和是奇数时,应通过在组合字段的最后一个八位位组的位 4,3,2 和 1 中插入 0,将组合字段进为整数个八位位组。

注 2:当呼叫请求包的被叫 DTE 地址长度字段置为 0 时并且可替换地址使用预约设施被预约(见 13.28.2)时,被叫 DTE 必须由被叫地址扩展设施携带的可替换的地址标识(13.28.3)。在这种情况下,在呼叫请求包中携带一个主叫 DTE 地址是依然有效的。

12.2.2 包和设施字段长度的限制

呼叫建立和呼叫清除包的最大长度是259个八位位组(对模32768操作为260个八位位组)。除了设施字段,每一字段都有一个规定的最大值,在以后各条中给出。设施字段在长度上是可变的,可达到使包长度具有259个八位位组的值(对模32768操作为260个八位位组)。

如果任何字段具有最大值或最大包长度超出,则呼叫按表33的规定清除。

注:尽管CALL REQUEST或CLEAR REQUEST包在发送经过本地DTE/DCE接口时不超过259个八位位组(对模32768操作为260个八位位组),但可能仍然不能与达到远程DTE的路由上的所有接口都在长度上相匹配。例如,如果设施是附加给包的或如果远程DTE的数据链路层帧长度不支持这样的包长度时,更是这样。在这种情况下,呼叫被网络清除。

12.2.3 CALL REQUEST和INCOMING CALL包

图13展示了CALL REQUEST和INCOMING CALL包的格式。

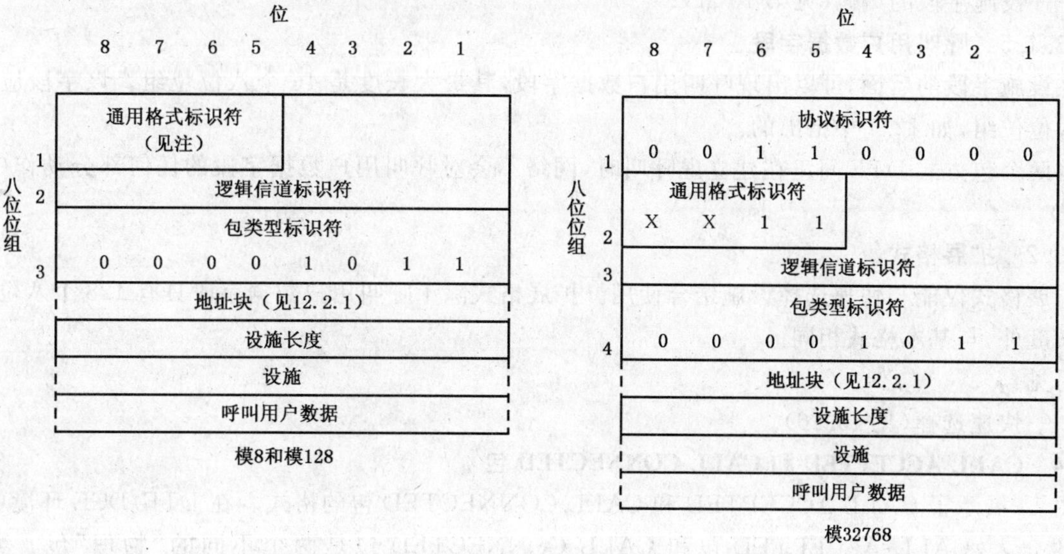

注:编码XX01(模8)或XX10(模128)。

图13 CALL REQUEST和INCOMING CALL包格式

在DTE/DCE环境中,由于网络的介入,CALL REQUEST包和INCOMING CALL包是两个不同的"物理"包。然而,在DTE/DTE环境中,一个DTE收到的CLEAR INDICATION包与另一个DTE发送的CLEAR REQUEST包相同。

12.2.3.1 基本格式

对模8和模128操作,前3个八位位组由通用格式标识符、逻辑信道标识符和包类型标识符字段组成,正如12.1.2到12.1.4中的描述。

对模32768操作,前4个八位位组由协议标识符、通用格式标识符、逻辑信道标识符和包类型标识符字段组成,正如12.1.1到12.1.4中的描述。

12.2.3.1.1 通用格式标识符

通用格式标识符(八位位组1)的位8置1或0是根据所使用的在12.2.1中描述的。

通用格式标识符(八位位组1)的位7置1或0,取决于是否使用6.3中描述的机制(该机制用以表示在数据传送阶段可能使用端到端数据确认)。

12.2.3.1.2 地址块

地址块在12.2.1中描述。

在CALL REQUEST包中,地址块中使用地址长度字段是必备的,即使它被置为0。

在CALL REQUEST包中的被叫DTE地址或者应符合建议X.121和X.301中定义的格式,或者是表6中规定的每个机构编码的可替换的地址。在网络环境中,INCOMING CALL包中的被叫DTE地址仅符合建议X.121和X.301中定义的格式。

12.2.3.1.3 设施长度字段

地址块后面的一个八位位组以八位位组形式指示设施字段长度。设施长度指示器是二进制编码，其中位 1 是指示器的低阶位。

CALL REQUEST 包中对设施长度字段的使用是必备的，即使它被置为 0。

12.2.3.1.4 设施字段

仅当 DTE 或 DXE 正在使用的任选用户设施需要在 CALL REQUEST 包或 INCOMING CALL 包中有某种指示时，设施字段才出现。

设施字段包含整数个八位位组，该字段的实际最大长度取决于 DTE/DXE 接口上支持的设施。然而，这种最大长度不能超过 225 个八位位组，而且也受到包的全局最大长度的限制（见 12.2.2）。

另见：

——设施字段的编码（见第 15 章）。

12.2.3.1.5 呼叫用户数据字段

在设施字段的后面，可以出现呼叫用户数据字段，其最大长度是 16 个八位位组。该字段应包含整数个八位位组，如 12.1 中指出的。

当两个包方式 DTE 间正在建立虚呼叫时，网络不会对呼叫用户数据字段的任何部分动作（见建议 X.244）。

12.2.3.2 扩展格式

扩展格式仅能与快速选择设施结合使用。扩展格式除了呼叫用户数据字段具有 128 个八位位组的最大长度外，与基本格式相同。

另见：

——快速选择（见 13.16）。

12.2.4 CALL ACCEPTED 和 CALL CONNECTED 包

图 14 展示了 CALL ACCEPTED 和 CALL CONNECTED 包的格式。在 DTE/DCE 环境中，由于网络的介入，CALL ACCEPTED 包和 CALL CONNECTED 包是两个不同的“物理”包。然而，在 DTE/DTE 环境中，一个 DTE 收到的 CALL CONNECTED 包与另一个 DTE 发送的 CALL ACCEPTED 包相同。

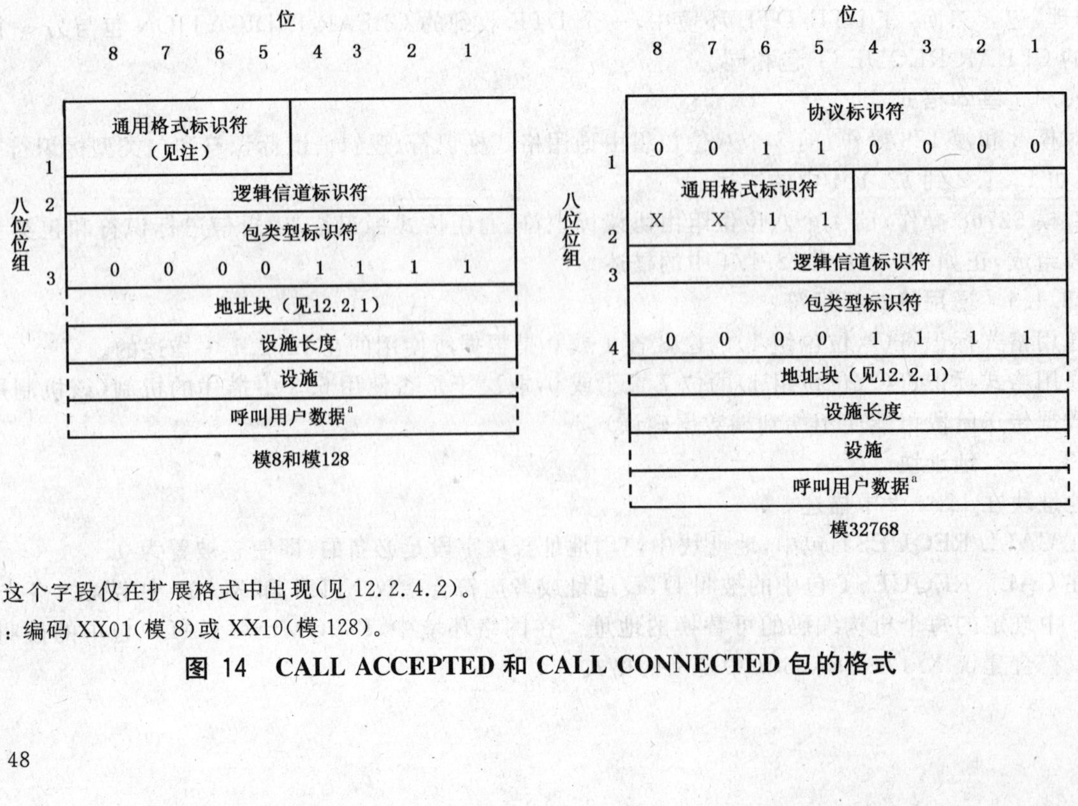

a 这个字段仅在扩展格式中出现（见 12.2.4.2）。

注：编码 XX01（模 8）或 XX10（模 128）。

图 14 CALL ACCEPTED 和 CALL CONNECTED 包的格式

12.2.4.1 基本格式

对模 8 和模 128 操作，前 3 个八位位组由通用格式标识符、逻辑信道标识符和包类型标识符字段组成，正如 12.1.2 到 12.1.4 中的描述。

对模 32768 操作，前 4 个八位位组由协议标识符、通用格式标识符、逻辑信道标识符和包类型标识符字段组成，正如 12.1.1 到 12.1.4 中的描述。

12.2.4.1.1 通用格式标识符

根据使用 12.2.1 中描述的地址块格式，通用格式标识符的位 8 置 1 或 0。

通用格式标识符的位 7 置 1 或 0，取决于是否使用 6.3 中描述的机制(该机制用以表示在数据传送阶段期间内，可能使用端到端数据确认)。

12.2.4.1.2 地址块

地址块在 12.2.1 中描述。

在 CALL ACCEPTED 包中，地址块中使用地址长度字段是必备的，即使它们被置为 0。

如果出现，CALL ACCEPTED 包和 CALL CONNECTED 包中的被叫和主叫 DTE 地址应符合建议 X.121 和 X.301 中规定的格式。

当在 CALL REQUEST 包中使用可替换的地址来建立呼叫，或在 CALL CONNECTED 包中使用可替换的地址来转向呼叫时，在 CALL CONNECTED 包中没有呼叫地址出现是一个网络选项。

12.2.4.1.3 设施长度字段

地址块后面的一个八位位组以八位位组形式指示设施字段长度。设施长度指示器是二进制编码，其中位 1 是指示器的低阶位。

CALL ACCEPTED 包中对设施长度字段的使用是必备的，即使它被置为 0。

12.2.4.1.4 设施字段

仅当 DTE 或 DXE 正在使用的任选用户设施需要在 CALL ACCEPTED 包或 CALL CONNECTED 包中有某种指示时，设施字段才出现。

设施字段包含整数个八位位组，该字段的实际最大长度取决于 DTE/DXE 接口上支持的设施。然而，这种最大长度不能超过 225 个八位位组，而且也受到包的全局最大长度的限制(见 12.2.2)。

另见：

——设施字段的编码(第 15 章)。

12.2.4.2 扩展格式

扩展格式仅能与快速选择设施结合使用。扩展格式除了可能会出现被叫用户数据字段外，与基本格式相同。

被叫用户数据字段：

在设施字段的后面，可以出现被叫用户数据字段，其最大长度是 128 个八位位组。该字段应包含整数个八位位组，如 12.1 中指出的。

当两个包方式 DTE 间正在建立虚呼叫时，网络不会对被叫用户数据字段的任何部分动作(见建议 X.244)。

另见：

——快速选择(见 13.16)。

12.2.5 CLEAR REQUEST 和 CLEAR INDICATION 包

图 15 展示了 CLEAR REQUEST 和 CLEAR INDICATION 包的格式。

在 DTE/DCE 环境中，由于网络的介入，CLEAR REQUEST 包和 CLEAR INDICATION 包是两

个不同的“物理”包。然而，在DTE/DTE环境中，一个DTE收到的CLEAR INDICATION包与另一个DTE发送的CLEAR REQUEST包相同。

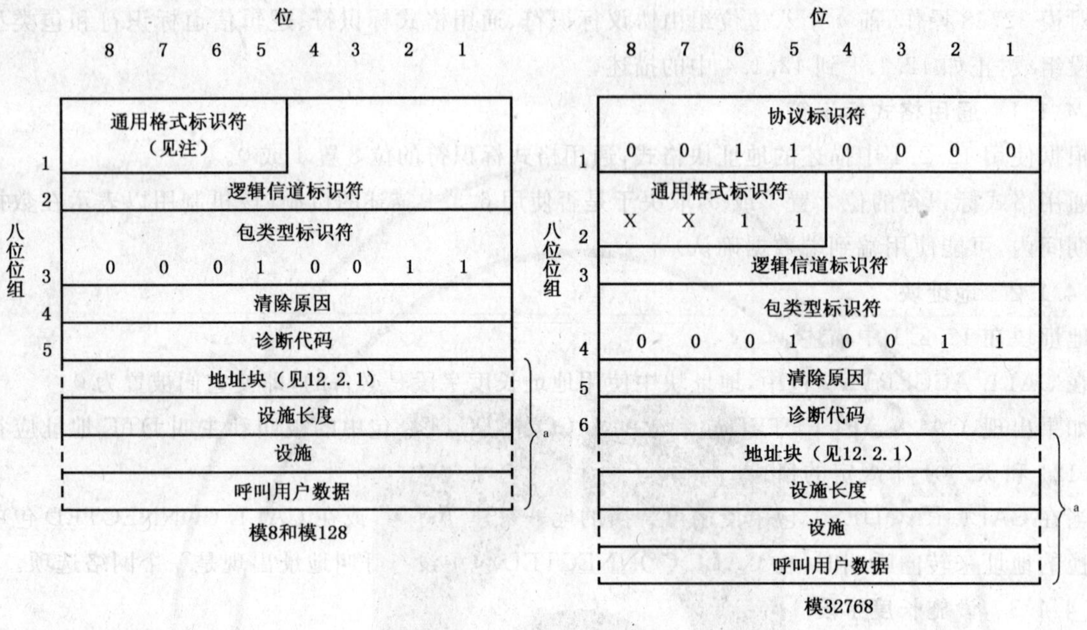

a 仅在扩展格式中使用(见 12.2.5.2)。

注：编码 X001(模 8)或 X010(模 128)。

图 15　CLEAR REQUEST 和 CLEAR INDICATION 包格式

12.2.5.1　基本格式

对模8和模128操作，前3个八位位组由通用格式标识符、逻辑信道标识符和包类型标识符字段组成，如12.1.2到12.1.4中描述。

对模32768操作，前4个八位位组由协议标识符、通用格式标识符、逻辑信道标识符和包类型标识符字段组成，如12.1.1到12.1.4中描述。

通用格式标识符的位8置0。

12.2.5.1.1　清除原因字段

包类型标识符后面的八位位组是清除原因字段，它包含呼叫清除的理由。

CLEAR REQUEST包中的清除原因字段应由DTE置为“DTE发起”。

CLEAR INDICATION包中的清除原因字段在表7中给出(清除原因在建议X.96中定义)。在DTE/DCE环境中，为了允许对表7以后的可能扩展，DTE应该能够接受CLEAR INDICATION包清除原因字段中的任何值。

在DTE/DTE环境中，DTE既可以像在DTE/DCE环境中(即正常的处理包)那样处理非“DTE发起”的清除原因，也可以将其作为差错对待。在后一种情况下，包层发送原因指示为“DTE发起”和诊断为“来自DTE的不恰当原因代码”的CLEAR REQUEST包。

12.2.5.1.2　诊断代码字段

清除原因字段后面的八位位组是诊断码字段，它包含关于呼叫清除理由的附加信息。诊断码字段的编码取决于表24给出的清除原因。

在CLEAR REQUEST包中，诊断代码字段是需要的，即使它指示无附加信息。

表 7　CLEAR INDICATION 包中清除原因字段的编码

清除原因	位：8	7	6	5	4	3	2	1	注
DTE 发起	0	0	0	0	0	0	0	0	1
DTE 发起	1	0	0	0	0	0	0	0	2
占线	X	0	0	0	0	0	0	1	3,4
失序	X	0	0	0	1	0	0	1	3,4
远程规程差错	X	0	0	1	0	0	0	1	3,4
反向计费接受未预约	X	0	0	1	1	0	0	1	3,4,5
不兼容的目的地	X	0	1	0	0	0	0	1	3,4
快速选择接受未预约	X	0	1	0	1	0	0	1	3,4,5
船舶不存在	X	0	1	1	1	0	0	1	3,4,6
设施请求无效	X	0	0	0	0	0	1	1	3,4
阻止访问	X	0	0	0	1	0	1	1	3,4
本地规程差错	X	0	0	1	0	0	1	1	3,4
网络拥塞	X	0	0	0	0	1	0	1	3,4
不能获得	X	0	0	0	1	1	0	1	3,4
ROA 故障	X	0	0	1	0	1	0	1	3,4,5
网关检测规程差错	1	1	0	0	0	0	0	1	3
网关拥塞	1	1	0	0	0	0	1	1	3

注 1：在诊断代码字段按表 25 编码时使用。

注 2：在诊断代码字段不按表 25 编码时使用。

注 3：这些清除原因仅适用于 DTE/DCE 环境。

注 4：被指示为"X"的位，置 0 指示清除原因由公用数据网产生，置 1 指示原因由专用网络产生。

注 5：仅当使用了相应的任选用户设施时才可能收到。

注 6：与海运服务结合使用。

在 CLEAR INDICATION 包中，如果清除原因字段指示"DTE 发起"，那么，既然远程 DTE 已经起动了清除规程，或者在 DTE/DCE 环境中起动了重新起动规程，诊断代码字段就从远程 DTE 无改变地传递。在 CLEAR INDICATION 包中，如果清除原因字段不指示"DTE 发起"，则诊断代码字段由网络产生。

注：诊断代码字段的内容不改变清除原因代码的含义，DTE 不需要对诊断代码字段内容采取任何动作。即使诊断代码字段包含未规定的代码组合，也必须接受清除原因字段。

12.2.5.2　扩展格式

仅当 DTE 或 DXE 需要使用地址字段、设施字段和/或清除用户数据字段时，才使用扩展格式。当被叫线路地址修改通告设施（见 13.26）出现时，要在 CLEAR REQUEST 或 CLEAR INDICATION 包中使用地址和设施字段，这分别是对 INCOMING CALL 或 CALL REQUEST 包的响应。而当计费信息设施（见 13.22）、参考号设施（见 13.20）或设施标记符（见 15.1）出现时，要使用设施字段。清除用户数据字段要与快速选择设施（见 13.16）和呼叫转向选择设施（见 13.25.2.2）结合使用。

在 12.2.5.1 中的描述适用于扩展格式，另外，12.2.5.2.1 到 12.2.5.2.4 中定义的字段在诊断代码字段的后面。

根据 12.2.1 中描述的地址块格式，通用格式标识符的位 8 置 0 或置 1。

12.2.5.2.1 **地址块**

地址块在 12.2.1 中描述。

12.2.5.2.2 **设施长度字段**

地址块后面的一个八位位组指示八位位组数的设施字段长度。设施长度指示器是二进制编码，其中位 1 是指示器的低阶位。

12.2.5.2.3 **设施字段**

仅当 DTE 或 DXE 正在使用的任选用户设施需要在 CLEAR REQUEST 包或 CALL INDICATION 包中有某种指示时，设施字段才出现。

设施字段包含整数个八位位组，该字段的实际最大长度取决于 DTE/DXE 接口上支持的设施，然而，这种最大长度不能超过 225 个八位位组，而且也受到包的全局最大长度的限制(见 12.2.2)。

另见：

——设施字段的编码(第 15 章)。

12.2.5.2.4 **清除用户数据字段**

在设施字段的后面，可以出现清除用户数据字段，其最大长度是 128 个八位位组。该字段应包含整数个八位位组，如 12.1 中指出的。当两个包方式 DTE 间正在建立虚呼叫时，网络不会对清除用户数据字段的任何部分动作(见建议 X.244)。

12.2.6 **CLEAR CONFIRMATION 包**

图 16 展示了 DTE 发送的 CLEAR CONFIRMATION 包的格式，也是 DTE 收到的 CLEAR CONFIRMATION 包的格式。

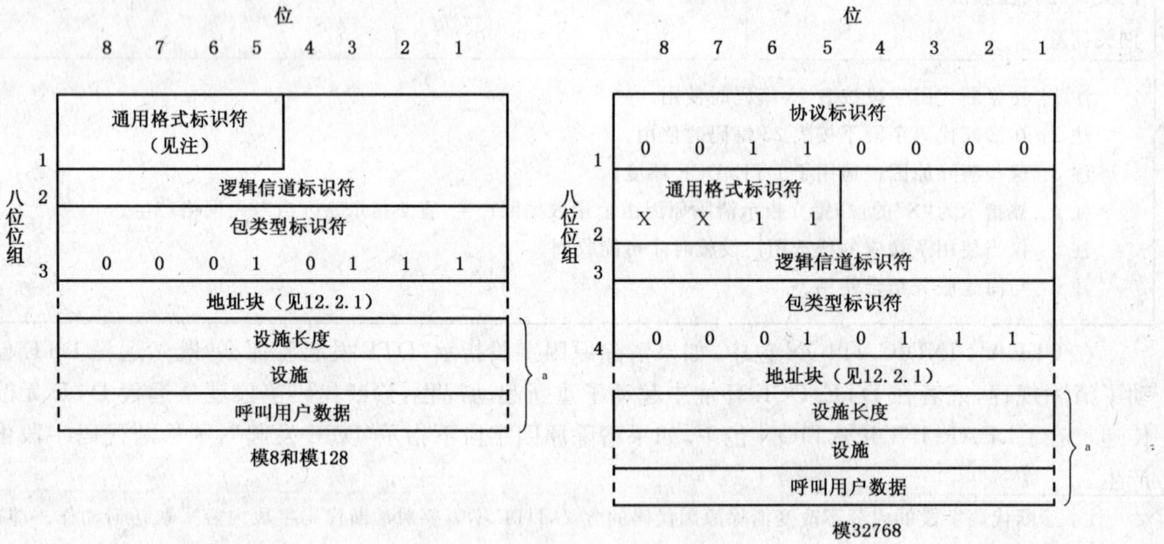

a 仅在扩展格式下使用(见 12.2.6.2)。

注：编码 X001(模 8)或 X010(模 128)。

图 16 CLEAR CONFIRMATION 包格式

12.2.6.1 **基本格式**

对模 8 和模 128 操作，这个包包含 3 个八位位组，这些八位位组由通用格式标识符、逻辑信道标识符和包类型标识符字段组成，正如 12.1.2 到 12.1.4 中描述。

对模 32768 操作，这个包包含 4 个八位位组，这些八位位组由协议标识符、通用格式标识符、逻辑信道标识符和包类型标识符字段组成，正如 12.1.1 到 12.1.4 中描述。

通用格式标识符的位 8 置 0。

12.2.6.2 扩展格式

扩展格式用于由 DCE 发出的 CLEAR CONFIRMATION 包，仅与计费信息设施(见 13.22)结合使用。扩展格式用于由 DTE 发出的 CLEAR CONFIRMATION 包，仅与参考号设施(见 13.30)结合使用或是需要设施标记符(见 15.1)。12.2.6.1 中的描述适用于扩展格式，此外，12.2.6.2.1 到 12.2.6.2.3 中定义的字段在包类型标识符字段后面。

通用格式标识符(把位组 1)的位 8 置 0 或 1 是遵循所使用的在 12.2.1 中描述的地址块格式。目前，仅 A 位=0 的格式能用于 CLEAR CONFIRMATION 包。

12.2.6.2.1 地址块

A 位=0 的地址块在 12.2.1.1 中描述。

目前，地址长度字段编码全为 0。地址字段不出现。

12.2.6.2.2 设施长度字段

地址块后面的一个八位位组指示八位位组数的设施字段长度。设施长度指示器是二进制编码，其中位 1 是指示器的低阶位。

12.2.6.2.3 设施字段

设施字段包含整数个八位位组，该字段的实际最大长度取决于 DTE/DXE 接口上支持的设施，然而，这种最大长度不能超过 225 个八位位组，而且也受到包的全局最大长度的限制(见 12.2.2)。

另见：

——设施字段的编码(第 15 章)。

12.3 DATA 和中断包

下列包用于发送数据或与中断规程一起使用。

a) DATA(12.3.1)；

b) INTERRUPT(12.3.2)；

c) INTERRUPT CONFIRMATION(12.3.3)。

12.3.1 DATA 包

图 17 展示了 DTE 发送的 DATA 包的格式，也是 DTE 收到的 DATA 包的格式。

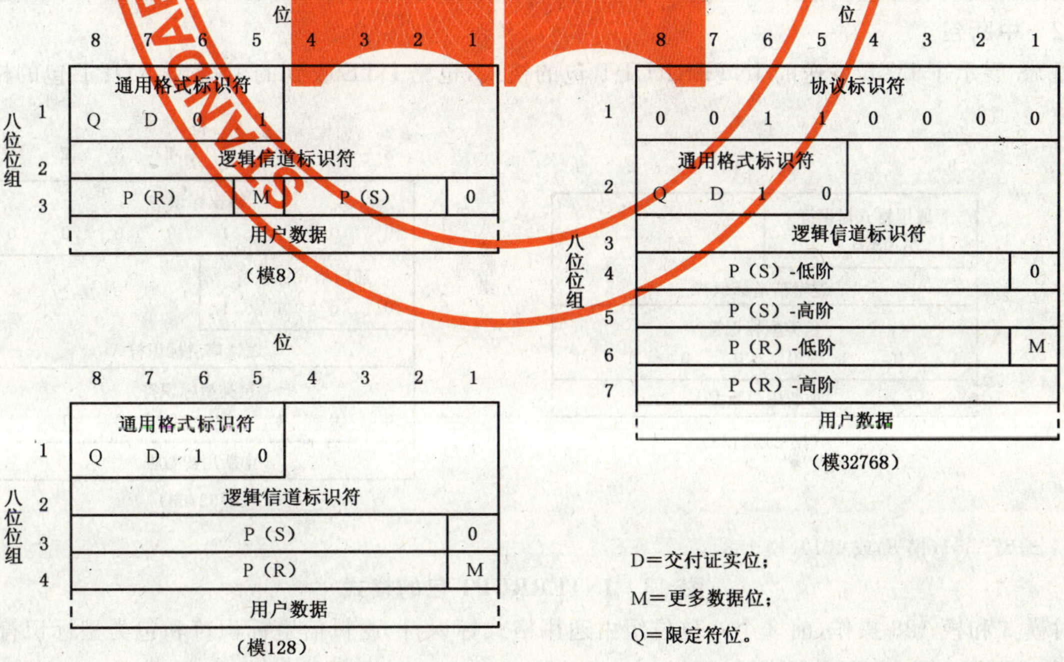

图 17 DATA 包格式

对模 8 和模 128 操作，前 3 个八位位组由通用格式标识符、逻辑信道标识符和包类型标识符字段组成，正如 12.1.2 到 12.1.4 中的描述。当包序列编号执行模 8 时，第 3 个八位位组的位 8 到 2(包类型标识符的一部分)按下述说明使用。

对模 32768 操作，前 4 个八位位组由协议标识符、通用格式标识符、逻辑信道标识符和包类型标识符字段组成，正如 12.1.1 到 12.1.4 中的描述。

通用格式标识符的位 8 和 7 按下述说明使用。

12.3.1.1 限定符位

通用格式标识符的位 8 是限定符位(Q 位)。

12.3.1.2 交付证实位

通用格式标识符的位 7 是交付证实位(D 位)。

12.3.1.3 包接收序列号

第 3 个八位位组的位 8,7 和 6，或扩展时第 4 个八位位组的位 8 到 2 或超扩展时第 6 个八位位组的位 8 到 2 和第 7 个八位位组的位 8 到 1 用以指示包接收序列号 P(R)。P(R)是二进制编码，其中位 6，或扩展时位 2 是低阶位。当超扩展时，第 6 个八位位组的位 2 是低阶位，第 7 个八位位组的位 8 是最高阶位。

12.3.1.4 更多数据位

第 3 个八位位组的位 5，或扩展时第 4 个八位位组的位 1，或超扩展时第 6 个八位位组的位 1 是更多数据位(M 位)。

12.3.1.5 包发送序列号

第 3 个八位位组的位 4,3 和 2，或扩展时第 3 个八位位组的位 8 到 2 或超扩展时第 4 个八位位组的位 8 到 2 和第 5 个八位位组的位 8 到 1 用以指示包发送序列号 P(S)。P(S)是二进制编码。对正常和扩展编号方式，其中位 2 为低阶位。对超扩展编号方式，第 4 个八位位组的位 2 是低阶位，第 5 个八位位组的位 8 是最高阶位。

12.3.1.6 用户数据字段

跟在第 3 个八位位组，或扩展时第 4 个八位位组，或超扩展时第 7 个八位位组后面的八位位组包含用户数据。该字段应包含整数个八位位组，如 12.1 中指出的。该字段的最大长度在 6.2 中描述。

12.3.2 中断包

图 18 展示了 DTE 发送的 INTERRUPT 包的格式，也是 DTE 收到的 INTERRUPT 包的格式。

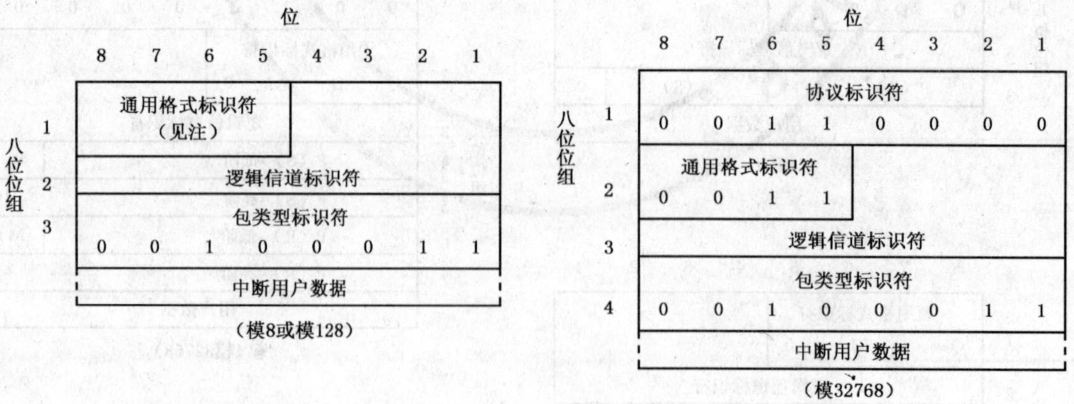

注：编码 0001(模 8)或 0010(模 128)。

图 18 INTERRUPT 包的格式

对模 8 和模 128 操作，前 3 个八位位组由通用格式标识符、逻辑信道标识符和包类型标识符字段组成，正如 12.1.2 到 12.1.4 中描述。

对模 32768 操作，前 4 个八位位组由协议标识符、通用格式标识符、逻辑信道标识符和包类型标识符字段组成，正如 12.1.1 到 12.1.4 中描述。

12.3.2.1 中断用户数据字段

包类型标识符后面的八位位组包含中断用户数据。该字段包含 1 到 32 个八位位组，并应包含整数个八位位组，如 12.1 中指出的。

12.3.3 INTERRUPT CONFIRMATION 包

图 19 展示了 DTE 发送的 INTERRUPT CONFIRMATION 包的格式，也展示了 DTE 收到的 INTERRUPT CONFIRMATION 包的格式。

对模 8 和模 128 操作，这个包包含 3 个八位位组，这些八位位组由通用格式标识符、逻辑信道标识符和包类型标识符字段组成，正如 12.1.2 到 12.1.4 中描述。

对模 32768 操作，这个包包含 4 个八位位组，这些八位位组由协议标识符、通用格式标识符、逻辑信道标识符和包类型标识符字段组成，正如 12.1.1 到 12.1.4 中描述。

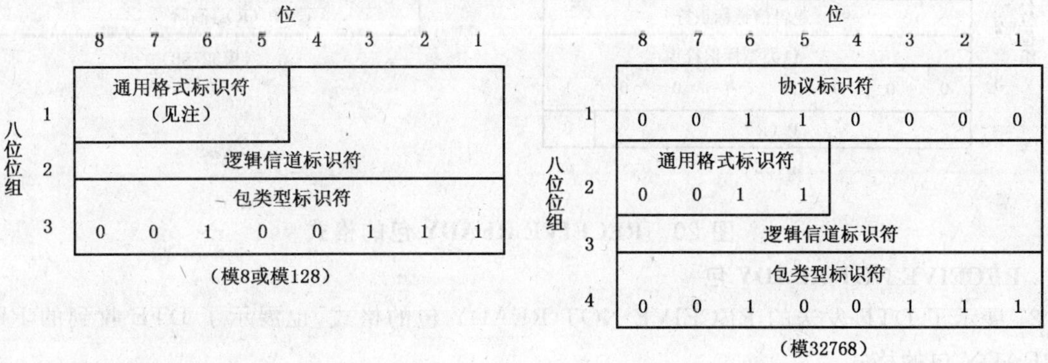

注：编码 0001（模 8）或 0010（模 128）。

图 19 INTERRUPT CONFIRMATION 包格式

12.4 流量控制包

下列包用于控制 DATA 包的流量（在 12.3.1 和 12.8 中分别描述的 DATA 和 REJECT 包也是用于控制 DATA 包流量的）：

a) RECEIVE READY(12.4.1)；

b) RECEIVE NOT READY(12.4.2)。

12.4.1 RECEIVE READY 包

图 20 展示了 DTE 发送的 RECEIVE READY 包的格式，也展示了 DTE 收到的 RECEIVE READY 包的格式。

这种包包含 3 个或 4 个或 6 个八位位组，这取决于是使用模 8，模 128 还是模 32768 序列编号方式。对模 8 和模 128 操作，前三个八位位组由通用格式标识符、逻辑信道标识符和包类型标识符字段组成，正如 12.1.2 到 12.1.4 中描述。然而，当包序列编号执行模 8 时，第 3 个八位位组的位 8，7 和 6（包类型标识符的一部分）按下述说明使用。

对模 32768 操作，前 4 个八位位组由协议标识符、通用格式标识符、逻辑信道标识符和包类型标识符字段组成，正如 12.1.1 到 12.1.4 中描述。

包接收序列号：

第 3 个八位位组的位 8，7 和 6，或扩展时第 4 个八位位组的位 8 到 2 或超扩展时第 5 个八位位组的位 8 到 2 和第 6 个八位位组的位 8 到 1 用以指示包接收序列号 P(R)。P(R)是二进制编码，其中位 6，或扩展时位 2 是低阶位。当超扩展时，第 5 个八位位组的位 2 是低阶位，第 6 个八位位组的位 8 是高阶位。

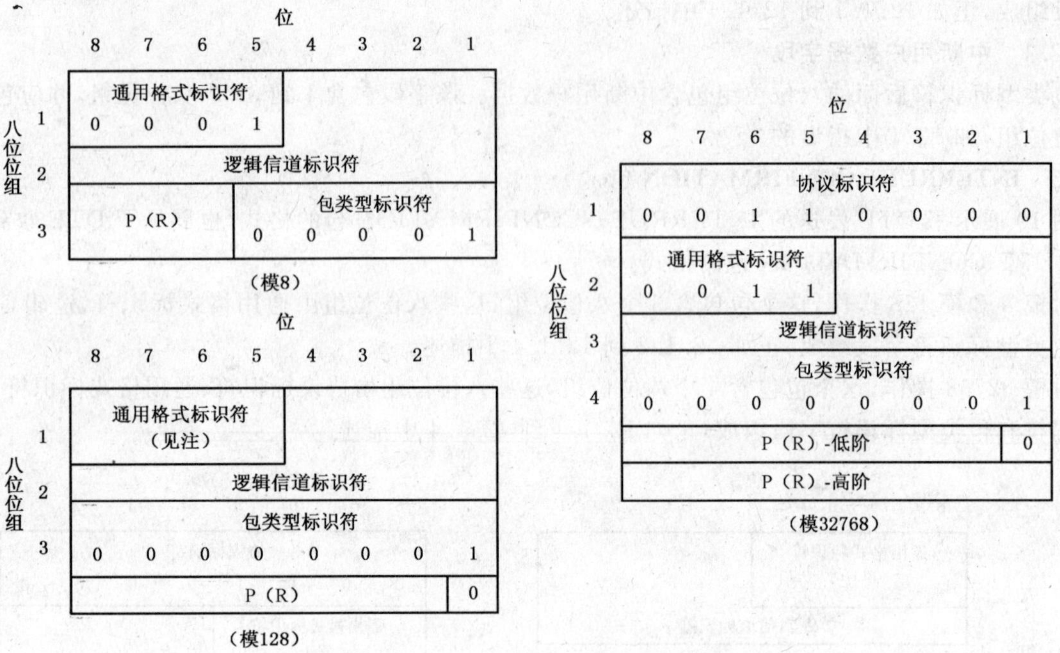

图 20 RECEIVE READY 包的格式

12.4.2 RECEIVE NOT READY 包

图 21 展示了 DTE 发送的 RECEIVE NOT READY 包的格式，也展示了 DTE 收到的 RECEIVE NOT READY 包的格式。

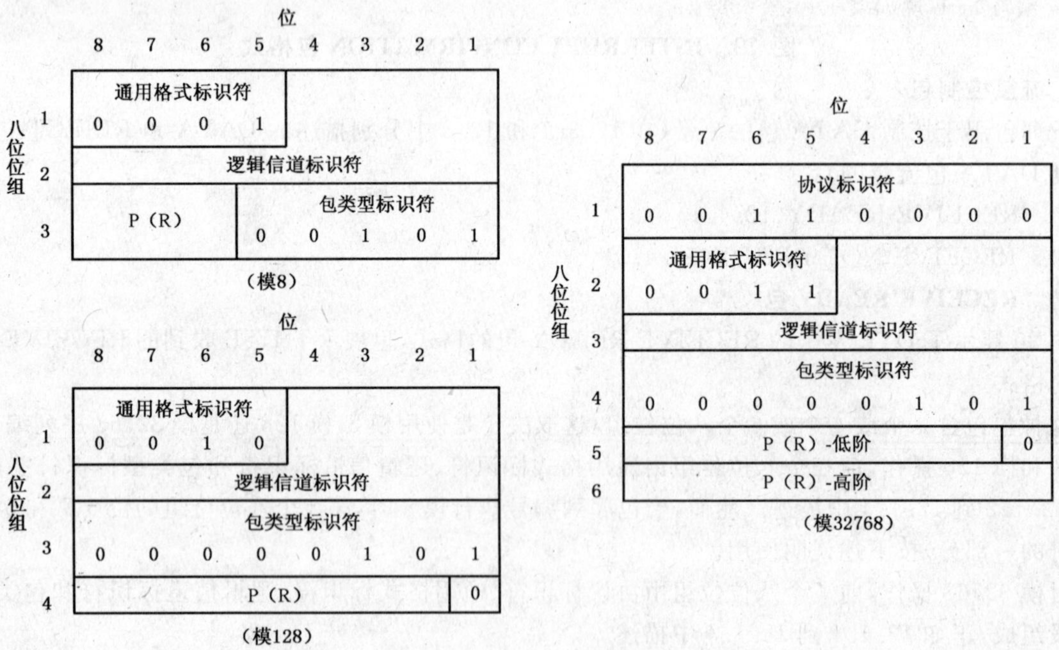

图 21 RECEIVE NOT READY 包的格式

这种包包含 3 个或 4 个或 6 个八位位组，这取决于是使用模 8、128 还是模 32768 序列编号方式。

对模 8 和模 128 操作，前 3 个八位位组由通用格式标识符、逻辑信道标识符和包类型标识符字段组成，正如 12.1.2 到 12.1.4 中描述。当包序列编号执行模 8 时，第 3 个八位位组的位 8，7 和 6(包类型标识符的一部分)按下述说明使用。

对模 32768 操作，前 4 个八位位组由协议标识符、通用格式标识符、逻辑信道标识符和包类型标识符字段组成，正如12.1.1到12.1.4中描述。

包接收序列号：

第3个八位位组的位8、7和6，或扩展时第4个八位位组的位8到2或超扩展时第5个八位位组的位8到2和第6个八位位组的位8到1用以指示包接收序列号P(R)。P(R)是二进制编码，其中位6，或扩展时位2是低阶位。当超扩展时，第5个八位位组的位2是低阶位，第6个八位位组的位8是最高阶位。

12.5 复位包

下列包用于(重新)初始化DATA、INTERRUPT和流量控制包流：

a) RESET REQUEST和RESET INDICATION(12.5.1)；

b) RESET CONFIRMATION(12.5.2)。

12.5.1 RESET REQUEST和RESET INDICATION包

图22展示TRESET REQUEST和RESET INDICATION包的格式。在DTE/DCE环境中，由于网络的介入，RESET REQUEST包和RESET INDICATION包是两个不同的“物理”包。然而，在DTE/DTE环境中，一个DTE收到的RESET INDICATION包与另一个DTE发送的RESET REQUEST包相同。

注：编码0001(模8)或0010(模128)。

图22 RESET REQUEST和REQUEST INDICATION包格式

对模8和模128操作，前3个八位位组由通用格式标识符、逻辑信道标识符和包类型标识符字段组成，正如12.1.2到12.1.4中描述。

对模32768操作，前4个八位位组由协议标识符、通用格式标识符、逻辑信道标识符和包类型标识符字段组成，正如12.1.1到12.1.4中描述。

12.5.1.1 复位原因字段

包类型标识符后面的八位位组是复位原因字段，它包含复位的理由。

RESET REQUEST包中的复位原因字段应由DTE设置为“DTE发起”。RESET INDICATION包中的复位原因字段的编码在表8中给出(复位原因在CCITT建议X.96(1993)中定义)。在DTE/DCE环境中，为了允许对表8以后的可能扩展，DTE应该能够接受RESET INDICATION包复位原因字段中的任何值。在DTE/DTE环境中，DTE既可以像在DTE/DCE环境中(即正常地处理包)那样处理非“DTE发起”的复位原因，也可以将其作为差错对待。在后一种情况下，包层发送原因指示为“DTE发起”和诊断为“来自DTE的不恰当原因代码”的RESET REQUEST包。

12.5.1.2 诊断代码字段

复位原因字段后面的八位位组是诊断代码字段，它包含关于呼叫复位理由的附加信息。诊断代码字段的编码取决于如表 8 给出的复位原因。

在 RESET REQUEST 包中,诊断代码字段是需要的,即使它指示无附加信息。

在 RESET INDICATION 包中,如果复位原因字段指示“DTE 发起”,那么,既然远程 DTE 已经起动了复位规程,或者在 DTE/DCE 环境中起动了重新起动规程,诊断代码字段就从远程 DTE 无改变地传递。在 RESET INDICATION 包中,如果复位原因字段不指示“DTE 发起”,则诊断代码字段由网络产生。

注:诊断代码字段的内容不改变复位原因代码的含义,DTE 不需要对诊断代码字段内容采取任何动作。即使诊断码字段包含未规定的代码组合,也必须接受复位原因字段。

表 8　RESTART INDICATION 包中复位原因字段的编码

清除原因	位:8	7	6	5	4	3	2	1	注
DTE 发起	0	0	0	0	0	0	0	0	1
DTE 发起	1	0	0	0	0	0	0	0	2
故障	X	0	0	0	0	0	0	1	3,4,5
远程规程差错	X	0	0	0	0	0	1	1	3,4
本地规程差错	X	0	0	0	0	1	0	1	3,4
网络拥塞	X	0	0	0	0	1	1	1	3,4
远程 DTE 可操作	X	0	0	0	1	0	0	1	3,4,5
网络可操作	X	0	0	0	1	1	1	1	3,4,5
不兼容的目的地	X	0	0	1	0	0	0	1	3,4
网络故障	X	0	0	1	1	1	0	1	3,4,5
网关检测规程差错	1	1	0	0	0	0	0	1	3
网关拥塞	1	1	0	0	0	0	1	1	3
网关可操作	1	1	0	0	0	1	1	1	3,5

注 1:在诊断代码字段按表 25 编码时使用。

注 2:在诊断代码字段不按表 25 编码时使用。

注 3:这些复位原因仅适用于 DTE/DCE 环境。

注 4:被指示为“X”的位,置 0 指示清除原因由公用数据网产生,置 1 指示原因由专用网络产生。

注 5:仅适用于永久虚电路。

12.5.2　RESET CONFIRMATION 包

图 23 展示了 DTE 发送的 RESET CONFIRMATION 包的格式,也展示了 DTE 收到的 RESET CONFIRMATION 包的格式。

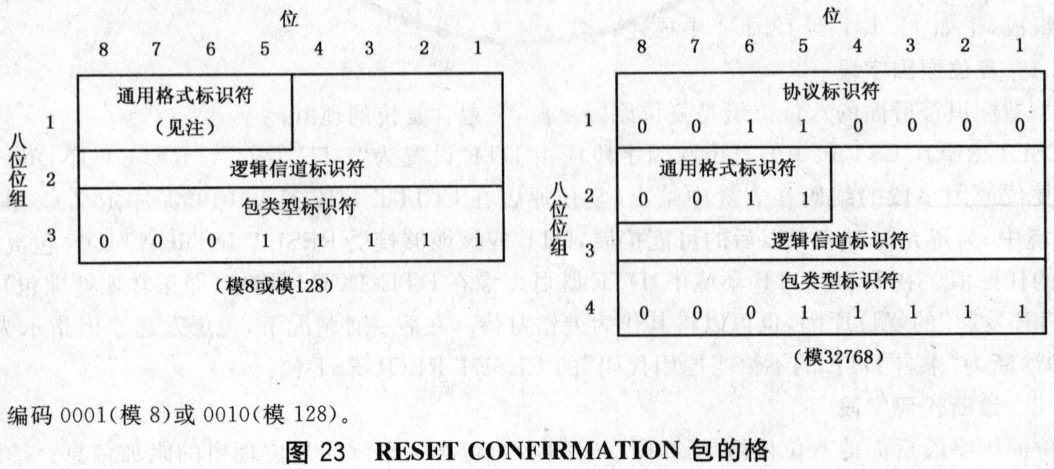

注:编码 0001(模 8)或 0010(模 128)。

图 23　RESET CONFIRMATION 包的格

对模 8 和模 128 操作，这个包包含 3 个八位位组，这些八位位组由通用格式标识符、逻辑信道标识符和包类型标识符字段组成，正如 12.1.2 到 12.1.4 中描述。

对模 32768 操作，这个包包含 4 个八位位组，这些八位位组由协议标识符、通用格式标识符、逻辑信道标识符和包类型标识符字段组成，正如 12.1.1 到 12.1.4 中描述。

12.6 重新起动包

下列包用于(重新)初始化 DTE/DXE 包层接口：

a) RESTART REQUEST 和 RESTART INDICATION(12.6.1)；

b) RESTART CONFIRMATION(12.6.2)。

12.6.1 RESTART REQUEST 和 RESTART INDICATION 包

图 24 展示了 RESTART REQUEST 和 RESTART INDICATION 包的格式。

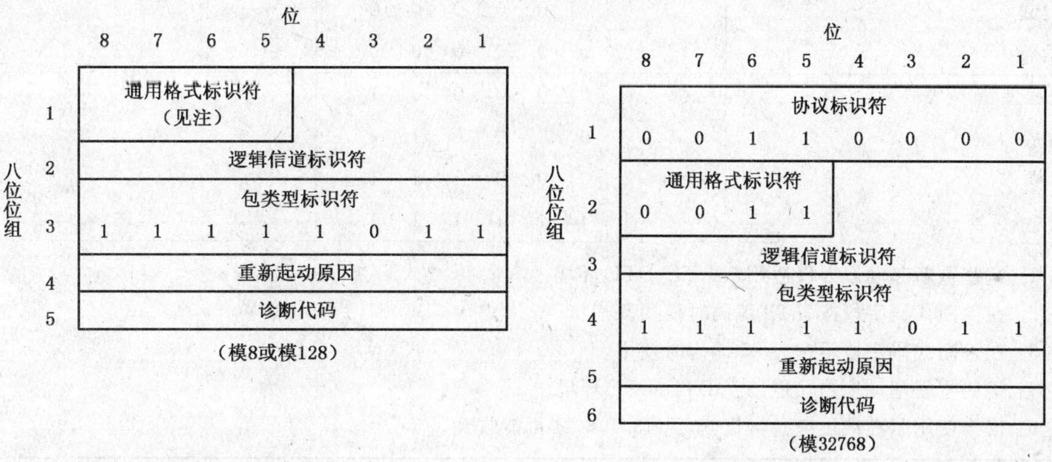

注：编码 0001(模 8)或 0010(模 128)。

图 24 RESTART REQUEST 和 RESTART CONFIRMATION 包格式

在 DTE/DCE 环境中，RESTART REQUEST 包和 RESTART INDICATION 包仅适用于本地 DTE/DXE 接口。然而，在 DTE/DTE 环境中，一个 DTE 收到的 RESTART INDICATION 包与另一个 DTE 发送的 RESTART REQUEST 包相同。

对模 8 和模 128 操作，前 3 个八位位组由通用格式标识符、逻辑信道标识符和包类型标识符字段组成，正如 12.1.2 到 12.1.4 中描述。

对模 32768 操作，前 4 个八位位组由协议标识符、通用格式标识符、逻辑信道标识符和包类型标识符字段组成，正如 12.1.1 到 12.1.4 中描述。

逻辑信道标识符字段编码为全 0。

12.6.1.1 重新起动原因字段

包类型标识符后面的八位位组是重新起动原因字段，它包含重新起动的理由。

RESTART REQUEST 包中的重新起动原因字段应由 DTE 设置为“DTE 发起”。

RESTART INDICATION 包中的重新起动原因字段的编码在表 9 中给出(重新起动原因在 CCITT 建议 X.96(1993)中定义)。在 DTE/DCE 环境中，为了允许对表 9 以后的可能扩展，DTE 应该能够接受 RESTART INDICATION 包重新起动原因字段中的任何值。在 DTE/DTE 环境中，DTE 既可以像在 DTE/DCE 环境中(即正常地处理包)那样处理非“DTE 发起”的重新起动原因，也可以将其作为差错对待。在后一种情况下，包层发送原因指示为“DTE 发起”和诊断为“来自 DTE 的不恰当原因代码”的 RESTART REQUEST 包。

12.6.1.2 诊断代码字段

重新启动原因字段后面的八位位组是诊断代码字段，它包含关于呼叫重新起动理由的附加信息。

诊断代码字段的编码取决于如表 24 给出的重新起动原因。

在 RESTART REQUEST 包中,诊断代码字段是需要的,即使它指示无附加信息。

在网络应用中,RESTART INDICATION 包中诊断代码对永久虚电路,是作为 RESET INDICATION 包的诊断代码传递给相应的 DTE;对虚呼叫,是作为 CLEAR INDICATION 包的诊断代码传递给相应的 DTE。

注:诊断代码字段的内容不改变重新起动原因代码的含义,DTE 不需要对诊断代码字段内容采取任何动作。即使诊断代码字段包含未规定的代码组合,也必须接受重新起动原因字段。

表 9 RESET INDICATION 包中重新起动原因字段的编码

重新起动原因	位:8	7	6	5	4	3	2	1	注
DTE 发起	0	0	0	0	0	0	0	0	1,2
DTE 发起	1	0	0	0	0	0	0	0	1,3
本地规程差错	0	0	0	0	0	0	0	1	4
网络拥塞	0	0	0	0	0	0	1	1	4
网络可操作	0	0	0	0	0	1	1	1	4,5
登记/注销证实	0	1	1	1	1	1	1	1	4,5

注 1:这些重新起动原因仅适用于 DTE/DTE 环境。

注 2:在诊断代码字段按表 25 编码时使用。

注 3:在诊断代码字段不按表 25 编码时使用。

注 4:这些重新起动原因仅适用于 DTE/DCE 环境。

注 5:仅当使用了在线设施登记设施(见 13.1)时才可能收到。

12.6.2 RESTART CONFIRMATION 包

图 25 展示了 TDTE 发送的 RESTART CONFIRMATION 包的格式,也展示了 DTE 收到的 RESTAR 了 CONFIRMATION 包的格式。

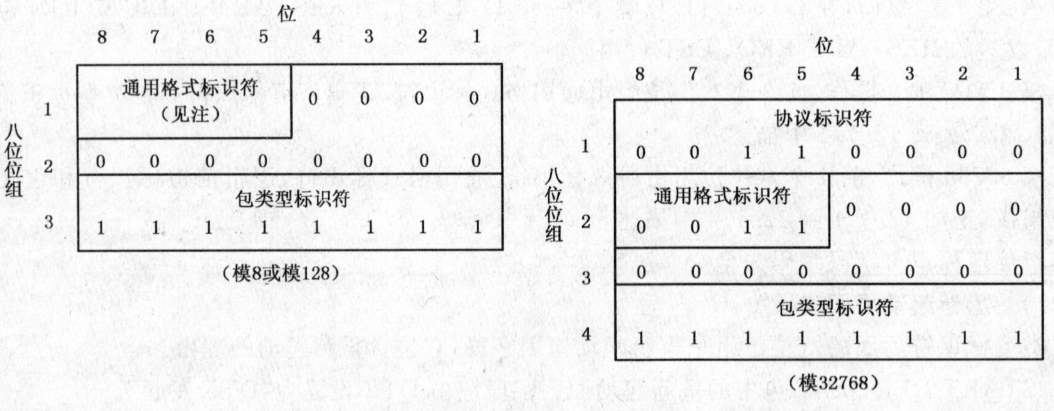

注:编码 0001(模 8)或 0010(模 128)。

图 25 RESTART CONFIRMATION 包格式

对模 8 和模 128 操作,这个包包含 3 个八位位组,这些八位位组由通用格式标识符、逻辑信道标识符和包类型标识符字段组成,正如 12.1.2 到 12.1.4 中描述。

对模 32768 操作,这个包包含 4 个八位位组,这些八位位组由协议标识符、通用格式标识符、逻辑信道标识符和包类型标识符字段组成,正如 12.1.1 到 12.1.4 中描述。

逻辑信道标识符字段编码为全 0。

12.7 DIAGNOSTIC 包

图 26 展示了 DIAGNOSTIC 包的格式。所有 DTE 都应能够接收 DIAGNOSTIC 包，DIAGNOSTIC 包可在 DTE/DCE 环境中使用，并且只能由 DCE 发给 DTE。DTE 在连接到网络时，只有能在 DTE/DTE 环境中抑制它的生成时，才可发送 DIAGNOSTIC 包。

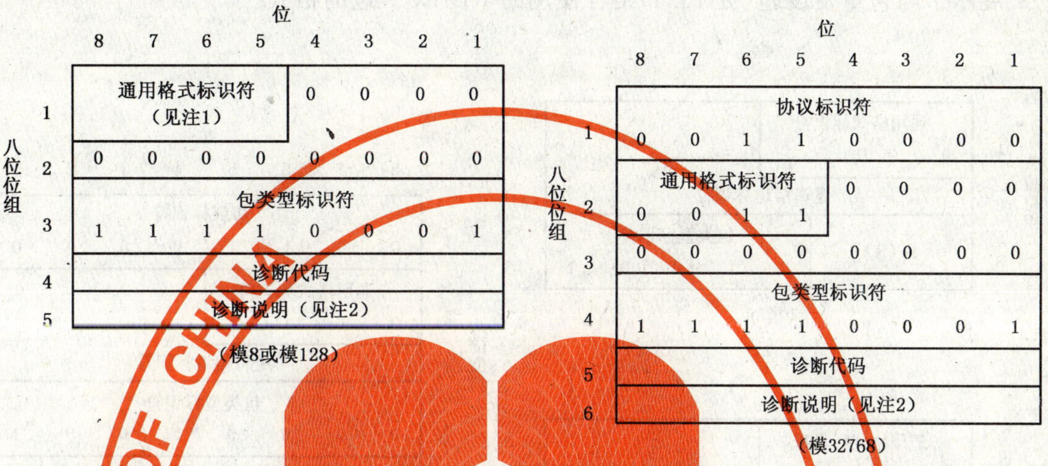

注 1：编码 0001（模 8）或 0010（模 128）。

注 2：本图假定诊断说明字段包含整数个八位位组。

图 26 DIAGNOSTIC 包格式

对模 8 和模 128 操作，前 3 个八位位组由通用格式标识符、逻辑信道标识符和包类型标识符字段组成，正如 12.1.2 到 12.1.4 中描述。

对模 32768 操作，前 4 个八位位组由协议标识符、通用格式标识符、逻辑信道标识符和包类型标识符字段组成，正如 12.1.1 到 12.1.4 中描述。

逻辑信道标识符字段编码为全 0。

12.7.1 诊断代码字段

包类型标识符后面的八位位组是诊断代码字段，它包含关于导致了 DIAGNOSTIC 包传输的差错情况的信息。诊断代码字段的编码在表 24 中给出。

12.7.2 诊断说明字段

当由于收到有差错包（即符合表 31 或表 32 中列出的情况之一）而发出 DIAGNOSTIC 包时，该字段包含来自差错包报头信息的前 3 个八位位组（前 4 个八位位组用于模 32768 操作）。如果差错包包含的八位位组少于 3 个（前 4 个八位位组用于模 32768 操作），则该字段只包含整数个八位位组（如果有的话）。在 DTE/DTE 环境中，DTE 接收整数个八位位组，或者，在 DTE/DCE 环境中，不管什么位都由 DCE 接收。

对模 8 和模 128 操作，当由于超时而发出 DIAGNOSTIC 包时，诊断说明字段包含两个八位位组，编码如下：

a) 第 1 个八位位组的位 8，7，6 和 5 包含接口的通用格式标识符。

b) 第 1 个八位位组的位 4 到 1 和第 2 个八位位组的位 8 到 1，在重新起动定时器（DTE/DCE 环境为 T10）期满时为全 0，在复位定时器（DTE/DCE 环境为 T12）或清除定时器（DTE/DCE 环境为 T13）期满发生超时时，给出逻辑信道号。

对模 32768 操作，当由于超时而发出 DIAGNOSTIC 包时，诊断说明字段包含 3 个八位位组，编码如下：

a) 第 1 个八位位组包含协议标识符。

b) 第 2 个八位位组的位 8，7，6 和 5 包含接口的通用格式标识符。

c) 第2个八位位组的位4到1和第3个八位位组的位8到1在重新起动定时器(DTE/DCE 环境下为 T10)期满时为全0,在复位定时器(DTE/DCE 环境下为 T12)或清除定时器(DTE/DCE 环境为 T13)期满发生超时时,给出逻辑信道号。

12.8 REJECT 包

图 27 展示了与包重发设施(见 13.4)结合使用的 REJECT 包的格式。

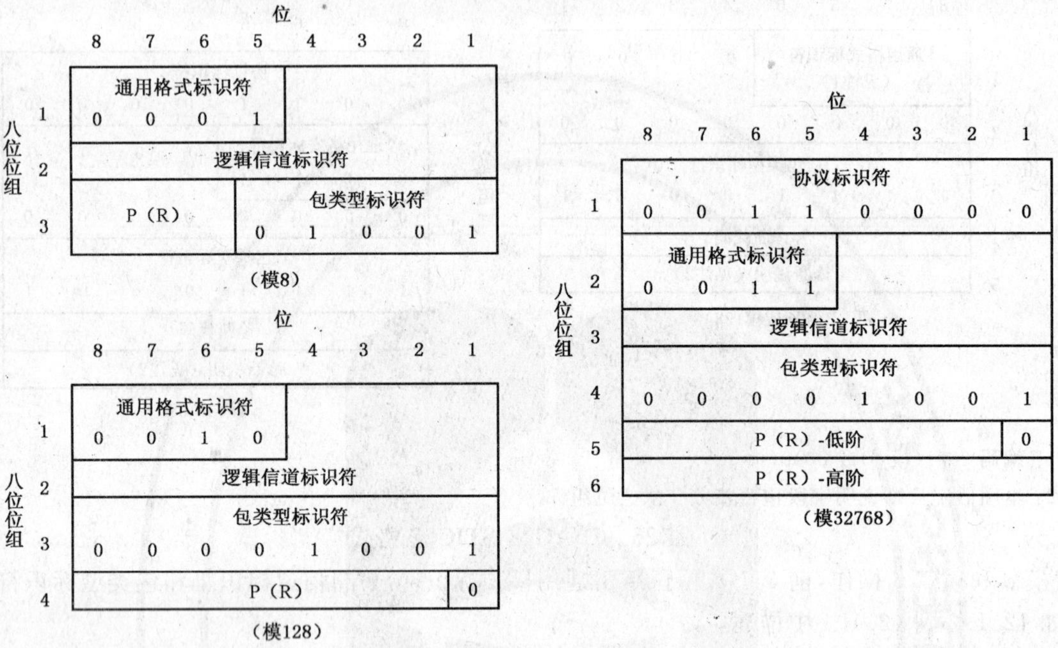

图 27 REJECT 包的格式

这种包包含3个或4个或6个八位位组,这取决于是使用模8、模128还是模32768序列编号方式。

对模8和模128操作,前3个八位位组由通用格式标识符、逻辑信道标识符和包类型标识符字段组成,正如12.1.2到12.1.4中描述。当包序列编号执行模8时,第3个八位位组的位8、7和6(包类型标识符的一部分)按下述说明使用。

对模32768操作,前4个八位位组由协议标识符、通用格式标识符、逻辑信道标识符和包类型标识符字段组成,正如12.1.1到12.1.4中描述。

包接收序列号:

第3个八位位组的位8、7和6,或扩展时第4个八位位组的位8到2或超扩展时第5个八位位组的位8到2和第6个八位位组的位8到1用以指示包接收序列号 P(R)。P(R)是二进制编码,其中位6,或扩展时位2是低阶位。当超扩展时,第5个八位位组的位2是低阶位,第6个八位位组的位8是高阶位。

12.9 登记包

下列包与在线设施登记设施(见13.1)结合使用:

a) REGISTRATION REQUEST(12.9.1);

b) REGISTRATION CONFIRMATION(12.9.2)。

12.9.1 REGISTRATION REQUEST 包

图 28 展示了 REGISTRATION REQUEST 包的格式。

对模8和模128操作,这个包包含3个八位位组,这些八位位组由通用格式标识符、逻辑信道标识符和包类型标识符字段组成,正如12.1.2到12.1.4中描述。

对模32768操作,这个包包含4个八位位组,这些八位位组由协议标识符、通用格式标识符、逻辑信道标识符和包类型标识符字段组成,正如12.1.1到12.1.4中描述。

逻辑信道标识符字段编码为全 0。

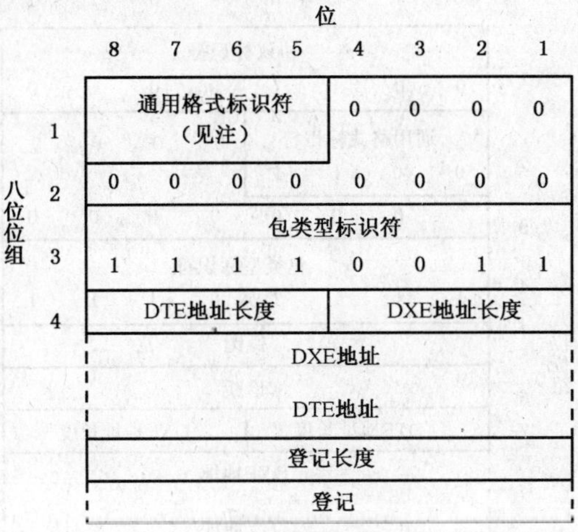

（模8或模128）

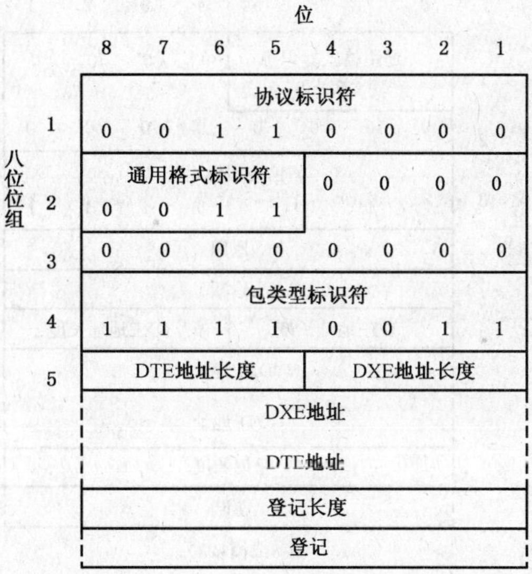

（模32768）

注：编码 0001(模 8)或 0010(模 128)。

图 28 REGISTRATION REQUEST 包格式

12.9.1.1 地址长度字段

包类型标识符后面的八位位组由 DTE 和接口 DXE 两者的地址的字段长度指示器组成。位 8、7、6 和 5 半个八位位组指示发送 REGISTRATION REQUEST 包的 DTE 地址的长度，位 4、3、2 和 1 半个八位位组指示接口 DXE 地址的长度。每个地址长度指示器都为二进制编码，其中位 5 或位 1 是指示器的低阶位。

本标准的规程中这些字段编码为全 0。

12.9.1.2 地址字段

在本标准的规程中这些字段不出现。

12.9.1.3 登记长度字段

地址字段后面的一个八位位组指示八位位组数的登记字段长度。登记长度指示器是二进制编码，其中位 1 是指示器的低阶位。

12.9.1.4 登记字段

仅当期望改变一个或多个任选用户设施的商定时，登记字段才出现。

登记字段包含整数个八位位组，该字段的实际最大长度取决于 DTE/DXE 接口上支持的能力，但最大不能超过 109 个八位位组。

另见：

——登记字段的编码(第 16 章)。

12.9.2 REGISTRATION CONFIRMATION 包

图 29 展示 T REGISTRATION CONFIRMATION 包的格式。

对模 8 和模 128 操作，前面 3 个八位位组由通用格式标识符、逻辑信道标识符和包类型标识符字段组成，正如 12.1.2 到 12.1.4 中描述。

对模 32768 操作，前面 4 个八位位组由通用格式标识符、逻辑信道标识符和包类型标识符字段组成，正如 12.1.1 到 12.1.4 中描述。

逻辑信道标识符字段编码为全 0。

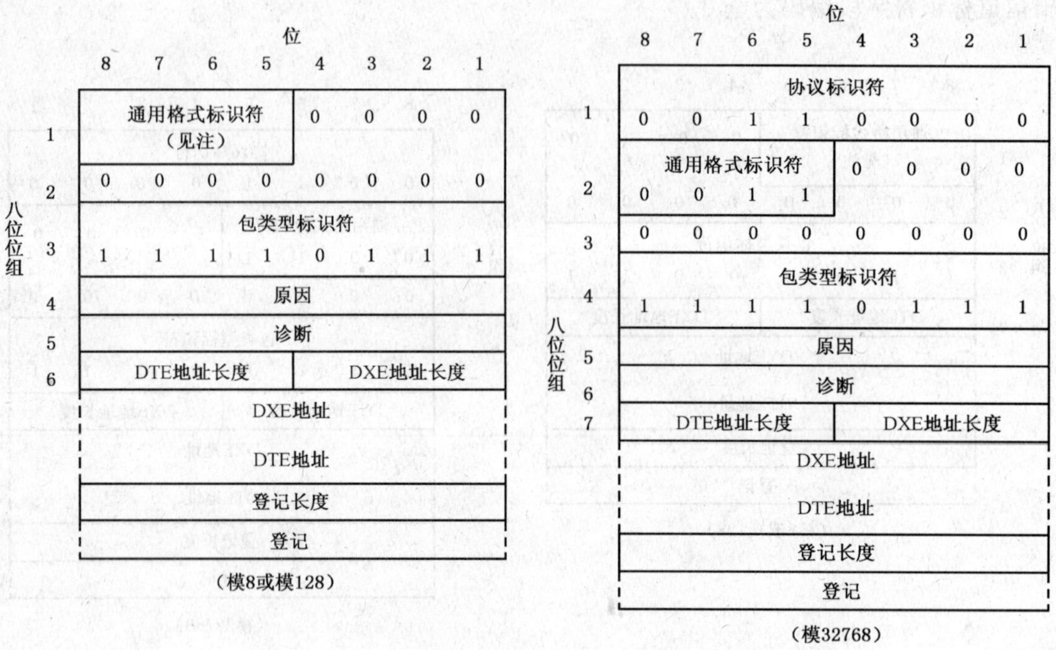

注：编码 0001(模 8)或 0010(模 128)。

图 29 **REGISTRATION CONFIRMATION 包格式**

12.9.2.1 原因字段

包类型标识符后面的八位位组是原因字段，它包含设施协商失败的任何原因或接受了登记字段的指示。REGISTRATION CONFIRMATION 包中的原因字段的编码在表 10 中给出。

表 10 **REGISTRATION CONFIRMATION 包中原因字段的编码**

原　因	位： 8 7 6 5 4 3 2 1
设施请求无效	0 0 0 0 0 0 1 1
网络拥塞	0 0 0 0 0 1 0 1
本地规程差错	0 0 0 1 0 0 1 1
登记/注销证实	0 1 1 1 1 1 1 1

12.9.2.2 诊断代码字段

原因字段后面的八位位组是诊断代码字段，它包含关于设施协商失败理由的附加信息。诊断代码字段的编码在表 24 中给出。在协商成功或无附加信息可提供时，诊断代码字段全部置为 0。

12.9.2.3 地址长度字段

诊断代码字段后面的八位位组由 DTE 和接口 DXE 两者的地址的字段长度指示器组成。位 8,7,6 和 5 半个八位位组指示接收 REGISTRATION REQUEST 包的 DTE 地址的长度，位 4,3,2 和 1 半个八位位组指示接口 DXE 地址的长度。每个地址长度指示器都为二进制编码，其中位 5 或 1 是指示器的低阶位。在本标准的规程中这些字段编码为全 0。

12.9.2.4 地址字段

在本标准的规程中这些字段不出现。

12.9.2.5 登记长度字段

地址字段后面的一个八位位组指示八位位组数的登记字段长度。登记长度指示器是二进制编码，其中位 1 是指示器的低阶位。

12.9.2.6 登记字段

登记字段用以指示哪些任选用户设施可用及哪些当前有效。登记字段包含整数个八位位组，该字段的实际最大长度取决于 DTE/DXE 接口上支持的能力，但最大不能超过 109 个八位位组。

另见：

——登记字段的编码(第 16 章)。

13 任选用户设施规程

若干任选用户设施可在 DTE 和 DXE 之间使用。表 11 汇总了这些任选用户设施。

表 11 包层任选用户设施

任选用户设施	见章	类别(注 1) VC[a]	PVC[a]	可否就一段时间商定	可否适用每一呼叫	可否适用 DTE/DTE 操作(注 6)
在线设施登记	13.1	—	—	是	否	是(注 2)
扩展包序列编号	13.2	A	A	是	否	是
超扩展包序列编号	13.2	A	A	是	否	是
D 位修改	13.3	A	A	是	否	否
包重发	13.4	A	A	是	否	是(注 2)
禁止入呼叫	13.5	E	—	是	否	否(注 3)
禁止出呼叫	13.6	E	—	是	否	是
单向出逻辑信道	13.7	E	—	是	否	是
单向入逻辑信道	13.8	A	—	是	否	是
非标准默认包长度	13.9	C	C	是	否	是
非标准默认窗口尺寸	13.10	A	A	是	否	是
默认吞吐量级别分配	13.11	A	A	是	否	是
流量控制参数协商	13.12	E	—	是	是(注 4)	是
吞吐量级别协商相关设施	13.13					
——基本吞吐量级别协商	13.13	E	—	是	是(注 4)	是
——扩展吞吐量级别协商	13.13	A,C	—	是	是(注 4)	是
封闭用户群相关设施	13.14					
——封闭用户群	13.14.1	E	—	是	否	否
——具有出访问的封闭用户群	13.14.2	A	—	是	否	否
——具有入访问的封闭用户群	13.14.3	A	—	是	否	否
——封闭用户群内禁止入呼叫	13.14.4	A	—	是	否	否
——封闭用户群内禁止出呼叫	13.14.5	A	—	是	否	否
——封闭用户群选择	13.14.6	E	—	否	是(注 4)	否
——具有出访问选择的封闭用户群	13.14.7	C	—	否	是(注 4)	否
双边封闭用户群相关设施	13.15					
——双边封闭用户群	13.15.1	A	—	是	否	否
——具有出访问的双边封闭用户群	13.15.2	A	—	是	否	否
——双边封闭用户群选择	13.15.3	C	—	否	是(注 4)	否
快速选择	13.16	E	—	否	是	是(注 5)
快速选择接受	13.17	E	—	是	否	否(注 3)
反向计费	13.18	A	—	否	是	否
反向计费接受	13.19	A	—	是	否	否
阻止本地计费	13.2	A	—	是	否	否

表 11（续）

任选用户设施	见章	类别(注 1)		可否就一段时间商定	可否适用每一呼叫	可否适用 DTE/DTE 操作(注 6)
		VC[a]	PVC[a]			
网络用户标识(NUI)相关设施	13.21					
——NUI 预约	13.21.1	A	—	是	否	否
——NUI 取代	13.21.2	A	—	是	否	否
——NUI 选择	13.21.3	C	—	否	是(注 4)	否
计费信息	13.22	A	—	是	是	否
ROA 相关设施	13.23					
——ROA 预约	13.23.1	A	—	是	否	否
——ROA 选择	13.23.2	A	—	否	是	否
搜索群	13.24	A	—	是	否	否
呼叫重定向和呼叫转向相关设施	13.25					
——呼叫重定向	13.25.1	A	—	是	否	否
——呼叫转向预约	13.25.2.1	A	—	是	否	否
——呼叫转向选择	13.25.2.2	C	—	否	是(注 4)	否
——呼叫重定向或呼叫转向通告	13.25.3	C	—	否	是	否
——ICRD 保护预约	13.25.4.1	A	—	是	否	否
——ICRD 状态选择	13.25.4.2	A	—	否	是	否
被叫线路地址修改通告	13.26	E	—	否	是	否
转接延迟选择和指示	13.27	E	—	否	是	否
可替换编址相关设施	13.28	A				
——全局可替换地址登记	13.28.1.1	A	—	是	否	否
——接口特定可替换地址登记	13.28.1.2	C	—	是	否	否
——可替换地址用法预约	13.28.2	A	—	是	否	否
	13.29	A,E(注 7)	—	是	否	否
参考号(注 8)	13.30			是	是(注 4)	是

注 1：分类指示：X.25 网络必须提供的设施(E—基本设施)，X.25 网络任选提供的设施(A—附加设施)，不适用的设施(用“—”表示)。在 ITU-T 建议 X.2(1996)中给出。

注 2：在 DTE/DTE 环境中，对每一传输方向，这些设施的使用应分别商定。

注 3：在 DTE/DTE 环境中，只有通过使用在线设施登记设施，这些设施才适用。

注 4：这些基于每一虚呼叫的设施不能使用，除非已经就一段时间商定了相应的设施。

注 5：在 DTE/DTE 环境中这种设施的使用需要两个 DTE 就一段时间进行商定。

注 6：在一个 DTE 作为中间系统向一个或多个其他 DTE 输出包网络设施时，这种情况下的 DTE 到 DTE 操作，应用附录 A 和 ISO/IEC TR 10029:1989 替代本列。

注 7：这种不在 ITU-T 建议 X.2(1996)中出现的设施仅适用于 DTE/DTE 操作。它对虚呼叫和永久虚电路都适用。

[a] VC＝虚呼叫

PVC＝永久虚电路

13.1 在线设施登记

在线设施登记是 DTE 和 DXE 就一段时间商定的任选用户设施。如果预约了这种用户设施，则允许 DTE 请求任选用户设施的登记和/或获得能被接口 DXE 理解的这样设施的当前值。

在 DTE/DTE 环境中，对每个登记规程启动的方向，需要分别商定使用该设施。对给定方向的登记规程的启动，这种设施的使用允许发起 DTE 发送 REGISTRATION REQUEST 包，并要求响应

DTE 按下面的描述处理收到的 REGISTRATION REQUEST 包。在 DTE/DCE 环境中，DTE 总是登记规程的发起者，DCE 总是响应者。

注：建议 X.25 的 1996 版本已经删除登记规程。

13.1.1 在线设施登记的通用规程

本条描述使用在线设施登记设施的通用规程。登记规程本身不影响逻辑信道的状态。特定的规程取决于要协商的设施，在 13.1.2 中讨论。

13.1.1.1 请求设施登记

仅当 DTE 作为登记规程的发起者时，本条才适用于 DTE。

DTE 请求任选登记设施的登记和/或获得适用的任选用户设施的当前值，是通过发送通过 DTE/DCE 接口的 REGISTRATION REQUEST 包，并起动登记请求响应定时器(T20)来实现的。

为获得适用的任选用户设施的当前值，或避免请求不可用的设施或设施值，DTE 可以发送无意登记任何任选用户设施(即无登记字段)的 REGISTRATION REQUEST 包。

DTE 在发出 REGISTRATION REQUEST 包后，在发 CALL REQUEST 包之前应等待接收 REGISTRATION CONFIRMATION 包。

在 REGISTRATION REQUEST 包发出后和 T28 到时前，未收到 REGISTRATION CONFIRMATION 包，则认为出错。登记规程最多可重复 R28 次，此后，包层通知适当实体，未收到登记规程的证实。

另见：

——REGISTRATION REQUEST 包格式(12.9.1 和图 28)；

——接收对设施登记的影响(13.1.1.3)；

——登记请求定响应时器(T28)(表 26)；

——登记请求重发计数(R28)(表 27)。

13.1.1.2 处理设施登记请求

当 DTE 作为登记规程的响应者时，本条仅适用于 DTE/DCE 环境中的 DTE。当使用登记规程时，则总适用于 DCE。

收到 REGISTRATION REQUEST 包(即使该包无登记字段)的 DCE 或 DTE，应发送通过 DTE/DXE 接口的 REGISTRATION CONFIRMATION 包，来报告适用于接口的所有任选用户设施的可用性和当前值。不遵守登记规程的任选用户设施不在 REGISTRATION CONFIRMATION 包中报告。REGISTRATION CONFIRMATION 包还可以包含适当的原因代码。

当 REGISTRATION CONFIRMATION 包返回时，包中指示的设施值对任何后续的虚呼叫都有效。仅当没有虚呼叫存在(即虚呼叫所用的全部逻辑信道都处于 READY 状态——p1)时，才能修改某些设施的值。当这些设施生效时，当 DTE/DCE 接口上有一个或多个永久虚电路时，要启动重新起动规程。在 DTE/DCE 环境中，DCE 发送 RESTART INDICATION 包，其原因指示“登记/注销证实”，诊断为“无附加信息”。RESET INDICATION 包也可以由 DCE 发送通过远程 DTE/DCE 接口，其原因为“远程 DTE 可运行”，诊断为“无附加信息”。在 DTE/DTE 环境中，发送 REGISTRATION CONFIRMATION 包的 DTE 也可发送原因指示“DTE 发起”和诊断为“登记/注销证实”的 RESTART REQUEST 包。

如果 DCE 或 DTE 对 REGISTRATION REQUEST 包中所请求的修改不能全部进行，则它将不改变一些设施的值。不能进行全部请求的修改的情况包括：

a) 设施设置的碰撞(例如，当阻止本地计费设施生效时，请求反向计费接收设施)；

b) 当接口至少建立了一个虚呼叫而试图协商那些需要所有逻辑信道处于 READY 状态(p1)的设施时；这包括 INCOMING CALL 和 REGISTRATION REQUEST 包的碰撞。

如果不允许某一特定设施的请求值，DCE 或 DTE 应在 REGISTRATION CONFIRMATION 包中报告：

a) 如果设施具有布尔值，则报告允许的值；

b) 如果设施具有数字值，而所请求的值大于该设施的最大允许值，则报告最大允许值；

c) 如果设施具有数字值，而所请求的值小于该设施的最小允许值，则报告最小允许值。

注：REGISTRATION CONFIRMATION 包中显示的值代表有效的当前值。

在 DTE/DTE 环境中，如果 DTE 在发送了自己的 REGISTRATION REQUEST 包后也收到了一个 REGISTRATION REQUEST 包，则该登记规程被认为无效而注销，而且不返回 REGISTRATION CONFIRMATION 包。DTE 在某种随机选定的延迟后可以发送另一个 REGISTRATION REQUEST 包。

另见：

——REGISTRATION CONFIRMATION 包的格式(12.9.2 和图 29)；

——仅当所有虚呼叫处于 READY 状态时才能修改的设施(13.1.2.5)；

——重新起动规程(第 4 章)。

13.1.1.3 接收设施登记的响应

仅当作为登记规程的发起者时，本条所述才适用于 DTE。

所收到的对 REGISTRATION REQUEST 响应的 REGISTRATION CONFIRMATION 包，不管是否包含登记字段，总是包含适用于 DTE/DXE 接口的全部任选用户设施的关于可用性和当前值的信息。DTE 可以选择接受该包中报告的值，也可通过 DTE/DXE 接口发送另一个 REGISTRATION REQUEST 包，尝试协商其他值。

在 REGISTRATION CONFIRMATION 包中报告的设施值，对任何后续的虚呼叫都有效。此外，当 DTE/DXE 接口上存在一个或多个永久虚电路时，只有在没有虚呼叫存在(即用于虚呼叫的逻辑信道都处于 READY 状态——p1)时才能修改的那些设施的值，在重新起动规程完成后才起作用。在 DTE/DCE 环境中，DTE 也会收到来自 DCE 的 RESTART INDICATION 包，其原因指示“登记/注销证实”、诊断为“无附加信息”。在 DTE/DTE 环境中，接收 REGISTRATION CONFIRMATION 包的 DTE 也会收到原因指示“DTE 发起”、诊断为“登记注销证实”的 RESTART INDICATION 包。对任何一种情况，都要发送 RESTART CONFIRMATION 响应 RESTART INDICATION 包。

对在 REGISTRATION REQUEST 包中曾请求修改，但在 REGISTRATION CONFIRMATION 包中指示为无相应设施的那些任选用户设施都不予支持，或不允许利用在线设施的登记设施来协商。

另见：

——REGISTRATION CONFIRMATION 包的格式(12.9.2 和图 29)；

——仅当所有虚呼叫处于 READY 状态时才能修改的设施(13.1.2.5)；

——重新起动规程(第 4 章)。

13.1.1.4 故障状态对登记的影响

作为登记规程发起者的 DTE 中的故障状态可能影响到前面经登记规程所登记的任选用户设施的值。在这种情况下，DTE 应发送无登记字段的 REGISTRATION REQUEST 包，以查明 DXE 理解的任选用户设施的当前值。

网络内部的故障状态也可能影响到前面经登记规程所登记的任选用户设施的值。在这种情况下，DCE 起动重新起动规程，将故障通知 DTE。当网络用“网络拥塞”或“网络可运行”的原因起动重新起动规程时，前面商定的设施值可能会受影响(当 DCE 用“本地规程差错”原因启动重新起动规程时，设施值不受影响)。

在 DTE/DTE 环境中，作为登记规程响应者的 DTE 中的故障状态可能影响到前面经登记规程所登记的任选用户设施的值。在这种情况下，DTE 可用“DTE 发起”的原因启动重新起动规程，将故障通知另一 DTE。如果诊断为“DTE 可运行”或“DTE 不可运行”，则前面商定的设施值会受影响，否则，设施值不受影响。

当作为登记规程发起者的 DTE,收到了指示设施值可能受到了影响的 RESTART INDICATION 包,它应发送无登记字段的 REGISTRATION REQUEST 包,来验证前面商定的设施值。如果需要,可发送第二个 REGISTRATION REQUEST 包,协商特定设施。

13.1.2 特定任选用户设施的登记规程

特定任选用户设施的登记规程取决于设施。为了登记,按登记规程应用的要求,表 12 对任选用户设施进行了分类。

REGISTRATION REQUEST 包中没有登记设施,是意味着不希望对先前就有关设施达成的协定进行修改。REGISTRATION CONFIRMATION 包中没有登记设施,是意味着不支持相关设施或不允许用在线设施的登记设施对其进行协商。

DTE 可不理睬它不支持或不知道的登记设施。

另见:

——登记设施的编码(第 16 章)。

表 12 登记任选用户设施的分类

任选用户设施的种类和特性(注 1)	任选用户设施(注 2)	登记设施用于(注 3)			登记是否适用于 DTE/DTE 操作(注 4)
		请求设施值的 REG. REQ * 包	指示设施当前值的 REG. CONF * 包	指示 DXE 中设施可用的 REG. CONF * 包	
第 1 类:登记不适用的设施(见 13.1.2.1)	在线登记设施	—	—	—	—
	封闭用户群相关设施	—	—	—	—
	双边封闭用户群相关设施	—	—	—	—
	快速选择	—	—	—	—
	NUI 相关设施	—	—	—	—
	ROA 预约	—	—	—	—
	搜索群	—	—	—	—
	呼叫重定向和呼叫转向相关设施	—	—	—	—
	转接延迟选择和指示	—	—	—	—
	可替换编址相关设施	—	—	—	—
	参考号	—	—	—	—
第 2 类:不能商定,但其值能确定的设施(见 13.1.2.2)	本地计费阻止	—	a	—	否
第 3 类:基于每次虚呼叫适用的,其使用的可用性能由 DTE 确定的设施(这些与 DTE 可能使用的某些附加设施相对应,如果由 DCE 实现,无需预先与 DCE 商定)(见 13.1.2.3)	反向计费	—	—	b	否
	计费信息(基于每次虚呼叫)	—	—	b	否
	ROA 选择	—	—	b	否
	被叫线路地址修改通告	—	—	b	否

表 12（续）

任选用户设施的种类和特性（注 1）	任选用户设施（注 2）	登记设施用于（注 3）			登记是否适用于 DTE/DTE 操作（注 4）
		请求设施值的 REG. REQ * 包	指示设施当前值的 REG. CONF * 包	指示 DXE 中设施可用的 REG. CONF * 包	
第 4 类：总是可用的，而且其使用能由 DTE 在任何时候调用/撤销（这些与某些其使用必须由 DTE 和 DXE 就一段时间进行商定的必备设施相对应）（见 13.1.2.4）	禁止入呼叫	c	c	—	是
	禁止出呼叫	c	c	—	是
	流量控制参数协商	c	c	—	是
	基本吞吐量级别协商（注 6）	c	c	—	是
	快速选择接受	c	c	—	是
第 5 类：适用于 DTE/DXE 接口且其协商的可用性能被确定，并有一个值被商定（这些与某些其适用必须由 DTE 和 DXE 就一段时间进行商定的附加设施相对应）（见 13.1.2）	扩展的包序列编号	d（注 5）	d	b	是
	超扩展包序列编号	d（注 5）	d	b	是
	D 位修改	d（注 5）	d	b	否
	包重发	d（注 5）	d	b	是
	非标准默认包长度	e	e	b	是
	正常和扩展包序列编码的非标准窗口尺寸	f	f	b	是
	超扩展包序列编码的非标准默认窗口尺寸	g	g	b	是
	默认吞吐量级别分配	h	h	b	是
	扩展吞吐量级别协商（注 6）	c	c	—	是
	反向计费接受	c	c	b	否
	计费信息（基于每个接口）	c	c	b	否
	TOA/NPI 地址预约	d（注 5）	d	—	否
	逻辑信道范围（注 2）	i（注 5）	i	b	是

注 1：基本设施和附加设施的种类在表 11 中给出。

注 2：与登记规程有关的术语“任选用户设施”包括逻辑信道范围参数。这些参数包括了单向逻辑信道出和单向逻辑信道入设施。有待协商的值是单向入逻辑信道（LLC 和 HIC）、双向逻辑信道（LTC 和 HTC）和单向出逻辑信道（LOC 和 HOC）的相关参数（即边界点）。

注 3：登记规程使用八种“登记设施”，这些登记设施只能用于支持登记规程，它们是：

a) “不可协商设施值”登记设施

b) “设施可用性”登记设施

c) “设施可在任何时刻协商”登记设施

d) “设施仅当用于虚呼叫的所有逻辑信道都处于状态 P1 时才可协商片登记设施

e) “非标准默认包长度”登记设施

f) “标准的和扩展的包序列编号的非标准默认窗口尺寸”登记设施

g) “超扩展包序列编码的非标准默认窗口尺寸”登记设施

h) “默认吞吐量级别分配”登记设施

i) “逻辑信道类型范围”登记设施。

表 12（续）

任选用户设施的种类和特性（注 1）	任选用户设施（注 2）	登记设施用于（注 3）			登记是否适用于 DTE/DTE 操作（注 4）
		请求设施值的 REG. REQ＊包	指示设施当前值的 REG. CONF＊包	指示 DXE 中设施可用的 REG. CONF＊包	
上面的 e、f、g 和 h 的登记设施可用于协商同名的任选用户设施。然而，登记设施与任选用户设施是不同的。 注 4：“否”意味着登记设施中的相应位总是置 0。 注 5：仅当用于虚呼叫的所有逻辑信道都处于状态 P1 时才可请求这些设施的值。 注 6：DTE 一次只能预约这些设施中的一个。					
＊REG. REQ. ＝REGISTRATION REQUEST 包 REG. CONF. ＝REGISTRATION CONFIRMATION 包					

13.1.2.1　第 1 类任选用户设施

登记规程不能用于第 1 类任选用户设施。这些任选用户设施是：

a）不允许协商的设施：

——在线登记设施(13.1)；

——封闭用户群相关设施(13.14)；

——双边封闭用户群相关设施(13.15)；

——网络用户标识相关设施(13.21)；

——搜索群(13.24)；

——可替换地址相关设施(13.28)；

——参考号(13.29)。

b）不需要协商的设施(基于每次虚呼叫、DTE 可在任何时刻请求的基本设施)：

——快速选择(13.16)；

——转接延迟选择和指示(13.27)。

c）登记规程的适用性有待 ITU-T 进一步研究的设施：

——ROA 预约(13.23.1)；

——呼叫重定向(13.25.1)；

——呼叫转向相关设施(13.25.2)；

——呼叫重定向或呼叫转向通告(15.25.3)。

13.1.2.2　适用于第 2 类任选用户设施的登记设施的使用

第 2 类任选用户设施只有一种：阻止本地计费(13.20)。

登记规程仅用于查明第 2 类任选用户设施的值，不能用于调用或撤销这些设施。

为查明第 2 类任选用户设施的值，DTE 应发送通过 DTE/DCE 接口的 REGISTRATION REQUEST 包可以有、也可以没有登记设施。DCE 在 REGISTRATION CONFIRMATION 包中用“不可协商设施值”登记设施来规定第 2 类任选用户设施的值。

13.1.2.3　适用于第 3 类任选用户设施的登记设施的使用

第 3 类任选用户设施有四种：

a）反向计费(13.18)；

b）计费信息(基于每次虚呼叫)(13.22)；

c）ROA 选择(15.23.2)；

d) 被叫线路地址修改通告(13.26)。

登记规程仅可用来决定使用第3类任选用户设施的可用性，不能用来调用或撤销这些设施。为查明使用第3类任选用户设施的可用性，DTE应发送通过DTE/DCE接口的REGISTRATION REQUEST包，该包可以有、也可以没有登记设施。DCE在REGISTRATION CONFIRMATION包中用“设施可用性”登记设施来规定第3类任选用户设施是否可供DTE使用。如果登记设施指示第3类任选用户设施可供使用，则DTE可以在以后的虚呼叫中请求它。

13.1.2.4 适用于第4类任选用户设施的登记设施的使用

第4类任选用户设施有五种：

a) 禁止入呼叫(13.5)；

b) 禁止出呼叫(13.6)；

c) 流量控制参数协商(13.12)；

d) 吞吐量级别协商(13.13)；

e) 快速选择接受(13.17)。

DTE在REGISTRATION REQUEST包中用“任何时刻可协商的设施”登记设施来规定任选用户设施是否要调用或撤销(通过DTE/DCE接口发送的REGISTRATION REQUEST包也可以包含其他登记设施)。

DCE或DTE在REGISTRATION CONFIRMATION包中用“任何时刻可协商的设施”登记设施来规定任选用户设施是否要调用或撤销。如果该登记设施指示调用流量控制参数协商和/或吞吐量级别协商设施，则DTE可以在以后的虚呼叫中对它们进行协商。如果登记设施指示调用禁止入呼叫、禁止出呼叫和/或快速选择接受设施，则它们对以后的虚呼叫都有效。

注1：调用/撤销禁止入呼叫和/或禁止出呼叫不改变逻辑信道类型(LIC、HIC、LTC、HTC、LOC和HOC)范围的参数值。

注2：在DTE/DTE环境中，登记设施可适用于禁止入呼叫、禁止出呼叫和快速选择接受设施(这些设施通常不在该环境中使用)。禁止入呼叫和禁止出呼叫设施可以被调用/撤销，以控制DTE/DTE接口上的虚呼叫初始化。快速选择接受设施的协商可用来确定两个DTE的支持在虚呼叫建立期间使用快速选择设施的能力。

13.1.2.5 适用于第5类任选用户设施的登记设施的使用

第5类任选用户设施有九种：

a) 扩展的包序列编号(协商该设施的确切方法ITU-T正在研究)(13.2)——第5.1类；

b) D位修改(13.3)——第5.1类；

c) 包重发(13.4)——第5.1类；

d) 非标准默认包长度(13.9)——第5.2类；

e) 非标准默认窗口尺寸(13.10)——第5.2类；

f) 默认吞吐量级别分配(13.11)——第5.2类；

g) 扩展吞吐量级别协商(13.13)——第5.1类；

h) 反向计费接受(13.19)——第5.1类；

i) 计费信息(基于每个接口)(13.22)——第5.1类。

第5.2类也包括一组逻辑信道范围参数(LIC、HIC、LTC、HTC、LOC和HOC)。这一组参数包括单向出逻辑信道出设施(13.7)和单向入逻辑信道设施(13.8)。

注1：对第5类任选用户设施，可根据它们是具有布尔值(第5.1类)还是数字值(第5.2类)进一步分类。

注2：在本条中，“任选用户设施”也是指与不同逻辑信道类型相关联的一组参数。

注3：非标准默认包长度、非标准默认窗口尺寸和吞吐量级别设施的登记规程仅适用于使用这些设施的虚呼叫，登记规程不适用于使用这些设施的永久虚电路。

为查明第5类任选用户设施协商的可用性，DTE发送通过DTE/DXE接口的REGISTRATION REQUEST包，该包以可以有、也可以没有任何登记设施。DCE或DTE在REGISTRATION CON-

FIRMATION 包中用“设施可用性”登记设施来规定任选用户设施是否可供 DTE 协商。如果该登记设施指示第 5 类任选用户设施可用于协商，则 DTE 可在后续的 REGISTRATION REQUEST 包中为它协商一个值。

为这种设施登记一个值的规程取决于该设施是具有布尔值(第 5.1 类)还是数字值(第 5.2 类)。

注 4：DTE 可以尝试为第 5 类任选用户设施登记一个值，而不必查明协商是否可用。

在本类中，为了给一个或多个任选用户设施登记一个值，DTE 可通过 DTE/DXE 接口发送一个包括表 10 所示的适当设施的 REGISTRATION REQUEST 包。DXE 在 REGISTRATION CONFIRMATION 包中使用如在表 10 中指示的适当登记设施，来为每个适用于 DTE/DXE 接口的第 5 类任选用户设施规定一个值。

13.1.2.5.1　第 5.1 类(布尔)任选用户设施的登记值

DTE 在 REGISTRATION REQUEST 包中使用适当的登记设施(见表 12)，来规定是调用还是撤销任选用户设施(通过 DTE/DXE 接口发送的 REGISTRATION REQUEST 包也可以包含其他登记设施)。

DTE 或 DCE 在 REGISTRATION CONFIRMATION 包中使用适当的登记设施，来规定是否调用或撤销任选用户设施。

13.1.2.5.2　第 5.2 类(数字)任选用户设施的登记值

在 REGISTRATION REQUEST 包中使用适当的登记设施(见表 12)，来规定 DTE 希望就相应的第 5.2 类任选用户设施协商的数字值(通过 DTE/DXE 接口发送的 REGISTRATION REQUEST 包也可以包含其他登记设施)。

当使用“逻辑信道类型范围”登记设施时，要协商的值是一些参数(即边界点)，这些参数与单向入逻辑信道(LIC 和 HIC)、双向逻辑信道(LTC 和 HTC)和单向出逻辑信道(LOC 和 HOC)有关，如图 1 所示。图 1 中所示的 LIC、HIC、LTC、HTC、LOC 和 HOC 间的关系应保持不变。当无单向入逻辑信道时 LIC 和 HIC 等于 0。当无双向逻辑信道时，LTC 和 HTC 等于 0。当无单向出逻辑信道时，LOC 和 HOC 等于 0，此外，“逻辑信道类型范围”登记设施还指示 DTE 希望虚呼叫使用的逻辑信道的总数，它等于单向入逻辑信道数、双向逻辑信道数和单向出逻辑信道数之和。

DCE 或 DTE 在 REGISTRATION CONFIRMATION 包中使用适当的登记设施，来规定相应的第 5.2 类任选用户设施的值。REGISTRATION REQUEST 包和 REGISTRATION CONFIRMATION 包中第 5.2 类任选用户设施的值之间的关系(如果出现的话)如下：

a)　如果所请求的值可以接受，则应示出所请求的值；

b)　如果所请求的值大于设施的最大允许值，则所示值为最大允许值；

c)　如果所请求的值小于设施的最小允许值，则所示值为最小允许值。

13.2　扩展和超扩展包序列编号设施

扩展包序列编号和超扩展包序列编号是任选用户设施。其中只有一种是 DTE 和 DXE 就一段时间商定的任选用户设施。

如果预约了扩展包序列编号的任选用户设施，则提供执行模 128 的包序列编号，它通常适用于 DTE/DXE 接口上的全部逻辑信道。

如果预约了超扩展包序列编号的任选用户设施，则提供执行模 32768 的包序列编号，它通常适用于 DTE/DXE 接口上的全部逻辑信道。

如果扩展的和超扩展的包序列编号都没有被商定，则执行模 8 的包序列编号。

注：另外，某些网络允许主叫 DTE 基于每次虚呼叫来动态选择模 32768 或模 128 或模 8 操作，并为每一个永久虚电路选定一种模。对给定逻辑信道的两个传输方向使用同一种模。这种类型的操作不属于本标准范围。

13.3　D 位修改

该任选用户设施仅适用于 DTE/DCE 环境。

D位修改是DTE和DCE就一段时间商定的任选用户设施，它适用于DTE/DCE接口上的全部逻辑信道。这种设施是特地给原先引入D位的那些DTE使用的。这些DTE是为了在公用数据网上支持P(R)端到端意义的操作而设计的。它允许这些DTE在国家网络内继续具有P(R)端到端意义的操作。

对于国家网络内的通信，如果预约该用户设施。

a) 所有CALL REQUEST和CALL ACCEPTED包中通用格式标识符的第7位的值以及收自DTE的所有DATA包中的D位的值从0变到1；

b) 所有INCOMING CALL和CALL CONNECTED包中通用格式标识符的第7位的值以及要发往DTE的DATA包中的D位的值置为0。

对于国际操作，上面b)的转换适用，a)的转换不适用。国际操作的其他转换规则是主管部门之间的双边协定。

另见：

——交付证实位(6.3和7.1.4)。

13.4 包重发

包重发是DTE和DXE就一段时间商定的任选用户设施，适用于DTE/DXE接口的所有逻辑信道。仅当逻辑信道处于FLOW CONTROL READY状态(d1)时，使用这种设施请求DATA包重发的规程才适用。

在DTE/DTE环境中，对数据传输的每一方向，需要分别商定使用这种设施。对于给定方向的DATA包的传输，使用这种设施时，允许接收DATA包的DTE按下面的描述发送REJECT包，并要求发送DATA包的DTE按下面的描述处理收到的REJECT包。在DTE/DCE环境中，预约这种设施的DTE可以发送REJECT包，但不会收到REJECT包。

13.4.1 请求DATA包的重发

DTE通过DTE/DXE接口发送规定了逻辑信道和包接收序列号P(R)的REJECT包，并起动拒绝响应定时器(T27)，来请求重发一个或几个连续的DATA包。P(R)的值应大于或等于DTE上次发送的P(R)，但小于接口DXE要发送的下一个DATA包的P(S)。如果P(R)超出该范围，接收REJECT的DXE应起动复位规程。DCE以“本地规程差错”指示原因，而DTE以“DTE发起”指示原因。在两种情况下，诊断都是“无效的P(R)”。

在定时器T27到时之前未收到请求的DATA包，则认为是出错。REJECT包可重发最多R27次。此后。DTE用指示“DTE发起”的原因和“REJECT定时器期满或重发计数超出”的诊断复位逻辑信道。

注：接收REJECT包的DCE或DTE不必为了防止发送DTE的T27定时器期满而采取实时方式重发请求的DATA包。因此，这样的定时器应小心使用。

除非收到了请求的DATA包，否则，逻辑信道上收到的其他DATA包都要丢弃。

注：先前因发送RECEIVE NOT READY包指示的DTE接收未准备好状态，将被REJECT包的发送清除。

另见：

——REJECT包的格式(12.8和图27)；

——重发响应定时器(T27)(表26)；

——拒绝重发计数(R27)(表28)；

——复位规程(第8章)；

——接收未准备好状态(7.1.6)。

13.4.2 处理重发请求

在DTE/DCE环境中，DTE收到REJECT包，则认为是出错。这时，DTE可以复位逻辑信道。在DTE/DTE环境中，两个DTE应商定使用这种设施。如果未达成这样的协定，收到REJECT包则认为出错，并复位逻辑信道。在DTE复位逻辑信道时，原因指示“DTE发起”，诊断为“未标识出的包”或

“REJECT 未预约”。

当收到 REJECT 包时，DTE 或 DXE 在规定的逻辑信道上起动 DATA 包的重发。首先重发的 DATA 包的 P(S)等于 REJECT 包中所指示的 P(S)，直到收到 REJECT 包之前发出的最后一个 DATA 包的 P(S)的所有 DATA 包都要重发。在 DXE 或 DTE 通过 DTE/DXE 接口发送 P(S)等于 REJECT 包中所指示的 P(S)的 DATA 包之前，应将收到的另一个 REJECT 包看做规程差错，并复位逻辑信道。在 DTE/DCE 环境中，DCE 指示的原因为“本地规程差错”。在 DTE/DTE 环境中，DTE 指示的原因为“DTE 发起”。在两种情况下，诊断都是“未授权的拒绝”。

那些处于窗口内并有待初次发送的 DATA 包可跟在重发的 DATA 包后面。

注：先前因收到的 RECEIVE NOT READY 包指示的 DTE 接收未准备好状态，将被 REJECT 包的收到清除。

另见：

——复位规程(第 8 章)；

——接收未准备好状态(7.1.6)；

——接收 REJECT 包时应考虑的定时器(表 28)。

13.5 禁止入呼叫

该任选用户设施仅适用于 DTE/DCE 环境中的虚呼叫服务。

禁止入呼叫是 DTE 和 DCE 就一段时间商定的任选用户设施，该设施适用于 DTE/DCE 接口上虚呼叫的所有逻辑信道。

如果预约了该用户设施，则阻止把入虚呼叫交给 DTE，而 DTE 可以发起出虚呼叫。

注 1：出虚呼叫使用的逻辑信道仍保持其全双工能力。

注 2：当禁止入呼叫时，某些网络允许 DTE 将虚呼叫置于自身(即被叫地址是主叫 DTE 地址)。

13.6 禁止出呼叫

该任选用户设施仅适用于 DTE/DCE 环境中的虚呼叫服务。

禁止出呼叫是 DTE 和 DCE 就一段时间商定的任选用户设施，该设施适用于 DTE/DCE 接口上虚呼叫的所有逻辑信道。

如果预约了该用户设施，则阻止 DCE 接收来自 DTE 的出虚呼叫。

DTE 可以接收入虚呼叫。

注：入虚呼叫使用的逻辑信道仍保持其全双工能力。

13.7 单向出逻辑信道

该任选用户设施仅适用于虚呼叫服务。

单向出逻辑信道是 DTE 和 DXE 就一段时间商定的任选用户设施，如果预约了该用户设施，则将逻辑信道的使用限制为只发起出虚呼叫。

注 1：虚呼叫使用的逻辑信道仍保持其全双工能力。给虚呼叫单向出逻辑信道分配逻辑信道标识符的规则在图 1 中给出。

注 2：如果 DTE/DXE 接口上虚呼叫的所有逻辑信道都是单向出逻辑信道，则其作用等同于禁止入呼叫设施(除 13.5 的注 2 不适用外)。

另见：

——禁止入呼叫任选用户设施(13.5)。

13.8 单向入逻辑信道

该任选用户设施仅适用于虚呼叫服务。

单向入逻辑信道是 DTE 和 DXE 就一段时间商定的任选用户设施，如果预约了该用户设施，则将逻辑信道的使用限制为只接收入虚呼叫。

注 1：虚呼叫使用的逻辑信道仍保持其全双工能力。给虚呼叫单向入逻辑信道分配逻辑信道标识符的规则在图 1 中给出。

注 2：如果 DTE/DXE 接口上虚呼叫的所有逻辑信道都是单向入逻辑信道，则其作用等同于禁止出呼叫设施。

另见：

——禁止出呼叫任选用户设施(13.6)。

13.9 非标准默认包长度

非标准默认包长度是DTE和DXE就一段时间商定的任选用户设施，如果预约了该用户设施，则可就数据传输的每一方向，提供从DTE到DXE所支持的包长度清单中选择默认包长度。某些DXE对通过DTE/DXE接口的两个数据传输方向上的默认包长度限制为同一长度。DTE使用的默认包长度总能设置为128。当无这种设施时，每一数据传输方向的默认包长度为128个八位位组。

注：术语“包长度”系指DATA包中用户数据字段的最大长度。

对于虚呼叫，默认包长度以外的值可借助于流量控制参数协商设施来协商。对每一永久虚电路，默认包长度以外的值可就一段时间进行商定。

另见：

——流量控制参数协商任选用户设施(13.12)。

13.10 非标准默认窗口尺寸

非标准默认窗口尺寸是DTE和DXE就一段时间商定的任选用户设施，如果预约了该用户设施，则可就数据传输每一方向，提供从DTE到DXE所支持的窗口尺寸清单中选择默认窗口尺寸。某些DXE对通过DTE/DXE接口的两个数据传输方向的默认窗口尺寸限制为同一尺寸。对正常的和扩展的序列编号，DTE使用的默认窗口尺寸总能够设置为2。对超扩展的序列编号，DTE使用的默认窗口尺寸总能设置为128。当无这种设施时，正常的和扩展的序列编号的默认窗口尺寸为2，超扩展的序列编号的默认窗口尺寸为128。

对于虚呼叫，默认窗口尺寸以外的值可借助于流量控制参数协商设施来协商。对每一永久虚电路，默认窗口尺寸以外的值可就一段时间进行商定。

另见：

——扩展的和超扩展的包序列编号任选用户设施(13.2)；

——流量控制参数协商任选用户设施(13.12)。

13.11 默认吞吐量级别分配

默认吞吐量级别分配是DTE和DXE就一段时间商定的任选用户设施，如果预约了该用户设施，则可就数据传输每一方向，提供从DTE到DXE所支持的吞吐量级别清单中选择默认吞吐量级别。某些DXE将两个数据传输方向的默认吞吐量级别限制为相同。当无这种设施时，默认吞吐量级别对应于DTE的用户服务级别(即访问线路传输速率)。在DTE/DCE环境中，它们不应超过DCE支持的最大吞吐量级别。

默认吞吐量级别是与DTE/DXE接口上的任何虚呼叫都相关的最大的吞吐量级别。对于虚呼叫，默认吞吐量级别以外的值可借助于流量控制参数协商设施来协商。对每一永久虚电路，默认吞吐量级别以外的值可就一段时间进行商定。

另见：

——吞吐量级别协商任选用户设施(13.13)；

——吞吐量级别的值(15.2.2.2)。

13.12 流量控制参数协商

该任选用户设施仅适用于虚呼叫服务。

流量控制参数协商是DTE和DXE就一段时间商定的任选用户设施，如果预约了该用户设施，则允许基于每一虚呼叫协商流量控制参数。流量控制参数是每一数据传输方向在DTE/DXE接口上的包长度和窗口尺寸。

注1：术语“包长度”系指DATA包中用户数据字段的最大长度。

在无流量控制参数协商设施时，特定DTE/DXE接口上使用的流量控制参数是默认包长度和默认窗口尺寸。

注 2：默认窗口尺寸或是 2(模 8 和模 128 操作)，或是 128(模 32768 操作)，或是经非标准默认窗口尺寸设施所选择的值。默认包长度或是 128，或是经非标准默认包长度设施所选择的值。

当主叫 DTE 已预约了流量控制参数协商设施时，可在 CALL REQUESR 包中独自请求虚呼叫的两个数据传输方向的包长度和/或窗口尺寸。如果 CALL REQUEST 包中未明确地请求特定窗口尺寸，DXE 则假定两个数据传输方向都请求了默认窗口尺寸。如果未明确地请求特定包长度，DXE 则假定两个数据传输方向都请求了默认包长度。

当被叫 DTE 已预约了流量控制参数协商设施时，每个 INCOMING CALL 包均指示 DTE 以此起动协商的包长度和窗口尺寸(在 DTE/DTE 环境中，这样的指示仅当主叫 DTE 业已在它的 CALL REQUEST 包中提供过时才出现)。CALL REQUEST 包请求的包长度(P)和/或窗口尺寸(W)与在 INCOMING CALL 包中所指示的之间不存在任何关系(在 DTE/DTE 环境中，CALL REQUEST 和 INCOMING CALL 实际是相同的包，这种情况除外)。被叫 DTE 可利用 CALL ACCEPTED 包中的设施请求包长度和/或窗口尺寸。作为 INCOMING CALL 包设施指示的函数，CALL ACCEPTED 包中的仅有的有效设施请求在表 13 中给出。如果 CALL ACCEPTED 包中未进行设施请求，则被叫 DTE 被假定为已经接受了 INCOMING CALL 包中指示的值。在 DTE/DTE 环境中，如果在 INCOMING CALL 包中未出现设施指示，而且也未在 CALL ACCEPTED 包中进行设施请求，那么被叫 DTE 被假定为已经接受了默认值。

在 DTE/DCE 环境中，当主叫 DTE 已预约了流量控制参数协商设施时，每个 CALL CONNECTED 包都应指示接口上呼叫所使用的包长度和窗口尺寸。在 DTE/DTE 环境中，CALL CONNECTED 包中不出现设施指示，是指示被叫 DTE 已经接受了 INCOMING CALL 包中的值，或，如果 INCOMING CALL 包中没有，则为默认值。作为 CALL REQUEST 包中设施请求的函数，CALL CONNECTED 包中的仅有的有效设施指示在表 14 中给出。

表 13　响应 INCOMING CALL 包中流量控制参数指示时 CALL ACCEPTED 包中的有效流量控制参数请求

	参数指示	有效参数请求
	P(指示的)≥128 P(指示的)<128	P(指示的)≥P(请求的)≥128 P(指示的)≤P(请求的)≤128
模 8 或 128 操作	W(指示的)≥2 W(指示的)=1	W(指示的)≥W(请求的)≥2 W(请求的)=1 或 2
模 32768 操作	W(指示的)≥128 W(指示的)<128	W(指示的)≥W(请求的)≥128 W(指示的)≤W(请求的)≤128

表 14　响应 CALL REQUEST 包中流量控制参数请求时 CALL CONNECTED 包中的有效流量控制参数

	参数请求	有效参数指示
	P(请求的)≥128 P(请求的)<128	P(请求的)≥P(指示的)≥128 P(请求的)≤P(指示的)≤128
模 8 或 128 操作	W(请求的)≥2 W(请求的)=1	W(请求的)≥W(指示的)≥2 W(请求的)=1 或 2
模 32768 操作	W(请求的)≥128 W(请求的)<128	W(请求的)≥W(指示的)≥128 W(请求的)≤W(指示的)≤128

网络可能有些限制，要求用于呼叫的流量控制参数，在用 INCOMING CALL 或 CALL CONNECTED 包向 DTE 指示之前先对其修改；例如，在不同的网络上可用的参数值的范围可能不同。

在 DTE/DCE 环境中，在虚呼叫每一端的窗口尺寸和包长度不必相同。

DCE 在协商流量控制参数中的作用，可能是与网络有关的。

另见：

——流量控制规程(7.1)；

——非标准默认包长度任选用户设施(13.9)；

——非标准默认窗口尺寸任选用户设施(13.10)；

——包长度请求的编码(15.2.1 和 15.2.2.1.1)；

——窗口尺寸请求的编码(15.2.1 和 15.2.2.1.2)。

13.13 吞吐量级别协商设施

该任选用户设施仅适用于虚呼叫服务。

基本吞吐量级别协商设施和扩展吞吐量级别协商设施是任选用户设施。对于虚呼叫来说，仅这些设施中的一个是 DTE 和 DXE 就一段时间商定的。如果预约了，则设施允许基于每一虚呼叫协商吞吐量级别。当已预约了基本吞吐量级别协商设施时，DTE 可明确地协商高达 192 000 bit/s 的吞吐量级别。当已经预约了扩展吞吐量级别协商设施时，DTE 可明确地协商高于 192 000 bit/s 的吞吐量级别的值。吞吐量级别对数据传输的每一方向可独立考虑。

注 1：对于一个内部周期，当已预约了基本吞吐量级别协商设施时，某些网络可能还允许预约高于 192 000 bit/s 的默认吞吐量级别。在这种情况下，INCOMING CALL 和 CALL CONNECTED 包中基本吞吐量级别协商设施的参数字段中的对应于 192 000 bit/s 的值的意义变为“192 000 bit/s 或更高”。

当主叫 DTE 已预约了吞吐量级别协商设施中的一个时，它可在 CALL REQUEST 包中请求虚呼叫的数据传输的两个方向的吞吐量级别。如果特定的吞吐量级别未在 CALL REQUEST 包中明确地请求，则 DXE 假定数据传输的两个方向都请求了默认值。

当被叫 DTE 已预约了吞吐量级别协商设施中的一个时，每个 INCOMING CALL 包均指示 DTE 以此起动协商的吞吐量级别(在 DTE/DTE 环境中，这样的指示仅当主叫 DTE 也已在它的 CALL REQUEST 包中提供过时才出现)。如果提供，这些吞吐量级别应小于或等于由主叫 DTE 所选择的级别，这种选择，或者是明确地，或者是默认地。后一种是指如果主叫 DTE 未曾预约吞吐量级别协商设施或未曾在 CALL REQUEST 包中未明确请求吞吐量级别的值的情况。在 DTE/DTE 环境中，如果在 INCOMING CALL 包每出现吞吐量级别指示，则被叫 DTE 应假定请求了默认吞吐量级别。在 DTE/DCE 环境中，向被叫 DTE 指示的吞吐量级别，也分别不能大于主叫和被叫 DTE/DCE 接口上每一传输方向的默认吞吐量级别，而且还可能进一步受到网络内部限制的约束。

被叫 DTE 可利用 CALL ACCEPTED 包中的设施来请求最终适用于虚呼叫的吞吐量级别。CALL ACCEPTED 包中吞吐量级别的仅有的有效值，是小于或等于 INCOMING CALL 包中(分别对每一数据传输方向)指示的那些。如果被叫 DTE 在 CALL ACCEPTED 包中未进行任何吞吐量级别设施请求，则最终适用于虚呼叫的吞吐量级别将是在 INCOMING CALL 包中指示的那些。

在 DTE/DCE 环境中，如果被叫 DTE 未预约吞吐量级别协商设施，则最终适用于虚呼叫的吞吐量级别，应小于或等于在主叫 DTE/DCE 接口所选的值，并小于或等于被叫 DTE/DCE 接口所定义的默认值。

当主叫 DTE 已预约了吞吐量级别协商设施时，每个 CALL CONNECTED 包都将指示最终适用于虚呼叫的吞吐量级别。在 DTE/DTE 环境中，这样的指示仅当被叫 DTE 业已在它的 CALL ACCEPTED 包中提供过时才出现。当不出现时，主叫 DTE 应假定在它的 CALL REQUEST 包中请求的吞吐量级别适用，或者，如果 CALL REQUEST 包中没有，则默认吞吐量级别适用。

在 DTE/DCE 环境中，当主叫 DTE 和被叫 DTE 都未曾预约吞吐量级别协商设施时，适用于该呼叫的吞吐量级别应不高于主叫和被叫 DTE/DXE 接口上作为默认值而商定的级别，而且还可能进一步被网络而限制到更低的值，例如，国际服务。

注 2：既然流量控制参数协商设施和或基本或扩展吞吐量级别协商设施能适用于单个呼叫，因此，可达到的吞吐量级别将取决于 D 位如何操作。

注 3：用户应注意，在 DTE/DXE 接口上选择太小的窗口尺寸和包长度（使用流量控制参数协商设施进行选择），可能对可获得的虚呼叫吞吐量级别有不利的影响。DTE 采用的用于控制来自 DXE 的数据传输的流量控制参数机制也是这样。

注 4：基本吞吐量级别协商和扩展吞吐量级别协商设施永远不应在 DTE/DXE 接口上同时出现。

另见：

——吞吐量级别协商设施的编码（15.2.1 和 15.2.2.2）；

——默认吞吐量级别分配任选用户设施（13.11）；

——流量控制参数协商任选用户设施（13.12）。

13.14 封闭用户群相关设施

该任选用户设施仅适用于 DTE/DCE 环境中的虚呼叫服务。

一组封闭用户群（CUG）任选用户设施可使用户构造出入或出访问受限制的若干 DTE 组。对拥有一个或多个这种设施的 DTE 进行入或出访问的限制的不同组合，将在网络内形成可访问性的各种不同组合。图 30 显示了假想情况下存在的某些可能性。

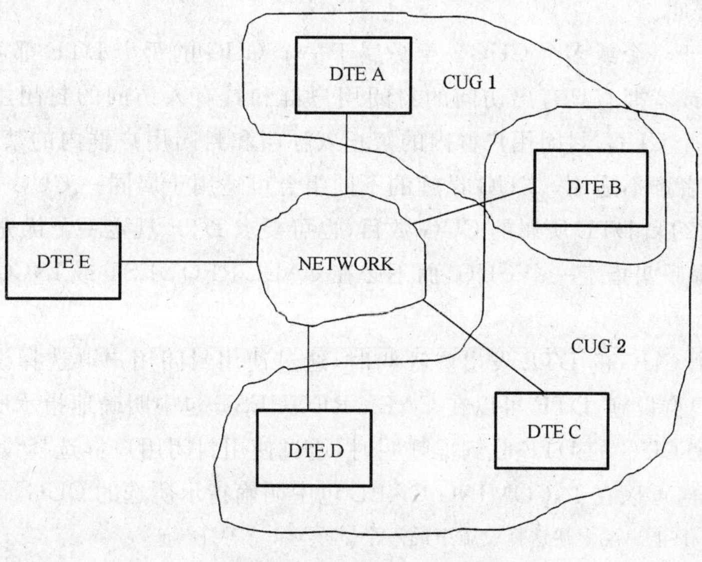

封闭用户群（GUG）信息

DTE	预　约	能向谁呼叫	能从谁接收呼叫
A	具有出访问的 CUG ● CUG1	B、D、E	B
B	具有入访问的 CUG ● CUG1 ● 具有禁止出呼叫的 CUG2	A	A、C、D、E
C	CUG ● CUG2	B	D
D	具有入访问的 CUG ● 具有禁止入呼叫的 CUG2	B、C	A、E
E	未预约 CUG	B、D	A

图 30　假想封闭用户群环境中允许的连接

有七种与CUG相关设施，其中五种是每一DTE和网络就一段时间商定的设施，另外两种允许对给定虚呼叫指示所选的CUG。这七种设施是：

a) 封闭用户群(CUG)(13.14.1)：这是基本设施，它可使DTE属于一个或多个CUG；

b) 具有出访问的封闭用户群(13.14.2)：它是a)的一种变形，也能使DTE对网络开放部分中的DTE(即对不属于任何CUG的DTE)和对具有入访问能力的其他CUG的DTE进行出呼叫(见下面的c))；

c) 具有入访问的封闭用户群(13.14.3)：它是a)的一种变形，也能使DTE接收网络开放部分中的DTE(即不属于任何CUG的DTE)和接收具有出访问能力的其他CUG的DTE的入呼叫(见上面的b))；

d) 封闭用户群内禁止入呼叫(13.14.4)：它是a)或b)和/或c)的补充设施，可阻止DTE接收来自规定CUG中DTE的任何入呼叫；

e) 封闭用户群内禁止出呼叫(13.14.5)：它是a)或b)和/或c)的补充设施，可阻止DTE对规定CUG中的DTE进行任何出呼叫；

f) 封闭用户群选择(13.14.6)：这种设施是支持属于特定虚呼叫的CUG的规范；

g) 具有出访问选择的封闭用户群(13.14.7)：它是f)的一种变形，也能使DTE或DCE通告出访问适用于虚呼叫。

一个DTE可以属于一个或多个CUG。至少属于一个CUG的每个DTE都可以与网络商定：或者拥有封闭用户群设施，或者拥有具有出访问的封闭用户群和具有入访问的封闭用户群设施之一，或两者。对DTE所属的每个CUG，封闭用户群内的禁止入呼叫和封闭用户群内的禁止出呼叫设施或者其中之一适用，或者这两者都不适用。CUG设施的不同组合可适用于属同一CUG的不同DTE。

根据CUG相关预约和DTE所属的CUG数目，也可要求DTE规定一个优先的CUG。优先CUG的规范允许对给定的虚呼叫指定一个CUG，而不必在CALL REQUEST或INCOMING CALL包中明确指示。

当属于一个或多个CUG的DTE发出虚呼叫时，通过使用封闭用户群选择设施，或使用具有出访问选择设施的封闭用户群设施，DTE可以在CALL REQUEST包中明确地指示所选的CUG(见注)。

当属于一个或多个CUG的DTE收到虚呼叫时，通过使用封闭用户群选择设施或使用具有出访问选择设施的封闭用户群，可以在INCOMING CALL包中明确指示所选的CUG。

注：对给定的虚呼叫，只能出现上述选择设施中的一个。

一个DTE可隶属的CUG的数目是与网络有关的。

13.14.1 封闭用户群

该任选用户设施仅适用于DTE/DTE环境中的虚呼叫服务。

封闭用户群是DTE和DCE，对虚呼叫就一段时间协商任选用户设施(封闭用户群是可选用户设施在一段时间内就虚呼叫DTE和DCE对其进行协商)。如果预约了这种设施，则能使DTE属于一个或多个CUG，CUG允许属于它的DTE相互间通信，但不许与所有其他DTE通信。

当DTE属于多个CUG时，应规定优先的CUG。

当预约了封闭用户群设施时，只有封闭用户群选择设施可在DTE/DCE接口上使用。

13.14.2 具有出访问的封闭用户群

该任选用户设施仅适用于DTE/DTE环境中的虚呼叫服务。

具有出访问的封闭用户群是DTE和DCE，就虚呼叫在一段时间商定的任选用户设施，如果预约了这种设施，则能使DTE属于一个或多个封闭用户群，并能向网络开放部分中的DTE(即不属于任何CUG的DTE)和属于具有入访问能力的其他CUG的DTE发起虚呼叫。

当预约了具有出访问设施的封闭用户群，并且网络向DTE提供了选择无优选的CUG的能力，而且DTE业已选择了无优选的CUG时，封闭用户群选择设施和具有出访问的封闭用户群选择设施都可用于接口。在预约具有出访向设施的所有其他情况下，DTE应规定优先的CUG，而且只有封闭用户群选择设施适用于接口。

13.14.3 具有入访问的封闭用户群

该任选用户设施仅适用于在DTE/DCE环境中的虚呼叫服务。

具有入访问的封闭用户群是DTE和DCE，就虚呼叫在一段时间商定的任选用户设施。如果预约了这种用户设施，则能使该DTE属于一个或多个封闭用户群，并能接收来自网络开放部分中的DTE（即来自不属于任何CUG的DTE）和来自属于具有出访问能力的其他CUG的DTE的入呼叫。

当预约了具有入访问设施的封闭用户群，并且网络向DTE提供了选择无优选的CUG的能力，而且DTE已选择无优选的CUG时，封闭用户群选择设施和具有出访问选择设施的封闭用户群都可用于接口。在预约了具有入访问设施的封闭用户群的所有其他情况下，DTE应指定优先的CUG，而且只有封闭用户群选择设施适用于接口。

13.14.4 封闭用户群内禁止入呼叫

该任选用户设施仅适用于DTE/DCE环境中的虚呼叫服务。

封闭用户群内禁止入呼叫是DTE和DCE就一段时间商定的任选用户设施。对给定的CUG，如果预约了这种用户设施，则允许DTE向该CUG中的DTE发起虚呼叫，但不许接收来自CUG中的DTE的入呼叫。

13.14.5 封闭用户群内禁止出呼叫

该任选用户设施仅适用于DTE/DCE环境中的虚呼叫服务。

封闭用户群内禁止出呼叫是DTE和DCE就一段时间商定的任选用户设施。对给定的CUG，如果预约了这种用户设施，则允许DTE接收该CUG中的DTE的虚呼叫，但阻止DTE向该CUG中的DTE发起虚呼叫。

13.14.6 封闭用户群选择

该任选用户设施仅适用于DTE/DCE环境中的虚呼叫服务。

封闭用户群选择是基于每次虚呼叫使用的任选用户设施。仅当DTE预约了封闭用户群设施，或预约了具有出访问设施的封闭用户群和/或具有入访问设施的封闭用户群时，DTE才能请求或接收这种设施。

主叫DTE可在CALL REQUEST包中，用封闭用户群选择设施来规定为虚呼叫选择的CUG。

在INCOMING CALL包中，封闭用户群选择设施用于向被叫DTE指示为虚呼叫所选的CUG。

一个DTE可以隶属的CUG的数目是网络有关的，如果分配给DTE的用以选择CUG的标号的最大值是99或更少，则应使用封闭用户群选择设施的基本格式。如果分配的标号的最大值是在100～9 999之间，则应使用封闭用户群选择设施的扩展格式。

当标号是99或更少时，有些网络可能既允许DTE使用封闭用户群选择设施的基本格式，又允许使用扩展格式。

注：当DTE预约了少于101个CUG时，如果DTE请求，网络应该能够就少于100的标号的最大值进行协商。

当在CALL REQUEST包中出现两种格式，或格式与预约的CUG的数目不一致时，则是一种差错。对此，网络用“无效设施请求”的原因清除虚呼叫。在CALL REQUEST和INCOMING CALL包中的出现封闭用户群选择设施的意义，分别在表15和表16中给出。

另见：

——封闭用户群选择设施的编码（15.2.1和15.2.2.3）。

表 15 CALL REQUEST 包中封闭用户群相关设施的意义

<table>
<tr><th rowspan="2">主叫 DTE 预约的 CUG</th><th colspan="3">CALL REQUEST 包的内容(见注 1)</th></tr>
<tr><th>封闭用户群选择设施</th><th>具有出访问选择设施的封闭用户群</th><th>无封闭用户群选择和无出访问选择设施的封闭用户群</th></tr>
<tr><td>具有优选的 CUG(见注 2)</td><td rowspan="2">规定的 CUG
(见注 3)</td><td rowspan="4">不允许
(呼叫清除)</td><td rowspan="2">优先的或唯一的 CUG
(见注 3)</td></tr>
<tr><td>具有优选的 CUG/IA</td></tr>
<tr><td>具有优选的 CUG/OA</td><td rowspan="2">规定的 CUG+出访问
(见注 3)</td><td rowspan="2">优先的或唯一的 CUG+出访问(见注 4 和 5)</td></tr>
<tr><td>具有优选的 CUG/IA/OA</td></tr>
<tr><td>具有优选的 CUG/IA</td><td rowspan="3">规定的 CUG
(见注 3)</td><td rowspan="3">规定的 CUG+出访问
(见注 4,5)</td><td>不允许(呼叫清除)</td></tr>
<tr><td>具有优选的 CUG/OA</td><td rowspan="3">出访问</td></tr>
<tr><td>具有优选的 CUG/IA/OA</td></tr>
<tr><td>无 CUG</td><td>不允许(呼叫清除)</td><td>不允许(呼叫清除)</td></tr>
<tr><td colspan="4">IA=入访问
OA=出访问
注 1:在 CALL REQUEST 包中,不允许同时包括封闭用户群选择设施和具有出访问选择设施的封闭用户群。
注 2:不允许无优选的 CUG。
注 3:如果在规定的 CUG 内,或在优先或唯一 CUG 内禁止出呼叫,则呼叫被清除。
注 4:如果在规定的 CUG 内,或在优先或唯一 CUG 内禁止出呼叫,则仅出访向适用。
注 5:对于国际呼叫,如果目的网络不支持具有出访问选择设施的封闭用户群,那么,即使被叫属于 DTE 规定的 CUG 或开放世界,或者具有入访问,呼叫也可能被清除。</td></tr>
</table>

13.14.7 具有出访问选择的封闭用户群

该任选用户设施仅适用于 DTE/DTE 环境中的虚呼叫服务。

具有出访问选择的封闭用户群是基于每次呼叫使用的任选用户设施。仅当网络向 DTE 提供了无优先 CUG 能力,并且 DTE 业已选择了无优先 CUG 时,才能使用这种设施。仅当 DTE 预约了具有出访问设施的封闭用户群,或既预约了具有出访问设施的封闭用户群又预约了具有入访问设施的封闭用户群时,DTE 才能请求这种设施。仅当 DTE 预约了具有入访问设施的封闭用户群,或既预约了具有入访问设施的封闭用户群又预约了具有出访问设施的封闭用户群时,DTE 才能接收这种设施。

具有出访问选择设施的封闭用户群,可被主叫 DTE 在 CALL REQUEST 包中用来为虚呼叫规定所选择的 CUG,并指示出访问也是需要的。

具有出访问选择设施的封闭用户群,在 INCOMING CALL 包中向被叫 DTE 指示为虚呼叫选择的 CUG,并指示出访问已适用于主叫 DTE。

一个 DTE 可以隶属的 CUG 的数目是网络有关的。如果分配给 DTE 的用以选择 CUG 的标号的最大值是 99 或更少,则应使用具有出访问选择设施的封闭用户群的基本格式。如果分配的标号的最大值是在 100～9 999 之间,则应使用具有出访问选择设施的扩展格式。

当标号是 99 或更少时,有些网络可能既允许 DTE 使用具有出访问选择设施的封闭用户群的基本格式,又允许使用扩展格式。

注:当 DTF 预约了少于 101 个 CUG 时,如果 DTE 请求,网络应该能够就少于 100 的标号的最大值进行协商。

当在 CALL REQUEST 包中出现两种格式,或格式与预约的 CUG 的数目不一致时,则是一种差错。对此,网络用"无效设施请求"的原因清除虚呼叫。

在 CALL REQUEST 和 INCOMING CALL 包中的出现具有出访问选择设施的意义,分别在表 15 和表 16 中给出。

另见：

——具有出访问选择设施的封闭用户群的编码(15.2.1 和 15.2.2.4)。

13.14.8 两种 CUG 选择设施均不出现

在 CALL REQUEST 和 INCOMING CALL 包中不出现封闭用户群选择设施和具有出访问选择设施的意义分别在表 15 和表 16 中给出。

表 16 INCOMING CALL 包中封闭用户群相关设施的意义

<table>
<tr><th rowspan="2">被叫 DTE 预约的 CUG</th><th colspan="3">INCOMING CALL 包的内容(见注 1)</th></tr>
<tr><th>封闭用户群选择设施</th><th>具有出访问选择设施的封闭用户群</th><th>无封闭用户群选择和无出访问选择设施的封闭用户群</th></tr>
<tr><td>具有优选的 CUG(见注 2)</td><td rowspan="2">规定的 CUG
(见注 3)</td><td rowspan="5">不适用</td><td rowspan="2">优先的或唯一的 CUG
(见注 3)</td></tr>
<tr><td>具有优选的 CUG/OA</td></tr>
<tr><td>具有优选的 CUG/IA</td><td rowspan="2">规定的 CUG 或
规定的 CUG＋入访问
(见注 4)</td><td rowspan="2">下列之一：
——优先的或唯一的 CUG
——优先的或唯一的 CUG＋入访问(见注 5)
——入访问</td></tr>
<tr><td>具有优选的 CUG/IA/OA</td></tr>
<tr><td>具有优选的 CUG/OA</td><td rowspan="3">规定的 CUG
(见注 3)</td><td>不适用</td></tr>
<tr><td>具有优选的 CUG/IA</td><td rowspan="2">规定的 CUG＋入访问
(见注 4)</td><td rowspan="2">入访问</td></tr>
<tr><td>具有优选的 CUG/IA/OA</td></tr>
<tr><td>无 CUG</td><td>不适用</td><td>不适用</td><td></td></tr>
</table>

IA＝入访问

OA－出访问

注 1：在 CALL REQUEST 包中，不允许同时包括封闭用户群选择设施和具有出访问选择设施的封闭用户群。

注 2：不允许无优选的 CUG。

注 3：当这个 CUG 内禁止入呼叫时，呼叫被阻，没有入呼叫。

注 4：当这个 CUG 内禁止入呼叫时，仅入访问适用，而且 INCOMING CALL 包中既不包括封闭用户群选择设施，又不包括具有出访问选择设施的封闭用户群。

注 5：当这个 CUG 内禁止入呼叫时，仅入访问适用。

13.15 双边封闭用户群相关设施

这些任选用户设施仅适用于 DTE/DCE 环境中的虚呼叫服务。

一组双边封闭用户群(BCUG)任选用户设施能使若干成对的 DTE 形成双边关系，它们之间允许相互进行访问，同时对尚未形成这种关系的其他 DTE 限制入或出访问。对具有这些设施的 DTE 访问限制的不同组合，在网络环境中形成可访问性的各种不同组合。

BCUG 相关设施有三种，其中两种是每一 DTE 和网络可就一段时间商定的设施，另一种允许对给定的虚呼叫指示所选的 BCUG，这三种设施是：

a) 双边封闭用户群(13.15.1)：这是一种基本设施，它可使 DTE 属于一个或多个 BCUG；

b) 具有出访问的双边封闭用户群(13.15.2)：它是 a)的一种变形，也能使 DTE 对网络开放部分中的 DTE(即对不属于任何 BCUG 的 DTE)进行出呼叫；

c) 双边封闭用户群选择(13.15.3)：该设施支持属于特定虚呼叫的 BCUG 的规范。

一个 DTE 可以属于一个或多个 BCUG，每个至少属于一个 BCUG 的 DTE 可以拥有双边封闭用户群设施,或拥有具有出访问设施的双边封闭用户群。对于给定的 BCUG,允许一个 DTE 预约双边封闭用户群设施,而另一个 DTE 预约具有出访问的双边封闭用户群。

当属于一个或多个 BCUG 的 DTE 发出虚呼叫时,通过使用双边封闭用户群选择设施,DTE 应在 CALL REQUEST 包中指示所选择的 BCUG。当属于一个或多个 BCUG 的 DTE 收到虚呼叫时,通过使用双边封闭用户群选择设施,将在 INCOMING CALL 包中指示所选择的 BCUG。

一个 DTE 可隶属的 BCUG 的数目是网络有关的。

一个 DTE 可同时拥有一个双边封闭用户群相关设施及一个或多个 13.14 中描述的封闭用户群相关设施。CUG 和 BCUG 设施是相互独立的。例如,CUG 内的呼叫并不会被认为是与 BCUG 相关设施有关的出访问呼叫。

13.15.1 双边封闭用户群

该任选用户设施仅适用于 DTE/DCE 环境中的虚呼叫服务。

封闭用户群是 DTE 和 DCE,对虚呼叫就一段时间商定任选用户设施。如果预约了这种设施,则能使 DTE 属于一个或多个 BCUG。BCUG 允许双边商定了相互通信的一对 DTE 相互通信,而不许与所有其他 DTE 通信。

13.15.2 具有出访问的双边封闭用户群

该任选用户设施仅适用于 DTE/DCE 环境中的虚呼叫服务。

具有出访问的双边封闭用户群是 DTE 和 DCE,就虚呼叫在一段时间商定的任选用户设施,如果预约了这种设施,则能使 DTE 属于一个或多个 BCUG,并能向网络开放部分中的 DTE(即不属于任何 BCUG 的 DTE)发起虚呼叫。

13.15.3 双边封闭用户群选择

该任选用户设施仅适用于 DTE/DCE 环境中的虚呼叫服务。

封闭用户群选择是基于每次虚呼叫使用的任选用户设施。如果 DTE 预约了双边封闭用户群设施,或预约了具有出访问设施的双边封闭用户群,则 DTE 可请求或仅能接收这种设施。

主叫 DTE 在 CALL REQUEST 包中,用双边封闭用户群选择设施来为虚呼叫规定所选的 BCUG。被叫 DTE 地址长度应编码为全 0。

在 INCOMING CALL 包中,双边封闭用户群选择设施施用于向被叫 DTE 指示为虚呼叫所选的 BCUG。主叫 DTE 地址长度编码为全 0。

另见:

——双边封闭用户群选择设施的编码(15.2.1 和 15.2.2.5)。

13.16 快速选择

该任选用户设施仅适用于虚呼叫服务。

快速选择是 DTE 可为给定虚呼叫请求的任选用户设施。在 DTE/DTE 环境中,DTE 可使用这种设施而不必事先商定。在 DTE/DTE 环境中,要使用这种设施,需要两个 DTE 之间事先商定。这样的协定允许两个 DTE 利用这种设施发起呼叫,并要求它们用这种设施处理接收的虚呼叫。

在 DTE/DCE 环境中,如果 DTE 使用快速选择向未预约快速选择接受设施的 DTE 发出呼叫,则网络将用指示“快速选择接受收未预约”的原因清除该呼叫。在 DTE/DTE 环境中,如果 DTE 向未同意使用快速选择的 DTE 发出呼叫,则被叫 DTE 可用指示“DTE 发起”的原因和“快速选择未预约”的诊断清除该呼叫。

基于每次虚呼叫,DTE 能借助 CALL REQUEST 包中的快速选择设施,使用任何能用于发起虚呼叫的逻辑信道,请求快速选择。

如果在 CALL REQUEST 包中请求了快速选择设施并指示对响应无限制,那么该快速选择设施:

a) 允许 CALL REQUEST 包中包含最多 128 个八位位组的呼叫用户数据字段;

b) 授权 DXE 在 DTE CALL REQUEST 状态(p2)期间,向主叫 DTE 分别发送带有最多 128 个

八位位组的被叫或清除用户数据字段的 CALL CONNECTED 或 CLEAR INDICATION 包；

c) 授权主叫 DTE 和 DXE，在呼叫建立完成后发送带有最多 128 个八位位组的清除用户数据字段的 CLEAR REQUEST 和 CLEAR INDICATION 包。

如果在 CLEAR REQUEST 包中请求了快速选择设施并指示对响应有限制，那么该快速选择设施：

a) 允许 CALL REQUEST 包中包含最多 128 个八位位组的呼叫用户数据字段；

b) 授权 DXE 在 DTE CALL REQUEST 状态(p2)期间，向主叫 DTE 分别发送带有最多 128 个八位位组的清除数据字段的 CLEAR INDICATION 包(不授权的 DXE 发送 CALL CONNECTED 包)。

呼叫用户数据字段、被叫用户数据字段和清除用户数据字段，在通过 DTE/DXE 接口交付时不能被分段。

呼叫用户数据字段、被叫用户数据字段和清除用户数据字段应按 12.1 所指出的，包含整数个八位位组。

作为对具有快速选择设施的 CALL REQUEST 包的直接响应的 CALL CONNECTED 包和带有"DTE 发起"原因的 CLEAR INDICATION 包的意义是：带有呼叫用户数据字段的 CALL REQUEST 包已被被叫 DTE 收到。

处理业已请求快速选择设施的虚呼叫的所有其他规程不受该请求的影响。

另见：

——呼叫建立和呼叫清除包(12.2)；

——快速选择设施的编码(15.2.1 和 15.2.2.6)；

——快速选择接收任选用户设施(13.17)。

13.17 快速选择接受

该任选用户设施仅适用于 DTE/DCE 环境中的虚呼叫服务。

快速选择接受是 DTE 和 DCE，就虚呼叫在一段时间商定的任选用户设施，如果预约了这种设施，则授权 DCE 向 DTE 发送请求快速选择设施的入呼叫。无这种设施时，DEC 不向 DTE 发送任何请求快速选择设施的入呼叫。

如果被叫 DTE 已经预约了快速选择接受设施，则通过在 INCOMING CALL 包中包含快速选择设施，它将告知快速选择，连同是否对响应限制的指示，已经请求。

在 INCOMING CALL 包中出现指示响应无限制的快速选择设施，将允许被叫 DTE：

a) 发出带有最多 128 个八位位组的被叫用户数据字段的 CALL ACCEPTED 包作为对该包的直接响应；

b) 任何时刻都可发出带有最多 128 个八位位组的被叫用户数据字段的 CLEAR REQUEST 包；

c) 在呼叫建立完成之后，接收带有最多 128 个八位位组的清除用户数据字段的 CLEAR REQUEST 包。

在 INCOMING CALL 包中出现指示响应有限制的快速选择设施，将允许被叫 DTE 发出带有最多 128 个八位位组的清除用户数据字段的 CLEAR REQUEST 包作为对该包的直接响应，而不授权 DTE 发送 CALL ACCEPTED 包。

呼叫用户数据字段、被叫用户数据字段和清除用户数据字段，在通过 DTE/DXE 接口交付时不能被分段。

呼叫用户数据字段、被叫用户数据字段和清除用户数据字段应按 12.1 所指出的，包含整数个八位位组。

处理业已请求快速选择设施虚呼叫的所有其他规程不受该请求的影响。

另见：

——呼叫建立和呼叫清除包(12.2)；

——快速选择任选用户设施(13.16)；

——清除规程(5.5)；

——快速选择设施的编码(15.2.1 和 15.2.2.6)。

13.18 反向计费

该任选用户设施仅适用于 DTE/DCE 环境中的虚呼叫服务。

对给定虚呼叫，反向计费是 DTE 可以请求的任选用户设施。在使用时，该设施请求网络将与确定虚呼叫有关的全部费用向被叫 DTE 计费。

另见：

——反向计费接受任选用户设施(13.19)；

——反向计费设施的编码(15.2.1 和 15.2.2.6)。

13.19 反向计费接受

该任选用户设施仅适用于 DTE/DCE 环境中的虚呼叫服务。

反向计费是 DTE 和 DCE，就虚呼叫在一段时间商定的任选用户设施，如果预约了这种设施，则授权 DCE 向 DTE 发送请求反向计费设施的入呼叫。无这种设施时，DEC 不向 DTE 发送请求反向计费设施的入呼叫。

另见：

——反向计费任选用户设施(13.18)。

13.20 阻止本地计费

该任选用户设施仅适用于 DTE/DCE 环境中的虚呼叫服务。

阻止本地计费是 DTE 和 DCE，就虚呼叫在一段时间商定的任选用户设施，如果预约了这种设施，则授权 DCE 阻止建立预约用户必须付费的虚呼叫。其方式为：

a) 不向 DTE 发送请求反向计费的入呼叫；

b) 每当 DTE 发起呼叫时，就确保向对方付费。通过使用规程和管理两方面的若干动作来确定这个对方。可由 DTE 使用的规程方面的方法包括：

——使用反向计费设施请求反向计费；

——使用网络用户标识设施标识第三方。

当尚未确立虚呼叫计费的一方时，收到 CALL REQUEST 包的 DCE 将对呼叫应用反向计费。

注：在一段时间内，当尚未确立计费的一方时，某些网络将通过清除呼叫来必备实施阻止本地计费。

另见：

——反向计费任选用户设施(13.18)；

——网络用户标识任选用户设施(13.21)。

13.21 网络用户标识(NUI)相关设施

该任选用户设施仅适用于 DTE/DCE 环境中的虚呼叫服务。

一组网络用户标识(NUI)相关设施能使 DTE 向网络提供有关记账、安全性、网络管理或调用预约设施等方面的信息。

这组设施由三种任选用户设施组成。NUI 预约设施和 NUI 取代设施可以对虚呼叫就一段时间商定，DTE 可预约这两种设施中的一个或两者。这样的话，一个或多个网络用户标识符也可以就一段时间商定。一个给定的网络用户标识符，对于 NUI 预约设施和 NUI 取代设施，可以是特定的，也可以是共同的。网络用户标识符在 UNI 选择设施中由 DTE 传送给 DCE。网络用户标识符永远不会传送给远程 DTE。

13.21.1 NUI 预约

该任选用户设施仅适用于 DTE/DCE 环境中的虚呼叫服务。

NUI 预约是 DTE 和 DCE,就虚呼叫在一段时间商定的任选用户设施,如果预约了这种设施,则能使 DTE 向网络提供基于每次呼叫的有关记账、安全性或网络管理方面的信息。这种信息可由 DTE 在 CALL REQUEST 包或 CALL ACCEPTED 包中通过使用 NUI 选择设施提供。不管 DTE 是否预约了阻止本地计费设施,它都可使用。如果 DCE 判定网络用户标识符无效,或 UNI 选择设施在网络要求时没出现,DCE 将清除该呼叫。

另见:

——阻止本地计费任选用户设施(13.20);

——NUI 选择任选用户设施(13.21.3)。

13.21.2 NUI 取代

该任选用户设施仅适用于 DTE/DCE 环境中的虚呼叫服务。

NUI 取代是 DTE 和 DCE,就虚呼叫在一段时间商定的任选用户设施,如果预约了这种设施,则可以就一段时间商定一个或多个网络用户标识符。与每一网络用户标识符相联系,这是一组预约时间内的任选用户设施。当这些网络用户标识符中的一个在 CALL REQUEST 包中借助于 NUI 选择设施提供时,与之相联系的这组预约时间内的任选用户设施取代接口上应用的设施。这种取代并不适用于接口上其他现存呼叫或后续呼叫。它只在它适用的特定呼叫的期间保持有效。

如果已经预约了 NUI 取代设施,可能与网络网络用户标识符相联系的任选用户设施在表 17 中规定。对接口已经就一段时间商定,并且未被 NUI 取代的那些任选用户设施保持有效。

另见:

——NUI 选择任选用户设施(13.21.3)。

13.21.3 NUI 选择

该任选用户设施仅适用于 DTE/DCE 环境中的虚呼叫服务。

对给定的虚呼叫,NUI 选择是可由 DTE 请求的任选用户设施。仅当 DTE 业已预约了 NUI 预约设施和/或 NUI 取代设施时,才能请求该设施。NUI 选择设施允许 DTE 规定哪一个网络用户标识符将与 NUI 预约设施和/或 NUI 取代结合使用。

如果选择的网络用户标识符已经商定了与 NUI 预约设施或与 NUI 取代设施结合使用,那么,NUI 选择可在 CALL REQUEST 包中请求。如果选择的网络用户标识符已经商定了与 NUI 预约设施结合使用,那么,NUI 选择可在 CALL ACCEPTED 包中请求。

对于接口,当 NUI 预约设施已经就一段时间商定了时,某些网络可能要求在给定的 DTE/DCE 接口上、在所发送的每个 CALL REQUEST 包和可能的每个 CALL ACCEPTED 包中,DTE 都要请求 NUI 选择设施。

如果网络判定网络用户标识符无效,或在 CALL REQUEST 包中请求的任选用户设施当中有不是对 DTE 允许的,则将清除该呼叫。

另见:

——NUI 选择设施的编码(15.2.1 和 15.2.2.7)。

13.22 计费信息

该任选用户设施仅适用于 DTE/DCE 环境中的虚呼叫服务。

计费信息是 DTE 和 DCE,就虚呼叫在一段时间商定的任选用户设施。或者,对给定的虚呼叫,是由 DTE 请求的任选用户设施。

如果 DTE 要对呼叫付费,则 DTE 可以请求基于每次虚呼叫的计费设施,并借助于 CALL REQUEST 包或 CALL ACCEPTED 包中的计费信息请求设施来实现。

如果 DTE 就一段时间预约了计费信息设施,则设施对该 DTE 有效。如果 DTE 对呼叫付费,则无须在 CALL REQUEST 包或 CALL ACCEPTED 包中发送设施请求。

DCE 将使用 CLEAR INDICATION 或 CLEAR CONFIRMATION 包中的计费信息指示设施,向

DTE 指示有关本次呼叫的计费的信息和/或其他能使用户计算费用的信息。

另见：

——计费信息请求设施的编码(15.2.1 和 15.2.2.8.1)；

——计费信息指示设施的编码(15.2.1 和 15.2.2.8.2 到 15.2.2.8.4)。

表 17 与 NUI 取代设施结合作用的可能与网络用户标识符相联系的预约时间内任选用户设施

预约时间内任选用户设施	可能与 NUI 相联系
在线设施登记	否
扩展包序列编号	否
超扩展包序列编号	否
D 位修改	否
包重发	否
入呼叫禁止	否
出呼叫禁止	否
单向逻辑信道出	否
单向逻辑信道入	否
非标准默认包长度	是
非标准默认窗口尺寸	是
默认吞吐量级别分配	是
流量控制参数协商(预约时间内)	是
吞吐量级别协商相关设施(预约时间内)	是
封闭用户群	是
具有出访问的封闭用户群	是
具有入访问的封闭用户群	否
封闭用户群内禁止入呼叫	否
封闭用户群内禁止出呼叫	否
双向封闭用户群	是
具有出访问的双向封闭用户群	是
快速选择接受	否
反向计费接受	否
阻止本地计费	否
计费信息(预约时间内)	是
ROA 预约	是
搜索群	否
呼叫重定向	否
呼叫转向预约	否
阻止 ICRD 预约	否
可替换地址登记相关设施	否
可替换地址利用登记	否
TOA/NPI 地址预约	否

13.23 ROA 相关设施

该任选用户设施仅适用于 DTE/DCE 环境中的虚呼叫服务。

当一个以上的 ROA 转接网络以一系列的一个或多个网关形式存在时，一组 ROA 任选用户设施，支持因对呼叫进行路由选择而经过的发起国家之内的一系列的一个或多个 ROA 转接网络的主叫 DTE

的目的地。在国际呼叫情况下，这种能力包括在发起国家之内选择国际 ROA。

在 ROA 预约设施和 ROA 选择设施都不出现时，ROA 转接网络的用户目的地是不会有效的。

13.23.1 ROA 预约

该任选用户设施仅适用于 DTE/DCE 环境中的虚呼叫服务。

ROA 预约是 DTE 和 DCE，就虚呼叫在一段时间商定的任选用户设施，如果预约了这种设施，则它将适用于所有的经过以一系列网关形式存在的一个以上的转接网络的虚呼叫（除非对单个虚呼叫，被 ROA 选择设施所取代）。ROA 预约设施提供呼叫要进行路由选择而经过的一系列的 ROA 转接网络。

另见：

——ROA 选择任选用户设施（13.23.2）。

13.23.2 ROA 选择

该任选用户设施仅适用于 DTE/DCE 环境中的虚呼叫服务。

对给定的虚呼叫，ROA 选择是可由 DTE 请求的任选用户设施。它不需要为了使用这种设施而特意预约 ROA 预约设施。当这种设施适用于给定的虚呼叫时，仅当一个以上的 ROA 转接网络以一系列的一个或多个网关形式存在时，才能适用于这个虚呼叫，ROA 选择设施提供呼叫要进行路由选择而经过的一系列的 ROA 转接网络。这种设施在 CALL REQUEST 包中的出现将完全取代已经由 ROA 预约设施规定的 ROA 转接网络系列。

如果 DTE 只选择了一个 ROA 转接网络，ROA 选择设施的基本格式和扩展格式都可使用。如果 DTE 选择了一个以上的 ROA 转接网络，应使用 ROA 选择设施的扩展格式。两种格式如果都在 CALL REQUEST 包中出现，将被作为未允许的设施对待。

另见：

——ROA 预约任选用户设施（13.23.1）；

——ROA 选择设施的编码（15.2.1 和 15.2.2.9）。

13.24 搜索群

该任选用户设施仅适用于 DTE/DCE 环境中的虚呼叫服务。

搜索群是 DTE 和 DCE，就虚呼叫在一段时间商定的任选用户设施，如果预约了这种设施，则它将把地址与搜索群有联系的入呼叫，分布通过指定的 DTE/DCE 接口群。

在群中的任何 DTE/DCE 接口上，对于虚呼叫，不包括单向出逻辑信道，如果至少有一个空闲的逻辑信道可供使用，那么，选择对入虚呼叫实施。一旦虚呼叫分配给一个 DTE/DCE 接口，将被作为正常呼叫对待。

当虚呼叫被置了搜索群地址，而且特定的地址也已经分配给了各个 DTE/DCE 接口时，任选地发送到主叫 DTE 的 CLEAR INDICATIDN 包（当未曾发送过 CALL ACCEPTED 包时），或 CALL CONNECTED 包，将包含所选 DTE/DCE 接口的被叫 DTE 地址。它也将包括被叫线路地址修改通告设施，指示被叫地址与原来请求的地址不同的理由。

虚呼叫可以由属于搜索群的 DTE/DCE 接口上的 DTE 发起，这种虚呼叫以正常方式处理。特别地，在 INCOMING CALL 包中发送到远程 DTE 的主叫 DTE 的地址就是搜索群地址，除非 DTE/DCE 接口有了特定的地址分配。永久虚电路可以分配给属于搜索群的 DTE/DCE 接口，这些永久虚电路与搜索群的操作无关。有些网络可将虚呼叫预约时间内的任选用户设施共同适用于搜索群中的所有 DTE/DCE 接口，而只对搜索群中 DTE/DCE 接口数目加以限制，并且/或者限制由单个搜索群能够服务的地理范围。

另见：

——被叫线路地址修改通告的任选用户设施（13.26）；

——搜索群操作与私有网络有关（附录 A 的 A.3）。

13.25 呼叫重定向和呼叫转向相关设施

该任选用户设施仅适用于DTE/DCE环境中的虚呼叫服务。

一组呼叫重定向和呼叫转向任选用户设施能使预定到一个DTE("原被叫DTE")的呼叫重定向或转向到另一个DTE("可替换DTE")。呼叫重定向设施允许在特定情况下将预定原被叫DTE的呼叫重新定向。当这种重定向实施时,无INCOMING CALL包发向原被叫DTE。呼叫转向相关设施允许DTE在收到INCOMING CALL包后转向各个入呼叫。DTE可以预约呼叫重定向设施、呼叫转向设施,或都预约。

当一个应用了呼叫重定向设施或呼叫转向设施的呼叫被清除时,清除原因是在最后一次试图到达被叫DTE/DCE接口期间产生的。

基本服务被限制为一次呼叫重定向或呼叫转向。另外,有些网络允许几次呼叫重定向或呼叫转向的链接。在所有情况下,网络都要确保避免循环,并确保连接建立阶段有一个与DTE定时器T21一致的有限的持续时间。

在重定向或转向虚呼叫时,如果任何DTE都未曾发送过CALL ACCEPTED包,或者,都未发过传给主叫DTE的CALL CONNECTED包,那么,CLEAR INDICATION包将包含可替换DTE的被叫地址和被叫线路地址修改通告设施,以指示被叫地址与原请求地址不同的理由。

在重定向或转向虚呼叫时,有些网络会在INCOMING CALL包中,通过使用呼叫重定向或呼叫转向通告设施,向可替换DTE指示呼叫被重定向或转向,以及重定向或转向的理由,原被叫DTE的地址。

另外,有些网络允许DTE使用CALL REQUEST包中的呼叫重定向或呼叫转向通告设施指示呼叫被重定向或转向、重定向或转向的理由以及原被叫DTE的地址。

对于呼叫重定向或转向发生在网络之间的情况,提供网间呼叫重定向或转向(ICRD)控制设施。

另见:

——呼叫请求响应定时器(T21)(表26);

——被叫线路地址修改通告任选用户设施(13.26);

——与专用网络相关的呼叫重定向和呼叫转向操作(附录A的A.3)。

13.25.1 呼叫重定向

该任选用户设施仅适用于DTE/DCE环境中的虚呼叫服务。

呼叫重定向是DTE和DCE,就虚呼叫在一段时间商定的任选用户设施,如果预约了这种设施,那么,在下列情况下,可对预定到该DTE的入呼叫进行重定向。

a) DTE失序;

b) DTE忙。

有些网络仅在情况a)时提供呼叫重定向。有些网络除此之外还可提供:

c) 由于预约用户根据与网络商定的上述a)和b)之外的规则而事先请求的系统上的呼叫重定向。

此外,某些网络还可提供下述(互斥)能力之一:

a) 原被叫DTE(称之为DTE B)的网络存储可替换DTE(称之为C1,C2,…)的列表。按列表的顺序,对这些地址的每一个相继进行呼叫重定向,直到完成呼叫。

b) 呼叫重定向可在逻辑上链接,如果DTE C已预约呼叫重定向到DTE D,则原来从DTE B重定向到DTE C的原呼叫可以重定向到DTE D;呼叫重定向与呼叫转向也可以链接。

在原被叫DCE和可替换DCE的呼叫建立处理次序应按照ITU-T建议X.96中的呼叫行进信号的顺序进行。对那些提供由被叫DTE事先请求系统重定向的网络,系统呼叫重定向请求在原被叫DCE的呼叫建立处理顺序中,享有最高优先权。

13.25.2 呼叫转向相关设施

13.25.2.1 呼叫转向预约

该任选用户设施仅适用于DTE/DCE环境中的虚呼叫服务。

呼叫转向是DTE和DCE,就虚呼叫在一段时间商定的任选用户设施,如果预约了这种设施,则能使DTE通过使用呼叫转向选择设施,将由INCOMING CALL包传输给它的单个呼叫,请求转向到可替换DTE。

DCE可能会使用一个具有与预约用户商定值的网络定时器,来限定从向原被叫DTE(或者在事先呼叫重定向或呼叫转向情况下的一个可替换DTE)传输INCOMING CALL包到被该原被叫DTE请求转向呼叫之间的时间。一旦定时器期满,原被叫DTE将不再被允许使用呼叫转向选择设施转向呼叫。如果原被叫DTE在定时器期满后还试图转向呼叫,则网络将呼叫清除。

13.25.2.2 呼叫转向选择

该任选用户设施仅适用于DTE/DCE环境中的虚呼叫服务。

呼叫转向选择是基于每次虚呼叫使用的任选用户设施,仅当DTE已经预约了呼叫转向预约设施时,才能请求该设施。

被叫DTE只有在直接响应规定呼叫转向可替换DTE地址的INCOMING CALL包时,才能在CLEAR REQUEST包中使用呼叫转向选择设施。对给定的虚呼叫,如果请求的话,网络将把呼叫转向到可替换DTE,并且作为在原被叫DTE/DCE接口上清除动作的结果,网络不响应主叫DTE。

如果在CLEAR REQUEST包中使用呼叫转向选择设施,那么,DTE也必须包括所有要发给可替换DTE的ITU-T规定的DTE设施和用户数据。ITU-T规定的DTE设施和在CLEAR REQUEST包中的用户数据不必依赖于原INCOMONG CALL包的内容。如果原呼叫建立时不带快速选择,则CLEAR REQUEST包中可以包括最多16个八位位组的用户数据;如果原呼叫建立时带有快速选择,则CLEAR REQUEST包中可以包括最多128个八位位组的用户数据。如果CLEAR REQUEST包中未包括ITU-T规定的DTE设施,则在给可替换DTE的INCOMING CALL包中也将没有。如果CLEAR REQUEST包中未包括清除用户数据,则在给可替换DTE的INCOMING CALL包中也将没有呼叫用户数据。

如果呼叫是直接从主叫DTE到可替换DTE,则出现在INCOMING CALL包中要发送给可替换DTE的X.25设施就是已经出现在INCOMING CALL包中的那些设施,而且,如果网络支持,呼叫重定向或呼叫转向通告设施也可能出现。

发送给原被叫DTE和发送给可替换DTE的INCOMING CALL包中的通用格式标识符的第7位,与CALL REQUEST包中的这一位的值相同。

当使用呼叫转向选择设施时,如果网络只能提供基本服务,并且如果呼叫重定向或呼叫转向已经实施,则DTE清除呼叫。

另见:

——快速选择任选用户设施(13.16);

——呼叫转向选择设施的编码(15.2.1和15.2.2.10)。

13.25.3 呼叫重定向或呼叫转向通告

该任选用户设施仅适用于DTE/DCE环境中的虚呼叫服务。

呼叫重定向或呼叫转向通告是DCE在INCOMING CALL包中使用的用户设施,用以通知可替换DTE:呼叫已被重定向或转向、为什么呼叫被重定向或转向以及原被叫DTE的地址。

当一个以上的地址适用于DTE/DCE接口时,原被叫DTE(可能是一个包交换的专用数据网)也可在CALL REQUEST包中使用呼叫重定向或呼叫转向通告设施,来通知可替换DTE:呼叫已被重定向或转向。当从原被叫DTE(专用网)收到这种设施时,如果该设施中包含的地址不是适用于接口的地址之一,则DCE将清除呼叫。

注:这里的最后一种可能性可能不是所有支持呼叫重定向或呼叫转向通告设施的网络都支持。

使用呼叫重定向或呼叫转向通告设施能指出的理由如下:

a) 呼叫重定向是由于原被叫DTE故障;

b) 呼叫重定向是由于原被叫 DTE 忙；

c) 呼叫重定向是由于原被叫 DTE 事先请求有系统的呼叫重定向；

d) 呼叫被原被叫 DTE 转向。

e) 在主叫 DTE 中重定向或转向(假设是包交换专用数据网)。

有些网络在某些网络有关的情况下也会用到下面的理由：

f) 呼叫在搜索群内分布。

另见：

——呼叫重定向或呼叫转向通告设施的编码(15.2.1 和 15.2.2.11)。

13.25.4 网间呼叫重定向和转向(ICRD)控制设施

这些任选用户设施仅适用于 DTE/DCE 环境中的虚呼叫服务。

当原被叫 DTE 和可替换 DTE 是在不同的包交换公用数据网(PSPDN)上时，呼叫重定向或呼叫转向被认为是网间的。由于主叫 DTE 与可替换 DTE 之间的费率可能高于主叫 DTE 与原被叫 DTE 之间的费率，因而任选用户设施被定义为阻止网间呼叫重定向和转向(ICRD)在除下述之外的所有 ICRD 的情况下发生。这种例外的情况是当主叫 DTE 与可替换 DTE 由同一 PSPDN 所服务时。

当 PSPDN 支持 ICRD 时，它将允许 ICRD 的发生，除非 DTE 预约了 ICRD 阻止预约设施，或使用了预呼叫 ICRD 状态选择设施来对呼叫发阻止 ICRD 的信号。如果 PSPDN 不支持 ICRD，则 ICRD 由默认阻止，并且下面的两个设施都不适用。

13.25.4.1 ICRD 阻止预约

该任选用户设施仅适用于 DTE/DCE 环境中的虚呼叫服务。

ICRD 阻止预约是 DTE 和 DXE 就一段时间商定的任选用户设施。如果预约了这种设施，除下述情况外，将阻止由预约 DTE 发起的呼叫经历 ICRD。这种例外是可替换 DTE 和预约 DTE 由同一 PSPDN 所服务的。该设施可能会被 ICRD 状态选择设施取代。

13.25.4.2 ICRD 状态选择

该任选用户设施仅适用于 DTE/DCE 环境中的虚呼叫服务。

ICRD 状态选择是基于每次虚呼叫使用的任选用户设施。该设施可能由主叫 DTE 请求。

主叫 DTE 可在 CALL REQUEST 包中使用 ICRD 状态选择设施，来指示 ICRD 被允许或被阻止。如果 ICRD 状态选择设施指示请求了 ICRD 的允许，则 PSPDN 应对呼叫允许 ICRD，而不管 DTE 是否预约了 ICRD 阻止预约设施。同样，如果 ICRD 状态选择指示 ICRD 被阻止，则 PSPDN 应对呼叫阻止 ICRD，即使是 DTE 未预约 ICRD 阻止预约设施。

13.26 被叫线路地址修改通告

该任选用户设施仅适用于 DTE/DCE 环境中的虚呼叫服务。

被叫线路地址修改通告是由 DCE 或 DTE 使用的任选用户设施。

它由 DCE 在 CALL CONNECTED 包或 CLEAR INDICATION 包中使用，来向主叫 DTE 指示包中被叫地址与 CALL REQUEST 包中规定的不同的理由。

当一个以上的地址应用于 DTE/DCE 接口时，被叫线路地址修改通告设施由 DTE 在 CLEAR REQUEST 包(仅在响应 INCOMING CALL 包时)或 CALL ACCEPTED 包中，并当这些包中出现的被叫地址与 INCOMING CALL 包中规定的地址不同时使用。当从 DTE 收到这种设施时，如果被叫 DTE 的地址不是适用于接口的地址中的一个时，DCE 将清除呼叫。

注：DTE 应该意识到未经被叫线路地址修改通告设施通告的被叫 DTE 地址字段的任何部分的修改都可能引起呼叫被清除。

DCE 在向主叫 DTE 发送的 CALL CONNECTED 或 CLEAR INDICATION 包中，使用的被叫线路地址修改通告设施，能指示的理由如下：

a) 呼叫重定向是由于原被叫 DTE 失序；

b) 呼叫重定向是由于原被叫 DTE 忙；

c) 呼叫重定向是由于原被叫 DTE 事先请求有系统的呼叫重定向；

d) 呼叫被原被叫 DTE 转向；

e) 被叫 DTE 发起(如果一个以上地址适用于 DTE/DCE 接口)；

f) 呼叫在搜索群内分布。

当几个理由都适用于同一个呼叫时，网络在 CALL CONNECTED 或 CLEAR INDICATION 包中借助于被叫线路地址修改通告设施，按下述规定指示理由：

a) 网络中呼叫重定向或呼叫转向的指示优先于搜索群内分布的指示，或优先于被叫 DTE 发起的指示；

b) 被叫 DTE 发起的指示优先于搜索群内分布的指示；

c) 如果已经实施了几个呼叫重定向或呼叫转向，则第一个优先于其余的。

在 CALL CONNECTED 或 CLEAR INDICATION 包中指示的被叫 DTE 的地址应当与已经到达或试图到达的最后一个 DTE 一致。

在 CALL ACCEPTED 或 CLEAR REQUEST 包中，结合被叫线路地址修改通告设施的使用，指示的理由应为“被叫 DTE 发起”。

另见：

——被叫线路地址修改通告设施的编码(15.2.1 和 15.2.2.12)；

——搜索群任选用户设施(13.24)；

——呼叫重定向和呼叫转向任选用户设施(13.25)。

13.27 转接延迟选择和指示

该任选用户设施仅适用于 DTE/DCE 环境中的虚呼叫服务。

对给定的虚呼叫，转接延迟选择和指示是可由 DTE 请求的任选用户设施。该设施基于每次呼叫，允许选择和指示适用于呼叫的转接延迟。

如果主叫 DTE 希望对虚呼叫规定期望的转接延迟，可借助于 CALL REQUEST 包中的转接延迟选择和指示设施指示期望的值。

如果网络能够做到，应分配好资源，使转接延迟适合本呼叫、又不超过所期望的转接延迟，以这种方式对虚呼叫进行路由选择。

发送到被叫 DTE 的 INCOMING CALL 包和发送到主叫 DTE 的 CALL CONNECTED 包都应包括适虚呼叫的转接延迟的指示。该转接延迟可以小于、等于或大于 CALL REQUEST 包中请求的期望的转接延迟。

另见：

——转接延迟选择和指示设施的编码(15.2.1 和 15.2.2.13)；

——转接延迟(6.9)。

13.28 可替换编址相关设施

这些任选用户设施仅适用于 DTE/DCE 环境中的虚呼叫服务。

一组可替换编址相关设施能使可替换地址向网络登记，并能使主叫 DTE 为建立虚呼叫而使用可替换地址标识被叫 DTE。被用地址被定义为与建立 X.121 中定义的格式不一致的地址。特别是可支持下列可替换地址：

a) 根据 GB/T 1988—1998 编码的字符串；

b) 根据 GB/T 15126—2008 编码的 OSI NSAP 地址；

c) 根据 GB/T 16646—1996 编码的媒体访问控制(MAC)；

d) 根据 RFC 1166 编码的(互联网)INTERNET 地址。

当收到包含可替换地址的 CALL REQUEST 包时，DCE 将会把可替换地址转换成建议 X.121 中定义的格式,并作为对呼叫进行路由选择的基础。地址的转换将依据在预约的时候确定的规则进行。单个可替换地址可映射到依赖于诸如现今参数等的几个 X.21 地址。单个 X.21 地址可由多个可替换地址得到。

在建立虚呼叫时,可替换地址只能出现在 CALL REQUEST 包中。通过使用 CALL REQUEST 包中的可替换地址,所有包中的地址的使用都是不变的。当可替换地址在 CALL REQUEST 包中使用时,INCOMING CALL 和 CALL ACCEPTED 包的被叫地址将与 ITU-T 建议 X.121(1996)和 ITU-T 建议 X.301(1996)中规定的格式相一致。然而,CALL CONNECTED 包的被叫地址既能与 ITU-T 建议 X.121 和 X.301 中规定的格式一致,也能不出现,这是网络选项。

13.28.1 可替换地址登记相关设施

当预约这组可替换地址登记相关设施时,能使用户登记一个可替换地址。登记可替换地址的设施有两种;取决于预约了哪种设施,可替换地址既可有全局意义,也可是接口特定的。

13.28.1.1 全局可替换地址登记

全局可替换地址登记是就一段时间商定的任选用户设施。任何 DTE(一个特定网种的内部和外部的)都能向网络登记可替换地址转换。所有这样的可替换地址都会要求登记的网络内部的唯一性,因而,具有网络范围(全局)的意义。

注:网络范围的转换将是为任何主叫 DTE 的利益,这要予以重视。在这种情况下,可替换地址的转换独立于主叫 DTE。希望使用 DTE 的可替换地址而不用它的 X.121 号码的特定网络中的主叫 DTE 的组织将有必要向特定网络登记这样的可替换地址。

13.28.1.2 接口特定的可替换地址登记

接口特定的可替换地址登记是就一段时间商定的任选用户设施。当预约时,对 DTE/DCE 特定的可替换地址转换,以备 DTE 进行呼叫时使用。在这种情况下,接口特定的可替换地址与全局可替换地址相同时,接口特定的可替换地址优先,而转换将依据为特定的 DTE/DCE 接口而定义的规则进行。

13.28.2 可替换地址用法预约

可替换地址用法预约是任选用户设施,当 DTE 预约时,允许 DTE 在 CALL REQUEST 包或者具有呼叫转向选择设施的 CLEAR EQUEST 包中使用可替换地址。使用可替换地址的决定是基于每次虚呼叫做出的。

网络可支持 13.28 中所列出的所有或部分格式。所支持的格式应让预约 DTE 知晓。

所支持的格式集将决定可替换地址可如何在 CALL REQUEST 包中携带(见 13.28.3.1 和 13.28.3.2)。允许 DTE 使用两个网络选项。第一个选项允许 DTE 使用地址块来携带任何可替换地址格式(见 13.28.3.1)。第二个选项允许 DTE 使用被叫地址扩展设施(见 14.2)来携带一个 OSI NSAP 地址(即符合 GB/T 15126—2008 的地址)作为可替换地址(13.28.3.2)。这两个选项全部或其中之一均被网络支持。

不管支持可替换地址的哪个格式集,当使用 CLEAR REQUEST 包传送时,可替换地址通常由呼叫转向选择设施来携带。

13.28.3 可替换地址选择

当可替换地址用法预约设施(见 13.28.2)已经被预约,一个主叫或转向 DTE 可分别根据在 CALL REQUEST 包或 CLEAR REQUEST 包的呼叫转向选择设施中使用可替换地址来标识被叫 DTE。在这种情况下,网络会实施可替换地址的分析,并导出与建议 X.121 和 X.301 中所描述的格式一致的地址,以此作为对呼叫进行路由选择的基础。

13.28.3.1 CALL REQUEST 包中携带可替换地址的地址块使用

如果可替换地址用法预约设施(见 13.28.2)的第一个网络选项是用于 DTE/DCE 接口,那么,可替换地址在使用 A 位=1 的地址块格式的 CALL REQUEST 包的被叫地址字段中携带(见 12.2.1.2)。

13.28.3.2 CALL REQUEST 包中携带可替换地址的被叫地址扩展设施的使用

如果可替换地址用法预约设施(见 13.28.2)的第二个网络选项是适用于 DTE/DCE 接口,那么,可替换地址在 CALL REQUEST 包的被叫地址扩展设施(见 14.2)中携带。

被叫地址扩展设施正在被使用于携带可替换地址是由置 0 的 CALL REQUEST 包的地址块中的被叫 DTE 地址长度字段指示的。

注 1：使用被叫地址扩展设施的优选方式是上面所述的。然而，一些网络可能允许使用被叫地址扩展设施携带没有将被叫 DTE 地址长度字段置 0 的可替换地址，在这种情况下，转换将适用于每一个 CALL REQUEST 包。

被叫地址扩展设施中携带的 OSI NSAP 地址将不改变地通过网络进行传递。

注 2：在网络不支持被叫地址扩展设施中携带的 OSI NSAP 地址分析和转换的情况下，NSAP 地址的语义和可替换地址一样使用，并按照表 5 编码由 CALL REQUEST 包的被叫 DTE 地址字段来携带(另见 13.28.3.1)。然而，在这样的情况下，当使用了这种格式而且被叫 DTE 也要求被叫 OSI NSAP 地址时，主叫 DTE 也必须将被叫 OSI NSAP 地址包括在被叫地址扩展设施中。

注 3：在可替换地址不是 NSAP 地址和被叫 DTE 需要知道的可替换地址(如 LAN 地址)的情况下，可替换地址可以由 CALL REQUEST 包的被叫 DTE 地址字段和被叫地址扩展字段设施携带可替换地址来保存和传输给被叫 DTE。其中，被叫地址扩展设施的第 1 个八位位组的位 8 和 7 分别置 1 和 0 来指示被叫地址为非 NSAP 格式。

13.28.3.3 CALL REQUEST 包中携带可替换地址的包转向选择设施的使用

当在 CALL REQUEST 包中使用可替换地址时，这个可替换地址由呼叫转向选择设施携带。

注 1：当被叫 DTE 也需要被叫 OSI NSAP 地址时，它必须也包含在转向 DTE 的被叫地址扩展设施中。

注 2：在可替换地址不是 NSAP 地址和被叫 DTE 需要知道可替换地址(如 LAN 地址)的情况下，可替换地址可以由 CALL REQUEST 包的被叫 DTE 地址字段和被叫地址扩展字段设施携带可替换地址来保存和传输给被叫 DTE。其中，被叫地址扩展设施的第 1 个八位位组的位 8 和 7 分别置 1 和 0 来指示被叫地址为非 NSAP 格式。

13.29 TOA/NPI 地址预约

这种可选用户设施仅适用于 DTE/DCE 环境的虚呼叫服务。

TOA/NPI 地址预约是 DTE 和 DCE 在一段时间商定的虚呼叫任选用户设施。

这种用户设施如被预约，将提供仅使用 TOA/NPI 地址格式的呼叫建立和呼叫清除包的传输。在这种情况下，呼叫重定向和呼叫转向相关设施(见 13.25)中的地址也仅使用 TOA/NPI 格式。

13.30 参考号

该任选用户设施仅适用于 DTE/DTE 环境。

参考号设施是可就一段时间商定的任选用户设施。它适用于包层实体。对逻辑信道标识符分配，它用做可替换机制，应注意的是 DTE 的正常操作方式并不利用这种设施。

13.30.1 一般描述

对于每一虚呼叫或永久虚电路，分配一对参考号(源参考号和目的参考号)来标识虚呼叫或永久虚电路。参考号的范围是从 1～4095(0 不被分配作为参考号)。

对于永久虚电路，参考号由 DTE 独立选定。每一 DTE 都会被通知远程 DTE 的选择，这是作为操作永久虚电路的协定的一部分。

对于虚呼叫，这些参考号是在呼叫建立期间由两个 DTE 使用参考号设施分配的。源参考号是主叫 DTE 在发送 CALL REQUEST 包时选定的，目的参考号是被叫 DTE 在发送 CALL ACCEPTED 包时选定的。如果被叫 DTE 不接受呼叫，不会有目的参考号选定。

包含在 DTE 在虚呼叫或永久虚电路上发送的后续包中的逻辑信道标识符等于远程 DTE 选定的参考号值。

在 RESTART，DIAGNOSTIC 和 REGISTRATION 包中，逻辑信道标识符字段被编码为全 0。

另见：

——参考号设施的编码(15.2.1 和 15.2.2.14)；

——逻辑信道(3.7)。

13.30.2 协商虚呼叫用的参考号

13.30.2.1 虚呼叫建立

当发起虚呼叫时,主叫 DTE 将 CALL REQUEST 包中的逻辑信道标识符字段置为 0,并规定参考号设施中的源参考号(由主叫 DTE 选定)。

收到包含参考号设施的 INCOMING CALL 包的 DTE 通过发送经接口的 CALL ACCEPTED 包来指示它的接受。该包包含在逻辑信道标识符字段中编码的源参考号(由主叫 DTE 分配)和在参考号设施中编码目的参考号(由被叫 DTE 选定),见图 31a)。

如果 DTE 发送了 CALL REQUEST 包,或放弃呼叫的 CLEAR REQUEST 包给一个不支持参考号设施的 DTE,则下列情况之一将会发生:

a) 返回诊断代码=36 的 DIAGNOSTIC 包;或

b) 无任何包返回。

当 a)适用时,在发起 CALL REQUEST 包的参考号设施中指示的逻辑信道可能会立即返回到状态 p1,并在必要时被重新使用。

当 b)适用时,根据 5.2.1、5.4 和 5.5.1 中规定的规程,并随着定时器 T21 的期满,在发起 CALL REQUEST 包的参考号设施中指示的逻辑信道继续保持分配给发起呼叫建立尝试。假如在 T21 和 T23 期满时没有收到对发送 CLEAR REQUEST 包的响应,则逻辑信道可返回到 p1 状态,以备在重发计数 R23 期满时,供后续的重新使用。

在这两种情况下,请求 DTE 可改变它的操作方式,并处理所有的不使用参考号设施的虚呼叫。

13.30.2.2 拒绝呼叫

如果被叫 DTE 希望拒绝使用了参考号设施的入呼叫,则它发送一个 CLEAR REQUEST 包,该包带有逻辑信道标识符置为所收到的 INCOMING CALL 包的参考号设施中的值。参考号设施不在 CLEAR REQUEST 包中使用,见图 31b)。

13.30.2.3 放弃呼叫

如果已发出 CALL REQUEST 包的主叫 DTE 不希望开始虚呼叫,那么,它发送带有逻辑信道标识符置为"0"并且参考号设施置为在 CALL REQUEST 包中所选择的值的 CLEAR REQUEST 包,见图 31c)。

注:在图 31c)中,假定被叫 DTE 支持参考号设施。

13.30.3 分配之后的参考号的使用

所有在虚呼叫或永久虚电路上发送的 DATA、中断、流量控制和复位包,及所有在虚呼叫建立之后发送的呼叫清除包,都包含由远程 DTE 选定的作为逻辑信道标识符的参考号,见图 31d)和图 31e)。

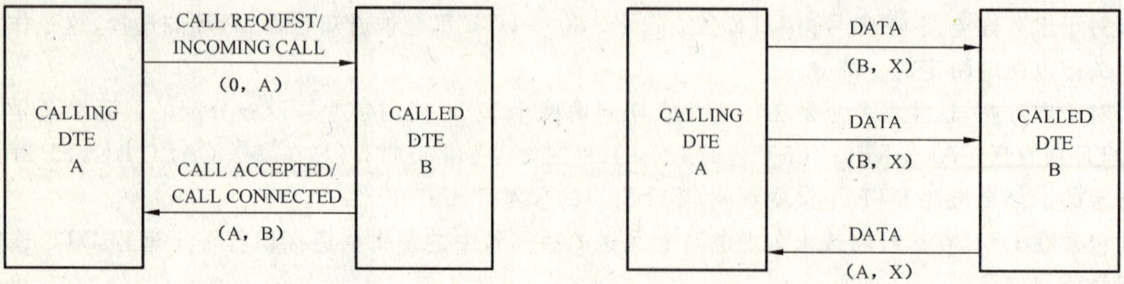

a) 虚呼叫建立　　d) 呼叫建立后包的传送

图 31 参考号设施示意图

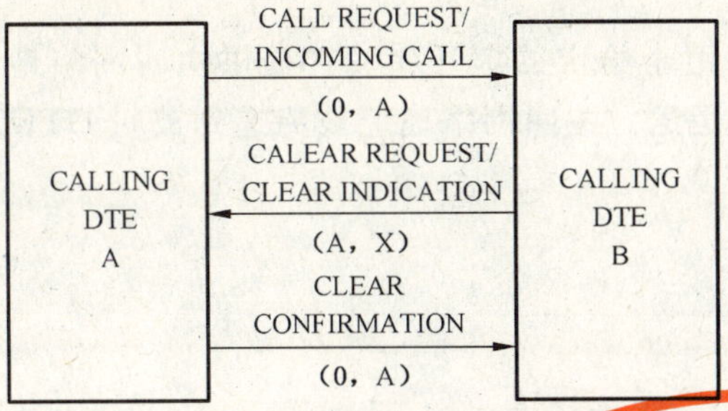

b) 拒绝呼叫

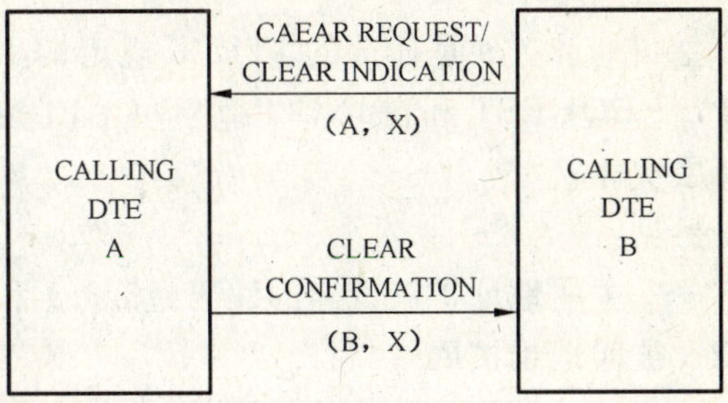

或

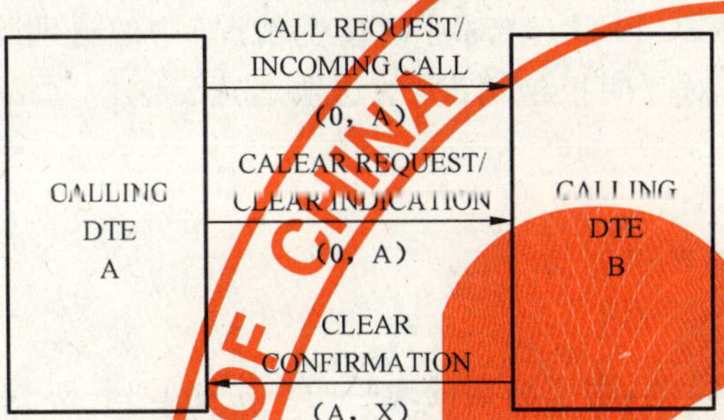

c) 放弃呼叫

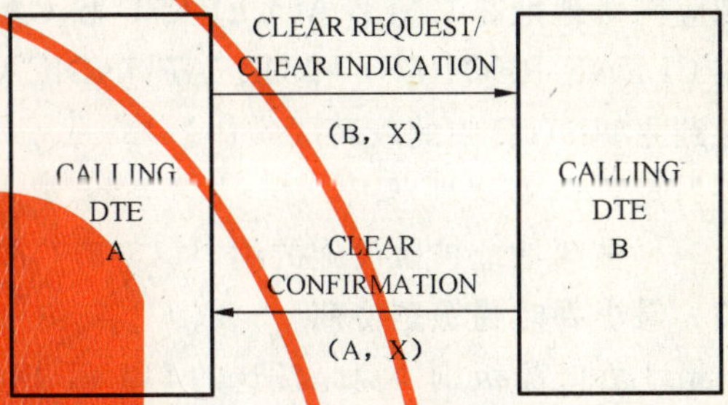

e) 已建立呼叫的正常终止

注：括号中的两种符号分别指示逻辑信道标识符字段的值和参考号设施的设施参数字段的值。符号“X”指示参考号设施不出现。

图 31（续）

13.30.4 因参考号的错误使用而导致的例外情况

当下列情况之一适用时，发回诊断代码 36 的 DIAGNOSTIC 包：

a) 在收到的包中丢失期望的参考号设施；或

b) 收到非 0 逻辑信道号的 INCOMING CALL 包。

14 任选 ITU-T 规定的 DTE 设施规程

本章所述任选 ITU-T 规定的 DTE 设施仅适用于虚呼叫服务。

本章所述的设施补充本标准的其他规程，以支持开放系统互连(OSI)网络服务。在其他场合也可使用。这些设施遵循 15.1 中定义的 ITU-T 规定的 DTE 设施标记符，并适用于 DTE/DCE 和 DTE/DTE 两种操作。这些设施将无改变地通过公用数据网络进行传递。在某些情况下，某些设施可由网关和/或专用网按照下述规定进行修改。

这些 ITU-T 规定的 DTE 设施根据其用法被分类为：

a) 编址相关设施：

——主叫地址扩展(见 14.1)；

——被叫地址扩展(见 14.2)。

b) 服务质量相关设施：

——最小吞吐量级别协商(见 14.3)；

——端到端转接延迟协商(见 14.4)；

——优先权(见 14.5)；

——保护(见 14.6)。

c) 特性相关设施：

——加速数据协商(见 14.7)。

14.1 主叫地址扩展

主叫地址扩展是任选的ITU-T规定的DTE设施，用于给定的虚呼叫。它提供主叫网络地址在CALL REQUEST和在INCOMING CALL包中的透明运送。主叫网络地址被传递到被叫DTE中的较高层实体。

另见：

——主叫地址扩展设施的编码(15.3.1和15.3.2.1)。

14.2 被叫地址扩展

被叫地址扩展是任选的ITU-T规定的DTE设施，用于给定的虚呼叫。它支持由主叫DTE中的较高层实体供给的被叫网络地址在CALI REQUEST和在INCOMING CALL包中的透明运送。它还支持响应网络地址在CALL ACCEPTED和CALL CONNECTED包(对呼叫接受情况)中的透明运送，和在CLEAR REQUEST和CLEAR INDICATION包(对呼叫拒绝情况)的透明运送。响应网络地址被送到主叫DTE中的较高层实体。

另见：

——被叫地址扩展设施的编码(15.3.1和15.3.2.2)。

14.3 最小吞吐量级别协商

最小吞吐量级别协商是任选的ITU-T规定的DTE设施，用于给定的虚呼叫。主叫DTE对数据传输的每一方向，借助于CALL REQUEST包中的最小吞吐量级别协商设施，指示吞吐量级别的最小可接受值。这两个值在INCOMING CALL包中被透明运送到被叫DTE。如果支持最小可接受吞叶量级别所需的资源不够，则网关、专用网和被叫DTE可清除呼叫。网关、专用网和被叫DTE可使用吞吐量级别协商设施来决定公用数据网是否能支持最小可接受吞吐量级别，如果公用数据网不能支持这些值，应清除呼叫。

未出现这种设施指示主叫DTE未设置可接受的吞吐量级别下限。由这种设施运送的值由主叫DTE中的较高层实体供给，并被送到被叫DTE的较高层实体。

仅当主叫DTE指示了一个大于192 000 bit/s的特定的最小吞吐量级别值时，它才应使用扩展格式。

另见：

——吞吐量级别协商任选用户设施(13.13)；

——最小吞吐量级别协商设施的编码(15.3.1和15.3.2.3)。

14.4 端到端转接延迟协商

端到端转接延迟协商是任选的ITU-T规定的DTE设施，用于给定的虚呼叫。主叫DTE借助于CALL REQUEST包中的端到端转接延迟协商设施，指示DTE中包层和较低层协议的累积转接延迟，包括访问线路传输速率的影响。累积转接延迟值由公用数据网透明运送，并且在呼叫建立行进中由网关和被叫DTE更新。网关和被叫DTE在累积转接延迟时，可使用前一个网络引入的转接延迟选择和指示设施。

除累积转接延迟之外，主叫DTE可任选地指示端到端转接延迟的期望(目标)值。如果主叫DTE指示了目标值，主叫DTE可任选地指示端到端转接延迟的最大可接受值。如果这些值出现，则是由主叫DTE中的较高层实体提供，并在INCOMING CALL包中被透明地运送到被叫DTE。未出现这种设施指示主叫DTE未提供转接延迟的目标值和/或上限。

如果累积转接延迟超过了最大可接受转接延迟(如果规定的话)，网关、专用网和被叫DTE应清除呼叫。最大可接受转接延迟(当出现时)和由被叫DTE包层计算的累积转接延迟都应被送到被叫DTE中的较高层实体。由被叫DTE包层计算的累积转接延迟在CALL ACCEPTED包中指示，并在CALL CONNECTED包中被透明地运送到主叫DTE，再被传送到主叫DTE中的较高层实体。

另见：

——转接延迟选择和指示任选用户设施(13.27);

——端到端转接延迟协商设施的编码(15.3.1 和 15.3.2.4)。

14.5 优先权

优先权是任选的 ITU-T 规定的 DTE 设施,用于给定的虚呼叫。主叫 DTE 可在 CALL REQUEST 包中,指示连接上数据的优先权、获得连接的优先权和保持连接的优先权的目标值和最低可接受值。这些值(当出现时)由主叫 DTE 中的较高层实体提供,并被公用数据网透明地运送。

网关、专用网和被叫 DTE 在必要时可以削减目标值。如果不能支持最低可接受值,还可清除呼叫。被叫 DTE 收到的值被送到较高层实体,较高层实体将返回选定值。这些选定值由被叫 DTE 在 CALL ACCEPTED 包中指示,并在 CALL CONNECTED 包中被透明地运送到主叫 DTE,再被传送到主叫 DTE 中的较高层实体。

另见:

——优先权设施的编码(15.3.1 和 15.3.2.5)。

14.6 保护

保护是任选的 ITU-T 规定的 DTE 设施,用于给定的虚呼叫。保护设施用来运送包括保护级别、鉴别信息和密钥信息的安全信息。

当该 ITU-T 规定的 DTE 设施被用于运送保护信息的级别时,主叫 DTE 可在 CALL REQUEST 包中指示目标和最低可接受的保护的值。当这些值出现时,它们是由主叫 DTE 中较高层(或其他)实体提供的,被用公用数据网透明地运送。网关、专用网和被叫 DTE 在必要时可以削减目标值,如果它们不能支持最低可接受值,还可清除呼叫。被叫 DTE 收到的值被传送到将返回选定值的较高层(或其他)实体。这些定值由被叫 DTE 在 CALL ACCEPTED 包(或在立即清除情况下的 CLEAR REQUEST 包)中指示,并在 CALL CONNECTED 包中被透明地运送到主叫 DTE,再被传送到主叫 DTE 中的较高层(或其他)实体。

当该 ITU-T 规定的 DTE 设施被用于运送鉴别信息和密钥信息时,操作按 GB/T 17963—2000 中的规定进行。

另见:

——保护设施的编码(15.3.1 和 15.3.2.6)。

14.7 加速数据协商

加速数据协商是任选的 ITU-T 规定的 DTE 设施,用于给定的虚呼叫。主叫 DTE 可在 CALL REQUEST 包中使用加速数据协商设施,来指示是否希望使用加速数据协商数据传送规程(即中断规程)。这种指示由主叫 DTE 中的较高级实体提供。这种设施被公用数据网透明地运送。但可能被不支持它们的网关和专用网设置为不使用加速数据传送规程。

如果被叫 DTE 中的较高层实体希望使用加速数据传送规程,而且在 INCOMING CALL 包中接收的设施也指示使用这些规程,则在 CALL ACCEPTED 包中指示使用这些规程,并在 CALL CONNECTED 包中透明运送。否则,在这些包中指示不使用加速数据传送规程。CALL CONNECTED 包中是否已经商定使用加速数据协商传送规程的指示送给主叫 DTE 中的较高层实体。

另见:

——中断规程(6.8);

——加速数据协商设施的编码(15.3.1 和 15.3.2.7)。

15 呼叫建立/清除包中设施字段的格式

本章所描述格式仅使用于可能出现在呼叫建立和呼叫清除包中的、与虚呼叫服务结合使用的任选用户设施和 ITU-T 规定的 DTE 设施。

15.1 给出了设施字段的通用编码结构。15.2 给出了任选用户设施的设施字段的编码。15.3 给出了 ITU-T 规定的 DTE 设施的设施字段的编码。

15.1 概述

仅当 DTE 和/或 DXE 正在使用的任选用户设施或 ITU-T 规定的 DTE 设施要求在 CALL REQUEST、INCOMING CALL、CALL ACCEPTED、CALL CONNECTED、CLEAR REQUEST、CLEAR INDICATION 或 CLEAR CONFIRMATION 包中有某些指示时，设施字段才出现。

设施字段包含所请求的每一设施或每一组设施的一个设施要素，每一设施要素的第一个八位位组是设施码字段。它指示请求的一个或若干个设施的编码。设施要素的其余八位位组包含设施参数字段长度（当出现时），及紧接着的设施参数字段。

注 1：DTE 应不重复设施码（码 00000000 和 11111111 例外），当设施码出现一次以上时，DTE 既可使用最后一个，也可作为差错情况对待。如果 DTE 选择按差错处理这种情况，那么，它应经 DTE/DXE 接口，发送其原因指示“DTE 发起”和诊断为“请求的重复设施”的 CLEAR REQUEST 包。

注 2：DTE 对那些不支持的或在 DDTE/DTE 环境中不适用的设施码，可以不予理睬，也可作差错处理。如果 DTE 选择将这些情况作差错处理，它可以通过 DTE/DXE 接口，发送其原因指示为“DTE 发起”和诊断为“设施不允许”的 CLEAR REQUEST 包。

为了规定由 1、2、3 个或可变个数的八位位组构成的设施参数，设施码通过使用设施码字段的位 8 和 7 将其划分为四类。

设施码字段的通用类别编码如表 18 所示。四类设施要素的通用格式如图 32 所示。

表 18 设施码字段的通用类型编码

类别	位								含 义
	8	7	6	5	4	3	2	1	
A	0	0	X	X	X	X	X	X	单个八位位组的参数字段
B	0	1	X	X	X	X	X	X	2 个八位位组的参数字段
C	1	0	X	X	X	X	X	X	3 个八位位组的参数字段
D	1	1	X	X	X	X	X	X	可变长度的参数字段

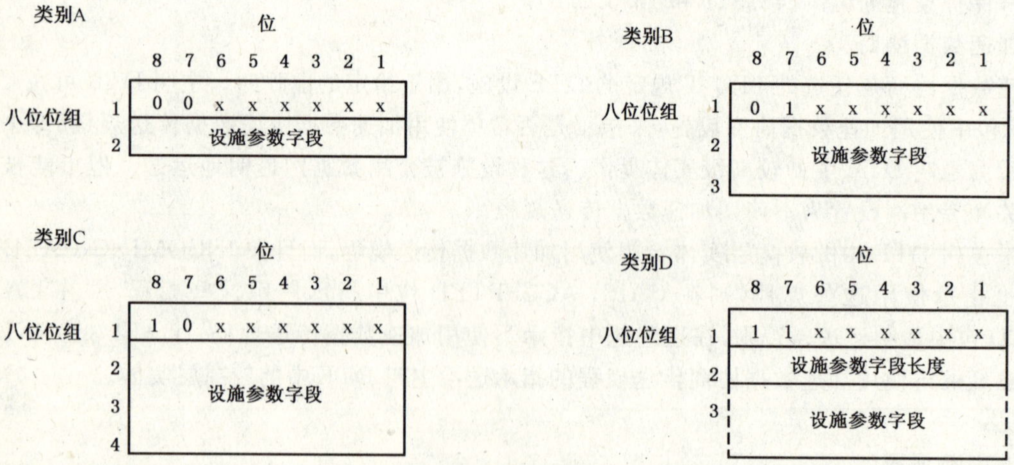

图 32 设施要素的通用化格式

设施码字段为二进制编码，无扩展时，提供类别 A、B 和 C 各最多 64 种编码，支持类别 D 最多 63 种编码，总共给出 255 种设施码。

设施码 11111111 留作设施码扩展。该八位位组之后的八位位组指示具有上面定义格式的 A、B、C 和 D 类的扩展设施码。设施码 11111111 允许重复出现，以形成附加的扩展。

为标识若干种特定设施，可分配设施码。每一设施在设施参数字段中都有一个指示设施请求/设施未请求的位。在这种情况下，设施参数字段是二进制编码，每一位位置都与一特定设施有关。0指示与该特定位有关的设施未请求，1指示与该特定位有关的设施被请求。未分配给特定设施的参数位位置应置为0。对于虚呼叫，如果请求的设施码表示的设施什么都没有，则设施码和与之相关的设施参数字段不需要出现。

对类别D的设施码，设施码字段后面的一个八位位组指示设施参数字段的长度。设施参数字段长度为二进制编码，其中位1是指示符的低阶位。

设施参数字段的编码取决于所请求的设施。

设施类别有四种：

a) 第13章定义的X.25设施；

b) 由本地网络提供的非X.25设施；

c) 由远程网络提供的非X.25设施（仅在网间虚呼叫情况下适用）；

d) 第14章定义的ITU-T规定的DTE设施。

设施标记符由2个八位位组组成，用于区分X.25设施的请求和上述其他三类设施的请求。当几类设施同时出现时，设施标记符用于区分这些设施类别和其他类别。然而，在这种情况下，X.25设施的请求应在其他请求的之前，而且ITU-T规定的DTE设施的请求应跟在其他请求之后。

设施标记符的第1个八位位组是设施码字段，置为0。第2个八位位组是设施参数字段，它的编码取决于下述的设施类别：

位 8 7 6 5 4 3 2 1	设 施 类 别
0 0 0 0 0 0 0 0	在网络内呼叫情况下，由网络支持的非X.25设施，或在网间呼叫情况下，由主叫DTE的网络支持的非X.25设施
1 1 1 1 1 1 1 1	在网间呼叫情况下，由被叫DTE的网络支持的非X.25设施
0 0 0 0 1 1 1 1	ITU-T规定的DTE设施

15.2 任选用户设施字段的编码

设施码字段的编码和设施参数字段的格式在用到它们的各种各样呼叫建立和清除包中是相同的。

15.2.1 设施码字段的编码

表19给出了每一个任选用户设施设施码字段的编码，并指示它们可能出现的包的类型。

为了便于以后可能的扩展，DTE可能要忍耐在收到的设施代码字段中包含无相应预约时间设施的值，以保护接收它们的DTE（如果每次新的呼叫设施会反过来影响DTE/DCE接口的操作，那么就应当引入这样一种预约时间设施）。DTE就可以丢弃任何不能确认的设施代码而不是清除呼叫。

表19 设施码字段的编码

设 施	设施可能出现的包的类型							设施码位： 8 7 6 5 4 3 2 1
	CALL REQUEST	INCOMING CALL	CALL ACCEPTED	CALL CONNECTED	CLEAR REQUEST	CLEAR INDICATION	CLEAR CONFIRMATION	
流量控制参数协商								
——包长度	X	X	X	X				0 1 0 0 0 0 1 0
——窗口尺寸（常规的和扩展的）	X （注7）	X （注7）	X （注7）	X （注7）				0 1 0 0 0 0 1 1
——窗口尺寸（超扩展的）	X （注7）	X （注7）	X （注7）	X （注7）				1 1 0 1 0 1 0 1

表 19（续）

设　　施	设施可能出现的包的类型							设施码位：
	CALL REQUEST	INCOMING CALL	CALL ACCEPTED	CALL CONNECTED	CLEAR REQUEST	CLEAR INDICATION	CLEAR CONFIRMATION	8 7 6 5 4 3 2 1
吞吐量级别协商								
——基本格式	X（注 1）	X（注 1）	X（注 1）	X（注 1）				0 0 0 0 0 0 1 0
——扩展格式	X（注 1）	X（注 1）	X（注 1）	X（注 1）				0 1 0 0 1 1 0 0
封闭用户群选择								
——基本格式	X	X（注 8）						0 0 0 0 0 0 1 1
——扩展格式	X	X（注 8）						0 1 0 0 0 1 1 1
具有出访问封闭用户群选择								
——基本格式	X	X（注 9）						0 0 0 0 1 0 0 1
——扩展格式	X	X（注 9）						0 1 0 0 1 0 0 0
双边封闭用户群选择	X	X						0 1 0 0 0 0 0 1
快速选择	X	X						
反向计费	X	X						0 0 0 0 0 0 0 1（注 2）
ICRD 状态选择	X							
NUI 选择	X	X（注 3）						1 1 0 0 0 1 1 0
计费信息								
——请求服务	X		X					0 0 0 0 0 1 0 0
——指示货币单位						X	X	1 1 0 0 0 1 0 1
——指示段计数						X	X	1 1 0 0 0 0 1 0
——指示呼叫持续时间						X	X	1 1 0 0 0 0 0 1
ROA 选择								
——基本格式	X（注 10）							0 1 0 0 0 1 0 0
——扩展格式	X（注 10）							1 1 0 0 0 1 0 0
呼叫转向选择					X（注 4）			1 1 0 1 0 0 0 1
呼叫重定向或转向通告	X（注 5）	X						1 1 0 0 0 0 1 1

表 19（续）

设　施	设施可能出现的包的类型							设施码位：87654321
	CALL REQUEST	INCOMING CALL	CALL ACCEPTED	CALL CONNECTED	CLEAR REQUEST	CLEAR INDICATION	CLEAR CONFIRMATION	
被叫电路地址修改通告			X（注 6）	X	X（注 4、6）	X		00001000
转换延迟选择和指示	X	X		X				01001001
参考号	X	X	X	X	X	X	X	01100000
标记	X	X	X	X	X	X	X	00000000

注 1：基本吞吐量级别协商和扩展吞吐量级别协商设施不能同时出现在同一包中。

注 2：如果指示了反向计费设施（当预约反向计费接受时）和快速选择设施（当预约快速选择接受时）两者之一或全部，那么，这种设施码及相关设施参数将在 INCOMING CALL 包中出现。如果既未预约反向计费接受设施，也未预约快速选择接受设施，那么，这种设施码及相关设施参数可以但无须出现。

注 3：仅当已经预约了 NUI 预约设施时。

注 4：DTE 不允许在同一 CLEAR REQUEST 包中既使用呼叫转向选择又使用被叫线路地址修改通告设施。

注 5：仅当在参数字段中使用“主叫 DTE 发起”理由时。

注 6：仅当在参数字段中使用“被叫 DTE 发起”理由时。

注 7：两个窗口大小设施不能同时出现在相同的包中。

注 8：两个封闭用户群选择设施格式不能同时出现在相同的包中。

注 9：具有出访问的两个封闭用户群选择设施格式不能同时出现在相同的包中。

注 10：两个 ROA 选择设施格式不能同时出现在相同的包中。

15.2.2 设施参数字段的编码

设施参数字段的编码取决于特定的任选用户设施，为了便于以后可能的扩展，DTE 可能要忍耐在收到的设施参数字段中包含当前保留值的情况。

15.2.2.1 流量控制参数协商设施

15.2.2.1.1 包长度

自被叫 DTE 数据传输方向的包长度，在两个八位位组的设施参数字段中用第 1 个八位位组的位 4、3、2 和 1 指示。自主叫 DTE 数据传输方向的包长度，用第 2 个八位位组的位 4、3、2 和 1 指示。每个八位位组的位 8、7、6 和 5 都置为 0。

指示每个包长度的 4 位是二进制编码，并用以 2 为底的最大包长度的八位位组数目的对数来表示。值从 4 到 12 可提供对应于 16、32、64、128、256、512、1 024、2 048 和 4 096 个八位位组的包长度或这些值的一个连续的子集。128 的包长度总是可用的。

15.2.2.1.2 通常和扩展包序列编号的窗口尺寸

被叫 DTE 数据传输方向的窗口尺寸，在两个八位位组的设施参数字段中用第一个八位位组的位 7 到 1 指示。主叫 DTE 数据传输方向的窗口尺寸，用第二个八位位组的位 7 到 1 指示。每个八位位组的位 8 都置为 0。

指示每个窗口尺寸的 7 位是二进制编码，表示窗口尺寸。不允许 0 值。

仅当业已预约了扩展包序列编号时，8～127 的窗口尺寸才有效。

可供正常编号和扩展编号使用的窗口尺寸形成连续的一组值。窗口尺寸 2 总是可用的。

15.2.2.1.3 超扩展包序列编号的窗口尺寸

设施编码字段后面的八位位组指示八位位组数的设施参数字段的长度。它的值为 4。设施参数字段后面是长度，它包含每个传输方向的窗口尺寸。

被叫 DTE 数据传输方向的窗口尺寸，在 4 个八位位组的设施参数字段中用第 1 个位位组的位 8 到 2 和第 2 个八位位组的位 8 到 1 来指示。第 1 个八位位组的位 2 为低阶位，第 2 个八位位组的位 8 为最高阶位。主叫 DTE 数据传输方向的窗口尺寸用第 3 个位位组的位 8 到 2 和第 4 个八位位组的位 8 到 1 来指示。第 3 个八位位组的位 2 为低阶位，第 4 个八位位组的位 8 为高阶位。第 1 个八位位组的位 1 和第 3 个八位位组的位 1 不被使用或不予理睬。

指示每个窗口尺寸的这些位是二进制编码的，表示窗口尺寸。不允许 0 值。

可供超扩展编号使用的窗口尺寸形成连续的一组值。当提供超扩展序列编号时，窗口尺寸 128 总是可用的。

注：如果使用超扩展序列编号，窗口尺寸 128～32 768 才是有效。

15.2.2.2 吞吐量级别协商设施

15.2.2.2.1 基本吞吐量级别协商设施

被叫 DTE 数据传输方向的吞吐量级别，在一个八位位组的设施参数字段中用位 8、7、6 和 5 指示。主叫 DTE 数据传输方向的吞吐量级别，用位 4、3、2 和 1 指示。

指示每个吞吐量级别的 4 位是二进制编码，并对应于表 20a 所示的吞吐量级别。

表 20a 基本吞吐量级别的编码

位：8 7 6 5 或 位：4 3 2 1	吞吐量级别/(bit/s)
0 0 0 0	保留
0 0 0 1	保留
0 0 1 0	保留
0 0 1 1	75
0 1 0 0	150
0 1 0 1	300
0 1 1 0	600
0 1 1 1	1 200
1 0 0 0	2 400
1 0 0 1	4 800
1 0 1 0	9 600
1 0 1 1	19 200
1 1 0 0	48 000
1 1 0 1	64 000
1 1 1 0	128 000
1 1 1 1	192 000*

* 见 13.13 中注 1。

15.2.2.2.2 扩展吞吐量级别协商设施

自主叫 DTE 数据传输方向的吞吐量级别，在两个八位位组的设施参数字段的第 1 个八位位组中用位 6 到 1 指示。自被叫 DTE 数据传输方向的吞吐量级别，在第 2 个八位位组中用位 6 到 1 指示。每个八位位组的位 8 和 7 都置为 0，并为将来分配保留。指示每个吞吐量级别的 4 位是二进制编码，并对应于表 20b 所示的吞吐量级别。

表 20b　扩展吞吐量级别的编码

位：8 7 6 5 4 3 2 1	吞吐量级别/(bit/s)
0 0 0 0 0 0 0 0	保留
0 0 0 0 0 0 0 1	保留
0 0 0 0 0 0 1 0	保留
0 0 0 0 0 0 1 1	75
0 0 0 0 0 1 0 0	150
0 0 0 0 0 1 0 1	300
0 0 0 0 0 1 1 0	600
0 0 0 0 0 1 1 1	1 200
0 0 0 0 1 0 0 0	2 400
0 0 0 0 1 0 0 1	4 800
0 0 0 0 1 0 1 0	9 600
0 0 0 0 1 0 1 1	19 200
0 0 0 0 1 1 0 0	48 000
0 0 0 0 1 1 0 1	64 000
0 0 0 0 1 1 1 0	128 000
0 0 0 0 1 1 1 1	192 000
0 0 0 1 0 0 0 0	256 000
0 0 0 1 0 0 0 1	320 000
0 0 0 1 0 0 1 0	384 000
0 0 0 1 0 0 1 1	448 000
0 0 0 1 0 1 0 0	512 000
0 0 0 1 0 1 0 1	576 000
0 0 0 1 0 1 1 0	640 000
0 0 0 1 0 1 1 1	704 000
0 0 0 1 1 0 0 0	768 000
0 0 0 1 1 0 0 1	832 000
0 0 0 1 1 0 1 0	896 000
0 0 0 1 1 0 1 1	960 000
0 0 0 1 1 1 0 0	1 024 000
0 0 0 1 1 1 0 1	1 088 000
0 0 0 1 1 1 1 0	1 152 000
0 0 0 1 1 1 1 1	1 216 000
0 0 1 0 0 0 0 0	1 280 000
0 0 1 0 0 0 0 1	1 344 000
0 0 1 0 0 0 1 0	1 408 000
0 0 1 0 0 0 1 1	1 472 000
0 0 1 0 0 1 0 0	1 536 000
0 0 1 0 0 1 0 1	1 600 000
0 0 1 0 0 1 1 0	1 664 000
0 0 1 0 0 1 1 1	1 728 000
0 0 1 0 1 0 0 0	1 792 000
0 0 1 0 1 0 0 1	1 856 000
0 0 1 0 1 0 1 0	1 920 000
0 0 1 0 1 0 1 1	1 984 000
0 0 1 0 1 1 0 0	2 048 000
其他值	保留

15.2.2.3 封闭用户群选择设施

15.2.2.3.1 基本格式

对虚呼叫选择的封闭用户群索引号包含在一个八位位组的设施参数字段中。该索引号是两个十进制数字形式。每位数字都是半个八位位组的二—十进制编码，其中位 5 是第一位数字的低阶位，位 1 是第二位数字的低阶位。不同 DTE/DCE 接口上的相同封闭用户群的索引号可以不同。

15.2.2.3.2 扩展格式

对虚呼叫选择的封闭用户群索引号包含在两个八位位组的设施参数字段中。该索引号是四个十进制数字形式。每位数字都是半个八位位组的二—十进制编码，其中第一个八位位组的位 5 是第一位数字的低阶位，第一个八位位组的位 1 是第二位数字的低阶位。第二个八位位组的位 5 是第三位数字的低阶位，第二个八位位组的位 1 是第四位数字的低阶位。

不同 DTE/DCE 接口上的相同封闭用户群的索引号可以不同。

15.2.2.4 具有出访问选择设施的封闭用户群

15.2.2.4.1 基本格式

对虚呼叫选择的封闭用户群索引号包含在一个八位位组的设施参数字段中。该索引号是两个十进制数字形式。每位数字都是半个八位位组的二—十进制编码，其中位 5 是第一位数字的低阶位，位 1 是第二位数字的低阶位。

不同 DTE/DCE 接口上的相同封闭用户群的索引号可以不同。

15.2.2.4.2 扩展格式

对虚呼叫选择的封闭用户群索引号包含在两个八位位组的设施参数字段中。该索引号是四个十进制数字形式。每位数字都是半个八位位组的二—十进制编码，其中第一个八位位组的位 5 是第一位数字的低阶位，第一个八位位组的位 1 是第二位数字的低阶位。第二个八位位组的位 5 是第三位数字的低阶位，第二个八位位组的位 1 是第四位数字的低阶位。

不同 DTE/DCE 接口上的相同封闭用户群的索引号可以不同。

15.2.2.5 双边封闭用户群选择设施

对虚呼叫选择的双边封闭用户群索引号包含在两个八位位组的设施参数字段中。该索引号是四个十进制数字形式。每位数字都是半个八位位组的二—十进制编码，其中第一个八位位组的位 5 是第一位数字的低阶位，第一个八位位组的位 1 是第二位数字的低阶位。第二个八位位组的位 5 是第三位数字的低阶位，第二个八位位组的位 1 是第四位数字的低阶位。

不同 DTE/DCE 接口上的相同双边封闭用户群的索引号可以不同。

15.2.2.6 反向计费、快速选择和 ICRD 状态设施

一个八位位组的设施参数字段的编码是：

位 1=0　未请求反向计费

位 1=1　请求反向计费

位 5=0　且位 6=0 未请求 ICRD 状态选择(即如果网络支持 ICRD，那么，除非预约了 ICRD 阻止预约设施，ICRD 总是允许的)

位 5=0　且位 6=1 请求 ICRD 阻止

位 5=1　且位 6=0 请求 ICRD 允许

位 5=1　且位 6=1 不允许

位 8=0　且位 7=0 或 1 未请求快速选择(见下文)

位 8=1　且位 7=0 请求对响应无限制的快速选择

位 8=1　且位 7=1 请求对响应有限制的快速选择

注 1：在 INCOMING CALL 包中位 5 和 6 置为 0，且无任何意义。

注 2：位 4、3 和 2 将来可分配给其他设施，目前它们置为 0。

在 CALL REQUEST 包中,DTE 应将位 8 置为 0、位 7 置为 0,表示未请求快速选择。而在 INCOMING CALL 包中,位 8 置为 0、位 7 置为 0 或置为 1,应被 DTE 解释为未请求快速选择。

15.2.2.7 **NUI 选择设施**

设施码字段后面的一个八位位组指示八位位组数的设施参数字段长度。设施参数字段跟在长度后面,并包含遵循网络管理所确定格式中的网络用户标识符(例如,见建议 X.25 附件Ⅵ)。

15.2.2.8 **计费信息设施**

15.2.2.8.1 **请求服务**

一个八位位组的设施参数字段的编码是:

位 1=0 未请求计费信息

位 1=1 请求计费信息

注:位 8、7、6、5、4、3 和 2 将来可分配给其他设施,目前它们置为 0。

15.2.2.8.2 **指示货币单位**

设施码字段后面的一个八位位组指示八位位组数的设施参数字段长度。设施参数字段跟在长度后面,并指示计费。设施参数字段的编码有待 ITU-T 进一步研究。

15.2.2.8.3 **指示计费段计数**

设施码字段后面的一个八位位组指示八位位组数的设施参数字段长度。它具有 nXS 的值,其中,是网络管理的不同费率周期的数目。设施参数字段跟在长度后面,并指示每一费率周期的计费段计数。每一计费段计数在设施参数字段中由八个八位位组表示。前四个八位位组指示发往 DTE 的计费段数目,后四个八位位组指示收自 DTE 的计费段数目。

每个数字都是半个八位位组的二—十进制编码,其中每半个八位位组的位 5 或位 1 是每一位数字的低阶位。最后一个八位位组的位 4 到位 1 表示计费段计数的低阶位。

计费段的长度和要计数的特定包类型,在国内呼叫的情况下是管理部门的事,在国际呼叫的情况下,由建议 D.12 规定。

注:特定费率周期和它在设施参数字段中的位置两者之间的关系是国内事情,其次序由各管理部门给出。

15.2.2.8.4 **指示呼叫持续时间**

设施码字段后面的一个八位位组指示八位位组数的设施参数字段长度。它具有 $n\times4$ 的值,其中 n 是网络管理的不同费率的周期数目。设施参数字段跟在长度后面,并指示每一费率周期的呼叫持续时间。

每一呼叫持续时间,在设施参数字段中由四个八位位组表示。第一个八位位组指示天数,第二个指示小时数,第三个指示分钟数,第四个指示秒数。每位数字都是半个八位位组的二—十进制编码,其中每半个八位位组的位 5 或位 1 是每一位数字的低阶位。每一个八位位组的位 4 到位 1 表示低阶位。

注:特定费率周期和它在设施参数字段中的位置两者之间的关系是国内之事,其次序由各管理部门给出。

15.2.2.9 **ROA 选择设施**

15.2.2.9.1 **基本格式**

两个八位位组的设施参数字段包含请求的初始 ROA 转接网络的数据网络标识码(DNIC),并且是四个十进制数字形式。

每位数字都是半个八位位组的二—十进制编码,其中第一个八位位组的位 5 是第一位数字的低阶位,第一个八位位组的位 1 是第二位数字的低阶位。第二个八位位组的位 5 是第三位数字的低阶位,第二个八位位组的位 1 是第四位数字的低阶位。

15.2.2.9.2 **扩展格式**

设施码字段后面的一个八位位组指示八位位组数的设施参数字段长度。它具有 $n\times2$ 的值,其中 2 是所选 ROA 转接网络的数目。设施参数字段跟在长度后面,并指示每个 ROA 转接网络的 DNIC。

每个 DNIC 都是四个十进制数字形式,在设施参数字段中用两个八位位组表示。每位数字都是半个八位位组的二—十进制编码，其中第一个八位位组的位 5 是第一位数字的低阶位，第一个八位位组的位 1 是第二位数字的低阶位。第二个八位位组的位 5 是第三位数字的低阶位，第二个八位位组的位 1 是第四位数字的低阶位。ROA 转接网络应按照主叫 DTE 希望通过它们的次序出现在设施参数字段中。

15.2.2.10 呼叫转向选择设施

设施码字段后面的一个八位位组指示八位位组数的设施参数字段长度。它具有 $n\times2$ 的值，其中 n 是为保持呼叫要转向到的 DTE(备用 DTE)的被叫地址所必需的八位位组数目。

设施参数字段的第一个八位位组指示使该呼叫转向的理由，该八位位组的编码是：

位 8 7 6 5 4 3 2 1	理由
1 1 0 0 0 0 0 0	呼叫被原被叫 DTE 转向或作为呼叫被原被叫 DTE 转向的结果，呼叫被网关转向[1)]
1 1 0 0 0 0 0 1	由于原被叫 DTE 忙而引起的呼叫重定向，导致了呼叫被网关转向[1)]
1 1 0 0 1 0 0 1	由于原被叫 DTE 故障而引起的呼叫重定向，导致了呼叫被网关转向[1)]
1 1 0 0 1 1 1 1	由于原被叫 DTE 事先请求有系统的呼叫重定向而引起的呼叫重定向，导致了呼叫被网关转向[1)]

1) 在原被叫 DTE 是在专用网上，而且到提交入呼叫的公用网络的专用网络网关转向了呼叫。因而专用网络不再介入呼叫的情况下适用(见附录 A)。

注：如果位 8 和 7 未被被叫 DTE 置为 1，则假定它们会被 DCE 置为该值，实施呼叫转向的网络使用这些码来置要运送到呼叫转向的 DTE 的值(通过呼叫重定向或呼叫转向通告设施)以及到主叫 DTE 的值(通过被叫线路地址修改通告设施)(见附录 A)。

设施参数字段的第二个八位位组指示备用 DTE 地址数字的位数。这个地址长度指示符是二进制编码，位 1 是低阶位，其值不超过 15。

后面的八位位组包含备用 DTE 地址，地址的每位数字都是半个八位位组的二—十进制编码，位 5 或位 1 是数字的低阶位。

从高阶位开始，地址被编码在设施参数字段的第三个八位位组及后续的八位位组中。每个八位位组两位，其中高阶位编码在位 8、7、6 和 5 中。

当备用 DTE 地址是奇数位半个八位位组时，为保持八位位组对齐，在最后一位半个八位位组后面、在位 4、3、2 和 1 中插入为 0 的半个八位位组。

15.2.2.11 呼叫重定向或呼叫转向通告设施

设施码字段后面的一个八位位组指示八位位组数的设施参数字段长度。它具有 $n+2$ 的值，其中 n 是为保持原被叫 DTE 地址所必需的八位位组数目。

设施参数字段的第一个八位位组指示呼叫重定向或呼叫转向的理由，该八位位组的编码是：

位 8 7 6 5 4 3 2 1	理由
0 0 0 0 0 0 0 1	由于原被叫 DTE 忙而引起的呼叫重定向[1)]
0 0 0 0 0 1 1 1	呼叫在搜索群内分布[2)]
0 0 0 0 1 0 0 1	由于原被叫 DTE 故障而引起的呼叫重定向[1)]
0 0 0 0 1 1 1 1	由于原被叫 DTE 事先请求系统呼叫重定向而引起的呼叫重定向[1)]
1 0 0 0 0 0 0 0	呼叫被原被叫 DTE 转向[3)]
1 0 0 0 0 0 0 1	由于原被叫 DTE 忙而引起的呼叫重定向[3)]
1 0 0 0 1 0 0 1	由于原被叫 DTE 故障而引起的呼叫重定向[3)]
1 0 0 0 0 1 1 1	由于原被叫 DTE 事先请求有系统的呼叫重定向而引起的呼叫重定向[3)]

1 1 0 0 0 0 0 0	呼叫被原呼叫 DTE 转向[4]或作为呼叫被原呼叫 DTE 转向的结果，呼叫被网关偏转[4)5)]
1 1 0 0 0 0 0 1	由于原被叫 DTE 忙而引起的呼叫重定向，导致了呼叫被网关转向[4)5)]
1 1 0 0 1 0 0 1	由于原被叫 DTE 故障而引起的呼叫重定向，导致了呼叫被网关转向[4)5)]
1 1 0 0 1 1 1 1	由于原被叫 DTE 事先请求有系统的呼叫重定向而引起的呼叫重定向，导致了呼叫被网关转向[4)5)]

1) 在呼叫重定向是在网络中发生的情况下适用。

2) 该值可能被某些网络用作网络相关理由。

3) 在呼叫重定向或转向是在专用网络中发生且专用网络继续介入呼叫的情况下适用(见附录 A)。

4) 这些代码是 DTE 或专用网络在呼叫转向选择设施中所设置的那些(见 15.2.2.10)。

5) 在呼叫重定向或转向是在专用网络中发生且专用网络将呼叫转向送回提交入呼叫的公用网络，因而专用网络不再介入呼叫的情况下适用(见附录 A)。

设施参数字段的第二个八位位组指示原被叫 DTE 地址数字的位数。这个地址长度指示符是二进制编码，位 1 是低阶位，其值不超过 15。

后面的八位位组包含原被叫 DTE 地址，地址的每位数字都是半个八位位组的二—十进制编码，位 5 或位 1 是数字的低阶位。

从高阶位开始，地址被编码在设施参数字段的第 3 个八位位组及后续的八位位组中。每个八位位组两位数，其中高阶位编码在位 8、7、6 和 5 中。

当原被叫 DTE 地址是奇数位半个八位位组时，为保持八位位组对齐，在最后一位半个八位位组后面、在位 4、3、2 和 1 中插入为 0 的半个八位位组。

15.2.2.12 被叫线路地址修改通告设施

一个八位位组的设施参数字段的编码是：

位 8 7 6 5 4 3 2 1	理由
0 0 0 0 0 0 0 1	由于原被叫 DTE 忙而引起的呼叫重定向[1)]
0 0 0 0 0 1 1 1	呼叫在搜索群内分布[2)]
0 0 0 0 1 0 0 1	由于原被叫 DTE 故障而引起的呼叫重定向[1)]
0 0 0 0 1 1 1 1	由于原被叫 DTE 事先请求有系统的呼叫重定向而引起的呼叫重定向[1)]
1 0 0 0 0 0 0 0	呼叫被原被叫 DTE 转向[2)]
1 0 0 0 0 0 0 1	由于原被叫 DTE 忙而引起的呼叫重定向[2)]
1 0 0 0 0 1 1 1	呼叫在搜索群内分布[2)]
1 0 0 0 1 0 0 1	由于原被叫 DTE 故障而引起的呼叫重定向[2)]
1 0 0 0 1 1 1 1	由于原被叫 DTE 事先请求有系统的呼叫重定向而引起的呼叫重定向[2)]
1 1 0 0 0 0 0 0	呼叫被原呼叫 DTE 转向[3)]或作为呼叫被原呼叫 DTE 转向的结果，呼叫被网关转向[3)4)]
1 1 0 0 0 0 0 1	由于原被叫 DTE 忙而引起的呼叫重定向，导致了呼叫被网关转向[3)4)]
1 1 0 0 1 0 0 1	由于原被叫 DTE 故障而引起的呼叫重定向，导致了呼叫被网关偏转[3)4)]
1 1 0 0 1 1 1 1	由于原被叫 DTE 事先请求有系统的呼叫重定向而引起的呼叫重定向，导致了呼叫被网关转向[3)4)]

1) 在呼叫重定向或分布是在公用网络中发生的情况下适用。

2) 在呼叫重定向、转向或分布是在专用网络中发生且专用网络继续介入呼叫的情况下适用(见附录 A)。

3) 这些代码是 DTE 或专用网络在呼叫转向选择设施中所设置的那些(见 15.2.2.10)。

4) 在原被叫是在专用网络中发生且专用网络将呼叫转向送回提交入呼叫的公用网络，因而专用网络不再介入呼叫的情况下适用(见附录 A)。

注：对于位 8,如果是收自 DTE,并且未置为 1,那么将被 DCE 必备置为 1。

15.2.2.13 转接延迟选择和指示设施

设施参数字段包含 2 个八位位组。

转接延迟用毫秒表示,并为二进制编码,其中第一个八位位组的位 8 是高阶位,第二个八位位组的位 1 是低阶位。所表示的转接延迟的值从 0～65 534(除了低阶位,全部置为 1)。

注：在该任选用户设施尚未得到所有网络支持这段时间内,在虚呼叫涉及的转接网络,或者目的地网络不支持这种设施时,发送给主叫 DTE 的 CALL ACCEPTED 包中指示的转接延迟的值将为 65 535(全 1)。这一值将被主叫 DTE 理解为这是实际转接延迟不能发送给它的指示。

15.2.2.14 参考号设施

设施参数字段包含两个八位位组。

参考号是一个从 1 到 4 095 的数,并以 12 个位编码。参考号是二进制编码,使用八位位组 1 的 4 到 1 位,再接上八位位组 2 的 8 到 1 位,其中八位位组 2 的位 1 低阶位,八位位组 1 的 8 到 5 位置为 0。

15.3 ITU-T 规定的 DTE 设施的设施字段编码

设施码字段的编码和设施参数字段的格式在用到它们的各类呼叫建立和清除包中是相同的。

15.3.1 设施码字段的编码

表 21 给出了每个 ITU-T 规定的 DTE 设施的设施码字段的编码,并指示它们可能出现的包的类型。这些设施在 ITU-T 规定的 DTE 设施标记符后面运送。

表 21 设施码字段的编码

使用	设施	设施可能出现的包的类型						设施码位： 8 7 6 5 4 3 2 1
		CALL REQUEST	INCOMING CALL	CALL ACCEPTED	CALL CONNECTED	CLEAR REQUEST (见注 1)	CLEAR INDICATION (见注 1)	
寻址	主叫地址扩展	X	X			X (见注 2)		1 1 0 0 1 0 1 1
	被叫地址扩展	X	X	X	X	X	X	1 1 0 0 1 0 0 1
服务质量	最小吞吐量级别协商(见注 3) ——基本格式	X	X			X (见注 2)		0 0 0 0 1 0 1 0
	——扩展格式	X	X			X (见注 2)		1 1 0 0 1 0 1 0
	端到端转接延迟协商	X	X	X	X	X (见注 2)		1 1 0 1 0 0 1 0
	优先级	X	X	X	X	X (见注 2)		1 1 0 1 0 0 1 0
	保护	X	X	X	X	X	X	1 1 0 1 0 0 1 1
特征	加速数据协商	X	X	X	X	X (见注 2)		0 0 0 0 1 0 1 1

注 1：仅当在响应入呼叫的方向上发出时(即不发送 CALL ACCEPTED 包)。

注 2：仅当使用呼叫转向选择设施时。

注 3：给定包中尽可以出现这些格式中的一种。

15.3.2 设施参数字段的编码

设施参数字段的编码取决于特定的 ITU-T 规定的 DTE 设施，为了以后可能的扩展，DTE 可能要忍耐在收到的设施参数字段中包含当前保留值的情况。

15.3.2.1 主叫地址扩展设施

设施码字段后面的一个八位位组指示八位位组数的设施参数字段长度。它具有 $n+1$ 的值，其中 n 是为保持主叫地址扩展所必需的八位位组数目。设施参数字段跟在长度后面，并指示主叫地址扩展。

设施参数字段的第一个八位位组的位 8 和 7 指示主叫地址扩展的使用，如下所示：

位 主叫地址扩展的使用

8 7

0 0 携带按 GB/T 15126—2008 分配的主叫地址

0 1 保留

1 0 其他(携带不按 GB/T 15126—2008 分配的主叫地址)

1 1 保留

该八位位组位 6、5、4、3、2 和 1 指示主叫地址扩展中半个八位位组的数目(最大到 40)。该地址长度指示符为二进制编码，其中位 1 为低阶位。

后面的八位位组包含主叫地址扩展。

如果设施参数字段第一个八位位组的位 8 和 7 的编码是“00”，那么，后面的八位位组通过使用 GB/T 15126—2008 中定义的优化二进制编码(PBE)对主叫 OSI NSAP 地址编码。从初始域部(IDP)的高阶位开始，地址被编码在设施参数字段的第二个八位位组及后面连续的八位位组中。每位数，包括必要时运用的填充数字，是半个八位位组的二—十进制编码，其中位 5 或位 1 是数字的低阶位。在每一八位位组中，高阶位被编码在位 8、7、6 和 5 中。地址的域特定部(DSP)跟在 IDP 后面，并根据 PBE 编码。如果 DSP 的语法是十进制，则每位数是二—十进制编码(适用于 DSP 的规则同样适用于上面的 IDP)。如果 DSP 的语法是二进制，则主叫地址扩展的每个八位位组包含 DSP 的一个八位位组。

如果设施参数字段第一个八位位组的位 8 和 7 的编码是“10”，那么，主叫地址扩展的每位数是半个八位位组的二—十进制编码，其中位 5 或位 1 是数字的低阶位。从高阶位开始，地址被编码在设施参数字段的第二个八位位组及后面连续的八位位组中，每个八位位组两位数。在每一八位位组中，高阶位被编码在位 8、7、6 和 5 中。

必要时，通过在设施参数字段的最后一个八位位组的位 4、3、2 和 1 中插入 0，使它恰好成为整数个八位位组。

15.3.2.2 被叫地址扩展

设施码字段后面的一个八位位组指示八位位组数的设施参数字段长度。它具有 $n+1$ 的值，其中 n 是保持被叫 DTE 地址扩展所必需的八位位组数目。设施参数字段跟在长度后面，并指示被叫地址扩展。

设施参数字段的第一个八位位组的位 8 和 7 指示被叫地址扩展的使用，如下所示：

位 被叫地址扩展的使用

8 7

0 0 携带按 GB/T 15126—2008 分配的被叫地址

0 1 保留

1 0 其他(携带不按 GB/T 15126—2008 分配的被叫地址)

1 1 保留

该八位位组位 6、5、4、3、2 和 1 指示被叫地址扩展中半个八位位组的数目(最大到 40)。该地址长度指示符为二进制编码，其中位 1 为低阶位。

后面的八位位组包含被叫地址扩展。

如果设施参数字段第一个八仁位组的位 8 和 7 的编码是“00”，那么，后面的八位位组通过使用

GB/T 15126—2008 中定义的优先二进制编码(PBE)对被叫 OSI NSAP 地址编码。从初始域部(IDP)的高阶位开始,地址被编码在设施参数字段的第二个八位位组及后续的八位位组中。每位数,包括必要时运用的填充数字,是半个八位位组的二—十进制编码,其中位 5 或位 1 是数字的低阶位。在每一八位位组中,高阶位被编码的位 8、7、6 和 5 中。域的特定部(DSP)跟在 IDP 后面,并根据 PBE 编码。如果 DSP 的语法是十进制,则每位数是二—十进制编码(适用于 DSP 的规则同样适用于上面的 IDP)。如果 DSP 的语法是二进制,则主叫地址扩展的每一八位位组包含 DSP 的一个八位位组。

如果设施参数字段第一个八位位组的位 8 和 7 的编码是"10",那么,被叫地址扩展的每位数是半个八位位组的二—十进制编码,其中位 5 或位 1 是数字的低阶位。从高阶位开始,地址被编码在设施参数字段的第二个八位位组及后续的八位位组中,每个八位位组两位数。在每一八位位组中,高阶位被编码的位 8、7、6 和 5 中。

必要时,通过在设施参数字段的最后一个八位位组的位 4、3、2 和 1 中插入 0,使它恰好成为整数个八位位组。

15.3.2.3 最小吞吐量级别协商设施

15.3.2.3.1 基本格式

一个八位位组的设施参数字段包含两个数据传输方向的最小吞吐量级别。被叫 DTE 数据传输方向的最小吞吐量级别在位 8、7、6 和 5 中指示,主叫 DTE 数据传输方向的最小吞吐量级别在位 4、3、2 和 1 中指示。

指示每一吞吐量级别的 4 位是二进制编码,并对应于表 20a 所示的吞吐量级别。

15.3.2.3.2 扩展格式

一个八位位组的设施参数字段包含两个数据传输方向的最小吞吐量级别。自被叫 DTE 数据传输方向的最小吞吐量级别在位 8、7、6 和 5 中指示。自主叫 DTE 数据传输方向的最小吞吐量级别在位 4、3、2 和 1 中指示。

指示每一吞吐量级别的 4 位是二进制编码,并对应于表 20b 所示的吞吐量级别。

15.3.2.4 端到端转接延迟协商

设施设施码字段后面的一个八位位组指示八位位组数的设施参数字段长度。它具有 2、4 或 6 的值,设施参数字段跟在长度后面,并指示转接延迟值。

设施参数字段的第一和第二个八位位组包含累积转接延迟。第三和第四个八位位组是可选的,如果出现,则包含期望的(目标)端到端转接延迟。如果第三和第四个八位位组出现,则第五和第六个八位位组是可选的。这些八位位组的出现将包含最大可接受端到端转接延迟。在 CALL REQUEST 和 INCOMING CALL 包中未出现可选八位位组,则是指示这些参数对呼叫并不重要。可选八位位组不会出现在 CALL ACCEPTED 和 CALL CONNECTED 包中。

转接延迟用毫秒表示,并为二进制编码,其中一对八位位组的第一个八位位组的位 8 是高阶位,而第二个八位位组的位 1 是低阶位。

累积转接延迟的值为全 1 时,指示并积转接延迟未知或超过 65 534 ms。

15.3.2.5 优先级设施

设施码字段后面的一个八位位组指示八位位组数的设施参数字段长度。它可能的取值是 1、2、3、4、5 或 6。

设施参数字段的第一、第二和第三个八位位组分别包含有分别用于(1)连接上数据的优先级,(2)获得连接优先级,和(3)保持连接优先级的目标值(CALL REQUEST 包)、可用值(INCOMING CALL,包)或选定值(CALL ACCEPTED 和 CALL CONNECTED 包)。在 CALL REQUEST 和 INCOMING CALL 包中设施参数字段的第四、第五和第六个八位位组分别包含对应于(1)连接上数据的优先级,(2)获得连接优先级,和(3)保持连接优先级的最低可接受值。

当设施出现在 CALL REQUEST 在 INCOMING CALL 包中时,设施参数字段的八位位组 2~6 是可选的。例如,如果规定的值仅是获得连接的目标值和最低可接受值,则设施参数字段至少包含 5 个八位位组,其中八位位组 1、3 和 4 包含值"未规定",八位位组 2 和 5 包含规定的值。当设施出现在 CALL ACCEPTED 和 CALL CONNECTED 包中时,八位位组 2 和 3 是可选的。

每一参数的规定值范围是 0(最低优先级)～14(最高优先级)。值 255(全 1)指示"未规定",所有其他值(即 15～254)保留。

15.3.2.6 保护级设施

设施码字段后面的一个八位位组指示八位位组数的设施参数字段长度。

设施参数字段的第一个八位位组的位 8 和 7 规定保护级格式码,如下:

位 8 7	保护级格式码
0 0	保留
0 1	源地址特定的
1 0	目地址特定的
1 1	全局唯一的

当位 8 和 7 都不置为 1 时,设施参数字段第一个八位位组的其余六位保留并置为 0。

当位 8 和 7 都置为 1 时,设施参数字段第一个八位位组的其余六位按下述使用。

位 6 5 4 3 2 1	保护设施信息
0 0 0 0 0 0	保护级信息
0 0 0 0 0 1	文电鉴别和密钥信息
其他值	保留

设施参数字段的第二个八位位组规定了八位位组数的目标保护级别(CALL REQUEST 包)、可用的保护级别(INCOMING CALL 包)或选定的保护级别(在直接响应入呼叫时所发出的 CALL ACCEPTED 和 CALL CONNECTED 包或 CLEAR INDICATION 包)的长度"n"。其实际值放在后随的 n 个八位位组中。任选地,设施参数字段的第"$n+3$"个八位位组规定八位位组数的、在 CALL REQUEST 和 INCOMING CALL 包中的最低可接受保护级级别的长度"m",其实际值放在后随的 m 个八位位组中。可选八位位组不在 CALL ACCEPTED 和 CALL CONNECTED 包中出现。

注:"n"和"m"的值首先是受设施参数字段总长度的限定,然后又相互限定。

当运送鉴别和密钥信息时,设施参数字段的第二个和后面的八位位组按 GB/T 17963—2000 的 9.5 中给出的编码。

15.3.2.7 加速数据协商设施

一个八位位组的设施参数字段的编码是:

位 1=0 不用加速数据

位 1=1 使用加速数据

注:位 8、7、6、5、4、3 和 2 将来可分配给其他设施,目前它们置为 0。

16 登记包中登记字段的格式

本章所述格式仅适用于与在线设施登记设施结合使用的登记包的登记字段。

另见:

——在线设施登记任选用户设施(13.1)。

16.1 概述

登记字段仅当有了调用或撤销一个任选用户设施的请求时,才在 REGISTRATION REQUEST 包中出现。它在 REGISTRATION CONFIRMATION 包中的出现,是指示哪些任选用户设施可用,以及哪些当前有效的任选用户设施的值。

对每一登记设施，登记字段包含一种登记要素。每一登记要素的第一个八位位组是登记码字段，指示登记设施。登记要素的其余八位位组包含参数字段长度及登记参数字段(如果有的话)。

为了规定由 1、2、3 个或可变数目的八位位组组成的登记参数，通过使用登记码字段的位 8 和 7 将其分为四类。登记码字段的通用类别编码如表 22 所示。四类登记要素的通用格式如图 33 所示。

表 22　登记码字段的通用类别编码

类别	位								含义
	8	7	6	5	4	3	2	1	
A	0	0	0	X	X	X	X	X	单个八位位组的参数字段
B	0	1	X	X	X	X	X	X	2 个八位位组的参数字段
C	1	0	X	X	X	X	X	X	3 个八位位组的参数字段
D	1	1	X	X	X	X	X	X	可变长度的参数字段

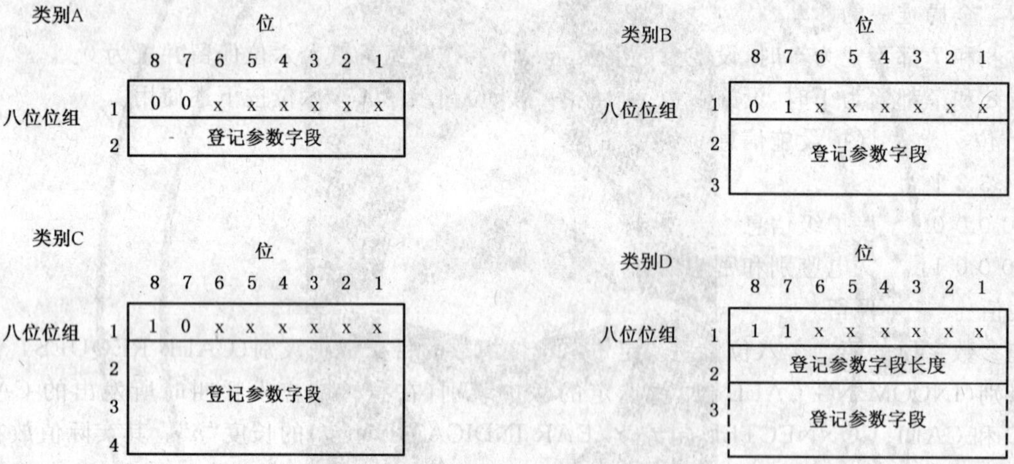

图 33　登记要素的通用化格式

登记码字段为二进制编码，无扩展时，提供类别 A、B 和 C 各最多 64 种编码，提供类别 D 最多63 种编码，总共给出 255 种登记码。

登记码 11111111 留作登记码扩展。该八位位组之后的八位位组指示具有上述格式的 A、B、C 或 D 的扩展登记码。登记码 11111111 允许重复出现，以形成附加的扩展。

为标识若干种特定设施，可分配登记码。每一设施在登记参数字段中都有一个指示设施请求/设施未请求，或指示设施可用/设施不可用的位。在这种情况下，登记参数字段是二进制编码，每一位位置都与一特定设施有关。指示与该特定位有关的设施未请求或不可用，1 指示与该特定位有关的设施被请求或可用。未分配给特定设施的参数位位置应置为 0。如果登记设施码表示的设施未被请求或不可用，则登记码和与之相关的登记参数字段不需要出现。

对类别 D 的登记码，登记码字段后面的一个八位位组指示八位位组数的登记参数字段的长度。登记参数字段长度为二进制编码，其中位 1 是指示符的低阶位。

登记参数字段的编码取决于正在使用的登记设施。

能在登记包中表示的登记设施有两类：

a)　在 13.1 中定义的 X.25 登记设施；

b)　由本地网络提供的非 X.25 登记设施。

登记标记符由两个八位位组构成，用以区分 X.25 登记设施与由可本地网络提供的非 X.25 登记设施。X.25 登记设施应在非 X.25 登记设施之前。无论何时，只要用于非 X.25 登记设施的登记要素出现,就应包括单个的登记标记符。

登记标记符的第一个八位位组是登记码字段,置为0。第二个八位位组是登记参数字段,也置为0。

16.2 登记设施登记参数字段的编码

登记码字段的编码和登记设施参数字段的格式,在使用它们的 REGISTRATION REQUEST 和 REGISTRATION CONFIRMATION 包中是相同的。

16.2.1 登记码字段的编码

表23给出了每种登记设施的登记码字段的编码,并指示它们可能出现的包的类型。

表 23 登记码字段的编码

设　施	设施可能出现的包的类型		设施码位: 8 7 6 5 4 3 2 1
	REGISTRATION REQUEST	REGISTRATION CONFIRMATION	
不可协商设施值		X	0 0 0 0 0 1 1 0
设施的可用性		X	0 1 0 0 0 1 1 0
任何时候可协商的设施	X	X	0 1 0 0 0 1 0 1
仅当用于需寻呼的所有逻辑信道处于状态 p1 时才可协商的设施	X	X	0 0 0 0 0 1 0 1
非标准默认包长度	X	X	0 1 0 0 0 0 1 0
非标准默认窗口尺寸(注1): ——常规和扩展包序列编号 ——超扩展包序列编号	 X X	 X X	 0 1 0 0 0 0 1 1 1 1 0 1 0 1 0 1
默认吞吐量级别分配(注2): ——基本格式 ——扩展格式	 X X	 X X	 0 0 0 0 0 0 1 0 0 1 0 0 1 1 0 0
逻辑信道类型范围	X	X	1 1 0 0 1 0 0 0
标记	X	X	0 0 0 0 0 0 0 0

注1:包中只能出现一个非标准默认窗口尺寸登记设施。

注2:包中只能出现一个默认吞吐量级别分配登记设施。

16.2.2 登记参数字段的编码

设施参数字段的编码取决于特定的任选用户设施,为了以后可能的扩展,DTE 可能要忍耐在收到的设施参数字段中包含当前保留值的情况。

16.2.2.1 不可协商的设施值

一个八位位组的登记参数字段,它的下述每一位都对应于一种不可协商但其值要向 DTE 指示的设施。

位1　阻止本地计费设施

注:位2到8将来可分配给其他设施,目前它们置为0。

在 REGISTRATION CONFIRMATION 包中,某位置为1(或0)意味着 DCE 已经调用(或撤销)相应设施。

16.2.2.2 设施的可用性

2个八位位组的登记参数字段,它的下述每一位都对应于一种其可用性要向 DTE 指示的设施。

八位位组1

位1　扩展包序列编号设施

位2　包重发设施

位 3　D 位修改设施

位 4　被叫线路地址修改通告设施[1)]

位 5　计费信息设施(基于每一接口)

位 6　计费信息设施(基于每次呼叫)[1)]

位 7　反向计费接受设施

位 8　反向计费设施[1)]

八位位组 2

位 1　默认吞吐量级别分配登记设施

位 2　非标准默认窗口尺寸登记设施

位 3　非标准默认包长度登记设施

位 4　逻辑信道类型范围登记设施

位 5　RPOA 选择设施[1)]

位 6　扩展吞吐量级别协商设施

位 7　超扩展包序列编号设施

位 8　对超扩展包序列编号注册设施的非标准默认窗口尺寸

1)　对应于设施的位置为 1,指示可以被 DTE 使用。对于这些设施无进一步协商是必要的。

在 REGISTRATION CONFIRMATION 包中,某位置为 1(或 0)意味着相应设施或者可以(或不可以)被 DTE 使用,或者可以(或不可以)由 DTE 协商。

16.2.2.3　任何时刻可协商设施

两个八位位组的登记参数字段,它的下述每一位都对应于一种任何时刻可协商的设施。

八位位组 1

位 1　禁止入呼叫设施

位 2　禁止出呼叫设施

位 3　快速选择接受设施

位 4　反向计费接受设施

位 5　流量控制参数协商设施

位 6　基本吞吐量级别协商设施

位 7　计费信息设施(基于每一接口)

八位位组 2

位 8　扩展吞吐量级别协商设施

注:八位位组 1 的位 8 和八位位组 2 的位 1 到 7 将来可分配给其他设施,目前它们置为 0。

在 REGISTRATION REQUEST 包中,某位置为 1(或 0)被作为调用(或撤销)相应设施的请求。在 REGISTRATION CONFIRMATION 包中,某位置为 1(或 0)被作为相应设施的调用(或撤销)。

16.2.2.4　仅当所有逻辑信道处于状态 p1 时才可协商的设施

1 个八位位组的登记参数字段,它的下述每一位都对应于一种仅当虚呼叫的所有逻辑信道处于 READY 状态(p1)时才可协商的设施,而且只需要单个位指示它的值。

位 1　扩展包序列编号设施(见注 1)

位 2　包重发设施位

位 3　D 位修改设施

位 4　超扩展包序列编号设施(见注 1)

位 5　TOA/NPI 地址预约设施

注 1:协商该设施的确切方法有待于 ITU-T 的进一步研究。

注 2:位 4 到 8 将来可分配给其他设施,目前它们置为 0。

在 REGISTRATION REQUEST 包中,某位置为 1(或 0)被作为调用(或撤销)相应设施的请求。

在 REGISTRATION CONFIRMATION 包中,某位置为 1(或 0)被作为相应设施的调用(或撤销)。

16.2.2.5 **非标准默认包长度**

向发出 REGISTRATION REQUEST 包的 DTE 的数据传输方向的包长度,在 2 个八位位组的登记参数字段的第一个八位位组的位 4、3、2 和 1 中指示。自发出 REGISTRATION REQUEST 包的 DTE 的数据传输方向的包长度,在第二个八位位组的位 4、3、2 和 1 中指示。每个八位位组的位 8、7、6 和 5 置为 0。

指示每个包长度的 4 位都是二进制编码,并以 2 为底的最大包长度的八位位组数目的对数表示。

4 到 12 的值可提供对应于 16、32、64、128、256、512、1 024、2 048 和 4 096 个八位位组的包长度,或这些值的一个子集。128 的包长度总是可用的。

16.2.2.6 **非标准默认窗口尺寸**

16.2.2.6.1 **正常和扩展的包序列编号的非标准默认窗口尺寸**

向 DTE 发出 REGISTRATION REQUEST 包的数据传输方向的窗口尺寸,在 2 个八位位组的登记参数字段的第 1 个八位位组的位 7 到 1 中指示。从 DTE 发出 REGISTRATION REQUEST 包的数据传输方向的窗口尺寸,在第 2 个八位位组的位 7 到 1 中指示。每个八位位组的位 8 置为 0。

指示每个窗口尺寸的 7 位都是二进制编码,表示窗口的尺寸,不允许 0 值。

仅当正在使用扩展包序列编号时,8～127 的窗口尺寸才有效。

可供正常编号和扩展编号的允许值的范围与接口有关。窗口尺寸 2 总是可用的。

16.2.2.6.2 **超扩展的包序列编号的非标准默认窗口尺寸**

登记编码字段后面的八位位组位指示了登记参数字段在八位位组中的长度。它的值为 4。登记参数字段后面是长度,包含每个数据传输方向的窗口尺寸。

向 DTE 发出 REGISTRATION REQUEST 包的数据传输方向的窗口尺寸,在 4 个八位位组的登记参数字段的第一个八位位组的位 8 到 2 和第 2 个八位位组的位 8 到 1 中指示。第 1 个八位位组的位 2 为低阶位,第 2 个八位位组的位 8 为高阶位。从 DTE 发出 REGISTRATION REQUEST 包的数据传输方向的窗口尺寸,在第 3 个八位位组的位 8 到 2 和第 4 个八位位组的位 8 到 1 中指示。第 3 个八位位组的位 2 为低阶位,第 4 个八位位组的位 8 为高阶位。第 1 个八位位组的位 1 和第 3 个八位位组的位 1 不被使用或不予理睬。

指示每个窗口尺寸的位都是二进制编码,表示窗口的尺寸,不允许 0 值。

超扩展编号的允许值的范围与接口有关。窗口尺寸 128 总是可用的。

16.2.2.7 **默认吞吐量级别分配**

16.2.2.7.1 **基本格式**

来自发出 REGISTRATION REQUEST 包的 DTE 的数据传输方向的吞吐量级别可在第一个八位位组的登记参数字段的位 8、7、6 和 5 中指示。向发出 REGISTRATION REQUEST 包的 DTE 的数据传输方向的吞吐量级别可在位 4、3、2 和 1 中指示。

指示每个吞吐量级别的 4 位都是二进制编码,对应于表 20a 所指示的吞吐量级别。

16.2.2.7.2 **扩展格式**

向发出 REGISTRATION REQUEST 包的 DTE 的数据传输方向的吞吐量级别,在 2 个八位位组登记参数字段的第一个八位位组的位 6 到 1 中指示。来自发出 REGISTRATION REQUEST 包的 DTE 的数据传输方向的吞吐量级别可第二个八位位组的位 6 到 1 中指示。每个八位位组的位 8 和 7 置为 0。

指示每个吞吐垦级别的 4 位都是二进制编码,对应于表 20b 所指示的吞吐量级别。

16.2.2.8 **逻辑信道类型范围**

登记码字段后面的一个八位位组指示八位位组数的登记参数字段长度,并应指示 14 个八位位组。因而,登记参数字段由后随的 14 个八位位组组成。

登记参数字段的八位位组 1、3、5、7、9 和 n 的位 4、3、2 和 1 分别包含参散 LIC、HIC、LTC、HTC、LOC 和 HOC 的高价位(见图 1)。这些八位位组的位 8、7、6 和 5 置为 0。

登记参数字段的八位位组 2、4、6、8、10 和 12 分别包含参数 LIC、HIC、LTC、HTC、IOC 和 HOC 的低阶位。这些八位位组的位 1 是低阶位。

当无单向入逻辑信道时,LIC 和 HIC 等于 0。当无双向逻辑信道时,LTC 和 HTC 等于 0。当无单向出逻辑信道时,IOC 和 HOC 等于 0。

登记参数字段的八位位组 13 的位 4、3、2 和 1 包含虚呼叫使用的逻辑信道总数的高阶位,位 8、7、6 和 5 置为 0。登记参数字段的八位位组 14 包含虚呼叫使用的逻辑信道总数的低阶位。

注 1:图 1 中的不等式适用于 LIC、HIC、LTC、HTC、IOC 和 HOC 的非 0 值。

注 2:要用于虚呼叫的逻辑信道的总数在八位位组 13 和 14 中指示。它等于单向入逻辑信道、双向逻辑信道和单向出逻辑信道数目的总和。

17 诊断码

CLEAR REQUEST、CLEAR INDICATION、RESET REQUEST、RESET INDICATION、RESTART REQUEST、RESTART INDICATION、REGISTRATION CONFIRMATION 和 DIAGNOSTIC 包中诊断码字段的编码取决于表 24 和表 25 给出的包的发起者。

表 24 作为包类型和原因码函数的诊断码字段编码

<table>
<tr><th rowspan="2">包类型</th><th>原因码位</th><th rowspan="2">包的发起者</th><th rowspan="2">诊断码</th></tr>
<tr><th>8 7 6 5 4 3 2 1</th></tr>
<tr><td rowspan="4">CLEAR REQUEST
CLEAR INDICATION
RESET REQUEST
RESET INDICATION</td><td>0 0 0 0 0 0 0 0</td><td>DTE</td><td>在表 25 中规定(注 1、2)</td></tr>
<tr><td>1 0 0 0 0 0 0 0</td><td>DTE</td><td>DTE 特定的诊断</td></tr>
<tr><td>0[至少一个 1]</td><td>公用包交换网络</td><td>在建议 X.25(附录 E)中规定(注 1、3)</td></tr>
<tr><td>1[至少一个 1]</td><td>专用包交换网络</td><td>在表 25 中规定(注 1、2、4)</td></tr>
<tr><td rowspan="4">RESTART REQUEST
RESTART INDICATION</td><td>0 0 0 0 0 0 0 0</td><td>DTE</td><td>在表 25 中规定(注 1、2)</td></tr>
<tr><td>1 0 0 0 0 0 0 0</td><td>DTE</td><td>DTE 特定的诊断</td></tr>
<tr><td rowspan="2">0[至少一个 1]</td><td rowspan="2">本地网络
(公用或专用)</td><td>公用包交换网络:
在建议 X.25(附录 E)中规定(注 1、3)</td></tr>
<tr><td>专用包交换网络:
在表 25 中规定(注 1、2、4)</td></tr>
<tr><td rowspan="3">DIAGNOSTIC
REGISTRATION
CONFIRMATION</td><td rowspan="3">(注 5)</td><td rowspan="3">DTE(注 6)
本地网络
(公用或专用)</td><td>在表 25 中规定(注 1、2)</td></tr>
<tr><td>公用包交换网络:
在建议 X.25(附录 E)中规定(注 1、3)</td></tr>
<tr><td>专用包交换网络:
在表 25 中规定(注 1、2、4)</td></tr>
<tr><td colspan="4">注 1:包含在建议 X.25 的附录 E 和表 25 中的诊断码 0～127 是等同的;这些码由 ITU-T 标准化并可用在 DCE 或 DTE 发起的包中。
注 2:包含在表 25 中的诊断码 128～255 由 ISO/IEC 标准化。
注 3:包含在建议 X.25 的附录 E 中的诊断码 128～255 保留供网络特定诊断用。
注 4:专用包文换网络可能便用网络特定诊断码 128～175。
注 5:原因字段在 DIAGNOSTIC 包中不存在,而且不可在 REGISTRATION CONFIRMATION 包中被分割。
注 6:仅 DTE 到 DTE 环境。</td></tr>
</table>

表 25 诊断码

诊 断	位: 8 7 6 5 4 3 2 1	十进制值	适用的包 (注 3)
无附加信息	0 0 0 0 0 0 0 0	0	D,Rr,C,Re,Rg
无效 P(S)	0 0 0 0 0 0 0 1	1	Re
无效 P(R)	0 0 0 0 0 0 1 0	2	Re
	· · · · · · · ·		
	0 0 0 0 1 1 1 1	15	
包类型无效	0 0 0 1 0 0 0 0	16	Rr,C,Re
对状态 r1	0 0 0 1 0 0 0 1	17	Rr,C,Re
对状态 r2	0 0 0 1 0 0 1 0	18	Rr,C,Re
对状态 r3	0 0 0 1 0 0 1 1	19	Rr,C,Re
对状态 p1	0 0 0 1 0 1 0 0	20	C
对状态 p2	0 0 0 1 0 1 0 1	21	C
对状态 p3	0 0 0 1 0 1 1 0	22	C
对状态 p4	0 0 0 1 0 1 1 1	23	C
对状态 p5	0 0 0 1 1 0 0 0	24	C
对状态 p6	0 0 0 1 1 0 0 1	25	C
对状态 p7	0 0 0 1 1 0 1 0	26	C
对状态 d1	0 0 0 1 1 0 1 1	27	Re
对状态 d2	0 0 0 1 1 1 0 0	28	Re
对状态 d3	0 0 0 1 1 1 0 1	29	Re
	· · · · · · · ·		
	0 0 0 1 1 1 1 1	31	
不允许的包:	0 0 1 0 0 0 0 0	32	D,Rr,C,Re
不可标识的包	0 0 1 0 0 0 0 1	33	Rr,C,Re
单路逻辑信道上的呼叫	0 0 1 0 0 0 1 0	34	C
永久虚电路上无效包类型	0 0 1 0 0 0 1 1	35	Re
未分配逻辑信道上包	0 0 1 0 0 1 0 0	36	D
REJECT 未预约	0 0 1 0 0 1 0 1	37	Re
包太短	0 0 1 0 0 1 1 0	38	D,Rr,C,Re,Rg
包太长	0 0 1 0 0 1 1 1	39	D,Rr,C,Re,Rg
无效通用格式标识符	0 0 1 0 1 0 0 0	40	D
重新起动或登记包带有非 0 逻辑信道标识符	0 0 1 0 1 0 0 1	41	Rr,C,Re
包类型与设施不兼容	0 0 1 0 1 0 1 0	42	C
未授权的 INTERRUPT CONFIRMATION	0 0 1 0 1 0 1 1	43	Re
未授权 INTERRUPT	0 0 1 0 1 1 0 0	44	Re
未授权 REJECT	0 0 1 0 1 1 0 1	45	Re
没有预约的 TOA/NPI 地址预约设施	0 0 1 0 1 1 1 0	46	C
	0 0 0 1 1 1 1 1	47	
定时器期满	0 0 1 1 0 0 0 0	48	D,Rr,C,Re
对 INCOMING CALL(或对 CALL REQUEST,对 DTE 定时器期满)	0 0 1 1 0 0 0 1	49	C

表 25（续）

诊断	位：8 7 6 5 4 3 2 1	十进制值	适用的包（注 3）
对 CLEAR INDICATION（或 CLEAR REQUEST，对 DTE 定时器期满或重发计数超出）	0 0 1 1 0 0 1 0	50	D，C
对 RESET INDICATION（或对 RESET REQUEST，对 DTE 定时器期满或重发计数超出）	0 0 1 1 0 0 1 1	51	D，C，Re
对 RESTART INDICATION（或对 RESTART REQUEST，对 DTE 定时器期满或重发计数超出）	0 0 1 1 0 1 0 0	52	D，Rr，C，Re
对呼叫转向	0 0 1 1 0 1 0 1	53	C
	．．．．．．．．		
	0 0 1 1 1 1 1 1	63	
呼叫建立，呼叫清除，或登记问题	0 1 0 0 0 0 0 0	64	C，Rg
设施/登记码未被允许	0 1 0 0 0 0 0 1	65	C，Rg
设施参数未被允许	0 1 0 0 0 0 1 0	66	C，Rg
无效的被叫 DTE 地址	0 1 0 0 0 0 1 1	67	C
无效的主叫 DTE 地址	0 1 0 0 0 1 0 0	68	C
无效的设施/登记长度	0 1 0 0 0 1 0 1	69	C，Rg
禁止入呼叫	0 1 0 0 0 1 1 0	70	C
无逻辑信道可用	0 1 0 0 0 1 1 1	71	C
呼叫碰撞	0 1 0 0 1 0 0 0	72	C
请求了重复设施	0 1 0 0 1 0 0 1	73	C，Rg
非 0 地址长度	0 1 0 0 1 0 1 0	74	C，Rg
非 0 设施长度	0 1 0 0 1 0 1 1	75	C
未提供期望的设施	0 1 0 0 1 1 0 0	76	C，Rg
无效的 ITU-T 规定的 DTE 设施	0 1 0 0 1 1 0 1	77	C
超出呼叫重定向或呼叫转向的最大数目	0 1 0 0 1 1 1 0	78	C
	0 1 0 0 1 1 1 1	79	
其他	0 1 0 1 0 0 0 0	80	Rr，C，Re
来自 DTE 的不适当的原因码	0 1 0 1 0 0 0 1	81	D，Rr，C，Re
非八位位组对齐	0 1 0 1 0 0 1 0	82	D，Rr，C，Re
Q 位设置不一致	0 1 0 1 0 0 1 1	83	Re
NUI 问题	0 1 0 1 0 1 0 0	84	C
ICRD 问题	0 1 0 1 0 1 0 1		
	．．．．．．．．	95	
	0 1 0 1 1 1 1 1		
未被分配	0 1 1 0 0 0 0 0	96	
	．．．．．．．．		
	0 1 1 0 1 1 1 1	111	
国际问题	0 1 1 1 0 0 0 0	112	Rr，C，Re
远程网络问题	0 1 1 1 0 0 0 1	113	C，Re
国际协议问题	0 1 1 1 0 0 1 0	114	C，Re
国际链路故障	0 1 1 1 0 0 1 1	115	C，Re

表 25（续）

诊　断	位：8	7	6	5	4	3	2	1	十进制值	适用的包（注 3）
国际链路忙	0	1	1	1	0	1	0	0	116	C
转接网络设施问题	0	1	1	1	0	1	0	1	117	C
远程网络设施问题	0	1	1	1	0	1	1	0	118	C
国际路由选择问题	0	1	1	1	0	1	1	1	119	C
暂时路由选择问题	0	1	1	1	1	0	0	0	120	C
未知的被叫 DNIC	0	1	1	1	1	0	0	1	121	C
维护动作（注 5）	0	1	1	1	1	0	1	0	122	Rr，C，Re
	·	·	·	·	·	·	·	·		
	0	1	1	1	1	1	1	1	127	
留供 DTE 定义的诊断信息用	1	0	0	0	0	0	0	0	128	
	·	·	·	·	·	·	·	·		
	1	0	0	0	0	0	0	1	143	
定时器期满或重发计数超出	1	0	0	1	0	0	0	0	144	Re
对 INTERRUPT	1	0	0	1	0	0	0	1	145	Re
对 DATA 包传输	1	0	0	1	0	0	1	0	146	Re
对 REJECT	1	0	0	1	0	0	1	1	147	Re
	·	·	·	·	·	·	·	·		
	1	0	0	1	1	1	1	1	159	
DTE 特定信号	1	0	1	0	0	0	0	0	160	Rr，C，Re
DTE 操作的	1	0	1	0	0	0	0	1	161	Rr，Re
DTE 不操作的	1	0	1	0	0	0	1	0	162	Rr，C，Re
DTE 资源限制	1	0	1	0	0	0	1	1	163	Rr，C，Re
未预约快速选择	1	0	1	0	0	1	0	0	164	C
无效部分满 DATA 包	1	0	1	0	0	1	0	1	165	Re
不支持 D 位规程	1	0	1	0	0	1	1	0	166	C，Re
登记/注销证实	1	0	1	0	0	1	1	1	167	Rg
	·	·	·	·	·	·	·	·		
	1	0	1	0	1	1	1	1	175	
未被分配	1	0	1	1	0	0	0	0	176	
	·	·	·	·	·	·	·	·		
	1	1	0	1	1	1	1	1	223	
OSI 网络服务问题	1	1	1	0	0	0	0	0	224	C，Re
断开连接（瞬时状态）	1	1	1	0	0	0	0	1	225	C
断开连接（永久状态）	1	1	1	0	0	0	1	0	226	C
连接拒绝—理由未规定（瞬时状态）	1	1	1	0	0	0	1	1	227	C
连接拒绝—理由未规定（永久状态）	1	1	1	0	0	1	0	0	228	C
连接拒绝—服务质量不可用（瞬时状态）	1	1	1	0	0	1	0	1	229	C
连接拒绝—服务质量不可用（永久状态）	1	1	1	0	0	1	1	0	230	C
连接拒绝—NSAP 不可达（瞬时状态）	1	1	1	0	0	1	1	1	231	C
连接拒绝—NSAP 不可达（永久状态）	1	1	1	0	1	0	0	0	232	C
复位—理由未规定	1	1	1	0	1	0	0	1	233	Re

表 25（续）

诊　断	位：8 7 6 5 4 3 2 1	十进制值	适用的包（注 3）
复位—拥塞	1 1 1 0 1 0 1 0	234	Re
连接拒绝—NSAP 地址未知(永久状态)	1 1 1 0 1 0 1 1	235	C
	· · · · · · · ·		
	1 1 1 0 1 1 1 1	239	
较高层起动的	1 1 1 1 0 0 0 0	240	Rr,C,Re
断开连接—正常	1 1 1 1 0 0 0 1	241	C
断开连接—异常	1 1 1 1 0 0 1 0	242	C
断开连接—用户数据中不相容信息	1 1 1 1 0 0 1 1	243	C
连接拒绝—理由未规定(瞬时状态)	1 1 1 1 0 1 0 0	244	C
连接拒绝—理由未规定(永久状态)	1 1 1 1 0 1 0 1	245	C
连接拒绝—服务质量不可用(瞬时状态)	1 1 1 1 0 1 1 0	246	C
连接拒绝—服务质量不可用(永久状态)	1 1 1 1 0 1 1 1	247	C
连接拒绝—用户数据中不相容信息	1 1 1 1 1 0 0 0	248	C
连接拒绝—用户数据中无法识别的协议标识符	1 1 1 1 1 0 0 1	249	C
复位—用户重新同步	1 1 1 1 1 0 1 0	250	Re
	· · · · · · · ·		
	1 1 1 1 1 1 1 1	255	

注 1：并非所有诊断都需要实现，但用到的那些要按本表编码。每组 16 个诊断码中的第一个诊断是类属诊断，可用来代替该组内的更多的特定诊断。十进制 0 诊断码能用在无附加信息可用的情况下(例如，在更多的特定诊断尚未实现的情况下)。

注 2：在某些情况下，可能有多种诊断码适用，按照国际标准中规程的说明。例如，如果定时器已经到时，并且要重新发送(RESTART、CLEAR 或 RESET)REQUEST 包，那么，DTE 可以使用与原差错相关的诊断码或相应的"定时器期满"诊断码。

注 3：一种给定的诊断无须适用于所有包类型。所示的是每种诊断可能适用的包类型(D＝DIAGNOSTIC；Rr＝RESTART REQUEST 和 RESTART INDICATION；C＝CLEAR REQUEST 和 CLEAR INDICATION；Re＝RESET REQUEST 和 RESET INDICATION；Rg＝REGISTRATION CONFIRMATION)。既然允许 DTE 使用"更有力"的差错动作(即重新起动包层代替清除虚呼叫，或者重新起动包层或清除虚呼叫代替复位)，那么：

a) 当由 DTE 发送时，诊断码 0～233 适用的包也包括 C：RESTART REQUEST，Re：CLEAR REQUEST(仅虚呼叫)和 RESTART REQUEST；

b) 同样，当由 DTE 接收时，诊断码 0～233 适用的包也包括 C：RESTART INDICATION(仅 DTE/DTE 环境)，Re：CLEAR INDICATION(仅虚呼叫)和 RESTART INDICATION(仅 DTE/DTE 环境)。

注 4：诊断 224 到 255 支持 OSI 网络服务定义。

注 5：该诊断也适用于国家网内的维护动作。

18　定时器和重发计数

表 26 列出了定时器参数，表 27 列出了重发计数参数。这些参数的值可以独立地从接口 DXE 选定的特定值中选择。它们可能要考虑包层实体是与网络接口(因而具有网络特征)还是与另一个 DTE 的包层实体接口，要考虑到接口上的通信流量的特征，以及其他恰当的考虑。所选的值，可能共同适用于包层实体的所有逻辑信道。

表 28 列出了响应来自 DXE 的包时，DTE 应考虑的定时器。

表 26 DTE 定时器参数

定时器	默认实现值(注 2)	开始时间(注 3)	正常终止时间(注 3、4)	定时器期满的动作(注 3、5)
T20(重新起动请求响应定时器)	180 s	DTE 发送 RESTART REQUEST 包(r2)	DTE 收到: ● RESTART CONFIRMATION 包(r1),或 ● RESTART INDICATION 包(r1)	DTE 重新发送 RESTART REQUEST 包并重新起动 T20,直到 R20 的最大值次
T21(呼叫请求响应定时器)	200 s	DTE 发送 CALL REQUEST 包(p2)	DTE 收到: ● CALL CONNECTED 包(p4),或 ● INCOMING CALL 包(p5)(注 6),或 ● CLEAR INDICATION 包(p7); 或 DTE 发 CLEAR REQUEST 包(p6)	DTE 发送 CLEAR REQUEST 包(p6)
T22(复位请求响应定时器)	180 s	DTE 发送 RESET REQUEST 包(d2)	DTE 收到: ● RESET CONFIRMATION 包(d1),或 ● RESET INDICATION 包(d1)	DTE 重新发送 RESET REQUEST 包并重新起动 T22,直到 R22 的最大值次
T23(清除请求响应定时器)	180 s	DTE 发送 CLEAR REQUEST 包(p6)	DTE 收到: ● CLEAR CONFIRMATION 包(p1),或 ● CLEAR INDICATION 包(p1)	DTE 重新发送 CLEAR REQUEST 包并重新起动 T23,直到 R23 的最大值次
T24(窗口状态传输定时器)(注 7)	60 s	DTE 发送一个有 P(R)的包,即 RR、RNR、DATA 或 REJECT 包		DTE 发送 RR 或 RNR 包(或 DATA,或者若对传输可用,REJECT 包)反映当前窗口状态并重新起动 T24
T25(窗口旋转定时器)(注 7、8)	200 s	DTE 发送 DATA 包或 DTE 的窗口旋转却仍有未完成的 DATA 包	窗口内无悬而未决的 DATA 包	DTE 重新发送窗口内的所有 DATA 包,并重新起动 T25,直到 R25 的最大值次(注 9)
T26(中断响应定时器)	180 s	DTE 发送 INTERRUPT 包(i2)	DTE 收到 INTERRUPT CONFIRMATION 包(i1)	DTE 发送 RESET REQUEST 包(d2)
T27(拒绝响应定时器)(注 7、8)	60 s	DTE 发送 REJECT 包	DTE 收到第一个重新发送的 DATA 包	DTE 发送 REJECT 包,并重新起动 T27,直到 R27 的最大值次(注 9)
T28(登记请求响应定时器)(注 7、8)	300 s	DTE 发送 REGISTRATION REQUEST 包	DTE 收到 REGISTRATION CONFIRMATION 包	DTE 重新发送 REGISTRATION REQUEST 包,并重新起动 T28,直到 R28 的最大值次

表 26（续）

定时器	默认实现值 （注 2）	开始时间（注 3）	正常终止时间 （注 3、4）	定时器期满的动作 （注 3、5）

注 1：当 DXE 发送一个包时，DTE 应考虑到由 DXE 起动的定时器。这些考虑在表 28 中展示。

注 2：所示的时限值仅是默认值。实际值的选择要取决于许多因素，包括 DTE 是否是在 DTE/DTE 环境下操作，是否需要快速检测问题，等等。然而，所选定的值必须保护所示时限值之间的关系，以确保恰当的操作。

注 3：如果所展示的动作导致了逻辑信道状态的改变，那么，除流量控制状态外，新状态将被指出。对流量控制状态，动作可能导致也可能不导致状态的改变。

注 4：收到或发出属于较高优先级的状态（按第 19 章的定义）的包也将造成定时器的正常终止。例如，在发出了 RESET REQUEST 包后收到 RESTART INDICATION 包，也将造成定时器 T22 的正常终止。

注 5：当（重新）发送 RESTART REQUEST、CLEAR REQUEST 或 RESET REQUEST 包时，DTE 宜指示“DTE 发起”的原因。当 T21 或 T26 到时，诊断宜指示相应定时器期满。当其他定时器期满时，诊断可以指示相应定时器期满或原差错。

注 6：在 DTE/DTE 环境中，为解决呼叫碰撞而保持起 DCE 作用的 DTE 在收到 INCOMING CALL 包时应终止定时器 T21，为解决呼叫碰撞而保持起 DTE 作用的 DTE 在收到 INCOMING CALL 包时不宜终止定时器 T21。在 DTE/DCE 环境中，DTE 在收到 INCOMING CALL 包时可以或者终止或者更适宜地不终止定时器 T21。

注 7：仅当使用了相关规程（分别在 11.2.2、11.2.1、13.4 和 13.1 中描述）时，才需要 T24、T25、T27 和 T28。

注 8：尽管 DTE 在发送相应包时起动该定时器，但 DXE 却不必为了防止发送的 DTE 定时器期满，而以一种实时方式响应该包。因此，这样的定时器宜小心使用。

注 9：在该定时器期满后，允许发送 RESET REQUEST 包（即 R25 和 R27 都置为的 0）。

表 27　DTE 重发计数参数

重发计数	描　述	默认值 （注 1、2）	重发计数超出的动作 （注 3）
R20 （重新启动请求重发计数）	请求包层实体的重新起动的 RESTART REQUEST 包的重发次数	1	通知适当的实体
R22 （复位请求重发计数）	请求复位逻辑信道的 RESTART REQUEST 包的重发次数	1	对虚呼叫，发送 CLEAR REQUEST 包（p6）（注 4）；对永久虚电路，通知适当的实体
R23 （清除请求重发计数）	请求虚呼叫清除的 CLEAR REQUEST 包的重发次数	1	通知适当的实体
R25 （数据包重发计数）（注 5）	DATA 包的重发次数	0	发送 RESET REQUEST 包（d2）（注 4）
R27 （拒绝重发计数）	请求重发同一 DATA 包（即相同 P(R)值）的 REJECT 包的重发次数	0	发送 RESET REQUEST 包（d2）（注 4）
R28 （登记请求重发计数）（注 5）	REGISTRATION REQUEST 包的重发次数	1	通知适当的实体

注 1：仅当规程与默认值相关时才允许实现。

注 2：具有默认值 1，相关规程执行两次：一次是原始传输，另一次是重新传输。由于碰撞的可能性，为确保正确的操作，R20、R22 和 R23 永远不宜置为 0。

注 3：如果所展示的动作导致了逻辑信道状态的改变，则新状态将被指出。

注 4：在 DTE 发送 CLEAR REQUEST 或 RESET REQUEST 包时，原因指示“DTE 发起”，诊断指示相应定时器期满或重发计数超出。

注 5：仅当使用了相关规程（分别在 11.2.1、13.4 和 13.1 中描述）时，才需要 R25、R27 和 R28。

表 28　对来自 DXE 的包响应时，DTE 宜考虑的定时器

来自 DXE 的包	DTE/DCE 环境		DTE/DTE 环境远程 DTE 定时器
	网络定时器	远程 DTE 定时器	
RESTART INDICATION	T10(60 s)在 DCE 发出 RESTART INDICATION 包时起动		T20(默认 180 s)在远程 DTE 发出 RESTART REQUEST 包时起动
INCOMING CALL	T11(180 s)在 DCE 发出 INCOMING CALL 包时起动	T21(默认 200 s)在远程 DTE 发出 CALL REQUEST 包时起动	T21(默认 200 s)在远程 DTE 发出 CALL REQUEST 包时起动
RESET INDICATION	T12(60 s)在 DCE 发出 RESET INDICATION 包时起动	(注)	T22(默认 180 s)在远程 DTE 发出 RESET REQUEST 包时起动
CLEAR INDICATION	T13(60 s)在 DCE 发出 CLEAR INDICATION 包时起动	(注)	T23(默认 180 s)在远程 DTE 发出 CLEAR REQUEST 包时起动
DATA		T25(默认 200 s)在远程 DTE 发出 DATA 包时起动	T25(默认 200 s)在远程 DTE 发出 DATA 包时起动
INTERRUPT		T26(默认 180 s)在远程 DTE 发出 INTERRUPT 包时起动	T26(默认 180 s)在远程 DTE 发出 INTERRUPT 包时起动
REJECT			T27(默认 180 s)在远程 DTE 发出 REJECT 包时起动
REGISTRATION			T28(默认 300 s)在远程 DTE 发送 REGISTRATION REQUEST 包时起动

注：在那些相关的 CONFIRMATION 包具有端到端意义的网络中，收到该包的 DTE 也应考虑到远程 DTE 的相应定时器。

19　状态图

本章包含的状态图是为包层的规程定义而提供进一步的补充。状态图给出正常操作情况下的包层的转移。

表 29 提供了包含了状态图的各图的索引。

表 29　包层状态一览表

图号	可适用状态
34	重新起动状态(r1,r2 和 r3)
35	呼叫建立和呼叫清除状态(p1,p2,p3,p4,p5,p6 和 p7)
36	数据传送状态(d1,d2 和 d3)
37	中断状态(i1,i2,j1 和 j2)
38	流量控制状(f1,f2,g1 和 g2)

在状态图中,每一状态都用圆圈内包含状态名表示。每一状态的转移用箭头表示。转移的责任者(DTE或DXE)及曾经传送的包在箭头的旁边指示。

为清楚起见,DTE/DXE接口上的正常规程用若干小状态图描述。为充分描述正常规程,有必要给不同的图分配优先级,并将较高优先级的图与较低的图联系起来。特定做法如下描述:

a) 图按优先级次序排列,图34(重新起动)具有最高优先级,接着是图35(呼叫建立和呼叫清除),然后是图36(复位)。具有相同优先级并接在图33后面的是图37(中断)和图38(流量控制)。优先级的意思是,当发送属于较高级状态图的包时,则该图适用,而较低级图不适用。

b) 与较低级图的状态的关系,是通过该状态包括在较高级图的圆圈内的方式给出。

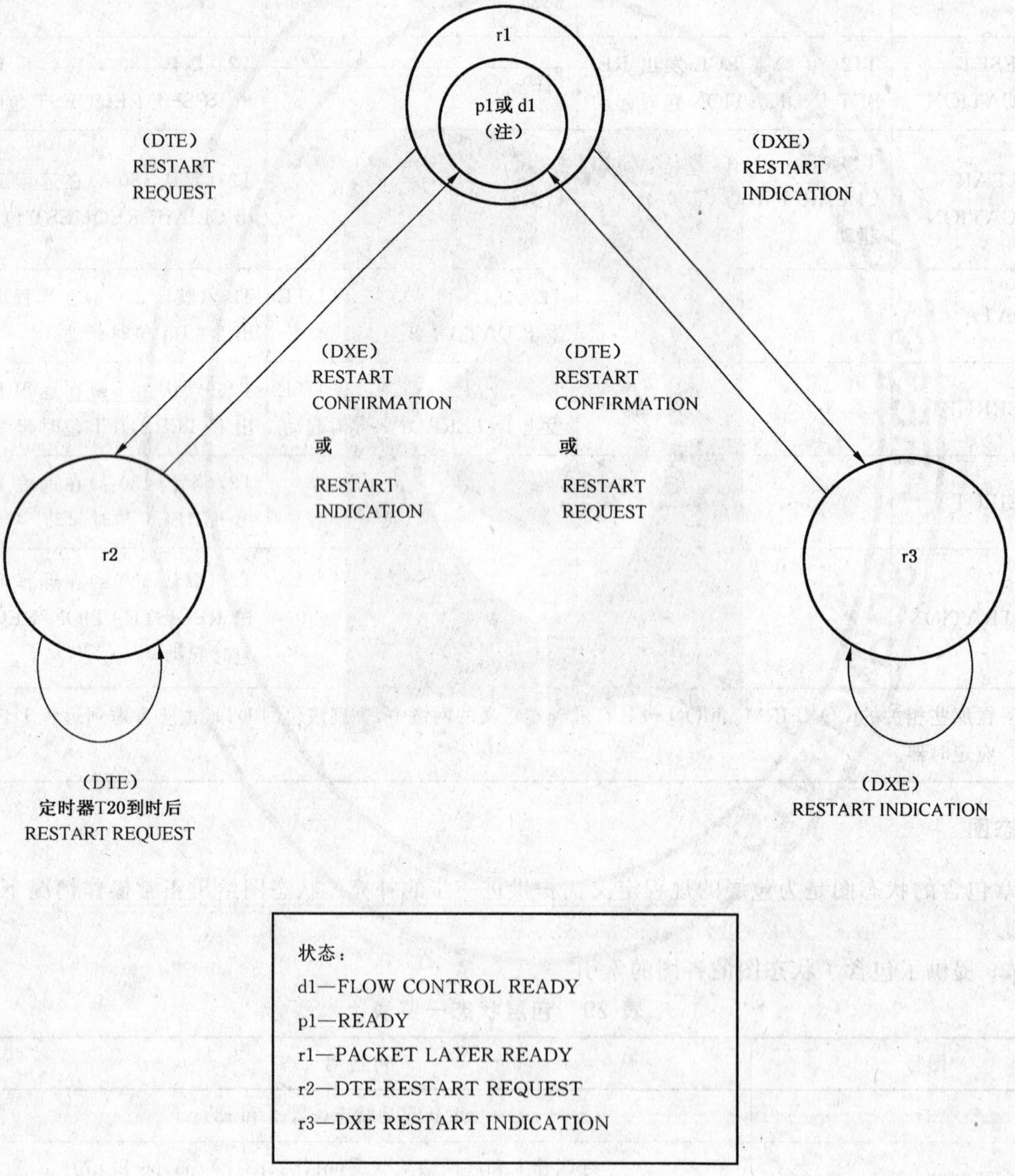

注:p1用于虚呼叫逻辑信道,d1用于永久虚电路逻辑信道。

图34 重新起动包传送状态图

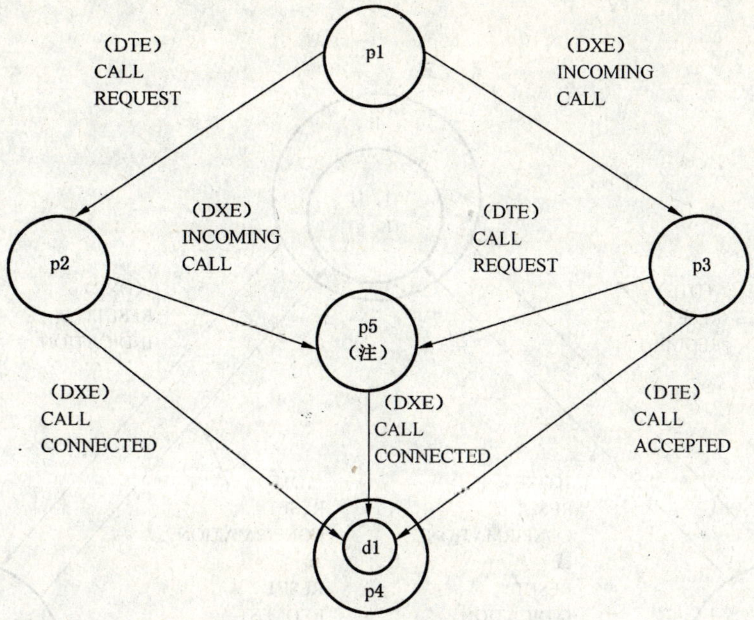

a）呼叫建立阶段

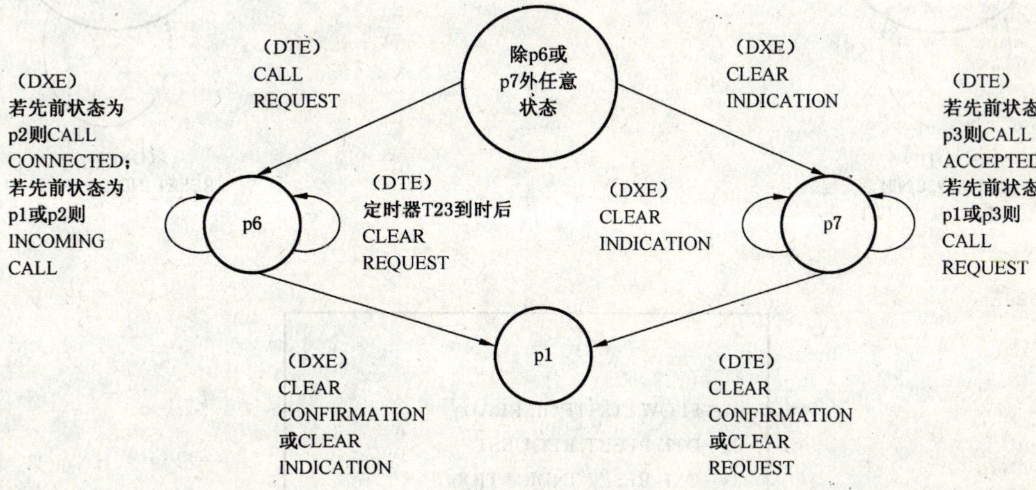

b）呼叫清除阶段

状态：d1—FLOW CONTROL READY	p1—READY
p2—DTE CALL REQUEST	p3—DXE INCOMING CALL
p4—DATA TRANSFER	p5—CALL COLLISION(见注)
p6—DTE CLEAR REQUEST	p7—DXE CLEAR INDICATION

注：当使用参考号设施时状态 p5 不可用。

图 35　在包层准备好状态(r1)内呼叫建立和呼叫清除包的传送状态图

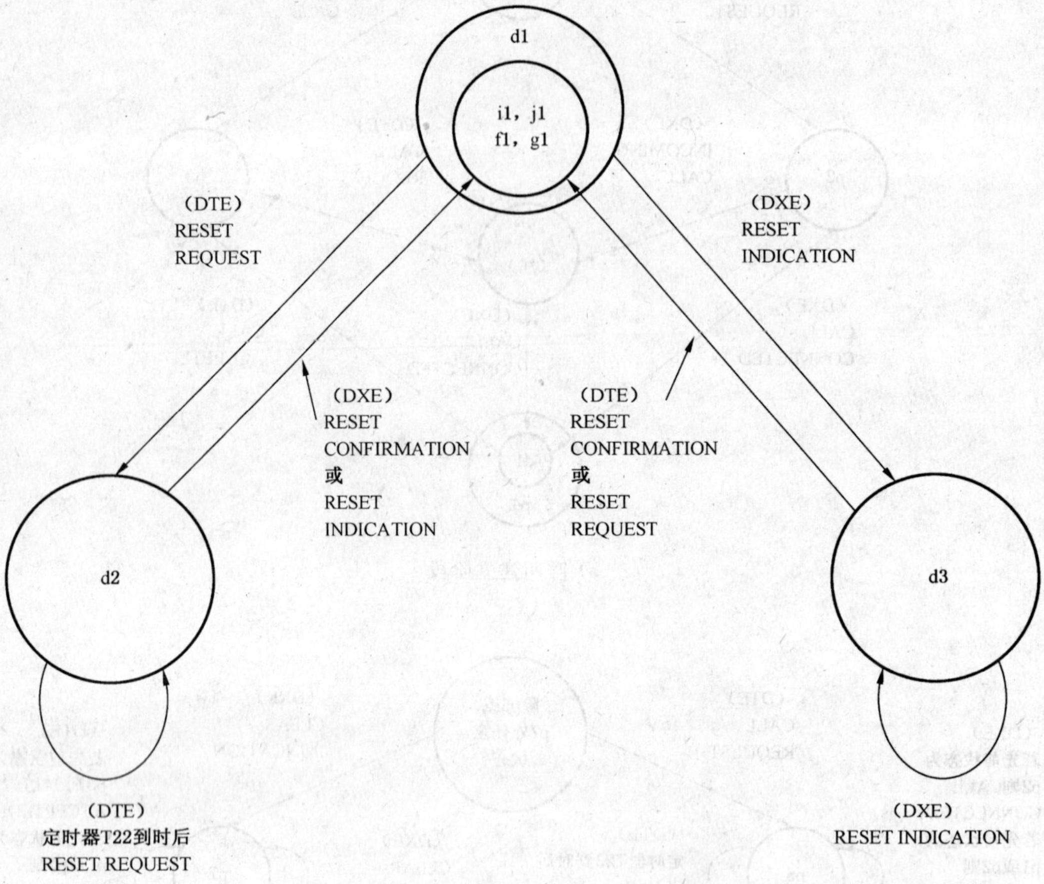

状态：

d1—FLOW CONTROL READY

d2—DTE RESET REQUEST

d3—DXE RESET INDICATION

f1—DXE RECEIVE READY

g1—DTE RECEIVE READY

i1—DTE INTERRUPT READY

j1—DXE INTERRUPT READY

图 36　在数据传送状态(p4)内复位包的传送状态图

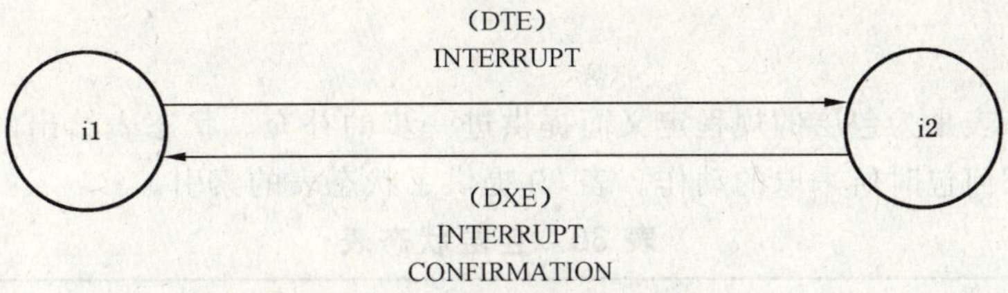

a) 从 DTE 到 DXE 的中断传送

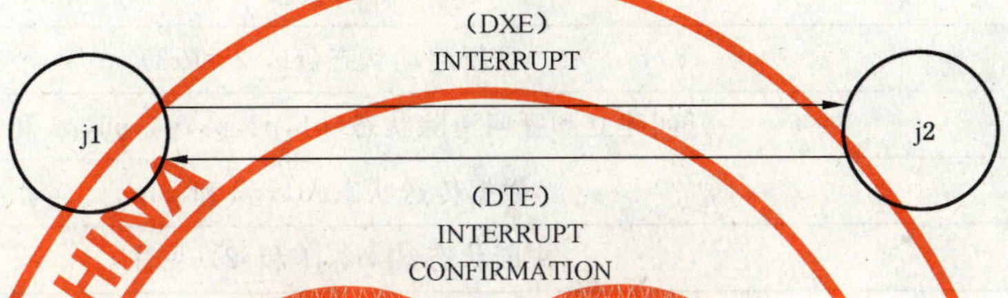

b) 从 DXE 到 DTE 的中断传送

状态：
i1—DTE INTERRUPT READY
i2—DTE INTERRUPT SENT
j1—DXE INTERRUPT READY
j2—DXE INTERRUPT SENT

图 37　在流量控制准备好状态(d1)内中断包的传送状态图

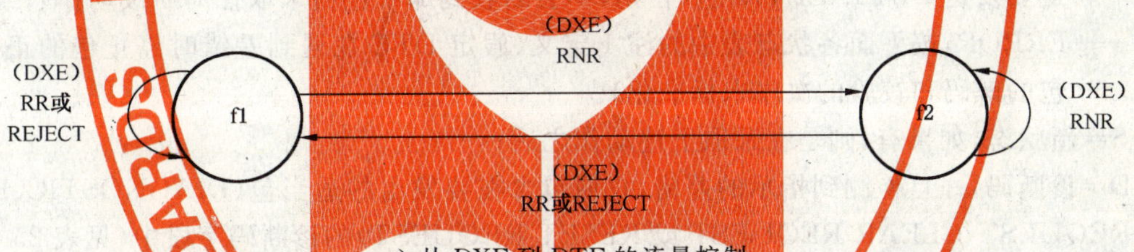

a) 从 DXE 到 DTE 的流量控制
(从 DTE 到 DXE 的流量传送)

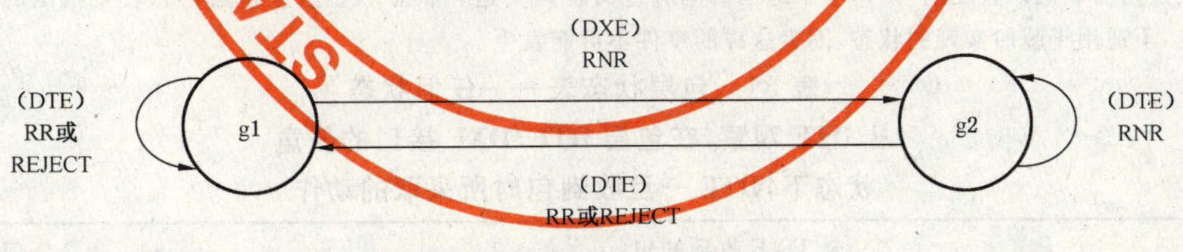

b) 从 DTE 到 DXE 的流量控制
(从 DXE 到 DTE 的流量传送)

状态：
f1—DXE RECEIVE READY
f2—DXE RECEIVE NOT READY
g1—DTE RECEIVE READY
g2—DTE RECEIVE NOT READY

图 38　在流量控制准备好状态(d1)内流量控制包的传送状态图

20 状态表

本章包含的状态表是为包层的规程定义而提供进一步的补充。状态表给出的是DTE在包层操作的任意状态下收到任何包时所采取的动作。表30提供了状态表的索引。

表30 包层状态表

表号	可适用状态
31	任何状态
32	重新起动状态(r1,r2和r3)
33	呼叫建立和呼叫清除状态(p1,p2,p3,p4,p5,p6和p7)
34	数据传送状态(d1,d2和d3)
35	中断状态(i1,i2,j1和j2)(见注)
36	流量控制状态(f1,f2,g1和g2)(见注)
注:中断状态和流量控制状态相互独立,并行存在。也就是说,当接口处于状态d1时,逻辑信道同时处于两个"i"状态之一、两个"j"状态之一、两个"f"状态之一和两个"g"状态之一。	

状态表中使用下面的约定:

a) A=所采取动作,可能是:

——NORMAL,按引用的各章条中定义的;

——DISCARD,即丢弃所收到的包,并不因收到那个包而采取任何后续动作;

——DIAG,这包括丢弃所收到的包,如果可实现而且如果是在DTE/DTE环境中操作,DTE还要发送DIAGNOSTIC包(否则,不会因收到那个包而采取任何后续动作);或

——ERROR,按下面各状态表中的注1定义(假定DTE在遇到差错时停止包的正常处理;但包的解码和较验的次序未标准化)。

b) S=新状态,如果有,则是在采取上述动作之后;

c) D=诊断码,一旦检测到指示的差错,它便包含在要发出的适当包(DIAGNOSTIC、RESTART REQUEST、CLEAR REQUEST或RESET REQUEST)的诊断码字段中(见表25注2)。

注:在某些DTE实现中,某些状态(如r3、p7、d3和j2)可能是瞬时的(即包层由于入包而进入这些状态之一,但在处理任何后续的入包之前,因产生了适当的响应包又脱离了这一状态),在这些包层状态表中给出的对入包的反应,不适用于瞬时实现的状态,因为这样的事件不可能发生。

表31 包层状态表——任何状态
从DTE观察,在包层DTE/DXE接口的任意
状态下,DTE一旦收到包时所采取的动作

从DXE收到的包:	任何状态
长度小于2个八位位组的任何包或当超扩展包序列号设施被订阅时的3个八位位组(包括不包含任何包的有效数据链路层Ⅰ帧)	A=DIAG D=38
带有无效通用格式符的任何包(12.1.1)或无效的通用格式标识(见12.1.2)	A=DIAG D=40
带有未分配的逻辑信道标识符的任何包(见图1)	A=DIAG D=36
带有有效通用格式标识符、带有已分配的逻辑信道标识符或位0的逻辑信道标识符的任何包	见表32

表 32 包层状态表——重新启动状态
从 DTE 观察,在包层 DTE/DXE 接口的与重新起动有关的状态下,
DTE 一旦收到包时所采取的的动作

从 DXE 收到的包	重新起动状态		
	PACKET LAYER READY (r1)	DTE RESTART REQUEST (r2)	DXE RESTART INDICATION (r3)
具有小于 1 个八位位组的包类型标识符并且具有位 0 的逻辑信道标识符的包	A=DIAG D=38	A=DISCARD	A=ERROR S=r2 D=38
具有小于 1 个八位位组的包类型标识符并且具有已分配的逻辑信道标识符的包	见表 33	A=DISCARD	A=ERROR S=r2 D=38
具有未定义或 DTE 不支持的包类型标识符的包(注 2)并且具有为 0 的逻辑信道标识符的包	A=DIAG D=33	A=DISCARD	A=ERROR S=r2 D=33
具有未定义或 DTE 不支持的包类型标识符的包(注 2)并且具有已分配的逻辑信道标识符的包	见表 33	A=DISCARD	A=ERROR S=r2 D=33
带有不等于 0 的逻辑信道标识符的 RESTART INDICATION、RESTART CONFIRMATION 或登记(如果支持)包(注 2)	见表 33	A=DISCARD	A=ERROR S=r2 D=41
带有格式差错的 RESTART INDICATION、RESTART CONFIRMATION 包(注 5)	A=DIAG D=38,39, 81 或 82	A=ERROR D=38,39, 81 或 82	A=DISCARD
RESTART INDICATION 包	A=NORMAL(4.2) S=r3	A=NORMAL(4.3) S=p1 或 d1(注 4)	A=DISCARD
RESTART CONFIRMATION 包	A=ERROR S=r2 D=17	A=NORMAL(4.4) S=p1 或 d1(注 4)	A=ERROR S=r2 D=19
带有格式差错的 REGISTRATION REQUEST、REGISTRATION CONFIRMATION 包(注 9)	A=DIAG D=38,39, 81,或 82	A=ERROR D=38,39, 81 或 82	A=ERROR S=r2 D=38,39
REGISTRATION REQUEST、REGISTRATION CONFIRMATION 包(注 7,8)	A=NORMAL(13.1)	A=NORMAL(13.1)	A=NORMAL(13.1)
带有格式差错(包括逻辑信道标识符不等于 0)的 DIAGNOSTIC 包(注 6)	A=DISCARD	A=DISCARD	A=DISCARD
DIAGNOSTIC 包	A=NORMAL(11.1)	A=NORMAL(11.1)	A=NORMAL(11.1)

表 32（续）

<table>
<tr><td rowspan="2">从 DXE 收到的包</td><td colspan="3">重新起动状态</td></tr>
<tr><td>PACKET LAYER READY (r1)</td><td>DTE RESTART REQUEST (r2)</td><td>DXE RESTART INDICATION (r3)</td></tr>
<tr><td>除 a)重新起动，b)登记（如果支持），c)DIAGNOSTIC 或 d) INCOMING CALL、CLEAR INDICATION（放弃呼叫）CALL CONFIRMATION（证实呼叫的拒绝）【当参考号机制用在 DTE/DTE 环境中时】之外的 DTE 支持的并具有为 0 的逻辑信道标识符的包（注 2，注 3）</td><td>A＝DIAG
D＝36</td><td>A＝DIAG
D＝36</td><td>A＝DIAG
D＝36</td></tr>
<tr><td>呼叫建立、呼叫清除、DATA、中断，流量控制或复位包</td><td>见表 33</td><td>A＝DISCARD</td><td>A＝ERROR
S＝r2
D＝19</td></tr>
<tr><td colspan="4">注 1：ERROR 规程涉及丢弃所收到的包，并通过发送通过 DTE/DXE 接口的 RESTART REQUEST 包，来起动重新起动规程，并起动定时器 T20。RESTART REQUEST 包的重新起动原因字段应编码为“DTE 发起”，诊断码字段按所指定的进行编码。这时，逻辑信道处于 DTE RESTART REQUEST 状态(r2)。
注 2：当 DTE 不能够使用包重发设施或在线设施登记设施时，则分别不支持 REJECT 包和 REGISTRATION 包。如果 DTE 能够使用在线设施登记设施，但仅能够作为登记规程的起动者，或仅能够作为登记规程的响应者，则分别不支持 REGISTRATION REQUEST 包和 REGISTRATION CONFIRMATION 包。
注 3：如果不支持 REGISTRATION REQUEST 包或 REGISTRATION CONFIRMATION 包（见注 2），那么，该包被作为“带有为 0 的逻辑信道标识符的任何包”对待，并调用相应动作。
注 4：状态 p1 用于每一虚呼叫逻辑信道，状态 d1 用于每一永久虚电路逻辑信道。
注 5：重新起动包格式在 12.6 中描述。
注 6：DIAGNOSTIC 包格式在 12.7 中描述。
注 7：除了已发生了下述任何一种情况外，登记包的处理按所指示的进行：
a) 在 DTE 仅作为登记规程起动者的情况下，收到的 REGISTRATION REQUEST 包按不支持的包对待；
b) 在 DTE 仅作为登记规程响应者的情况下，收到的 REGISTRATION CONFIRMATION 包按不支持的包对待；
c) 在 DTE 能作为登记规程响应者的情况下，在尚未商定使用登记规程时，收到 REGISTRATION REQUEST 包的 DTE 发送原因为“本地规程差错”，诊断为＃42 的 REGISTRATION CONFIRMATION 包，否则，REGISTRATION REQUEST 包按所指示的处理；
d) 在 DTE 能作为登记规程起动者的情况下，当未证实的 REGISTRATION REQUEST 包不是悬而未决时（包括尚未商定使用登记规程的情况），接收 REGISTRATION CONFIRMATION 包的 DTE 应丢弃该包。否则，REGISTRATION CONFIRMATION 包按所指示的处理。
注 8：如果使用在线设施登记设施的协定包括 DTE 响应登记规程起动，那么，只有在 DTE/DTE 环境中才会接收 REGISTRATION REQUEST 包。
当 DTE 收到修改一种或多种设施的 REGISTRATION REQUEST 包时，仅当用于虚呼叫的所有逻辑信道都处于状态 p1、并且这种修改能够进行时，这些修改才生效。如果有一个或多个逻辑信道分配给永久虚电路，则 DTE 将调用 ERROR 规程（带有指示“DTE 发起”的原因和“登记/注销证实”的诊断）。这种动作将确保永久虚电路复位，从而使所有协商的设施正确地生效。
注 9：登记包格式在 12.9 和第 16 章中描述。</td></tr>
</table>

表 33　包层状态表——呼叫建立和呼叫清除状态

从 DTE 观察，在包层 DTE/DXE 接口的与呼叫建立和呼叫清除有关的状态下，

DTE 一旦在所分配的逻辑信道上收到包时所采取的动作

从 DXE 收到的包	呼叫建立和呼叫清除状态(在状态 r1 内)						
	READY(p1)	DTE CALL REQUEST (p2)(注 2)	DXE INCOMING CALL(p3)(注 3)	DATA TRANSFER (p4)	CALL COLLISION (p5)(注 2, 3,11)	DTE CLEAR REQUEST (p6)	DEX CLEAR INDICATION (p3)(注 3)
带有小于 1 个八位位组的包类型标识符	A=ERROR S=p26 D=38	A=ERROR S=p6 D=38	A=ERROR S=p6 D=38	见表 34	A=ERROR S=p6 D=38	A=DISCARD	A=ERROR S=p6 D=38
带有未定义或 DTE 不支持八位位组的包类型标识符(注 4)	A=ERROR S=p6 D=33	A=ERROR S=p6 D=33	A=ERROR S=p6 D=33	见表 34	A=ERROR S=p6 D=33	A=DISCARD	A=ERROR S=p6 D=33
带有不等于 0 的逻辑信道标识符的 RESRART INDICATION、RESRART CONFIRMATION 或登记(如果支持)包(注 4)	A=ERROR S=p6 D=41	A=ERROR S=p6 D=41	A=ERROR S=p6 D=41	见表 34	A=ERROR S=p6 D=41	A=DISCARD	A=ERROR S=p6 D=41
INCOMING CALL 包	A=NORMAL (5.2.2) S=p3 或(注 5.6)	A=NORMAL (5.2.2) S=p5 或(注 6.7)	A=ERROR S=p6 D=22	A=ERROR S=p6 D=23(注 8)	A=ERROR S=p6 D=24	A=DISCARD	A=ERROR S=p6 D=26
CALL CONNECTED (注 5)	A=ERROR S=p6 D=20	A=NORMAL (5.2.4) S=p4 或 A=ERROR S=p6 D=21 或 42 (注 9)	A=ERROR S=p6 D=22	A=ERROR S=p6 D=23(注 8)	A=NORMAL (5.2.5) S=p4 或 A=ERROR S=p6 D=24 或 42 (注 9,注 10)	A=DISCARD	A=ERROR S=p6 D=26
CLEAR INDICATION 包(注 5)	A=NORMAL (5.5.2) S=p7	A=NORMAL (5.5.2) S=p7	A=NORMAL (5.5.2) S=p7	A=NORMAL (5.5.2) S=p7(注 8)	A=NORMAL (5.5.2) S=p7	A=NORMAL (5.5.2) S=p7	A=DISCARD
CLEAR CON-FIRMATION 包(5)	A=ERROR S=p6 D=20	A=ERROR S=p6 D=21	A=ERROR S=p6 D=22	A=ERROR S=p6 D=23(注 8)	A=ERROR S=p6 D=24	A=NORMAL (5.5.4) S=p7	A=ERROR S=p6 D=26
DATA、中断、流量控制或复位包	A=ERROR S=p6 D=20	A=ERROR S=p6 D=21	A=ERROR S=p6 D=22	见表 34	A=ERROR S=p6 D=24	A=DISCARD	A=ERROR S=p6 D=26

表 33（续）

从 DXE 收到的包	呼叫建立和呼叫清除状态（在状态 r1 内）						
	READY(p1)	DTE CALL REQUEST (p2)(注 2)	DXE INCOMING CALL(p3) (注 3)	DATA TRANSFER (p4)	CALL COLLISION (p5)(注 2，3,11)	DTE CLEAR REQUEST (p6)	DEX CLEAR INDICATION (p3)(注 3)

注 1：ERROR 规程涉及丢弃所收到的包，并通过发送通过 DTE/DXE 接口的、带有所收到包中规定的逻辑信道的 CLEAR REQUEST 包来起动清除规程，并起动定时器 T23。CLEAR REQUEST 包的清除原因字段应编码为"DTE 发起"，诊断码字段按所指定的进行编码。这时，逻辑信道处于 DTE CLEAR REQUEST 状态(p6)。

注 2：从 DTE 观察，在单向人逻辑信道情况下，如果预约了禁止出呼叫设施，则这种状态不存在。

注 3：从 DTE 观察，在单向出逻辑信道请况下，如果预约了禁止入呼叫设施，则这种状态不存在。

注 4：当 DTE 不能够使用包重发设施或在线设施登记设施时，则分别不支持 REJECT 包和 REGISTRATION 包。如果 DTE 能够使用在线设施登记设蔽，但仅能够作为登记规程的起动者，或仅能够作为登记规程的响应者，则分别不支持 REGISTRATION REQUEST 包和 REGISTRATION CONFIRMAION 包。

注 5：如果包对于逻辑信道的状态是可接受的(即 A=NORMAL)，但包含格式差错，或者是别的不可接受，那么，DTE 将调用 ERROR 规程(可以适用的诊断码包括 38、39、42、64、65、66、67、68、69、74、75、76、77、81、82 和 164)。呼叫建立和呼叫清除包格式在 12.2 中描述。设施信息格式在第 15 章中描述。除格式正确外，地址信息必须包含正确位数的数字，并规定有效地址。在 DTE/DTE 环境中，不支持或不适用的设施码可以不予理睬，或作为差错对待。如果 DTE 选择将这种情况作为差错对待，则要调用 ERROR 规程(D=65)。

注 6：从 DTE 观察，在单向出逻辑信道情况下，DTE 将调 ERROR 规程(D=34)。

注 7：如果 INCOMING CALL 包包含格式差错，或者别的不可接受，那么，

a) 在 DTE/DTE 环境中，如果 DTE 为解决呼叫碰撞而起 DCE 的作用(见 5.2.5)，则它应按注 5 动作；

b) 除此之外，DTE 可调用 ERROR 规程(可以适用的诊断码包括 38、39、42、64、65、66、67、68、69、73、74、75、76、77、82、163 和 164)。

呼叫建立包格式在 12.2 中描述，设施信息格式在第 15 章中描述。除格式正确外，地址信息必须包含正确个数的数字，并规定有效地址。在 DTE/DTE 环境中，不支持或不适用的设施码可以不予理睬，或作为不能接受对待。在后一种情况下，如果 DTE 调用差错规程，则诊断码 65 适用。

注 8：在永久虚电路情况下该包无效，表 34 适用。

注 9：主叫 DTE 对有响应限制的快速选择设施的使用，将禁止 DXE 发出 CALL CONNECTED 包。

注 10：在 DTE/DTE 环境中，为解决呼叫碰撞(见 5.2.5)而起 DCE 作用的 DTE 调用 ERROR 规程(D=24)。

注 11：当使用参考号设施时，状态 P5 不适用。

表 34 包层状态表——复位状态

从 DTE 观察，在包层 DTE/DXE 接口的与复位有关的状态下，

DTE 一旦在所分配的逻辑信道上收到包时所采取的动作

从 DXE 收到的包	复位状态（在状态 p 内）		
	FLOW CONTROL READY (d1)	DTE RESET REQUEST(d2)	DXE RESET INDICATION(d3)
具有小于一个八位位组的包类型标识符的包	A=ERROR S=d2 D=38	A=DISCARD	A=ERROR S=d2 D=38
具有未定义或 DTE 不支持的包类型标识符的包(注 2)	A=ERROR S=d2 D=33	A=DISCARD	A=ERROR S=d2 D=33

表 34（续）

从 DXE 收到的包	复位状态（在状态 p 内）		
	FLOW CONTROL READY (d1)	DTE RESET REQUEST(d2)	DXE RESET INDICATION(d3)
带有不等于 0 的逻辑信道标识符的 RESTART INDICATION、RESTART CONFIRMATION 或登记(如果支持的话)包	A=ERROR S=d2 D=41	A=DISCARD	A=ERROR S=d2 D=41
RESET INDICATION 包(注 3)	A=NORMAL(8.2) S=d3	A=NORMAL(8.3) S=d1	A=DISCARD
RESET CONFIRMATION(注 3)	A=ERROR S=d2 D=27	A=NORMAL(8.4) S=d1	A=ERROR S=d2 D=29
永久虚电路逻辑信道上无效的包类型	A=ERROR S=d2 D=35	A=DISCARD	A=ERROR S=d2 D=35
支持但未预约的 REJECT 包	A=ERROR S=d2 D=37	A=DISCARD	A=ERROR S=d2 D=37
中断包	见表 35	A=DISCARD	A=ERROR S=d2 D=29
DATA 或流量控制包	见表 35	A=DISCARD	A=ERROR S=d2 D=29

注 1：ERROR 规程涉及丢弃所收到的包，并通过发送经过 DTE/DXE 接口的、带有所收到包中规定的逻辑信道的 RESET REQUEST 包来起动复位规程，并起动定时器 T22。RESET REQUEST 包的复位原因字段应编码为“DTE 发起”，诊断码字段按所指定的进行编码。这时，逻辑信道处于 DTE RESET REQUEST 状态(2)。

注 2：当 DTE 不能够使用包重发设施或在线设施登记设施时，则分别不支持 REJECT 包和 REGISTRATION 包。如果 DTE 能够使用在线设施登记设施，但仅能够作为登记规程的起动者，或仅能够作为登记规程的响应者，则分别不支持 REGISTRATION REQUEST 包和 REGISTRATION CONFIRMATION 包。

注 3：如果包对于逻辑信道的状态是可接受的(即 A=NORMAL)，但包含格式差错，或者是别的不可接受，那么，DTE 将调用 ERROR 规程(可以适用的诊断码包括 38、39、81 和 82)。复位包格式在 12.5 中描述。

表 35 包层状态表——中断状态

从 DTE 观察，在包层 DTE/DXE 接口的与中断有关的状态下，

DTE 一旦在所分配的逻辑信道上收到包时所采取的动作

从 DXE 收到的包	DTE 到 DXE 中断传送状态(在状态 d1 内)	
	DTE INTERRUPT READY (i1)	DTE INTERRUPT DENT (i2)
INTERRUPT CONFIRMATION 包 (注 2)	A=ERROR S=d2 D=43	A=NORMAL (6.8.3) S=i1

注 1：ERROR 规程涉及丢弃所收到的包，并通过发送通过 DTE/DXE 接口的、带有所收到包中规定的逻辑信道的 RESET REQUEST 包来起动复位规程，并起动定时器 T22。RESET REQUEST 包的复位原因字段应编码为“DTE 发起”，诊断码字段按指定的编码。这时，逻辑信道处于 DTERESET REQUEST 状态(d2)。

注 2：如果包对于逻辑信道的状态是可接受的(即 A=NORMAL)，但包含格式差错，那么，DTE 将调用 ERROR 规程(可以适用的诊断码包括 38、39 和 82)。INTERRUPT CONFIRMATION 包格式在 12.3.3 中描述。

从 DXE 收到的包	DXE 到 DTE 中断传送状态(在状态 d1 内)	
	DXE INTERRUPT READY (j1)	DXE INTERRUPT SENT (j2)
INTERRUPT 包 (注 2)	A=NORMAL (6.8.2) S=j2	A=ERROR S=d2 D=44

注 1：ERROR 规程涉及丢弃所收到的包，并通过发送通过 DTE/DXE 接口的、带有所收到包中规定的逻辑信道的 RESET REQUEST 包来起动复位规程，并起动定时器 T22。RESET REQUEST 包的复位原因字段应编码为“DTE 发起”，诊断码字段按指定的编码。这时，逻辑信道处于 DTE RESET REQUEST 状态(d2)。

注 2：如果包对于逻辑信道的状态是可接受的(即 A=NORMAL)，但包含格式差错，那么，DTE 将调用 ERROR 规程(可以适用的诊断码包括 38、39 和 82)。INTERRUPT 包格式在 12.3.2 中描述。

表 36 包层状态表——流量控制状态

从 DTE 观察，在包层 DTE/DXE 接口的与流量控制有关的状态下，

DTE 一旦在所分配的逻辑信道上收到包时所采取的动作

从 DXE 收到的包	DXE 到 DTE 流控传送状态(在状态 d1 内)	
	DXE RECEIVE READY (f1)	DXE RECEIVE NOT READY (f2)
当使用模 128 编号时，带有小于 4 个八位位组，或当使用模 32768 编号时，带有小于 7 个八位位组的 RR、RNR 或 REJECT(如预约)包	A=ERROR S=d2 D=38 或 A=DISCARD	A=ERROR S=d2 D=38 或 A=DISCARD
带有无效 P(R)的 RR、RNR 或 REJECT (如预约)包	A=ERROR S=d2 D=2	A=ERROR S=d2 D=2

表 36（续）

从 DXE 收到的包	DXE 到 DTE 流控传送状态（在状态 d1 内）	
	DXE RECEIVE READY (f1)	DXE RECEIVE NOT READY (f2)
带有有效 P(R)的 RR 包（注 2）	A＝NORMAL (7.1.5)	A＝NORMAL (7.1.5) S＝f1
带有有效 P(R)的 RNR 包（注 2）	A＝NORMAL (7.1.6) S＝f2	A＝NORMAL (7.1.6)
带有有效 P(R)的 REJECT（如预约）包（注 2,3）	A＝NORMAL (13.4.2)	A＝NORMAL (13.4.2) S＝f1

注 1：ERROR 规程涉及丢弃所收到的包，并通过发送通过 DTE/DXE 接口的、带有所收到包中规定的逻辑信道的 RESET REQUEST 包来起动复位规程，并起动定时器 T22。RESET REQUEST 包的复位原因字段应编码为“DTE 发起”，诊断码字段按指定的编码。这时，逻辑信道处于 DTE RESET REQUEST 状态(d2)。

注 2：对于 RR、RNR 或 REJECET 包，当使用模 8 编号时，出现超过第 3 个八位位组（或当使用模 128 编号时的第 4 个八位位组）的一个或多个八位位组，则被认为是差错。尽管有效的 P(R)可被接受，用以更新悬而未决 DATA 包的状态，但仍应调用注 1 所描述的 ERROR 规程(D＝39)。此外，也可以不理睬该包。

注 3：在 P(S)等于前一个 REJECT 包中指示的 P(R)的 DATA 包传进之前，收到第二个 REJECT 包是一种差错。在这种情况下，应调用注 1 所描述的 ERROR 规程(D＝45)。

注 4：除了因收到包而导致的状态转移外，还可能存在某种内部激励源，会引起状态转移和包的传输（例如，检测到/清除本地接收未准备好状态，将导致 RNR/RR 的传愉）。

从 DXE 收到的包	DTE 到 DXE 流控传送状态 （DTE 到 DXE 数据传送） （在状态 d1 内）	
	DTE RECEIVE READY (g1)	DTE RECEIVE READY (g2)
当使用模 128 编号时，带有小于 4 个八位位组的 DATA 包，或当使用模 32768 编号时，带有小于 7 个八位位组的 DATA 包	A＝ERROR S＝d2 D＝38	A＝ERROR S＝d2 D＝38 或 A＝DISCARD（注 6）
带有无效 P(R)的 DATA 包	A＝ERROR S＝d2 D＝2	A＝ERROR S＝d2 D＝2
带有有效 P(R)，却带有无效 P(S)或格式不正确的用户数据字段的 DATA 包	A＝ERROR S＝d2 D＝见注 4 或 A＝DISCARD（注 3）	A＝ERROR S＝d2 D＝见注 2 或 A＝DISCARD（注 5,6）

表 36(续)

从 DXE 收到的包、	DTE 到 DXE 流控传送状态 (DTE 到 DXE 数据传送) (在状态 d1 内)	
	DTE RECEIVE READY (g1)	DTE RECEIVE READY (g2)
带有有效 P(R),却在不支持 D 位规程时带有置为 1 的 D 位,或当用户数据字段部分满时带有置为 1 的 M 位和置为 0 的 D 位,或在完整包序列中,所有 DATA 包中的 Q 位未置为同一值。	A=ERROR S=d2 D=见注 4	A=ERROR S=d2 D=见注 2 或 A=DISCARD(注 5,6)
带有有效 P(R),有效 P(S)和正确格式的用户数据字段的 DATA 包	A=NORMAL (6.7,7.1.3)	A=DISCARD (注 5,7)

注 1:ERROR 规程涉及丢弃所收到的包,并通过发送通过 DTE/DXE 接口的、带有所收到包中规定的逻辑信道的 RESET REQUEST 包来起动复位规程,并起动定时器 T22。RESET REQUEST 包的复位原因字段应编码为"DTE 发起",诊断码字段按指定的编码。这时,逻辑信道处于 DTE RESET REQUEST 状态(d2)。

注 2:诊断码取决于检测到的状况:对无效 P(S),D=1;如果用户数据字段大于逻辑信道上允许的最大值,则 D=39;如果用户数据字段不是八位位组对齐,则 D=82。

注 3:为了从收到无效 P(S)或无效用户数据字段中恢复,可以调用 11.3 中描述的恢复机制 b 或 c。

注 4:诊断码取决于检测到的状况:如果在不支持 D 位规程的场合下 D 位置为 1,则 D=166;如果在用户数据字段部分满时 M 位置为 1 且 D 位置为 0,则 D=165;如果在一个完整包序列的所有 DATA 包中 Q 位未置成同一值,则 D=83。

注 5:尽管 DTE 中存在接收未准备好状态,但应对 DATA 包的个项目中所包含的 P(R)信息进行处理。

注 6:DTE 应定义一种内部机制,指示在接收未准备好状态期间已丢弃了 DATA 包。在这种情况下,当接收未准备好状态被清除时,应调用 11.3 所描述的某一恢复机制。

注 7:如果可能,DTE 应正常地处理这些包。另一方面,DTE 可以定义一种内部机制,指示在接收未准备好状态期间,已丢弃了有效 DATA 包。在这种情况下,当接收未准备好状态被清除时,应调用 11.3 所述的适当恢复规程(如复位逻辑信道)。

注 8:除了因收到包而导致的状态转移外,还可能存在某种内部激励源,会引起状态转移和包的传输(例如,检测到/清除本地接收未准备好状态,将导致 RNR/RR 的传输)。

21 一致性

21.1 静态一致性

注:许多的 DTE 能力是可选的。DTE 的设计者应意识到 DTE 使用了某些选项会排斥其他的,这会反过来影响 DTE 的通用互连能力,因为补充选项可能不为 DXE 所支持(例如,仅模 128 包序列的使用,或呼叫建立中仅快速选择的使用)。

21.1.1 通用要求

声称与本标准一致的 DTE 应实现:

a) 永久虚电路服务或者虚呼叫服务(可两者都支持);

b) 在 DTE/DCE 或者 DTE/DTE 环境中操作(可两者都支持);

c) 按 DTE 或 DCE 作用操作[3] 或者

3) 当在 DTE/DTE 环境中使用参考号设施时该操作不适用。

1） 初始化为 DTE,或者

2） 初始化为 DCE,或者

3） 遵循 4.5 中的规程进行动态选择。

（可支持一种以上的这些作用选择方法）；

d） 模 8 包序列或者模 128 包序列(可两者都支持）；

e） 表 37 中规定的功能作为必备的,或在相应条件适用时,作为有条件的,这要遵循表中项目所引用的章中所规定的规程；

f） 表 38 中规定的定时器和重发计数器作为必备的,或在相关条件适用时,作为有条件的；

g） 到数据链路层的映射按第 3 章第 3 个项目 a)到 c);3.3 第 1 个项目的 d);第 10 章和 12.1(数据链路层信息字段,数据链路服务单元)中的规定。

这样的 DTE,在相应条件适用时,应不实现表 37 中规定作为禁止的功能。

表 37 静态一致性的 DTE 能力

项目号	DTE 能力[规定相应规程的章条]	服务	
		PVC	VC
1	重新起动包层：		
1a	——作为起动者 [4,4.1,4.3,4.4]	M	M
1b	——作为响应者 [4,4.2,4.3,4.4]	M	M
2	DIAGNOSTIC 包的支持：	M	M
2a	——接收 [11.1]	/DCE:X	/DCE:X
2b	——发送 [11.1]	/DTE:0	/DTE:0
3	虚呼叫建立：		
3a	——以后续的接受或拒绝起动出 VC		[M]
	[5,5.2.1,5.2.4,5.2.5,5.5.2,5.5.4](注 1)	—	0
	接收入 VC,并由		
3b	——接受 [5,5.2.2,5.2.3,5.2.5](注 1)	—	0
3c	——拒绝 [5,5.2.2,5.2.5,5.3,5.5.1,5.5.3,5.5.4](注 1,2)	—	0
4	通过清除,放弃出呼叫尝试 [5.4,5.5,5.5.1,5.5.3,5.5.4](注 3)	—	0
5	清除已建立的 VC (注 3)		
5a	——作为起动者 [5.5,5.5.1,5.5.3,5.5.4]	—	0
5b	——作为响应者 [5.5,5.5.2,5.5.4]	—	0
6	在所分配的逻辑信道上响应差错和不支持包	—	[M]
	——T21[5.2.1,5.4]或 R22[8.1]或截止		
	——在呼叫建立和呼叫清除状态中收到导致 ERROR 规程的包(表 33)		
	——如果不支持按响应者清除,却收到了 CLEAR INDICATION(项目 5b)		
	——如果不支持按响应者复位,却收到了 RESET INDICATION(项目 8b)		
	通过：		
6a	——起动清除		0
6b	——起动重新起动(注 4,5,6,7)		0
6c	——其他		X

表 37(续)

项目号	DTE 能力[规定相应规程的章条]	服务 PVC	服务 VC
7	在分配的逻辑信道上响应其他差错和接收其他不支持的包或包的字段，通过：	[M]	[M]
7a	——起动清除　　[6.3,6.4,6.6,6.8.1,6.8.2,	—	0
7b	——起动重新起动　　7.1.3,7.1.4,8.2,11.2.1,	0	0
7c	——起动复位　　13.4.1,表 34,35,36]	0	0
7d	——其他(注 4,5,6,7)	X	X
8	复位逻辑信道		
8a	——作为起动者　　[8,8.1,8.3,8.4]　(注 9)	0	0
8b	——作为响应者　　[8,8.2,8.3,8.4]　(注 10)	0	0

其中：

M=必备的

[M]=至少支持本组中的一个项目

O=任选的

—=对 PVC 服务不适用

X=禁止的

/DCE:=在 DTE/DCE 环境中操作的规范

/DTE:=在 DTE/DTE 环境中操作的规范

注 1：仅当支持双向逻辑信道并且不使用参考号时，对 5.2.5(呼叫碰撞)的引用才适用。

注 2：由于差错的拒绝由项目覆盖。

注 3：尽管许多支持 VC 的实规将设计成将实现呼叫清除作为当然的事情，但由于实现可在任何时刻自由地起动重新起动，因而清除被归于任选类；因此，一些实现可在这种不同的呼叫清除应用情况下实践这种自由。

注 4：本项目不包括设施字段中不可识别的或不支持的设施码(15.1)。

注 5：这里，可选能力是为这些项目规定的。DTE 可在每一个差错发生等机会选择任何允许的选项，这独立于其他机会或为其他差错等所选定的选项。

注 6：LCI=0 的包不包括在内，因为不是分配的逻辑信道(图 1)。

注 7：所列出的章和表是规定差错发生的那些：项目 5.8 和 9 覆盖它们自身的差错规程。

注 8：尽管许多实现将被设计成对项目 7 覆盖的差错进行复位，但由于实现可在任何时刻随意地起动重新起动，或起动虚呼叫的清除，因而复位在项目 7 中被归于可选类；因此，一些实现可在这种不同的复位应用情况下实践这种自由。

注 9：复位的起动是任选的：a)由于注 8 中的考虑是针对包层内部事件的，和 b)由于来自较高层实体的请求上的复位的起动是固然可选的，在这方面实现能由较高层实体为特定使用而设计，另一方面，也能设计成永远不请求复位。

注 10：尽管许多实现将被设计成通过响应复位来复位逻辑信道，但由于实现可在任何时刻随意地起动重新起动，或起动虚呼叫的清除，因而响应复位仍被归于任选类；因此，一些实现可在这种不同的复位应用情况下实践这种自由。

表 38　静态一致性：要求的定时器和重发计数器

T20	重新起动请求响应定时器	和	R20	重新起动请求重发计数器	M
T21	呼叫请求响应定时器				C.1
T22	复位诸求响应定时器	和	R22	复位请求重发计数器	C.2
T23	清除谙求响应定时器	和	R23	清除请求重发计数器	C.3

表 38（续）

T24	窗口状态传摘定时器				C.4
T25	窗口旋转定时器	和	R25	数据包重发计数器	C.5
T26	中断响应定时器				C.6
T27	拒绝响应定时器	和	R27	拒绝重发计数器	C.7
T28	登记请求响应定时器	和	R28	登记请求重发计数器	C.8

其中：

M＝必备的

C.n＝有条件的，如下：

C.1＝如果 DTE 起动了虚呼叫，则是要求的

C.2＝如果 DTE 起动了清除，则是要求的

C.3＝如果 DTE 实现了虚呼叫服务并起动了清除，则是要求的

C.4＝如果 DTE 实现了 11.2.2 中规定的窗口状态传输的可选规程，则是要求的

C.5＝如果 DTE 实现了 11.2.1 中规定的两个与窗口旋转信息有关的任选规程之一，则是要求的

C.6＝如果 DTE 支持中断数据的发送，则是要求的

C.7＝如果 DTE 支持包重发任选用户设施，则是要求的

C.8＝如果 DTE 支持在线设施登记的任选用户设施，则是要求的

21.1.2 选项

声称与本标准一致的 DTE 并不被要求：

a) 发出 DIAGNOSTIC 包(3.3，第 2 个项目 d)；11.1)；

b) 支持任何的任选用户设施(第 13 章)；

c) 支持任何的任选 ITU-T 的规定的 DTE 设施(第 14 章)；

d) 发送 DATA 包中 Q 位的特定值(6.6)；

e) 支持 D 位的使用，或支持协商 D 位用法的可选机制(6.3)；

f) 当发起清除、复位或重新起动(12.2.5.1，12.5.1，12.6.1 及表 24 和表 25)时发送特定诊断码值；

g) 实现瞬时状态 r3、p3、p7、d3、j2；

h) 发送 RECEIVE NOT READY 包(7.1.6)；

i) 实现任何与窗口旋转信息的非接收有关的可选规程(11.2.1，11.2.2)；

j) 实现从收到失序 DATA 包中恢复的两种非标准可替换方法之一(11.3(b)和(c))；

k) 支持中断数据传送(6.8)；

l) 支持呼叫建立和清除包中用户数据的传送(5.2.1，5.2.2，5.2.3，5.2.4，5.5.1，5.5.2)；

m) 支持 DATA 包传送(第 6 章)；

n) 支持 M 位置为 1 的 DATA 包(6.4，6.7)；

o) 发送更新的窗口旋转信息(7，1.3)；

p) 发送 RECEIVE READY 包(7.1.5)；

在一上面的 b)、c)、e)、k)、l)、m)、n)条款中，支持是指独立地发送和接收。

注：DTE 不支持 k)到 p)，及往上到 d)，通常仅对异常和高度应用的特定实现是恰当的；这些项目，尽管严格来说是可选的，但通常可指望是 DTE 的正常功能的一部分。

21.2 协议实现一致性声明

声称与本标准一致的协议实现的供应者应填写附录 B 中提供的 PICS 形式表的一个副本，包括完整标识供应者和实现的必要信息。

21.3 动态一致性

应呈现与已实现的该 PICS 声明支持的下列每个功能一致的外部行为：

a) 相应包层规程；

b) 任何发送包的编码。

而 a)和 b)的功能是在该 PICS 形式表功能项目所引用的这些条款中规定，并且使用 3.3、第 10 章和 12.1 中规定的数据链路层。

附 录 A
（规范性附录）
专 用 网 络

本标准规定了遵循GB/T 11595操作的DTE包层的规程和格式。它包括直接DTE到DTE操作和遵循GB/T 11596访问包交换公用数据网络(PSPDN)或访问包交换专用数据网络(PSPvtDN)的DTE操作。本附录适用于本标准的两种附加情况：

a) 使用X.25连接到PSPDN的专用网络(PvtN)；

b) 向DTE提供X.25包交换接口(即PSPvtDN)的PvtN。

注1：公用和专用包交换网络的差别主要是所有权和可访问性的问题。在功能上，它们对DTE看起来是相同的。然而，PSPvtDN为连接到PSPDN而使用本标准中的规程，按本附录修改。而两个PSPDN互连，使用GB/T 11598。

注2：作为本附录的目的，举例来说，当PSPvtDN提供如表5、表6和表7所示的原因代码信息并至少提供表9中注释为基本设施的那些任选用户设施时，它被定义为提供X.25包交换网络的接口，这将使PSPvtDN与执行集中或协议转换功能的设备区别开来，如只提供DTE接口，而代表其他设备。

注3：PsPvtDN的特殊情况是一种X.25的互工作单元(IWU)(见ISO/IEC TR 10029:1989)。

图A.1展示了本附录中所述的接口，并将它们与其他可能的接口进行了对比。本附录适当地涉及了接口C(PvtN到PSPDN接口)，E(DTE到PSPvtDN接口)，F(IWU到PSPDN接口)和G(DTE到IWU接口)。

A.1 专用网络到PSPDN的连接

PvtN到PSPDN的连接可用X.25完成，即PSPDN内的DCE(即PSPDN—DCE)遵循GB/T 11595，同时，PvtN遵循本标准作为一个DTE(即PvtN—DTE)。该接口(图A.1中的接口C和F)应考虑的因素包括：

a) PvtN上DTE的编址：可选择的方案包括共享PSPDN可用的地址空间，并且如果允许，还可使用14.1和14.2所述的地址扩展设施；

b) PsPDN的定位对PvtN上DTE的计费：如果可用，PvtN可以用计费信息设施(见13.22)来确定PSPDN对虚呼叫的计费；

c) PvtN到PSPDN访问的可靠性：使用搜索群设施(见13.24)或层2多链路规程，能比在PvtN到PSPDN间使用单访问线路增加获得的可靠性。

为了报告关于PvtN的状态信息，在PVtN发起的相应包中，可以使用“专用网络”原因代码。也就是说，当清除或复位逻辑信道时，PvtN在它的CLEAR REQUEST和RESET REQUEST包中使用的原因代码分别与PSPDN使用的相同(这些编码分别在表5和表6中定义)，但位8置1。在重新起动接口C或F时，PvtN使用表A1中的重新起动原因代码。

PvtN采取的关于从PSPDN收到某些任选用户设施的附加动作，规定如下：

a) 当吞吐量级别协商设施(见13.13)所指示的任一数据传输方向的吞吐量值小于主叫DTE规定的最小可接受值时，PvtN可以清除呼叫。当最小可接受值出现时，它在最小吞吐量级别协商设施(见14.3)中规定。

b) 转接延迟选择和指示设施(见13.27)及端到端转接延迟协商设施(见14.4)中提供的转接延迟值，反映PvtN引入的转接延迟(见GB/T 16976—1997附录G)。如果总的延迟超过主叫DTE在端到端转接协商设施中规定的最大可接受转接延迟值，则PvtN可以清除虚呼叫。

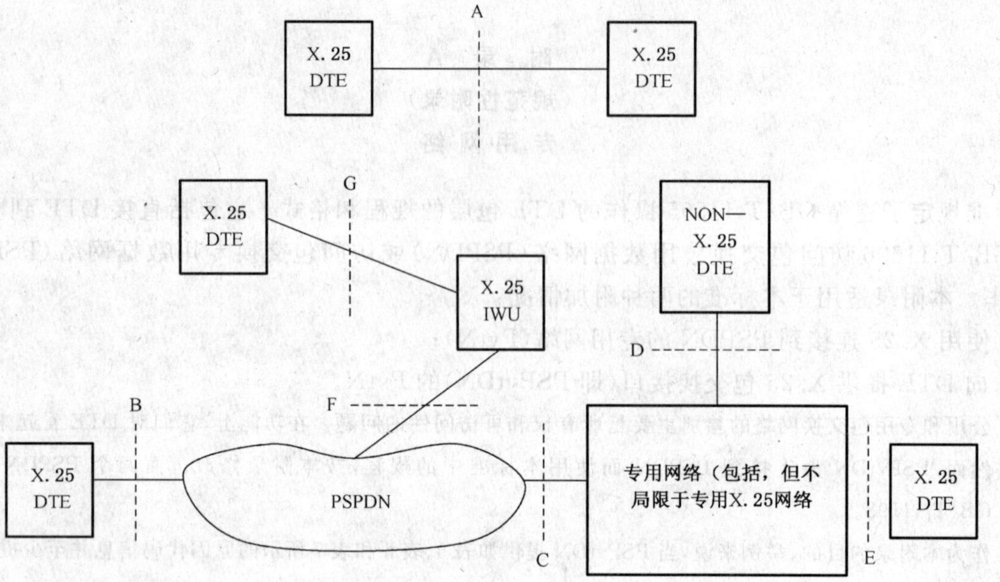

接口：

A——由本标准管辖的 X.25DTE 到 DTE 接口(DTE/DTE 环境)；

B——由本标准和 GB/T 11595—1999 管辖的 X.25DTE 到 PSPDNDCE 接口(DTE/DCE 环境)；

C——由按照本附录修改的本标准和 GB/T 11595—1999(DTE/DCE 环境)管辖的专用网络到 PSPDNDCE 接口；

D——由其他适用的标准管辖的非 X.25DTE 到专用网络接口；

E——由按照本附录修改的本标准管辖的 X.25DTE 到专用网络 DCE 接口(DTE/DCE 环境)；

F——由 ISO/IEC TR 10029:1989 提供依据，由本标准和 GB/T 11595 管辖的 X.25 互工作单元(IWU)到 PSPDNDCE 接口(DTE/DCE 环境)；

G——由 ISO/IEC TR 10029:1989 提供依据，由本标准管辖的 X.25DTE 到 X.25DTE 接口(DTE/DTE 环境)。

注：X.25DTE 可以代表其他 DTE 提供集中或协议转换的功能。

图 A.1 涉及 X.25DTE 接口的分类

表 A.1 PvtN 发送的通过 PvtN-DTE/PSPDN-DCE 接口的 RESTART REQUEST 包中重新启动原因字段的编码

重新启动原因	八位位组 4 位： 8 7 6 5 4 3 2 1
网关检测规程差错	1 1 0 0 0 0 0 1
网关拥塞	1 1 0 0 0 0 1 1
网关可运行	1 1 0 0 0 1 1 1

A.2 X.25DTE 与专用网络的操作

PSPvtDN 中 X.25DTE/DCE 接口(图 A.1 中的接口 E)的操作由本标准和 GB/T 11595 管辖。PSPvtDN 中 X.25DTE/DTE 接口(图 A.1 中的接口 G)的操作由本标准管辖。如果还期望通过 PSPDN 与可到达的若干 DTE 通信，则需要按下述规定考虑几个附加因素。

a) 为了使 DTE 将 PSPDN 发起的动作(清除、复位或重新起动)与 PSPvtDN 发起的动作区分开来，在接口 E 和 G 使用“专用网络”原因代码。也就是说，当清除或复位逻辑信道时，PSPvtDN 在 CLEAR INDICATION 和 RESET INDICATION 包中使用的原因代码分别与 PSPDN 使用的相同(这些编码分别在表 5 和表 6 中定义)，但位 8 置 1。当重新起动接口 E 或 G 时，PSPvtDN 在 RESTART IN DICATION 包中使用的原因代码与 PSPDN 使用的相同(按表 7 定义)。

b) 为了使 DTE 将接口 C 或 F 上的间题与其他接口上的类似问题区分开来，PSPvtDN 应将收自 PSPDN 的 RESTART INDICATION 包中的原因代码转换成表 A.2 中指示的原因代码，以形成发送到接口 E 或 G 上 DTE 的 CLEAR INDICATION 包(虚呼叫)，或 RESET INDICATION 包(永久虚电路)。

表 A.2 收自 PSPDN 的 RESTART INDICATION 包中的重新起动原因代码的转换

从 PSPDN 接收的重新起动原因代码 八位位组 4 位： 8 7 6 5 4 3 2 1	产生的发送到 PSPvtDN 上的 DTE 的原因代码	
	清除原因代码 八位位组 4 位： 8 7 6 5 4 3 2 1	复位原因代码 八位位组 4 位 8 7 6 5 4 3 2 1
0 0 0 0 0 0 0 1	1 1 0 0 0 0 0 1	1 1 0 0 0 0 0 1
0 0 0 0 0 0 1 1	1 1 0 0 0 0 1 1	1 1 0 0 0 0 1 1
0 0 0 0 0 1 1 1	不适用	1 1 0 0 0 1 1 1
0 1 1 1 1 1 1 1	不适用	1 1 0 0 0 1 1 1

c) 在接口 E 或 G 上预约和/或使用某些任选用户设施，就大部分而言，需要在接口 C 或 F 到 PSPDN 上预约和/或使用相同的设施，一些考虑和例外如下：

——为了支持涉及 PSPvtDN 内部和外部所有 DTE 的封闭用户群(CUG)，PSPvtDN 必须在它到 PSPDN 的接口上预约适当的 CUG 相关设施(见 13.14)。这种预约取决于 PSPvtDN 中 DTE 的 CUG 相关的预约。对 DTE 能对 PSPvtDN 进行的每一项 CUG 相关的预约，表 A.3 展示了 PSPvtDN 为了支持它的 DTE，能对 PSPDN 进行的 CUG 相关的预约(即“X”指示：列中的 PSPvtDN 到 PSPDN 预约能支持行中的 DTE 到 PSPvtDN 预约)。

——PSPvtDN 上的 DTE 对快速选择接受设施(见 13.17)和/或反向计费接受设施(见 13.19)的预约，要求 PSPvtDN 在到 PSPDN 的接口上预约这些设施，以能够分别接收请求快速选择设施(见 13.16)和/或反向计费设施(见 13.18)的呼叫。然而，对于呈现给指定到未预约相应接受设施的 PSPvtDN 上的 DTE 的 PSPvtDN 的呼叫，可能有相反的计费含义。对提供给 DTE 的、由 PSPvtDN 累积的特定虚呼叫的任何计费信息(见 13.22)，如果可用的话，都需要修改，以反映 PSPDN 计费。

——对 PSPvtDN 上的 DTE，搜索群设施(见 13.24)、呼叫重定向设施(见 13.25.1)或呼叫转向选择设施(见 13.25.2.2)的使用，会导致被叫 DTE 地址的修改，这要求 PSPvtDN 在它到 PSPDN 的接口上使用被叫线路地址修改通告设施(见 13.26)，并将修改理由码的位 8 置 1。这种设施在 PSPvtDN 发给 PSPDN 的 CALL ACCEPTED 或 CLEAR REQUEST 包中使用。

表 A.3 为支持 PSPvtDN 上的 DTE，PSPvtDN 对 PSPDN 进行的 CUG 相关的预约

PSPvtDN 上的 DTE 的 CUG 相关的预约(见注 1)	PSPvtDN 对 PSPDN 的 CUG 相关的预约(见注 1)							
	有优选的				无优选的(见注 2)			无 CUG
	CUG	CUG/IA	CUG/OA	CUG/IA/OA	CUG/IA	CUG/OA	CUG/IA/OA	
有优选的 CUG(见注 2)	×	×			×	×	×	
有优选的 CUG/IA		×			×		×	
有优选的 CUG/OA			×	×		×	×	
有优选的 CUG/IA/OA				×			×	
无优选的 CUG/IA					×		×	
无优选的 CUG/OA						×	×	

表 A.3（续）

PSPvtDN 上的 DTE 的 CUG 相关的预约（见注 1）	PSPvtDN 对 PSPDN 的 CUG 相关的预约（见注 1）							
	有优选的				无优选的（见注 2）			无 CUG
	CUG	CUG/IA	CUG/OA	CUG/IA/OA	CUG/IA	CUG/OA	CUG/IA/OA	
无优选的 CUG/IA/OA							×	
无 CUG							×	×

CUG——封闭用户；IA——入访问；OA——出访问

注 1：PSPDN 或 PSPvtDN 可不提供所示的全部 CUG 相关的预约。

注 2：不允许预约无优选的 CUG 设施。

A.3 呼叫重定向、呼叫转向和搜索群操作

图 A2 所描述的是在公用和专用包交换网络的各种配置下的呼叫重定向和呼叫转向操作，图 A.3 对搜索群操作提供了类似的描述。在这两个图中，都对在呼叫建立和清除包中所运送的设施原因码进行了强调。

下面的图例两个图都适用：

CDS——呼叫转向选择

CLAMN——被叫线路地址修改通告

CRCDN——呼叫重定向或呼叫转向通告

PSPDN——一个或多个包交换公用数据网络

PVT——包交换专用数据网络

- - - -——主叫 DTE 和原被叫 DTE 之间的关系

……——主叫 DTE 和备用 DTE 之间的关系

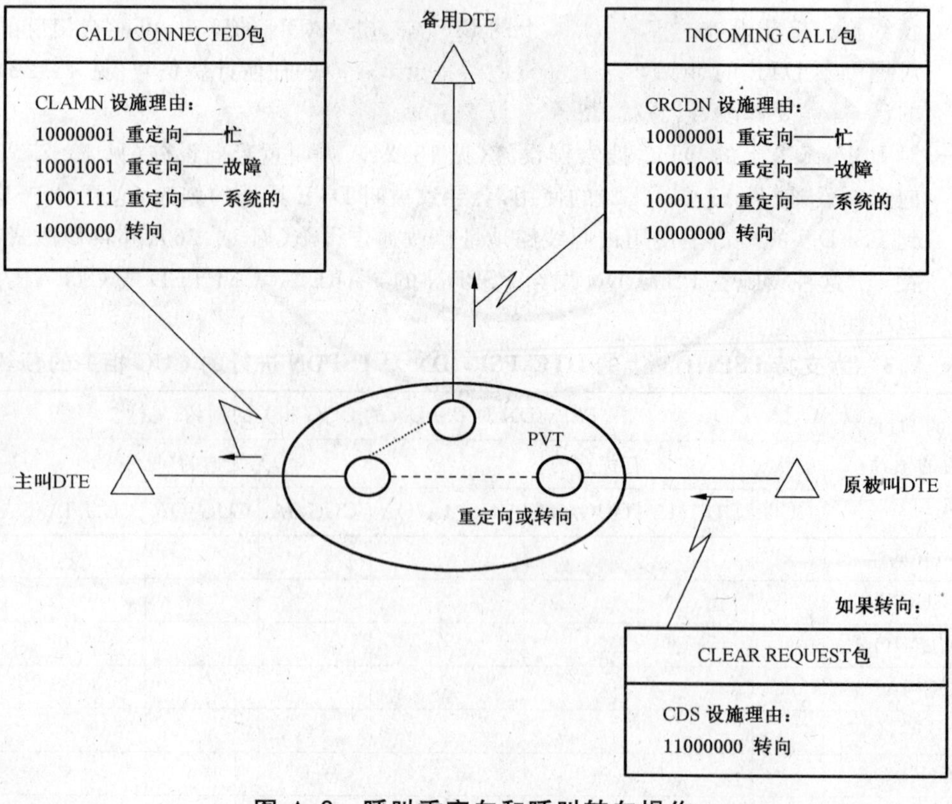

图 A.2 呼叫重定向和呼叫转向操作

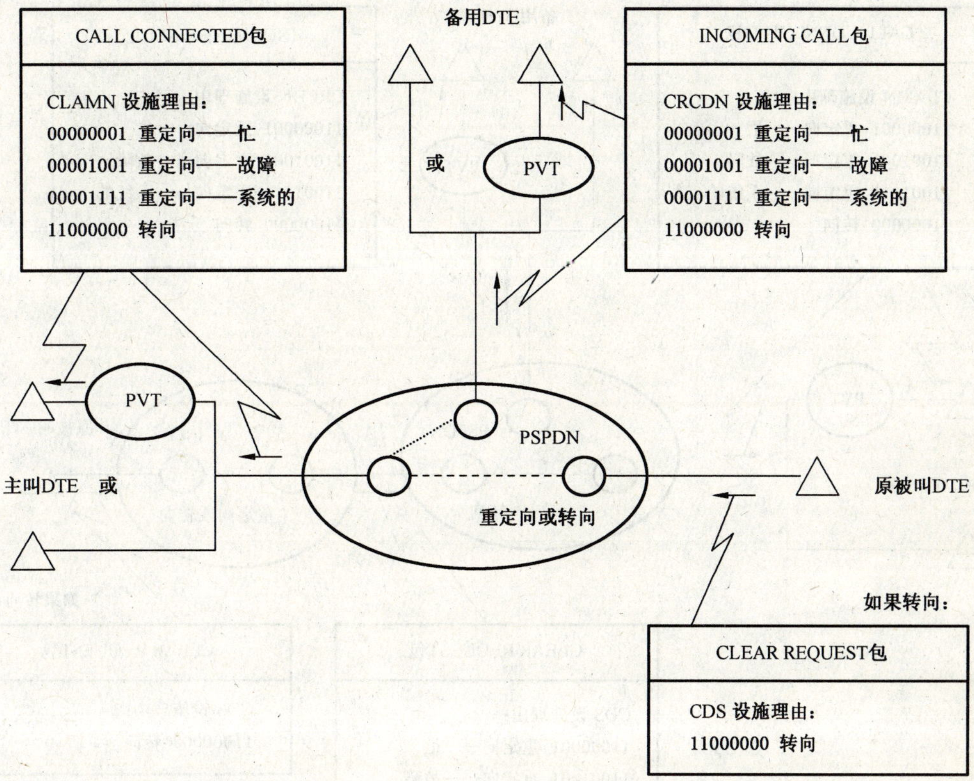

CALL CONNECTED包
CLAMN 设施理由：
00000001 重定向——忙
00001001 重定向——故障
00001111 重定向——系统的
11000000 转向
备用DTE
或
PVT
INCOMING CALL包
CRCDN 设施理由：
00000001 重定向——忙
00001001 重定向——故障
00001111 重定向——系统的
11000000 转向
PVT
主叫DTE 或
PSPDN
重定向或转向
原被叫DTE
如果转向：
CLEAR REQUEST包
CDS 设施理由：
11000000 转向

图 A.2（续）

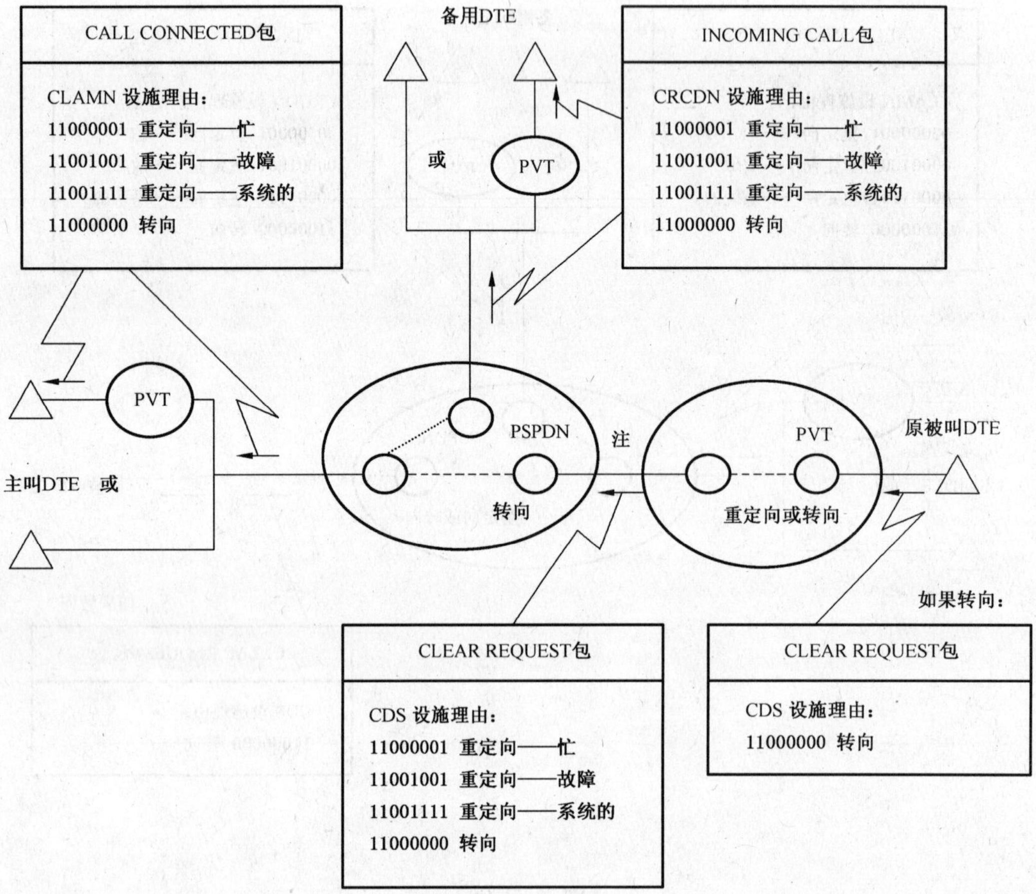

注：专用网络将呼叫转向 PSPDN，不再介入呼叫。

图 A.2（续）

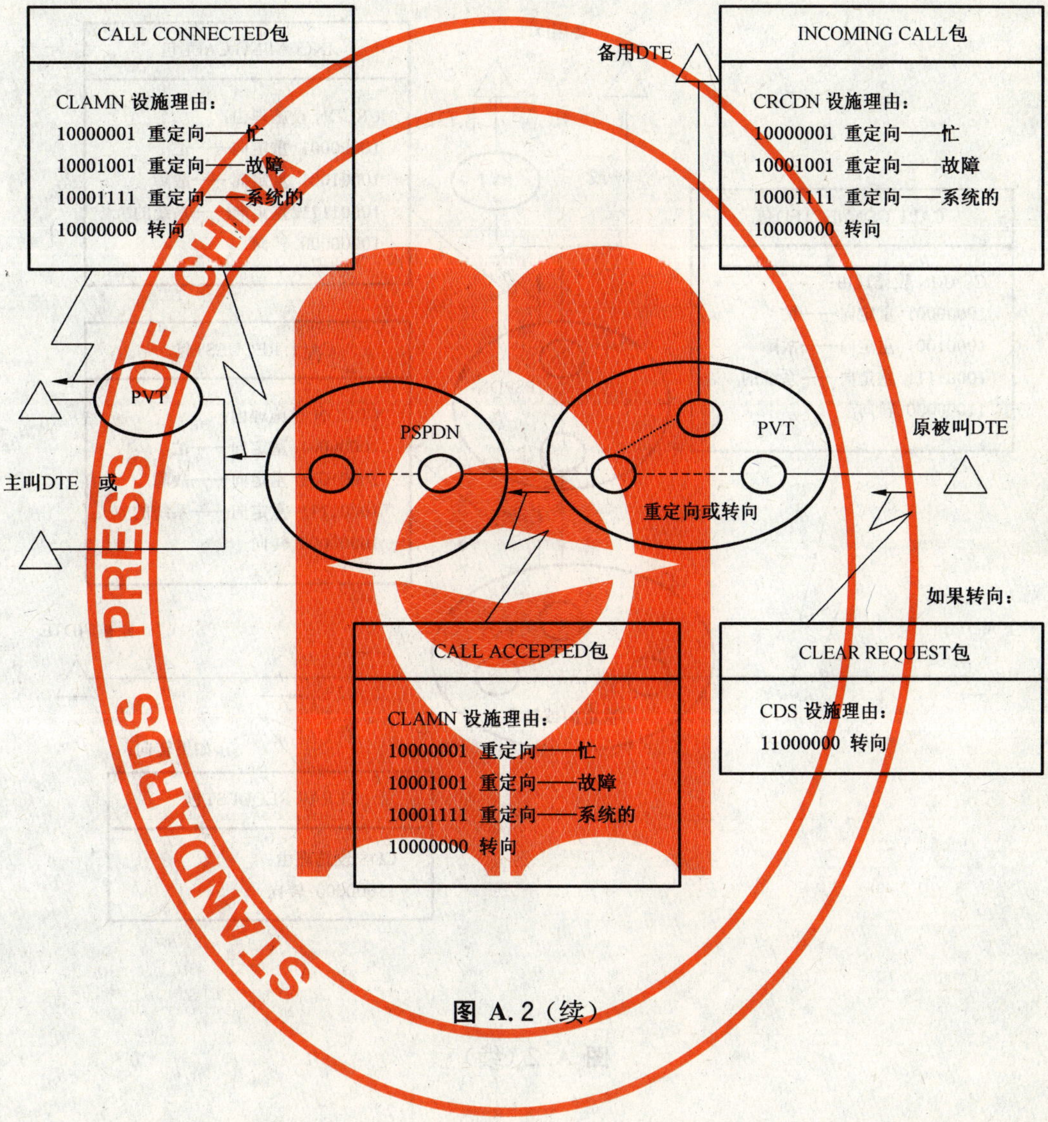
CALL CONNECTED包
CLAMN 设施理由:
10000001 重定向——忙
10001001 重定向——故障
10001111 重定向——系统的
10000000 转向
备用DTE
INCOMING CALL包
CRCDN 设施理由:
10000001 重定向——忙
10001001 重定向——故障
10001111 重定向——系统的
10000000 转向
PVT
PSPDN
PVT
原被叫DTE
主叫DTE
或
重定向或转向
如果转向:
CALL ACCEPTED包
CLAMN 设施理由:
10000001 重定向——忙
10001001 重定向——故障
10001111 重定向——系统的
10000000 转向
CLEAR REQUEST包
CDS 设施理由:
11000000 转向

图 A.2(续)

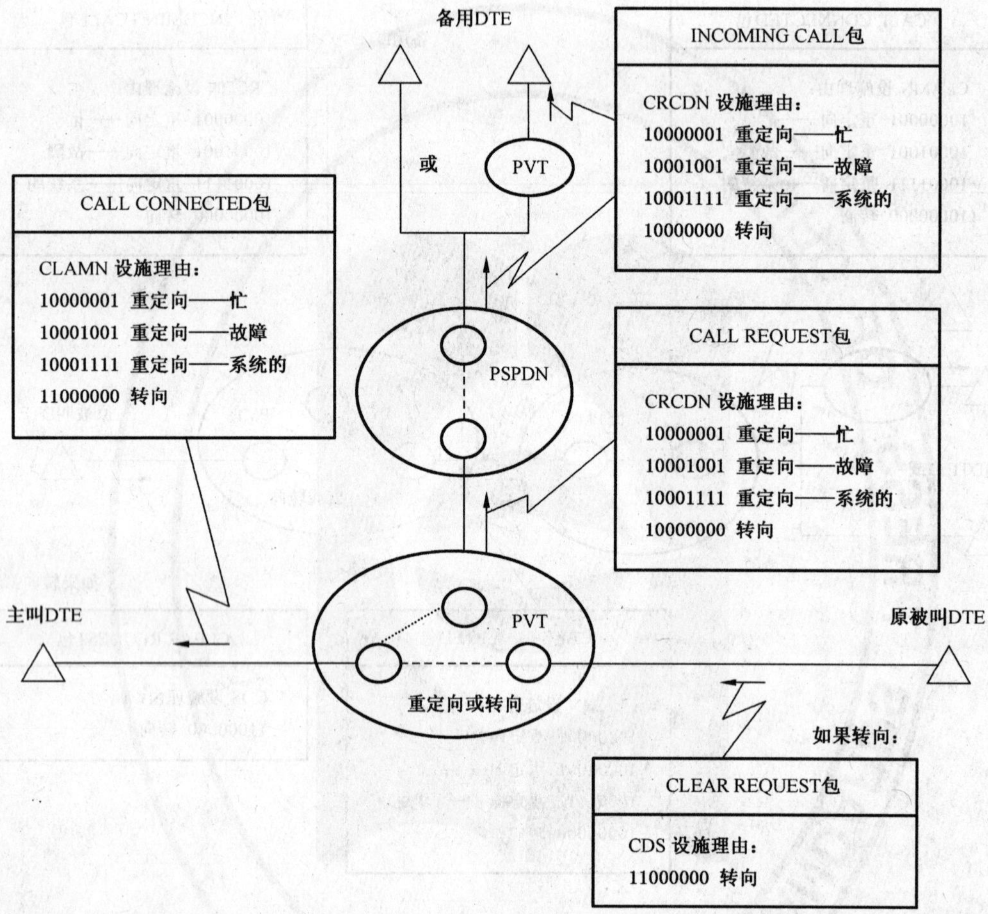
备用DTE
INCOMING CALL包
CRCDN 设施理由：
10000001 重定向——忙
10001001 重定向——故障
10001111 重定向——系统的
10000000 转向
或
PVT
CALL CONNECTED包
CLAMN 设施理由：
10000001 重定向——忙
10001001 重定向——故障
10001111 重定向——系统的
11000000 转向
PSPDN
CALL REQUEST包
CRCDN 设施理由：
10000001 重定向——忙
10001001 重定向——故障
10001111 重定向——系统的
10000000 转向
主叫DTE
PVT
原被叫DTE
重定向或转向
如果转向：
CLEAR REQUEST包
CDS 设施理由：
11000000 转向

图 A.2（续）

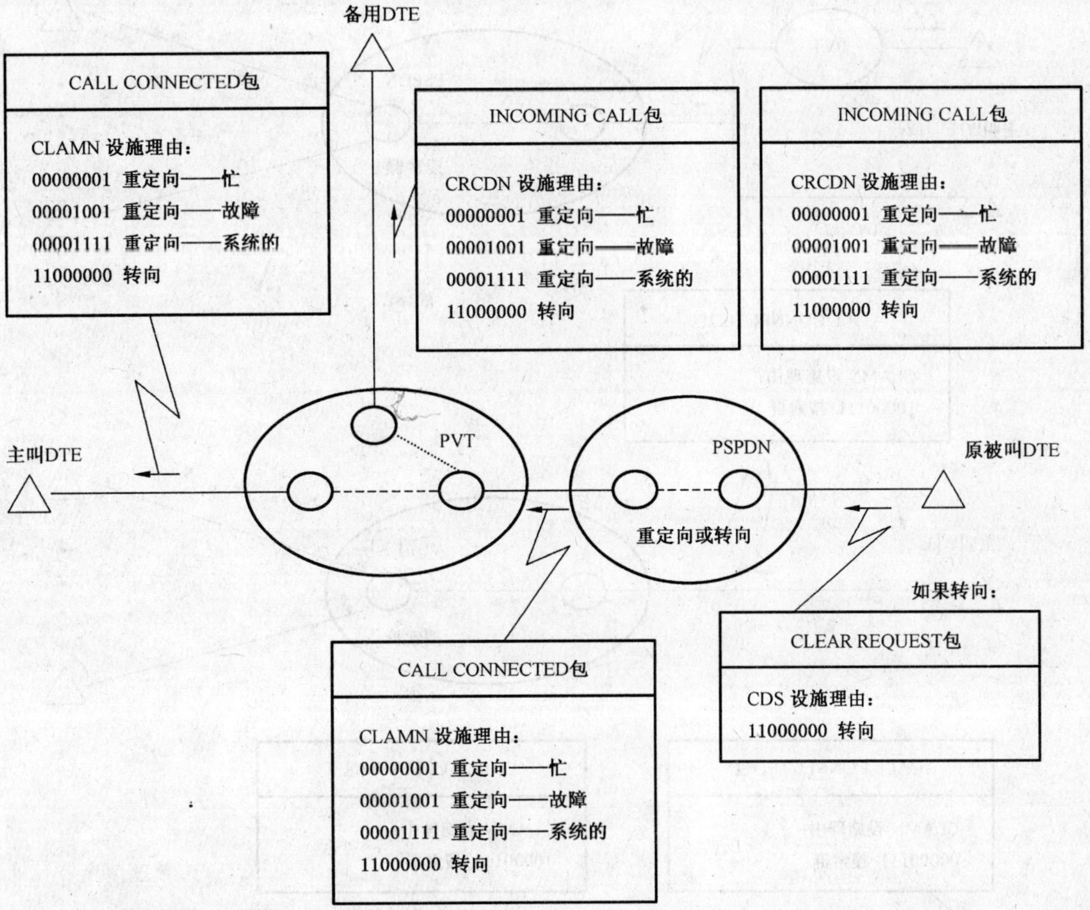

注：在本接口和 PSPDN 上使用的两个逻辑信道继续介入整个呼叫。

图 A.2（续）

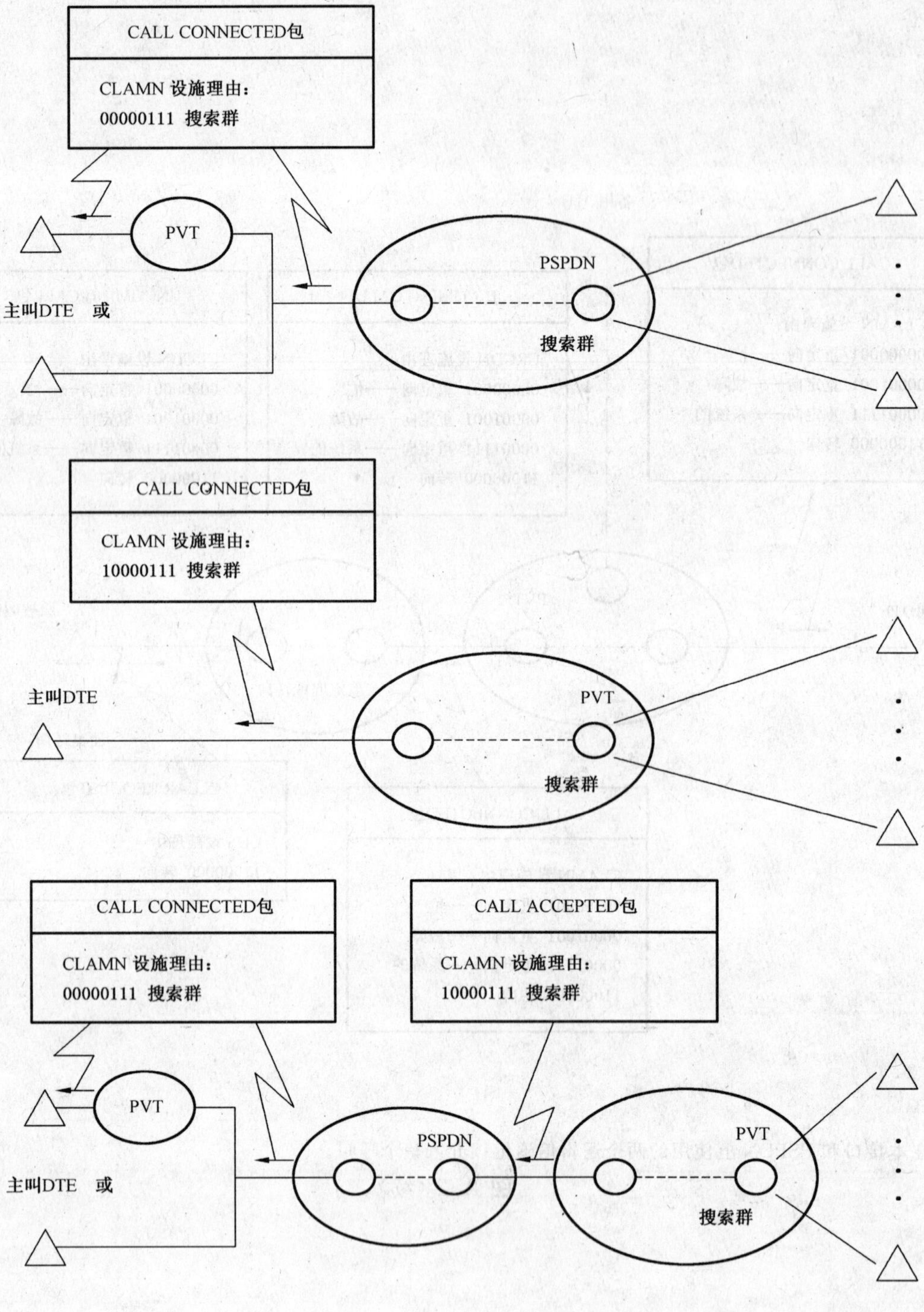
CALL CONNECTED包
CLAMN 设施理由:
00000111 搜索群
PVT
PSPDN
主叫DTE 或
搜索群
CALL CONNECTED包
CLAMN 设施理由:
10000111 搜索群
主叫DTE
PVT
搜索群
CALL CONNECTED包
CLAMN 设施理由:
00000111 搜索群
CALL ACCEPTED包
CLAMN 设施理由:
10000111 搜索群
PVT
PSPDN
主叫DTE 或
PVT
搜索群

图 A.3 搜索群操作

附 录 B
（规范性附录）
PICS 形式表

B.1 引言

声明与本标准一致的协议实现的供应者应完成下列协议实现一致性声明(PICS)规范。

完整的PICS形式表是对实现的提问,PICS是对已实现的协议的能力和选项的声明。PICS有一些用途,包括,

——被协议实现者当作一个检验列表使用,通过监督,减小与本标准一致性失败的风险;

——被实现的通过者和获取者(或潜在的获取者),用予声明由PICS形式表提供的与理解有关的共同基础;

——被实现的用户(或潜在用户),用作初始检验与其他实现互工作的可能性的基础(请注意,由于互工作永远无法保证,因而互工作的失败通常能从不兼容的PICS预测到);

——被协议的测试者用作选择适当测试的基础,并依次评价实现的一致性声明。

B.2 编略语和特殊符号

B.2.1 状态符号

M	必备的
O	可选的
O.n	可选的,但要求起码至少由同一数字n标记的一组选项中的一个
X	禁止的
Pred:	条件项目符号,包括谓词标识。见B.3.4
¬	逻辑非,适用于有条件的项目的谓词

B.2.2 通用缩略语

LC	逻辑信道
N/A	不适用
PICS	协议实现一致性声明
PVC	永久虚电路

B.2.3 项目引用

涉及相关功能的PICS项目是由共享相同起始字母或字母对(大写)的项目引用标识的。下面是这些起始字母的两种列表,其中一种是按项目在PICS中出现的次序,另一种是按字母的次序。

按出现次序

B.2.3.1 按发生次序

V	永久虚电路或虚呼叫服务
E	环境;DTE/DCE或DTE/DTE;X.25 1996、1993、1988、1984或1980版
M	模8或模128或模32768包序列号
RN	参考号任选用户设施
L	链路层交互
P	通用包格式化
Z	独立于逻辑信道的包层功能(带有LC标识符0的包)
SB	呼叫建立和清除地址码组格式

S	呼叫建立
SP	呼叫建立包
SA	带有可替换寻址的呼叫建立
DN	D位协商
C	呼叫清除
CP	呼叫清除包
RS	逻辑信道复位
W	差错规程(响应错误行为)
I	中断传送
DS	数据包发送
DR	数据包接收
DC	交付证实
Y	原因和诊断代码值(什么起动复位,等等)
O	瞬间状态的可观察性
B	X.25互工作:反向兼容性,向后兼容性
N	X.25网络与本标准的差别
FS	在呼叫建立和清除期间,发送的设施
FR	在呼叫建立和清除期间,接收的设施
GS	发送的登记设施
GR	接收的登记设施
Vn	参数值和范围
T	定时器
R	重发计数
LC	逻辑信道范围
A	附加信息(B.3.1)
X	例外信息(B.3.1)

B.2.3.2 按字母顺序

A	附加信息(B.3.1)
B	X.25互工作:反向兼容性,向后兼容性
C	呼叫清除
CP	呼叫清除包
DC	交付证实
DN	D位协商
DR	数据包接收
DS	数据包发送
E	环境;DTE/DCE或DTE/DTE;X.25 1996、1993、1988、1984或1980版
FR	在呼叫建立和清除期间,接收的设施
FS	在呼叫建立和清除期间,发送的设施
GR	接收的登记设施
GS	发送的登记设施
I	中断传送
L	链路层交互
LC	逻辑信道范围

M	模8、模128或模32768包序列号
N	X.25网络与本标准的差别
O	瞬间状态的可观察性
P	通用包格式化
R	重发计数
RN	参考号任选用户设施
RS	逻辑信道复位
S	呼叫建立
SA	带有备用寻址的呼叫建立
SP	呼叫建立包
T	定时器
V	永久虚电路或虚呼叫服务
Vn	参数值和范围
W	差错规程(应错误行为)
X	例外信息(B.3.1)
Y	原因和诊断代码值(什么起动复位,等等)
Z	独立于逻辑信道的包层功能(有LC标识符0的包)

B.3 填写PICS形式表须知

B.3.1 PICS形式表的通用结构

PICS形式表的第1部分——标识,B.4——是按完整标识供应者和实现的必要信息指示的标识填写的。

PICS的规范的主要部分是固定格式的调查表,分成6个子条,它们又能被进一步包含各自的一组项目的条。对征询表项目的回答在最右边的列中提供,或者是简单地标出提供选择的答案,或输入一个值,或一组值或值的范围。有些项目在可选答案中可能有两个或更多的选择适用,所有相关的选择都要标出。

每一项目都由第一列中的项目引用标识;第二列中包含要回答的问题;第三列中包含对在本标准主体中规定的项目的资料的引用。其余列中记录项目的状态——支持是必备的、可选的、禁止的或有条件的——并提供回答的空间:见下面的B.3.4(有时,状态是由各独立列目之外的别的途径指示的;例如,B.8.1中的情况,同样的状态适用于整个项目组)。

供应者还可提供,或能被要求提供进一步的信息,并按附加信息和例外信息归类。当出现时,为了交叉引用,每一种进一步的信息都是分别在被标记为Ai或Xi的项目的进一步细分的条目中提供的。其中,i是项目的无歧义的标识(即简单的数):对它的格式和表达无其他限制。

完整的PICS形式表,包括任意的附加信息和例外信息,是提问中的实现的协议实现一致性声明。

注:当实现能够以一种以上的方式配置时,例如B.5中的项目,单个的PICS可能能够描述所有这样的配置。然而,供应者有提供一个以上PICS的选择,每一个都含子集实现的配置能力的一部分子集,这样会使信息的表述更容易和更清晰。

B.3.2 附加信息

附加信息的项目允许供应者为辅助PICS的解释而提供进一步的信息,但不能指望能提供大量的信息。某些例子可能是在(单个)实现能在各种环境和配置下建立和操作方式中的轮廓,或简洁的理论基础——可能建立在特定应用需要的基础上——对不包括在其中的特征,尽管是可选的,但它们仍然会统统出现在X.25包层协议的实现中。

对附加信息引用可能会进入到征询表中任一回答的下一个，并且可能包括在例外信息的项目中。

B.3.3 异常信息

供应者偶尔可能会希望对项目的必须或禁止状态的回答（在所有条件都适用之后）能与所指示的需求冲突。对此，在支持项目中不会找到预先打印好的答案。供应者应在支持项目中将遗失的答案，连同引用例外信息的 Xi 一同写上，并在它自己的例外项目中提供适当的理论基础。

需要例外项目的实现在这种方式中不会与本标准不一致。

注：上面所描述的情况的可能的理由是已经报告了本标准的缺陷，所期望的改变要求的校正未被实现。

B.3.4 条件状态

B.3.4.1 条件项

PICS 包含一定数目的条件项。各状态（必备、可选或禁止）适用的项目取决于是否支持特定的其他项目。

在许多情况下，在这种方式中项目最终是否适用是有条件的。在项目适用时，状态也是这样。在一组项目的适用性服从同一条件的情况下，一个单独的关于条件的预备问题会出现在组的开头，如果选择了“不适用”回答，还有一个跳到征询表后面指针的指令。否则，各个有条件的项目由状态列中的一个或多个条件符号指示。

条件符号是表格中的“pred:S”，其中“pred”是按下面的 B.3.4.2 中的描述谓词，而 S 是状态符号 M、O、O.n 或 X 中的一个。

如果在有条件的 F 面的任意行中谓词的值是真（见 B.3.4.2），则有条件的下面适用。它的状态由跟在谓词后面的状态符号指示：回答列将被以正常的方式标记。如果谓词的值是假，则在相关的行中标记不适用（N/A）回答（在多行的有条件的下面中，每一行都应标记：至多有一行要求不是 N/A 的回答）。

B.3.4.2 谓词

谓词是下列之一：

a) 对 PICS 形式表中的下面来说：如果下面标记为支持，则谓词的值是真，否则是假；或

b) 对在 PICS 其他地方定义的谓词来说，是一个谓词的名字：见下面；或

c) 是加在下面引用或谓词名字前面的逻辑非符号“，”：如果忽略“，”符号所获得的谓词的值是假，则谓词的值是真，反之亦然。

谓词名字的定义是通过组合像上面的 a) 或 b) 这样的简单谓词而构成的布尔表达式，通常使用的是布尔操作符 AND（与）、OR（或）和 NOT（非）以及括号。当项目引用按上面的 c) 解释时，如果布尔表达式求值的结果为真，在这样的谓词值是真。

参考号在谓词或谓词定义中使用的每一项目由项目列中的星号指示。

B.4 标识

B.4.1 实现标识

支持者	
询问 PICS 的接触点	
实现名和版本	
完整标识的其他实现标识。例如，机器的名称和版本，和/或操作系统、系统名称	

注 1：对所有的实现来说，仅前 3 条是要求的；其他信息可能是为满足完整标识的需求而适当地完成的。

注 2：术语名称和版本应被解释成对应于供应者的适当术语（例如，类型、系列、型号）。

B.4.2 协议概要

协议规范的标识	本标准	
已经作为本 PICS 一部完整的对 PICS 形式表的增补和勘误的标识	本标准/ 增补: 增补: 增补: 增补:	勘误: 勘误: 勘误: 勘误:
要求过任何例外项目吗(见 B.3.3)? (回答“是”意味着不与本标准一致)		否□　　是□

声明日期	

B.5 通用 DTE 特征

项目	协议特征	引用	状态	支持
	支持的服务			
*Vs	——虚呼叫		O.1	是□ 否□
*Vp	——永久虚电路		O.1	是□ 否□
	支持什么环境	3.3.2		
Ec/6	——DTE/DCE(1996)		O.2	是□ 否□
*Ec/3	——DTE/DCE(1993)		O.2	是□ 否□
*Ec/8	——DTE/DCE(1988)		O.2	是□ 否□
*Ec/4	——DTE/DCE(1984)		O.2	是□ 否□
*Ec/0	——DTE/DCE(1980)		O.2	是□ 否□
Et/t	——作为 DTE 固定角色的 DTE/DTE		O.2	是□ 否□
Et/c	——作为 DCE 固定角色的 DTE/DTE		Vs: O.2	N/A □ 是□ 否□
Et/d	——带有动态角色选择的 DTE/DTE	4.5	Vs: O.2	N/A □ 是□ 否□
	支持什么包序列号			
*M8	——模 8	13.2,12.1.1,表 3	O.3	是□ 否□
*M128	——模 128(扩展的)	13.2,12.1.1,表 3	O.3	是□ 否□
*M32K	——模 32768(超扩展的)	13.2,12.1.1,表 3	O.3	是□ 否□
	支持参考号任选用户设施吗? 对于备用包逻辑信道标识符分配机制:	13.29,13.29.1,13.29.2,13.29.3,13.29.4,图 31		
RNa	——没有逻辑信道范围的反向使用吗?	13.29.2.1	Et:O ¬Et:X	N/A □ 是□ 否□ N/A □ 是□
RNb	——有使用逻辑信道范围的操作模式的可能的反向吗?	13.29.2.1	Et:O ¬Et:X	N/A □ 是□ 否□ N/A □ 是□

谓词定义和用法:

Et=Et/t 或 Et/c 或 Et/d　　在项目 RNa、RNb、Z2s、Z4r、DS6、DS7b 中使用

Ec=Ec/3 或 Ec/3 或 Ec/8 或 Ec/4 或 Ec/0　　在项目 Y2b、Y4b、GS3id、GS3ig、GS4ic 中使用

RN=RNa 或 Rnb　　在项目 CP2e(谓词 C1ef)、CP4e(谓词 C2ef)、FS14、FR14 中使用

Mne=M8 或 M128　　在项目 GS6i、GS6r、V6、v13 中使用

在项目 Et/c、Et/d、02、03、LC8 中使用 Vs,并在 B.6.4,B.6.6,B.7.1,B.7.2,B.8.1,B.9.1.1,B.9.1.2,B.9.2.1,B.9.2.2,B.10.1,B.10.2 中使用

在项目 LC7 中使用 Vp,并在 B.6.6,B.10.2 中使用

在 B.7.2.4 中使用 Ec/3

在 B.7.2.3,B.7.2.4 中使用 Ec/8

在 B.7.2.2,B.7.2.3,B.7.2.4 中使用 Ec/4

在 B.7.2.1,B.7.2.2,B.7.2.3,B.7.2.4 中使用 Ec/0

在项目 V2s,V2r,V10s,V10r,V15s,V15r 中使用模 8 和模 128

在项目 P3d,GS4id,GS6is,GS6rs,V6s,V13s 中也使用模 32k

B.6 规程、包类型和包格式

B.6.1 数据链路层交互

项目	协议特征	引用	状态	支持
	起动包层的重新起动吗?			
L1a	——在数据链路层初始化完成时?	3.10	M	是□
L1b	——从数据链路层故障恢复时?	10	M	是□
*L2	能从数据链路层收到由非整数的八位位组组成包吗?	12.1	O	是□ 否□

谓词用法:在项目 P1 中使用 L2。

B.6.2 通用包格式

项目	协议特征	引用	状态	支持
P1	如果对 L2 的回答是“是”,这样的包当作差错处理吗?	12.1,表 31～表 36	L2:M	N/A □ 是□
P2	所有发送的包都由整数个八位位组组成吗?		M	是□
	所有发送的包都像引用的章和表中规定的那样吗?	12.1		
P3a	——通过格式标识符(GFI)?	12.1.2,表 3	M	是□
P3b	——逻辑信道标识符(LCI)?	12.1.3	M	是□
P3c	——包类型标识符(PTI)?	12.1.4,表 4	M	是□
P3d	——协议标识,如果是超扩展模数?	12.1.1	M32k:M	N/A □ 是□
P4	所有收到的不包含有效的 GFI、LCI 和 PTI 字段的包都被当作差错处理吗?	12.1.2,表 3 12.1.4,12.1.3, 表 4,表 31～表 36	M	是□

B.6.3 独立于逻辑信道的包层功能

项目	协议特征	引用	状态	支持
	是否支持下列包层功能?			
	重新起动包层:	4,4.3,4.4,表 32,		
Z1i	——作为起动者: 发送 RESTART REQUEST 接收 RESTART CONFIRMATION/INDICATION	4.1, 12.6.1, 12.6.2,12.6.1	M	是□
Z1r	——作为响应者: 接收 RESTART INDICATION 发送 RESTART CONFIRMATION	4.2, 12.6.1, 12.6.2,	M	是□
Z2r	接收 DIAGNOSTIC 包	11.1,12.7	M	是□
Z2s	发送 DIAGNOSTIC 包	12.7,表 24	Et:O	N/A □ 是□ 否□
			¬Et:X	N/A □ 否□

表(续)

项目	协议特征	引用	状态	支持
Z3	DISCARD,或 ERROR 重新起动,当误收的包不能分配给逻辑信道且没被项目 Z2s 覆盖时	11.1,表 31,表 32	M	是□
*Z4i	起动在线设施登记	13.1,13.1.1.1,13.1.1.3,13.1.1.4	O	是□
	发送 REGISTRATION REQUEST	12.9.1		
	接收 REGISTRATION CONFIRMATION	12.9.2,表 10		
*Z4r	响应在线设施登记	13.1,13.1.1.2,13.1.1.4	Et:O	N/A □ 是□ 否□
	接收 REGISTRATION REQUEST	12.9.1		
	发送 REGISTRATION CONFIRMATION	12.9.2,表 10		

谓词用法:

在项目 T28,R28 中使用 Z4i,并在 B.9.1,B.9.1.2 和 B.9.2.2 中使用 Z4r。

B.6.4 呼叫建立和清除

如果虚呼叫服务、项目、Vs 不支持,则标记 N/A 并在 B.6.5 继续。 N/A □

B.6.4.1 呼叫建立

项目	协议特征	引用	状态	支持
SBz	支持 A 位=0 地址码组格式?	12.2.1	M	是□
SBz	支持 A 位=1 地址码组格式	12.2.1	O	是□ 否□
	是否支持出虚呼叫:	5.2.1,5.2.5,表 33,		
S1a	——快速选择,对响应无限制?	5.2.4,13.16	O	是□ 否□
S1b	——对响应有限制的快速选择?	13.16	O	是□ 否□
S1c	——快速选择?	5.2.4	O	是□ 否□
SP1b	发送 CALL REQUEST,基本格式	12.2.3.1	S1c:M	N/A □ 是□
			S1abxc:O.4	N/A □ 是□ 否□
SP1e	发送 CALL REQUEST,扩展格式	12.2.3.1,12.2.3.2	S1ab:O.4	N/A □ 是□ 否□
SP2b	接收 CALL CONNECTED,基本格式	12.2.4.1	S1ac:M	N/A □ 是□
SP2e	接收 CALL CONNECTED,扩展格式	12.2.4.1,12.2.4.2	S1a:M	N/A □ 是□
SA1e	借助于被叫地址扩展设施,可替换编址是否支持出虚呼叫?	13.28,13.28.2.2	O	是□ 否□
	支持入虚呼叫:	5.2.2,5.2.5,表 33		
S2a	——具有接受可能的快速选择?	5.2.3,13.17	O	是□ 否□
S2b	——快速选择,对响应无限制,总被清除?	13.17	O	是□ 否□
S2br	——对响应有限制的快速选择,总被清除?	13.17	O	是□ 否□
S2c	——具有接收可能的非快速选择?	5.2.3	O	是□ 否□
S2d	——非快速选择,总被清除?	5.2.3	O	是□ 否□
SP3b	接收 INCOMING CALL,基本格式	12.2.3.1	S2:M	N/A □ 是□
SP3e	接收 INCOMING CALL,扩展格式	12.2.3.1,12.2.3.2	S2ab:M	N/A □ 是□
SP4b	发送 CALL ACCEPTED,基本格式	12.2.4.1	S2c:M	N/A □ 是□
			S2axc:O.5	N/A □ 是□ 否□
SP4e	发送 CALL ACCEPTED,扩展格式	12.2.4.1,12.2.4.2	S2axc:O.5	N/A □ 是□ 否□
			S2anc:O	N/A □ 是□ 否□
	支持 D 位协商			
DN1	——对出虚呼叫?	6.3	S1aC:O	N/A □ 是□ 否□
DN2	——对入虚呼叫?	6.3	S2aC:O	N/A □ 是□ 否□

谓词定义和用法(在本条中的使用没有明确地注释):

S1	=S1a 或 S1b 或 S1c	在项目 C2a,T21 中使用 S1;并在 B.8.1.1 中使用
S1ab	=S1a 或 S1b	
S1abxc	=(S1a 或 S1b)与 S1c 非	
S1ac	=S1a 或 S1c	在 B.8.2.2 中使用
S2	=S2a 或 S2b 或 S2c 或 S2d	在 B.8.2.1 中使用
S2ac	=S2a 或 S2c	在 B.8.1.2 中使用
S2ab	=S2a 或 S2b	
S2axc	=S2a 或 S2c 非	
S2anc	=S2a 或 S2c	
S2bd	=S2b 或 S2d	在项目 C2b 中使用
S2acxbd	=(S2a 或 S2c)与(S2b 或 S2d)非	在项目 C2b 中使用

B.6.4.2 呼叫清除

项目	协议特征	引用	状态	支持
	是否支持呼叫清除,如:	5.4.4,表 33,		
*C1	——响应清除指示?	5.5.2	O	是□ 否□
C2a	——终止出虚呼叫尝试?	5.4,5.5.1,5.5.3	S1:O	N/A □ 是□ 否□
C2b	——拒绝入虚呼叫?	5.3,5.5.1,5.5.3	S2bd:O	N/A □ 是□
			S2acxbd:O	N/A □ 是□ 否□
C2c	——已扩展的虚呼叫?	5.5.1,5.5.3	O	是□ 否□
CP1b	接收 CLEAR INDICATION,基本格式	12.2.5.1	Cany:M	N/A □ 是□
CP1e	接收 CLEAR INDICATION,扩展格式	12.2.5.1,12.2.5.2	Cany:M	N/A □ 是□
CP2b	发送 CLEAR CONFIRMATION,基本格式	12.2.6.1	C1:M	N/A □ 是□
CP2e	发送 CLEAR CONFIRMATION,扩展格式	12.2.6.1,12.2.6.2	C1ef:M	N/A □ 是□
CP3b	发送 CLEAR REQUEST,基本格式	12.2.5.1	C2a:M	N/A □ 是□
			C2bcxa:O.6	N/A □ 是□ 否□
CP3e	发送 CLEAR REQUEST,扩展格式	12.2.5.1,12.2.5.2	C2bcxa:O.6	N/A □ 是□ 否□
			C2axbc:X	N/A □ 否□
CP4b	接收 CLEAR CONFIRMATION,基本格式	12.2.6.1	C2:M	N/A □ 是□
CP4e	接收 CLEAR CONFIRMATION,扩展格式	12.2.6.1,12.2.6.2	C2ef:M	N/A □ 是□

谓词定义和用法(在本条中的使用没有明确地注释):

C1ef	=C1 与(RN 或 FS99f 或 FS98f)	
C2	=C2a 或 C2b 或 C2c	在项目 T22,T23 中使用 C2;并在 B.7.1、B.8.1.3、B.8.2.4 中使用
Cany	=C1 或 C2a 或 C2b 或 C2c	
C2bc	=C2b 或 C2c	
C2bcxa	=(C2b 或 C2c)与 C2a 非	
C2axbc	=C2a 与(C2b 或 C2c)非	
C2ef	=C2 和(RN 或 FRfe)	

B.6.5 逻辑信道复位

项目	协议特征	引用	状态	支持
*RSi	是否支持复位? ——作为起动者? 发送 RESET REQUEST 接收 RESET CONFIRMATION/INDICATION	8.4.4,表 34, 8.1,8.3, 12.5.1, 12.5.2,12.5.1	O	是□ 否□

表（续）

项目	协议特征	引用	状态	支持
* RSr	——作为响应者？	8.2,	O	是□　否□
	接收 RESET INDICATION	12.5.1,		
	发送 RESET CONFIRMATION	12.5.2		

谓词用法：

在项目 T22、R22 中使用 RSi；并在 B.7.1 中使用。

在项目 O4 中使用 RSr；并在 B.7.1 中使用。

B.6.6　差错规程

项目	协议特征	引用	状态	支持
	如果虚呼叫服务、项目 Vs 不支持，则标记 N/A 并在（W2p）下文继续。			N/A □
	是 ERROR-C 规程吗：	5.2.1,5.4,8.1,表 33		
W1a	——清除虚呼叫？		O.7	是□　否□
W1b	——重新起动包层？		O.7	是□　否□
W1c	——其他？		X	否□
	是对虚呼叫 ERROR-R 规程吗：	6.3,6.4,6.6,6.8.1,6.8.2		
W2sa	——复位逻辑信道？	7.1.3,7.1.4,8.2	O.8	是□　否□
W2sb	——清除虚呼叫？	11.2.1,13.4.1,	O.8	是□　否□
W2sc	——重新起动包层？	表 34～表 36	O.8	是□　否□
W2sd	——其他？		X	否□
（W2p）	如果永久虚电路服务、项目 Vp 不支持，则标记 N/A 并在 B6.7 继续。			N/A □
	是对永久虚电路 ERROR-R 规程吗：			
W2pa	——复位逻辑信道？	6.3,6.4,6.6,6.8.1,6.8.2	O.9	是□　否□
W2pb	——重新起动包层？	7.1.3,7.1.4,8.2	O.9	是□　否□
W2pc	——其他？	11.2.1,13.4.1,	X	否□
		表 34～表 36		

注 1：ERROR-C 在提问中被规定位清除虚呼叫，然而，包层的重新起动也是允许的选择（见 4.1 和表 25 的注 1）。

注 2：ERROR-R 在提问中被规定位日复位虚呼叫，然而，对虚呼叫，清除也是允许的选择（见 5.5 和表 25 的注 1），因此，对虚呼叫或永久虚电路，包层的重新起动也是允许的选择（见 4.1 和表 25 的注 1）。

注 3：引用是对规定差错规程的调用的条和表而言的，不是引用规程本身的规范（对此，见 B.6.4.2、B.6.5、B.6.3）

B.6.7　中断传送

项目	协议特征	引用	状态	支持
* Is	是否支持发送中断？	6.8,6.8.1,6.8.3,表 35,	O	是□　否□
	发送 INTERRUPT REQUEST	12.3.2,		
	接收 INTERRUPT CONFIRMATION	12.3.3		
* Ir	是否支持接收中断？	6.8,6.8.2,6.8.3,表 35,	O	是□　否□
	接收 INTERRUPT INDICATION	12.3.2,		
	发送 INTERRUPT CONFIRMATION	12.3.3		

谓词用法：

在项目 T26 中使用 Is

在项目 O5 中使用 Ir

B.6.8 正常数据传送和流量控制

B.6.8.1 发送数据

项目	协议特征	引用	状态	支持
DS1	是否支持数据包发送？	6,6.1,6.2,7.1.1, 7.1.2,7.1.3,12.3.1	O	是□ 否□
	如果DS1不支持，则标记N/A并在B.6.8.2继续。 否则，下面的支持吗？			N/A □
DS2	——收到更新P(R)的值时窗口旋转	7.1,7.1.2,7.1.3	O	是□ 否□
DS3	——通过收到的RECEIVE NOT READY和RECEIVE READY包响应流量控制	7.1.5,7.1.6,12.4.1, 12,4,2	M	是□
DS4a	——在DATA包中发M =0	6.4,6.5,6.7	M	是□
DS4b	——在DATA包中发M=1	6.4,6.5,6.7	O	是□ 否□
DS5a	——在DATA包中发Q=0	6.6	O.10	是□ 否□
DS5b	——在DATA包中发Q=1	6.6	O.10	是□ 否□
DS6	——响应包重发请求(收到REJECT包)	13.4.2,12.8	Et:O	N/A □ 是□ 否□
	——窗口旋转定时器规程			
*DS7a	——截止时ERROR-R动作	11.2.1(a)	O	是□ 否□
*DS7b	——截止时包重发	11.2.2(b)	Et:O ¬Et:X	N/A □ 是□ 否□ N/A □ 否□
DS8	——丢弃超长流量控制包 (由ERROR-R代替)	表36注2	O	是□ 否□

谓词定义和用法：DS7=DS7a OR DS7b　　在项目T25、R25中使用。

B.6.8.2 接收数据

项目	协议特征	引用	状态	支持
DR1	接收DATA包	6,6.1,6.2,7.1.1, 7.1.2,7.1.3,12.3.1	O	是□ 否□
	如果不支持DR1，则标记N/A并在B.6.8.3继续。 否则下面的支持吗？			N/A □
DR2	——通过发送更新P(R)值旋转接收窗口	7.1.2,7.1.3	O	是□ 否□
DR3	——通过发送RECEIVE NOT READY和RECEIVE READY包进行流量控制	7.1.5,7.1.6,12.4.1, 12.4.2	O	是□ 否□
DR4a	——在DATA包中接收M=0	6.4,6.5,6.7	M	是□
DR4b	——在DATA包中接收M=1	6.4,6.5,6.7	O	是□ 否□
DR5a	——在DATA包中接收Q=0	6.6	O.11	是□ 否□
DR5b	——在DATA包中接收Q=1	6.6	O.11	是□ 否□
*DR6	——通过发送REJECT包请求重发	13.4.1,12.8	O	是□ 否□
	——从收到包含无效P(S)的DATA恢复，通过：			
DR7a	——ERROR-R动作	11.3(a)	O.12	是□ 否□
DR7b	——请求包重发	11.3(b)	O.12	是□ 否□
DR7c	——忽略该包并等待正确的包重发	11.3(c)	O.12	是□ 否□
	——从收到带有无效用户数据字的DATA包恢复，通过：			
DR8a	——ERROR-R动作	11.3(a)	O.13	是□ 否□
DR8b	——请求包重发	11.3(b)	O.13	是□ 否□
DR8c	——忽略该包并等待正确的包重发	11.3(c)	O.13	是□ 否□
*DR9	——窗口状态传输定时器规程	11.2.2	O	是□ 否□

谓词用法：

在项目 T27,R27 中使用 DR6

在项目 T24 中使用 DR9

B.6.8.3 交付证实

项目	协议特征	引用	状态	支持
DC	支持交付证实吗？	6.3,6.5,6.7,7.1.4	O	是□ 否□

B.7 其他特征和选项

B.7.1 原因和诊断代码字段的值

项目	协议特征	引用	状态	支持
	在 RESTART REQUEST 包中发送	12.6.1.1,12.6.1.2		
	——原因＝0,标准诊断代码,	表 24,表 25		
Y1a	——特定代码		O.14	是□ 否□
Y1b	——通用代码(包括 0)		O.14	是□ 否□
Y1c	——代码 0,总是		O.14	是□ 否□
Y1d	——原因＝128,专用诊断代码		O.14	是□ 否□
Y1e	——其他		X	否□
	在 RESTART INDICATION 包中接收：	12.6.1.1,表 9,		
Y2a	——原因＝O 或 128,任何诊断代码值	12.6.1.2	M	是□
Y2b	——原因非 O 或 128,任何诊断代码值		Ec:M	N/A □ 是□
			¬Ec:O	N/A □ 是□ 否□
	如果不支持虚呼叫服务、项目 VS,则标记 N/A 并在下文(Y5)继续。			N/A □
	如果不支持清除起动、谓词 C2,则标记 N/A 并在下文(Y4)继续。			N/A □
	在 CLEAR REQUEST 包中发送：	12.2.3.1.1,		
	——原因＝0,标准诊断代码,	12.2.3.1.2,		
Y3a	——特定代码	表 24,表 25	O.15	是□ 否□
Y3B	——通用代码(包括 0)		O.15	是□ 否□
Y3c	——代码 0,总是		O.15	是□ 否□
Y3d	——原因＝128,专用诊断代码		O.15	是□ 否□
Y3e	——其他		X	否□
(Y4)	如果不支持清除响应、项目 C1,则标记 N/A 并在下文(Y5)继续。	12.2.3.1.1,表 7,		N/A □
	在 CLEAR INDICATION 包中接收：	12.2.3.1.2,	M	是□
Y4a	——原因＝0 或 128,任何诊断代码值		Ec:M	N/A □ 是□
Y4b	——原因非 0 或 128,任何诊断代码值		¬Ec:O	N/A □ 是□ 否□
(Y5)	如果不支持复位起动、项目 RSi,则标记 N/A 并在下文(Y6)继续。	12.5.5.1,12.5.1.2,		N/A □
	在 RESET REQUEST 包中发送：	表 24,表 25		
	——原因＝0,标准诊断代码,			
Y5a	——特定代码		O.16	是□ 否□

表（续）

项目	协议特征	引用	状态	支持
Y5b	——通用代码(包括 0)		O.16	是□ 否□
Y5c	——代码 0,总是		O.16	是□ 否□
Y5d	——原因＝128,专用诊断代码		O.16	是□ 否□
Y5e	——其他		X	否□
(Y6)	如果不支持复位响应、项目 RSr,则标记 N/A 并在下文 B.7.2 继续。			N/A □
	在 RESET INDICATION 包中接收：	12.5.1.1,表 8,		
Y6a	——原因＝0 或 128,任何诊断代码值	12.5.1.2	M	是□
Y6b	——原因非 0 或 128,任何诊断代码值		Ec:M	N/A □ 是□
			¬Ec:O	N/A □ 是□ 否□

B.7.2 早期 X.25 环境中的操作

B.7.2.1 在 X.25(1980)环境中的操作

如果 X.25(1980)环境中的操作,则不支持项目 Ec/0,标记 N/A,在 B.7.2.2 继续。 N/A □

项目	协议特征	引用	支持
	当在 X.25(1980)DTE/DCE 环境中操作时,发送下面任何一种(注 1)?		
B1	带有一个八位位组以上的用户数据字段的 INTERRUPT 包?	3.1.4(f)	是□ 否□
B4	其原因代码的位 8 置 1 的 RESTART REQUESR, CLEAR REQUEST 或 RESETRESET REQUEST 包	3.1.4(c)	是□ 否□
B6	REGISTRATION REQUEST 包	3.1.4(g)	是□ 否□
	如果不支持虚呼叫服务、项目 Vs,则标记 N/A,并在 B.7.3 继续提供		N/A □
B2	2 048 包长度的流量控制参数协商设施要素(注 2)?	3.1.4(a)	是□ 否□
B3a	设施字段长度大于 63 个八位位组的 CALL REQUEST, CALL ACCEPTED或 CLEAR REQUEST 包?	3.1.4(b)	是□ 否□
B5a	带有非 0 地址长度或设施长度字段的 CLEAR REQUEST 包?	3.1.4(d)	是□ 否□
B5b	无用户数据字段的扩展格式 CLEAR REQUEST 的包?	3.1.4(d)	是□ 否□
B5c	呼叫建立完成后的扩展格式 CLEAR REQUEST 的包?	3.1.4(h)	是□ 否□
B5d	扩展格式 CLEAR CONFIRMATION 包?	3.1.4(e)	是□ 否□
B7a	网络用户标识设施要素?	3.1.4(g)	是□ 否□
B7b	计费信息请求设施要素?	3.1.4(g)	是□ 否□
B7c	被叫线路地址修改通告设施要素?	3.1.4(g)	是□ 否□
B7d	转接延迟选择和指示设施要素?	3.1.4(g)	是□ 否□
B7e	扩展格式封闭用户群选择设施要素?	3.1.4(h)	是□ 否□
B7f	带有出访问选择设施的封闭用户群要素?	3.1.4(h)	是□ 否□
B7g	扩展格式 ROA 选择设施要素?	3.1.4(h)	是□ 否□
B8	ITU-T 规定的 DTE 设施的设施标记符(注 3)?	3.1.4(i)	是□ 否□

注 1：对任何项目的"是"回答是指示该操作不与 X.25(1980)兼容。

注 2：该项目也涵盖包长度为 4 096 的情况。

注 3：该项目也涵盖为 ITU-T 规定的 DTE 设施的设施要素。

B.7.2.2 在 X.25(1984)或 X.25(1980)环境中的操作

如果既不支持在 X.25(1984)环境中、也不支持在 X.25(1980)环境中操作,则不支持项目 Ec/4 和 Ec/0,或 Vs(如果虚呼叫服务),则标记 N/A,在 B.7.2.3 继续。 N/A □

项目	协议特征	引用	支持
	当在 X.25(1984)或 X.25(1980)DTE/DCE 环境中操作时，下面任何一种(见注)发送否：		
B7h	被叫转向选择设施要素？	3.1.3(a)	是□ 否□
B9a	优先权设施要素？	3.1.3(b)	是□ 否□
B9b	保护设施要素？	3.1.3(b)	是□ 否□

注：对任何项目的"是"回答是指示该操作与 X.25(1980)和 X.25(1984)都不兼容。

B.7.2.3 在 X.25(1988)、X.25(1984)或 X.25(1980)环境中的操作

如果不支持在 X.25(1988)环境中、在 X.25(1984)环境中和在 X.25(1980)环境中操作，则不支持项目 Ec/8，Ec/4 和 Ec/0，或 Vs(如果虚呼叫服务)，则标记 N/A，在 B.7.2.4 继续。 N/A □

项目	协议特征	引用	支持
	当在 X.25(1988)、X.25(1984)或 X.25(1980)DTE/DCE 环境中操作时，发送下面任何一种(见注)？		
B3b	设施字段大于 109 个八位位组的 CALL REQUEST、CALLL ACCEPTED 或 CLEAR REQUEST 包？	3.1.2(b)	是□ 否□
B7j	在反向计费中的 ICRD 状态选择请求等设施要素？	3.1.2(d)	是□ 否□
B7k	扩展格式吞吐量级别协商设施要素？	3.1.2(d)	是□ 否□
B9c	扩展格式最小吞吐量级别协商设施要素？	3.1.2(e)	是□ 否□
B10	A=1 的 CALL REQUEST 包？	3.1.2(a)，(c)	是□ 否□

注：对任何项目的"是"回答是指示该操作与 X.25(1980)、X.25(1984)和 X.25(1987)都不兼容。

B.7.2.4 在 X.25(1993)、X.25(1988)、X.25(1984)或 X.25(1980)环境中的操作

如果不支持在 X.25(1993)环境中、在 X.25(1988)环境中、在 X.25(1984)环境中和在 X.25(1980)环境中操作，则不支持项目 Ec/3、Ec/8、Ec/4 和 Ec/0，或 Vs(如果虚呼叫服务)，则标记 N/A，在 B.7.3 继续。 N/A □

项目	协议特征	引用	支持
	当在 X.25(1993)、X.25(1988)、X.25(1984)或 X.25(1980)DTE/DCE 环境中操作时，发送下面任何一种(见注)？		
B10a	A-位 1=1 和 TOA/NPI 的 CALLL REQUEST 包？	3.1.1(b)	是□ 否□
B11	带有超扩展模数的协议标识字段的包？	3.1.1(a)	是□ 否□

注：对任何项目的"是"回答是指示该操作与 X.25(1980)、X.25(1984)和 X.25(1980)都不兼容。

B.7.3 在 X.25 网络环境中的操作

项目	协议特征	引用	支持
N1	设施长度字段总是出现在基本格式的 CALL ACCEPTED 包中(注 3)？	3.3(a)；SP4b	是□ 否□
N2	诊断代码字段总是出现在 RESTART REQUEST，CLEAR REQUEST 和 RESET REQUEST 包中？	3.3(b)；Z1i，CP3b，RSi	是□ 否□
N3	带有小于逻辑信道上包长度的用户数据字段且 D 位置为 0 的 DATA 包总是要 M 位置为 0 发送？	3.3(c)；DS1，DS4a，DS4b	是□ 否□
N4	包层的重新起动总是在链路层初始化完成时和在从链路层的故障恢复时？	3.3(d)；L1a，L1b	是□ 否□

注 1：对于这些项目的任何一个的"否"回答都指示与本标准一致性的失败，但是，根据 ITU-T 建议 X.25，实现的行为仍然是 DCE 可接受的。

注 2：本列包括对相关 PICS 项目的交叉引用。

注 3：这一项目也涵盖忽略地址长度字段的情况，这是因为如果设施字段在包中出现，则地址长度字段便不能缺少。

B.7.4 瞬时状态

项目	协议特征	引用	状态	支持
	下列的，可能是潜在的瞬时状态是可见的吗？	表 30～表 35		
O1	——r3(DXE RESTART INDICATION)		O	是□ 否□
O2	——p3(DXE INCOMING CALL)		Vs:O	N/A □ 是□ 否□
O3	——p7(DXE CLEAR INDICATION)		Vs:O	N/A □ 是□ 否□
O4	——d3(DXE RESET INDICATION)		RSr:O	N/A □ 是□ 否□
O5	——j2(DXE INTERRUPT SENT)		Ir:O	N/A □ 是□ 否□

B.8 设施

如果不支持虚呼叫、项目 Vs，则标记 N/A 并在下文 B.9 继续。 N/A □

B.8.1 呼叫建立和清除期间发送的设施

项目	协议特征	引用	状态	支持
FS0	传输包中设施的通用编码传输	15.1，表 18，表 19，15.3.1，表 21	M	是□
FS14	包中设施引用号	15.2.2.14	RN:M	N/A □ 是□

对 B.8.1 的下面各条中的剩余项目支持是可选的。

B.8.1.1 在 CALL REQUEST 包中发送设施

如果不支持出虚呼叫、谓词 S1，则标记 N/A 并在下文 B.8.1.2 继续。 N/A □

项目	协议特征	引用	支持
* FS1pi	流量控制参数协商，包长度	13.12，15.2.2.1.1	是□ 否□
* FS1wi	流量控制参数协商，窗口尺寸	13.12，15.2.2.1.2	是□ 否□
* FS2ib	基本吞吐量级别协商	13.13，15.2.2.2.1，表 20a	是□ 否□
* FS2ie	扩展吞吐量级别协商	13.13，15.2.2.2.2，表 20b	是□ 否□
FS3b	封闭用户群选择，基本格式	13.14，15.2.2.4.1	是□ 否□
FS3e	封闭用户群选择，扩展格式	13.14，15.2.2.3.2	是□ 否□
FS4b	具有出访问选择的封闭用户群，基本格式	13.4.7，15.2.2.4.1	是□ 否□
FS4e	具有出访问选择的封闭用户群，扩展格式	13.4.7，15.2.2.4.2	是□ 否□
FS5	双向封闭用户群选择	13.15，15.2.2.5	是□ 否□
FS6a	快速选择	13.16，15.2.2.6	是□ 否□
FS6b	反向计费	13.18，15.2.2.6	是□ 否□
FS6c	ICRD 状态选择	13.25.4.2，15.2.2.6	是□ 否□
FS7i	网络用户标识符	13.21，13.21.3，15.2.2.7	是□ 否□
FS8i	计费信息，请求服务	13.22，15.2.2.8.1	是□ 否□
FS9b	ROA 选择，基本格式	13.23，12.23.2，15.2.2.9.1	是□ 否□
FS9e	ROA 选择，扩展格式	13.23，12.23.2，15.2.2.9.2	是□ 否□
FS12	转接延迟选择和指示	13.27，15.2.2.13	是□ 否□
FS99i	本地非 X.25 设施，下列设施标记	15.1，表 18	是□ 否□
FS98i	远程非 X.25 设施，下列设施标记	15.1，表 18	是□ 否□
FS20i	设施标记，ITU－T 规定的 DTE 设施	15.1	是□ 否□
FS21i	主叫地址扩展	14.1，15.3.2.1	是□ 否□

表（续）

项目	协议特征	引用	支持
FS22i	被叫地址扩展	14.1,15.3.2.2	是□ 否□
FS23ib	最小吞吐量级别协商,基本格式	14.3,15.3.2.3.1,表20a	是□ 否□
FS23ie	最小吞吐量级别协商,扩展格式	14.3,15.3.2.3.2,表20b	是□ 否□
FS24i	端到端转接延迟协商	14.4,15.3.2.4	是□ 否□
FS25i	已扩展数据协商	14.7,15.3.2.7	是□ 否□
FS26i	优先权	14.5,15.3.2.5	是□ 否□
FS27i	保护	14.6,15.3.2.6	是□ 否□

谓词用法:FS1pi、FS1wi、FS2ib、FS2ie 在 B.10.1 中使用。

B.8.1.2 在 CALL ACCEPT 包中发送设施

如果不支持入虚呼叫的接受、谓词 S2ac,则标记 N/A 并在下文 B.8.1.3 继续。 N/A □

项目	协议特征	引用	支持
* FS1pr	流量控制参数协商,包长度	13.12,15.2.2.1.1	是□ 否□
* FS1wr	流量控制参数协商,窗口尺寸	13.12,15.2.2.1.2	是□ 否□
* FS2rb	基本吞吐量级别协商	13.13,15.2.2.2.1,表20a	是□ 否□
* FS2re	扩展吞吐量级别协商	13.13,15.2.2.2.2,表20b	是□ 否□
FS7r	网络用户标识符	13.21,13.21.3,15.2.2.7	是□ 否□
FS7r	计费信息,请求服务	13.22,15.2.2.8.1	是□ 否□
FS10r	被叫线路地址修改通告	13.26,15.2.2.12	是□ 否□
FS99r	本地非 X.25 设施,下列设施标记	15.1,表18	是□ 否□
FS98r	远程非 X.25 设施,下列设施标记	15.1,表18	是□ 否□
FS20r	设施标记,ITU-T 规定的 DTE 设施	15.1	是□ 否□
FS22r	被叫地址扩展	14.2,15.3.2.2	是□ 否□
FS24r	端到端转接延迟协商	14.4,15.3.2.4	是□ 否□
FS25r	已扩展数据协商	14.7,15.3.2.7	是□ 否□
FS26r	优先权	14.5,15.3.2.5	是□ 否□
FS27r	保护	14.6,15.3.2.6	是□ 否□

谓词用法:FS1pr、FS1wr、FS2rb、FS2re 在 B.10.1 中使用。

B.8.1.3 在 CLEAR REQUEST 包中发送设施

如果不支持呼叫清除起动、谓词 C2,则标记 N/A 并在下文 B.8.1.4 继续。 N/A □

项目	协议特征	引用	支持
FS10d	被叫线路地址修改通告	13.26,15.2.2.12	是□ 否□
FS13	被叫转向选择	13.25.2.2,15.2.2.10	是□ 否□
FS99d	本地非 X.25 设施,下列设施标记	15.1,表18	是□ 否□
FS98d	远程非 X.25 设施,下列设施标记	15.1,表18	是□ 否□
FS20d	设施标记,ITU-T 规定的 DTE 设施	15.1	是□ 否□
FS22d	被叫地址扩展	14.1,15.3.2.2	是□ 否□
	如果不支持呼叫转向选择、项目 FS13,则标记 N/A 并在下文 B.8.1.4 继续:		N/A □
FS21d	主叫地址扩展	14.1,15.3.2.1	是□ 否□
FS23db	最小吞吐量级别协商,基本格式	14.3,15.3.2.3.1,表20a	是□ 否□

表（续）

项目	协议特征	引用	支持
FS23de	最小吞吐量级别协商，扩展格式	14.3,15.3.2.3.2,表 20b	是□ 否□
FS24d	端到端转接延迟协商	14.4,15.3.2.4	是□ 否□
FS25d	已扩展数据协商	14.7,15.3.2.7	是□ 否□
FS26d	优先权	14.5,15.3.2.5	是□ 否□
FS27d	保护	14.6,15.3.2.6	是□ 否□

B.8.1.4 在 CLEAR CONFIRMATION 包中发送设施

如果不支持呼叫清除的响应、项目 C1，则标记 N/A 并在下文 B.8.2 继续。 N/A □

项目	协议特征	引用	支持
* FS99f	本地非 X.25 设施，下列设施标记	15.1,表 18	是□ 忽略□ 否□
* FS98f	远程非 X.25 设施，下列设施标记	15.1,表 18	是□ 忽略□ 否□

B.8.2 呼叫建立和清除期间接收的设施

项目	协议特征	引用	状态	支持
FR0	接收包中设施的通用编码	15.1,表 18,表 19,15.3.1,表 21	M	是□
FR14	接收包中设施引用号	15.2.2.14	RN:M	N/A □ 是□

对 B.8.2 的下面各条中的剩余项目支持是可选的。对不支持的设施标记“忽略”则在收到时忽略；对不支持的设施标记“差错”则在收到时导致 ERROR-C 动作。

B.8.2.1 在 INCOMING CALL 包中收到的帧

如果不支持入虚呼叫、谓词 S2，则标记 N/A 并在下文 B.8.2.2 继续。 N/A □

项目	协议特征	引用	支持
* FR1pi	流量控制参数协商，包长度	13.12,15.2.2.1.1	是□ 忽略□ 否□
* FR1wi	流量控制参数协商，窗口尺寸	13.12,15.2.2.1.2	是□ 忽略□ 否□
* FR2ib	基本吞吐量级别协商	13.13,15.2.2.2.1,表 20a	是□ 忽略□ 否□
* FR2ie	扩展吞吐量级别协商	13.13,15.2.2.2.2,表 20b	是□ 忽略□ 否□
FR3b	封闭用户群选择，基本格式	13.14.6,15.2.2.3.1	是□ 忽略□ 否□
FR3e	封闭用户群选择，扩展格式	13.14.6,15.2.2.3.2	是□ 忽略□ 否□
FR4b	具有出访问选择的封闭用户群，基本格式	13.4.7,15.2.2.4.1	是□ 忽略□ 否□
FR4e	具有出访问选择的封闭用户群，扩展格式	13.4.7,15.2.2.4.2	是□ 忽略□ 否□
FR5	双向封闭用户群选择	13.15,15.2.2.5	是□ 忽略□ 否□
FR6a	快速选择	13.16,15.2.2.6	是□ 忽略□ 否□
FR6b	反向计费	13.18,15.2.2.6	是□ 忽略□ 否□
FR11	呼叫重定向或呼叫转向通告	13.25.3,15.2.2.11	是□ 忽略□ 否□
FR12i	转接延迟选择和指示	13.27,15.2.2.13	是□ 忽略□ 否□
FR99i	本地非 X.25 设施，下列设施标记	15.1,表 18	是□ 忽略□ 否□
FR20i	设施标记，ITU-T 规定的 DTE 设施	15.1	是□ 忽略□ 否□
FR21	主叫地址扩展	14.1,15.3.2.1	是□ 忽略□ 否□
FR22i	被叫地址扩展	14.1,15.3.2.2	是□ 忽略□ 否□
FR23b	最小吞吐量级别协商，基本格式	14.3,15.3.2.3.1,表 20a	是□ 忽略□ 否□
FR23e	最小吞吐量级别协商，扩展格式	14.3,15.3.2.3.2,表 20b	是□ 忽略□ 否□
FR24i	端到端转接延迟协商	14.4,15.3.2.4	是□ 忽略□ 否□
FR25i	已扩展数据协商	14.7,15.3.2.7	是□ 忽略□ 否□
FR26i	优先权	14.5,15.3.2.5	是□ 忽略□ 否□
FR27i	保护	14.6,15.3.2.6	是□ 忽略□ 否□

谓词用法:FR1pi、FR1wi、FR2ib、FR2ie 在 B.10.1 中使用。

B.8.2.2 在 CALL CONNECTED 包中收到的设施

如果不支持出呼叫(无限制的响应)、谓词 S1ac,则标记 N/A 并在下文 B.8.2.3 继续。 N/A □

项目	协议特征	引用	支持
*FR1pr	流量控制参数协商,包长度	13.12,15.2.2.1.1,表 14	是□ 忽略□ 否□
*FR1wr	流量控制参数协商,窗口尺寸	13.12,15.2.2.1.2,表 14	是□ 忽略□ 否□
*FR2rb	基本吞吐量级别协商	13.13,15.2.2.2.1,表 20a	是□ 忽略□ 否□
*FR2re	扩展吞吐量级别协商	13.13,15.2.2.2.2,表 20b	是□ 忽略□ 否□
FR10r	被叫线路地址修改通告	13.26,15.2.2.12	是□ 忽略□ 否□
FR12r	转接延迟选择和指示	13.27,15.2.2.13	是□ 忽略□ 否□
FR99r	本地非 X.25 设施,下列设施标记	15.1,表 18	是□ 忽略□ 否□
FR20r	设施标记,ITU-T 规定的 DTE 设施	15.1	是□ 忽略□ 否□
FR22r	被叫地址扩展	14.2,15.3.2.2	是□ 忽略□ 否□
FR24r	端到端转接延迟协商	14.4,15.3.2.4	是□ 忽略□ 否□
FR25r	已扩展数据协商	14.7,15.3.2.7	是□ 忽略□ 否□
FR26r	优先权	14.5,15.3.2.5	是□ 忽略□ 否□
FS27r	保护	14.6,15.3.2.6	是□ 忽略□ 否□

谓词用法:FR1pr、FR1wr、FR2rb、FR2re 在 B.10.1 中使用。

B.8.2.3 在 CLEAR INDICAT10N 包中收到的设施

如果不支持呼叫清除的响应、项目 C1,则标记 N/A 并在下文 B.8.2.4 继续。 N/A □

项目	协议特征	引用	支持
FR8ad	计费信息,货币符号	13.22,15.2.2.8.2	是□ 忽略□ 否□
FR8bd	计费信息,分段计数	13.22,15.2.2.8.3	是□ 忽略□ 否□
FR8cd	计费信息,呼叫期间	13.22,15.2.2.8.4	是□ 忽略□ 否□
FR10d	被叫线路地址修改通告	13.26,15.2.2.12	是□ 忽略□ 否□
FR99d	本地非 X.25 设施,下列设施标记	15.1,表 18	是□ 忽略□ 否□
FR20d	设施标记,ITU-T 规定的 DTE 设施	15.1	是□ 忽略□ 否□
FR22d	被叫地址扩展	14.2,15.3.2.2	是□ 忽略□ 否□

B.8.2.4 在 CLEAR CONFIRMATION 包中收到的设施

如果不支持呼叫清除的起动、谓词 C2,则标记 N/A 并在下文 B.9 继续。 N/A □

项目	协议特征	引用	支持
FR8af	计费信息,货币符号	13.22,15.2.2.8.2	是□ 忽略□ 否□
FR8bf	计费信息,分段计数	13.22,15.2.2.8.3	是□ 忽略□ 否□
FR8cf	计费信息,呼叫期间	13.22,15.2.2.8.4	是□ 忽略□ 否□
FR99f	本地非 X.25 设施,下列设施标记	15.1,表 18	是□ 忽略□ 否□
FR09f	远程非 X.25 设施,下列设施标记	15.1,表 18	是□ 忽略□ 否□

谓词定义和用法:

Frfe=FR8af 或 FR8bf 或 FR8cf 或 FR99f 或 FR98f 在项目 CP4e(谓词 C2ef)中使用

B.9 登记设施

B.9.1 登记设施发送

如果不支持在线设施登记、项目 Z4i 或 Z4r,则标记 N/A 并在下文 B.10 继续。 N/A □

项目	协议特征	引用	状态	支持
GS0	传输包中登记设施的通用编码	16.1,表22,表23	M	是□

B.9.1.1 在 REGISTRATION REQUEST 包中登记设施发送

如果不支持在线设施登记的起动、项目 Z4i,则标记 N/A 并在下文 B.9.1.2 继续。 N/A □

项目	协议特征	引用	状态	支持
GS1i	非协商设施值的登记设施	16.2.2.1	X	否□
GS2i	设施的可用性的设施登记	16.2.2.2	X	否□
GS3i	任何时候可协商设施的登记设施	16.2.2.3	O	是□ 否□
	如果不支持项目 GS3i,则标记 N/A 并在下文 GS4i 继续。			N/A □
	所指出的调用(见注):	16.2.2.3		
GS3ia	——入呼叫禁止		O	是□ 否□
GS3ib	——出呼叫禁止		O	是□ 否□
GS3ic	——快速选择接受		O	是□ 否□
GS3id	——反向计费接受		Ec:O	N/A □ 是□ 否□
			else:X	N/A □ 否□
GS3ie	——流量控制参数协商		O	是□ 否□
GS3if	——基本吞吐量级别协商		O	是□ 否□
GS3ig	——每个接口计费信息		Ec:O	N/A □ 是□ 否□
			else:X	N/A □ 否□
GS3ih	——扩展的吞吐量级别协商		O	是□ 否□
GS4i	仅当所有虚呼叫使用的逻辑信道都处于状态 P1 才可协商的设施登记设施	16.2.2.4		是□ 否□
	如果不支持项目 GS4i,则标记 N/A 并在下文 GS5i 继续。			N/A □
	所指出的调用(见注)	16.2.2.4		
GS4ia	——扩展包序列编号		O	是□ 否□
GS4ib	——包重发		O	是□ 否□
GS4ic	——D 位修改		Ec:O	N/A □ 是□ 否□
			Else:X	N/A □ 否□
GS4id	——超扩展包序列号		M32k:O	N/A □ 是□ 否□
GS4ie	——TOA/NPI 地址预约		O	是□ 否□
	如果不支持虚呼叫服务、项目 Vs,则标记 N/A 并在 B.9.1.2 继续。			N/A □
* GS5i	非标准默认包长度登记设施	16.2.2.5	O	是□ 否□
* GS6i	正常和扩展的包序列号非标准默认窗口尺寸登记设施	16.2.2.6.1	Mne:O	N/A □ 是□ 否□
* GS6is	超扩展的包序列号非标准默认窗口尺寸登记设施	16.2.2.6.2	M32k:O	N/A □ 是□ 否□
* GS7ib	默认吞吐量级别分配登记设施,基本格式	16.2.2.7.1,表 20a	O	是□ 否□
* GS7ie	默认吞吐量级别分配登记设施,扩展格式	16.2.2.7.2,表 20b	O	是□ 否□
* GS8i	逻辑信道类型范围登记设施	16.2.2.8	O	是□ 否□

注:下列项目中的每一项都对应于单个设施的协商。"是"回答意味考实现(通常或有时)将登记参数中的相关位置为 1,以指示设施的调用;"否"回答意味着位总是置 0,以指示撤销。

谓词方法:GS5i,GS6i,GS6is,GS7ib,GS7ie,GS8i 分别用在项目 GR5i,GR6i,GR6is,GR7ib,

GR7ie,GR8i 中。

B.9.1.2 在 REGISTRATION CONFIRMATION 包中发出的登记设施

如果不支持对在线设施登记的响应、项目 Z4r,则标记 N/A 并在下文 B.9.2 继续。 N/A □

项目	协议特征	引用	状态	支持
GS1r	非协商设施值的登记设施(见注)	16.2.2.1	O	是□ 否□
GS1ra	本地计费阻止使用		GS1r:X	N/A □ 否□
GS2r	设施登记设施的可用性	16.2.2.2	O	是□ 否□
	如果不支持项目 GS2r,则标记 N/A 并在下文 GS3r 继续			N/A □
	指示的可用性(见注):	16.2.2.2		
GS2ra	——控制包序列编号		O	是□ 否□
GS2rb	——包重复		O	是□ 否□
GS2rc	——D 位修改		X	否□
GS2rd	——被叫线路地址修改通告		X	否□
GS2re	——每一接口计费信息		X	否□
GS2rf	——每一呼叫计费信息		X	否□
GS2rg	——反向计费接受		X	否□
GS2rh	——反向计费		X	否□
GS2ri	——默认吞吐量级别分配登记设施		O	是□ 否□
GS2rj	——正常和扩展的包序列号非标准默认窗口尺寸登记设施		O	是□ 否□
GS2rk	——非标准默认包长度登记设施		O	是□ 否□
GS2rl	——逻辑信道类型范围登记设施		O	是□ 否□
GS2rm	——每一虚呼叫 ROA 选择		X	否□
GS2rn	——超扩展包序列号		O	是□ 否□
GS2ro	——超扩展的包序列号非标准默认窗口尺寸登记设施		O	是□ 否□
GS3r	可在任何时候协商的设施登记设施	16.2.2.3	O	是□ 否□
	如果不支持项目 GS3r,则标记 N/A 并在下文 GS4r 继续			N/A □
	指示的调用(见注)	16.2.2.3		
GS3ra	——入呼叫禁止		O	是□ 否□
GS3rb	——出呼叫禁止		O	是□ 否□
GS3rc	——快速选择接受		O	是□ 否□
GS3rd	——反向计费接受		X	否□
GS3re	——流量控制参数协商		O	是□ 否□
GS3rf	——基本吞吐量级别协商		O	是□ 否□
GS3rg	——每一接口计费信息		X	否□
GS3rh	——扩展的吞吐量级别协商		O	是□ 否□
GS4r	仅当所有虚呼叫使用的逻辑信道都处于状态 p1 才可协商的设施登记设施	16.2.2.4	O	是□ 否□
	如果不支持项目 GS4r,则标记 N/A 并在下文 GS5r 继续			N/A □

表（续）

项目	协议特征	引用	状态	支持
	指示的调用(见注)	16.2.2.4		
GS4ra	——扩展包序列编号		O	是□ 否□
GS4rb	——包重发		O	是□ 否□
GS4rc	——D位修改		X	否□
GS4rd	——超扩展包序列号		O	是□ 否□
GS4re	——TOA/NPI 地址预约		O	是□ 否□
	如果不支持虚呼叫服务、项目 Vs,则标记 N/A 并在 B.9.2 继续			N/A □
GS5r	——非标准默认包长度登记设施	16.2.2.5	O	是□ 否□
GS6r	——正常和扩展的包序列号非标准默认窗口尺寸登记设施	16.2.2.6.1	Mne:O	N/A □ 是□ 否□
GS6rs	——超扩展的包序列号非标准默认窗口尺寸登记设施	16.2.2.6.2	M32k:O	N/A □ 是□ 否□
GS7rb	——默认吞吐量级别分配登记设施,基本格式	16.2.2.7.1,表 20a	O	是□ 否□
GS7re	——默认吞吐量级别分配登记设施,扩展格式	16.2.2.7.2,表 20b	O	是□ 否□
GS8r	——逻辑信道类型范围登记设施	16.2.2.8	O	是□ 否□

注：下列项目中的每一项都对应于单个设施的可用性(GS2xx)或调用(GS3xx 和 GS4xx)。"是"回答意味着实现(通常或有时)将登记参数中的相关位置为 1,以指示设施的可用性或调用,"否"回答意味着位总是置 0,以指示不可用或撤销。

B.9.2 收到的登记设施

项目	协议特征	引用	状态	支持
GR0	所收到的包中的登记设施的通用编码	16.1,表 22,表 23	M	是□

B.9.2.1 在 REGISTRATION coNFIRMATION 包中收到的登记设施

如果不支持在线设施登记的起动、项目 Z4i,则标记 N/A 并在 B.9.2.2 继续。 N/A □

项目	协议特征	引用	状态	支持
GR1i	非协商设施值登记设施	16.2.2.1	M	是□
GR2i	设施登记设施的可用性	16.2.2.2	M	是□
GR3i	可在任何时候协商的设施登记设施	16.2.2.3	M	是□
GR4i	仅当所有虚呼叫使用的逻辑信道都处于状态 P1 才可协商的设施登记设施	16.2.2.4	M	是□
	如果不支持虚呼叫服务、项目 Vs,则标记 N/A 并在 B.9.2.2 继续			N/A □
GR5i	非标准默认包长度登记设施	16.2.2.5	GS5i:M	N/A □ 是□
GR6i	正常和扩展的包序列号非标准默认窗口尺寸登记设施	16.2.2.6.1	GS6i:M	N/A □ 是□
GR6is	超扩展的包序列号非标准默认窗口尺寸登记设施	16.2.2.6.2	GS6is:M	N/A □ 是□
GR7ib	默认吞吐量级别分配登记设施,基本格式	16.2.2.7.1,表 20a	GS7ib:M	N/A □ 是□
GR7ie	默认吞吐量级别分配登记设施,扩展格式	16.2.2.7.2,表 20b	GS7ie:M	N/A □ 是□
GR8i	逻辑信道类型范围登记设施	16.2.2.8	GS8i:M	N/A □ 是□

B.9.2.2 在 REGISTRATION REQUEST 包中收到的登记设施

如果不支持对在线设施登记的响应、项目 Z4i,则标记 N/A 并在 B.10 继续。 N/A □

项目	协议特征	引用	状态	支持
GR3r	可在任何时候协商的设施登记设施	16.2.2.3	M	是□
GR4r	仅当所有虚呼叫使用的逻辑信道都处于状态 p1 才可协商的设施登记设施	16.2.2.4	M	是□
	如果不支持虚呼叫服务、项目 Vs，则标记 N/A 并在下文 GR9r 继续			N/A □
GR5r	非标准默认包长度登记设施	16.2.2.5	O	是□ 否□
GR6r	正常和扩展的包序列号非标准默认窗口尺寸登记设施	16.2.2.6.1	O	是□ 否□
GR6rs	超扩展的包序列号非标准默认窗口尺寸登记设施	16.2.2.6.2	O	是□ 否□
GR7rb	默认吞吐量级别分配登记设施，基本格式	16.2.2.7.1，表 20a	O	是□ 否□
GR7re	默认吞吐量级别分配登记设施，扩展格式	16.2.2.7.2，表 20b	O	是□ 否□
GR8r	逻辑信道类型范围登记设施	16.2.2.8	O	是□ 否□
GR9r	忽略未知或不支持的登记设施？	13.1.2	M	是□

B.10 参数值和范围

B.10.1 流量控制参数和吞吐量级别的值，虚呼叫服务

如果不支持虚呼叫、项目 Vs，则标记 N/A 并在下文 B.10.2 继续。 N/A □

项目	协议特征	引用	状态	支持
	支持什么值：			
V1s	——默认包长度，发送（八位位组）？	16.2.2.5		16□ 32□ 64□ 128□256□ 512□1 024□2 048□4 096□
V1r	——默认包长度，接收（八位位组）？	16.2.2.5		16□ 32□ 64□ 128□256□ 512□1 024□2 048□4 096□
V2s	——默认窗口尺寸，发送？	16.2.2.6		（M8：范围 1～7） （M128：范围 1～127）
V2r	——默认窗口尺寸，接收？	16.2.2.6		（M8：范围 1～7） （M128：范围 1～127）
V3s	——默认吞吐量级别，发送（bit/s）？	16.2.2.7，表 20a 和表 20b		75□ 150□ 300□ 600□ 1 200□ 2 400□ 4 800□ 9 600□ 19 200□48 000□64 000□128 000□ n×64 000，2<n≤32，状态范围和 n 的值： ____________
V3r	——默认吞吐量级别，接收（bit/s）？	16.2.2.7，表 20a 和表 20b		75□ 150□ 300□ 600□ 1 200□ 2 400□ 4 800□ 9 600□ 19 200□48 000□64 000□128 000□ n×64 000，2<n≤32，状态范围和 n 的值： ____________
V4	支持用于发送和接收的 128 个八位位组的默认包长度？	13.9	M	是□

表(续)

项目	协议特征	引用	状态	支持
V5	能设置不同的默认包长度用于发送和接收?	13.9	O	是□ 否□
V6	支持用于发送和接收的为2的默认窗口尺寸?	13.10	Mne:M	N/A □ 是□
V6s	支持用于发送和接收为128的默认窗口尺寸,对于超扩展包序列号?	13.10	M32k:M	N/A □ 是□
V7	能设置不同的默认窗口尺寸用于发送和接收?	13.10	O	是□ 否□
V8	能设置不同的默认吞吐量级别用于发送和接收?	13.11	O	是□ 否□
	如果不支持流量控制参数协商、项目FS1..和FS2..,则标记N/A并在下文(V11)继续。 在流量控制参数协商支持什么值:			N/A □
V9s	——可协商包长度,发送(八位位组)?	15.2.2.1.1		16□ 32□ 64□ 128□256□ 512□1 024□2 048□4 096□
V9r	——可协商包长度,接收(八位位组)?	15.2.2.1.1		16□ 32□ 64□ 128□256□ 512□1 024□2 048□4 096□
V10s	——可协商窗口尺寸,发送?	15.2.2.1.2		(M8:范围1～7) (M128:范围1～127)
V10r	——可协商窗口尺寸,接收?	15.2.2.1.2		(M8:范围1～7) (M128:范围1～127) (M32k:范围1～32767)
(V11)	如果不支持吞吐量级别协商,项目FS2ib/e,FS2rb/e,FR2iB/E和FR2rb/e,则标记N/A并在下文V12继续。 支持什么值:			N/A □
V11s	吞吐量级别协商,发送(bit/s)?	15.2.2.2 表20a和 表20b		75□ 150□ 300□ 600□ 1 200□ 2 400□ 4 800□ 9 600□ 19 200□48 000□64 000□128 000□ $n\times64\,000$,$2<n\leqslant32$,状态范围和n的值: ________________
V11r	吞吐量级别协商,接收(bit/s)?	15.2.2.2 表20a和 表20b		75□ 150□ 300□ 600□ 1 200□ 2 400□ 4 800□ 9 600□ 19 200□48 000□64 000□128 000□ $n\times64\,000$,$2<n\leqslant32$,状态范围和n的值: ________________
V12	支持用于发送和接收的128个八位位组的包长度?	15.2.2.1.1	M	是□
V13	支持用于发送和接收的为2的窗口尺寸?	15.2.2.1.2	Mne:M	N/A □ 是□
V13s	支持用于发送和接收为128的默认窗口尺寸,对于超扩展包序列号?	15.2.2.1.3	M32k:M	N/A □ 是□

B.10.2 流量控制参数和吞吐量级别的值，永久虚电路服务

如果不支持永久虚电路、项目 Vp，则标记 N/A 并在下文 B.10.3 继续。 N/A □

项目	协议特征	引用	状态	支持
	对于 PVCs，支持什么值：			
V14s	——包长度，发送(八位位组)？	16.2.13.9		16□ 32□ 64□ 128□ 256□ 512□ 1 024□ 2 048□ 4 096□
V14r	——包长度，接收(八位位组)？	16.2.13.9		16□ 32□ 64□ 128□ 256□ 512□ 1 024□ 2 048□ 4 096□
V15s	——窗口尺寸，发送？	7.1.2，13.10		(M8：范围 1～7) (M128：范围 1～127) (M32k：范围 1～32767)
V15r	——窗口尺寸，接收？	7.1.2，13.10		(M8：范围 1～7) (M128：范围 1～127) (M32k：范围 1～32767)
V16s	——吞吐量级别，发送(bit/s)？	13.11，表 20a 和表 20b		75□ 150□ 300□ 600□ 1 200□ 2 400□ 4 800□ 9 600□ 19 200□ 48 000□ 64 000□ 128 000□ $n\times 64\ 000, 2<n\leqslant 32$，状态范围和 n 的值：______
V16r	——吞吐量级别，接收(bit/s)？	13.11 表 20a 和表 20b		75□ 150□ 300□ 600□ 1 200□ 2 400□ 4 800□ 9 600□ 19 200□ 48 000□ 64 000□ 128 000□ $n\times 64\ 000, 2<n\leqslant 32$，状态范围和 n 的值：______
	如果只支持一个 PVC，则标记 N/A 并在下文 V20 继续。			N/A □
V17	不同的 PVC 能有不同的包长度吗？	13.9	O	是□ 否□
V18	不同的 PVC 能有不间的窗口尺寸吗？	13.10	O	是□ 否□
V19	不同的 PVC 能有不同的吞吐量级别吗？	13.11	O	是□ 否□
	如果不支持虚呼叫服务、项目 Vs，则标记 N/A 并在下 B.10.3 继续。			N/A □
V20	PVC 的包长度能与虚呼叫默认的不同吗？	13.9	O	是□ 否□
V21	PVC 的窗口尺寸能与虚呼叫默认的不同吗？	13.10	O	是□ 否□
V22	PVC 的吞吐量级别能与虚呼叫默认的不同吗？	13.11	O	是□ 否□

B.10.3 定时器、重发计数和逻辑信道范围

项目	参数	状态	支持的值的范围			
			N/A	从(最小)	到(最大)	步长/其他
	定时器参数(秒) (默认值：表 26)					
T20	重新起动请求响应定时器	M				
T21	呼叫请求响应定时器	S1：M	□			
T22	复位请求响应定时器	RSi：M	□			

表（续）

项目	参数	状态	支持的值的范围			
			N/A	从(最小)	到(最大)	步长/其他
T23	清除请求响应定时器	C2:M	□			
T24	窗口状态传输定时器	DR9:M	□			
T25	窗口定时器	DS7:M	□			
T26	中断响应定时器	1s:M	□			
T27	拒绝响应定时器	DR6:M	□			
T28	登记请求响应定时器	Z4i:M	□			
	重发计数参数 (默认值:表 27)					
R20	重新起动请求重发计数	M				
R22	复位请求重发计数	RSi:M	□			
R23	清除请求重发计数	C2:M	□			
R25	数据包重发计数	DS7:M	□			
R27	拒绝重发计数	DR6:M	□			
R28	登记请求重发计数	Z4i:M	□			
	逻辑信道范围参数 (16.2.2.8,图 1)					
LC1	LIC(13.8)					
LC2	HIC(13.8)					
LC3	LTC					
LC4	HTC					
LC5	LOC(13.7)					
LC6	HOC(13.7)					
LC7	永久虚电路的逻辑信道的最大数	Vp:M	□	—		
LC8	虚呼叫的逻辑信道的最大号	Vs:M	□	—		
LC9	最大总逻辑信道(PVC 和虚呼叫)	M				

附 录 C
（资料性附录）
ISO/IEC 8208 不同版本之间的差异

此国际标准的第 1 个版本基于 CCITT 建议 X.25(1984)的红皮书原文。它也包含了与早期 CCITT 建议 X.25(1980)的黄皮书文本兼容的必要的条款。

第 2 个版本基于 CCITT 建议 X.25(1988)的蓝皮书原文。在第 2 版中保留了与 X.25 的 1984 和 1980 版兼容的必要的条款。

第 3 个版本基于 ITU-T 建议 X.25(1993)原文。在第 3 版中保留了与 X.25 的 1988、1984 和 1980 版兼容的必要的条款。

第 4 个版本基于 ITU-T 建议 X.25(1996)原文。在第 4 版中保留了与 X.25 的 1993、1988、1984 和 1980 版兼容的必要的条款。

本附录提供了该国际标准第 1、2、3 和 4 版本之间的差异的总结。在该国际标准中涵盖了技术上的差异和文本结构上的主要差异。

C.1 技术差异

C.1.1 第 3 版和第 4 版的主要技术差异

a) 反映了 X.25 建议 1996 版的修改

1) 增加了模 32768 的超扩展包序列编号，其中包括：

——新的模 32768 操作的包格式(见第 12 章)；

——当使用模 32768 操作时，使用了一个协议标识符字段(见 12.1.1)；

——一种新的超扩展包序列编号设施(见 13.2、15.2.2.1.3 和表 19)；

——修改了非标准默认窗口尺寸设施(见 13.10)；

——修改了流量控制参数协商设施(见 13.12)。

2) 扩充了 A 位＝1(TOA/NPI 编址)性能：

——增加了支持 A 位＝1 编址的地址类型和编号方案(见 12.2.1.2)；

——扩充了 A 位＝1 编址在呼叫建立和清除包中的使用(见 12.2.3、12.2.4 和 12.2.5)；

——增加了 TOA/NPI 地址预约设施(见 13.29)；

——扩充了在可替换编址相关设施的性能(见 13.28)；

——新增了诊断代码＃46(见表 25)。

b) 与在线设施登记设施相关联的修改：

1) 注明 X.25 1996 版删除了在线登记设施(见 13.1)；

2) 增加了在线设施登记设施对模 32768 操作协调非标准默认窗口尺寸的能力(见 16.2.2.7 和表 23)。

C.1.2 第 2 版和第 3 版之间的主要技术差异

注：参照第 3 版的章条、表和图。

a) 反映了 ISO/IEC 8208 第 2 版修正件的修改

1) 增加了对由任选用户设施组成的逻辑信道标识符分配的可替换机制：

——参考号(被认可一段时间)(见 3.7.2，13.29，15.2.1 和 15.2.2.14)。

2) 增加静态和动态一致请求(见第 21 章)；

3) 增加 PICS 形式表。

b) 反映了 X.25 建议 1993 版的修改

1) 增加由两任选用户组成的内部网络呼叫重定向和转向(ICED)的性能：
——ICRD 防止预约(认可一段时间)(见 13.25.4 和 13.25.4.1)；
——ICRD 状态选择(分次呼叫)(见 13.25.4、13.25.4.2 和 15.2.2.6)。
2) 增加由 3 个任选用户设施组成的可替换编址登记和用法性能：
——全局可替换地址登记(认可一段时间)(见 13.28、13.28.1 和 13.28.1.1)；
——接口特殊可替换地址登记(认可一段时间)(见 13.28、13.28.1 和 13.28.1.2)；
——可替换地址用法预约(每次呼叫)(见 13.28,13.28.2 和 12.2.1)。
3) 明确区分两个任选用户设施的吞吐量类别协商性能的修订：
——基本吞吐量类别协商(每次呼叫)(见 13.13、15.2.1 和 15.2.2.2.1)；
——扩展吞吐量类别协商(每次呼叫)(见 13.13、15.2.1 和 15.2.2.2.2)。
4) 增加了 ITU-T 定义的 DTE 最小吞吐量类别协商设施的扩展格式(见 15.3.1 和 15.3.2.3.2)；
5) 增加了对登记设施默认吞吐量类别分配的扩展格式(见 16.2.1 和 16.2.2.7.2)；
6) 增加在呼叫建立和呼叫清除包中的地址块格式(见 12.2.1,12.2.3,12.2.4,12.2.5 和 12.2.6)；
7) 修改了在呼叫建立和呼叫清除包中对包和设施字段长度的限定(见 12.2.2)；
8) 修改在呼叫建立和呼叫清除包中反映新地址块格式的通用格式标识符(见 12.1.2 和表 3)；
9) 被叫线路地址更改通知的任选用户设施从附加修改为必要(见表 11)；
10) 为表 19 增加新的设施代码：
——扩展吞吐量类别协商；
——ICRD 状态选择；
——参考号。
11) 增加基本吞吐量类别值 128 000 bit/s 和 192 000 bit/s(见表 20b)；
12) 增加扩展吞吐量类别值从 75 bit/s 到 2 048 000 bit/s(见表 20b)；
13) 修改可选 ITU-T 定义的保护设施和设施参数字段编码以适应网络层安全协议(见 14.6 和 15.3.2.6)；
14) 增加由最初的被叫 DTE 为呼叫重定向和呼叫转向发布原因的网关(见 15.2.2.11 和附录 A)；
15) 私有数据网络使用被叫线路地址更改通知原因代码(见 15.2.2.11 和附录 A)；
16) 增加了可以在任何时候与登记设施协商的扩展吞吐量类别协商设施(见 16.2.2.3)；
17) 表 25 新增一个诊断：
——ICRD 问题。
18) 修改了反映新的吞吐量类别协商设施对登记的任选用户设施的分类：
——把基本吞吐量类别协商设施作为第 4 类任选用户设施(见 13.1.2.4 和表 12)；
——把扩展吞吐量类别协商设施作为第 5 类任选用户设施(见 13.1.2.5 和表 12)。
19) 澄清了在 CALL REQUEST 和 INCOMING CALL 包中的与 CUG 相关的设施的含义(见表 15 和 16)。

c) 为作出更精确的许可的动作的修改：
1) 增加了允许 DTE 将收到的复制设施代码作为差错处理的文本，作为使用最后一个的允许替换；
2) 文本增加的内容表示 DTE 为便于以后可能的扩展在容忍接收到的设施代码字段中的保留代码点(见 15.2.1)。

d) 为提高文本的理解和适用性，增加和修改：
1) 为明确区分下列各项，对规范性引用文件的更改：

——等同的国际标准(见 2.1);

——在技术内容上相当的国际标准(见 2.2);

——附加的参考(见 2.3)。

2) 增加与 X.25(1988)向后兼容的章节;

3) 为包层任选用户设施概要表(表 11)增加条款数;

4) 调整表格内容(表 12)以反映文件主体中要点的布置;

5) 为反映术语由“可替换的 DTE”改为“替换 DTE”,修改了实际设施的呼叫重定向和呼叫转向(贯穿 13.25);

6) 根据用法对任选 ITU 定义的 DTE 设施的进程进行分类(见 14 和 15.3.1);

7) 为私有网络到 PSPDN 的连接操作增加图示描述:

——呼叫重定向和呼叫转向(图 A.2);

——搜索群(图 A.3)。

8) 为参考号设施进程重新规定了示意图的格式(图 31);

9) 阐明并重新为表 25 的注释编号;

10) 增加一个缩略表(附录 D)。

e) 为反映由 ITU 定义的术语的变化修改:

1) 用“ROA”替换“RPOA”;

2) 在适当的地方,用“ITU-T”替换“CCITT”。

f) 把勘误表并入第 2 版:

C.1.3 第 1 版和第 2 版之间的主要技术差异

注:参照第 2 版的章节、表和图。

a) 反映 X.25 建议 1988 版的修改:

1) 增加了包含两个任选用户设施的呼叫转向能力:

——呼叫转向预约(认可一段时间)(见 13.25.2.1);

——呼叫转向选择(每次呼叫)(见 13.25.2.2、15.2.1 和 15.2.2.10)。

2) 为明确区分两个任选用户设施,修订网络用户设施标识(NUI)能力:

——NUI 预约(认可一段时间)(见 13.21.1);

——NUI 选择(每次呼叫)(见 13.21.3)。

并增加一个新的任选用户设施:

——NUI 超越控制(认可一段时间)(见 13.21.2)。

3) 为明确区分两个任选用户设施,对 RPOA 文本的修订:

——RPOA 预约(认可一段时间)(见 13.23.1);

——RPOA 选择(每次呼叫)(见 13.23.2)。

4) CUG 选择和 CUGOA 选择设施使用基本的和扩展的格式的修改(见 13.14.6 和 13.14.7);

5) 修改了 ITU-T 规定的 DTE 设施的主叫地址扩展和被叫地址扩展的编码(见 15.3.2.1 和 15.3.2.2);

6) 新增两个 ITU-T 定义的 DTE 设施:

——优先权(每次呼叫)(见 14.5、15.3.1 和 15.3.2.5);

——保护(每次呼叫)(见 14.6、15.3.1 和 15.3.2.6)。

7) 完成了 DTE 收到错误的包时映采取的行动的详细规范(表 32);

8) 增加吞吐量类别值 64 000 bit/s(表 18、表 20、表 22);

9) 为表 25 增加新的三种诊断:

——#53 呼叫转向的定时期满;

——#78　呼叫重定向/转向超时的最大数；

——#84　NUI 问题。

10）传输延迟文本的解释(见 6.9)；

11）吞吐量级别文本的阐明(见 7.2)；

12）对包分层在物理层和数据链路层下的作用的文本的阐明(第 10 章)；

13）用描述包中地址字段格式的图示和文本的解释(贯穿 12 章)；

14）用"包分层"代替"包层次"(整个文本)。

b）为作出更精确的许可行为的修改：

1）对涵盖包类型诊断的代码的应用的诊断代码表的修改(表 25,注 1)；

2）呼叫冲突状态的修改(表 33,注 7)；

3）增加了指示为便于后续的可能性的扩展,DTE 应容忍在参数字段中的收到的保留代码点的文本(15.2.2、15.3.2 和 16.2.2)。

c）为促进文本的理解和适用性作了增补：

1）增加关于 X.25(1984)向后兼容的章条(见 3.1.2)；

2）增加关于环境的章条(见 3.2)；

3）增加关于支持 OSI 网络服务的章条(见 3.5)；

4）增加使用 OSI 数据链路服务的有关信息(见 3.3.10、10 和 12.1)；

5）扩充私有网络的材料,包括一个 X.25 交互作用单元(见附录 A)；

6）增加了重启,中断和重置规程的示意图(图 3、图 7 和图 9)；

7）拆分一些章条,替换大部分与它们相关文本相邻近的图和表：

——诊断代码(第 17 章)

——计时器和重发计数(第 18 章)

——状态图(第 19 章)

——状态表(第 20 章)

8）增加附录 B。

d）将勘误表并入第 1 版。

C.2　组织结构的主要修改

为适应 C.1 中总结的变化和新增内容,一些章条表和图重新编号,还有一些被新加进来。表 C.1、表 C.2 和表 C.3 提供了在各版之间进行重新编号的章条,图和表的一个横向参考,这些表也列出了在第 2、第 3 和第 4 版中增加的新的章条、图和表。

在表 C.1、表 C.2 和表 C.3 中缺少一个条目,说明相应的章条、表或图在那个版本不存在。

在 2、3 和 4 版栏中的"—"表示与以前版本没有变化。

表 C.1　ISO/IEC 8208 版本间文本章节编号的改变

主　　题	第 1 版章条	第 2 版章条	第 3 版章条	第 4 版章条
规范性引用文件	2	—	2 到 2.3	—
与 X.25(1993)兼容性的限制			3.1.1	3.1.1
与 X.25(1988)兼容性的限制			3.1.1	3.1.2
与 X.25(1984)兼容性的限制		3.1.1	3.1.2	3.1.3
与 X.25(1980)兼容性的限制	3.1	3.1.2	3.1.3	3.1.4
在 DTE/DTE 和 DTE/DCE 操作中的差异	3.2	3.3	—	—

表 C.1（续）

主 题	第 1 版章条	第 2 版章条	第 3 版章条	第 4 版章条
电路交换连接上的操作	3.3	3.4		—
扩展包层交互作用	3.4	3.6	—	—
逻辑信道	3.5	3.7	3.7 到 3.7.2	—
包层实体	3.6	3.8	—	—
包的基本结构	3.7	3.9,12.1	—	—
包层状态图标和表 3.8		19,20	—	—
定时器和重传计数	3.9	18	—	—
协议标识符字段				12.1.1
通用格式标识符字段	12.1.1	—	—	12.1.2
逻辑信道标识符字段	12.1.2	—	—	12.1.3
包类别标识符字段	12.1.3	—	—	12.1.4
地址块描述			12.2.1 到 12.2.1.2.2	—
包和设施长度限制			12.2.2	—
CALL REQUEST 和 INCOMING CALL 包	12.2.1	—	12.2.3	—
地址长度字段	12.2.1.1.2		取消	
地址字段	12.2.1.1.3	—	取消	
地址块		—	12.2.3.1.2	—
CALL ACCEPTED 和 CALL CONNECTED 包	12.2.2		12.2.4	—
地址长度字段	12.2.2.1.2	—	取消	
地址字段	12.2.2.1.3		取消	
地址块		—	12.2.4.1.2	—
CLEAR CONFIRMATION 包	12.2.3	—	12.2.5	—
地址长度字段	12.2.3.1.2		取消	
地址字段	12.2.3.1.3	—	取消	
地址块		—	12.2.5.1.2	—
CLEAR CONFIRMATION 包	12.2.4	—	12.2.6	—
地址长度字段	12.2.4.1.2	—	取消	
地址字段	12.2.4.1.3	—	取消	
地址块			12.2.6.1.2	—
网络用户标识符设施	13.21	13.21,13.21.1,13.21.3	—	—
ROA 选择设施	13.23	13.23,13.23.1,13.23.2	—	—
呼叫重定向设施	13.25	13.25,13.25.1	—	—
呼叫重定向通告设施	13.27	13.25.3	—	—
网间呼叫重定向和偏差控制设施			13.25.4 到 13.25.4.2	—
转接延迟选择和指示设施	13.28	13.27	—	—
交互编址关联设施			13.28 到 13.28.2.2	13.28 到 13.28.33
TOA/NPI 地址预约				13.29

表 C.1（续）

主　　题	第1版章条	第2版章条	第3版章条	第4版章条
参考号关联设施			13.29 到 13.29.4	13.30 到 13.30.4
加速数据协商设施	14.5	14.7	—	—
吞吐量类别协商设施	15.2.2.2	—	15.2.2.2 到 15.2.2.2.2	—
指示间距	15.2.2.8.3	取消	—	—
指示段计数	15.2.2.8.4	15.2.2.8.3	—	—
指示呼叫期间	15.2.2.8.5	15.2.2.8.4	—	—
被叫线路地址修改通告设施编码	15.2.2.10	15.2.2.12	—	—
传输延迟选择和指示设施编码	15.2.2.12	15.2.2.13	—	—
参考号设施			15.2.2.14	—
加速数据协商设施编码	15.3.2.5	15.3.2.7	—	—
吞吐量类别协商设施编码	15.3.2.3	—	15.3.2.3 到 15.3.2.3.2	—
错误的吞吐量类别分配	16.2.2.7	—	16.2.2.7 到 16.2.2.7.2	—
一致性			21 到 21.3	—
PICS 形式			附录 B	—
ISO/IEC 8208 各版本间的差异		附录 B	附录 C	—
缩略语			附录 D	—

表 C.2　ISO/IEC 8208 版本间表编号的改变

主　　题	第1版表编号	第2版表编号	第3版表编号	第4版表编号
地址子类型字段的编码			5	取消 5
TOA 子字段的编码、NPI 子字段的编码和允许 TOA 和 NPI 的组合				—
NPI 子字段的编码			6	—
CLEAR INDICATION 包中清除原因字段的编码		5	7	—
RESET INDICATION 包中复位原因字段的编码		6	8	—
RESTART INDICATION 包中重新起动原因字段的编码		7	9	—
REGISTRATION CONFIRMATION 包中原因字段的编码		8	10	—
包层任选用户设施		9	11	—
登记任选用户设施的分类		10	12	—
响应 INCOMING CALL 包中流量控制参数指示时 CALL ACCEPTED 包中的有效流量控制参数请求		11	13	—
响应 CALL REQUEST 包中流量控制参数请求时 CALL CONNECTED 包中的有效流量控制参数		12	14	—
CALL REQUEST 包中封闭用户群相关设施的意义		13	15	—
INCOMING CALL 包中封闭用户群相关设施的意义		14	16	—

表 C.2(续)

主　题	第1版表编号	第2版表编号	第3版表编号	第4版表编号
与NUI取代设施结合作用的可能与网络用户标识符相联系的预约时间内任选用户设施		15	17	—
设施码字段的通用类型编码	15	16	18	—
设施码字段的编码	16	17	19	—
吞吐量级别的编码	17,18,20	18,20,23	取消	
基本吞吐量级别的编码			20a	—
扩展吞吐量级别的编码			20b	—
设施码字段的编码	18	19	21	—
登记码字段的通用类别编码	20	21	22	—
登记码字段的编码	21	22	23	—
静态一致性的DTE能力			37	—
静态一致性:要求的定时器和重发计数器			39	—
PvtN发送的通过PvtN-DTE/PSPDN-DCE接口的RESTART REQUEST包中重新启动原因字段的编码	23	A.1	—	—
收自PSPDN的RESTART INDICATION包中的重新起动原因代码的转换	24	A.2	—	—
为支持PSPvtDN上的DTE,PSPvtDN对PSPDN进行的CUG相关的预约	25	A.3	—	—

表 C.3　ISO/IEC 8208版本间图编号的改变

主　题	第1版 图	第2版 图或表或条	第3版 图或表或条	第4版 图或表或条
通用包格式	3	图10	—	—
包层状态图表	4A	图19,表29	—	—
状态图表——重新起动	4B	图31	图34	—
状态图表——呼叫建立和呼叫清除	4C	图32	图35	—
状态图表——重置	4D	图33	图36	—
状态图表——中断	4E	图34	图37	—
状态图表——流量控制	4F	图35	图38	—
包层状态表	5A	第20章,表30	—	—
状态表——任何状态	5B	表31	—	—
状态表——重起动	5C	表32	—	—
状态表——呼叫建立何呼叫清除	5D	表33	—	—
状态表——重置	5E	表34	—	—
状态表——中断	5F	表35	—	—
状态表——流量控制	5G	表36	—	—
DTE定时器参数	6A	表26	—	—
DTE重传计数参数	6B	表27	—	—
DTE应考虑的定时器	6C	表28	—	—
呼叫建立示意图	7	图4	—	—

表 C.3(续)

主题	第1版 图	第2版 图或表或条	第3版 图或表或条	第4版 图或表或条
呼叫清除示意图	8	图5	—	—
流量控制示意图	9	图8	—	—
包序列组成	10	图6	—	—
原因代码和诊断代码间的关联	14A	表24	—	—
诊断代码字段编码	14B	表25	—	—
A位=0的地址段格式			图11	—
A位=1的地址段格式			图12	—
CALL REQUEST 和 INCOMING CALL 包格式	11	—	图13	—
CALL ACCEPTED 和 CALL CONNECTED 包格式	12	—	图14	—
CLEAR REQUEST 和 CLEAR INDICATION 包格式	13	—	图15	—
CLEAR CONFIRMATION 包格式	15	图14	图16	—
DATA 包格式	16	图15	图17	—
INTERRUPT 包格式	17	图16	图18	—
INTERRUPT CONFIRMATION 包格式	18	图17	图19	—
RECEIVE READY 包格式	19	图18	图20	—
RECEIVE NOT READY 包格式	20	图19	图21	—
RESET REQUEST/RESET INDICATION 包格式	21	图20	图22	—
RESET CONFIRMATION 包格式	22	图21	图23	—
RESTART REQUEST/RESTART INDICATION 包格式	23	图22	图24	—
RESTART CONFIRMATION 包格式	24	图23	图25	—
DIAGNOSTIC 包格式	25	图24	图26	—
REJECT 包格式	26	图25	图27	—
REGISTRATION REQUEST 包格式	27	图26	图28	—
REGISTRATION CONFIRMATION 包格式	28	图27	图29	—
假定的 CUG 中允许连接	29	图28	图30	—
参考号设施示意图			图31	—
设施元素的无特点格式	30	图29	图32	—
登记元素的无特点格式	31	图30	图33	—
包括 X.25DTE 的界面分类	32	图 A.1	—	—
呼叫重定向和呼叫转向操作			图 A.2	—
搜索组操作			图 A.3	—

附 录 D
（资料性附录）
缩 略 语

D.1 术语

A-bit	(A 位)地址块格式位	address block format bit
BCD	二—十进制编码	binary coded decimal
BCUG	双边封闭用户群	bilateral closed user group
CDS	呼叫转向选择	call deflection selection
CLAMN	被叫线路地址修改通告	called line address modified notification
CPS	完整包序列	complete packet sequence
CRCDN	呼叫重定向和呼叫转向通告	call redirection or call deflection notification
CUG	封闭用户群	closed user group
D-bit	交付证实位(D 位)	delivery confirmation bit
DISC	断开	disconnect
DNIC	数据网络标识码	data network identification code
DSP	域特定端口	domain specific port
DTE	数据终端设备	data terminal equipment
DCE	数据电路终止设备	data circuit-terminating equipment
DXE	DTE 或 DCE	DTE or DCE
HIC	最高入信道	highest incoming channel
HOC	最高出信道	highest outgoing channel
HTC	最高双向信道	highest two-way channel
IA	入访问	incoming access
ICRD	网间呼叫重定向和转向	inter-network call redirection and deflection
IDP	初始域端口	initial domain port
ISDN	综合业务数字网	integrated services digital network
IWU	互工作单元	interworking unit
LAN	局域网	local area network
LAPB	平衡式链路访问规程	link access procedure balanced
LCI	逻辑信道标识符	logical channel identifier
LIC	最低入信道	lowest channel identifier
LOC	最低出信道	lowest outgoing identifier
LTC	最低双向信道	lowest two way identifier
MAC	媒体访问控制	medium access control
M-bit	后续数据标记位(M 位)	more data mark
MBS	M 位序列	M-bit sequence
NPI	编号方案标记	numbering plan identification
NSAP	网络服务访问点	network services access point
NUI	网络用户标识	network user identification
OA	出访问	outgoing access

OSI	开放系统互连	open systems interconnection
P	包长度	packet size
PAD	包装拆	packet assembly/disassembly
PBE	优选二进制编码	perferred binary encoding
PICS	协议实现一致性声明	protocol implementation conformance statement
P(R)	包接收序列号	packet receive sequence number
P(S)	包发送序列号	packet send sequence number
PSPDN	包交换公用数据网	packet switched public data network
PSPvtDN	包交换专用数据网	packet switched private data network
PVC	永久虚电路	permanent virtual circuit
PvtN	专用网	private network
Q-bit	限定符位(Q位)	qualifer bit
RNR	RECEIVE NOT READY	
ROA	已识别的操作局	recognized operating agency
RPOA	已识别的专用操作局(过时的，使用ROA)	recognized private operating agency(obsolete，use ROA)
RR	RECEIVE READY	
TOA	地址类型	type of address
VC	虚呼叫	virtual call
W	窗口尺寸	window size

D.2 包层状态

D.2.1 重新起动状态

r1	PACKET LAYER READY
r2	DTE RESTART REQUEST
r3	DXE RESTART INDICATION

D.2.2 呼叫建立和呼叫清除状态

p1	READY
p2	DTE CALL REQUEST
p3	DXE INCOMING CALL
p4	DATA TRANSFER
p5	CALL COLLISION
p6	DTE CLEAR REQUEST
p7	DXE CLEAR INDICATION

D.2.3 数据传送状态

d1	FLOW CONTROL READY
d2	DTE RESET REQUEST
d3	DXE RESET INDICATION

D.2.4 中断状态

i1	DTE INTERRUPT READY
i2	DTE INTERRUPT SENT
j1	DXE INTERRUPT READY
j2	DXE INTERRUPT SENT

D.2.5 流量控制状态

f1	DXE RECEIVE READY
f2	DXE RECEIVE NOT READY
g1	DTE RECEIVE READY
g2	DTE RECEIVE NOT READY

D.3 包层定时器

D.3.1 DCE定时器参数

T10	重新起动指示响应定时器
T11	入呼叫响应定时器
T12	复位指示响应定时器
T13	清除指示响应定时器

D.3.2 DTE定时器参数

T20	重新起动请求响应定时器
T21	呼叫请求响应定时器
T22	复位请求响应定时器
T23	清除请求响应定时器
T24	窗口状态发送定时器
T25	窗口旋转定时器
T26	中断响应定时器
T27	拒绝响应定时器
T28	登记包请求响应定时器

D.4 DTE重复计数参数

R20	重新起动请求重发计数
R22	复位请求重发计数
R23	清除请求重发计数
R25	数据包重发计数
R27	拒绝重发计数
R28	登记包请求重发计数

ICS 35.040
L 71

中华人民共和国国家标准

GB/T 16986—2009
代替 GB/T 16986—2003

商品条码　应用标识符

Bar code for commodity—Application identifier

(ISO/IEC 15418:1999 Information technology—
EAN/UCC application identifiers and
FACT data identifiers and maintenance, NEQ)

2009-05-06 发布　　2009-11-01 实施

中华人民共和国国家质量监督检验检疫总局
中国国家标准化管理委员会　发布

前言

本标准与ISO/IEC 15418:1999(第一版)《信息技术　EAN/UCC应用标识符与FACT(自动编码技术联盟)数据标识符及维护》的一致性程度为非等效。

本标准参考国际物品编码协会(GS1)2008年1月修订出版的《GS1通用规范》(8.0版)第3章"GS1应用标识符定义",对GB/T 16986—2003《EAN·UCC系统应用标识符》进行了修订。

本标准与《GS1通用规范》(8.0版)第3章"GS1应用标识符定义"(GS1 Application Identifier Definitions)在技术内容和技术参数上一致。本标准在格式与章条的安排上按照GB/T 1.1—2000的规定做了一些变动。

本标准代替GB/T 16986—2003《EAN·UCC系统应用标识符》。

本标准与GB/T 16986—2003相比主要变化如下:

——标准名称由《EAN·UCC系统应用标识符》改为《商品条码　应用标识符》;

——为了更加便于理解,本标准采用"数据编码"取代了原标准中的术语"单元数据串",故删除了原标准中的术语"单元数据串";

——增加了AI(242)、AI(253)、AI(254)和AI(7003)四个应用标识符;

——根据《GS1通用规范》(8.0版)第3章的变动,将原标准中所有全球位置码前的"EAN·UCC"删除;

——应用标识符在标准中的次序,由过去按照AI代码大小排列改为按照功能分类排列,并在附录A的表中增加了"章条索引";

——对原标准中的部分文字重新进行了修改,使本标准的文字更加准确和便于理解。

本标准的附录A、附录B为规范性附录,附录C、附录D为资料性附录。

本标准由全国物流信息管理标准化技术委员会提出并归口。

本标准起草单位:中国物品编码中心。

本标准主要起草人:文向阳、郭卫华、黄燕滨、李素彩、王佩亮。

本标准于1997年首次发布,2003年为第一次修订,本次为第二次修订。

商品条码　应用标识符

1　范围

本标准规定了商品条码标识系统中应用标识符的含义及其对应数据编码的结构与条码表示。

本标准适用于贸易及供应链过程中的信息交换。

2　规范性引用文件

下列文件中的条款通过本标准的引用而成为本标准的条款。凡是注日期的引用文件，其随后所有的修改单(不包括勘误的内容)或修订版均不适用于本标准，然而，鼓励根据本标准达成协议的各方研究是否可使用这些文件的最新版本。凡是不注日期的引用文件，其最新版本适用于本标准。

GB/T 1988—1998　信息技术　信息交换用七位编码字符集(eqv ISO/IEC 646:1991)

GB/T 2659　世界各国和地区名称代码(GB/T 2659—2000,eqv ISO 3166-1:1997)

GB/T 12406　表示货币和资金的代码(GB/T 12406—2008,ISO 4217:2001,IDT)

GB 12904　商品条码　零售商品的编码与条码表示(GB 12904—2008,ISO/IEC 15420:2000,NEQ)

GB/T 12905　条码术语

GB/T 15425　EAN·UCC系统　128条码

GB/T 18127　商品条码　物流单元编码与条码表示

ISO 13616　银行业与相关金融服务　国际银行账号代码

3　术语和定义

GB/T 12905、GB 12904、GB/T 18127 确立的以及下列术语和定义适用于本标准。

3.1

应用标识符　application identifier

AI

标识数据含义与格式的字符，由2至4位数字组成。

4　应用标识符及其对应数据的编码结构

4.1　编码结构

应用标识符及其对应的数据编码共同完成特定信息的标识。

应用标识符对应的编码数据可以是数字字符，字母字符或数字字母字符，数据结构与长度取决于对应的应用标识符。

应用标识符及其对应数据编码的含义、格式和数据名称参见附录A。

4.2　表示法

a:字母字符

n:数字字符

N:数字字符

X:字母、数字字符

an:字母、数字字符

i:表示字符个数

j:表示字符个数

ai:定长,表示 i 个字母字符

ni:定长,表示 i 个数字字符

ani:定长,表示 i 个字母、数字字符

a...i:表示最多 i 个字母字符

n...i:表示最多 i 个数字字符

an...i:表示最多 i 个字母、数字字符

5 应用标识符及其对应数据编码的条码表示

应用标识符及其对应数据编码的符号采用 UCC/EAN-128 条码符号表示,见 GB/T 15425。

6 应用标识符与应用规则

6.1 标识贸易项目的应用标识符

6.1.1 定量贸易项目应用标识符 AI(01)

应用标识符“01”对应的编码数据的含义为全球贸易项目代码(Global Trade Item Number,简称 GTIN)。定量贸易项目的 GTIN 包括 GTIN-12、GTIN-13 或 GTIN-14 标识代码。编码数据格式见表 1。

表 1

标识代码	AI	GTIN	
		厂商识别代码 → ← 项目代码	校验码
GTIN-12	01	0 0 N_1 N_2 N_3 N_4 N_5 N_6 N_7 N_8 N_9 N_{10} N_{11}	N_{12}
GTIN-13	01	0 N_1 N_2 N_3 N_4 N_5 N_6 N_7 N_8 N_9 N_{10} N_{11} N_{12}	N_{13}
GTIN-14	01	N_1 N_2 N_3 N_4 N_5 N_6 N_7 N_8 N_9 N_{10} N_{11} N_{12} N_{13}	N_{14}

厂商识别代码:见 GB 12904。

项目代码:由厂商分配的项目号。

校验码:校验码的计算见附录 B。

数据名称为 GTIN。

6.1.2 变量贸易项目应用标识符 AI(01)

应用标识符“01”对应的编码数据的含义为全球贸易项目代码(GTIN)。

变量贸易项目编码数据是 GTIN-14 数据结构的一个特殊应用,N_1 为 9 时,表示贸易项目为变量的贸易项目(当 N_1 为 0~8 时,表示贸易项目为定量贸易项目)。编码数据格式见表 2。

表 2

AI	GTIN	
	厂商识别代码 → ← 项目代码	校验码
01	N_1 N_2 N_3 N_4 N_5 N_6 N_7 N_8 N_9 N_{10} N_{11} N_{12} N_{13}	N_{14}

厂商识别代码:见 GB 12904。

项目代码:由厂商分配的项目号。

校验码:校验码的计算见附录 B。

为了完整标识贸易项目,应同时标识变量贸易项目的变量信息。

数据名称为 GTIN。

注:对于 UPC 码 $N_2=0$。

6.1.3 **物流单元内定量贸易项目的应用标识符 AI(02)**

应用标识符“02”对应的编码数据的含义为物流单元内贸易项目的 GTIN，当 N_1 为 0～8 时，物流单元内的贸易项目为定量贸易项目，编码数据格式见表 3。

表 3

AI	物流单元内贸易项目的 GTIN	
	厂商识别代码 → ← 项目代码	校验码
02	N_1 N_2 N_3 N_4 N_5 N_6 N_7 N_8 N_9 N_{10} N_{11} N_{12} N_{13}	N_{14}

物流单元内贸易项目的 GTIN：表示在物流单元内包含贸易项目的最大包装级别的标识代码。

校验码：校验码的计算见附录 B。

物流单元内贸易项目的标识代码应与同一物流单元上的 AI(37)及其对应的编码数据一起使用。

数据名称为 CONTENT。

注：物流单元内贸易项目的标识只用于本身不是贸易项目的物流单元，并且所有处于相同包装级别的贸易项目具有相同的 GTIN。

6.1.4 **物流单元内变量贸易项目的应用标识符 AI(02)**

应用标识符“02”对应的编码数据的含义为物流单元内贸易项目的 GTIN，N_1 为 9 时，表示贸易项目为变量的贸易项目，编码数据格式见表 4。

表 4

AI	物流单元内贸易项目的 GTIN	
	厂商识别代码 → ← 项目代码	校验码
02	N_1 N_2 N_3 N_4 N_5 N_6 N_7 N_8 N_9 N_{10} N_{11} N_{12} N_{13}	N_{14}

物流单元内贸易项目的 GTIN：表示在物流单元内包含贸易项目的最大包装级别的标识代码。

校验码：校验码的计算见附录 B。

物流单元内贸易项目的标识代码应与同一物流单元的 AI(37)及其对应的编码数据一起使用。当物流单元内的贸易项目为变量贸易项目时，应对有效的贸易计量标识。

数据名称为 CONTENT。

注：物流单元内贸易项目的标识只用于本身不是贸易项目的物流单元，并且所有处于相同包装级别的贸易项目具有相同的 GTIN。如果贸易项目为变量贸易项目，则所包含的贸易项目上不出现项目数量。

6.1.5 **物流单元内贸易项目数量应用标识符 AI(37)**

应用标识符“37”对应的编码数据的含义为物流单元内贸易项目的数量，应与 6.1.3 和 6.1.4 中的 AI (02)一起使用。编码数据格式见表 5。

表 5

AI	贸易项目的数量
37	$N_1 \cdots N_j$ ($j \leqslant 8$)

贸易项目数量：物流单元中贸易项目的数量，由数字字符表示，长度可变，最长 8 位。

数据名称为 COUNT。

6.1.6 **变量贸易项目中项目数量的应用标识符 AI(30)**

应用标识符“30”对应的编码数据的含义为变量贸易项目中项目的数量，不能单独使用。编码数据格式见表 6。

表 6

AI	项目数量
30	$N_1 \cdots N_j (j \leqslant 8)$

项目数量：变量贸易项目中项目的数量，由数字字符表示，长度可变，最长 8 位。

变量贸易项目数量应与贸易项目的 GTIN 一起使用。

数据名称为 VAR. COUNT。

注：AI(30)不用于标识一个定量贸易项目包含的数量。如果 AI(30)错误地出现在一个定量贸易项目上，并不表示它是无效项目标识，只作为多余数据处理。

6.1.7　变量贸易项目量度应用标识符 AI(31nn,32nn,35nn,36nn)

应用标识符"31nn,32nn,35nn,36nn"对应的编码数据的含义为变量贸易项目的量度和量度单位。变量贸易项目量度用于变量贸易项目的标识，包括贸易单元的重量、尺寸、体积、直径等信息。变量贸易项目量度不能单独使用，编码数据格式见表 7。

表 7

AI	量度值
$A_1\ A_2\ A_3\ A_4$	$N_1\ N_2\ N_3\ N_4\ N_5\ N_6$

应用标识符数字 A_1 到 A_3：指示变量贸易项目量度的单位，见 A.2 和 A.3。

应用标识符数字 A_4：指示量度值中小数点右起的位置。例如数字 0 表示没有小数点，数字 1 表示小数点在 N_5 和 N_6 之间。

量度值：对应的编码数据为贸易项目上的变量量度值。

变量贸易项目量度应与贸易项目的 GTIN 一起使用。

数据名称见 A.2 和 A.3。

6.1.8　单价应用标识符 AI(8005)

应用标识符"8005"对应的编码数据的含义为变量贸易项目的单价，编码数据格式见表 8。

单价用于指示在变量贸易项目的商品上标记单位量度的价格，以区别相同项目的不同价格。单价是贸易项目的一个属性，但不作为标识的一部分。

表 8

AI	单价
8005	$N_1\ N_2\ N_3\ N_4\ N_5\ N_6$

单价编码数据的内容和结构由贸易伙伴决定。

单价应与贸易项目的 GTIN 一起译码和处理。

数据名称为 PRICE PER UNIT。

6.1.9　单一货币区内变量贸易项目应付款金额应用标识符 AI(392n)

应用标识符"392n"对应的编码数据的含义为单一货币区内变量贸易项目的应付款金额，编码数据格式见表 9。

表 9

AI	应付款金额
392n	$N_1 \cdots N_j (j \leqslant 15)$

应用标识符数字 n：指示应付款金额中小数点右起的位置。示例见 6.1.7。

$N_1 \cdots N_{15}$：变量贸易项目应付款金额的总额，由数字字符表示，长度可变，最长 15 位。

单一货币区内变量贸易项目应付款金额应与变量贸易项目的 GTIN 一起使用。

数据名称为 PRICE。

6.1.10 具有 ISO 货币代码的变量贸易项目应付款金额应用标识符 AI(393n)

应用标识符“393n”对应的编码数据的含义为具有 ISO 货币代码的变量贸易项目的应付款金额，编码数据格式见表 10。

表 10

AI	ISO 货币代码	应付款金额
393n	N_1 N_2 N_3	$N_4 \cdots N_j$ $(j \leqslant 18)$

应用标识符数字 n：指示应付款金额中小数点右起的位置。示例见 6.1.7。

N_1 N_2 N_3：指示 GB/T 12406 中的货币代码。

$N_4 \cdots N_{18}$：付款单中应付款金额的总额，由数字字符表示，长度可变，最长 18 位。

具有 ISO 货币代码的变量贸易项目应付款金额应与变量贸易项目的 GTIN 一起使用。

数据名称为 PRICE。

6.1.11 贸易项目组件应用标识符 AI(8006)

应用标识符“8006”对应的编码数据的含义为贸易项目及其组件标识代码，编码数据格式见表 11。

表 11

AI	GTIN	组件代码	组件总数
8006	N_1 N_2 $N_3 \cdots N_{12}$ N_{13} N_{14}	N_{15} N_{16}	N_{17} N_{18}

组件代码：贸易项目组合内组件的连续代码。某个给定贸易项目的一个组件对各个贸易项目应是相同的。

组件总数：贸易项目组件的总数。

贸易项目组件的标识可以根据特定应用需求处理。

数据名称为 GCTIN。

6.1.12 定制产品代码应用标识符 AI(242)

应用标识符“242”对应的编码数据的含义为定制产品代码，编码数据格式见表 12。定制产品代码为数字字符，长度可变，最长 6 位。

表 12

AI	定制产品代码
242	$N_1 \cdots N_j$ $(j \leqslant 6)$

AI(242)不单独使用，只能与第一位数字为 9 的 GTIN-14 相关的应用标识符 AI(01)或 AI(02)一起使用，惟一标识一个定制的贸易项目。

第一位数字为 9 的 GTIN-14 与定制产品代码仅批准用于 MRO 供应行业(MRO 是英文 Maintenance、Repair and Operations 三个词的缩写，指企业用于设施和设备保养、维修的备品备件等物料，或保证企业正常运行的相关设备、耗材等物资)。

数据名称为 MTO Variant。

6.1.13 产品变体应用标识符 AI(20)

如果贸易项目的某些改变不足以需要重新分配一个 GTIN，或如果此变化仅仅与品牌所有者和代表品牌所有者的第三方有关，产品变体编码数据用于辨别标准贸易项目的变体。

产品变体仅限于品牌所有者和代表品牌所有者的第三方使用，并且不与任何贸易伙伴进行交易。如果需要根据 GTIN 的分配规则为产品变体分配一个新的 GTIN，将不能使用产品变体。

应用标识符“20”对应的编码数据的含义为贸易项目的变体号，编码数据格式见表 13。

表 13

AI	变体号
20	N_1 N_2

变体号:贸易项目之外的补充代码。一个特定的贸易项目只允许产生 100 个变体。产品变体应与同一项目的 GTIN 一起译码与处理。

数据名称为 VARIANT。

6.2 标识物流单元的应用标识符 AI(00)

应用标识符"00"对应的编码数据的含义为系列货运包装箱代码(Serial Shipping Container Code,简称 SSCC),编码数据格式见表 14。

表 14

AI	SSCC		
	扩展位	厂商识别代码 → ← 系列代码	校验码
00	N_1	N_2 N_3 N_4 N_5 N_6 N_7 N_8 N_9 N_{10} N_{11} N_{12} N_{13} N_{14} N_{15} N_{16} N_{17}	N_{18}

扩展位:用于增加 SSCC 内系列代码的容量。由编制 SSCC 的公司自行分配。

厂商识别代码:见 GB 12904。

系列代码:由厂商分配的系列号。

校验码:校验码的计算见附录 B。

数据名称为 SSCC。

注:对于 UPC 码 $N_2=0$。

6.3 标识资产的应用标识符

6.3.1 全球可回收资产应用标识符(Global Returnable Asset Identifier,简称 GRAI)AI(8003)

应用标识符"8003"对应的编码数据的含义为全球可回收资产代码,编码数据格式见表 15。

表 15

AI	GRAI		系列代码(可选项)
8003	厂商识别代码 → ← 资产类型代码 0 N_1 N_2 N_3 N_4 N_5 N_6 N_7 N_8 N_9 N_{10} N_{11} N_{12}	校验码 N_{13}	$X_1 \cdots X_j$ ($j \leqslant 16$)

厂商识别代码:资产的所有者的厂商识别代码,见 GB 12904。

资产类型:由资产的所有者分配的代码,惟一标识可回收资产的类型。

校验码:校验码的计算见附录 B。

系列代码为可选项,由资产的所有者分配。用于惟一标识特定资产类型中的单个资产。应用标识符对应的编码数据是字母数字字符,长度可变,最长 16 位。包括 GB/T 1988—1998 表 2 中的所有字符,参见附录 D。

全球可回收资产标识代码可以根据特定应用需求进行处理。

数据名称为 GRAI。

注:对于 UPC 码 $N_1=0$。

6.3.2 全球单个资产应用标识符(Global Individual Asset Identifier,简称 GIAI)AI(8004)

应用标识符"8004"对应的编码数据的含义为全球单个资产代码,用于惟一标识单个资产,编码数据格式见表 16。

表 16

AI	GIAI	
8004	厂商识别代码 →	← 单个资产项目代码
	$N_1 \cdots N_i$	$X_{i+1} \cdots X_j$ ($j \leqslant 30$)

厂商识别代码：资产的所有者的厂商识别代码，见 GB 12904。

单个资产项目代码由分配资产项目号码公司的厂商识别代码和单个资产项目代码组成。单个资产项目代码的结构与编码由厂商识别代码的所有者决定，其对应的编码数据是字母数字字符，长度可变，最长 30 位。包括 GB/T 1988—1998 表 2 中的所有字符，参见附录 D。

全球单个资产标识代码可以根据特定应用需求进行处理。

数据名称为 GIAI。

注 1：全球单个资产标识代码不用于标识贸易项目或物流单元，不能用于订购资产。全球单个资产标识代码可用于各参与方对资产的跟踪。

注 2：对于 UPC 码 $N_1=0$。

6.4 标识位置与路径信息的应用标识符

6.4.1 标识物理位置的全球位置码应用标识符 AI(414)

应用标识符“414”对应的编码数据的含义为标识物理位置的全球位置码，编码数据格式见表 17。

表 17

AI	厂商识别代码 → ← 位置参考代码	校验码
414	N_1 N_2 N_3 N_4 N_5 N_6 N_7 N_8 N_9 N_{10} N_{11} N_{12}	N_{13}

厂商识别代码：见 GB 12904。

位置参考代码由物理位置的所有者或使用者分配。

校验码：校验码的计算见附录 B。

标识物理位置的全球位置码可以单独处理，或者与相关的标识数据一起处理。

数据名称为 LOC NO.。

6.4.2 交货地全球位置码应用标识符 AI(410)

应用标识符“410”对应的编码数据的含义为交货地全球位置码，用于标识交货地的物理位置或法律实体，编码数据格式见表 18。

表 18

AI	厂商识别代码 → ← 位置参考代码	校验码
410	N_1 N_2 N_3 N_4 N_5 N_6 N_7 N_8 N_9 N_{10} N_{11} N_{12}	N_{13}

厂商识别代码，见 GB 12904。

位置参考代码由收件人的公司分配。

检验码：检验码的计算见附录 B。

交货地全球位置码可以单独使用，或与相关的标识数据一起使用。

数据名称为 SHIP TO LOC。

6.4.3 受票方全球位置码应用标识符 AI(411)

应用标识符“411”对应的编码数据的含义为受票方全球位置码，用于标识发票接收方的物理位置或法律实体，编码数据格式见表 19。

表 19

AI	厂商识别代码→ ←位置参考代码	校验码
411	N_1 N_2 N_3 N_4 N_5 N_6 N_7 N_8 N_9 N_{10} N_{11} N_{12}	N_{13}

厂商识别代码:见 GB 12904。

位置参考代码由受票方分配。

检验码:检验码的计算见附录 B。

受票方全球位置码可以单独使用,或与相关的标识数据一起使用。

数据名称为 BILL TO。

6.4.4 供货方全球位置码应用标识符 AI(412)

应用标识符"412"对应的编码数据的含义为供货方全球位置码,用于标识供货方的物理位置或法律实体,编码数据格式见表 20。

表 20

AI	厂商识别代码→ ←位置参考代码	校验码
412	N_1 N_2 N_3 N_4 N_5 N_6 N_7 N_8 N_9 N_{10} N_{11} N_{12}	N_{13}

厂商识别代码:见 GB 12904。

位置参考代码由贸易项目的供货方分配。

检验码:检验码的计算见附录 B。

供货方全球位置码可以单独使用,或与相关的标识数据一起使用。

数据名称为 PURCHASE FROM。

6.4.5 货物最终目的地全球位置码的标识符 AI(413)

应用标识符"413"对应的编码数据的含义为货物最终目的地全球位置码,用于标识货物最终目的地的物理位置或法律实体,编码数据格式见表 21。

表 21

AI	厂商识别代码→ ←位置参考代码	校验码
413	N_1 N_2 N_3 N_4 N_5 N_6 N_7 N_8 N_9 N_{10} N_{11} N_{12}	N_{13}

厂商识别代码:见 GB 12904。

位置参考代码由货物的最终接收方分配。

校验码见附录 B。

货物最终目的地全球位置码可以单独使用,或与相关的标识数据一起使用。

数据名称为 SHIP FOR LOC。

注:货物最终目的地全球位置码是收货方内部使用,承运商不使用。

6.4.6 同一邮政行政区域内交货地邮政编码应用标识符 AI(420)

应用标识符"420"对应的编码数据的含义为交货地地址的邮政编码(国内格式),编码数据格式见表 22。

表 22

AI	邮政编码
420	$X_1 \cdots X_j$ ($j \leqslant 20$)

邮政编码:由邮政部门定义的收件人的邮政编码。

同一邮政区域内交货地的邮政编码通常单独使用。

数据名称为 SHIP TO POST。

6.4.7 具有3位ISO国家(或地区)代码的交货地邮政编码应用标识符AI(421)

应用标识符“421”对应的编码数据的含义为交货地地址的邮政编码(国际格式),编码数据格式见表23。

表 23

AI	ISO国家(或地区)代码	邮政编码
421	N_1 N_2 N_3	$X_1 \cdots X_j (j \leqslant 12)$

ISO国家(或地区)代码 N_1 N_2 N_3 为GB/T 2659中的国家和地区名称代码。

邮政编码:由邮政部门定义的收件人的邮政编码。

具有3位ISO国家(或地区)代码的交货地邮政编码通常单独使用。

数据名称为SHIP TO POST。

6.4.8 全球位置码(GLN)扩展部分应用标识符AI(254)

应用标识符“254”对应的编码数据的含义为全球位置码的扩展部分代码。AI(254)为可选择项,但是如果选择使用,则应与AI(414)一起使用。编码数据格式见表24。

表 24

AI	GLN扩展部分
254	$X_1 \cdots X_j (j \leqslant 20)$

GLN扩展部分代码由与之一起使用的全球位置码的厂商识别代码的所有者分配。GLN扩展部分代码一经确定,在GLN的生命周期内不得改变。GLN扩展部分代码是GLN的一个属性,因此不应单独使用。

GLN扩展部分代码为字母数字字符,长度可变,最长20位。

数据名称为GLN EXTENSION。

6.4.9 路径代码应用标识符AI(403)

应用标识符“403”对应的编码数据的含义为路径代码,编码数据格式见表25。

表 25

AI	路径代码
403	$X_1 \cdots X_j (j \leqslant 30)$

路径代码由承运人分配,提供一个已经定义的国际多式联运方案的移动路径。

路径代码为字母数字字符,长度可变,最长30位。包含GB/T 1988—1998表2中的所有字符,参见附录D。其内容与结构由分配代码的运输商确定。如果运输商希望与其他运输商达成合作协议,则需要一个多方认可的指示符指示路径代码的结构。

路径代码应与同一单元的SSCC一起使用。

数据名称为ROUTE。

6.5 标识服务关系的应用标识符

6.5.1 全球服务关系代码(Global Service Relation Number,简称GSRN)的应用标识符AI(8018)

全球服务关系代码用于标识服务关系中服务的接受方。

应用标识符“8018”对应的编码数据的含义为全球服务关系代码,编码数据格式见表26。

表 26

AI	GSRN	
	厂商识别代码 → ← 服务项目代码	校验码
8018	N_1 N_2 N_3 N_4 N_5 N_6 N_7 N_8 N_9 N_{10} N_{11} N_{12} N_{13} N_{14} N_{15} N_{16} N_{17}	N_{18}

厂商识别代码：见 GB 12904。

服务项目代码：由服务的提供方分配，其结构和内容由具体服务的提供方决定。

校验码见附录 B。

服务关系代码可以根据特定应用需求处理。

数据名称为 GSRN。

6.6 用于可追溯性的应用标识符

6.6.1 批号应用标识符 AI(10)

批号是与贸易项目相关的数据信息，用于产品追溯。批号数据信息可涉及贸易项目本身或其所包含的项目，如一个产品的组号、班次号、机器号、时间或内部的产品代码等。

应用标识符"10" 对应的编码数据的含义为贸易项目的批号代码，编码数据格式见表 27。

表 27

AI	批号
10	$X_1 \cdots X_j$ ($j \leqslant 20$)

批号为字母数字字符，长度可变，最长 20 位。包含 GB/T 1988—1998 表 2 中的所有字符，参见附录 D。

批号应与贸易项目的 GTIN 一起使用。

数据名称为 BATCH/LOT。

6.6.2 系列号应用标识符 AI(21)

系列号是分配给一个实体永久性的系列代码，与 GTIN 结合惟一标识每个单独的项目。

应用标识符"21"对应的编码数据的含义为贸易项目的系列号，应用标识编码数据串格式见表 28。

表 28

AI	系列号
21	$X_1 \cdots X_j$ ($j \leqslant 20$)

系列号由制造商分配，为字母数字字符，长度可变，最长 20 位。包含 GB/T 1988—1998 表 2 中的所有字符，参见附录 D。

系列号应与贸易项目的 GTIN 一起使用。

数据名称为 SERIAL。

6.6.3 二级系列号应用标识符 AI(250)

当 AI(21)及其编码数据标识贸易项目的系列号时，AI(250)标识一个贸易项目的某个部件的二级系列号码。AI(250)应与 AI(01)，AI(21)一起使用。一个特定的 GTIN 只允许包含一个 AI(250)编码数据。例如：

AI(01)表示贸易项目的 GTIN

AI(21)表示贸易项目的系列号

AI(250)表示贸易项目中一个部件的系列号。

应用标识符"250"对应的编码数据的含义为贸易项目的二级系列号，编码数据格式见表 29。

表 29

AI	二级系列号
250	$X_1 \cdots X_j$ ($j \leqslant 30$)

二级系列号编码数据为字母数字字符，长度可变，最长 30 位。包含 GB/T 1988—1998 表 2 中的所有字符，参见附录 D。

数据名称为 SECONDARYSERIAL。

6.6.4 **源实体参考代码应用标识符 AI(251)**

源实体参考代码是贸易项目的一个属性,用于追溯贸易项目的初始来源。例如,源自某个牛胴体的各种产品,其源头是一只活牛。采用此应用标识编码数据能够对源自该活牛的产品溯源,一旦发现它受到污染,所有来自该牛身上的其他产品都要被隔离。

应用标识符"251"对应的编码数据的含义为贸易项目的源实体参考代码,编码数据格式见表 30。

表 30

AI	源实体参考代码
251	$X_1 \cdots X_j$ ($j \leqslant 30$)

源实体参考代码为数字字符,长度可变,最长 30 位。包含 GB/T 1988—1998 表 2 中的所有字符,参见附录 D。

源实体参考代码应与贸易项目的 GTIN 一起使用。

数据名称为 REF. TO SOURCE。

6.7 **标识日期的应用标识符**

6.7.1 **生产日期应用标识符 AI(11)**

生产日期是指生产、加工或组装的日期,由制造商确定。

应用标识符"11"对应的编码数据的含义为贸易项目的生产日期,编码数据格式见表 31。

表 31

AI	生产日期		
	年	月	日
11	N_1 N_2	N_3 N_4	N_5 N_6

年:以 2 位数字表示,不可省略。例如 2003 年为 03。

月:以 2 位数字表示,不可省略。例如 1 月为 01。

日:以 2 位数字表示,例如某月的 2 日为 02。如果无须表示具体日子,填写 00。

生产日期应与贸易项目的 GTIN 一起使用。

数据名称为 PROD DATE。

注:生产日期的范围为过去的 49 年和未来的 50 年。世纪的确定参见附录 C。

6.7.2 **产品生产的日期与时间的应用标识符 AI(8008)**

产品生产和组装的日期和时间由制造商确定。

应用标识符"8008"对应的编码数据的含义为产品生产的日期与时间,编码数据格式见表 32。

表 32

AI	产品生产的日期与时间					
	年	月	日	时	分	秒
8008	N_1 N_2	N_3 N_4	N_5 N_6	N_7 N_8	N_9 N_{10}	N_{11} N_{12}

年:以 2 位数字表示,不可省略,例如 2003 年为 03。

月:以 2 位数字表示,不可省略,例如 1 月为 01。

日:以 2 位数字表示,不可省略,例如某月的 2 日为 02。

时:以 2 位数字表示当地时间的小时数,不可省略。例如下午 2 点为 14。

分:以 2 位数字表示的分钟数,可以省略。

秒:以 2 位数字表示的秒数,可以省略。

产品生产的日期和时间应与贸易项目的 GTIN 一起使用。

数据名称为 PROD TIME。

注:此应用标识符的应用范围为过去 49 年和未来 50 年。世纪的确定参见附录 C。

6.7.3 **包装日期应用标识符 AI(13)**

应用标识符“13”对应的编码数据的含义为贸易项目的包装日期，编码数据格式见表 33。

表 33

AI	包装日期		
13	年	月	日
	N_1 N_2	N_3 N_4	N_5 N_6

年月日的表示方法见 6.7.1。

包装日期应与贸易项目的 GTIN 一起使用。

数据名称为 PACK DATE。

注：包装日期的范围为过去的 49 年和未来的 50 年。世纪的确定参见附录 C。

6.7.4 **保质期应用标识符 AI(15)**

应用标识符“15”对应的编码数据的含义为贸易项目的保质期，编码数据格式见表 34。

表 34

AI	保质期		
15	年	月	日
	N_1 N_2	N_3 N_4	N_5 N_6

年月日的表示方法见 6.7.1。

保质期应与贸易项目的 GTIN 一起使用。

数据名称为 BEST BEFORE 或 SELL BY。

注：保质期的范围为过去的 49 年和未来的 50 年。世纪的确定参见附录 C。

6.7.5 **有效期应用标识符 AI(17)**

应用标识符“17”对应的编码数据的含义为贸易项目的有效期，编码数据格式见表 35。

表 35

AI	有效期		
17	年	月	日
	N_1 N_2	N_3 N_4	N_5 N_6

年月日的表示方法见 6.7.1。

有效期应与贸易项目的 GTIN 一起使用。

数据名称为 USE BY 或 EXPIRY。

注：有效期的范围为过去的 49 年和未来的 50 年。世纪的确定参见附录 C。

6.8 **标识量度的应用标识符**

6.8.1 **物流量度应用标识符 AI(33nn,34nn,35nn,36nn)**

应用标识符“33nn,34nn,35nn,36nn”对应的编码数据的含义为物流单元或变量贸易项目的量度和计量单位。商品条码体系为物流量度提供国际单位制和其他量度单位的标准。原则上一个给定的物流单元只应采用一个物流量度单位。物流量度编码数据格式见表 36。

表 36

AI	量度值
A_1 A_2 A_3 A_4	N_1 N_2 N_3 N_4 N_5 N_6

应用标识符数字 A_1 到 A_3：指示物流量度的单位，见 A.4 和 A.5。

应用标识符数字 A_4：指示量度值中小数点右起的位置。示例见 6.1.7。

量度值：对应的编码数据为物流单元的量度值。

物流量度应与同一单元上的标识代码 SSCC 或变量贸易项目的 GTIN 一起使用。

数据名称见 A.4 和 A.5。

6.8.2 kg/m² 应用标识符 AI(337n)

应用标识符“337n”对应的编码数据的含义为贸易项目的 kg/m²，编码数据格式见表 37。

表 37

AI	kg/m²
337n	N_1 N_2 N_3 N_4 N_5 N_6

应用标识符数字 n：指示 kg/m² 中小数点右起的位置。示例见 6.1.7。

kg/m² 应与贸易项目的 GTIN 一起使用。

数据名称为 KG per m²。

6.9 标识各种参考代码的应用标识符

6.9.1 客户订购单代码应用标识符 AI(400)

应用标识符“400”对应的编码数据的含义为客户订购单代码，限于两个贸易伙伴之间使用，编码数据格式见表 38。

表 38

AI	客户订购单代码
400	$X_1 \cdots X_j$ ($j \leqslant 30$)

客户订购单代码：由发出订单的公司分配。客户订购单代码的结构与内容由客户决定。客户订购单代码为数字字母字符，长度可变，最长 30 位，包含 GB/T 1988—1998 表 2 中的所有字符，参见附录 D。例如，订购单代码可以包括发布号与行号。

客户订购单代码在适当的时候可单独处理，或与同一单元的编码数据一起处理。

数据名称为 ORDER NUMBER。

注：此单元离开客户场所之前，客户订购单代码应从单元中删除。

6.9.2 附加产品标识的应用标识符 AI(240)

附加产品标识代码由制造商分配。如企业内部使用的产品标识代码，应适时地转换到 GTIN 标识。AI(240)是一个过渡用的应用标识符，不可以替代 GTIN。

应用标识符“240”对应的编码数据的含义为贸易项目的附加产品标识代码，编码数据格式见表 39。

表 39

AI	附加产品标识代码
240	$X_1 \cdots X_j$ ($j \leqslant 30$)

附加产品标识代码为字母数字字符，长度可变，最长 30 位，包含 GB/T 1988—1998 表 2 中的所有字符，参见附录 D。附加产品标识代码的内容与结构由采用附加产品标识代码的公司确定。

数据名称为 ADDITIONAL ID。

6.9.3 客户方代码应用标识符 AI(241)

客户方代码由客户方分配，只限于贸易伙伴之间采用客户方代码订货时使用，并且贸易伙伴双方对转换到采用 GTIN 的时间达成共识。在转换过程中，贸易项目上 GTIN 与 AI(241)的应用是过渡性的。客户方代码不可以替代 GTIN。

应用标识符“241”对应的编码数据的含义为客户方代码，编码数据格式见表 40。

表 40

AI	客户方代码
241	$X_1 \cdots X_j$ ($j \leqslant 30$)

客户方代码为字母数字字符，长度可变，最长30位，包含GB/T 1988—1998表2中的所有字符，参见附录D。

数据名称为CUST. PART NO.。

6.9.4 货物托运代码应用标识符AI(401)

货物托运代码标识一个货物的逻辑组合(一个或多个物理实体)。货物托运代码由货运代理人、承运人或事先与货运代理人订立协议的发货人分配。货物托运代码由货物运输方的厂商识别代码和实际委托信息组成。

应用标识符"401"对应的编码数据的含义为货物托运代码，编码数据格式见表41。

表41

AI	货物托运代码	
	厂商识别代码	委托信息
401	$N_1 \cdots N_i$	$X_{i+1} \cdots X_j$ ($j \leqslant 30$)

厂商识别代码：见GB 12904。

货物托运代码为字母数字字符，长度可变，最长30位，包含GB/T 1988—1998表2中的所有字符，参见附录D。委托信息的结构由货物托运代码的使用者确定。

货物托运代码在适当的时候可以单独处理，或与出现在同一单元上的其他编码数据一起处理。

数据名称为CONSIGNMENT。

注：如果生成一个新的货物托运代码，在此之前的货物托运代码应从物理单元中去掉。

6.9.5 装运标识代码应用标识符AI(402)

装运标识代码(提货单)由发货人分配。它为一票运输货载提供了全球惟一的代码，标识物理实体的逻辑组合。它可为运输环节中的各方信息交换时使用，例如EDI报文中能够用于一票运输货载的代码和/或发货人的装货清单。

应用标识符"402"对应的编码数据的含义为装运标识代码，编码数据格式见表42。

表42

应用标识符	装运标识代码		
	厂商识别代码	发货方参考代码	校验码
402	N_1 N_2 N_3 N_4 N_5 N_6 N_7	N_8 N_9 N_{10} N_{11} N_{12} N_{13} N_{14} N_{15} N_{16}	N_{17}

厂商识别代码为发货方的厂商识别代码，见GB 12904。

发货方参考代码由发货方分配。

校验码：校验码的计算见附录B。

装运标识代码在适当的时候可以单独处理，或与出现在同一单元上的其他编码数据一起处理。

数据名称为SHIPMENT NO。

注：建议按顺序分配代码。

6.9.6 贸易项目原产国(或地区)应用标识符AI(422)

应用标识符"422"对应的编码数据的含义为贸易项目原产国(或地区)ISO代码，编码数据格式见表43。

表43

AI	ISO国家(或地区)代码
422	N_1 N_2 N_3

ISO国家(或地区)代码见GB/T 2659。

数据名称为 ORIGIN。

注：贸易项目原产国(或地区)通常是指贸易项目的生产或制造的国家(或地区)。

6.9.7 贸易项目初始加工国家(或地区)应用标识符 AI(423)

应用标识符“423”对应的编码数据的含义为贸易项目初始加工的国家(或地区)ISO 代码，编码数据格式见表 44。

表 44

AI	ISO 国家(或地区)代码
423	N_1 N_2 N_3…N_{15}

ISO 国家(或地区)代码见 GB/T 2659。

数据名称为 COUNTRY-INITIAL PROCESS。

注：贸易项目的初始加工国(或地区)通常是指贸易项目的生产或制造的国家(或地区)。然而，在某些应用中，如家畜饲养，最初的处理贸易项目的国家(或地区)可以最多包括 5 个不同国家(或地区)，所有国家(或地区)都应指出。

6.9.8 贸易项目加工国(或地区)应用标识符 AI(424)

应用标识符“424”对应的编码数据的含义为贸易项目加工的国家(或地区)ISO 代码，编码数据格式见表 45。

表 45

AI	ISO 国家(或地区)代码
424	N_1 N_2 N_3

ISO 国家(或地区)代码见 GB/T 2659。

数据名称为 COUNTRY-PROCESS。

6.9.9 贸易项目拆分国(或地区)应用标识符 AI(425)

应用标识符“425”对应的编码数据的含义为拆分贸易项目的国家(或地区)ISO 代码，编码数据格式见表 46。

表 46

AI	ISO 国家(或地区)代码
425	N_1 N_2 N_3

ISO 国家(或地区)代码见 GB/T 2659。

数据名称为 COUNTRY-DISASSEMBLY。

注：贸易项目的拆分方负责提供正确的 ISO 国家(或地区)代码。

6.9.10 全程加工贸易项目的国家(或地区)标识符 AI(426)

应用标识符“426”对应的编码数据的含义为全程加工贸易项目的国家(或地区)ISO 代码，编码数据格式见表 47。

表 47

AI	ISO 国家(或地区)代码
426	N_1 N_2 N_3

ISO 国家(或地区)代码见 GB/T 2659。

数据名称为 COUNTRY-FULLPROCESS。

注：如果此应用标识编码数据用于全程加工一个贸易项目，加工工作应发生在同一国家(或地区)内。这点在确定的应用中特别重要，如家禽牲畜(包括出生、饲养和屠宰等)，这些加工过程如果发生在不同的国家(或地区)，就不能采用 AI (426)。贸易项目的供应者负责分配正确的 ISO 国家(或地区)代码。

6.10 标识特殊应用的应用标识符

6.10.1 文件/单证

全球文件/单证类型代码应用标识符(Global Document Type Identifier,简称 GDTI)AI(253)。

应用标识符“253”对应的编码数据的含义为全球文件/单证类型代码,编码数据格式见表 48。

表 48

AI	GDTI			系列组件代码(可选项)
253	厂商识别代码 → N_1 N_2 N_3 N_4 N_5 N_6 N_7	← 文件/单证类型 N_8 N_9 N_{10} N_{11} N_{12}	校验码 N_{13}	$N_1 \cdots N_j$ ($j \leqslant 17$)

厂商识别代码:见 GB 12904。

文件类型:由文件/单证的颁布者分配。

校验码:见附录 B。

系列组件代码为可选项,是分配给单个文件/单证的永久代码,由文件/单证的颁布者分配,惟一标识一个单个的文件/单证。系列组件编码数据是数字字符,长度可变,最长 17 位。

数据名称为 DOC. ID。

注:对于 UPC 码 $N_1=0$。

6.10.2 卷状产品

卷状产品应用标识符 AI(8001)

由于生产方式的缘故,有些卷状产品不能按照已有的标准计数。因此,卷状产品按变量项目处理。在这种情况下,卷状产品的标识由 GTIN 标识代码和可变的属性编码数据组成。卷状产品(如一种类型的纸)由 GTIN-14 标识,可变属性包括特定项目的特殊信息。

应用标识符“8001”对应的编码数据的含义为卷状产品的量值,编码数据格式见表 49。

表 49

AI	卷状产品的变量值				
8001	N_1 N_2 N_3 N_4	N_5 N_6 N_7 N_8 N_9	N_{10} N_{11} N_{12}	N_{13}	N_{14}

卷状产品 N_1 至 N_{14} 的变化值由下列数字组成:

N_1 到 N_4　以毫米计量的卷宽

N_5 到 N_9　以米计量的实际长度

N_{10} 到 N_{12}　以毫米计量的内径

N_{13}　缠绕方向(面朝外为 0,面朝里为 1,未确定为 9)

N_{14}　拼接数(0~8 为实际数,9 为未知数)

卷状产品的可变属性应与贸易项目的 GTIN 一起使用。

数据名称为 DIMENSIONS。

6.10.3 蜂窝移动电话

蜂窝移动电话应用标识符 AI(8002)

应用标识符“8002”对应的编码数据的含义为蜂窝移动电话的系列号码,编码数据格式见表 50。

表 50

AI	系列号码
8002	$X_1 \cdots X_j$ ($j \leqslant 20$)

系列号码是数字字母字符,长度可变,最长 20 位,包括 GB/T 1988—1998 表 2 中所含全部字符。

参见附录D。系列号码通常由一个或多个国家的权威部门分配。系列代码是在给定的职权范围内，为特定的控制目的而对每个移动电话进行的惟一标识。系列号码不作为贸易项目的标识属性。

蜂窝移动电话系列号码可以根据特定的应用需求进行处理。

数据名称为 CMT NO。

6.10.4 付款单

6.10.4.1 开票方全球位置码应用标识符 AI(415)

应用标识符“415”对应的编码数据的含义为开票方的全球位置码，编码数据格式见表51。

表 51

AI	厂商识别代码 → ← 位置参考代码	校验码
415	N_1 N_2 N_3 N_4 N_5 N_6 N_7 N_8 N_9 N_{10} N_{11} N_{12}	N_{13}

厂商识别代码：见GB 12904。

位置参考代码由开票方分配。

校验码：校验码的计算见附录B。

开票方全球位置码应与同一付款单上的付款单代码AI(8020)一起使用。

数据名称为 PAY TO。

注：开票方全球位置码是付款单上的必备要素，与付款单代码一起惟一标识付款单。

6.10.4.2 国际银行账号代码(International Bank Account Number，简称 IBAN)应用标识符 AI(8007)

应用标识符“8007”对应的编码数据的含义为国际银行账号代码，编码数据格式见表52。

表 52

AI	国际银行账户代码
8007	$X_1 \cdots X_j$ ($j \leqslant 30$)

国际银行账号代码定义见ISO 13616，表示付款单应传送的账号。开票方决定相应的银行账号号码。国际银行账号代码是字母数字字符，长度可变，最长30位，包括GB/T 1988—1998表2中的所有字符，参见附录D。

国际银行账号代码应与付款单代码和从同一付款单上得到的开票方的全球位置码一起使用。

数据名称为 IBAN。

6.10.4.3 付款单代码应用标识符 AI(8020)

应用标识符“8020”对应的编码数据的含义为付款单代码，编码数据格式见表53。

表 53

AI	付款单代码
8020	$X_1 \cdots X_j$ ($j \leqslant 25$)

付款单代码由开票方分配，与开票方的全球位置码一起惟一标识一个付款单。付款单代码是字母数字字符，长度可变，最长25位，包括GB/T 1988—1998表2中的所有字符，参见附录D。

付款单代码应与同一付款单上的开票方全球位置码一起使用。

数据名称为 REF NO。

6.10.4.4 单一货币区内应付款金额应用标识符 AI(390n)

应用标识符“390n”对应的编码数据的含义为单一货币区内应付款金额，编码数据格式见表54。

表 54

AI	应付款金额
390n	$N_1 \cdots N_j$ ($j \leqslant 15$)

应用标识符数字 n 指示小数点位置。示例见 6.1.7。

应付款金额：付款单中应付款的总额。应付款金额为数字字符，长度可变，最长 15 位。

单一货币区内应付款金额应与付款单代码和开票方全球位置码一起使用。

数据名称为 AMOUNT。

注：为有助于准确处理，建议采用 AI 391n 表示应付款金额。

6.10.4.5 具有 ISO 货币代码的应付款金额应用标识符 AI(391n)

应用标识符“391n”对应的编码数据的含义为具有 ISO 货币代码的应付款金额，编码数据格式见表 55。

表 55

AI	ISO 货币代码	应付款金额
391n	N_1 N_2 N_3	$N_4 \cdots N_j$ ($j \leqslant 18$)

应用标识符数字 n：指示小数点在应付款金额编码数据中的位置。示例见 6.1.7。

N_1 N_2 N_3：指示 GB/T 12406 中的货币代码。

$N_4 \cdots N_{18}$：付款单中应付款金额的总额。应付款金额为数字字符，长度可变，最长 18 位。

具有 ISO 货币代码的应付款金额应与付款单代码和开票方全球位置码一起使用。

数据名称为 AMOUNT。

6.10.4.6 付款截止日期标识符 AI(12)

应用标识符“12”对应的编码数据的含义为贸易项目的付款截止日期，编码数据格式见表 56。

表 56

AI	付款截止日期		
12	年	月	日
	$N_1 N_2$	$N_3 N_4$	$N_5 N_6$

年月日的表示方法见 6.7.1。

付款截止日期应与付款单代码和开票方全球位置码一起使用。

数据名称为 DUE DATE。

注：付款截止日期的范围为过去的 49 年和未来的 50 年。世纪的确定参见附录 C。

6.11 标识 GS1 美国优惠券的应用标识符

GS1-128 优惠券扩展代码标识符 AI(8100～8102)

应用标识符“8100～8102”对应的编码数据的含义为 GS1 的美国优惠券扩展代码，编码数据格式见表 57。

表 57

AI	填充位	UCC 前缀	出价代码	终止日期(月＋年)
8100		N_1	N_2 N_3 N_4 N_5 N_6	
8101		N_1	N_2 N_3 N_4 N_5 N_6	N_7 N_8 N_9 N_{10}
8102	0	N_2		

填充位“0”在 AI(8102)的应用中，使其对应的编码数据为偶数。

UCC 前缀：由一个前缀“0”和随后的公司代码组成。

出价代码：由发行者分配，用于一个特定促销的识别。

终止日期：表示优惠券兑换截止期。

6.12 医疗卫生行业产品二级数据标识符 AI(22)

应用标识符“22”对应的编码数据的含义为医疗卫生行业产品的二级数据，如数量、有效期和批号，应用标识符及其对应的编码数据格式见表 58。

表 58

AI	医疗卫生行业产品二级数据
22	$X_1 \cdots X_j (j \leqslant 29)$

数据名称为 QTY/DATE/BATCH。

6.13 标识区域应用的应用标识符

70 系列应用标识符是用于标识区域应用的应用标识符，它不能同时应用于多个部门并仅限于一个国家或地区的应用。

6.13.1 北约物资代码(NSN)标识符 AI(7001)

北约物资代码是为在北约联盟内供应的任何项目分配的代码。项目制造或项目设计的国家负责分配代码。

应用标识符“7001”对应的数据编码的含义为北约物资代码，应用标识符及其对应的编码数据格式见表 59。

表 59

AI	北约供应分类 →	分配国 →	连续号 →
7001	N_1 N_2 N_3 N_4	N_5 N_6	N_7 N_8 N_9 N_{10} N_{11} N_{12} N_{13}

北约物资代码应与贸易项目的 GTIN 一起使用。

数据名称为 NSN。

注：AI(7001)仅限于北约联盟供应范围内使用，并且要遵循北约联盟 135 委员会(AC/135)“北约集团法典”的规定。

6.13.2 联合国/欧洲经济委员会(UN/ECE)胴体肉与分割产品分类应用标识符 AI(7002)

应用标识符“7002”对应的编码数据的含义为 UN/ECE 胴体肉及其分割产品分类代码，编码数据格式见表 60。

表 60

AI	UN/ECE 产品分类
7002	$X_1 \cdots X_j (j \leqslant 30)$

UN/ECE 胴体肉及其分割产品代码是 GTIN 的一个属性，为数字字母字符，长度可变，最长 30 位。

UN/ECE 胴体肉及其分割产品分类应与贸易项目的 GTIN 一起使用。

数据名称为 MEAT CUT。

6.13.3 产品的有效日期和时间 AI(7003)

应用标识符“7003”对应的编码数据的含义为产品的有效日期和时间，编码数据格式见表 61。

表 61

AI	产品有效日期和时间				
	年	月	日	时	分
7003	N_1 N_2	N_3 N_4	N_5 N_6	N_7 N_8	N_9 N_{10}

产品的有效日期和时间由制造商确定，仅与短期和无需远距离运送的不超过规定时间范围的项目有关。AI(7003)的典型应用是在医院或药店，针对“生命期”短于一个单日专用的、定制的产品。生命期依据治疗药物的实质而变化。产品准确的有效日期和时间在制作加工结束时确定，并能够以产品 GTIN 的属性信息在产品标签上用条码表示出来。当商业上无需表示有效期至小时，甚至分钟时，应采用有效期的应用标识符 AI(17)。结构为：

年:以 2 位数字表示,不可省略,例如 2007 年为 07。

月:以 2 位数字表示,不可省略,例如 1 月份为 01。

日:以 2 位数字表示,不可省略,例如某月的 2 日为 02。

时:以 2 位数字表示当地时间的小时数,不可省略。例如下午 2 点为 14。

分:以 2 位数字表示的分钟数,可以省略。例如 15 分钟为 15。如果没有必要规定分钟,填写 00。例如 14 点整为 14:00。

产品有效期和时间应与贸易项目的 GTIN 一起使用。

数据名称为 EXPI TIME。

注:此应用标识符的应用范围为过去 49 年和未来 50 年。世纪的确定参见附录 C。

6.13.4 加工者批准号码应用标识符 AI(703s)

应用标识符"703s"对应的编码数据的含义为具有 3 位 ISO 国家(或地区)代码的加工者核准号码,编码数据格式见表 62。

表 62

AI	ISO 国家(或地区)代码	加工者核准号码
703s	N_1 N_2 N_3	$X_4 \cdots X_j$ ($j \leqslant 30$)

应用标识符的第四位 s 指示加工者的顺序。例如肉类供应链的顺序如下:

- 7030:屠宰场
- 7031:第一加工/分割场
- 7032 至 7039:第二至第九加工场/分割场

ISO 国家(或地区)代码表示加工者的国家(或地区)代码,见 GB/T 2659。

加工者核准号码是 GTIN 的一个属性,通常由一个国家或多个国家的权威部门分配,表示从事加工公司的批准号码。加工者核准号码为字母数字字符,长度可变,最长 30 位。

AI 703s 应与贸易项目的 GTIN 一起使用。

数据名称为 PROCESSOR＃S。

6.14 标识内部应用的应用标识符

6.14.1 贸易伙伴之间相互约定的信息应用标识符 AI(90)

应用标识符"90"对应的编码数据的含义为贸易伙伴之间相互约定的信息,编码数据格式见表 63。

表 63

AI	编码数据
90	$X_1 \cdots X_j$ ($j \leqslant 30$)

编码数据:表示两个贸易伙伴之间达成一致的信息。编码数据为字母数字字符,长度可变,最长 30 位。包括 GB/T 1988—1998 表 2 中的所有字符,参见附录 D。

由于编码数据可以包含任何信息,应依据贸易伙伴预先达成的协议处理。

数据名称为 INTERNAL。

重要提示:带有此应用标识编码数据的条码应从贸易伙伴权限之外的任何项目上删除。

注:数据名称可由数据的发布者规定。

6.14.2 公司内部信息应用标识符 AI(91～99)

应用标识符"91～99"对应的编码数据的含义为公司内部信息,编码数据格式见表 64。

表 64

AI	编码数据
A_1 A_2	$X_1 \cdots X_j$ ($j \leqslant 30$)

应用标识符数据 A_1A_2 为 91～99。

编码数据可以包括公司的任何内部信息。编码数据为字母数字字符，长度可变，最长 30 位。包括 GB/T 1988—1998 表 2 中的所有字符，参见附录 D。

数据名称为 INTERNAL。

重要提示：非公司内部信息不应使用 AI91～99。

注：数据名称可由数据的发布者规定。

附　录 A
（规范性附录）
商品条码　应用标识符的含义、格式、数据名称及章条索引

A.1　所有应用标识符

表 A.1

AI	含义	格　式	数据名称	章条索引
00	系列货运包装箱代码	n2+n18	SSCC	6.2
01	全球贸易项目代码	n2+n14	GTIN	6.1.1(2)
02	物流单元内贸易项目的 GTIN	n2+n14	CONTENT	6.1.3(4)
10	批号	n2+an...20	BATCH/LOT	6.6.1
11	生产日期(YYMMDD)	n2+n6	PROD DATE	6.7.1
12	付款截止日期(YYMMDD)	n2+n6	DUE DATE	6.10.4.6
13	包装日期(YYMMDD)	n2+n6	PACK DATE	6.7.3
15	保质期(YYMMDD)	n2+n6	BEST BEFORE 或 SELL BY	6.7.4
17	有效期(YYMMDD)	n2+n6	USE BY 或 EXPIRY	6.7.5
20	产品变体	n2+n2	VARIANT	6.1.13
21	系列号	n2+an...20	SERIAL	6.6.2
22	医疗卫生行业产品二级数据	n2+an...29	QTY/DATE/BATCH	6.12
240	附加产品标识	n3+an...30	ADDITIONAL ID	6.9.2
241	客户方代码	n3+an...30	CUST. PART NO.	6.9.3
242	定制产品代码	n3+n...6	MTO Variat	6.1.12
250	二级系列号	n3+an...30	SECONDARY SERIAL	6.6.3
251	源实体参考代码	n3+an...30	REF. TO SOURCE	6.6.4
253	全球文件/单证类型代码	n3+n13+n...17	DOC. ID	6.10.1
254	GLN 扩展部分代码	n3+an...20	GLN EXTENSION	6.4.8
30	可变数量	n2+n...8	VAR. COUNT	6.1.6
310n～369n	贸易与物流量度	n4+n6		
337n	kg/m²	n4+n6	KG per m²	6.8.2
37	物流单元内贸易项目数量	n2+n...8	COUNT	6.1.5
390n	单一货币区内应付款金额	n4+n...15	AMOUNT	6.10.4.4
391n	具有 ISO 货币代码的应付款金额	n4+n3+n...15	AMOUNT	6.10.4.5
392n	单一货币区内变量贸易项目应付款金额	n4+n...15	PRICE	6.1.9
393n	具有 ISO 货币代码的变量贸易项目应付款金额	n4+n3+n...15	PRICE	6.1.10
400	客户订购单代码	n3+an...30	ORDER NUMBER	6.9.1
401	货物托运代码	n3+an...30	CONSIGNMENT	6.9.4
402	装运标识代码	n3+n17	SHIPMENT NO.	6.9.5
403	路径代码	n3+an...30	ROUTE	6.4.9
410	交货地全球位置码	n3+n13	SHIP TO LOC	6.4.2

表 A.1（续）

AI	含义	格　式	数据名称	章条索引
411	受票方全球位置码	n3＋n13	BILL TO	6.4.3
412	供货方全球位置码	n3＋n13	PURCHASE FROM	6.4.4
413	最终目的地全球位置码	n3＋n13	SHIP FOR LOC	6.4.5
414	标识物理位置的全球位置码	n3＋n13	LOC NO.	6.4.1
415	开票方全球位置码	n3＋n13	PAY TO	6.10.4.1
420	同一邮政行政区域内交货地邮政编码	n3＋an...20	SHIP TO POST	6.4.6
421	具有 3 位 ISO 国家(或地区)代码的交货地邮政编码	n3＋n3＋an...9	SHIP TO POST	6.4.7
422	贸易项目原产国(或地区)	n3＋n3	ORIGIN	6.9.6
423	贸易项目初始加工国家(或地区)	n3＋n3＋n...12	COUNTRY-INITIAL PROCESS	6.9.7
424	贸易项目加工国(或地区)	n3＋n3	COUNTRY-PROCESS	6.9.8
425	贸易项目拆分国(或地区)	n3＋n3	COUNTRY-DISASSEMBLY	6.9.9
426	全程加工贸易项目的国家(或地区)	n3＋n3	COUNTRY-FULL PROCESS	6.9.10
7001	北约物资代码	n4＋n13	NSN	6.13.1
7002	UN/ECE 胴体肉与分割产品分类	n4＋an...30	MEAT CUT	6.13.2
7003	产品的有效日期和时间	n4＋n8＋n...2	EXPI TIME	6.13.3
703s	具有 3 位 ISO 国家(或地区)代码的加工者核准号码	n4＋n3＋an...27	PROCESSOR＃S	6.13.4
8001	卷状产品	n4＋n14	DIMENSIONS	6.10.2
8002	蜂窝移动电话标识符	n4＋an...20	CMT NO	6.10.3
8003	全球可回收资产标识符	n4＋n14＋an...16	GRAI	6.3.1
8004	全球单个资产标识符	n4＋an...30	GIAI	6.3.2
8005	单价	n4＋n6	PRICE PER UNIT	6.1.8
8006	贸易项目组件的标识符	n4＋n14＋n2＋n2	GCTIN	6.1.11
8007	国际银行账号代码	n4＋an...30	IBAN	6.10.4.2
8008	产品生产的日期与时间	n4＋n8＋n...4	PROD TIME	6.7.2
8018	全球服务关系代码	n4＋n18	GSRN	6.5.1
8020	付款单代码	n4＋an...25	REF NO	6.10.4.3
8100	GS1-128 优惠券扩展代码-NSC＋Offer Code	n4＋n1＋n5		6.11
8101	GS1-128 优惠券扩展代码-NSC＋Offer Code＋end of offer code	n4＋n1＋n5＋n4		6.11
8102	GS1-128 优惠券扩展代码-NSC	n4＋n1＋n1		6.11
90	贸易伙伴之间相互约定的信息	n2＋an...30	INTERNAL	6.14.1
91～99	公司内部信息	n2＋an...30	INTERNAL	6.14.2

A.2 国际单位制贸易计量单位

表 A.2

AI	含义(格式 n6)	单位名称	单位符号	数据名称	章条索引
310n	净重	千克(公斤)	kg	NET WEIGHT	6.1.7
311n	长度或第一尺寸	米	m	LENGTH	6.1.7
312n	宽度、直径或第二尺寸	米	m	WIDTH	6.1.7
313n	深度、厚度、高度或第三尺寸	米	m	HEIGHT	6.1.7
314n	面积	平方米	m^2	AREA	6.1.7
315n	净体积、净容积	升	L	NET VOLUME	6.1.7
316n	净体积、净容积	立方米	m^3	NET VOLUME	6.1.7

A.3 非国际单位制贸易计量单位

表 A.3

AI	含义(格式 n6)	单位名称	单位符号	数据名称	章条索引
320n	净重	磅	lb	NET WEIGHT	6.1.7
321n	长度或第一尺寸	英寸	in	LENGTH	6.1.7
322n	长度或第一尺寸	英尺	ft	LENGTH	6.1.7
323n	长度或第一尺寸	码	yd	LENGTH	6.1.7
324n	宽度、直径或第二尺寸	英寸	in	WIDTH	6.1.7
325n	宽度、直径或第二尺寸	英尺	ft	WIDTH	6.1.7
326n	宽度、直径或第二尺寸	码	yd	WIDTH	6.1.7
327n	深度、厚度、高度或第三尺寸	英寸	in	HEIGHT	6.1.7
328n	深度、厚度、高度或第三尺寸	英尺	ft	HEIGHT	6.1.7
329n	深度、厚度、高度或第三尺寸	码	yd	HEIGHT	6.1.7
350n	面积	平方英寸	in^2	AREA	6.1.7
351n	面积	平方英尺	ft^2	AREA	6.1.7
352n	面积	平方码	yd^2	AREA	6.1.7
356n	净重	英两	oz(UK)	NET WEIGHT	6.1.7
357n	净体积、净容积(或净重)	盎司	oz(US)	NET VOLUME	6.1.7
360n	净体积、净容积	夸脱	qt	NET VOLUME	6.1.7
361n	净体积、净容积	加仑	gal(US)	NET VOLUME	6.1.7
364n	净体积、净容积	立方英寸	in^3	NET VOLUME	6.1.7
365n	净体积、净容积	立方英尺	ft^3	NET VOLUME	6.1.7
366n	净体积、净容积	立方码	yd^3	NET VOLUME	6.1.7

A.4 国际单位制物流计量单位

表 A.4

AI	含义(格式 n6)	单位名称	单位符号	数据名称	章条索引
330n	毛重	千克(公斤)	kg	GROSS WEIGHT	6.8.1
331n	长度或第一尺寸	米	m	LENGTH	6.8.1
332n	宽度、直径或第二尺寸	米	m	WIDTH	6.8.1
333n	深度、厚度、高度或第三尺寸	米	m	HEIGHT	6.8.1
334n	面积	平方米	m^2	AREA	6.8.1
335n	毛体积、毛容积	升	L	NET VOLUME	6.8.1
336n	毛体积、毛容积	立方米	m^3	NET VOLUME	6.8.1

A.5 非国际单位制物流计量单位

表 A.5

AI	含义(格式 n6)	单位名称	单位符号	数据名称	章条索引
340n	毛重	磅	lb	GROSS WEIGHT	6.8.1
341n	长度或第一尺寸	英寸	in	LENGTH	6.8.1
342n	长度或第一尺寸	英尺	ft	LENGTH	6.8.1
343n	长度或第一尺寸	码	yd	LENGTH	6.8.1
344n	宽度、直径或第二尺寸	英寸	in	WIDTH	6.8.1
345n	宽度、直径或第二尺寸	英尺	ft	WIDTH	6.8.1
346n	宽度、直径或第二尺寸	码	yd	WIDTH	6.8.1
347n	深度、厚度、高度或第三尺寸	英寸	in	HEIGHT	6.8.1
348n	深度、厚度、高度或第三尺寸	英尺	ft	HEIGHT	6.8.1
349n	深度、厚度、高度或第三尺寸	码	yd	HEIGHT	6.8.1
353n	面积	平方英寸	in^2	AREA	6.8.1
354n	面积	平方英尺	ft^2	AREA	6.8.1
355n	面积	平方码	yd^2	AREA	6.8.1
362n	毛体积、毛容积	夸脱	qt	VOLUME	6.8.1
363n	毛体积、毛容积	加仑	gal (US)	VOLUME	6.8.1
367n	毛体积、毛容积	立方英寸	in^3	VOLUME	6.8.1
368n	毛体积、毛容积	立方英尺	ft^3	VOLUME	6.8.1
369n	毛体积、毛容积	立方码	yd^3	VOLUME	6.8.1

附 录 B
（规范性附录）
校验码的计算

GS1 数据结构标准校验码的计算如下：

	数字位置																	
EAN/ UCC-8											N_1	N_2	N_3	N_4	N_5	N_6	N_7	N_8
UCC-12							N_1	N_2	N_3	N_4	N_5	N_6	N_7	N_8	N_9	N_{10}	N_{11}	N_{12}
EAN/UCC-13						N_1	N_2	N_3	N_4	N_5	N_6	N_7	N_8	N_9	N_{10}	N_{11}	N_{12}	N_{13}
EAN/UCC-14					N_1	N_2	N_3	N_4	N_5	N_6	N_7	N_8	N_9	N_{10}	N_{11}	N_{12}	N_{13}	N_{14}
18 digits	N_1	N_2	N_3	N_4	N_5	N_6	N_7	N_8	N_9	N_{10}	N_{11}	N_{12}	N_{13}	N_{14}	N_{15}	N_{16}	N_{17}	N_{18}
	每个位置乘以相应的数值																	
	×3	×1	×3	×1	×3	×1	×3	×1	×3	×1	×3	×1	×3	×1	×3	×1	×3	
	乘积结果求和																	
	以大于或等于求和结果数值 10 的整数倍数字减去求和结果，所得的值为校验码数值。																	

图 B.1

18 位编码数据校验码的计算实例																		
位置	N_1	N_2	N_3	N_4	N_5	N_6	N_7	N_8	N_9	N_{10}	N_{11}	N_{12}	N_{13}	N_{14}	N_{15}	N_{16}	N_{17}	N_{18}
没有校验码的数据	3	7	6	1	0	4	2	5	0	0	2	1	2	3	4	5	6	
步骤 1：乘以	×	×	×	×	×	×	×	×	×	×	×	×	×	×	×	×	×	
权数	3	1	3	1	3	1	3	1	3	1	3	1	3	1	3	1	3	
步骤 2：乘积	=	=	=	=	=	=	=	=	=	=	=	=	=	=	=	=	=	
结果求和	9	7	18	1	0	4	6	5	0	0	6	1	6	3	12	5	18	=101
步骤 3：以大于步骤 2 结果 10 的整数倍数字 110 减去步骤 2 的结果为校验码数值 9。																		
带有校验码的数据	3	7	6	1	0	4	2	5	0	0	2	1	2	3	4	5	6	9

图 B.2

附 录 C
（资料性附录）
数据中正确世纪的确定

数据中正确世纪的确定方法适用于以下应用标识编码数据的日期：

- 生产日期 AI (11)
- 付款截止日期 AI (12)
- 包装日期 AI (13)
- 保质期 AI (15)
- 有效期 AI (17)
- 产品生产的日期与时间 AI (8008)

由用户根据交易实施的情况决定特定的日期类型。可以根据应用日期的产品范围变化。

由于年份(N_1 N_2)包含 2 位数字，世纪的确定可按图 C.1 所示步骤进行。

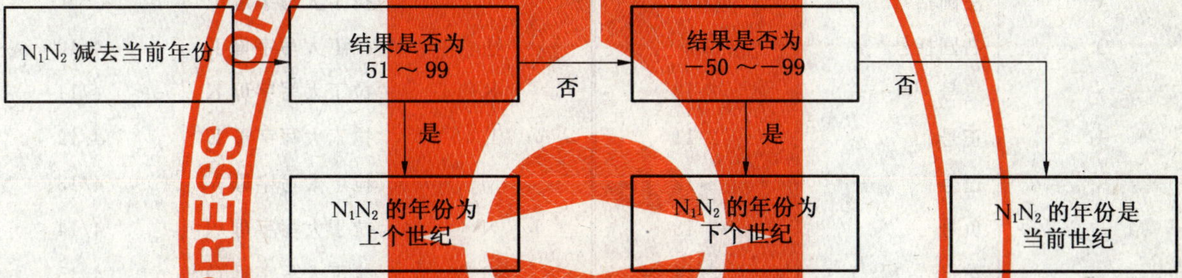

图 C.1

注：数据中的世纪仅指当前年份的前 49 年到当前年份后 50 年的范围。

附 录 D
（资料性附录）
惟一图形字符的分配

本图形字符的分配摘自 GB/T 1988—1998 中表 2，见表 D.1。

表 D.1

图形符号	名称	编码表示	图形符号	名称	编码表示
!	感叹号	2/1	D	拉丁大写字母 D	4/4
"	双引号	2/2	E	拉丁大写字母 E	4/5
%	百分比	2/5	F	拉丁大写字母 F	4/6
&	和	2/6	G	拉丁大写字母 G	4/7
'	撇号	2/7	H	拉丁大写字母 H	4/8
(	左圆括号	2/8	I	拉丁大写字母 I	4/9
)	右圆括号	2/9	J	拉丁大写字母 J	4/10
*	星号	2/10	K	拉丁大写字母 K	4/11
＋	正号	2/11	L	拉丁大写字母 L	4/12
,	逗号	2/12	M	拉丁大写字母 M	4/13
—	负号	2/13	N	拉丁大写字母 N	4/14
.	句点	2/14	O	拉丁大写字母 O	4/15
/	斜线	2/15	P	拉丁大写字母 P	5/0
0	数字 0	3/0	Q	拉丁大写字母 Q	5/1
1	数字 1	3/1	R	拉丁大写字母 R	5/2
2	数字 2	3/2	S	拉丁大写字母 S	5/3
3	数字 3	3/3	T	拉丁大写字母 T	5/4
4	数字 4	3/4	U	拉丁大写字母 U	5/5
5	数字 5	3/5	V	拉丁大写字母 V	5/6
6	数字 5	3/6	W	拉丁大写字母 W	5/7
7	数字 7	3/7	X	拉丁大写字母 X	5/8
8	数字 8	3/8	Y	拉丁大写字母 Y	5/9
9	数字 9	3/9	Z	拉丁大写字母 Z	5/10
:	冒号	3/10	_	下横线	5/15
;	分号	3/11	a	拉丁小写字母 a	6/1
＜	小于记号	3/12	b	拉丁小写字母 b	6/2
＝	等于记号	3/13	c	拉丁小写字母 c	6/3
＞	大于记号	3/14	d	拉丁小写字母 d	6/4
?	问号	3/15	e	拉丁小写字母 e	6/5
A	拉丁大写字母 A	4/1	f	拉丁小写字母 f	6/6
B	拉丁大写字母 B	4/2	g	拉丁小写字母 g	6/7
C	拉丁大写字母 C	4/3	h	拉丁小写字母 h	6/8

表 D.1（续）

图形符号	名称	编码表示	图形符号	名称	编码表示
i	拉丁小写字母 i	6/9	r	拉丁小写字母 r	7/2
j	拉丁小写字母 j	6/10	s	拉丁小写字母 s	7/3
k	拉丁小写字母 k	6/11	t	拉丁小写字母 t	7/4
l	拉丁小写字母 l	6/12	u	拉丁小写字母 u	7/5
m	拉丁小写字母 m	6/13	v	拉丁小写字母 v	7/6
n	拉丁小写字母 n	6/14	w	拉丁小写字母 w	7/7
o	拉丁小写字母 o	6/15	x	拉丁小写字母 x	7/8
p	拉丁小写字母 p	7/0	y	拉丁小写字母 y	7/9
q	拉丁小写字母 q	7/1	z	拉丁小写字母 z	7/10

ICS 03.120.99
A 90

GB

中华人民共和国国家标准

GB/T 17000—2009
代替 GB/T 17000—1997

全息防伪产品通用技术条件

Universal technical requirements of holographic anti-counterfeiting products

2009-05-06 发布　　2009-11-01 实施

中华人民共和国国家质量监督检验检疫总局
中国国家标准化管理委员会　发布

前言

本标准代替 GB/T 17000—1997《防伪全息产品通用技术条件》。

本标准与 GB/T 17000—1997 相比主要变化如下：

——标准名称由原《防伪全息产品通用技术条件》修订为《全息防伪产品通用技术条件》。

——修改了标准范围。将标准范围修改为：适用于全息防伪产品，包括全息防伪标识、全息防伪膜、全息防伪纸、全息防伪条(线)等(见第 1 章)。

——修订“定义”为“术语和定义”，修改了部分术语，并新增术语 21 条(见第 3 章)。

——修改了全息技术的分类内容，确立“按产品类型分类”和“按设计制版全息技术分类”的分类方法(见第 4 章)。

——修订“防伪层次”、“防伪力度”和“产品技术要求”的内容，修改为“防伪特性”和“产品质量”两个方面的要求，即 1997 年版标准中的三章合并，统一修改为“要求”，重点研究制定“防伪特性”内容(1997 年版的第 5 章“防伪层次”、第 6 章“防伪力度”和第 7 章“产品技术要求”，本版的第 5 章“要求”)。

——修订产品试验方法，修改为“试验和检验方法”(1997 年版的第 8 章，本版的第 6 章)。

——修订产品检验规则，修改为“验收规则”(1997 年版的第 9 章“产品检验规则”，本版的第 7 章“验收规则”)。

——修订“安全措施”和“标志、包装、运输、贮存”的内容，两章合并，修改为“标志、包装、运输、贮存和安全措施”(1997 年版的第 10 章“安全措施”、第 11 章“标志、包装、运输、贮存”，本版的第 8 章“标志、包装、运输、贮存和安全措施”)。

——增加环保、卫生要求(见第 9 章)。

——增加规范性附录 A“显性全息防伪识别特征及验证方法”。

——增加规范性附录 B“隐性全息防伪识别特征及验证方法”。

——增加规范性附录 C“彩虹全息防伪产品衍射效率、信噪比的测试方法”。

——增加规范性附录 D“点阵全息防伪产品衍射效率的测试方法”。

本标准的附录 A、附录 B、附录 C、附录 D 为规范性附录。

本标准由全国防伪标准化技术委员会(SAC/TC 218)提出并归口。

本标准起草单位：北方九星全息制品有限公司、国家防伪产品质量监督检验中心、深圳大学反光材料厂、深圳九星印刷包装集团有限公司、广东东南薄膜科技股份有限公司、北京三友防伪商标印刷有限公司、中国印钞造币总公司、中国印钞造币总公司特种防伪科技公司、国家防伪工程技术研究中心。

本标准起草人：王振亮、刘克夫、王笑冰、蒋树青、陈松青、哈流柱、程海燕、裴文、栾欣、王晓利、陈汝钧。

本标准所代替标准的历次版本发布情况为：

——GB/T 17000—1997。

全息防伪产品通用技术条件

1 范围

本标准规定了全息防伪产品的术语和定义,分类,要求,试验和检验方法,验收规则,标志、包装、运输、贮存和安全措施以及环保、卫生要求。

本标准适用于全息防伪产品,包括全息防伪标识、全息防伪膜、全息防伪纸、全息防伪条(线)等。

2 规范性引用文件

下列文件中的条款通过本标准的引用而成为本标准的条款。凡是注日期的引用文件,其随后所有的修改单(不包括勘误的内容)或修订版均不适用于本标准,然而,鼓励根据本标准达成协议的各方研究是否可使用这些文件的最新版本。凡是不注日期的引用文件,其最新版本适用于本标准。

GB/T 2828.1 计数抽样检验程序 第1部分:按接收质量限(AQL)检索的逐批检验抽样计划(GB/T 2828.1—2003,ISO 2859-1:1999,IDT)

GB/T 2829 周期检验计数抽样程序及表(适用于对过程稳定性的检验)

GB/T 18733—2002 防伪全息纸

GB/T 18734—2002 防伪全息烫印箔

GB/T 19425—2003 防伪技术产品通用技术条件

GB/T 22258—2008 防伪标识通用技术条件

GB/T 23808—2009 全息防伪膜

3 术语和定义

下列术语和定义适用于本标准。

3.1

全息防伪产品 holographic anti-counterfeiting product

采用全息防伪技术制造的,客观上能起到防止伪造,不易被仿制和复制,在一定范围内能准确鉴别真伪的防伪产品。

3.2

模压全息图 embossed hologram

采用模压工艺,将全息干涉条纹以浮雕结构的形式转移到基材(塑料薄膜、纸或其他材料)上而获得的全息图。

3.3

体积型反射全息图 volume reflection hologram

李普曼全息图 Lippmann hologram

采用反射全息照相技术和相应的感光材料(例如光聚合物、银盐材料等)作为记录介质获得的全息图。

3.4

点阵全息图 dot-matrix hologram

计算机点阵全息图 computer dot-matrix hologram

点阵全息图由点状光栅排列的点阵组成,采用计算机控制光栅点阵的排列方式、点状光栅的条纹方向和密度,以获得各种不同的视觉效果。

3.5

全息防伪标识　holographic anti-counterfeiting label

利用激光全息技术制成的防伪标识。

3.6

全息防伪膜　holographic anti-counterfeiting film

以塑料薄膜为基材，其上有全息图案，具有防伪功能的产品。

3.7

镀层全息防伪膜　coated holographic anti-counterfeiting film

带有反射镀层的全息防伪膜。常用的镀层有金属镀层和非金属镀层，带有金属镀铝层的通常称为镀铝全息防伪膜，带有非金属镀层的通常称为镀介质全息防伪膜。

3.8

无镀层全息防伪膜　non-coated holographic anti-counterfeiting film

没有反射镀层的全息防伪膜。

3.9

转移型全息防伪膜　transfer holographic anti-counterfeiting film

能用热转移或冷转移的方式，将其上全息信息转移到标的物上的全息防伪膜。

3.10

非转移型全息防伪膜　non-transfer holographic anti-counterfeiting film

不能将其上全息信息转移到标的物上的全息防伪膜。

3.11

透明全息防伪膜　transparent holographic anti-counterfeiting film

带有全息防伪图案局部或全部透明的防伪膜。

3.12

热收缩全息防伪膜　heat-shrinkable holographic anti-counterfeiting film

以热收缩塑料薄膜为基材的全息防伪膜。

3.13

烫印全息防伪膜　holographic anti-counterfeiting hot stamping film

烫印全息防伪箔　holographic anti-counterfeiting hot stamping foil

以塑料薄膜为基材，经涂布、镀膜、模压及分卷等工序而制成的一种具有防伪功能的全息烫印产品。

3.14

复合全息防伪膜　laminating holographic anti-counterfeiting film

以塑料薄膜为基材，能将这种膜完全复合到纸质材料上或多层复合在一起的全息防伪产品。

3.15

全息防伪纸　holographic anti-counterfeiting paper

以纸为基材，经涂布、模压等工序或转移等工艺方法而制成的全息防伪产品。

3.16

复膜全息防伪纸　laminating film holographic anti-counterfeiting paper

将复合全息防伪膜完全复合到纸质材料上而成的一种膜纸结合的全息防伪产品。

3.17

全息防伪条　holographic anti-counterfeiting strip

全息防伪线　holographic anti-counterfeiting thread

以全息防伪膜为基材，经过分切等后续加工成的条状或线状的全息防伪产品。

3.18

黑斑　black spot

由于模压辊或模压工作版上的缺陷等原因所造成的全息图上出现的暗点。

3.19

黄斑　yellow spot

镀铝层上轻微发黄的斑痕。

3.20

砂眼　pin holes

真空镀层时，由于各种原因造成的镀层薄膜缺陷。

3.21

版缝　plate gap

由模压工作版拼接造成模压产品有效版面内的缝隙。

3.22

水渍　stain

全息图母版在制作过程中因处理不当而由物理或化学因素引起的痕迹。

3.23

划痕　scratch

产品有效版面内有影响的划伤痕迹。

3.24

套色错位　color pattern positioning error

有共同的边界不同色彩图像的套准偏差。

3.25

模切中心偏差　cutting central error

图案中心与模切几何形状中心的偏差。

3.26

信噪比　signal to noise ratio

衍射光中再现图像的信号光强与噪声光强之比。

3.27

衍射效率　diffraction efficiency

衍射光中再现图像的信号光强与入射光强之比。

3.28

偏斜率　deflective error

成张全息防伪纸两对角线长度之差。

4　分类

4.1　按产品类型分类

4.1.1　全息防伪标识

a)　模压全息防伪标识，指粘贴类全息防伪标识和转移类全息防伪标识；

b)　体积型反射全息防伪标识。

4.1.2　全息防伪膜

4.1.2.1　按镀层分为：

a)　镀层全息防伪膜，指金属镀层全息防伪膜、介质镀层全息防伪膜；

b)　无镀层全息防伪膜，指无镀层的透明全息防伪膜。

4.1.2.2 按使用方式分为：

a) 转移型全息防伪膜，指烫印全息防伪膜(箔)、冷转移全息防伪膜；

b) 非转移型全息防伪膜，指复合全息防伪膜、热收缩全息防伪膜。

4.1.3 全息防伪纸

a) 转移型全息防伪纸；

b) 非转移型全息防伪纸，指复膜全息防伪纸等。

4.1.4 全息防伪条(线)

a) 全息防伪拉条(线)，用于塑料膜包装的封口处，如卷烟包装等；

b) 全息防伪封口条(线)，与其他材质的线捻在一起，用于袋式包装封口处的缝合；

c) 全息防伪安全条(线)，与标的物结合在一起的全息条或线。

4.2 按设计制版全息防伪技术分类

设计制版全息防伪技术一般包括以下几类：

a) 彩虹全息防伪技术；

b) 计算全息防伪技术；

c) 计算机辅助全息防伪技术；

d) 体积型反射全息防伪技术；

e) 光信息处理及光学变换全息防伪技术(含各种光学加密)；

f) 色彩控制及多通道合成全息防伪技术；

g) 脉冲全息防伪技术。

5 要求

5.1 防伪特性

5.1.1 防伪力度

5.1.1.1 防伪力度构成因素

全息防伪产品防伪力度由防伪识别特征数量、防伪技术独占性的数量、仿制难度和仿制成本大小四因素构成。各因素应达到的条件和要求为：

a) 全息防伪产品防伪力度中的防伪技术独占性的数量、仿制难度、仿制成本大小按 GB/T 19425—2003 中 5.1 的规定。

b) 全息防伪产品防伪力度中的防伪识别特征数量应不少于(含)两种。防伪识别特征分类和验证见 5.1.1.2 和 5.1.1.3。

5.1.1.2 全息防伪产品的防伪识别特征分类

5.1.1.2.1 全息防伪产品的防伪识别特征分显性全息防伪识别特征和隐性全息防伪识别特征。

5.1.1.2.2 显性全息防伪识别特征，无需借助仪器，感官能够识别。一般包括以下几类：

a) 彩虹全息；

b) 点阵全息；

c) 体积型反射全息；

d) 光透镜效果；

e) 同位异像；

f) 三维背景；

g) 多通道合成全息；

h) 消色全息。

5.1.1.2.3 隐性全息防伪识别特征，应借助工具或仪器才能够准确识别。一般包括以下几类：

a) 莫尔条纹；

b) 激光再现；

c) 缩微图文；

d) 机读特征。

5.1.1.3 全息防伪产品的防伪识别特征及验证

a) 显性全息防伪识别特征及验证方法见附录 A；

b) 隐性全息防伪识别特征及验证方法见附录 B。

5.1.2 身份惟一性

a) 全息防伪标识贴标的不可转移率应不小于 90%。

b) 全息防伪膜、全息防伪纸、全息防伪条(线)的身份惟一性由企业声明。

5.1.3 稳定期

防伪识别特征的稳定期按 GB/T 19425—2003 中 5.3 的规定。

5.1.4 识别性能

a) 显性识别特征，无需借助仪器，感官能够识别。

b) 隐性识别特征，应借助工具或仪器才能够准确识别。

c) 识别性能应满足 GB/T 19425—2003 中表 4 的要求。

5.1.5 使用适应性

全息防伪产品应注明使用范围或标的物的类型，使用适应性应能在其稳定期内满足标的物的要求。稳定期在具体产品标准或合同中规定。

5.1.6 使用环境

全息防伪产品的防伪性能在其稳定期内应能满足正常使用环境要求，或者用户在订货合同中向生产企业提出具体的要求。

5.1.7 技术安全保密性

a) 在设计、生产过程中，用于全息制版的计算机图形文件、墨图、掩模版及镍版应制定相应的技术安全保密管理制度；

b) 试验品、残次品等要及时销毁，并做好销毁记录；

c) 生产环境应满足封闭管理要求。

5.1.8 安全期

按 GB/T 19425—2003 中 5.8 的规定。

5.2 产品质量

5.2.1 外观质量

5.2.1.1 全息防伪标识的外观质量按 GB/T 22258—2008 中表 3 的规定。其中盘标的端面不平整度不大于 0.5 mm，盘卷松紧适度，每盘正常搬运 5 次以上不散盘。

5.2.1.2 全息防伪膜的外观质量按 GB/T 23808—2009 中表 1 的规定。

5.2.1.3 全息防伪纸的外观质量按 GB/T 18733—2002 中表 1 的规定，其中复膜全息防伪纸的外观质量还应符合表 1 的规定。

表 1 复膜全息防伪纸的外观质量

项目名称	质量要求
表面质量	光油涂布均匀一致，不能有气泡点、白点及雾状，无明显印痕和斑点
龟裂	轻微，但平视应不明显、不影响后续加工使用性能
裁切毛边	轻微，但平视应不明显、不影响后续加工使用性能
粘花	轻微，但平视应不明显、不影响后续加工使用性能

表 1（续）

项目名称	质量要求
黑点、亮点或麻点	不大于 1 mm 的黑点、亮点或麻点每格版面内小于或等于 8 个(主要部位小于或等于 5 个)，且分布不密集
黑或亮条纹	明显的黑或亮条纹每格版面内小于或等于 1 条，其余允许平视不明显
泡斑	直径不大于 3 mm 的泡斑每格版面内小于或等于 3 个，不允许有密集的泡斑点
刮痕	虽有较密集的细刮痕，但平视应不明显

5.2.1.4　全息防伪条(线)的外观质量要求应符合表 2 的规定。

表 2　全息防伪条(线)的外观质量

项目名称	质量要求
表面质量	表面平整，无皱折、暴筋，没有影响使用质量的系统性划痕和凹凸点
图像质量	图像清晰，色彩分明，亮度均匀

5.2.2　产品规格

5.2.2.1　全息防伪标识的模切中心偏差按 GB/T 22258—2008 中表 6 的规定。

5.2.2.2　全息防伪膜的产品规格按 GB/T 23808—2009 中表 2 的规定。

5.2.2.3　全息防伪纸的产品规格按 GB/T 18733—2002 中表 2 的规定，其偏斜率小于或等于 3 mm。

5.2.2.4　全息防伪条(线)产品线宽相对误差应小于或等于 10%。

5.2.3　产品特性指标

5.2.3.1　全息防伪标识的产品特性指标按 GB/T 22258—2008 中表 7 的规定。

5.2.3.2　镀层全息防伪膜的特性指标按 GB/T 23808—2009 中表 3 的规定，无镀层全息防伪膜的特性指标按 GB/T 23808—2009 中 5.2.3.2 的规定。

5.2.3.3　全息防伪纸的特性指标按 GB/T 18733—2002 中表 3 的规定。其中复膜全息防伪纸的膜纸复合程度，要求膜应牢固复合在纸上。

5.2.3.4　全息防伪条(线)的衍射效率应大于或等于 5%。

6　试验和检验方法

6.1　试验要求

6.1.1　试验环境

温度：23 ℃±5 ℃；相对湿度：30%～65%。

6.1.2　试样采取

全息防伪膜按 GB/T 18734—2002 中 7.1.2 的规定进行；全息防伪纸按 GB/T 18733—2002 中 7.1.2 的规定进行；其他产品的试样采取在具体产品标准或合同中规定。

6.1.3　试样预处理

在实验环境条件下，试样放置不少于 8 h。

6.2　防伪特性

6.2.1　防伪力度

按 GB/T 19425—2003 中 6.1 的规定进行，其中全息防伪识别特征的数量及内容按附录 A 和附录 B 提供的验证方法进行；附录 A 中未包含的项目可按生产企业提供的检验方法进行。

6.2.2　身份惟一性

6.2.2.1　全息防伪标识的不可转移率

将试样粘贴在对应的标的物上，未规定标的物的，应将试样粘贴在 80 克胶版纸上，在室温下放置

24 h后进行剥离检查。剥离后，试样被破坏的有效图案面积应不小于60%，试样不能再次使用。

6.2.2.2 全息防伪膜、全息防伪纸、全息防伪条(线)的身份惟一性

应根据生产企业给出的证明身份惟一性的识别特征，通过目测或借助专用仪器对其身份惟一性进行辨识。

6.2.3 稳定期

按照生产企业提供的相关检验方法进行。

6.2.4 识别性能

按GB/T 19425—2003中6.4的规定进行。

6.2.5 使用适应性

根据生产企业注明当批产品的使用范围，按照生产企业和用户合同中规定的检验方法进行。

6.2.6 使用环境要求

根据生产企业提出的使用环境，按照生产企业和用户合同中规定的检验方法进行。

6.2.7 技术安全保密性

按GB/T 19425—2003中6.7的规定进行。

6.2.8 安全期

按GB/T 19425—2003中6.8的规定进行。

6.3 产品质量

6.3.1 外观质量

将试样放在平板玻璃上，距试样0.8 m处设置60 W钨灯光源，并以再现角进行照明，观察者借助放大镜、读数显微镜及相关检测工具进行观察或测量。

6.3.2 产品规格

6.3.2.1 全息防伪标识的模切中心偏差按GB/T 22258—2008中6.10的规定进行。

6.3.2.2 全息防伪膜的产品规格按GB/T 23808—2009中6.3.2的规定进行。

6.3.2.3 全息防伪纸的产品规格按GB/T 18733—2002中7.3的规定进行。将平张全息防伪纸放平，使用精度不小于0.01 mm的测量工具，直接测量偏斜率。

6.3.2.4 全息防伪条(线)的线宽误差应使用分度值为0.01 mm的测量工具直接测量。

6.3.3 特性指标

6.3.3.1 全息防伪标识的衍射效率、信噪比按附录C或附录D的规定执行，其他特性指标按GB/T 22258—2008中6.1.1的规定进行。

6.3.3.2 全息防伪膜的衍射效率、信噪比按附录C或附录D的规定执行，其他特性指标按GB/T 23808—2009中的6.3的规定进行。

6.3.3.3 全息防伪纸的衍射效率、信噪比按附录C或附录D的规定执行，其他特性指标按GB/T 18733—2002中7.4的规定进行，其中复膜全息防伪纸的膜纸复合程度应沿其边缘用手直接进行剥离。

6.3.3.4 全息防伪条(线)的衍射效率按附录C的规定执行。

7 验收规则

7.1 检验种类

检验分为型式检验和出厂检验。

7.2 型式检验

型式检验应按照本标准中规定的技术要求进行全项检验，在需要时应增加例行试验的相关项目。在以下情况需进行型式检验：

a) 新产品或者产品转厂生产时；

b) 如材料、工艺、配方等有较大改变,考核对产品性能影响时;

c) 正常生产过程中,定期或积累一定产量后,考核产品质量稳定性时;

d) 产品长期停产后,恢复生产时;

e) 出厂检验结果与上次型式检验结果有较大差异时;

f) 国家质量监督机构提出进行型式检验要求时。

7.3 出厂检验

出厂检验以一次交货为一批,逐批检验。出厂检验项目包括防伪力度(见5.1.1)和外观质量(见5.2.1)、产品规格(见5.2.2)。

7.4 抽样方案及合格判定

a) 出厂检验的抽样方案按GB/T 2828.1中一般检验水平为Ⅱ的正常检验一次抽样方案进行,合格质量水平(AQL)应按受检项目的缺陷性质,取不同数值。对于可能造成重缺陷的受检项目,AQL取1.5,对于轻缺陷受检项目,AQL值取6.5。

b) 型式检验的抽样方案按GB/T 2829中一般检验水平为Ⅰ的正常检验一次抽样方案进行,RQL取30。

c) 根据抽样方案规定的合格判定数和不合格判定数分别判定各项指标是否合格,若符合则判定该批产品合格;否则,判定该批产品不合格。

8 标志、包装、运输、贮存和安全措施

8.1 标志

产品出厂时在外包装或产品合格证上应有下列标志:

a) 产品名称及编号。

b) 产品规格、数量、批号。

c) 生产者名称、地址。

d) 生产日期。

e) 产品生产所依据的标准编号和名称。

f) 生产许可证编号。

g) 国家法律法规和相关政策要求标注的内容。

8.2 包装

按GB/T 19425—2003中8.2的规定。

8.3 运输

运输时应防晒、防潮,不可重压,不得与化学品和污染品混合装运。搬运时不允许将产品从高处扔下,严防碰撞、叉车擦损。

8.4 贮存

应贮存在通风、防潮和防火的仓库内。仓库内的室温和相对湿度应满足全息防伪产品的贮存要求,贮存期应保证全息防伪产品的品质不受影响。

8.5 安全措施

全息防伪产品在生产、运输、贮存等过程中,企业应制定安全保密措施,并有效执行。

9 环保、卫生

全息防伪产品的生产、销售应符合国家相关环保、卫生标准的要求。

附 录 A
（规范性附录）
显性全息防伪识别特征及验证方法

A.1 验证条件

A.1.1 光源

白光点光源。

A.1.2 光源入射方向

点光源从试样上方倾斜入射，目视正向观察。

A.2 全息防伪识别特征

A.2.1 彩虹全息

A.2.1.1 多色（像面）彩虹全息

在像面内全息图像不同位置呈现不同颜色。

A.2.1.2 多色二维/三维图像

不同景深的图像显示不同的颜色。

A.2.1.3 三维全息

全息图像呈三维立体像。

A.2.1.4 真彩色

二维或三维再现像与实物色彩相似，称为真彩色。

A.2.2 点阵全息

A.2.2.1 放射-收缩状效果

改变观察方向，全息图像呈现放射-收缩动态变化。

A.2.2.2 旋转效果

改变观察方向，全息图案呈现平面旋转（如扇形）的动态变化。

A.2.2.3 二维超线全息

在像面内的精细超线图案呈多色彩虹。

A.2.2.4 流动型效果

试样经平移或旋转时，其全息图案有流动的视觉变化。

A.2.3 体积型反射全息

A.2.3.1 单色体积全息

用单波长记录的体积反射全息，全息图像为一种颜色，在垂直方向和水平方向观察可有立体效果。

A.2.3.2 真彩色体积反射全息

多种波长记录的体积反射全息，全息图像为多种颜色，在垂直方向和水平方向观察可有立体效果。

A.2.4 光透镜效果

A.2.4.1 凹、凸透镜

全息图像呈现凹透镜或凸透镜效果。

A.2.4.2 明码标记

通过透镜可以看到深层次的文字。

A.2.5 同位异像

转动试样时，在同一位置可先后看到不同的图文。

A.2.6 三维背景

在像面内，由于图像有微小的错位，视觉产生两个不同的景深或连续变化的景深，使图文呈现立体感。

A.2.7 多通道合成全息

A.2.7.1 立体像效果

试样绕垂直轴向转动时，单眼观察可见图像的不同侧面，双眼观察视觉图像为转动着的立体像。

A.2.7.2 连续动作效果

转动试样时，全息图像具有连续动作的动画效果。

A.2.8 消色全息

A.2.8.1 烧白

改变光入射方向时，图文显示相同的白色。

A.2.8.2 碎银

图案中显示有银色颗粒或片状物。

A.2.8.3 金属色

试样绕垂直轴转动时，不同部位先后由亮变暗，亮的部分具有金属颜色。

附　录　B
（规范性附录）
隐性全息防伪识别特征及验证方法

B.1　莫尔条纹

B.1.1　将专用解码片放在试样上，转动解码片至某一方位，应看到隐形图文显示。

B.1.2　将专用解码片放在试样上，转动解码片至相差 90°的两个方位，应看到两个隐形图文显示。

B.2　激光再现

B.2.1　用激光笔倾斜照射试样特定部位，在试样的衍射光方向显现特定图文。移动激光笔，可观察到动态图文。

B.2.2　用激光球面波倾斜照射试样，在试样的衍射光方向显现特定图文。

B.3　缩微图文

使用不小于 20 倍的显微镜观察试样，其中的微缩图文呈现彩虹效果。

B.4　机读特征

用专用的工具或仪器进行识读，能够显现特定的信息。

附　录　C
（规范性附录）
彩虹全息防伪产品衍射效率、信噪比[1]的测试方法

C.1　试验环境

暗室　温度：23 ℃±5 ℃；相对湿度：30%～65%。

C.2　试样预处理

在C.1试验环境条件下，试样放置不少于8 h。

C.3　衍射效率

C.3.1　检验原理

直接测量入射光光强 I_0 和衍射光光强（信号光强）I_S，按公式（C.1），计算得到衍射效率。

$$\eta = \frac{I_S}{I_0} \quad \cdots\cdots(C.1)$$

式中：

η——衍射效率；

I_S——衍射光光强（信号光强）；

I_0——入射光光强。

C.3.2　检验仪器

a)　激光器输出功率相对不稳定度小于或等于1%；测试点的光束直径小于或等于0.5 mm。

b)　光电接收系统接收面直径大于或等于6 mm。

c)　能有效接收衍射光的会聚系统。

d)　低倍望远镜。

C.3.3　试样制备

全息防伪标识：将试样贴于便于固定在万向台上的透明介质板上。

全息防伪膜、全息防伪纸，将其裁切成面积不小于20 mm×20 mm试样，贴在便于固定在万向台的介质板上。

全息防伪条（线）：将试样展平，贴于透明介质板上，为满足测试需要的面积，可以将展平的全息防伪条（线）拼接。

C.3.4　测试入射光强 I_0（见图C.1）

激光束直接照射在会聚光学系统上，测量经会聚光学系统射出光强 I_0，它表示去掉因会聚光学系统的吸收、散射、表面反射等造成光强损失后的入射光强。

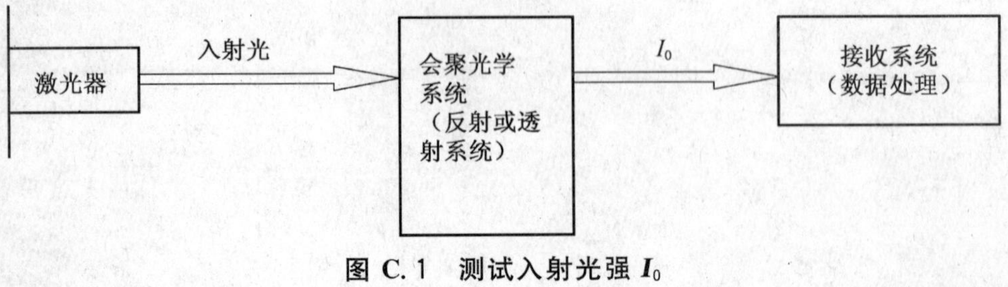

图C.1　测试入射光强 I_0

1)　体积型反射全息防伪产品的衍射效率、信噪比指标的检测，需根据产品再现光的要求，改变激光器的波长。

C.3.5　测试衍射光强 I_S(见图 C.2)

将试样正向(天头)沿 X 轴方向固定在万向架上,试样的正向(天头)向着入射光,被测点处的光栅应垂直于 X 轴,即试样的法线方向(Z 轴)。

激光束斜照射在试样全息光栅微元点处,改变 θ 角,在 Z 轴方向即试样法线方向上可接收到一个激光衍射图像(狭缝、点、图文等)S,直至该图像最亮,此时记录衍射光光强(信号光强)I_S。

会聚光学系统可采用反射方式,也可用透射方式。为了使衍射光的全部光能进入光电接收系统的接收面上而不损失,要求会聚光学系统入射处的口径大于衍射光形成的图像(狭缝、点、图文等)面积。

激光束斜入射在试样内,形成椭圆光斑,光斑短轴约 0.5 mm,长轴 0.5/cosθ(约 0.8 mm～1.2 mm),如果被测点全息光栅微元面积小于这个椭圆光斑,则要求激光束先经过一个倒置的低倍望远镜,以使激光束的直径小于光栅微元面积,再斜入射至试样。

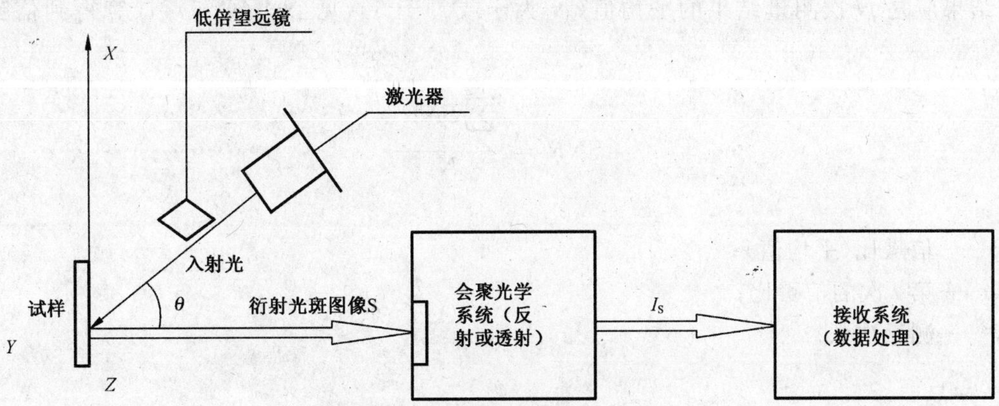

图 C.2　测试衍射光强 I_S

如果试样中有两个或两个以上不同空间深度的图案,则至少要分别测量一个像面图案和一个非像面图案的衍射效率。

C.3.6　检验结果

检验结果应是 N 次测量结果的平均值(N 大于或等于 3),见公式(C.2)、公式(C.3),计算得到像面图案衍射效率和非像面图案衍射效率。

$$\eta = \frac{\sum_{i=1}^{N} \eta_i}{N} \quad \cdots\cdots\cdots\cdots (C.2)$$

式中:

η——像面图案衍射效率;

η_i——第 i 次的像面图案衍射效率;

N——测量次数。

$$\eta' = \frac{\sum_{i=1}^{N} \eta'_i}{N} \quad \cdots\cdots\cdots\cdots (C.3)$$

式中:

η'——非像面图案衍射效率;

η'_i——第 i 次的非像面图案衍射效率;

N——测量次数。

C.4　信噪比

C.4.1　测试原理

测量噪声光强 I_N,按公式(C.4),计算得到信噪比。

$$SNR = \frac{I_S}{I_N} \quad \cdots\cdots\cdots\cdots (C.4)$$

式中：

SNR——信噪比；

I_S——衍射光光强(信号光强)；

I_N——噪声光强。

C.4.2 测试噪声光强 I_N

将试样移至没有光栅处(见图C.1)或在会聚光学系统入射面内，遮去衍射光斑(图像)后，此时光电接收器上的信号为噪声光强 I_N。

C.4.3 检验结果

检验结果应是 N 次测量结果的平均值(N 大于或等于3)，见公式(C.5)，计算得到信噪比(平均值)。

$$SNR = \frac{\sum_{i=1}^{N} SNR_i}{N} \quad \cdots\cdots\cdots\cdots (C.5)$$

式中：

SNR——信噪比(平均值)；

SNR_i——第 i 次的信噪比；

N——测量次数。

C.5 着色产品

检测蓝色和绿色全息产品的衍射效率和信噪比时，需根据产品的颜色改变激光器的波长。

附　录　D
（规范性附录）
点阵全息防伪产品衍射效率的测试方法

D.1　试验环境

暗室　温度：23 ℃±5 ℃；相对湿度：30%～65%。

D.2　试样预处理

在D.1试验环境条件下，试样放置不少于8 h。

D.3　衍射效率

D.3.1　检验原理

测量入射光光强 I_0 和衍射光光强（信号光强）I_S，按公式（D.1），计算得到衍射效率。

$$\eta = \frac{I_S}{I_0} \qquad \cdots\cdots\cdots\cdots\cdots\cdots\cdots\cdots\cdots（D.1）$$

式中：

η——衍射效率；

I_S——衍射光光强（信号光强）；

I_0——入射光光强。

D.3.2　检验仪器

a）激光器输出功率相对不稳定度小于或等于1%；测试点的光束直径小于或等于0.5 mm。

b）光电接收系统接收面直径大于或等于6 mm。

c）能有效接收衍射光的会聚系统。

d）低倍望远镜。

D.3.3　试样制备

全息防伪标识：将试样贴于便于固定在万向台上的透明介质板上。

全息防伪膜、全息防伪纸，将其裁切成面积不小于20 mm×20 mm试样，贴在便于固定在万向台的介质板上。

全息防伪条（线）：将试样展平，贴于透明介质板上，为满足测试需要的面积，可以将展平的全息防伪条（线）拼接。

D.4　测试衍射光光强（信号光强）I_S（见图D.1）

激光束经过全反射三棱镜的反射，照在被测试样处，零级光沿正反射方向行进，经过位于正中央三棱镜的阻挡，不能进入会聚系统，也不能到达光电接收器，在图中的聚光镜组前，由于三棱镜体积很小，使得正、负一级衍射光进入会聚镜组内，经光电接收器后被记录。聚光镜组的口径只能允许正、负一级的衍射光经过，而正、负二级及以上各级衍射光不能被接收，因此这里得到的光强是正、负一级的衍射光的叠加，实际值应为二分之一，即为衍射光光强（信号光强）I_S。

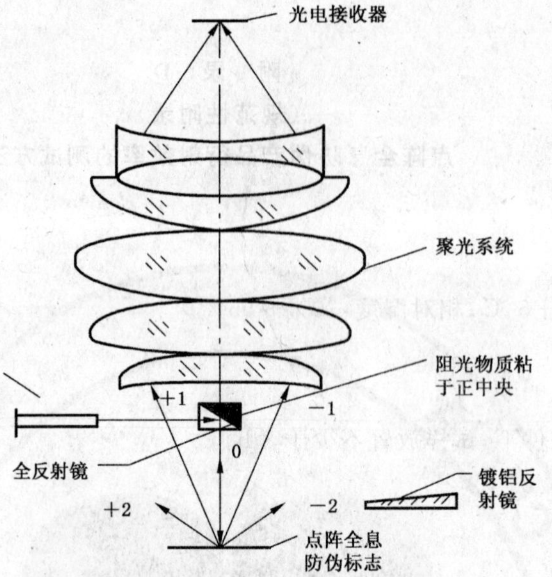

图 D.1 测试原理图

D.5 测试入射光光强 I_0

在被测试样处，移去被测件，放置一个反射率为 R 已知的楔形镀铝反射镜，激光束经过全反射三棱镜的反射，照在有一定倾斜角的镀铝反射镜上，反射光避开正中央三棱镜的阻挡，进入会聚系统，到达光电接收器，此值还应除以镀铝反射镜已知的反射率 R，记为等效入射光光强 I_0。

在测试 I_S 与 I_0 时，要考虑由光路及会聚系统的吸收、反射等损耗带来的影响，要求这个损耗尽可能一致，以减少测量误差。

D.6 检验结果

衍射效率应是 N 次测量结果的平均值（N 大于或等于 3），见公式（D.2），计算得到衍射效率（平均值）。

$$\eta = \frac{\sum_{i=1}^{N} \eta_i}{N} \qquad \cdots\cdots\cdots\cdots(\text{D.2})$$

式中：

η——衍射效率（平均值）；

η_i——第 i 次的衍射效率；

N——测量次数。

ICS 29.060.10
K 11

中华人民共和国国家标准

GB/T 17048—2009/IEC 60889:1987
代替 GB/T 17048—1997

架空绞线用硬铝线

Hard-drawn aluminium wire for overhead line conductors

(IEC 60889:1987,IDT)

2009-03-19 发布　　2009-12-01 实施

中华人民共和国国家质量监督检验检疫总局
中国国家标准化管理委员会　发布

前言

本标准等同采用 IEC 60889:1987《架空绞线用硬铝线》(英文版)。

为便于使用,对应于 IEC 60889:1987,本标准做了下列编辑性修改:

——用小数点符号“.”代替小数点符号“,”;

——从两语种出版的国际标准的版本中删除了一种;

——增加资料性附录 A;

——删除国际标准中资料性概述要素(包括封面、目次、前言和引言)。

本标准代替 GB/T 17048—1997《架空绞线用硬铝线》。

本标准与 GB/T 17048—1997 相比,主要差异如下:

——按照 GB/T 1.1—2000 的要求,对编排格式进行了修改;

——10.1 表 2 中 $d \leqslant 1.25$ 改为 $d=1.25$,因为标准规定的标称直径范围为 1.25 mm~5.00 mm。(1997 版的 10.1;本版的 10.1)。

本标准的附录 A 为资料性附录。

本标准由中国电器工业协会提出。

本标准由全国电线电缆标准化技术委员会(SAC/TC 213)归口。

本标准起草单位:上海电缆研究所、杭州电缆有限公司、上海中天铝线有限公司、无锡电缆厂、无锡江南电缆有限公司、远东控股集团有限公司、河南通达电缆有限公司、沈阳电缆产业有限公司、湖南湘能电工股份有限公司。

本标准主要起草人:邢海甬、沈建华、胡建民、尤伟任、张德全、陈晓军、汪传斌、曲洪普、王文俭、王先周。

本标准所代替标准的历次版本发布情况为:

——GB/T 17048—1997。

架空绞线用硬铝线

1 范围及规范性引用文件

1.1 范围

本标准适用于架空输电用绞线的硬铝线。规定了标称直径范围为1.25 mm～5.00 mm硬铝线的机械性能和电气性能。

1.2 规范性引用文件

下列文件中的条款通过本标准的引用而成为本标准的条款。凡是注日期的引用文件，其随后所有的修改单(不包括勘误的内容)或修订版均不适用于本标准，然而，鼓励根据本标准达成协议的各方研究是否可使用这些文件的最新版本。凡是不注日期的引用文件，其最新版本适用于本标准。

GB/T 3048.2—2007 电线电缆电性能试验方法 第2部分：金属材料电阻率试验(IEC 60498:1974,MOD)

GB/T 4909.3 裸电线试验方法 第3部分：拉力试验

GB/T 4909.7 裸电线试验方法 第7部分：卷绕试验

2 硬铝线计算用数值

计算时，应使用下列硬铝线的数值：

20 ℃时的电阻率，最大值(nΩ·m) 28.264(相当于61.0%IACS)

20 ℃时的密度(kg/dm^3) 2.703

线膨胀系数(1/℃) 23×10^{-6}

20 ℃时的电阻温度系数(1/℃) 0.004 03

3 材料

硬铝线应由要求纯度的铝制成，以达到本标准规定的机械性能和电气性能。铝的含量应不小于99.5%。

4 表面质量

硬铝线表面应光洁，并不应有与良好的商品不相称的任何缺陷。

5 直径和直径公差

硬铝线的标称直径，单位为毫米，精确到小数点后两位。

硬铝线直径的每次测量值与标称值之差应不大于表1规定的相应数值：

表1 硬铝线的直径及直径公差

单位为毫米

标称直径 d	公差
$d\leqslant3.00$	±0.03
$d>3.00$	±1%d

为检验硬铝线直径是否符合上述要求，直径应在同一截面且互相垂直的方向上测量两次。

6 长度和长度误差

每圈或每盘硬铝线的标称长度及其误差应由供需双方协商确定。

7 接头

硬铝线在最后拉制前允许有接头。但如果符合下述全部条件,成品硬铝线也允许有一个接头:

a) 成圈硬铝线重 500 kg 及以上;

b) 该成圈硬铝线中的接头不超过一个;

c) 含一个接头的该种成圈硬铝线的圈数不得超过总圈数的 10%;

d) 当用户要求时,制造厂应提供证明,表明接头的抗拉强度不小于 130 MPa。

含一个接头的成圈成品硬铝线应有明显的标记。

8 取样

第 10 章和第 11 章规定的试验用试样应由制造厂从任意一批交付的硬铝线中抽取 10% 的单独线段。如果采用质量保证程序,取样的比例应由供需双方协商确定。

9 试验地点

除非供需双方在订货时另有协议,所有试验均应在制造厂内进行。

10 机械性能试验

10.1 拉力试验

按第 8 章规定的取样方法,从每个试样上截取一个试件,按 GB/T 4909.3 的规定进行拉力试验。拉力试验机夹头的移动速度不应小于 25 mm/min,也不应大于 100 mm/min。

硬铝线的抗拉强度应不小于表 2 规定的相应数值。

表 2 硬铝线的机械性能

标称直径 d/mm	抗拉强度(最小值)/MPa
$d=1.25$	200
$1.25<d\leqslant1.50$	195
$1.50<d\leqslant1.75$	190
$1.75<d\leqslant2.00$	185
$2.00<d\leqslant2.25$	180
$2.25<d\leqslant2.50$	175
$2.50<d\leqslant3.00$	170
$3.00<d\leqslant3.50$	165
$3.50<d\leqslant5.00$	160

10.2 卷绕试验

按第 8 章规定的取样方法,从每个试样上截取一个试件,按 GB/T 4909.7 的规定进行卷绕试验。

以不超过 60 r/min 的速度,在直径与硬铝线直径相同的芯轴上卷绕 8 圈,然后退绕 6 圈,再重新紧密卷绕,硬铝线应不断裂。

11 电阻率试验

按第 8 章规定的取样方法,从每个试样上截取一个试件,按 GB/T 3048.2—2007 规定的例行试验方法测量其电阻率。20 ℃时的电阻率应不大于 28.264 nΩ·m。

12 合格证

如果用户有要求,制造厂应提供合格证,给出试样进行的所有试验的结果。

附 录 A
（资料性附录）
架空绞线用硬铝线产品型号表示方法

A.1 代号

A.1.1 类别代号

硬圆铝线……………………………………………………………………LY

A.1.2 状态代号

硬拉…………………………………………………………………………9

A.2 产品表示方法

产品用型号、标称直径及本标准编号表示。

示例：标称直径为 2.00 mm 的架空绞线用硬铝线，表示为：LY9 2.00 GB/T 17048—2009。

ICS 65.060.01
B 90

GB

中华人民共和国国家标准

GB/T 17126.1—2009/ISO 5673-1:2005
部分代替 GB/T 17126—1997

农业拖拉机和机械 动力输出万向节传动轴和 动力输入连接装置 第1部分:通用制造和安全要求

**Agricultural tractors and machinery—
Power take-off drive shafts and power input connection—
Part 1: General manufacturing and safety requirements**

(ISO 5673-1:2005,IDT)

2009-11-30 发布　　　　2010-04-01 实施

中华人民共和国国家质量监督检验检疫总局
中国国家标准化管理委员会　发布

前言

GB/T 17126《农业拖拉机和机械　动力输出万向节传动轴和动力输入连接装置》分为：

——第1部分：通用制造和安全要求；

——第2部分：动力输出万向节传动轴使用规范、各类联接装置用动力输出传动系和动力输入连接装置位置及间隙范围。

本部分是GB/T 17126的第1部分。

本部分等同采用ISO 5673-1:2005《农业拖拉机和机械　动力输出万向节传动轴和动力输入连接装置　第1部分：通用制造和安全要求》(英文版)。

本部分等同翻译ISO 5673-1:2005。

为便于使用，本部分做了如下编辑性修改：

——"本国际标准"一词改为"本部分"；

——删除ISO 5673-1:2005的前言；

——ISO 5673-1:2005中引用的其他国际标准，用已被采用为我国的标准代替。

本部分是对GB/T 17126—1997的修订，主要技术内容变化如下：

——按新版国际标准将其分为两部分；

——增加了"二级动力输出万向节传动轴"、"二级动力输入连接装置"的术语和定义；

——增加了制造和安全要求；

——增加了使用信息的要求。

本部分实施之日起代替GB/T 17126—1997的部分内容。

本部分由中国机械工业联合会提出。

本部分由全国农业机械标准化技术委员会归口。

本部分起草单位：中国农业机械化科学研究院、洛阳拖拉机研究所、国家农机具质量监督检验中心。

本部分主要起草人：张咸胜、陈戈、尚项绳、张琦、吕树盛。

本部分所代替标准的历次版本发布情况为：

——GB/T 17126—1997。

农业拖拉机和机械 动力输出万向节传动轴和 动力输入连接装置 第1部分:通用制造和安全要求

1 范围

GB/T 17126 的本部分规定了农业拖拉机或自走式机械的动力输出万向节传动轴和机具的动力输入连接装置。

本部分确立了在给定制造和安全要求下,动力输出万向节传动轴静态和动态扭转强度的测定方法。

本部分仅适用于动力输出万向节传动轴和至少通过两个轴承与传动轴机械连接的防护罩。

本部分不适用于通过设置位置进行防护的动力输出万向节传动轴,也不适用于逆传限制装置和转矩限制器机械特性的评价。

本部分未考虑环境方面因素。

2 规范性引用文件

下列文件中的条款通过 GB/T 17126 的本部分的引用而成为本部分的条款。凡是注日期的引用文件,其随后所有的修改单(不包括勘误的内容)或修订版均不适用于本部分,然而,鼓励根据本部分达成协议的各方研究是否可使用这些文件的最新版本。凡是不注日期的引用文件,其最新版本适用于本部分。

GB/T 1592.1 农业拖拉机后置动力输出轴 1、2 和 3 型 第 1 部分:通用要求、安全要求、防护罩尺寸和空隙范围(GB/T 1592.1—2008,ISO 500-1:2004,IDT)

GB/T 1592.3 农业拖拉机后置动力输出轴 1、2 和 3 型 第 3 部分:动力输出轴尺寸和花键尺寸、动力输出轴位置(GB/T 1592.3—2008,ISO 500-3:2004,IDT)

GB/T 5263 农林拖拉机和机械 动力输出万向节传动轴防护罩 强度和磨损试验及验收规范(GB/T 5263—2009,ISO 5674:2004,IDT)

GB 10395.1 农林机械 安全 第 1 部分:总则(GB 10395.1—2009,ISO 4254-1:2008,MOD)

GB 10396 农林拖拉机和机械、草坪和园艺动力机械 安全标志和危险图形 总则(GB 10396—2006,ISO 11684:1995,MOD)

3 术语和定义

下列术语和定义适用于本部分。

3.1

动力输出(PTO)万向节传动轴 power take-off (PTO) drive shaft

由两个万向节、伸缩套管组件和一个至少通过两个轴承与传动轴机械连接的防护罩组成的总成,其用于将拖拉机或自走式机械动力输出轴的旋转动力传输给机具和/或机具间部件。

3.1.1

主动力输出万向节传动轴 primary PTO drive shaft

连接拖拉机或自走式机械动力输出轴和机具动力输入连接装置的可摘下式动力输出万向节传动轴。见图 1。

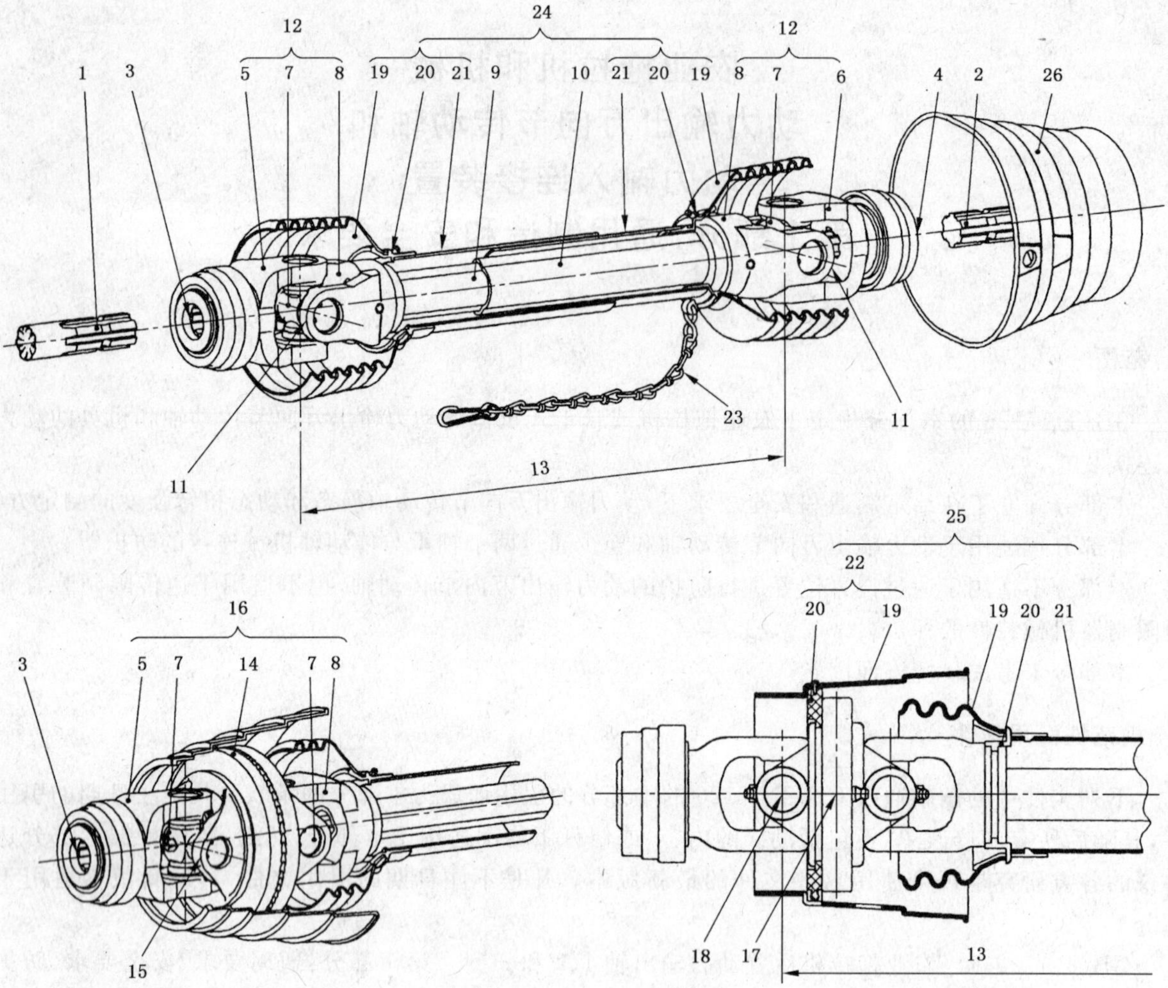

1——动力输出轴；
2——动力输入连接装置；
3——动力输出轴万向节叉套；
4——动力输入连接装置万向节叉套；
5——动力输出轴万向节叉；
6——动力输入连接装置万向节叉；
7——十字轴总成轴颈；
8——内轴万向节节叉；
9——内伸缩轴；
10——外伸缩轴；
11——万向节内节叉端；
12——万向节；
13——动力输出万向节传动轴收缩长度和延伸长度；
14——双联万向节叉；
15——双联万向节外节叉端；
16——广角双联万向节；
17——广角双联万向节铰接中心；
18——外万向节中心；
19——防护罩罩冠；
20——防护罩轴承；
21——防护罩套管；
22——广角双联万向节分体式防护罩；
23——止动元件(示例)；
24——动力输出万向节传动轴防护罩；
25——动力输出广角双联万向节传动轴防护罩；
26——动力输入连接装置防护罩。

图 1　主动力输出万向节传动轴、动力输入连接装置及相关零部件

3.1.2

二级动力输出万向节传动轴　secondary PTO drive shaft

具有与主动力输出万向节传动轴相同基本结构，位于机具动力输入连接装置之后的可摘下式或其他式动力输出万向节传动轴。见图 2。

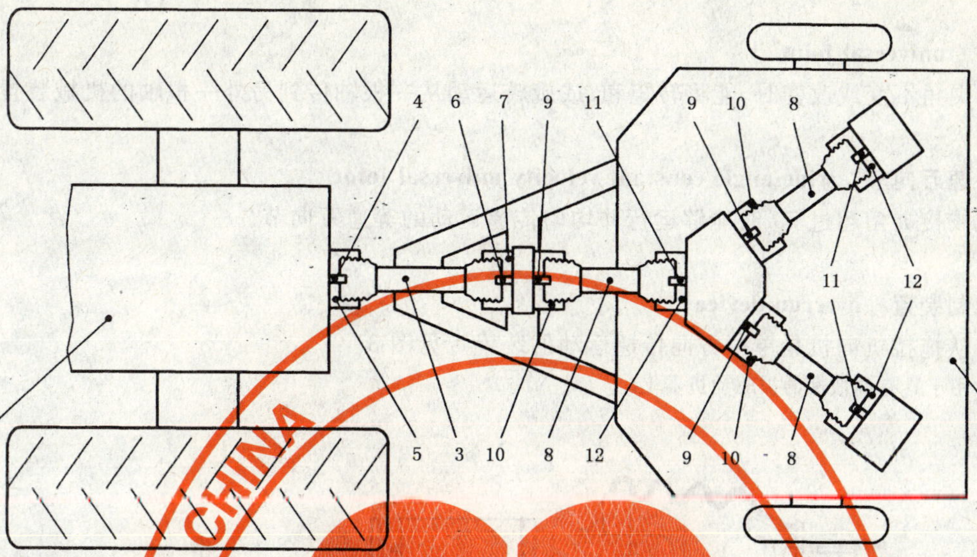

1——拖拉机；

2——机具；

3——主动力输出万向节传动轴；

4——动力输出轴；

5——动力输出轴主防护罩；

6——动力输入连接装置；

7——动力输入连接装置防护罩；

8——二级动力输出万向节传动轴；

9——二级动力输出轴；

10——二级动力输出轴防护罩；

11——二级动力输入连接装置；

12——二级动力输入连接装置防护罩。

图2　动力输出万向节传动轴布置示例

3.2

动力输出万向节传动轴附属装置　PTO drive shaft attachment

连接动力输出万向节传动轴的轴。

3.2.1

动力输出轴(PTO)　power take-off shaft (PTO)

位于拖拉机后部，通过主动力输出万向节传动轴将拖拉机的旋转动力传递给机具的外轴头。见图2。

3.2.2

动力输入连接装置(PIC)　power input connection (PIC)

与主动力输出万向节传动轴连接的首级动力输入联结装置，其以轴的形式位于机具上。见图2。

3.2.3

二级动力输出轴(SPTO)　second power take-off (SPTO)

位于机具传动系中，通过二级动力输出万向节传动轴将旋转动力传递给机具部件的外轴头。见图2。

3.2.4

二级动力输入连接装置(SPIC)　second power input connection (SPIC)

与二级动力输出万向节传动轴连接的二级动力输入联结装置，其以轴的形式位于机具上。见图2。

3.3

收缩长度　closed length

制造厂规定的，动力输出万向节传动轴完全收缩时，最外部的两个十字轴总成轴颈中心间的距离。

3.4

延伸长度　extended length

动力输出万向节传动轴伸展到制造厂规定的最大运行长度时，最外部的两个十字轴总成中心间的距离。

3.5

万向节　universal joint

在两轴夹角不变或改变时，能将转矩和/或旋转运动从一根轴传到另外一根轴的机械装置。

3.6

广角等速万向节　wide-angle constant velocity universal joint

通常在铰接夹角超过50°时能够运行并均匀传递运动的等速万向节。

3.7

逆传限制装置　overrun device

只允许从拖拉机向机具单一方向传递运动的装置。见图3。

注：通常用于具有高惯性的被驱动机器上。

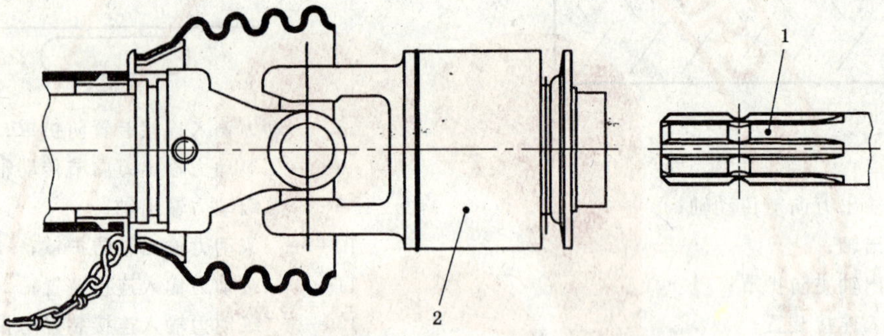

1——动力输入连接装置；

2——逆传限制装置。

图3　逆传限制装置示例

3.8

转矩限制器　torque limiter

当转矩达到预先设定值时，能够切断或限制拖拉机和机具间运动传输的装置。见图4。

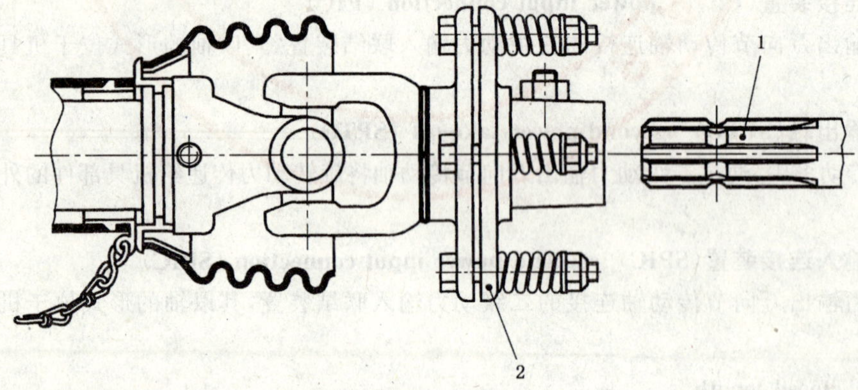

1——动力输入连接装置；

2——转矩限制器。

图4　转矩限制器示例

3.9

非旋转式动力输出万向节传动轴防护罩　non-rotating PTO drive shaft guard

通过轴承与动力输出万向节传动轴连接，当传动轴旋转时能够通过止动系统保持不动的动力输出万向节传动轴防护罩。

3.10

动力输入装置[二级动力输出轴][二级动力输入连接装置]防护罩　PIC [SPTO] [SPIC] guard

安装在机具上，能够完全罩住动力输入装置、二级动力输出轴和二级动力输入连接装置的防护罩。

3.11

止动系统　restraining system

当动力输出万向节传动轴旋转时，能够阻止防护罩旋转的动力输出万向节传动轴防护罩部件。见图5。

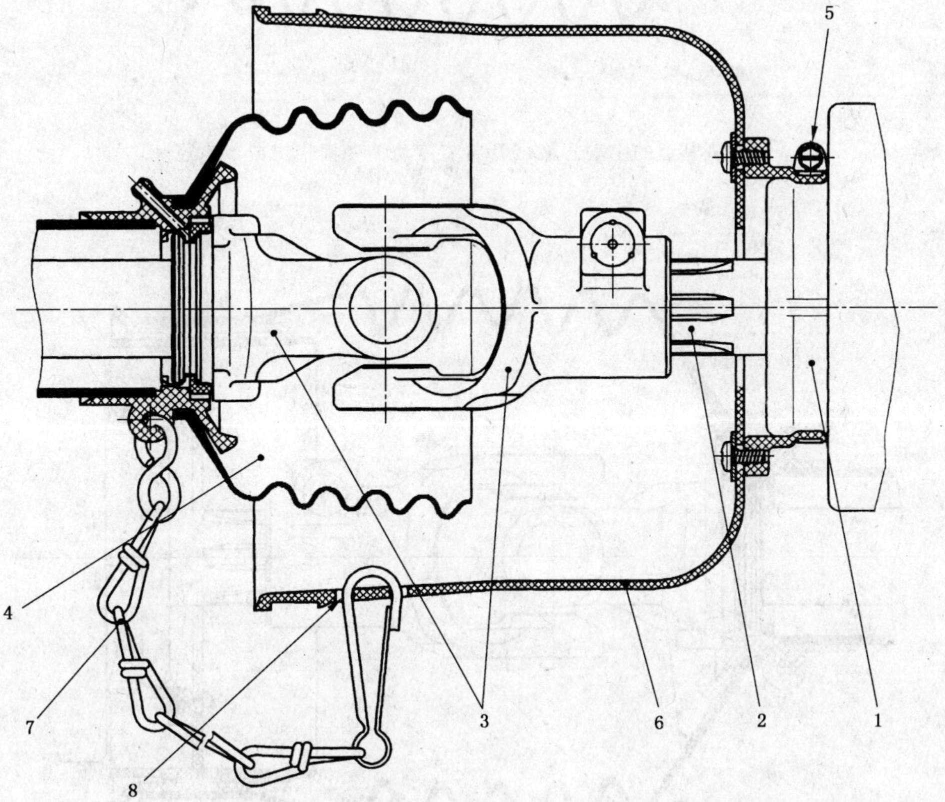

a) 主动力输出万向节传动轴防护罩和动力输入连接装置防护罩间的止动装置

1——机具；
2——动力输入连接装置；
3——万向节；
4——动力输出万向节传动轴防护罩；
5——机具上的夹箍装置；
6——动力输入连接装置防护罩；
7——止动装置(见图1注释23)；
8——止动装置的固定点/安装孔；
9——防护罩连接装置。

图5　机具止动系统示例

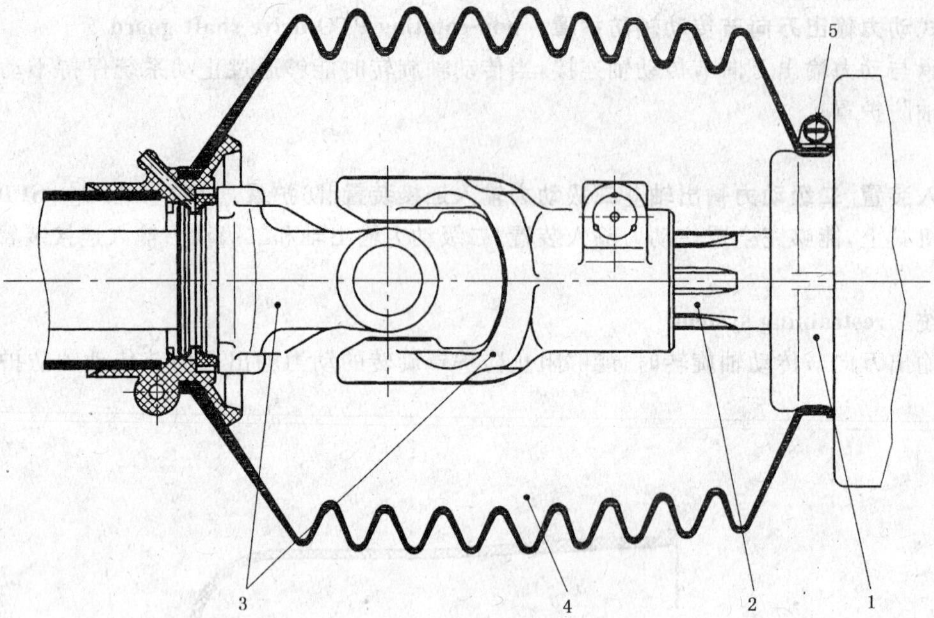

b) 机具上的主动力输出万向节传动轴夹箍式防护罩罩冠

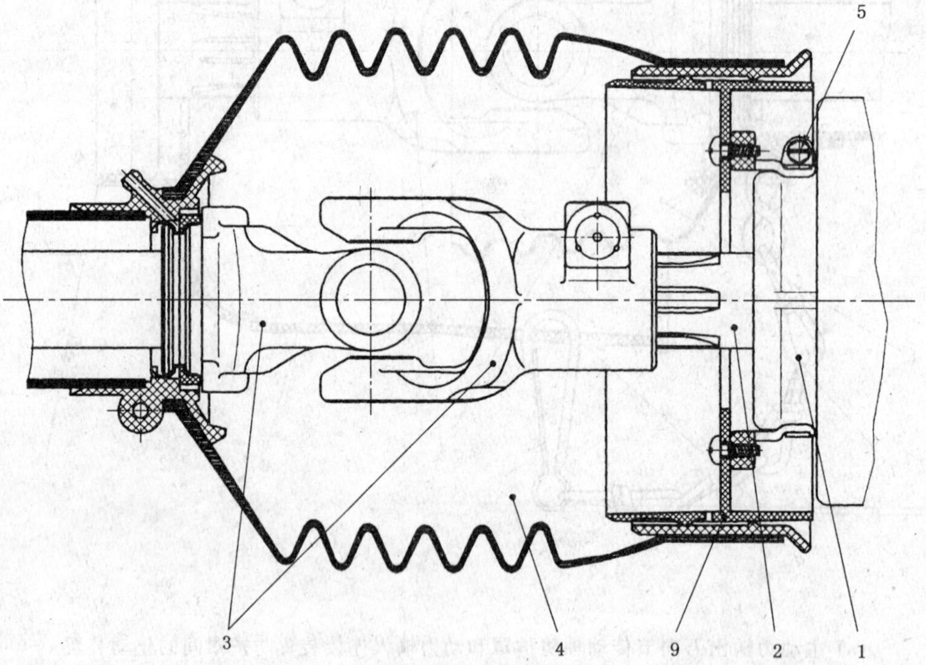

c) 主动力输出万向节传动轴防护罩和机具之间的夹箍式防护罩连接装置

图 5（续）

3.12

旋转式动力输出万向节传动轴防护罩　rotating PTO drive shaft guard

通过轴承与动力输出万向节传动轴连接，当防护罩不与其他物体接触时，能随传动轴一起旋转的动力输出万向节传动轴防护罩。

3.13

最大静态扭转载荷　maximum static torsional load

零部件不发生损坏或永久变形的静态扭转载荷限值。

3.14

最大动态扭转载荷　maximum dynamic torsional load

零部件不发生损坏或永久变形的动态扭转载荷限值。

4　制造要求

4.1　一般要求

动力输出万向节传动轴应按制造厂技术文件规定的最大静态扭转载荷和最大动态扭转载荷的额定值及试验要求进行测试，并符合 4.2 和 4.3 的要求。

4.2　动力输出万向节传动轴最大静态扭转载荷

4.2.1　万向节

在万向节传动轴夹角为零时，万向节和广角万向节应承受制造厂技术文件中规定的最大静态扭转载荷，而不出现失效现象。失效是指断裂、裂纹或存在导致扭矩偏转曲线斜率变化大于 50% 的永久变形。

4.2.2　伸缩套管

两个万向节之间的伸缩套管应承受制造厂技术文件中规定的最大静态扭转载荷，而不出现失效现象。失效是指断裂、裂纹或每 305 mm 长度超过 1° 的永久变形。该要求不适用在万向节中心之间使用的转矩限制器。

4.3　动力输出万向节传动轴最大动态扭转载荷

万向节夹角不变，万向节叉、十字轴、轴承总成和伸缩套管在恒定转矩作用下运行，在制造厂技术文件中规定的最小寿命期内不应发生失效现象。十字轴总成轴颈及轴承的失效率应低于 10%。可通过测定滚针轴承圈的温度判断部件是否失效。如果温度超过 120 ℃则视为失效。任何部件的断裂、裂纹或永久变形也视为失效。

4.4　动力输出轴/动力输入连接装置万向节叉和二级动力输出轴/二级动力输入连接装置万向节叉

4.4.1　一般要求

动力输出轴/二级动力输出轴、动力输入连接装置/二级动力输入连接装置万向节叉、逆传限制装置和/或转矩限制器应有防止其轴向移动的锁紧装置。任何锁紧装置均应能至少承受表 1 规定的轴向力。

4.4.2　动力输出轴万向节叉花键尺寸

主动力输出万向节传动轴上的动力输出轴万向节叉花键的尺寸应符合 GB/T 1592.3 的规定。

4.4.3　动力输入连接装置/二级动力输出轴/二级动力输入连接装置万向节叉花键尺寸

与动力输入连接装置、二级动力输出轴、二级动力输入连接装置连接，位于主动力输出万向节传动轴上的动力输入连接装置万向节叉或位于二级动力输出万向节传动轴上的二级动力输出轴/二级动力输入连接装置万向节叉花键应符合 GB/T 1592.3 的规定，包括安装逆传限制装置和/或转矩限制器的万向节叉花键。

在未来的机具设计中，宜仅使用尺寸符合 GB/T 1592.3 规定的花键。

4.5　动力输出万向节传动轴伸缩套管

4.5.1　匹配性

按制造厂的规定，在伸缩套管上应采取措施以确保万向节的相位准确。

4.5.2　轴向力

拖拉机动力输出轴和动力输入连接装置/二级动力输出轴/二级动力输入连接装置应能承受传动轴

套管产生的符合表1规定的轴向力。拖拉机动力输出轴和动力输入连接装置/二级动力输出轴/二级动力输入连接装置能承受的弯力取决于传动轴承受的轴向力及轴向力的作用长度。表1中轴向力的值是基于伸缩套管按说明书规定润滑情况下确定的。

注：保养不良的万向节传动轴产生的轴向力会达到表1规定值的4倍以上。

表1 传动轴轴向力

万向节传动轴功率 kW	动力输出轴类型[a]	两个方向的最大静轴向力(推力和拉力) kN
<48	1+2	±9
≥48～115	1+2	±12
>92	3	±18
[a] 见 GB/T 1592.1。		

4.6 润滑要求

4.6.1 润滑通道

在需要润滑处，如万向节、传动轴与防护罩间的轴承、伸缩套管应设置润滑油嘴，这些部位应便于润滑，即可直接接近所有润滑油嘴，或通过移动防护罩的部件进行润滑，只要制造厂说明书中有明确的说明仅使用工具才能打开防护罩，而重新安装不需使用工具，则通过移动防护罩的部件进行润滑认为便于润滑。

4.6.2 润滑孔

若万向节传动轴防护罩上需要有孔以便进行润滑操作，其润滑孔的最大尺寸应不大于30 mm。

5 安全要求

5.1 一般要求

在动力输出万向节传动轴按照使用说明书的规定运行时，设计的动力输出万向节传动轴的防护罩应避免与动力输出万向节传动轴的运动部件发生接触。

拖拉机动力输出轴和主动力输出万向节传动轴之间不应有任何其他装置(如连接装置)。

如果主动力输出万向节传动轴上装有附属装置，即装有逆传限制装置和/或转矩限制器，该装置仅应安装在主动力输出万向节传动轴靠近动力输入连接装置的一端(见图3和图4)。主动力输出万向节传动轴防护罩上的标志(见图12)应指明与拖拉机或自走式机械连接的主动力输出万向节传动轴的一端。

若法律法规允许，逆传限制装置和/或转矩限制器等附属装置可安装在与拖拉机动力输出轴连接的主动力输出万向节传动轴上的一端。

对于二级动力输出万向节传动轴，逆传限制装置和/或转矩限制器等附属装置可安装于传动轴的任意一端，不需设置标志。

使用说明书中应提供止动系统使用的固定点(如直径16 mm的孔，见图5)。

若法律法规允许使用旋转式动力输出万向节传动轴防护罩，则不需安装止动系统。

机具中应配置主动力输出万向节传动轴支撑装置，以在其与拖拉机动力输出轴分开时，能保持在存储状态。该支撑装置不应是用来限制主动力输出万向节传动轴防护罩旋转的装置。使用说明书中应给出支撑装置的使用信息。

在使用说明书(见6.1)中，制造厂应提供动力输出万向节传动轴及其防护罩正确使用的建议和任何限制使用的信息，包括运行参数和误用警示。有关动力输出万向节传动轴支撑装置要求(如形状、类型、位置等)、止动系统要求的信息制造厂也应提供,如果有这些装置。在动力输出万向节传动轴防护罩上应有要求阅读使用说明书的标志(见6.2)。

在动力输出轴驱动机具上的明显位置、动力输入连接装置附近应设置标示额定转速和动力输出万向节传动轴旋转方向的标志。

使用说明书中应包括如何调整动力输出万向节传动轴长度的信息。

5.2 拖拉机主防护罩与主动力输出万向节传动轴防护罩间的重叠区

5.2.1 万向节

主动力输出万向节传动轴防护罩罩冠应至少覆盖到万向节内节叉端,以保证拖拉机的主防护罩和主动力输出万向节传动轴防护罩间有足够的重叠区(见图1中注释11)。图6中所示尺寸 c 的值见表2。

尺寸 c 应在主动力输出万向节传动轴处于直线状态下进行测量。

表2 主动力输出万向节传动轴的尺寸 c

单位为毫米

动力输出轴类型	c(最大值)
1	80
2	80
3	90

单位为毫米

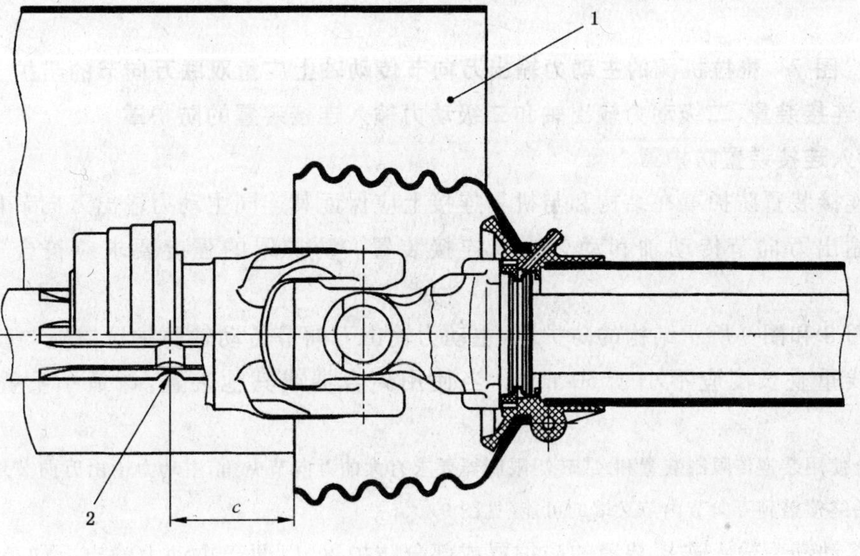

1——拖拉机动力输出轴主防护罩;

2——锁定装置轴线。

图6 拖拉机侧的主动力输出万向节传动轴上万向节的防护

5.2.2 广角万向节

主动力输出万向节传动轴的轴线处于直线状态时,其防护罩应至少覆盖到双联万向节外节叉端,以保证拖拉机的主防护罩和主动力输出万向节传动轴防护罩间有足够的重叠区(见图1中注释15)。图7中所示尺寸 c 见表2。

单位为毫米

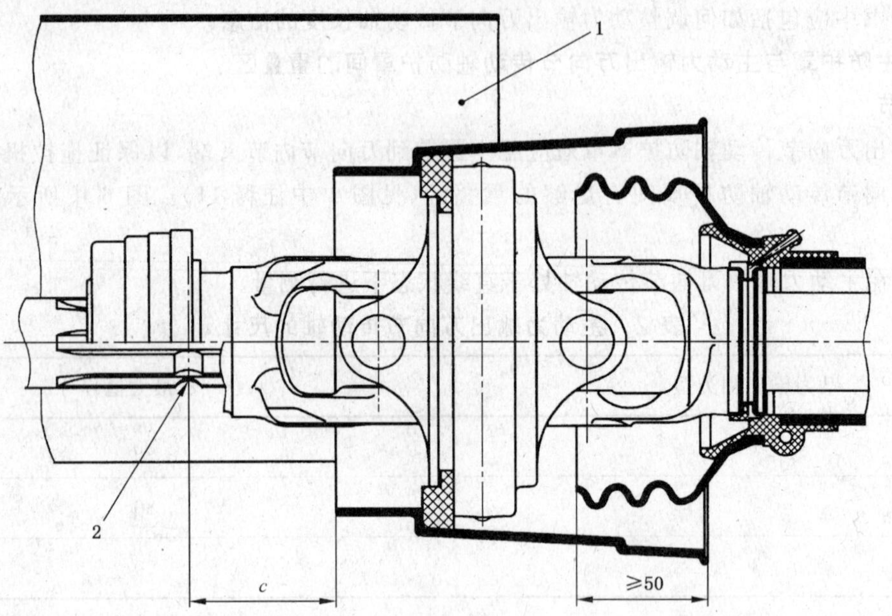

1——拖拉机动力输出轴主防护罩；
2——锁定装置轴线。

图 7　拖拉机侧的主动力输出万向节传动轴上广角双联万向节的防护

5.3　动力输入连接装置、二级动力输出轴和二级动力输入连接装置的防护罩

5.3.1　动力输入连接装置防护罩

动力输入连接装置防护罩在结构和与机具连接上应保证其连同主动力输出万向节传动轴的防护罩能罩住主动力输出万向节传动轴和动力输入连接装置。防护罩的强度要求应符合 GB 10395.1 的规定。

如果使用图 8 和图 9 所示结构的防护罩，主动力输出万向节传动轴防护罩罩冠与动力输入连接装置防护罩的直线重叠长度应不小于 50 mm。当使用离合器或其他装置，该最小重叠长度要求同样适用。

注：由于组合使用装逆传限制装置和/或转矩限制器要求有大的万向节夹角，主动力输出万向节传动轴防护罩罩冠存在不始终覆盖到万向节内节叉端的可能(见图 9)。

如果需要移动动力输入连接装置的防护罩或部分防护罩，以便于主动力输出万向节传动轴的连接、维护或存储，则应满足：

——易于打开和关闭；

——通过铰链、插销、连杆机构、索链及其他适当的方法保持连接；

——具有保持关闭的方便、有效的措施。

在运行状态中应能防止防护罩可移动部分意外移动。

为满足主动力输出万向节传动轴与动力输入连接装置的连接和铰接要求，在主动力输出万向节传动轴防护罩罩冠和动力输入连接装置防护罩之间允许存在最大 150 mm 的开口(见图 10)。

单位为毫米

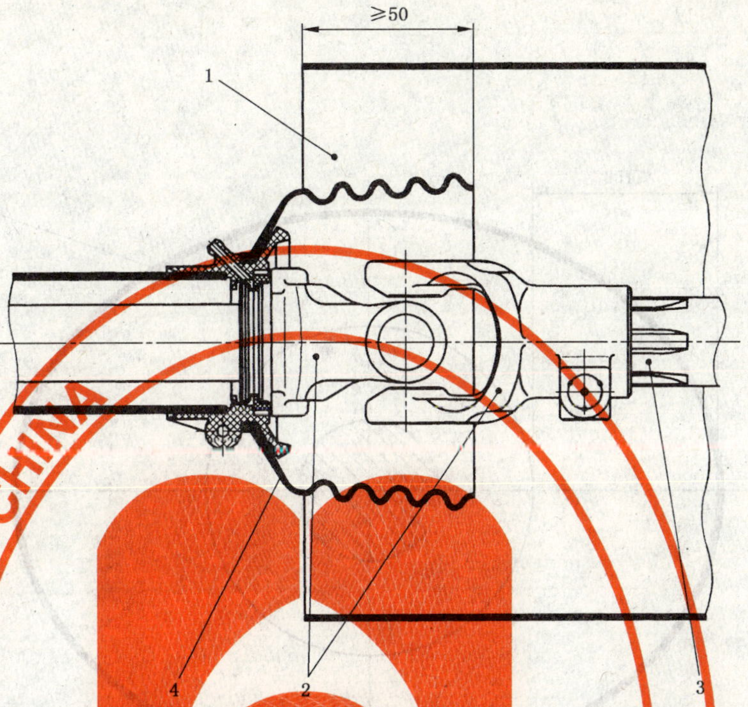

1——动力输入连接装置防护罩；
2——万向节；
3——动力输入连接装置；
4——主动力输出万向节传动轴防护罩罩冠。

图 8 主动力输出万向节传动轴与动力输入连接装置的防护

单位为毫米

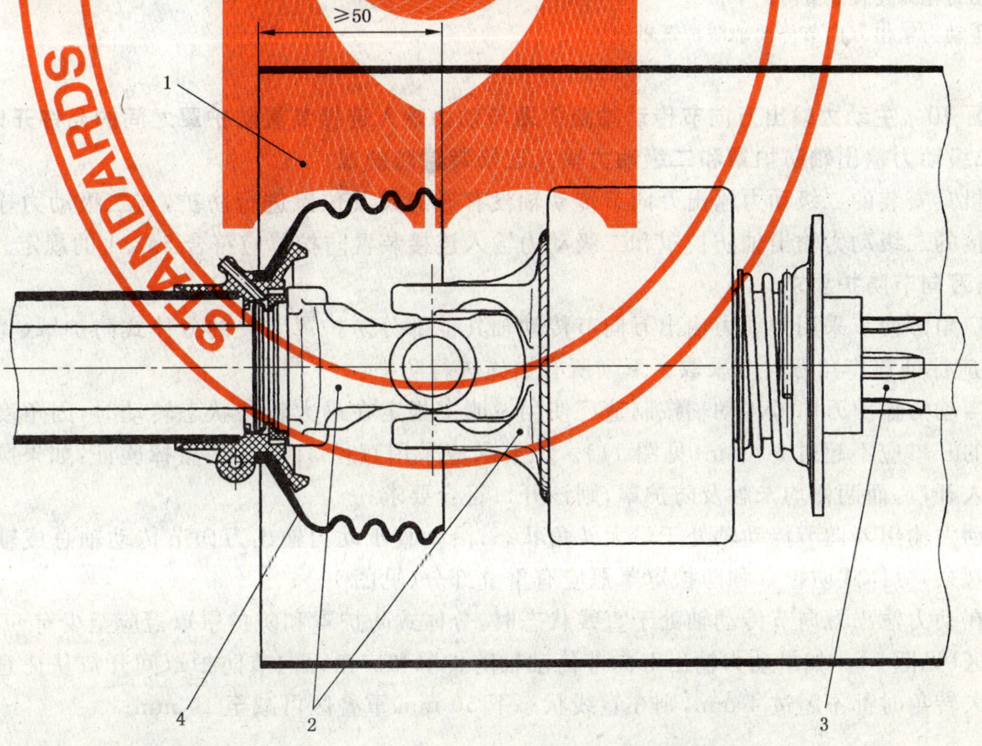

1——动力输入连接装置防护罩；
2——装有逆传限制装置或转矩限制器的万向节；
3——动力输入连接装置；
4——主动力输出万向节传动轴防护罩罩冠。

图 9 带逆传限制装置或转矩限制器的主动力输出万向节传动轴和动力输出连接装置的防护

单位为毫米

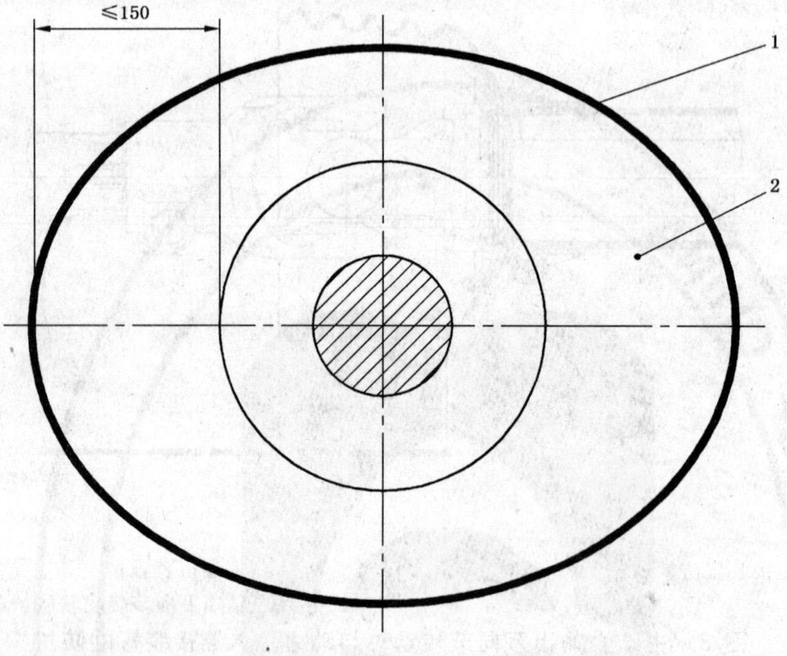

1——动力输入连接装置防护罩；

2——主动力输出万向节传动轴防护罩罩冠。

图10 主动力输出万向节传动轴防护罩与动力输入连接装置防护罩之间的允许开口

5.3.2 二级动力输出轴防护罩和二级动力输入连接装置防护罩

如果机具安装的二级动力输出万向节传动轴没有通过设置位置进行防护，与二级动力输出万向节传动轴连接的二级动力输出轴防护罩和二级动力输入连接装置防护罩应符合5.3.1的规定。

5.4 广角万向节防护要求

如果广角万向节采用与动力输出万向节传动轴其他部分防护罩无关的分体式防护罩(见图1中注释22)，则应保证该广角万向节采取了下列所有措施进行防护：

——当动力输出万向节传动轴按制造厂使用说明书规定在最大转角状态转动时，因角度变化引起的开口应不超过30 mm(见图11)。该要求应采用直径31 mm的量棒验证：如果圆柱体可插入开口，而两侧均未触及防护罩，则该开口符合要求；

——动力输出万向节传动轴处于最大转角状态，沿垂直于动力输出万向节传动轴总成轴线的方向观察，分体式防护罩和防护罩罩冠应有重叠部分(见图11)；

——在动力输出万向节传动轴处于直线状态时，分体式防护罩和防护罩罩冠应至少有50 mm重叠区(见图7)。如果动力输出万向节传动轴防护罩和广角万向节防护罩间开口从任意转角到最大转角时都不超过4 mm，则在直线状态下50 mm重叠区可减至10 mm。

单位为毫米

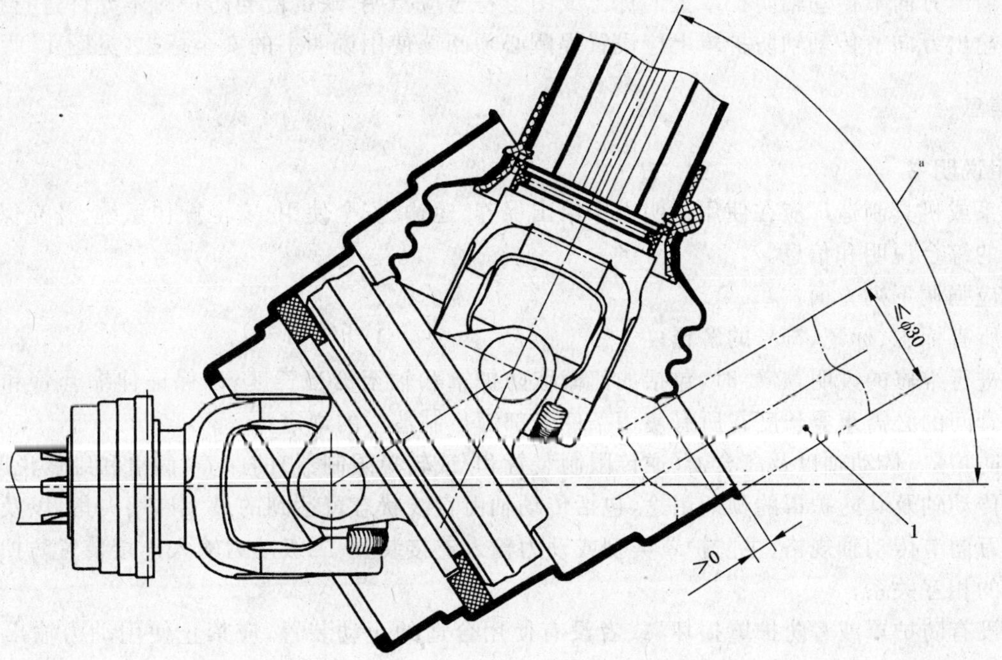

1——φ31 mm 的检验用量棒。

a 最大铰接夹角。

图 11 处于最大夹角的广角双联万向节的防护

5.5 动力输出万向节传动轴防护

5.5.1 一般要求

动力输出万向节传动轴的防护罩应符合 GB/T 5263 的规定。

设计的动力输出万向节传动轴及其防护罩不会被用作阶梯。如果需要，应安装独立的阶梯引导进入机器。

防护罩设计的应使其不使用工具无法将其从动力输出万向节传动轴上拆下。

在结构上应让使用者能够按使用说明书中给出的说明对防护罩进行更换。

5.5.2 止动系统

非旋转式动力输出万向节传动轴防护罩应安装止动系统(见图 5)，以防止防护罩随传动轴旋转。止动系统的元件应可靠地连接在防护罩上，并具有能够与机器的固定部件相连接的装置，该装置不通过有意识的动作不能断开。

示例：带自闭式弹簧的挂钩或钩环[见图 5a)]。

5.6 动力输出轴万向节叉的锁定装置

动力输出轴万向节叉锁定系统和万向节叉不应导致缠绕发生(即应采用如图 1 所示的环状结构)。

5.7 动力输入连接装置万向节叉的锁定装置

如果机具主动力输出万向节传动轴的末端能容易的连接到拖拉机动力输出轴上，则动力输入连接装置万向节叉的锁定系统应满足动力输出轴万向节叉锁定装置的同样要求，除非防护罩上的标志指明了主动力输出万向节传动轴与拖拉机或自走式机械连接的端部(见图 12)。

5.8 动力输出轴驱动的固定式机具

使用说明书中应给出动力输出轴驱动的固定式机具的使用信息。

5.9 安全标志

动力输出万向节传动轴防护罩上的标志或图形符号应指明，缺少恰当防护时不允许进行操作。

动力输出万向节传动轴防护罩上应设置提醒必须阅读使用说明书的安全标志(见图 13)。

6 使用信息

6.1 使用说明书

传动系或机具制造厂应在使用说明书中给出保养、运输、安全使用、安全操作系统、补充保护措施和专用工具的综合说明和信息。

特别应强调下列方面：

a) 所有标志、标记、符号的解释；

b) 进行维修的说明，必要时，包括如何截取防护罩和轴至恰当长度，以保证伸缩套管和防护罩套管间的必需重叠长度在所有使用条件下都满足制造厂的规定；

c) 防护罩、传动轴以及离合器(逆传限制装置和/或转矩限制器)的保养、润滑和维修说明；

d) 传动轴及其防护罩的预期用途，包括传动轴由直线状态可达到的最大许用夹角，以及动力输出万向节传动轴规格、主防护罩类型或动力输入连接装置/二级动力输入连接装置防护罩类型间的相互关系；

e) 没有防护罩或者防护罩损坏，或者没有使用合适的止动装置，应禁止使用动力输出万向节传动轴；

f) 动力输出万向节传动轴与拖拉机或自走式机械的动力输出轴分开时，动力输出万向节传动轴需要使用支撑装置的说明，该支撑装置应不同于止动装置的说明，以及禁止使用止动装置支撑动力输出万向节传动轴的说明；

g) 必须使用合适的备件更换破旧、损坏的部件，禁止使用非互换性部件的警示；

h) 如何更换动力输出万向节传动轴防护罩及其配件；

i) 如何使用和连接止动系统；

j) 必须查看机具的使用说明书中是否要求使用转矩限制器和/或逆传限制装置等，如果需要，则应说明这些装置如何安装；

k) 禁止使用动力输出万向节传动轴及其防护罩或动力输入连接装置防护罩作为阶梯的警示；

l) 动力输出万向节传动轴的额定功率(kW)和额定转速；

m) 将动力输出万向节传动轴安装在拖拉机或自走式机械的动力输出轴和机具动力输入连接装置上的说明；

n) 必要时，对牵引式机器，有关拖拉机三点悬挂装置的下连杆安全固定在适当位置的说明；对悬挂式或半悬挂式机器，为避免损坏动力输出万向节传动轴防护罩，将拖拉机牵引杆卸下的说明；

o) 拖拉机和机具间的最大摆角限值，如果结构上不能控制；

p) 如何使用连接装置；

q) 固定式机具的使用方法，以及如何与拖拉机或自走式机械连接的说明，包括机具与拖拉机不匹配时不能使用固定式机具的警告，或者通过特殊的机械连接装置连接在一起可以使用，但要采取措施防止拖拉机与机具脱开的说明。

6.2 标记和安全标志

使用的安全标志应符合 GB 10396 的规定。

需要时，在主动力输出万向节传动轴防护罩上设置标记，明确主动力输出万向节传动轴端与拖拉机或自走式机械的动力输出轴连接(见图 12)。

安全标志也可参见图 13。

图 12　与拖拉机动力输出轴连接的主动力输出万向节传动轴端的标记示例

图 13　“阅读使用说明书”安全标志示例

如可能，动力输出万向节传动轴或部件上应设置标志，以可辨别。

当要求设置标牌时，设置的标牌应清晰耐磨，且至少应包括下列信息：

——制造厂的名称和地址；

——产品型式或编号；

——生产日期。

6.3　备件一览表

在机具的技术文件中应给出所使用动力输出万向节传动轴和防护罩的备件一览表。

ICS 65.060.01
B 90

中华人民共和国国家标准

GB/T 17126.2—2009/ISO 5673-2:2005
代替 GB/T 17126—1997

农业拖拉机和机械 动力输出万向节传动轴和动力输入连接装置 第2部分:动力输出万向节传动轴使用规范、各类联接装置用动力输出传动系和动力输入连接装置位置及间隙范围

Agricultural tractors and machinery—Power take-off drive shafts and power-input connection—Part 2:Specification for use of PTO drive shafts, and position and clearance of PTO drive line and PIC for various attachments

(ISO 5673-2:2005,IDT)

2009-11-30 发布　　　　2010-04-01 实施

中华人民共和国国家质量监督检验检疫总局
中国国家标准化管理委员会　发布

前 言

GB/T 17126《农业拖拉机和机械　动力输出万向节传动轴和动力输入连接装置》分为：

——第1部分：通用制造和安全要求；

——第2部分：动力输出万向节传动轴使用规范、各类联接装置用动力输出传动系和动力输入连接装置位置及间隙范围。

本部分是GB/T 17126的第2部分。

本部分等同采用ISO 5673-2:2005《农业拖拉机和机械　动力输出万向节传动轴和动力输入连接装置　第2部分：动力输出万向节传动轴使用规范、各类联接装置用动力输出传动系和动力输入连接装置位置及间隙范围》(英文版)。

本部分等同翻译ISO 5673-2:2005。

为便于使用，本部分做了如下编辑性修改：

——"本国际标准"一词改为"本部分"；

——删除ISO 5673-2:2005的前言；

——ISO 5673-2:2005中引用的其他国际标准，用已被采用为我国的标准代替。

本部分是对GB/T 17126—1997部分内容的修订，主要技术内容变化如下：

——按新版国际标准将其分为两部分；

——调整了动力输出万向节传动轴的使用规范；

——补充了各类联接装置动力输入连接装置的位置要求；

——细化了有关动力输入连接装置和动力输出动力传动系间隙范围的规定。

本部分实施之日起代替GB/T 17126—1997。

本部分由中国机械工业联合会提出。

本部分由全国农业机械标准化技术委员会归口。

本部分起草单位：中国农业机械化科学研究院、洛阳拖拉机研究所、国家农机具质量监督检验中心。

本部分主要起草人：张咸胜、陈戈、尚项绳、张琦、吕树盛。

本部分所代替标准的历次版本发布情况为：

——GB/T 17126—1997。

农业拖拉机和机械　动力输出万向节传动轴和动力输入连接装置 第2部分：动力输出万向节传动轴使用规范、各类联接装置用动力输出传动系和动力输入连接装置位置及间隙范围

1　范围

GB/T 17126的本部分给出了农业拖拉机和自走式机械用动力输出万向节传动轴的类型和使用规范，规定了各类联接装置用机具动力输入连接装置的尺寸及间隙范围。本部分目的是保证具有匹配动力水平的机具和拖拉机上的动力输出传动系与相邻联接装置间有适当的间隙。本部分不是动力传动系完整的设计指南，例如不包括动力传动系防振或转矩限制器尺寸的信息。

本部分不适用于高秆作物或甘蔗作业用高地隙拖拉机与机具机组，也不适用于从事草坪割草或地面护理作业所需重心较低的低地隙农业拖拉机，还不适用于因必需功能设计为非对称型的机具。

2　规范性引用文件

下列文件中的条款通过GB/T 17126的本部分的引用而成为本部分的条款。凡是注日期的引用文件，其随后所有的修改单(不包括勘误的内容)或修订版均不适用于本部分，然而，鼓励根据本部分达成协议的各方研究是否可使用这些文件的最新版本。凡是不注日期的引用文件，其最新版本适用于本部分。

GB/T 1592.3　农业拖拉机后置动力输出轴1、2和3型　第3部分：动力输出轴尺寸和花键尺寸、动力输出轴位置(GB/T 1592.3—2008，ISO 500-3:2004，IDT)

GB/T 1593.1　农业轮式拖拉机后置三点悬挂装置　第1部分：1、2、3和4类(GB/T 1593.1—1996，eqv ISO 730-1:1994)

GB/T 17126.1—2009　农业拖拉机和机械　动力输出万向节传动轴和动力输入连接装置　第1部分：通用制造和安全要求(ISO 5673-1:2005，IDT)

GB/T 19408.1—2003　农业车辆　挂车和牵引车的机械连接装置　第1部分：牵引钩尺寸(GB/T 19408.1—2003，ISO 6489-1:2001，IDT)

ISO 6489-2:2002　农用车辆　挂车和牵引车的机械连接装置　第2部分：40型U形挂接器规范

ISO 6489-3:2004　农业车辆　挂车和牵引车的机械连接装置　第3部分：拖拉机牵引杆

ISO 6489-4:2004　农用车辆　挂车和牵引车的机械连接装置　第4部分：销型挂接器尺寸

ISO 24347:2005　农业车辆　挂车和牵引车的机械连接装置　80 mm球形挂接器尺寸

3　术语和定义

GB/T 17126.1—2009确立的术语和定义适用于本部分。

4　动力输出万向节传动轴的使用和规范

4.1　A型

带有两个万向节的A型动力输出万向节传动轴如图1所示。该型传动轴能补偿动力输出轴和动力输入连接装置间联接轴的角度和长度变化。W形和Z形弯转连接的等角能保证均匀传递旋转运动。

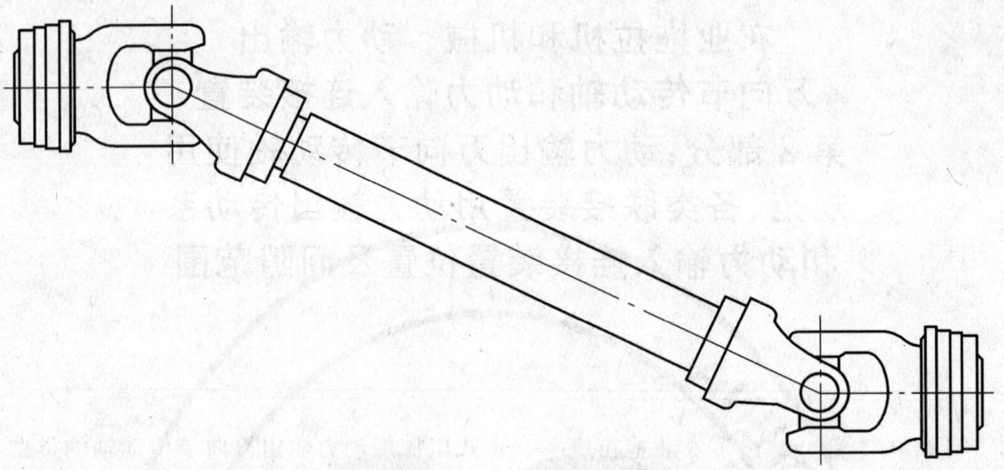

图 1 A型动力输出万向节传动轴

4.2 B型

带有一个万向节和一个等速广角双联万向节的B型动力输出万向节传动轴如图2所示。该型传动轴能补偿动力输出轴和动力输入连接装置间联接轴角度和长度变化。只要单联万向节处于直线状态或弯转角小于10°,则能均匀地传递旋转运动。

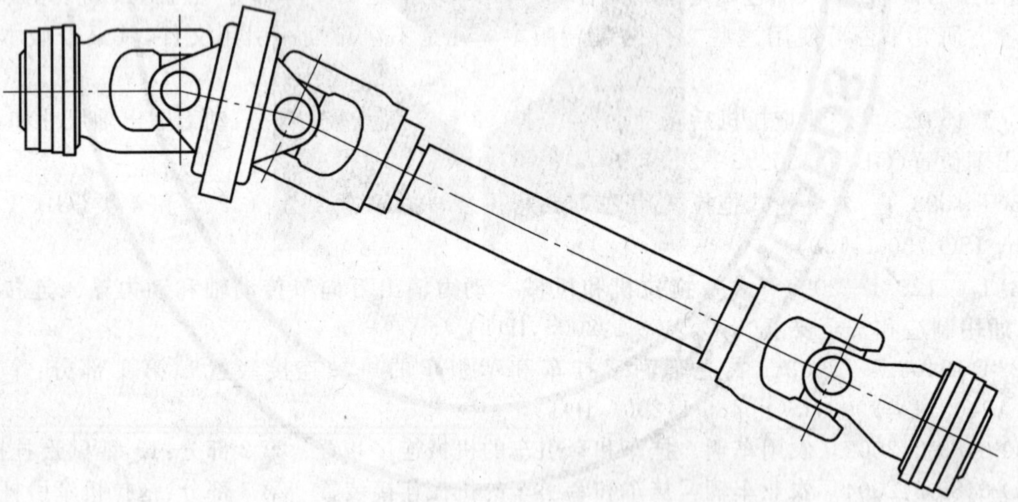

图 2 B型动力输出万向节传动轴

4.3 C型

带有两个等速广角双联万向节的C型动力输出万向节传动轴如图3所示。该型传动轴能补偿动力输出轴和动力输入连接装置间联接轴角度和长度变化。即使形成弯转角的大小或空间位置不同,仍能均匀地传递旋转运动。

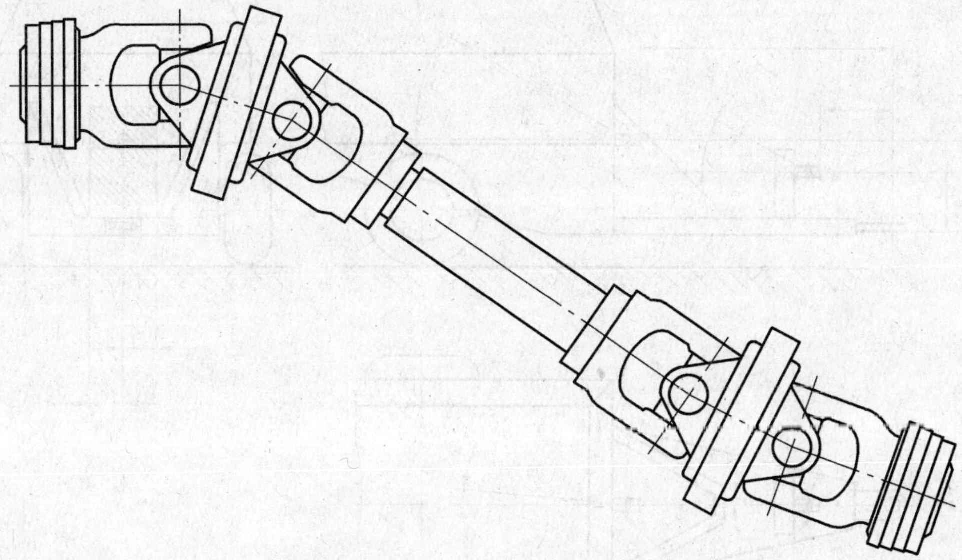

图 3　C 型动力输出万向节传动轴

4.4　动力输出万向节传动轴的长度

动力输出万向节传动轴的长度应考虑使用中所需最大延伸长度和最小收缩长度选定。

4.5　等角挂接

对拖拉机机具传动系，在几何学条件上，拖拉机动力输出轴到牵引杆销的距离应等于牵引杆销到动力输入连接装置的距离。

5　各类联接装置用动力输入连接装置位置和间隙范围

5.1　一般要求

机具动力输入连接装置的水平和垂直方向的位置和尺寸应符合图 4～图 11、表 1～表 8 的规定。确定这些尺寸时，拖拉机动力输出轴应在 GB/T 1592.3 规定的位置。

动力输出万向节传动轴应便于接近以进行保养，如应能进行润滑。

表 1～表 8 中规定的每种类型的动力输入连接装置位置和间隙范围的极限值不应同时采用。

5.2　牵引联接装置

5.2.1　动力输入连接装置的位置

在确定这些尺寸时，牵引联接装置应在 ISO 6489-3 规定的位置。拖拉机动力输出轴和动力输入连接装置的轴线应在同一垂直面内成一直线。见图 4 和表 1。

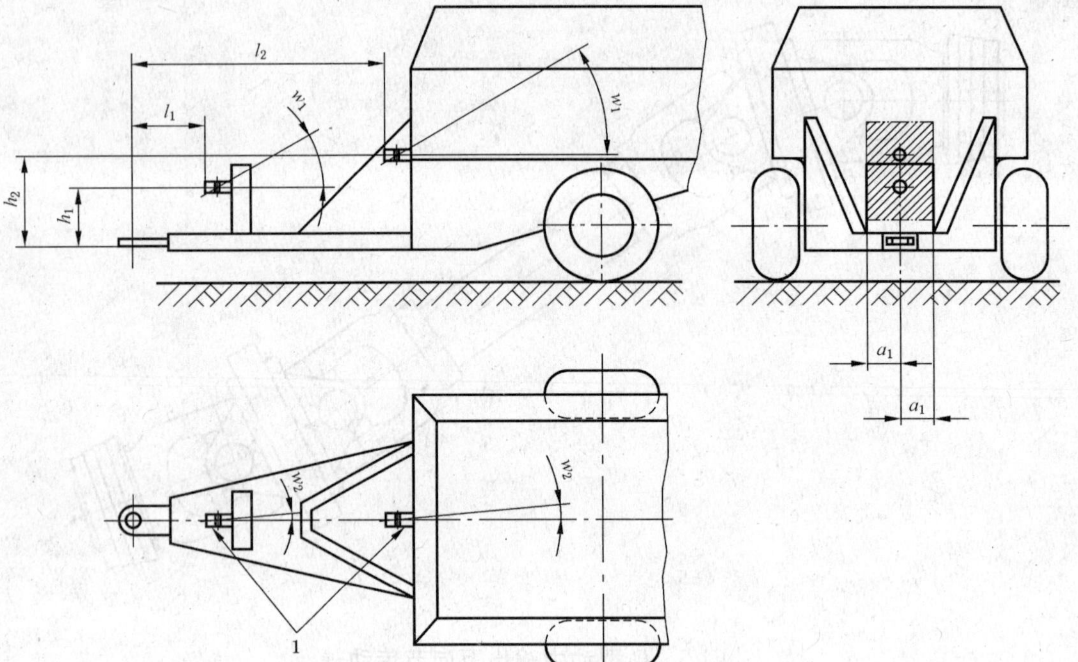

1——动力输入连接装置。

图 4　牵引联接装置

表 1　牵引联接装置的水平和垂直距离

动力输出轴功率/kW	联接装置类别[a]	等角挂接						非等角挂接					
		$h_{1\,min}$/mm	$h_{1\,max}$/mm	$a_{1\,max}$/mm	$l_1 \pm 10$/mm	w_1/(°)	w_2/(°)	$h_{2\,min}$/mm	$h_{2\,max}$/mm	$a_{1\,max}$/mm	$l_{2\,max}$[c]/mm	w_1[c]/(°)	w_2[c]/(°)
≤28	0	200	250	25	400	0	0	[b]	700	100	1 000	30	5
≤48	1	220	350	25	400	0	0						
≤115	2	250	350	25	400	0	0						
≤185	3	260	350	25	500	0	0						
≤275	4	280	400	25	500	0	0						
≤400	5	310	450	25	500	0	0						

[a] 见 ISO 6489-3。

[b] 为保证传动系和牵引挂钩间的间隙，牵引杆之上动力输入连接装置的距离 l_2 大于 l_1，从位置 l_1 到 h_1 转角应最小增加 5°。

[c] 为防止传动系振动过大，可使用广角双联万向节，或可使动力输入连接装置的轴与动力输出万向节传动轴成一定角度。

5.2.2　动力输出传动系的动力输入连接装置间隙范围

动力输出传动系的动力输入连接装置周围间隙见图 5 和表 2。

单位为毫米

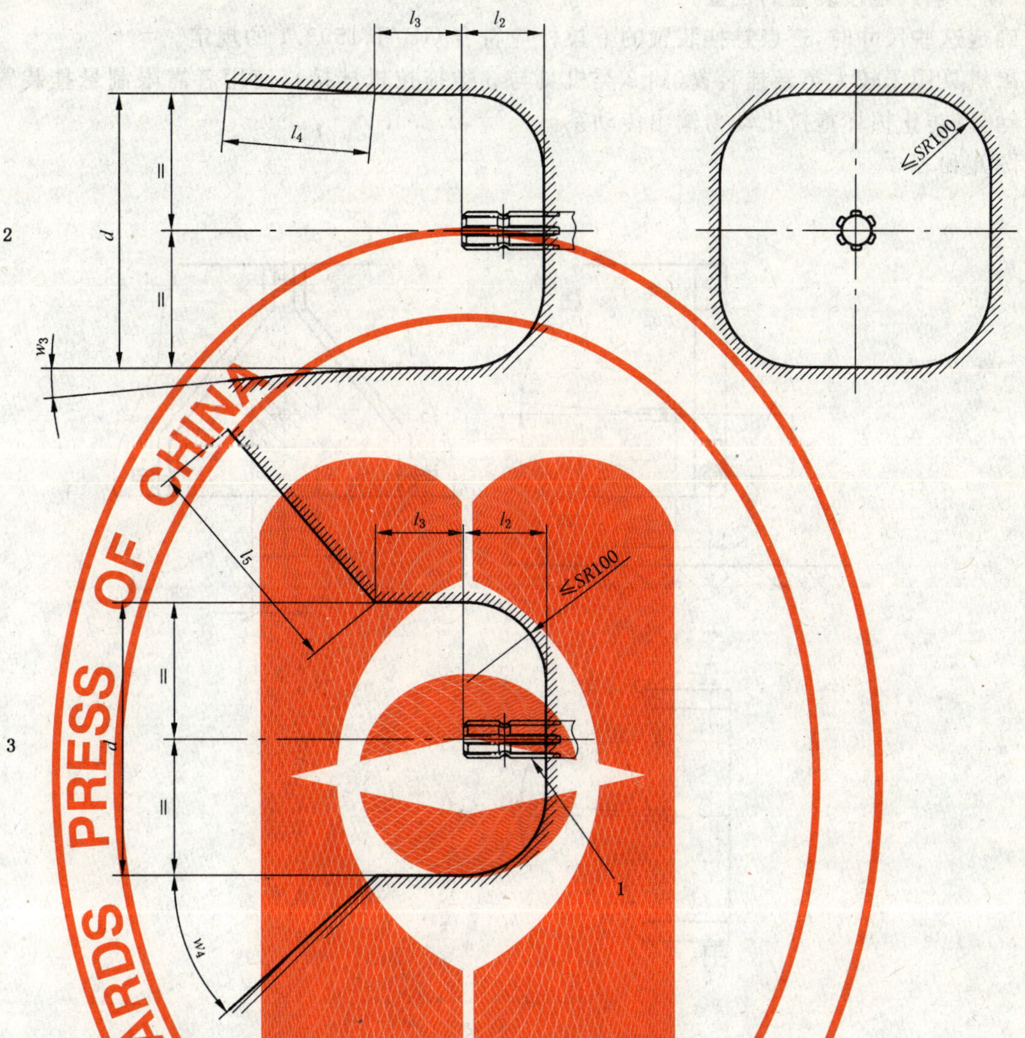

1——动力输入连接装置；

2——主视图；

3——俯视图。

图 5 牵引联接装置用动力输出传动系动力输入连接装置间隙范围尺寸

表 2 牵引联接装置用动力输入连接装置间隙范围尺寸

联接装置类别[a]	$d_{\min}$/mm	$l_{2\min}$/mm	$l_3\pm5$/mm	$l_{4\min}$/mm	$l_{5\min}$/mm	$w_{3\min}$/(°)	$w_{4\min}$/(°)	$w_{4\min}$[b]/(°)
0	300	75	85	500	500	5	10	50
1	300	75	85	500	500	5	10	50
2	350	75	85	500	500	5	10	50
3	350	90	100	500	500	5	10	50
4	400	90	100	500	500	5	10	50
5	400	90	100	500	500	5	15	50

[a] 见 ISO 6489-3。

[b] 适用于等角挂接联接装置。

5.3　三点悬挂装置

5.3.1　动力输入连接装置的位置

在确定这些尺寸时，三点悬挂装置的下拉杆应符合 GB/T 1593.1 的规定。

如果机具用于较大类悬挂装置(如 2 类机具与 3 类拖拉机挂接)，使用者需限制悬挂装置上或下拉杆的运动，以防止损坏拖拉机动力输出传动系。

见图 6 和表 3。

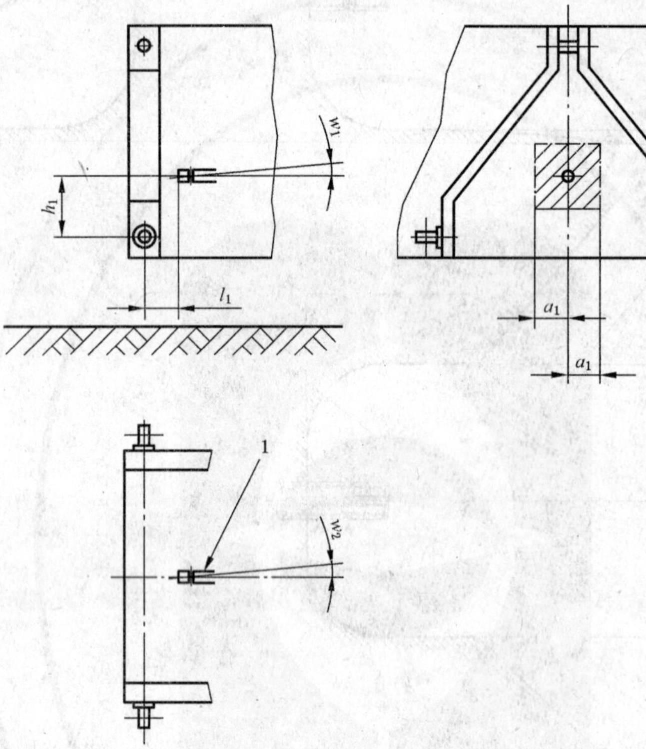

1——动力输入连接装置。

图 6　三点悬挂装置

表 3　三点悬挂装置水平和垂直距离

联接装置类别[a]	h_1/ mm	$a_{1\max}$/ mm	l_1/ mm	$w_{1\max}$/ (°)	w_2/ (°)
0	100±30	25	180～300	5	0
1	100±100	25	250～800	5	0
2	130±30	25	280～400	5	0
3	130±100	25	350～900	5	0
4	130±100	25	300～900	5	0
5	150±100	25	400～900	5	0

[a] 见 GB/T 1593.1。

5.3.2　动力输出传动系的动力输入连接装置间隙范围

动力输出传动系的动力输入连接装置周围间隙见图 7 和表 4。

单位为毫米

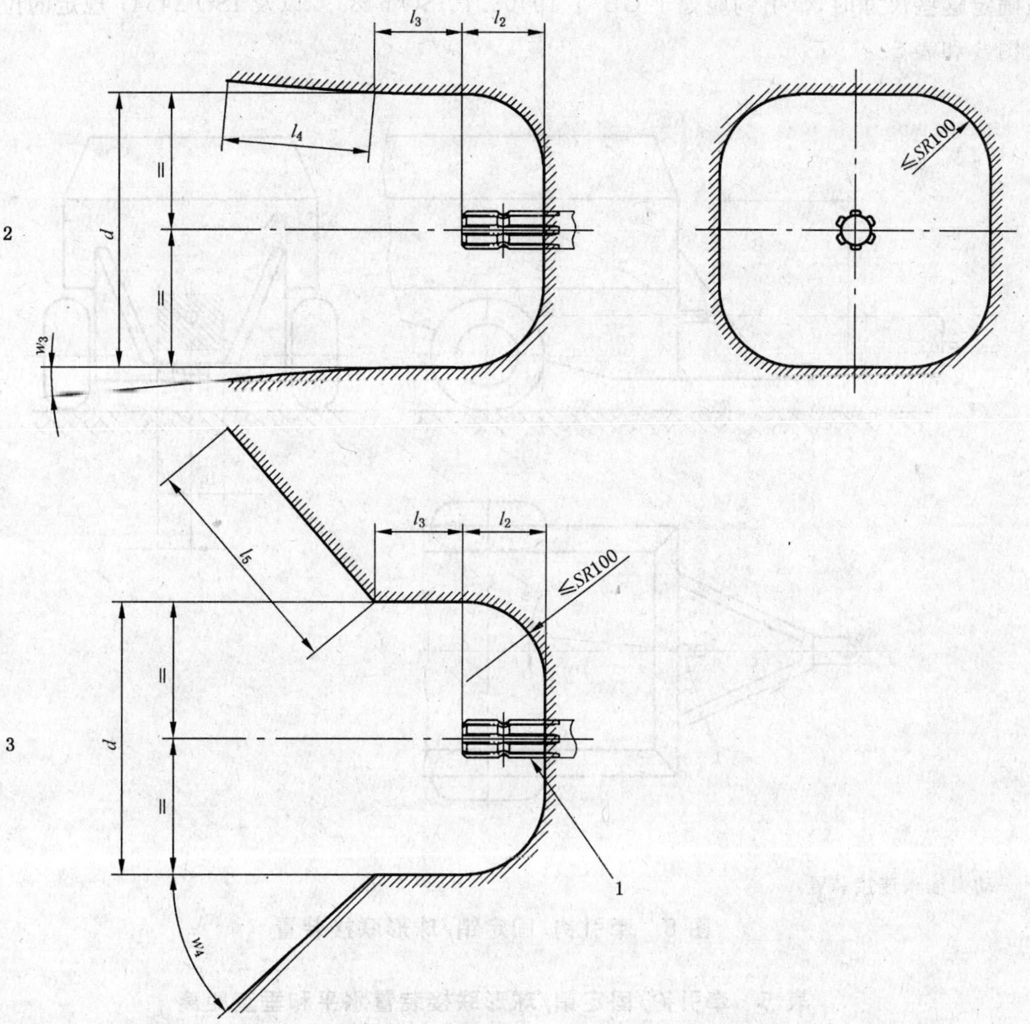

1——动力输入连接装置；

2——主视图；

3——俯视图。

图 7　三点悬挂装置用动力输出传动系动力输入连接装置间隙范围尺寸

表 4　三点悬挂装置用动力输入连接装置间隙范围尺寸

联接装置类别[a]	d_{min}/ mm	$l_{2\ min}$/ mm	$l_3 \pm 5$/ mm	$l_{4\ min}$/ mm	$l_{5\ min}$/ mm	$w_{3\ min}$[b]/ (°)	$w_{4\ min}$/ (°)
1	300	75	85	500	500	45～15	5
2	300	75	85	500	500	45～15	5
3	350	90	100	500	500	45～15	5
4	400	90	100	500	500	45～15	5

[a] 见 GB/T 1593.1。

[b] $w_3 = 51 - (l_1/25)$。

5.4 牵引钩/固定销/球形联接装置

5.4.1 动力输入连接装置的位置

在确定这些尺寸时，牵引钩应处于GB/T 19408.1、ISO 6489-4以及ISO 24347规定的位置。

见图8和表5。

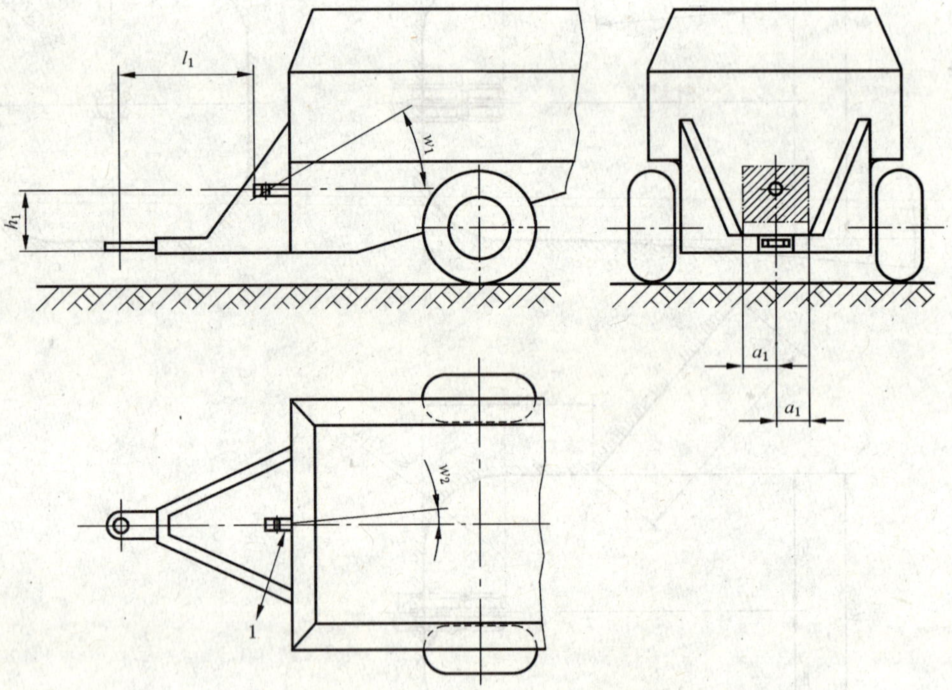

1——动力输入连接装置。

图8 牵引钩/固定销/球形联接装置

表5 牵引钩/固定销/球形联接装置水平和垂直距离

动力输出轴功率/kW	$h_{1\,min}$/mm	$h_{1\,max}$/mm	$a_{1\,max}$/mm	l_1[a]/mm	$w_{1\,max}$[a]/(°)	$w_{2\,max}$[a]/(°)
≤92	250	700	100	700～1 500	30	5
80～185	260	700	100	800～1 500	30	5
150～350	280	700	100	900～1 500	30	5

a 为防止传动系振动过大，可使用广角双联万向节，或可使动力输入连接装置的轴与动力输出万向节传动轴成一定角度。

5.4.2 动力输出传动系的动力输入连接装置间隙范围

见图9和表6。

单位为毫米

1——动力输入连接装置；

2——主视图；

3——俯视图。

图 9　牵引钩/固定销/球形联接装置用动力输出传动系在动力输入连接装置最小间隙范围

表 6　牵引钩/固定销/球形联接装置用动力输入连接装置间隙范围尺寸

动力输出轴功率/ kW	d_{min}/ mm	$l_{2\ min}$/ mm	$l_3 \pm 5$/ mm	$l_{4\ min}$/ mm	$l_{5\ min}$/ mm	$w_{3\ min}$/ (°)
≤92	300	75	85	700	785	5
80～185	350	90	100	800	900	5
150～350	400	90	100	900	1 000	5

5.5　U 型联接装置

5.5.1　动力输入连接装置位置

在确定这些尺寸时，U 型挂接器应处于 ISO 6489-2 规定的位置。

见图 10 和表 7。

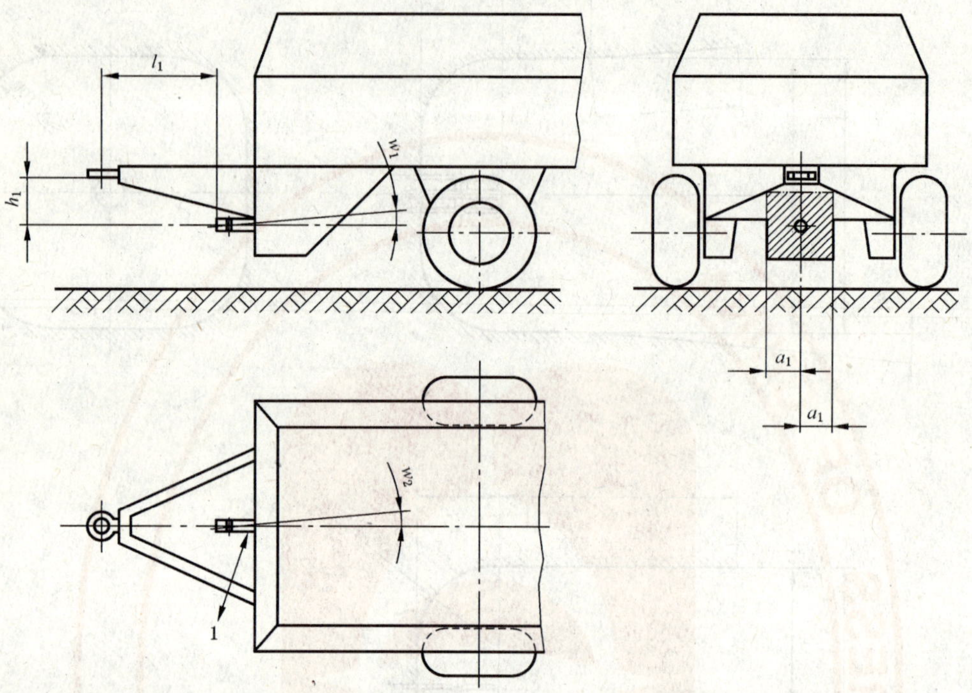

1——动力输入连接装置。

图 10 U型联接装置

表 7 U型联接装置水平和垂直距离

动力输出轴功率/kW	$h_{1\ min}$/mm	$h_{1\ max}$/mm	$a_{1\ max}$/mm	l_1[a]/mm	$w_{1\ max}$[a]/(°)	$w_{2\ max}$[a]/(°)
≤92	250	400	100	700～1 500	5	5
80～185	260	500	100	800～1 500	5	5
150～350	280	500	100	900～1 500	5	5

[a] 为防止振动过大，宜使用广角双联万向节。

5.5.2 动力输出传动系的动力输入连接装置间隙范围

动力输出传动系的动力输入连接装置的间隙范围见图 11 和表 8。

单位为毫米

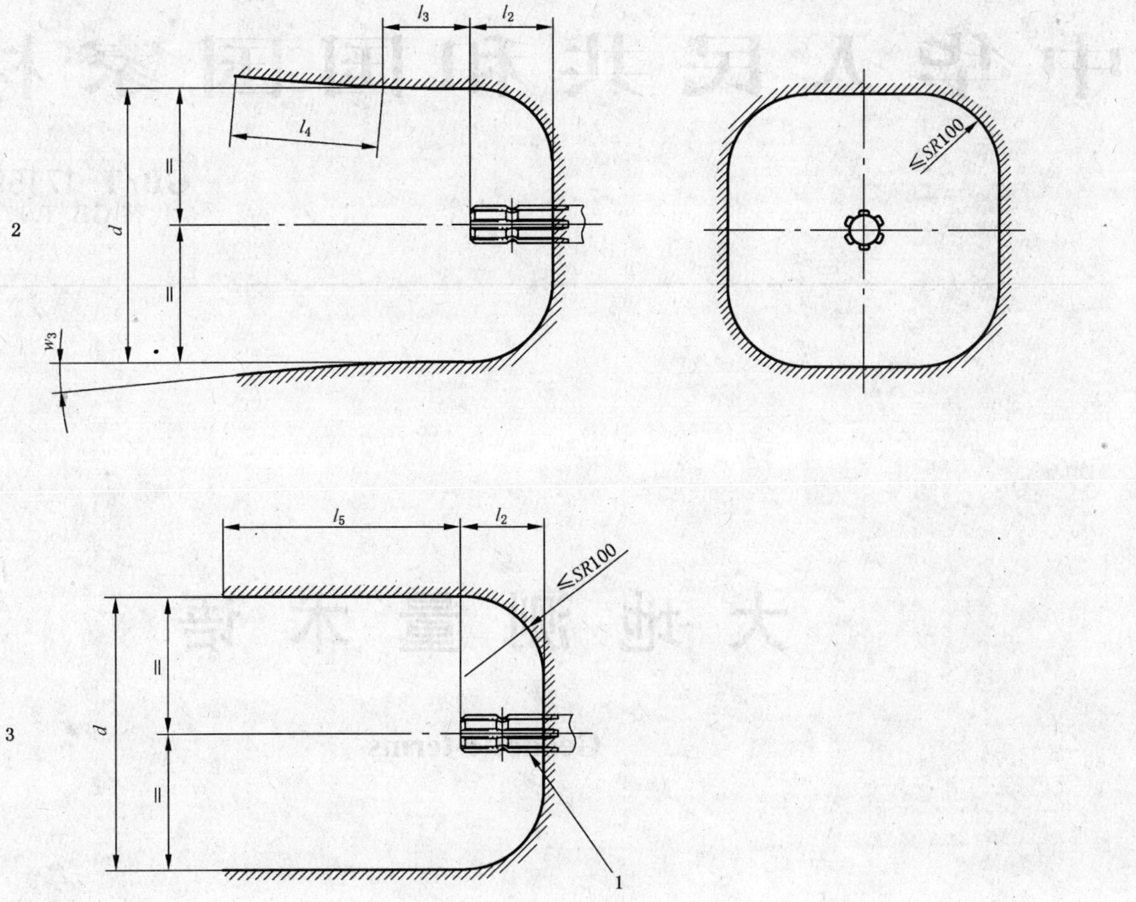

1——动力输入连接装置；

2——主视图；

3——俯视图。

图 11 U型联接装置动力输出传动系的动力输入连接装置间隙范围尺寸

表 8 U型联接装置动力输入连接装置间隙范围尺寸

动力输出轴功率/ kW	d_{min}/ mm	$l_{2\ min}$/ mm	$l_3\pm5$/ mm	$l_{4\ min}$/ mm	$l_{5\ min}$/ mm	$w_{3\ min}$/ (°)
≤92	300	75	85	700	785	5
80～185	350	90	100	800	900	5
150～350	400	90	100	900	1 000	5

ICS 07.040
A 75

中华人民共和国国家标准

GB/T 17159—2009
代替 GB/T 17159—1997

大地测量术语

Geodetic terms

2009-02-06 发布　　　　2009-06-01 实施

中华人民共和国国家质量监督检验检疫总局
中国国家标准化管理委员会　发布

前　言

本标准是对GB/T 17159—1997《大地测量术语》的修订。本标准与GB/T 17159—1997相比主要变化如下：

——按照GB/T 1.1—2000的要求对标准的格式和体例进行了修改；

——增加了2000国家大地坐标系、2000国家重力基本网、深度基准、失锁、多普勒单点定位、多普勒联测定位、多普勒短弧法定位、全潮汐改正、平均潮汐改正、零潮汐改正、精密单点定位、实时动态定位(RTK)、网络RTK、连续运行基准站(CORS)等14条术语；

——删除了原标准中2.15动态大地测量、2.16三维大地测量、2.17四维大地测量、3.70 WGS72(世界大地坐标系)、3.74大地原点、6.94 GPS卫星定位、7.4国家三角点、7.9国家水准点、7.21国家大地网、7.25三维大地网、7.26动态大地网、7.29国家水准网、7.31国家三角网、7.34卫星大地网等14条术语；

——调整了某些术语的顺序，如原标准中4.30大地坐标调整到原标准4.26大地经度之前；原标准中5.8正常重力、5.9正常重力场调换次序；

——修改了某些术语的名称、定义及英文对应词。

本标准由国家测绘局提出。

本标准由全国地理信息标准化技术委员会归口。

本标准由国家测绘局测绘标准化研究所负责起草。

本标准主要起草人：段怡红、肖学年、朱健、吕玉霞、马聪丽、郭玉芳。

本标准所代替标准的历次版本发布情况为：

——GB/T 17159—1997。

引　言

GB/T 17159—1997 实施已十多年了，对测绘科学知识的传播，国内外测绘科技交流，测绘图书文献的编撰、出版和检索等起到了很大作用。然而在这十多年中，测绘学科随着地理信息技术、遥感技术、全球定位系统技术、计算机技术、网络技术等的迅猛发展也进入了一个新的发展空间，其应用也扩展到了社会生活和经济生活的方方面面。因此本标准的修订充分考虑了这一情况，术语的定义参考《测绘学名词》（第二版）及《地球科学大辞典》等资料，并与 GB/T 14911—2008《测绘基本术语》、GB/T 17694—1999《地理信息技术基础术语》、GB/T 16820—2009《地图学术语》等术语标准进行了协调，力争通过本标准反映大地测量学科和技术的基本面貌。

本标准给出了术语的汉语拼音索引和英文对应词索引。

大地测量术语

1 范围

本标准规定了大地测量学科术语及其定义，并附有汉语拼音索引和英文对应词索引。

本标准适用于涉及大地测量专业方面的标准制定、技术文件编制、档案、教材、书刊等文献的编写。

2 大地测量学科分类

2.1

大地测量学 geodesy

研究和确定地球及其他天体的形状、大小、重力场、整体与局部运动和表面点的几何位置以及它们的变化的理论和技术的科学。

2.2

动力大地测量学 dynamic geodesy

研究和测定地球运动状态及其机制的理论和方法的大地测量学分支。

2.3

几何大地测量学 geometric geodesy

研究利用几何观测量(长度、方向、角度、高差)解决大地测量学科问题的大地测量学分支。

2.4

椭球面大地测量学 ellipsoidal geodesy

研究椭球面的数学性质以及以该面为参考的大地测量解算理论与方法的大地测量学分支。

2.5

理论大地测量学 theoretical geodesy

研究综合利用各种大地测量方法解决其学科基本理论问题的大地测量学分支。

2.6

应用大地测量学 applied geodesy

研究地面大地控制网布设与施测理论和技术的大地测量学分支。

2.7

物理大地测量学 physical geodesy

大地重力学

研究利用重力等物理观测量解决大地测量学科问题的大地测量学分支。

2.8

空间大地测量学 space geodesy

研究利用自然或人造天体解决大地测量学科问题的大地测量学分支。

2.9

大地天文学 geodetic astronomy

研究利用恒星测定地面点天文经纬度和方位角的理论与方法的大地测量学分支。

2.10

卫星大地测量学 satellite geodesy

研究利用人造地球卫星解决大地测量学科问题的大地测量学分支。

2.11

海洋大地测量学　marine geodesy

研究和确定海面地形、海底地形和海洋重力场及其变化的大地测量学分支。

2.12

月球大地测量学　lunar geodesy;selenodesy

研究解决月球的大地测量学科问题的大地测量学分支。

2.13

行星大地测量学　planetary geodesy

利用大地测量方法研究太阳系行星及其卫星的形状、大小及重力场等问题的大地测量学分支。

2.14

大地测量　geodetic survey

测定地球形状、大小、重力场及其变化和建立地区以至全球的三维控制网的科学与技术。

2.15

大地重力测量　geodetic gravimetry

测定点的重力及有关物理参数的大地测量。

2.16

整体大地测量　integrated geodesy

将大地测量中的各类几何与物理观测量进行整体处理的理论和技术。

3　大地测量参考系

3.1

惯性参考系　inertial reference system

相对于惯性空间静止或作匀速直线运动的参考系。

3.2

准惯性参考系　quasi-inertial reference system

根据不同用途所选取的可以忽略其曲线运动和加速运动影响的近似惯性参考系。

3.3

协议惯性参考系　conventional inertial reference system

国际上约定统一采用的准惯性参考系。

3.4

天球　celestial sphere

用于在其表面投影天体位置而假想的以空间某点为中心，无限长为半径的圆球。

3.5

天球参考系　celestial reference system

以天球作为参考的一种准惯性参考系。

3.6

协议天球参考系　conventional reference system of celestial sphere

国际上约定统一采用的天球参考系。

3.7

地球参考系　terrestrial reference system

相对于地球而静止的参考系。

3.8

协议地球参考系　conventional terrestrial reference system

国际上约定统一采用的地球参考系。

3.9

星表系统　catalogue system

用恒星与行星星历表形式表示的准惯性参考系和天球坐标系。

3.10

天文常数　astronomical constant

国际上统一采用的用于计算星历所需的一系列常数。

3.11

IAU 1976 天文常数　astronomical constant of IAU 1976

由国际天文联合会(IAU)于 1976 年推荐的天文常数。

3.12

IERS 1989 天文常数　astronomical constant of IERS 1989

由国际地球自转服务局(IERS)于 1989 年推荐的天文常数。

3.13

大地测量常数　geodetic constant

由国际大地测量协会(IAG)或国际大地测量与地球物理联合会(IUGG)推荐的,用于确定大地参考系和坐标系以及大地测量计算的一系列常数和参数。

3.14

引力常数　gravitational constant

G

两质点之间牛顿万有引力的比例因子。

3.15

地心引力常数　geocentric gravitational constant

GM

万有引力常数和地球总质量的乘积。

3.16

地球椭球参数　parameters of earth ellipsoid

表示地球椭球的形状、大小、质量、自转速率以及重力场有关的几何与物理参数。

3.17

地球动力形状因子　dynamic form factor of the earth

J_2

地球引力位球谐函数级数展开式中的二阶带谐系数。

3.18

大地参考系　geodetic reference system

具有一定地球椭球参数的地球参考系。

3.19

1967 大地参考系　Geodetic Reference System 1967

由国际大地测量与地球物理联合会(IUGG)于 1967 年推荐的地球参考系,其地球正常椭球长半径为 6 378 160 m,地心引力常数为 $3.980\ 3\times10^{14}\ m^3\cdot s^{-2}$,地球动力形状因子为 $1.082\ 7\times10^{-3}$,地球自转速率为 $7.292\ 115\ 146\ 7\times10^{-5}\ rad\cdot s^{-1}$。

3.20

1980 大地参考系　Geodetic Reference System 1980

由国际大地测量与地球物理联合会(IUGG)于 1979 年推荐的地球参考系,其地球正常椭球长半径为 6 378 137 m,地心引力常数为 $3.986\ 005\times10^{14}\ m^3\cdot s^{-2}$,地球动力形状因子为 $1.082\ 63\times10^{-3}$,地球自转速率为 $7.292\ 115\times10^{-5}\ rad\cdot s^{-1}$。

3.21

极移 polar motion

地球瞬时自转轴相对于地球惯性轴的运动。

3.22

岁差 precession

地球瞬时自转轴在惯性空间不断改变方向的长期性运动。

3.23

章动 nutation

地球瞬时自转轴在惯性空间不断改变方向的周期性运动。

3.24

地球自转参数 earth rotation parameter;ERP

表示地球自转的速率、自转轴方向及其变化的参数。

3.25

IAU 1980 章动理论 nutation theorem of IAU 1980

国际天文学联合会(IAU)于 1980 年推荐的，根据吉尔伯特和吉旺斯基的地球物理模型和木下宙的改进刚体地球理论由沃尔所建立的章动理论。

3.26

春分点 vernal equinox

天球球面上沿黄道圈由南向北与赤道圈的交点。

3.27

J2000.0 动力学春分点 dynamical equinox of J2000.0

根据 IAU 1976 岁差常数和 IAU 1980 章动理论，同时顾及若干射电源观测坐标值所确定的相对于历元 J2000.0 的平春分点。

3.28

DE200(行星星历表) DE200

由美国喷气推进实验室和海军天文台等单位根据 1950 年的星历表，采用了与 IAU 1976 天文常数相近的常数(和 IERS 天文常数一致)，相对于 J2000.0 动力学春分点所建立的行星星历表。

3.29

LE200(月球星历表) LE200

由美国喷气推进实验室和海军天文台等单位根据 1950 年的星历表，采用了与 IAU 1976 天文常数相近的常数(和 IERS 天文常数一致)，相对于 J2000.0 动力学春分点所建立的月球星历表。

3.30

FK4 星表 FK4

按照纽康太阳系运动理论和武拉德基于刚性的地球模型，相对于历元 1950.0 所建立的恒星星历表。

3.31

FK5 星表 FK5

由德国海德堡天文计算研究所在 FK4 的基础上，采用 IAU 1976 天文常数和 J2000.0 动力学春分点所建立的恒星星历表。

3.32

中国大地测量星表 Chinese Geodetic Stars Catalogue;CGSC

我国于 1990 年建立的供大地测量用的恒星星历表，属 FK5 星表系统。

3.33

天极 celestial pole

过天球中心平行于地球自转轴的直线与天球球面的交点。

3.34

J2000.0 天极　celestial pole of J2000.0

根据 IAU 1976 岁差常数和 IAU 1980 章动理论，以历元 J2000.0 的地球自转轴定向为基准所确定的天极。

3.35

地极　terrestrial pole

地球自转轴与地球表面的交点。

3.36

瞬时极　instantaneous pole

地球瞬时自转轴与地球表面的交点。

3.37

平极　mean pole

由若干极移监测站在一定时期内大量持续的纬度观测数据算得的平均地(北)极位置。

3.38

固定平极　fixed mean pole

作为长期固定采用的一种平极。

3.39

历元平极　mean pole of the epoch

由某一历元的观测数据(瞬时极)消去周期项变化后确定的一种平极。

3.40

国际协议原点　Conventional International Origin;CIO

国际大地测量与地球物理联合会于 1960 年在赫尔辛基会议上决定采用的由国际纬度局的五个极移监测站在 1900—1905 年期间的观测数据所确定的固定平极。

3.41

经度原点　origin of longitude

由若干天文台采用的天文经度起算值算得的平均天文经度零点。

3.42

天球子午面　meridian plane of the celestial sphere

天球上过天极平行于地球自转轴的任意平面。

3.43

天球子午线　meridian of the celestial sphere

天球子午面与天球球面的截线。

3.44

天文子午面　astronomic meridian plane

过地面一点的重力线平行于地球自转轴的平面。

3.45

天文子午线　astronomic meridian

天文子午面与大地水准面的截线。

3.46

本初子午线[面]　prime meridian

零子午线[面]　null meridian;zero meridian

过固定平极和经度原点的天文子午线[面]。

3.47

格林尼治子午线[面]　Greenwich Meridian

过国际协议原点和1884年英国格林尼治天文台的子午仪的天文子午线[面]。

3.48

格林尼治平均天文台子午线[面]　Greenwich Mean Astronomic Meridian

过国际协议原点和由国际时间局(BIH)确定的经度原点的天文子午线[面]。

3.49

地极坐标系　coordinate system of the pole

用于表示地球瞬间极点位置的笛卡儿平面直角坐标系。该坐标系以固定平极为原点，以与该点相切的面为坐标平面，且 X 轴指向本初子午线切线正方向，Y 轴指向从 X 轴顺时针旋转90°的方向。

3.50

BIH系统　system of International Bureau of Hour

由国际时间局根据国际协议原点和格林尼治平均天文台子午线在其时间公报中所采用的地极坐标系。

3.51

JYD 1968.0系统　system of JYD 1968.0

我国根据国内外41个极移监测站的天文纬度观测资料和上海天文台采用的经度原点所建立的以1968.0历元平极为原点的地极坐标系。

3.52

国际参考子午线[面]　International Reference Meridian;IRM

由国际地球自转服务局推荐的根据BIH系统定向确定的本初子午线[面]。

3.53

国际参考极　International Reference Pole;IRP

由国际地球自转服务局推荐的根据BIH系统定向确定的固定平极。

3.54

天球坐标系　celestial coordinate system

以天极和春分点作为天球定向基准的坐标系。

3.55

太阳系质心坐标系　solar-system-centric coordinate system

以太阳系质心为原点的天球坐标系。

3.56

赤道坐标系　equatorial coordinate system

以天球上的赤道面和过春分点的天球子午面为起算面的天球坐标系。

3.57

时角坐标系　hour-angle coordinate system

以天球上的赤道面和过天顶的天球子午面为起算面的天球坐标系。

3.58

地平坐标系　horizon coordinate system

以天球上的地平面和过天顶的天球子午面为起算面的天球坐标系。

3.59

空固坐标系　space-fixed coordinate system

以太阳系质心为原点，以指向天极为 Z 轴，以指向春分点为 X 轴的右手笛卡儿直角天球坐标系。

3.60

轨道坐标系　orbital coordinate system

以地球质心为原点，以指向瞬时天极为 Z 轴，以指向位于瞬时赤道面上某一假定的春分点为 X 轴的右手笛卡儿直角天球坐标系。

3.61

国际天球参考框架　International Celestial Reference Frame；ICRF

由国际地球自转服务(IERS)推荐的，根据 J2000.0 动力学春分点和天极，以 IERS 天文常数为基础所定义的天球参考系和太阳系质心坐标系。

3.62

地球坐标系　terrestrial coordinate system

与地球固连并随地球一起转动的坐标系，其原点位于地球质量的中心。

3.63

天文坐标系　astronomical coordinate system

以地球平均赤道面和本初子午面为起算面，以大地水准面为参考面的坐标系。

3.64

地心坐标系　geocentric coordinate system

以地球质心或几何中心为原点的坐标系。

3.65

参心坐标系　reference-ellipsoid-centric coordinate system

以参考椭球几何中心为原点的坐标系。

3.66

站心坐标系　topocentric coordinate system

以测站为原点的坐标系。

3.67

大地坐标系　geodetic coordinate system

以参考椭球中心为原点、起始子午面和赤道面为基准面的地球坐标系。

3.68

地固坐标系　earth-fixed coordinate system

以地球质心为原点，以指向固定平极为 Z 轴，以指向经度原点为 X 轴的右手笛卡儿直角地球坐标系。

3.69

国际地球参考框架　International Terrestrial Reference Frame；ITRF

国际地球参考系统(ITRS)的实现。由国际地球自转服务(IERS)根据空间大地测量技术，包括 VLBI、SLR、DORIS、GPS 等，所确定的地面点的坐标所构成的集合。

3.70

WGS84(1150)(世界大地坐标系)　World Geodetic System 84(1150)；WGS84(1150)

采用 1980 大地参考系和 BIH 1984.0 指向的极所建立的一种地球参考系和地心坐标系。其地球正常椭球长半径为 6 378 137 m，地心引力常数为 $3.986\ 004\ 418 \times 10^{14}\ m^3 \cdot s^{-2}$，扁率为 1/298.257 223 563，地球自转角速度为 $7.292\ 115 \times 10^{-5}\ rad \cdot s^{-1}$。

3.71

高斯平面坐标系　Gauss plane coordinate system

利用高斯-克吕格投影，以中央子午线为纵轴，以赤道投影为横轴所构成的平面直角坐标系。

3.72

大地基准 geodetic datum

用于大地坐标计算的起算数据,包括参考椭球的大小、形状及其定位、定向参数。

3.73

水准原点 leveling origin

国家高程控制网的起算点。

3.74

高程系统 height system

相对于不同性质的起算面(如大地水准面、似大地水准面、椭球面等)所定义的高程体系。

3.75

高程基准 vertical datum

由特定验潮站平均海面确定的测量高程的起算面以及依据该面所决定的水准原点高程。

3.76

1956年黄海高程系 Huanghai Vertical Datum 1956

采用青岛水准原点和根据由青岛验潮站1950年—1956年的验潮数据确定的黄海平均海水面所定义的高程基准,其水准原点的起算高程为72.289 m。

3.77

1985国家高程基准 National Vertical Datum 1985

采用青岛水准原点和根据由青岛验潮站1952年—1979年的验潮数据确定的黄海平均海水面所定义的高程基准,其水准原点的起算高程为72.260 m。

3.78

1954年北京坐标系 Beijing Geodetic Coordinate System 1954

1954年我国决定采用的国家大地坐标系(采用克拉索夫斯基椭球),实质上是由原苏联普尔科沃为原点的1942年坐标系的延伸。

3.79

1980西安坐标系 Xian Geodetic Coordinate System 1980

采用IAG 1975国际椭球,以JYD1968.0系统为椭球定向基准,选用陕西省泾阳县永乐镇为大地原点所在地,采用多点定位所建立的大地坐标系。

3.80

2000国家大地坐标系 China Geodetic Coordinate System 2000;CGCS2000

原点在地心的右手地固直角坐标系。Z轴为国际地球自转局(IERS)定义的参考极方向,X轴为国际地球自转局定义的参考子午面与垂直于Z轴的赤道面的交线,Y轴与Z轴和X轴构成右手正交坐标系。其地球正常椭球长半径为6 378 137 m,地心引力常数为$3.986\ 004\ 418\times10^{14}\ \mathrm{m}^3\cdot\mathrm{s}^{-2}$,扁率为1/298.257 222 101,地球自转角速度为$7.292\ 115\times10^{-5}\ \mathrm{rad}\cdot\mathrm{s}^{-1}$。

3.81

新1954(年)北京坐标系 New Beijing Geodetic Coordinate System 1954

在1980西安坐标系的基础上,以克拉索夫斯基椭球面为参考面,通过坐标系平移方法转换到1954年北京坐标系的大地坐标系。

3.82

重力基准 gravity datum

布设在全球或区域范围内,经严密的测量和计算得到的一系列具有绝对重力值的地面固定点,作为重力的起算值和尺度因子。

3.83

波茨坦重力系统 Potsdam gravimetric system

由德国波茨坦大地测量研究所内的绝对重力点的起算值推算的重力值体系(1967 年国际大地测量协会定义该点的重力值为 981 260×10^{-5} m·s^{-2})。

3.84

1971 国际重力标准化网系统 International Gravity Standardization Net 1971;IGSN 1971

由国际大地测量协会于 1971 年推荐的采用国际重力标准化网代替波茨坦重力系统作为全球范围内的重力基准。

3.85

1985 国家重力基本网 National Gravity Fundamental Network 1985

1985 年中国建立的由 6 个重力基准点、46 个基本重力点和 5 个引点组成的重力基准网。

3.86

2000 国家重力基本网 National Gravity Fundamental Network 2000

2000 年中国建立的由 21 个重力基准点和 126 个基本重力点组成的重力基准网。

3.87

深度基准 sounding datum

计算水体深度的起算面。

4 椭球大地测量

4.1

大地体 geoidal body

大地水准面所包围的形体。

4.2

地球椭球 terrestrial ellipsoid;earth ellipsoid

近似表示地球的形状和大小,并且其表面为等位面的旋转椭球。

4.3

平均地球椭球 mean earth ellipsoid

符合全球大地水准面,具有与地球相同的质量、自转速率,中心位于地球质心,椭球旋转轴与地球自转轴重合的地球椭球。

4.4

正常水准椭球 normal level ellipsoid

水准椭球 level ellipsoid

表面为正常重力位水准面的旋转椭球。

4.5

正常椭球 normal ellipsoid

具有水准椭球特性的平均椭球。

4.6

参考椭球 reference ellipsoid

最符合一定区域的大地水准面,具有一定大小和定位参数的旋转地球椭球。

4.7

三轴椭球 triaxial ellipsoid

由三个相互垂直的对称面构成的一种椭球,其各面均为椭圆。

4.8

椭球长半径　major radius of ellipsoid

旋转椭球长半轴的长度。

4.9

椭球短半径　minor radius of ellipsoid

旋转椭球短半轴的长度。

4.10

椭球扁率　flattening of ellipsoid

椭球长、短半径之差与长半径之比。

4.11

国际椭球　international ellipsoid

由国际大地测量与地球物理联合会(IUGG)推荐的地球椭球。

4.12

1975 国际椭球　International Ellipsoid 1975

由国际大地测量与地球物理联合会(IUGG)于 1975 年推荐的正常椭球,其长半径为 6 378 140 m,扁率为 1/298.257。

4.13

1980 国际椭球　International Ellipsoid 1980

由国际大地测量与地球物理联合会(IUGG)于 1979 年推荐的正常椭球,其长半径为 6 378 137 m,扁率为 1/298.257。

4.14

克拉索夫斯基椭球　Krassovsky ellipsoid;Krassovsky spheroid

克拉索夫斯基 1940 年提出的椭球,其长半径为 6 378 245 m,扁率为 1/298.3。

4.15

椭球第一偏心率　first eccentricity of ellipsoid

椭球的子午椭圆焦点偏离中心的距离与椭球长半径之比,即:

$$e = \frac{\sqrt{a^2 - b^2}}{a}$$

式中:

e——椭球第一偏心率;

a——椭球长半径;

b——椭球短半径。

4.16

椭球第二偏心率　second eccentricity of ellipsoid

椭球的子午椭圆焦点偏离中心距离与椭球短半径之比,即:

$$e' = \frac{\sqrt{a^2 - b^2}}{b}$$

式中:

e'——椭球第二偏心率;

a——椭球长半径;

b——椭球短半径。

4.17

椭球法截面　normal section plane of ellipsoid

包含椭球面上一点法线的平面。

4.18

椭球法截线　normal section of ellipsoid

椭球法截面与椭球面的截线。

4.19

大地子午面　geodetic meridian plane

包含椭球旋转轴的平面。

4.20

大地子午圈　geodetic meridian

大地子午面与椭球面的截线。

4.21

椭球卯酉面　prime vertical plane of ellipsoid

椭球面上包含某点法线且与该点的子午面正交的面。

4.22

椭球卯酉圈　prime vertical of ellipsoid

椭球卯酉面与椭球面的截线。

4.23

椭球赤道面　equatorial plane of ellipsoid

过椭球中心与椭球旋转轴垂直的平面。

4.24

椭球赤道圈　equatorial circle of ellipsoid

椭球赤道面与椭球面的截线。

4.25

椭球平行圈　parallel circle of ellipsoid

椭球面上平行于椭球赤道面的圈。

4.26

大地坐标　geodetic coordinate

大地坐标系中的坐标分量，即：大地经度，大地纬度，大地高。

4.27

大地经度　geodetic longitude

起始大地子午面与椭球面上一点的大地子午面间的夹角。

4.28

大地纬度　geodetic latitude

椭球赤道面与椭球面上一点的法线间的夹角。

4.29

大地方位角　geodetic azimuth

A

椭球面上一点的大地子午线与过该点的大地线间的夹角。

4.30

大地高　geodetic height

一点沿椭球法线到椭球面的距离。

4.31

子午圈曲率半径　radius of curvature in the meridian

M

椭球子午圈上一点的曲率半径，即：

$$M = a(1-e^2)(1-e^2\sin^2 B)^{-3/2}$$

式中：

a——椭球长半径；

e——椭球第一偏心率；

B——大地纬度。

4.32

卯酉圈曲率半径　radius of curvature in the prime vertical

N

椭球卯酉圈上一点的曲率半径，即：

$$N = a(1-e^2\sin^2 B)^{-1/2}$$

式中：

a——椭球长半径；

e——椭球第一偏心率；

B——大地纬度。

4.33

平均曲率半径　mean radius of curvature

椭球面上一点的子午圈曲率半径(M)和卯酉圈曲率半径(N)的几何平均值。

4.34

法截线曲率半径　radius of curvature in the normal

R_A

椭球任意法截线上一点的曲率半径，即：

$$R_A = N/(1+e'^2\cos^2 A\cos^2 B)$$

式中：

N——卯酉圈曲率半径；

e'——椭球第二偏心率；

A——该法截线的方位角；

B——大地纬度。

4.35

欧拉方程　Euler equation

表示椭球面上一点的子午圈曲率半径(M)，卯酉圈曲率半径(N)同任意方向法截线曲率半径(R_A)的关系式，即：

$$1/R_A = \sin^2 A/N + \cos^2 A/M$$

式中：

A——法截线的方位角。

4.36

大地线　geodesic

椭球面上两点间最短的曲线。

4.37

大地线微分方程　differential equation of geodesic

大地线长度与大地经纬度、大地方位角之间的微分关系式。

4.38

大地线曲率　curvature of the geodesic

K_α

大地线上一点的曲率，即：

$$K_\alpha = \cos^2 A/M + \sin^2 A/N$$

式中：

A——大地线方位角；

M——子午圈曲率半径；

N——卯酉圈曲率半径。

4.39

大地线挠率　torsion of the geodesic

T_α

大地线上一点的挠率，即：

$$T_\alpha = (1/N - 1/M)\sin A\cos A$$

式中：

N——卯酉圈曲率半径；

M——子午圈曲率半径；

A——大地线方位角。

4.40

克莱罗定理(1)　Clairaut's theorem (1)

大地线上各点的平行圈半径与其在该点的大地方位角的正弦之乘积为一常数。

4.41

参考椭球定位　positioning of reference ellipsoid

确定参考椭球在地球体内的位置和方向。

4.42

椭球单点定位法　ellipsoid positioning by single point

根据一点的垂线偏差和大地水准面高所进行的参考椭球定位的方法。

4.43

椭球多点定位法　ellipsoid positioning by multi points

利用若干点上的垂线偏差和大地水准面高，按照一定条件所进行的参考椭球定位的方法。

4.44

弧度测量　arc measurement

通过测量同一子午圈上两点的纬度差及长度来确定地球半径的一种经典方法。

4.45

弧度测量弧线法　arc method of the arc measurement

通过测量子午圈或平行圈的弧长解算地球椭球的长半径和扁率的弧度测量方法。

4.46

弧度测量面积法　area method of the arc measurement

利用大面积天文大地网观测成果所进行的弧度测量方法。

4.47

弧度测量全球法　global method of the arc measurement

利用全球的大地测量成果所进行的弧度测量方法。

4.48

弧度测量现代法　modern method of the arc measurement

综合利用各种大地测量成果所进行的弧度测量方法。

4.49

大地元素　geodetic elements

椭球面上的大地经度、大地纬度、两点间的大地线长度和正反大地方位角的统称。

4.50

大地主题解算　solution of geodetic problem

已知某些大地元素推求另一些大地元素的计算。

4.51

大地主题正解　direct solution of geodetic problem

已知一点的大地经度、大地纬度,以及该点至待求点的大地线长度和大地方位角,计算待求点的大地经度、大地纬度和待求点至已知点的大地方位角的计算。

4.52

大地主题反解　inverse solution of geodetic problem

已知两点的大地经度和大地纬度,计算这两点间的大地线长度和正反方位角的计算。

4.53

贝塞尔大地主题解算　Bessel's solution of the geodetic problem

由贝塞尔提出的一种长距离大地主题解算方法。即采用一个辅助球面,先确定椭球面上各元素同辅助球面上各元素之间的相互关系,然后在球面上进行大地主题解算,最后再归算到椭球面上。

4.54

高斯中纬度公式　Gauss mid-latitude formula

由高斯优化改进的用大地线两端点的平均纬度和方位角作为参数的大地主题解算公式。

4.55

观测元素归算　reduction of the observation elements

将地面观测元素化算为椭球面上相应元素的计算。

4.56

水平方向归算　reduction of horizontal direction

将地面水平方向观测值化算为椭球面上相应值的观测元素归算。

4.57

边长归算　reduction of side length

将地面边长观测值化算为椭球面上相应值的观测元素归算。

4.58

天顶距归算　reduction of zenith distance

将地面天顶距观测值化算为椭球面上相应值的观测元素归算。

4.59

天文方位角归算　reduction of astronomical azimuth

将地面天文方位角观测值化算为椭球面上相应的大地方位角的观测元素归算。

4.60

归算投影法　projection method of the reduction

将观测元素沿椭球面法线方向归算至椭球面上的观测元素归算方法。

4.61

归算平展法　development method of the reduction

将观测元素沿重力线方向归算至大地水准面上,然后不加改变地"平展"到椭球面上的观测元素归算方法。

4.62

拉普拉斯方程　Laplace equation

由拉普拉斯推导的把天文方位角(α)归算为大地方位角(A)的近似关系式,即:

$$A = \alpha - (\lambda - L)\sin\phi$$

式中:

λ——天文经度;

ϕ——天文纬度。

4.63

垂线偏差改正　correction for deflection of the vertical

将地面上以重力线为准观测的水平方向归算为以椭球面法线为准的水平方向所施加的改正。

4.64

标高改正　correction for skew normals

将地面上以椭球面法线为准的水平方向观测值归算到椭球面上时，顾及照准点标志的大地高对水平方向观测值的影响所施加的改正。

4.65

截面差改正　correction for normal section to the geodesic

将法截线方向化算为大地线方向所施加的改正。

4.66

高斯-克吕格投影　Gauss-Krueger projection

一种等角横切椭圆柱投影。其投影带中央子午线投影成直线且长度不变，赤道投影也成直线，并与中央子午线投影线正交。

4.67

归化纬度　parametric latitude；reduced latitude

u

由下式定义的纬度：

$$u = \mathrm{arctg}\sqrt{(1-e^2)}\mathrm{tg}B$$

式中：

e——椭球第一偏心率；

B——大地纬度。

4.68

等量纬度　isometric latitude

q

椭球面对球面进行正射投影时，由下面微分关系式定义的大地纬度辅助量：

$$\mathrm{d}q = \frac{M}{r}\mathrm{d}B$$

式中：

M——子午圈曲率半径；

r——平行圈曲率半径；

B——大地纬度。

4.69

底点纬度　latitude of pedal

高斯平面上过已知点向纵坐标轴作垂线与纵坐标轴交点的大地纬度。

4.70

中央子午线　central meridian

高斯投影带中央的大地子午线。

4.71

分带子午线　zone dividing meridian

高斯投影带边线的大地子午线。

4.72

高斯平面坐标　Gauss plane coordinate

高斯平面坐标系中的坐标分量。

4.73

高斯投影正算　direct solution of Gauss projection

将大地经度和大地纬度化算为高斯平面坐标的计算。

4.74

高斯投影反算　inverse solution of Gauss projection

将高斯平面坐标化算为大地经度和大地纬度的计算。

4.75

高斯投影换带计算　zone conversion in Gauss projection

将高斯平面坐标由一个高斯投影带化算到另一相邻投影带的计算。

4.76

高斯投影距离改正　distance correction in Gauss projection

地球椭球面上两点间的大地线长度化算为高斯平面上相应两点间的直线距离时所加的改正。

4.77

高斯投影方向改正　arc-to-chord correction in Gauss projection

地球椭球面上两点间的大地线方向化算到高斯平面上相应两点间的直线方向所加的改正。

4.78

高斯平面子午线收敛角　Gauss grid convergence

高斯投影平面上过一点平行于纵坐标轴的方向与过该点的大地子午线的投影曲线间的夹角。

4.79

坐标方位角　grid bearing

笛卡儿平面直角坐标系中平行于纵坐标轴的方向与某一方向的夹角。

4.80

球面角超　spherical exess

球面三角形三内角之和与180°的差值。

4.81

勒让德定理　Legendre's theorem

如果平面三角形和球面三角形对应边长相等,则平面角等于对应球面角减去三分之一球面角超。

5　物理大地测量

5.1

引力　gravitation

宇宙空间中物质之间按照牛顿万有引力定律相互吸引的力。

5.2

引力位　gravitational potential

引力位函数　gravitational potential function

其一阶导数为引力的标量函数。

5.3

离心力　centrifugal force

物体旋转时产生的脱离旋转中心的力。

5.4

离心力位　centrifugal potential

旋转位　rotational potential

其一阶导数为离心力的标量函数。

5.5

重力　gravity

单位质点受地球及其他天体的引力和地球自转所产生的惯性离心力的合力。

5.6

重力位　gravity potential

引力位和惯性离心力位之和。

5.7

重力场　gravity field

重力作用的整个空间。

5.8

正常重力场　normal gravity field

由正常椭球所产生的重力场。

5.9

正常重力　normal gravity

理论重力　theoretical gravity

正常重力场中的重力。

5.10

力线　line of force

在力场中表示受力方向的曲线。

5.11

重力线　gravity line

铅垂线　plumb line

重力场中的力线。

5.12

正常重力线　normal gravity line

正常重力场中的力线。

5.13

重力扁率　gravity flattening

β

正常椭球扁率极常数，即：

$$\beta=(\gamma_p-\gamma_e)/\gamma_e$$

式中：

γ_e——地球赤道上的正常重力；

γ_p——地球两极上的正常重力。

5.14

正常重力公式　normal gravity formula

γ_0

表示正常椭球面上的正常重力随位置变化的关系式。

5.15

克莱罗定理(2)　Clairaut's theorem (2)

地球椭球扁率(α)和重力扁率(β)的近似关系式为：

$$\alpha+\beta=5q/2$$

式中：

q——地球赤道上的离心力与赤道上的正常重力之比。

5.16

正常引力位　normal gravitational potential

根据正常椭球所推算的引力位。

5.17

正常重力位　normal gravity potential

U

正常引力位和离心力位之和。

5.18

扰动位　disturbing potential

T

一点的重力位与正常重力位之差。

5.19

地球位　geopotential

大地位

大地水准面上的重力位。

5.20

水准面　level surface

重力等位面　geop

重力位相等的点所构成的曲面。

5.21

平均海水面　mean sea surface

由长期大量持续的海水面监测数据计算得到的无周期性变化的海水面平均位置。

5.22

大地水准面　geoid

设想一个与静止的平均海水面重合并延伸到大陆内部的包围整个地球的封闭的重力位水准面。

5.23

历元大地水准面　geoid at an epoch

用某一时间段的观测数据确定的大地水准面。

5.24

正高　orthometric height

地面一点沿该点的重力线到大地水准面的距离。

5.25

正常高　normal height

地面一点沿正常重力线到似大地水准面的距离。

5.26

地球位数　geopotential number

地面一点到大地水准面的重力位差。

5.27

力高　dynamic height

某点的地球位数与大地纬度为45°处或测量区域平均大地纬度处的正常重力值之比值。

5.28

大地水准面高　geoidal height

大地水准面起伏　geoidal undulation

大地水准面至地球椭球面的垂直距离。

5.29

海面地形　sea-surface topography

平均海水面相对于大地水准面的起伏。

5.30

似大地水准面　quasi-geoid

从地面一点沿正常重力线按正常高相反方向量取高至正常高所得端点所构成的曲面。

5.31

似地形面　telluroid

由地面点的天文经纬度和相应点的由正常椭球面起算的正常高所确定的曲面。

5.32

高程异常　height anomaly

似大地水准面高　quasi-geoid height

似大地水准面至地球椭球面的垂直距离。

5.33

大地水准面模型　geoid model

用一定数据形式表示大地水准面的数据集或数学模型。

5.34

布隆斯公式　Bruns' formula

表示扰动位(T)与大地水准面高(N)的公式，即：

$$N = T/\gamma$$

式中：

γ——大地水准面上的正常重力。

5.35

地球重力场模型　earth gravity model; earth geopotential model

用一定数据形式表示地球重力场参数的数据集。

5.36

地球位系数　potential coefficient of the earth

地球引力位的球谐函数级数展开式中的系数。

5.37

带谐系数　coefficient of zonal harmonics

地球引力位的球谐函数展开式中零次的位系数。

5.38

扇谐系数　coefficient of sectorial harmonics

地球引力位的地谐函数展开式中阶与次相同的位系数。

5.39

田谐系数　coefficient of tesseral harmonics

地球引力位的球谐函数展开式中阶与次不同的位系数。

5.40

边值问题　boundary value problem

求解符合某种给定区域的边界条件的偏微分方程的问题。

5.41

大地测量边值问题　geodetic boundary value problem

已知地球表面或大地水准面上的有关的重力或重力位数据，并满足一定的条件确定地球形状的边值问题。

5.42

重力基本微分方程　fundamental gravity differential equation

表示扰动位(T)和重力异常之间的近似偏微分关系式，即：

$$\Delta g = -(2T/R + \partial T/\partial \rho)$$

式中：

ρ——地心到待求点的向径；

R——地球平均半径。

5.43

斯托克斯理论　Stokes theory

假设在大地水准面之外没有质量，利用在该面上的重力异常，并使其满足一定的边界条件确定大地水准面的理论。

5.44

斯托克斯公式　Stokes' formula

根据斯托克斯理论建立的计算大地水准面上及其外部空间扰动位的公式。

5.45

莫洛坚斯基理论　Molodensky theory

由地面重力数据研究地球自然表面形状的理论。

5.46

莫洛坚斯基公式　Molodensky's formula

根据莫洛坚斯基理论建立的以地形面为边界面，用混合重力异常作为边界值，解算地面及其外部空间扰动位的一种公式。

5.47

布耶哈马问题　Bjerhammar problem

根据在地球内部的等效球面上的边值条件，并使其结果与用地面上的边值条件求得的同一点的外部扰动位相等，从而确定地球形状的一种大地测量边值问题。

5.48

垂线偏差　deflection of the vertical

一点的重力线与椭球面法线间的夹角。

5.49

绝对垂线偏差　absolute deflection of the vertical

相对于平均地球椭球的垂线偏差。

5.50

相对垂线偏差　relative deflection of the vertical

相对于区域性参考椭球的垂线偏差。

5.51

重力垂线偏差　gravity deflection of the vertical

一点的重力方向与正常重力方向的夹角。

5.52

费宁-梅内斯公式　Vening-Meinesz formula

根据斯托克斯理论建立的计算重力垂线偏差的一种公式。

5.53

天文大地垂线偏差　astro-geodetic deflection of the vertical

用天文经纬度和大地经纬度确定的垂线偏差。

5.54

地壳均衡假说　isostasy hypothesis

描述地壳密度分布规律和地壳质量均衡状态的学说。

5.55

地形均衡垂线偏差　topographic isostatic deflection of the vertical

根据地壳均衡假说，利用地形高程数据和均衡深度进行补偿所确定的垂线偏差。

5.56

天文水准　astronomical leveling

用天文大地垂线偏差推算两点间的大地水准面高差或高程异常差的方法。

5.57

天文重力水准　astro-gravimetric leveling

用天文大地垂线偏差和重力数据推算两点间的大地水准面高差或高程异常差的方法。

5.58

重力基线　gravimetric baseline

由若干个高精度重力点组成的作为重力仪格值检测基准的基线。

5.59

重力测量　gravity measurement；gravimetry

测定重力加速度的测量技术和方法。

5.60

绝对重力测量　absolute gravity measurement

利用绝对重力仪测定地面点绝对重力加速度的重力测量。

5.61

相对重力测量　relative gravity measurement

利用摆仪或相对重力仪测定两点间重力加速度差值的重力测量。

5.62

向量重力测量　vector gravity measurement

测定重力的大小和方向或三维分量的重力测量。

5.63

重力控制测量　gravity control measurement

为测定各级重力控制网的起算重力点所进行的重力测量。

5.64

加密重力测量　dense gravity measurement

为各种科学目的对有关区域在各级重力控制点的基础上，加密一定的重力点所进行的重力测量。

5.65

均匀重力测量　uniform gravity measurement

为普查地球重力场在大范围内按均匀布点原则所进行的加密重力测量。

5.66

微重力测量　microgravimetry

利用高精度重力仪测定微伽级重力或重力微伽级(10^{-8} m/s^2)变化的重力测量。

5.67

航空重力测量　airborne gravity measurement

利用机载重力仪或重力梯度仪在空中进行的重力测量。

5.68

海洋重力测量　marine gravimetry

利用舰船携带重力仪在海洋上进行的重力测量。

5.69

卫星重力测量　satellite gravimetry

利用星载重力仪或重力梯度仪在地球外部空间进行的重力测量。

5.70

重力梯度　gravity gradient

相对于位置的重力变化率。

5.71

重力垂直梯度　vertical gradient of gravity

重力线方向上的重力梯度。

5.72

重力水平梯度　horizontal gradient of gravity

水平方向上的重力梯度。

5.73

重力梯度测量　gradiometry;gravity gradient measurement

重力位二阶导数的测量技术和方法。

5.74

重力异常　gravity anomaly

大地水准面上的重力值与相应点在地球椭球面上的正常重力值之差,或地球自然表面上的重力观测值与相应点在近似地形面上的正常重力值之差。

5.75

纯重力异常　pure gravity anomaly

重力扰动　gravity disturbance

同一点的重力值与正常重力值之差。

5.76

重力归算　gravity reduction

将地面观测的重力值归算到大地水准面或其他参考面上的过程。

5.77

空间改正　free-air correction

将地面重力观测值按高度进行重力归算所施加的改正。

5.78

层间改正　plate correction

中间层改正　intermediate layer correction

在重力归算中移去过重力点的水准面与大地水准面之间的质量所加的改正。

5.79

布格改正　Bouguer correction

在重力归算中空间改正与层间改正之和。

5.80

地形改正　topographic correction

重力值归算时，顾及重力点周围地形起伏的质量所加的改正。

5.81

法耶改正　Faye correction

在重力归算中空间改正与地形改正之和。

5.82

庞加莱改正　Poincare correction

对地球表面的重力值按重力线方向，推算地球内部某一不能直接测量的位置上的重力值所施加的改正。

5.83

地壳均衡改正　isostasy correction; isostatic correction

根据地壳均衡假说，将上地壳密度分布变化按照均匀状态加以补偿时对重力值所施加的改正。

5.84

零漂改正　correction of zero drift

对弹簧重力仪的零点漂移引起的重力观测值变化所施加的改正。

5.85

重力固体潮改正　gravity correction of the solid earth-tide

对固体潮引起重力观测值变化所施加的改正。

5.86

厄特沃什改正　Eoetvoes correction

重力仪在运动的载体上进行重力测量时，由于载体相对于地球的运动，从而改变了重力仪随地球自转的离心力(称为厄特沃什效应)，由此对重力观测值所施加的改正。

5.87

空间异常　free-air anomaly

自由空气异常

施加空间改正后的重力异常。

5.88

布格异常　Bouguer anomaly

施加布格改正后的重力异常。

5.89

完全布格异常　complete Bouguer anomaly

施加地形改正后的布格异常。

5.90

法耶异常　Faye anomaly

施加地形改正后的空间重力异常。

5.91

均衡异常　isostatic anomaly

施加地壳均衡改正后的完全布格异常。

5.92

重力异常阶方差　degree variance of gravity anomaly

重力异常球谐函数中某阶各次球谐系数平方和的均方值。

5.93

重力异常协方差函数　covariance function of gravity anomaly

表示重力异常与位置相关的一种协方差函数。

5.94

固体潮　solid earth tide

在日、月等天体引力作用下,固体地球产生周期性形变的现象。

5.95

平衡潮　equilibrium tide

假设地球为刚体,其表面均匀覆盖着海水,在日月引力作用下所产生的周期性的形变现象。

5.96

负荷潮　load tide

由于日、月等天体的引力影响引起海水负载变化,使地面在一定区域产生周期性形变的现象。

5.97

大地水准面潮　geoid tide

在日、月等天体引力作用下,大地水准面产生周期性形变的现象。

5.98

潮汐因子　tidal factor

固体潮的观测振幅与理论振幅之比值。

5.99

引潮位　tide-generating potential

日、月等天体对地球表面点的引力位与对地心的引力位之差。

5.100

负荷位　load potential

由于质量迁移(如海潮、大气扰动等)导致地球负荷变化而产生的地球引力位变化。

5.101

附加位　additional potential

在日、月等天体引力作用下,弹性地球形变引起物质重新分布所产生的位。

5.102

潮汐波　tidal wave

在日、月等天体引力作用下,地球表面的海水产生的周期性的波动现象。

5.103

潮汐频谱　tidal spectrum

潮汐内部能量相对于频谱的分布。

5.104

全潮汐改正　total tide correction

将潮汐对大地测量观测值的全部影响进行的改正,其中也包括永久性潮汐的直接和间接影响的改正。

5.105

平均潮汐改正　mean tide correction

在全潮汐改正中保留了永久性潮汐对大地测量观测值的直接和间接影响。

5.106

零潮汐改正　zero tide correction

在全潮汐改正中只保留永久性潮汐对大地测量观测值的间接影响。

5.107

杜德森常数　Doodson constant

D

用下式定义的常数：

$$D = 3GMR^2/4C^3$$

且：

$$R = a^{2/3}b^{1/3}$$

式中：

C——地、月心之间的平均距离；

GM——地心引力常数；

a——椭球长半径；

b——椭球短半径。

5.108

勒夫数　Love's number

平衡潮与真实固体潮之间的比例常数。

5.109

志田数　Shida's number

地面点的固体潮水平位移与相应平衡潮水平位移之比值。

6　空间大地测量

6.1

恒星时　sidereal time

由天球上的春分点周日视运动所确定的时间。

6.2

太阳时　solar time

由太阳在天球上的周日视运动所确定的时间。

6.3

平太阳时　uniform solar time

由假想的平太阳以真太阳的周年视运动的平均速度，作周日视运动所确定的时间。

6.4

世界时　universal time

过格林尼治平均天文台的本初子午线上以平子午夜作为零时开始的平太阳时。

6.5

协调世界时　coordinated universal time；UTC

以国际制秒(S1)为基准，用正负闰秒的方法保持与世界时相差在一秒以内的一种时间。

6.6

国际原子时　international atomic time；IAT

由国际时间局根据国际制秒(S1)的定义利用原子钟所建立的以1958年1月1日世界时零时开始的一种时间。

6.7

力学时　dynamical time

由天体质心运动方程所确定的以国际原子时为基准的时间。

6.8

时号　time signal

由授时台发播的用于提供标准时刻的电磁波信号。

6.9

钟差　clock bias

标准时刻与钟面时刻之差。

6.10

钟速　clock rate

某一钟面时间段内钟差的变化率。

6.11

钟漂　clock drift

某一钟面时间段内的钟速变化率。

6.12

收时　time receiving

通过接收时号将守时设备的时刻与标准时刻进行比对，以确定守时设备的钟差或钟速的过程。

6.13

时号传播改正　propagational correction to the time signal

对接收到的时号的时刻消除时号从发播地到接收地的传播时延所施加的改正。

6.14

综合时号改正　synthetical correction to the time signal

对于时号发播时刻相对于标准时刻的偏差所施加的改正。

6.15

人仪差　personal and instrumental equation

观测结果因观测者和仪器不同而产生的系统误差。

6.16

天文经度　astronomic longitude

λ

本初子午面到过某点的沿重力线在大地水准面上的交点所在的天文子午面的夹角。

6.17

天文纬度　astronomic latitude

过某点的沿重力线在大地水准面上的切线与天球赤道面的夹角。

6.18

天文方位角　astronomic azimuth

过某点的重力线在大地水准面上的交点的天文子午面到过该交点的重力切线和过另一点的重力线在大地水准面上的交点所组成的平面的夹角。

6.19

天文坐标　astronomic coordinate

天文坐标系中的坐标分量，即：天文经度、天文纬度。

6.20

津格尔星对测时法　method of time determination by Zinger star-pair

东西等高测时法

通过观测对称于子午圈的东西两颗恒星在同一高度上的时刻来测定天文经度的方法。

6.21

塔尔科特测纬度法　Talcott method of latitude determination

通过观测南北两颗近似等高的恒星中天时的天顶距差以测定天文纬度的方法。

6.22

多星等高法　equal-altitude method of multi-star

通过观测均匀分布于各象限内的若干恒星经过同一等高圈的时刻以同时测定天文经纬度的方法。

6.23

北极星任意时角法　method by hour angle of Polaris

通过观测在任意时角时的北极星(并记录时刻)和目标对测站的水平夹角以测定测站到目标的天文方位角的方法。

6.24

运动方程　motion equation

表示物体运动的加速度和作用力之间关系的微分方程。

6.25

运动方程分析解　analytical solution of motion equation

用分析积分的方法求解的运动方程的解析式。

6.26

运动方程数值解　numerical solution of motion equation

用数值积分的方法求解的运动方程在给定时刻的位置数值。

6.27

轨道　orbit

天体质量中心运动的轨迹。

6.28

开普勒轨道　Keplerian orbit

正常轨道　normal orbit

天体受质心万有引力作用按照开普勒定律运行的轨道。

6.29

轨道根数　orbital elements

天体运动方程解算结果的六个轨道参数。

6.30

开普勒轨道根数　Keplerian elements

表示开普勒轨道形状、大小、轨道平面空间位置和方向以及天体过近心点时刻的轨道根数。

6.31

摄动　perturbation

天体实际运行轨道相对于正常轨道的偏离现象。

6.32

摄动力　disturbing force

对天体运动起支配作用的质心万有引力以外的附加作用力。

6.33

摄动函数　disturbing function

位能摄动力的位函数。

6.34

受摄轨道　disturbed orbit

顾及摄动力作用时天体运行的轨道。

6.35

密切轨道　osculating orbit

在任意时刻,中止摄动力作用后与受摄轨道相切的开普勒轨道。

6.36

密切轨道根数　osculating elements

表示密切轨道上任意时刻的开普勒轨道根数。

6.37

地球引力摄动　terrestrial gravitational perturbation

由于地球质量分布不均匀和非球性对称引起的摄动。

6.38

日月引力摄动　lunisolar gravitational perturbation

由太阳和月亮的引力作用引起的摄动。

6.39

大气阻力摄动　atmospheric drag perturbation

由于大气阻力作用引起的摄动(非位能摄动力)。

6.40

辐射压力摄动　radiation pressure perturbation

由电磁波辐射的压力作用引起的摄动。

6.41

潮汐摄动　tidal perturbation

由于潮汐形变作用引起的摄动。

6.42

岁差-章动摄动　precessional and nutational perturbation

由于地球岁差和章动作用引起的摄动。

6.43

短周期摄动　short periodic perturbation

摄动周期小于或等于公转周期时的摄动。

6.44

长周期摄动　long periodic perturbation

摄动周期大于公转周期时的摄动。

6.45

共振摄动　resonance perturbation

摄动周期趋近无限长时的摄动。

6.46

卫星共振分析　analysis of satellite resonance

对地球引力摄动位引起人造地球卫星共振摄动的条件所作的分析。

6.47

卫星轨道改进　improvement of satellite orbit

根据卫星的近似轨道,利用测站观测数据改进轨道参数以精化卫星轨道的方法。

6.48

升交点　ascending node

天体由天球南部进入北部时轨道与天球赤道面的交点。

6.49

近心点 pericentre

天体系统中一分天体的运行轨道上距该系统质量中心最近的点。

6.50

近地点 perigee

地球卫星运行轨道上距地球质心最近的点。

6.51

轨道长半径 orbital semimajor axis

天体运行轨道椭圆长半轴的长度。

6.52

轨道偏心率 orbit eccentricity

天体运行轨道椭圆焦点偏离椭圆中心的距离与椭圆长半径之比。

6.53

轨道倾角 orbit inclination

天球赤道面到天体运行轨道平面的夹角。

6.54

升交点赤径 right ascension of ascending node

天球上的春分点向径到升交点向径之间的夹角。

6.55

近地点角距 argument of perigee

升交点向径到近地点向径的夹角。

6.56

真近点角 true anomaly

轨道近心点向径到天体向径的平角。

6.57

偏近点角 eccentric anomaly

从近心点起沿辅助圆(以轨道中心为圆心,以轨道长半径为半径的圆)到天体在辅助圆上的投影点(过天体且与轨道长轴垂直的直线与辅助圆在天体一侧的交点)所转过的角度。

6.58

平近点角 mean anomaly

假设天体以平均运动角速度沿辅助圆(以轨道中心为圆心,以轨道长半径为半径的圆)从近心点开始在同一时间里所转过的角度。

6.59

频偏 frequency offset

实际频率相对于标准频率的偏差。

6.60

频漂 frequency drift

相对于起始频偏的变化。

6.61

广播星历 broadcast ephemeris

卫星发播的预报一定时间内卫星轨道根数的电文信息。

6.62

精密星历 precise ephemeris

由若干卫星跟踪站的观测数据经事后处理算得的供卫星精密定位等使用的卫星轨道信息。

6.63

精码　precise code; P code

卫星发播的一种用于精密测距的伪随机噪声码。

6.64

粗码　coarse/acquisition code; C/A code

卫星发播的一种用于粗略测距及快速捕获精码的伪随机噪声码。

6.65

整周模糊度　ambiguity of integer cycles

载波相位与基准相位之差的整周未知数。

6.66

失锁　lose of lock

由于电磁波信号受到干扰，致使接收机不能正常接收信号或使信号跟踪测量过程产生中断的现象。

6.67

周跳　cycle slip

在卫星系统载波相位观测中，因卫星信号失锁引起的相位整周跳变。

6.68

SA 技术　selective availability; SA

在卫星定位系统中，对卫星发播的电磁波信号施加干涉信号，以致非特许用户不能进行高精度定位的技术。

6.69

AS 技术　anti-spoofing; AS

在卫星定位系统中，对精码进行加密处理，以防止对精码进行电子干扰和非特许用户对精码进行解码的技术。

6.70

多路径效应　multipath effect

由于接收机天线周围其他表面反射的卫星信号叠加进接收信号中而引起的误差影响。

6.71

多普勒频移　Doppler shift

无线电信号接收机和信号源相互运动时，接收机接收到的频率相对于信号源发射的频率的变化。

6.72

多普勒计数　Doppler count

信号源发射的基准频率与接收到的频率之差在一定时间间隔内对时间的积分。

6.73

电离层折射改正　correction for the ionospheric refraction

对电磁波通过电离层时由于传播速度的变化以及传播路线弯曲所产生的折射误差的改正。

6.74

对流层折射改正　correction for the tropospheric refraction

对电磁波通过对流层时由于传播速度的变化以及传播路线弯曲所产生的折射误差的改正。

6.75

相对论改正　relativistic correction

相对论效应对电磁波传播、时间系统和坐标系统等影响的改正。

6.76

同步观测　simultaneous observation

在至少两个测站上利用同类测量仪器在同一时刻对相同目标进行观测的方法。

6.77

基线向量解算　baseline vector solution

求解两个同步观测的测站之间坐标差的过程。

6.78

卫星跟踪站　tracking station of satellite

对卫星进行长期连续跟踪观测的地面站。

6.79

GPS 大地测量台站阵列　permanent GPS geodetic array; PGGA

由若干 GPS 卫星跟踪站组成的永久性地壳形变和板块运动监测网。

6.80

卫星大地测量几何法　geometrical method of the satellite geodesy

把人造地球卫星当作瞬间的观测目标进行多站同步观测，直接测定测站到卫星的方向或距离，以确定测站之间相对位置的卫星大地测量方法。

6.81

卫星大地测量动力法　dynamical method of the satellite geodesy

把人造地球卫星当作地球引力场中运动的天体进行跟踪观测，顾及卫星受力作用，以确定卫星轨道、地球重力场或测站的地球地心坐标的卫星大地测量方法。

6.82

卫星激光测距　satellite laser ranging; SLR

利用激光测距仪在地面上跟踪观测装有激光反射棱镜的卫星，以测定测站到卫星的距离的测量技术和方法。

6.83

激光测月　lunar laser ranging; LLR

利用激光测距仪在地面跟踪观测月球表面上安置的激光反射棱镜，测定地面测站到月球的距离的测量技术和方法。

6.84

卫星测高　satellite altimetry

利用卫星携带的测高仪测定卫星到瞬时海水面或地面的垂直距离的测量技术和方法。

6.85

卫星跟踪卫星技术　satellite-to-satellite tracking

利用一颗卫星跟踪另一颗卫星，测定彼此间的距离变化或相对速度变化的测量技术和方法。

6.86

卫星射电干涉测量　satellite radio interferometry

利用电磁波干涉原理，在多个测站上同步接收卫星发播的无线电信号，并对信号进行测站间时间延迟干涉处理，测定测站间相对位置的测量技术和方法。

6.87

甚长基线干涉测量　very long baseline interferometry; VLBI

根据电磁波干涉原理，利用在多个测站上安置的射电望远镜同步接收和外射电源(类星体)发射的无线电信号，并进行测站间时间延迟干涉处理，以测定测站间相对位置以及从测站到射电源的方向的测量技术和方法。

6.88

照相观测　camera observation; photographic observation

利用摄影机以恒星为参考背景从地面测站对卫星或其他天体进行摄影，以确定从测站到卫星或其他天体的方向的测量技术和方法。

6.89

卫星三角测量　satellite triangulation

利用照相观测等方向观测方法，通过已知基线建立卫星和地面测站所组成的空间三角网以确定测站位置的测量技术和方法。

6.90

多普勒频移测量　Doppler shift measurement

通过卫星信号接收机测定卫星发播的无线电信号的多普勒频移或多普勒计数，以确定测站到卫星的距离变化率或到卫星相邻两点间的距离差的测量技术和方法。

6.91

伪距测量　pseudo-range measurement

利用卫星发播的伪随机码与接收机复制码的相关技术，测定测站到卫星含有时钟误差的距离的测量技术和方法。

6.92

载波相位测量　carrier phase measurement

测定卫星发播的载波信号或副载波信号与由接收机产生的本振信号之间相位差的技术和方法。

6.93

卫星(无线电)定位　satellite (radio) positioning

利用卫星发播的无线电信号所进行的无线电定位。

6.94

卫星多普勒定位　satellite Doppler positioning

利用多普勒频移测量原理所进行的卫星定位。

6.95

卫星绝对定位　absolute positioning by satellite

测定测站点的地球质心坐标的卫星定位。

6.96

卫星单点定位　point positioning by satellite

利用单台接收机的观测数据所进行的卫星定位。

6.97

多普勒单点定位　Doppler point positioning

在单个测站上进行卫星多普勒定位的方法。

6.98

卫星伪距定位　satellite pseudo-range positioning

利用伪距测量原理所进行的卫星定位。

6.99

卫星相对[联测]定位　satellite relative positioning

通过在多个测站上进行同步观测，测定测站之间相对位置的卫星定位。

6.100

多普勒联测定位　Doppler translocation

在多个测站上进行卫星多普勒定位的方法。

6.101

卫星实时定位　real-time satellite positioning

跟踪观测卫星实时确定出接收机位置的卫星定位。

6.102

卫星短弧法定位　satellite positioning by the short arc method

把观测时间里的一段卫星轨道根数全部或部分作为未知数进行处理的卫星定位。

6.103

多普勒短弧法定位　Doppler positioning by the short arc method

在多个测站上观测某一轨道短弧段上的卫星，并把这一弧段上的卫星轨道参数全部或部分作为未知数处理的多普勒定位方法。

6.104

静态定位　satellite static positioning

确定固定测站位置的卫星定位。

6.105

动态定位　satellite kinematic positioning

确定接收机载体运动轨迹的卫星定位。

6.106

差分定位　satellite differential positioning

在固定测站和流动测站上进行同步观测，利用在固定测站上所测得的卫星定位误差数据改正流动测站上定位结果的卫星定位。

6.107

快速整周模糊度解算法　fast solution method of the ambiguity

利用在短基线上经过短时间(≤20 min)的卫星定位同步观测数据和已知的整周模糊度约束条件，诸如已知初始的整周模糊度、精确的伪距观测值、基线向量解算协方差阵等，快速确定整周模糊度的方法。

6.108

卫星快速定位　rapid positioning by satellite

利用快速整周模糊度解算法原理所进行的卫星定位。

6.109

卫星定位系统　satellite positioning system

由地面卫星跟踪站、处理和发送卫星轨道等信息的地面中心站、发播无线电测距信号的卫星和卫星信号接收机或收发机组成的用于确定接收机位置的定位系统。

6.110

卫星导航系统　satellite navigation system

由发播无线电测距信号的卫星和卫星信号接收机或收发机组成的用于确定接收机载体的运动轨迹和位置的导航系统。

6.111

海军导航卫星系统　Navy Navigation Satellite System；NNSS

由美国海军研制和建立的利用多普勒频移测量技术导航和定位的卫星系统。

6.112

GPS 卫星全球定位系统　Navigation by Satellite Timing And Ranging-Global Positioning System；NAVSTAR GPS

由美国国防部研制和建立的用于在全球范围内进行定位的卫星导航和定位系统。

6.113

GLONASS 全球导航卫星系统　Global Orbiting Navigation Satellite System;GLONASS

俄罗斯布设的用于导航和定位的卫星系统。

6.114

全球导航卫星系统　Global Navigation Satellite System;GNSS

利用卫星在全球范围内进行导航定位的系统总称。

6.115

差分全球定位系统　Differential GPS;DGPS

由地面 GPS 卫星跟踪站、处理和发送 GPS 定位误差改正信息的中心站和用于动态定位的用户站组成的利用差分定位原理进行定位的系统。

6.116

精密单点定位　Precise Point Positioning;PPP

利用单台 GPS 双频双码接收机的观测数据,以及 GPS 卫星精密星历和精密卫星钟,进行分米级的实时动态定位和厘米级的快速静态定位。

6.117

实时动态定位　Real-Time Kinematic;RTK

通过基准站和流动站的同步观测,利用载波相位观测值,实时获得测站点位置的差分测量技术。

6.118

网络 RTK　Network RTK

在某一区域内建立构成网状覆盖的多个 GPS 基准站,利用载波相位观测值,以这些基准站中的一个或多个为基准计算和发播 GPS 改正信息,对该区域内的用户进行实时改正定位。

6.119

连续运行基准站　Continuously Operating Reference Stations;CORS

连续接收和发送本站坐标及其变化、GNSS 星历、星钟差等信息的地面固定站。

7　其他

7.1

控制点　control point

为提供点的几何位置或重力数据,满足进一步测量工作和工程建设以及科学研究等需要所布设的一系列设有标志的固定点。

7.2

大地控制点　geodetic control point

为进行大地测量而布设的用于长期保存的测量控制点。

7.3

三角点　triangulation point

按照三角测量方法测设的水平控制点。

7.4

天文点　astronomic point

测定天文经度、天文纬度和大地经纬度的控制点。

7.5

拉普拉斯点　Laplace point

测定了天文经度、天文纬度、天文方位角和大地经纬度的控制点。

7.6

拉普拉斯方位角　Laplace azimuth

由实测的天文方位角按拉普拉斯方程改正后得出的大地方位角。

7.7

水准点　benchmark

沿水准路线每隔一定距离布设的高程控制点。

7.8

基岩水准点　benchmark of bedrock

沿一等水准测量路线上，埋设在地壳基岩层上的永久性水准点。

7.9

基本水准点　basic benchmark

埋设在一、二等水准测量路线各段端点、路线交叉点上的永久性水准点。

7.10

普通水准点　ordinary benchmark

埋设在各等水准测量路线上的一般永久性水准点。

7.11

重力点　gravity point

已测定重力加速度的控制点。

7.12

重力控制点　gravimetric control point

提供起算重力值的重力点。

7.13

重力基本点　gravimetric basic point

一个国家或地区最高精度级的重力控制点。

7.14

海底控制点　control point on the sea-floor

布设在海底的测量控制点。

7.15

主动式水声测标　initiative acoustic mark

能主动发射或转发水声信号的观测标志。

7.16

被动式水声测标　passive acoustic mark

能以自身表面反射水声信号的观测标志。

7.17

测量控制网　surveying control network

由一系列通过观测量（长度、角度、高差或重力差）建立相互联系的测量控制点所构成的网状。

7.18

大地控制网　geodetic control network

由一系列大地控制点所构成的测量控制网。

7.19

水平大地网　horizontal geodetic network

由一系列测定大地经纬度的测量控制点所构成的一种大地网。

7.20

高程大地网　vertical geodetic network

由一系列高程控制点所构成的一种大地网。

7.21

天文大地网　astro-geodetic network

布设有拉普拉斯点和天文点的水平大地网。

7.22

海洋大地网　marine geodetic network

由一系列布设在海洋领域的测量控制点所构成的大地网。

7.23

水准网　leveling network

由一系列水准点按照水准测量路线所构成的一种高程控制网。

7.24

三角网　triangulation network

由一系列相联系的三角控制点构成的网状水平控制网。

7.25

重力网　gravimetric network

由一系列重力控制点所构成的一种测量控制网。

7.26

重力基本网　gravimetric basic network

由一系列重力基本点所构成的重力网。

7.27

三角测量　triangulation

通过观测相联系的三角形内各水平角，并利用已知起始边长、方位角和起始点坐标确定其他各点水平位置的测量技术和方法。

7.28

导线测量　traverse survey；traversing

将一系列测点依相邻次序连成折线形式，并测定各折线边的边长和转折角，再根据起始数据推算各测点平面位置的技术与方法。

7.29

精密导线测量　precise traversing

满足国家二等及二等以上导线测量精度和技术要求的导线测量。

7.30

高程导线测量　height traversing；traverse-leveling

通过观测导线边长和天顶距以确定导线各点高程的导线测量。

7.31

三角高程测量　trigonometric leveling

通过观测三角网中各边端点的天顶距，利用已知点高程和已知边长确定三角网各点高程的测量技术和方法。

7.32

菲列罗公式　Ferrero's formula

在三角测量中，通过三角形闭合差(W)估算测角中误差(m)的一种公式，即：

$$m = \sqrt{\sum W_i^2/(3n)}$$

式中：

n——三角形个数。

7.33

全组合测角法　method of angle observation in all combinations

史赖伯全组合法　Schraiber's method in all combinations

通过分别观测任意两个方向所能组成的全部水平角从而确定各方向间的水平角的观测方法(这是1850年由德国测量学家高斯首创经史赖伯改进的水平角观测方法)。

7.34

方向观测法　method of direction observation

从起始方向开始依次观测所有方向，从而确定各方向相对于起始方向的水平角的观测方法。

7.35

全圆方向(观测)法　method of direction observation in rounds

从起始方向开始依次观测所有方向，最后又回到起始方向进行观测的方向观测法。

7.36

分组方向法　method of direction observation in groups

当观测方向数较多时(一般超过6个)时，把方向分成两组，并把两个方向作为两组之间的共同联测方向，分组进行方向法观测，从而确定各方向相对于某一方向的水平角的观测方法。

7.37

三方向法　method of three direction observation

按方向观测法分别观测三个方向为一方向组，代替按全组合测角法观测中相应方向所组成的三个单角，并使两者的观测权相等的一种全组合测角的替代方法。

7.38

偏心观测　eccentric observation

测站中心或观测目标中心偏离其控制点的标志中心时所进行的观测。

7.39

归心元素　centring elements

观测仪器定位中心或观测目标中心相对于控制点的标志中心偏差的坐标分量。

7.40

归心改正　eccentric correction; eccentric reduction

将偏心观测值归化为控制点标志中心的观测值所施加的改正。

7.41

测站平差　station adjustment

对单个测站的观测数据所进行的平差，或对水平角观测中各测回观测值和各观测方向或角度观测值所进行的平差。

7.42

大气折射差　atmospheric refraction error

由于电磁波经过大气层时传播路径产生弯曲以及传播速度发生变化引起观测方向或距离的误差。

7.43

长度基线　base line of length

利用精密测距仪器(光干涉测距仪或因瓦基线尺等)经过精密测量所建立的作为测距仪器长度检验基准的基线。

7.44

基线测量　base line measurement

利用因瓦线尺直接丈量基线长度或水平控制网中的起始边长的测量技术和方法。

7.45

电磁波测距　electro-magnetic distance measurement;EDM

以直接或间接方式测量电磁波在待测距离两端点间一次往返的传播时间来求得距离的测量方法。

7.46

无线电测距　radio distance measurement

利用无线电波(波长一般大于0.3 mm)所进行的一种电磁波测距。

7.47

惯性测量　inertial survey

利用惯性定位系统,测定待定点的水平位置、高程和重力值(或重力异常),及垂线偏差等观测量的测量技术和方法。

7.48

水准测量　leveling

测定地面两点间垂直高差或某地面点相对于某一等位面的高程的测量技术和方法。

7.49

精密水准测量　precise leveling

满足国家二等及二等以上水准测量精度和技术要求的水准测量。

7.50

跨河水准测量　river-crossing leveling

为跨越超过一般水准测量视线长度的障碍物(江河、湖泊、沟谷及较近的海域等)而采用特殊的测量方法测定两端高差的水准测量。

7.51

海洋水准测量　oceanographic leveling

通过测定海水密度,海面大气压,海水流速等海水物理特性,确定海面地形的测量技术和方法。

7.52

水准测量偶然中误差　accident mean square error of leveling

根据测段往返测不符值估计一条水准路线的水准测量中,每公里水准观测的偶然性中误差。

7.53

水准测量全中误差　overall mean square error of leveling

根据水准环闭合差估计一个水准网的水准测量中每公里水准观测的综合性中误差。

7.54

地磁效应　earth's magnetic effect

由于测量仪器受地球磁场作用所引起观测结果变化的现象。

7.55

水准测量磁致误差　magnetic error of leveling

自动安平水准仪受地球磁场或工业磁场作用所引起水平视线的系统性偏差。

7.56

水准测量重力异常改正　leveling correction for the gravity anomaly

根据重力异常将观测高差归算为正常高差所施加的改正。

7.57

水准测量水准面不平行改正　orthometric leveling correction

由于水准面不平行性,对沿不同水准测量路线引起观测高差的不一致性所施加的改正。

7.58

水准标尺长度改正　rod leveling correction

根据标准温度下精密检定的水准标尺的实际长度,对按标尺名义长度计算的观测高差所施加的改正。

7.59

水准标尺温度改正　rod-temperature leveling correction

根据标尺精密检定的尺长温度膨胀系数和观测时的实测标尺温度，对按标准温度计算的观测高差归算到实测温度下的观测高差所施加的改正。

7.60

水准测量日月引力改正　lunisolar gravitational leveling correction

对日月引力使水准仪视线倾斜所产生的观测高差的变化所施加的改正。

7.61

海上定位　positioning on the sea

确定海上船体位置的测量技术和方法。

7.62

水声定位　acoustic positioning

通过测定声波信号传播时间或相位差所进行的海上定位。

7.63

无线电定位　radio positioning

通过测定无线电波传播时间，相位差或多普勒频移以确定待定点位置的测量技术和方法。

7.64

双距离定位　range-range positioning

通过测定待定点到两个已知控制点的距离所进行的一种无线电定位方法。

7.65

双曲线定位　hyperbolic positioning

通过测定待定点到两个已知控制点的距离差所进行的一种无线电定位方法。

7.66

双方位定位　bearing-bearing positioning

通过测定待定点到相对两个已知控制点的方位所进行的一种无线电定位方法。

7.67

极坐标定位　polar coordinate positioning

通过测定待定点相对已知控制点的距离和方位所进行的一种无线电定位方法。

7.68

惯性定位系统　inertial positioning system

由计算机、加速度仪和陀螺仪组成的用于测定载体位置的定位系统。

7.69

组合定位系统　integrated positioning system

由卫星定位系统和惯性定位系统或再附加其他能保持连续定位的定位系统组成的联合定位系统。

参 考 文 献

［1］ 测绘学名词审定委员会.测绘学名词(第二版).北京:科学出版社,2002.
［2］《地球科学大辞典》编委会.地球科学大辞典.北京:地质出版社,2005.
［3］ 地理信息系统名词审定委员会.地理信息系统名词.北京:科学出版社,2002.
［4］ 全国科学技术名词审定委员会.地理学名词(第二版).北京:科学出版社,2006.
［5］ 测绘词典编辑委员会.测绘词典.上海:上海辞书出版社,1981.
［6］ GB/T 14911—2008 测绘基本术语.
［7］ GB/T 17694—1999 地理信息技术基本术语.
［8］ 新华通讯社译名室.世界人名翻译大辞典.北京:中国对外翻译出版公司,1993.
［9］ 新华通讯社译名室.法语姓名译名手册.北京:商务印书馆,1996.
［10］ 新华通讯社译名室.德语姓名译名手册.北京:商务印书馆,1999.

索　引

汉语拼音索引

E

F

G

M

O

P

Q

R

S

X

Y

Z

英文对应词索引

A

B

D

H

L

M

O

P

S

T

U

ICS 65.060.35
B 91

GB

中华人民共和国国家标准

GB/T 17187—2009/ISO 9261:2004
代替 GB/T 17187—1997,GB/T 17188—1997

农业灌溉设备 滴头和滴灌管 技术规范和试验方法

Agricultural irrigation equipment—Emitters and emitting pipe—Specification and test methods

(ISO 9261:2004,IDT)

2009-11-30 发布 2010-04-01 实施

中华人民共和国国家质量监督检验检疫总局
中国国家标准化管理委员会 发布

前言

本标准等同采用ISO 9261:2004《农业灌溉设备　滴头和滴灌管　技术规范和试验方法》(英文版)。

本标准等同翻译ISO 9261:2004。

为便于使用,本标准作了下列编辑性修改:

——“本国际标准”一词改为“本标准”;

——删除了国际标准的前言;

——用小数点“.”代替作为小数点的逗号“,”;

——对ISO 9261:2004中引用的其他国际标准,用已被采用为我国的标准代替对应的国际标准。

本标准是对GB/T 17187—1997和GB/T 17188—1997的修订。修订时按ISO 9261:2004将两项标准合并为一项,但主要技术内容没有变化。

本标准自实施之日起代替GB/T 17187—1997、GB/T 17188—1997。

本标准由中国机械工业联合会提出。

本标准由全国农业机械标准化技术委员会(SAC/TC 201)归口。

本标准起草单位:中国农业机械化科学研究院、江苏大学流体机械工程技术研究中心、现代农装科技股份有限公司。

本标准主要起草人:张咸胜、王洋、兰才有、王新坤、汤跃、曹卫东、袁建平。

本标准所代替标准的历次版本发布情况为:

——GB/T 17187—1997;

——GB/T 17188—1997。

农业灌溉设备　滴头和滴灌管
技术规范和试验方法

1　范围

本标准规定了农业灌溉滴头、滴灌管及其配套接头的机械性能、技术要求和试验方法以及制造厂为保证滴头、滴灌管及其配套接头在田间正确安装和使用应提供的资料。

本标准适用于具有或不具有压力补偿功能，且流量不大于 24 L/h（冲洗期间除外）的滴头、与滴水元件制成一体的滴流和涓流灌溉的滴灌管、滴灌带（包括可折叠滴灌带）或管系，也适用于连接滴灌管、滴灌带或管系的专用接头。

本标准不适用于渗灌管（沿整个长度上渗水的管道）。本标准未涉及管道堵塞方面的性能要求。

2　规范性引用文件

下列文件中的条款通过本标准的引用而成为本标准的条款。凡是注日期的引用文件，其随后所有的修改单（不包括勘误的内容）或修订版均不适用于本标准，然而，鼓励根据本标准达成协议的各方研究是否可使用这些文件的最新版本。凡是不注日期的引用文件，其最新版本适用于本标准。

GB/T 15819—2006　灌溉用聚乙烯（PE）管材　由插入式管件引起环境应力开裂敏感性的试验方法和技术要求（ISO 8796:2004，MOD）

GB/T 15820—1995　聚乙烯压力管材与管件连接的耐拉拔试验（eqv ISO 3501:1976）

3　术语和定义

下列术语和定义适用于本标准。

3.1

滴头　emitter;dripper

安装在灌溉毛管上，以滴或连续流形式出水，且流量不大于 24 L/h（冲洗期间除外）的装置。

3.2

管间滴头　in-line emitter

安装在灌溉毛管两管段之间的滴头。

3.3

管上滴头　on-line emitter

直接或间接地（如：借助于导管）安装在灌溉毛管管壁上的滴头。

3.4

多出水口滴头　multiple-outlet emitter

出水口的水流被分开并导流到几个明显不同位置上的滴头。

3.5

组合滴头　multiple emitter

每个出水口都是一个具有各自流量的二级滴头的多出水口滴头。

注：每个出水口的压力与流量关系式（$q=kp^m$）和流量通常与其他滴头无关。

3.6

滴灌管　emitting pipe

具有制造过程中加工形成或与管道（带）制成一体的孔口或其他出流装置，以滴或连续流形式出水，且流量不大于 24 L/h(冲洗期间除外)的连续管子、管带或管系,包括可折叠管带。

3.7

恒流式滴头/滴灌管　regulated emitter/emitting pipe

压力补偿式滴头/滴灌管　pressure compensating emitter/emitting pipe

进水口压力在制造厂规定的范围内变化时,流量相对保持不变的滴头/滴灌管。

3.8

常规滴头/滴灌管　regular emitter/emitting pipe

进水口压力不为零时,流量亦不为零的滴头/滴灌管。

3.9

不滴漏滴头/滴灌管　non-leakage emitter/emitting pipe

当进水口压力低于制造厂声明的某一值(零除外)时,流量为零的滴头/滴灌管。

3.10

非恒流式滴头/滴灌管　unregulated emitter/emitting pipe

非压力补偿式滴头/滴灌管　non-pressure compensating emitter/emitting pipe

流量随进水口压力变化而变化的滴头/滴灌管。

3.11

流量　flow rate

单位时间内一个滴头或滴灌管的出水量。

3.12

最小工作压力　minimum working pressure

制造厂声明的能保证滴头/滴灌管正常工作的滴头/滴灌管进水口处的最低工作压力。

3.13

最大工作压力　maximum working pressure

制造厂推荐的能保证滴头/滴灌管正常工作的滴头/滴灌管进水口处的最高工作压力。

3.14

非复用型滴灌管　non-reusable emitting pipe

不能从田间拆除并重新安装使用的滴灌管。

3.15

复用型滴灌管　reusable emitting pipe

通过适当处置,能够从田间拆除并重新安装,以便在季节变化时或在其他环境条件下重复使用的滴灌管。

3.16

滴水元件　emitting unit

间隔一定距离重复出现的一节滴灌管,该节滴灌管包含其制造中加工形成的或与管道制成一体的所有出流装置和所有滴头进水口,通过该节滴灌管将水滴洒到一个明确位置的位置上。

3.17

单位滴灌管　unit emitting pipe

含有一个滴水元件的一段滴灌管。

3.18

卡箍　clamping band

密封滴灌管和接头连接处的环状或带状装置。

3.19

接头　fitting

用于与带或不带卡箍的滴灌管联接的连接装置。

3.20

进水口接头　inlet fitting

一端与标准灌溉管道或装置联接，另一端或多端与滴灌管联接的接头。

3.21

管间接头　in-line fitting

两端均与滴灌管联接的接头。

3.22

公称直径　nominal diameter

用以表示滴灌管尺寸的数字标记，其近似等于滴灌管的外径，单位为毫米(mm)。

3.23

公称尺寸　nominal size

用以表示管间滴头尺寸的数字标记，其近似等于与该滴头连接的滴灌毛管的内径，单位为毫米(mm)。

3.24

额定试验压力　nominal test pressure

p_n

非恒流式滴头/滴水元件进水口处用于试验的基准压力，或为 100 kPa，或为制造厂说明书中指定的任何其他压力。

3.25

额定流量　nominal flow rate

q_n

〈非恒流式滴头/滴灌管〉由制造厂规定的，滴头/滴水元件在额定试验压力和水温为 23 ℃±3 ℃下运行时的流量，单位为升每小时(L/h)。

3.26

额定流量　nominal flow rate

q_n

〈恒流式滴头/滴灌管〉由制造厂规定的，滴头/滴水元件在压力调节范围内和水温为 23 ℃±3 ℃下运行时的流量，单位为升每小时(L/h)。

3.27

额定流量　nominal flow rate

q_n

〈多出水口滴头〉与 3.25 和 3.26 规定相对应的多出水口滴头的每个出水口的流量。

3.28

工作压力范围　range of working pressure

由制造厂推荐的能保证正常运行的滴头/滴水元件进水口处的水压范围，即包括并在最小工作压力 p_{min} 和最大工作压力 p_{max} 之间的所有水压。

3.29

调节范围　range of regulation

〈恒流式滴头/滴灌管〉每个滴头/滴水元件在额定流量下出水时，该滴头/滴水元件进水口处的所有水压。

3.30

滴头/滴水元件流态指数　emitter/emitting unit exponent

m

表征滴水流量和压力指数关系的数值。

注：$q \approx kp^m$——当指数为 0 时，滴水流量不随压力变化而变化；当指数为 1 时，滴水流量随压力变化而线性变化。

3.31

可折叠滴灌管(带)　collapsible hose(tape)

当压力为零时,一般由于滴灌管的管壁薄或制成材料为柔性而引起横断面(当滴灌管进水口压力在制造厂推荐的压力范围内时通常为圆形)发生变化的滴灌管。

3.32

[滴水元件]间距　spacing [of emitting units]

滴灌管上两个相邻滴水元件之间的距离。

4　分类

滴头/滴灌管按下列规则分类(见4.1～4.5)。

4.1　按重复使用性分[滴灌管]

按使用寿命分为两类:

4.1.1　非复用型滴灌管;

4.1.2　复用型滴灌管。

4.2　按压力调节方式分

按压力调节下运行方式分为两类:

4.2.1　非恒流(非压力补偿)式滴头/滴灌管;

4.2.2　恒流(压力补偿)式滴头/滴灌管。

4.3　按低压下的运行方式分

按低压下的运行方式分为两类:

4.3.1　常规滴头/滴灌管;

4.3.2　不滴漏滴头/滴灌管。

4.4　按滴头与管道的连接方式分

按滴头的连接方式分为三类:

4.4.1　管上(滴头);

4.4.2　管间(滴头);

4.4.3　一体式(滴灌管)。

4.5　按多出水口滴头状况分

4.5.1　组合滴头;

4.5.2　常规多出水口滴头。

5　型号(滴灌管)

滴灌管型号应由下列内容组成:

a)　名称“滴灌管”;

b)　本标准编号;

c)　公称直径,单位为毫米(mm);

d)　额定流量,单位为升每小时(L/h);

e)　最大工作压力,用100 kPa的倍数表示。

示例:

符合本标准,公称直径为16 mm,额定流量为2 L/h,最大工作压力为120 kPa,其型号如下:

滴灌管　GB/T 17187—2009 16-2-1.2

6 标记

6.1 滴灌管

每根滴灌管都应有包括下列内容的清晰耐久标记：

a) 制造厂名称或注册商标；

b) 生产年份识别标记；

c) 符合第5章规定的型号；

d) 水流方向指示箭头(如果水流方向影响滴灌管的运行)。

在滴灌管上每间隔不大于5 m应给出上述标记。

对于无法在其上制出上述永久标记的非复用型滴灌管(4.1.1类)，则应按6.4规定在包装上给出上述标记。

6.2 滴头

每个滴头都应有清晰耐久的标记，并包括下列内容：

a) 制造厂名称或注册商标；

b) 额定流量，单位为升每小时(L/h)；

c) 公称尺寸(管间滴头)，单位为毫米(mm)；

d) 水流方向指示箭头(如果对正常运行是重要的)。

额定流量[见6.2b)]可用滴头任一部分的颜色表示，或用制造厂说明书中描述的其他方式表示。

6.3 接头

每个滴灌管接头都应有清晰耐久的制造厂名称或注册商标标记。

6.4 滴灌管的包装

当滴灌管以卷状供货时，每卷滴灌管都应有清晰、耐久且易于辨认的标签，并包括下列内容：

a) 制造厂名称或注册商标；

b) 符合第5章规定的型号；

c) 滴灌管公称直径，单位为毫米(mm)；

d) 滴灌管分类编号或其他分类标记；

e) 按4.1、4.2和4.3的分类；

f) 每卷滴灌管的长度，单位为米(m)；

g) 生产年份和批号；

h) 单位滴灌管的额定流量，单位为升每小时(L/h)和额定试验压力(非恒流式滴灌管)，p_n；

i) 滴水元件间距，单位为米(m)。

6.5 接头的包装

接头应包装后供货，每个包装单位都应有清晰、耐久且易于辨认的标签并包含下列内容：

a) 制造厂名称；

b) 接头分类编号；

c) 配套滴灌管公称直径。如果需要，还要有与其连接的灌溉毛管的公称直径或螺纹公称尺寸；

d) 生产年份和批号。

7 结构和材料

7.1 一般要求

滴头/滴灌管及其零部件和接头均不应有能导致性能降低的制造缺陷。

无论是否带有卡箍，是采用手工还是制造厂提供的工具连接，滴头/滴灌管与其配套接头的结构都应保证连接方便。

7.2　尺寸(滴灌管)

7.2.1　制造厂应规定产品的外径、内径和壁厚,单位为毫米(mm);产品实际尺寸与制造厂声明尺寸的一致性应符合9.4.2规定。

7.2.2　接头的连接尺寸应与滴灌管的尺寸相匹配,并保证连接方便、可靠。

7.3　材料

制造滴头/滴灌管及其接头的材料应能耐受农业灌溉常用化肥和农药的腐蚀,并应适宜在水温不超过60℃和制造厂声明的工作压力条件下使用。

所有材料应尽可能不利于藻类和细菌生长;暴露在光线中的零部件应不透光且耐紫外线(UV)辐射。

7.4　接头(滴灌管)

对每种规格尺寸的滴灌管,制造厂都应提供尺寸和形状与其相匹配并能可靠连接的接头。

无论是否采用卡箍连接,连接处均应具有承受工作压力范围内所有压力的足够强度。

卡紧装置,如卡带和螺旋件都应采用耐腐蚀材料或进行防腐蚀处理。

7.5　与灌溉毛管的连接(管间滴头)

当灌溉毛管为聚乙烯(PE)管时,管间接头端部使聚乙烯管直径的扩张量不应超过20%。

注:聚乙烯毛管尺寸按ISO 8779中的规定。

8　试样和试验条件

8.1　试样

25个试样应由检测部门从至少500个滴头/滴水元件的批量产品中随机抽取。每个试样应至少包含一个滴头或一个从滴灌管上截取的完整滴水元件。各项试验所需的试样数量(滴头/滴水元件)在第9章相应条款中规定。对于滴灌管,应保证试样不在滴灌管的相邻截面截取,并且不包含一批产品的第一个或最后一个滴水元件。对多出水口滴头,试样应至少包括10个滴头或具有25个出水口。

8.2　试验顺序

试验应按第9章规定的顺序进行。从9.2开始的所有试验的试样,均应进行9.1规定的试验。

8.3　试验条件

除另有规定外,所有试验应在环境温度和水温均为23℃±3℃的条件下进行。试验用水应采用孔眼公称直径为75 μm～100 μm或制造厂推荐的过滤器进行过滤,水中杂质的总含量不应超过25 mg/L。

8.4　测量装置的精确度

水压测量装置的测定值相对于真值的误差应不大于1%。

试验期间,压力的变化量应不大于2%。

流量测量装置的测定值相对于额定流量的误差应不大于±0.5%。

9　技术要求和试验方法

9.1　流量一致性

9.1.1　一般要求

该试验适用于恒流式和非恒流式滴头/滴灌管。试样应包含25个按8.1要求抽取的滴头/滴水元件。对于多出水口滴头,应将每个出水口视为一个滴头。

9.1.2　非恒流式滴头/滴灌管

在滴头/滴水元件进水口处的压力等于额定试验压力下,测量滴头/滴水元件的流量。分别记录每个滴头/滴水元件的流量测定值。

按式(1)计算变异系数:

$$C_v = \frac{s_q}{\bar{q}} \times 100 \qquad \cdots\cdots(1)$$

式中：

C_v——变异系数,%；

s_q——试样流量标准偏差,单位为升每小时(L/h)；

$\bar{q}$——试样的平均流量,单位为升每小时(L/h)。

试样平均流量相对于额定流量 q_n 的偏差应不大于±7%。

试样流量的变异系数 C_v 应不大于 7%。

9.1.3 恒流式滴头/滴灌管

调节试样中滴头/滴水元件的运行状态,使其共运行 1 h。调节步骤如下：

a) 设置为最小工作压力,并保压 3 min；

b) 设置为最大工作压力,并保压 3 min；

c) 设置为最小工作压力,并保压 3 min；

d) 设置为最大工作压力,并保压 3 min；

e) 设置为最小工作压力,并保压 3 min；

f) 设置为最大工作压力,并保压 3 min；

g) 设置为压力调节范围的中间值,并保持到整个调节过程(1 h)结束；

h) 随后,在进水口压力保持调节范围中间值的条件下,立即按 9.1.2 的规定对滴头/滴水元件进行试验。

滴头/滴水元件应符合 9.1.2 规定的要求。

9.2 流量和进水口压力之间的关系

完成 9.1 规定的试验后,接着进行下列试验,确定流量和进水口压力的关系。对于组合滴头进行试验时,应将每个出水口视为一个滴头。

9.2.1 试验方法

以不大于 50 kPa 的级差,将压力从零增加到最大工作压力 p_{max} 的 1.2 倍,对每个滴头/滴水元件进行试验,应至少测取 4 个不同压力下的 4 个流量值。流量值应在达到试验压力并保持至少 3 min 后读取。

对不滴漏滴头/滴灌管,以不大于 10 kPa 的级差,将压力从零增加到最大工作压力 p_{max} 的 0.5 倍。然后,从最大工作压力 p_{max} 的 0.5 倍开始,以不大于 50 kPa 的级差继续增加压力。

对恒流式滴头/滴灌管,应与增加压力时采用的相同级差,将压力从最大工作压力 p_{max} 的 1.2 倍降到零,进行试验。

如果在增压和降压过程中,进水口的实际压力超过预定压力值 10 kPa 以上,应将压力回零,重新进行试验。

9.2.2 非恒流式滴头/滴灌管

按增压过程中测取的滴头/滴水元件流量值,计算每个压力值对应的平均流量 $\bar{q}$,单位为升每小时(L/h)。

绘制平均流量 $\bar{q}$ 和进水口压力之间的关系曲线。平均流量 $\bar{q}$ 曲线与制造厂使用说明书中给出的曲线的偏差应不大于±7%。

9.2.3 恒流式滴头/滴灌管

按增压和降压过程中测取的滴头/滴水元件流量值,计算每个进水口压力值 p 对应的平均流量 $\bar{q}$(8 个流量测定值的平均值),单位为升每小时(L/h)。

平均流量 $\bar{q}$ 相对于额定流量的偏差应不大于±7%。

对不滴漏滴头/滴水元件,开始滴漏和停止滴漏时的压力值相对制造厂声明压力值的变化量应不大于 20%。

9.3 滴头/滴水元件流态指数的确定

滴头/滴水元件流量 q,单位为升每小时(L/h)和进水口压力 p,单位为千帕(kPa)之间的关系由公式(2)给出:

$$q \cong k \times p^{m} \quad \cdots\cdots (2)$$

式中:

k——常数;

m——滴头/滴水元件流态指数。

用 9.2.3 测得的所有流量 q 和进水口压力值 p,按公式(3)计算流态指数 m:

$$m = \frac{\sum(\lg p_i)(\lg \bar{q}_i) - \frac{1}{n}(\sum \lg p_i)(\sum \lg \bar{q}_i)}{\sum(\lg p_i)^2 - \frac{1}{n}(\sum \lg p_i)^2} \quad \cdots\cdots (3)$$

式中:

i——1,2,3,…,n;

n——9.2.2 或 9.2.3 中采用的压力值的个数;

$\bar{q}$——试样的平均流量,单位为升每小时(L/h);

p——进水口压力,单位为千帕(kPa)。

压力恒流式滴头/滴灌管流态指数 m 值应不大于 0.2。

流态指数计算值与制造厂声明值的偏差应不大于±5%。

注:滴头/滴水元件"常数"k 可按式(4)计算:

$$k = \exp\left[\left(\frac{\sum \ln \bar{q}_i}{n}\right) - \frac{m \times (\sum \ln p_i)}{n}\right] \quad \cdots\cdots (4)$$

式中:

i——1,2,3,…,n;

n——9.2.3 中采用的压力值的个数;

$\bar{q}$——试样的平均流量,单位为升每小时(L/h);

p——进水口压力,单位为千帕(kPa);

m——滴头/滴水元件流态指数。

9.4 尺寸

9.4.1 滴灌管壁厚

使用精确度为 0.01 mm 的仪器测量滴灌管壁厚。测量结果可圆整到 0.05 mm。

测量滴灌管圆周上 4 个等间距部位的壁厚。在两个横断面上重复测量。因结构需要使滴灌管某些部位(例如滴灌管上的叠边)的壁厚变厚的情况应不考虑。

4 个部位中每个部位的滴灌管壁厚测定值均不应小于制造厂声明壁厚的 90%。

9.4.2 滴灌管内径

使用精确度为 0.05 mm 的仪器测量滴灌管内径。测量结果可圆整到 0.1 mm。

在滴灌管端部插入一个圆锥体(锥角应不大于 10°),测定滴灌管内径。测量中应注意不能使滴灌管直径扩张。沿滴灌管端部在圆锥体上作环形标记,测量圆锥体上标记处的直径。

可以采用测量滴灌管圆周长度,计算内径等其他测量方法。

滴灌管内径的测定值相对于制造厂声明值的偏差应不大于±0.3 mm。

9.4.3 滴水元件间距

测定滴水元件的 3 个间距,精确到 1.0 mm。

滴水元件间距相对制造厂声明间距的偏差应不大于 5%。

9.5 耐静水压

9.5.1 23 ℃±3 ℃环境温度下耐静水压

试验应在由管间接头连接的包含5个滴头或5个滴水元件的管道上进行。

试验分两个阶段(9.5.1.1和9.5.1.2)进行。

9.5.1.1 将试验组件与水源相连(用进水口接头连接滴灌管),并堵上出水口。向组件中灌水,并排除其中的空气。逐渐(不小于10 s)增加水压,对非复用型滴灌管增加到最大工作压力 p_{max} 的1.2倍;对复用型滴灌管和滴头,增加到最大工作压力 p_{max} 的1.8倍;保持该压力1 h。

试验组件应能承受该试验压力,滴头/滴灌管、滴水元件和连接接头均不应出现损坏现象。试验组件不应被拉开,进水口接头不应出现泄漏。管间接头处的泄漏量不应超过一个滴水元件的流量。

9.5.1.2 将试验压力降至额定试验压力,并保持该压力至少3 min。测量每个滴头/滴水元件的流量。

对高压下会进入"冲洗状态"以清除堵塞物的滴头,在测量额定压力下的流量值之前应将压力降至零。

每个滴头/滴水元件的流量相对于9.1中测定的该滴头/滴水元件原始流量的偏差应不大于±10%。

9.5.2 高温下耐静水压

试验应在连接到一灌溉毛管上3个滴头组成的组件上或由管间接头连接的3个单位滴灌管组件上进行。

9.5.2.1 用进水口接头将试验组件与水源相连,并堵上出水口。向组件中灌水,并排除其中的空气。将试验组件浸没在温度为40 ℃±3 ℃的水中,逐渐(不小于10 s)将水压增加到最大工作压力 p_{max},保持该压力1 h,试验组件应能承受该试验压力而不出现损坏现象。

9.5.2.2 将试验组件从水中取出,在环境温度下放置30 min。在23 ℃±3 ℃温度下给试验组件施加额定试验压力 p_n,保持该压力至少3 min,测定每个滴头/滴水元件的流量。

每个滴头/滴水元件的流量相对于9.1中测定的该滴头/滴水元件原始流量的偏差应不大于±10%。

9.6 耐拉拔(滴灌管)

试验在温度为23 ℃±3 ℃下进行。

对于复用型滴灌管,应在单位滴灌管上相距150 mm划两条标记线。

将每个单位滴灌管固定在拉力试验机的夹紧装置上,均匀地(在20 s~30 s内)增加拉力:

a) 对非复用型滴灌管(见4.1.1),拉力增加到160 N;

b) 对复用型滴灌管(见4.1.2),拉力增加到180 N。

如果制造厂提供资料中(见第10章)声明的最大许用拉力小于上述拉力,可以采用制造厂声明的拉力进行试验。

保持该拉力15 min后撤去拉力。

非复用型滴灌管应能承受该试验拉力而不应出现扯碎或拉裂现象。

复用型滴灌管应能承受该试验拉力而不出现扯碎或拉裂现象,并且试样流量相对于试验前流量的变化量应不大于±10%,两条标记线之间的距离相对于试验前的距离的变化量应不大于5%。

9.7 接头和聚乙烯复用型滴灌管连接处的耐拉拔

采用的试验方法和试验设备应符合GB/T 15820的规定,但试验拉力应为180 N,并保持15 min。

如果制造厂提供资料中(见第10章)声明的最大许用拉力小于上述拉力,可以采用制造厂声明的拉力进行试验。

接头不应从滴灌管中脱出。

如果滴灌管的材料不是聚乙烯或壁厚不均匀,则可将长度至少为300 mm的两段滴灌管相连进行该项试验和进行9.6规定的耐拉拔试验。

9.8 滴头耐拉拔

试验应在环境温度为 23 ℃±3 ℃的条件下进行，试验中使用的管道规格应与滴头匹配(见第 10 章)。

9.8.1 管间滴头

试验至少在 3 段管道(灌溉毛管)上进行，每段毛管上应有一个滴头。

给连接有滴头的两段管道上逐渐施加轴向拉力至拉力值为 F，单位为牛顿(N)。F 值按式(5)计算，但应不大于 500 N。

$$F = 1.5\pi\sigma_t e(D - e) \quad \cdots\cdots(5)$$

式中：

σ_t——管道材料的许用应力，单位为牛顿每平方毫米(N/mm^2)(例如：PE25 型聚乙烯管的 $\sigma_t = 2.5\ N/mm^2$)；

e——管道的最小壁厚，单位为毫米(mm)；

D——管道的外径，单位为毫米(mm)。

将滴头置于铅垂位置，用一重物或按 GB/T 15820 规定的仪器施加力 F，并保持 1 h。

如果制造厂提供资料中(见第 10 章)声明的最大许用拉力小于上述拉力，可以采用制造厂声明的拉力进行试验。

滴头应能承受拉力 F 而不从管道中脱出。

如果灌溉毛管的材料不是聚乙烯或壁厚不均匀，则可将长度至少为 300 mm 的两段滴灌管相连进行该项试验和进行 9.6 规定的耐拉拔试验。

9.8.2 管上滴头

沿垂直于管道的方向，给滴头逐渐施加拉力至 40 N，并保持 1 h(见图 1)。

滴头应能承受该拉力而不从管壁中脱出。

单位为毫米

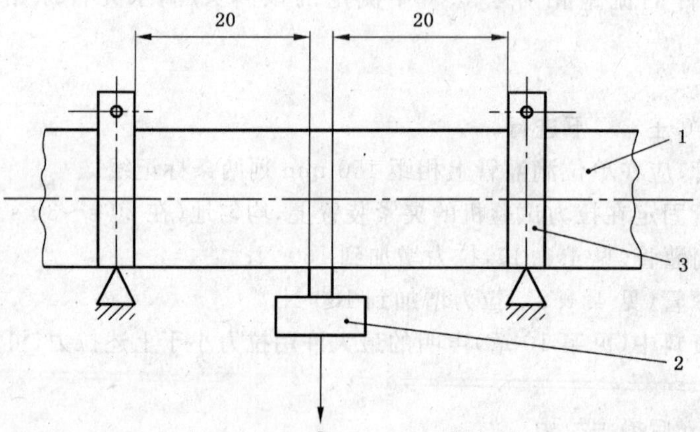

1——塑料管；
2——滴头；
3——卡箍。
a F=40 N。

图 1 管上滴头耐拉拔试验

9.9 滴头-管道组件密封性

按制造厂推荐的连接方式(见第 10 章)，将 5 个滴头与管道相连。

将滴头-管道组件一端与静压水源相连，并堵上另一端。

在环境温度为 23 ℃±3 ℃下，对 5 个连接在灌溉毛管上的滴头进行试验。

按下述三个步骤增加压力：

a) 施加 $0.4p_{max}$ 压力，保压 5 min；

b) 施加 $0.8p_{max}$ 压力，保压 5 min；

c) 施加 $1.2p_{max}$ 压力，保压 60 min。

除滴头出水口外，滴头体以及滴头与管道连接处不应有泄漏。

9.10 聚乙稀滴灌管耐环境应力开裂

试验和要求应符合 GB/T 15819 的规定。

10 制造厂应提供的资料

制造厂应向用户提供包括下列内容的产品资料信息：

a) 滴头/滴灌管以及接头的分类编号；

b) 连接滴灌管和供水管网或装置用的接头类型；

c) 注明日期的正常操作说明书；

d) 适用于不同用途接头的详细说明(包括标注在接头上的数字代码)；

e) 滴头/滴灌管以及接头的安装说明；

f) 额定流量，单位为升每小时(L/h)；

g) 滴灌管内径或用于安装滴头的毛管内径，单位为毫米(mm)；

h) 滴灌管壁厚或用于安装滴头的毛管壁厚，单位为毫米(mm)；

i) 工作压力范围，单位为千帕(kPa)；

j) 滴头/滴灌管的分类；

k) 滴灌管运行特性(见 9.2)；

l) 使用限制(化肥、农药等)；

m) 调节范围(如果有)；

n) 过滤要求和防堵塞说明；

o) 滴灌管上的滴头或滴水元件间距，单位为毫米(mm)；

p) 推荐的滴灌管卷最小半径，单位为米(m)；

q) 保养和贮存要求；

r) 额定试验压力，单位为千帕(kPa)；

s) 最大许用拉力[当制造厂声明的非复用型滴灌管(4.1.1 类)的最大许用拉力小于 160 N，或复用型滴灌管(4.1.2 类)的最大许用拉力小于 180 N 时]；

t) 滴水元件之间的间距，单位为米(m)；

u) 滴头/滴水元件常数，k；

v) 适用于滴头的管道类型及其尺寸；

w) 滴头与管道的连接型式；

x) 冲洗时的额定流量(如果有)，单位为升每小时(L/h)。

参 考 文 献

[1] ISO 8779 Polyethylene (PE) pipes for irrigation laterals—Specifications.

ICS 17.220.20
N 22

中华人民共和国国家标准

GB/T 17215.352—2009/IEC 62053-52:2005
代替 GB/T 17441—1998

交流电测量设备　特殊要求
第52部分:符号

Electricity metering equipment(AC)—Particular requirements—Part 52:Symbols

(IEC 62053-52:2005,IDT)

2009-11-15 发布　　2010-02-01 实施

中华人民共和国国家质量监督检验检疫总局
中国国家标准化管理委员会　发布

前　言

GB/T 17215是由若干个部分组成的系列标准，GB/T 17215中的《交流电测量设备　特殊要求》由下列部分组成：

——第11部分：机电式有功电能表(0.5、1和2级)(GB/T 17215.311)
——第12部分：机械式无功电能表(2和3级)(GB/T 17215.312)
——第21部分：静止式有功电能表(1和2级)(GB/T 17215.321)
——第22部分：静止式有功电能表(0.2S级和0.5S级)(GB/T 17215.322)
——第23部分：静止式无功电能表(2和3级)(GB/T 17215.323)
——第24部分：静止式视在电能表(1和2级)(GB/T 17215.324)
——第31部分：机电式和电子式仪表脉冲输出装置(2级)(GB/T 17215.331)
——第35部分：电能消耗和需量的遥测(GB/T 17215.335)
——第41部分：机电式最大需量指示器(1.0级)(GB/T 17215.341)
——第42部分：多费率和最大需量的计度器(GB/T 17215.342)
——第51部分：费率装置辅助端的标志(GB/T 17215.351)
——第52部分：符号(GB/T 17215.352)
——第61部分：功率消耗和电压要求(GB/T 17215.361)

本部分为GB/T 17215的第52部分。

本部分等同采用IEC 62053-52:2005《交流电测量设备　特殊要求　第52部分：符号》。

为了便于使用，本部分做了下列编辑性修改：

a)　用小数点'.'代替作为小数点的逗号','；

b)　删除了国际标准的前言。

本部分代替GB/T 17441—1998《交流电能表符号》。

本部分与GB/T 17441—1998相比，主要变化如下：

——本部分在编写格式上遵照GB/T 1.1—2000的要求；
——本部分名称改为《交流电测量设备　特殊要求　第52部分：符号》；
——删除了11项术语和定义：感应式电度表、静止式电度表、有功电度表、无功电度表、视在功率电度表、多费率电度表、最大需量电度表、存储器、显示器、计度器、常数；
——在表5中增加了8.5装有半原边计度器的电能表(原边电流的标称值是可以改变的)；
——在表6中增加了9.11；
——删除了附录B；
——增加了参考文献。
——增加了引言，便于使用者了解GB/T 17215标准对应的国际标准IEC 62051～IEC 62059的标准体系及编号情况。

本部分的附录A为规范性附录。

本部分由中国机械工业联合会提出。

本部分由全国电工仪器仪表标准化技术委员会(SAC/TC 104)归口。

本部分起草单位：哈尔滨电工仪表研究所、上海英孚特电子技术有限公司、浙江正泰仪器仪表有限责任公司、江苏林洋电子有限公司、长沙威胜电子有限公司、深圳科陆电子有限公司、杭州百富电子技术有限公司。

本部分主要起草人：袁慧昉、薛德晋、林洁、雷惠博、严序良、熊兰英、陈克昌、韩东、徐茂林。

本部分所代替的标准历次版本发布情况为：

——GB/T 17441—1998。

引　言

GB/T 17215 系列标准基本采用 IEC/TC13“电能测量和负荷控制设备”的国际标准。我国将参照 IEC/TC 13 的标准结构制定与之相对应的电能测量和负荷控制标准体系。经调整后的 IEC/TC 13 标准体系将根据其类别不同、对象不同以及技术要求的共性及特殊性分别编入 IEC 62051～IEC 62059 共 9 个分区：

IEC 62051　电测量　术语

IEC 62052　交流电测量设备　通用要求

IEC 62053　交流电测量设备　特殊要求

IEC 62054　交流电测量设备　费率和负荷控制　特殊要求

IEC 62055　电测量　付费售电系统

IEC 62056　电测量　抄表、费率和负荷控制的数据交换

IEC 62057　电测量　试验设备

IEC 62058　交流电测量设备　验收检验

IEC 62059　交流电测量设备　可信性

IEC 62053　交流电测量设备　特殊要求。

我国对该系列国际标准转化为我国国家标准过程中确定对应的国家标准编号原则和方法如下：

IEC/TC 13“电能测量和负荷控制设备”对应我国标准总编号为：GB/T 17215。各部分编号分别为：

IEC 62051《电测量　术语》对应为 GB/T 17215.1XX（“1”表示 IEC 62051，“XX”表示第几部分）

IEC 62052《交流电测量设备　通用要求》(GB/T 17215.2XX,“2”表示 IEC 62052，“XX”表示第几部分）

IEC 62053《交流电测量设备　特殊要求》(GB/T 17215.3XX,“3”表示 IEC 62053，“XX”表示第几部分）

IEC 62054《交流电测量设备　费率和负荷控制　特殊要求》(GB/T 17215.4XX,“4”表示 IEC 62054，“XX”表示第几部分）

IEC 62055《电测量　付费售电系统》(GB/T 17215.5XX,“5”表示 IEC 62055，“XX”表示第几部分）

IEC 62056《电测量　抄表、费率和负荷控制的数据交换》(GB/T 17215.6XX,“6”表示 IEC 62056，“XX”表示第几部分）

IEC 62057《电测量　试验设备》(GB/T 17215.7XX,“7”表示 IEC 62057，“XX”表示第几部分）

IEC 62058《交流电测量设备　验收检验》(GB/T 17215.8XX,“8”表示 IEC 62058，“XX”表示第几部分）

IEC 62059《交流电测量设备　可信性》(GB/T 17215.9XX,“9”表示 IEC 62059，“XX”表示第几部分）

GB/T 17215　系列标准中目前已经发布了 8 个部分：

GB/T 17215.211—2006　交流电测量设备　通用要求、试验和试验条件　第 11 部分：测量设备 (IEC 62052-11:2003,IDT)

GB/T 17215.301—2007　多功能电能表　特殊要求

GB/T 17215.311—2008　交流电测量设备　特殊要求　第 11 部分：机电式有功电能表(0.5、1 和

2 级)(IEC 62053-11:2003,MOD)

GB/T 17215.321—2008 交流电测量设备 特殊要求 第 21 部分:静止式有功电能表(1 和 2 级)(IEC 62053-21:2003,IDT)

GB/T 17215.322—2008 交流电测量设备 特殊要求 第 22 部分:静止式有功电能表(0.2S 级和 0.5S 级)(IEC 62053-22:2003,IDT)

GB/T 17215.323—2008 交流电测量设备 特殊要求 第 23 部分:静止式无功电能表(2 级和 3 级)(IEC 62053-23:2003,IDT)

GB/T 17215.352—2009 交流电测量设备 特殊要求 第 52 部分:符号(IEC 62053-52:2005,IDT)

GB/T 17215.421—2008 交流电测量设备 费率和负荷控制 第 21 部分:时间开关的特殊要求(IEC 62054-21:2004,IDT)

交流电测量设备　特殊要求
第52部分：符号

1　范围

GB/T 17215的本部分规定了标志和鉴别机电式或静止式交流电能表及其附件功能所用的文字和图形符号，适用于标志和鉴别机电式或静止式交流电能表及其附件功能。

本部分规定的符号应该标志在铭牌、标度盘、外部标签上或附件上，或以适当的方式显示在仪表显示器上。

2　规范性引用文件

下列文件中的条款通过GB/T 17215的本部分的引用而成为本部分的条款。凡是注日期的引用文件，其随后所有的修改单(不包括勘误的内容)或修订版均不适用于本部分，然而，鼓励根据本部分达成协议的各方研究是否可使用这些文件的最新版本。凡是不注日期的引用文件，其最新版本适用于本部分。

GB/T 5465.2—2008　电气设备用图形符号　第2部分：图形符号 (IEC 60417 DB:2007,IDT)

GB/T 17215.211—2006　交流电测量设备　通用要求、试验和试验条件　第11部分：测量设备(IEC 62052-11:2003,IDT)

IEC 60211　1.0级最大需量指示器

3　术语和定义

GB/T 17215.211—2006确立的以及下列术语和定义适用于本部分。

3.1

超量电能表　excess energy meter

计量功率超过预先确定值的超量电能的仪表。

[GB/T 2900.79—2008,定义311-06-07]

3.2

最大需量电能表　meter with maximum demand indicator

以适当的方式指示在连续相等的时间间隔内平均功率的最大值的仪表。

[GB/T 2900.79—2008,定义311-06-08]

3.3

双向电能表　bidirectional meter

用于计量两个方向电能的电能表。

3.4

原边计度器　primary register

经互感器工作的电能表的计度器。它计入所有与仪表连结的互感器(电压和电流互感器)的变比。

注：互感器原边的电能值可直接由计度器的读数得到。

3.5

半原边计度器　half-primary register

经互感器工作的电能表的计度器。它或计入电流互感器的变比，或计入电压互感器的变比，但不是两者均计入。

注：互感器原边的电能值可由计度器的读数乘以适当的系数得到。

3.6

副边计度器　secondary register

经互感器工作的电能表的计度器。它不计入互感器的变比。

注：互感器原边的电能值可由计度器的读数乘以适当的系数得到。

3.7

电能表铭牌　name-plate of a meter

位于电能表的内部或外部的易于读取的标牌，表达用于辨别和安装仪表以及解读测量结果的必要信息。对于静止式电能表，某些元素可以在显示器上体现。

注：在 GB/T 17215.211—2006 中对铭牌有明确的定义。

3.8

标度盘　dial

指示装置上带有标尺或标度的部分。

注：通常，标度盘也带有表征仪表的其他信息。

3.9

最大需量指示器的读数因子 *C*　reading factor *C* of a maximum demand indicator

该因子必须同以功率(有功或无功)为单位表示的读数相乘，以得到相同单位表示的相应功率值。

注：读数因子 *C* 取决于电压和电流的变比。

3.10

最大需量指示器的常数 *K*　constant *K* of a maximum demand indicator

电能表的读数必须同该系数相乘，以得到相应功率值(有功或无功)。

注：例如，见 9.3 和 9.4。

4　测量元件符号

在下列作为示例给出的符号中，每个电压电路用一条直线表示，每个电流电路用一个小圆圈表示。

在表示电压电路的每条直线与电流电路具有公共连接点的端点，放置表示电流电路的小圆圈。

如果不同测量单元的电压电路和电流电路具有公共连接点，则用一根导引线把表示电流电路的小圆圈连接到表示电压电路的直线的中点，导引线的宽度为表示电压电路直线的一半。

如果一个测量元件带有两个匝数比为 $1/k$ 电流电路，则代表它们的圆圈直径的比率近似相同。

符号中两条线之间的角度表示相应于规定正方向朝向两符号线公共点的电压之间的相位角(如表 1 中符号 4.9 和 4.10)，在三角形符号中为沿着三角形方向(如表 1 中符号 4.8)。

为判别作用于每一电流的电压方向，受正向电压影响的电流用黑圆表示，和受负向电压影响的电流用白圆表示。

表 1　测量元件符号

序　号	符 号 意 义	符　号
4.1	单测量元件有功和无功电能表，具有一个电流电路和一个电压电路(对于一相两线电路)。	
4.2	单测量元件有功和无功电能表，具有一个电压电路和两个电流电路(对于一相两线或一相三线电路，电压电路跨接于外部导线)。	
4.3	两测量元件有功和无功电能表，每个元件具有一个电压电路和一个电流电路。电流电路连接于一相三线电路的外部，相应的电压电路连接于该外部线和中线之间。	

表 1（续）

序　号	符 号 意 义	符　　号
4.4	两测量元件有功和无功电能表，每个元件具有一个电压电路和一个电流电路，电流电路接入三相电路的相线，每个测量元件的电压电路连接于中线和该元件的电流电路所接入的相线之间。	
4.5	两测量元件有功和无功电能表，每个元件具有一个电压电路和一个电流电路。用于二瓦表法连接(三相三线电路)。	
4.6	三测量元件有功或无功电能表，每个元件具有一个电压电路和一个电流电路。用于三瓦表法连接(三相四线电路)。	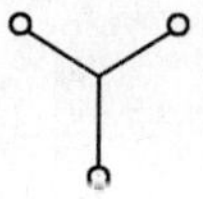
4.7	两测量元件有功和无功电能表，每个元件具有一个电压电路和一个电流电路，电流电路连接于二相三线电路的两个相线中。	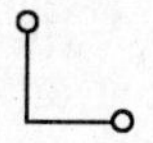
4.8	三测量元件无功电能表，每个元件具有一个电压电路和一个电流电路。每个电流电路均与另外两个元件的电压电路有共同连接点。每个测量元件的电压电路的电压由不含有该元件的电流电路的相线之间的电压供给。 如图所示，符号 4.8 相当于图 1，适用于三相三线电路或三相四线电路。 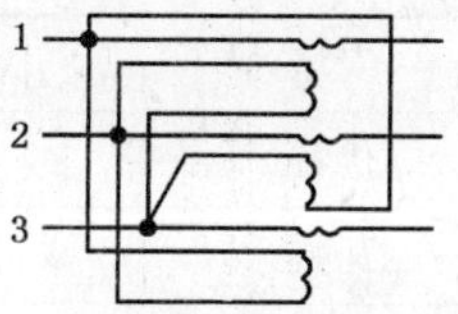 图 1 交叉连接，适用于无功电能表的三相三线电路或三相四线电路	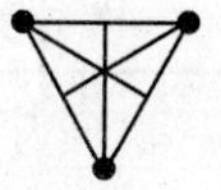
4.9	两测量元件无功电能表，每个元件具有一个电压电路和两个电流电路。两个电流电路的匝数比为 1∶2(n 匝和 $2n$ 匝)。每个 n 匝的电流电路与同一测量元件的电压电路有一共同连接点，每个 $2n$ 匝的电流电路与另一测量元件的电压电路有一共同连接点。 一个测量元件的 n 匝电路和另一测量元件的 $2n$ 匝电路隶属于正向电压；相反，第一个元件的 $2n$ 匝电路和第二个元件的 n 匝电路隶属于负向电压。 符号 4.9 相当于图 2，适用于三相三线电路。 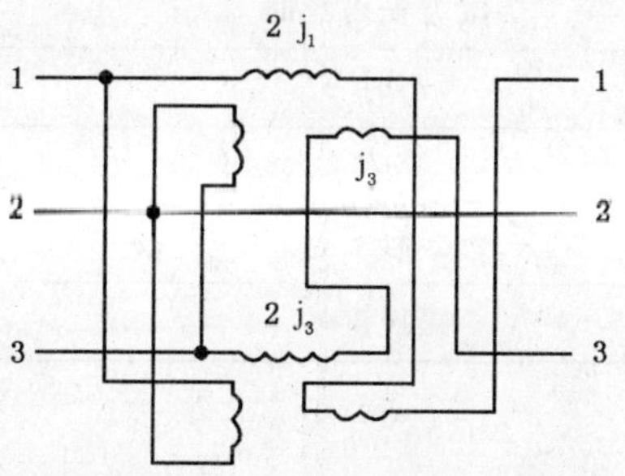 图 2 在三相三线电路中有两个测量元件和裂相的电流电路的无功电能表的交叉相位连接	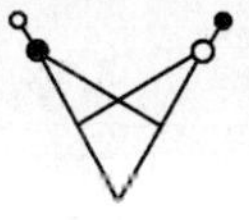

表 1（续）

序　号	符　号　意　义	符　号
4.10	两测量元件无功电能表，每个元件具有一个电压电路和一个电流电路。一个电流电路与另一测量元件的电压电路有一共同连接点，后一测量元件的电流电路与两个测量元件的电压电路有一共同连接点。 符号 4.10 相当于图 3，适用于三相三线。 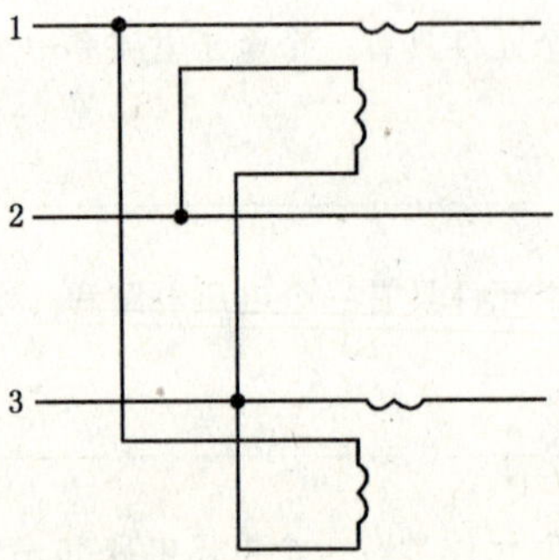 图 3 在三相三线电路中有两个测量元件的无功电能表的交叉相位连接	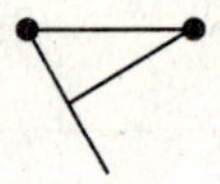

5　电能表用基本单位符号

见表 2。

表 2　电能表用基本单位符号

序　号	名　称	符　号
5.1	安培	A
5.2	伏特	V
5.3	瓦特	W
5.4	瓦特·小时	Wh
5.5	乏	var
5.6	乏·小时	varh
5.7	伏安	VA
5.8	伏安小时	VAh
5.9	赫兹	Hz
5.10	二次方伏特小时	V^2h
5.11	二次方安培小时	A^2h
5.12	小时	h
5.13	分	min
5.14	秒	s
5.15	摄氏度	℃

6　被测量标志

与第 5 章中一致的基本单位符号连同适当的标度（如 k，M，G）应标在铭牌、标度盘的显著位置。如果仪表能够测量几种不同的量，带有适当标度的单位应该在显示器上给出。其他适当的符号可以标注在铭牌或刻度盘上或者在显示器上显示，前提是不妨碍清晰地读取测定量。

用于特殊条件和/或不同功率因数范围的仪表，应采用适当的符号标记。

如果机电式无功电能表被调整为只在超前功率因数条件下或滞后功率因数条件下计量，从电表的正面看转子的正常转动方向应该是从左向右，计度器应有 ⊣⊢ 或 —⌒⌒⌒— 的适当标志。如果电表被调整为在超前和滞后功率因数条件下计量，从电表正面看转子的正常转动方向，在滞后的条件下应该是自左向右。两个计度器都应在近处分别标有 —⌒⌒⌒— 或 ⊣⊢。

若该仪表用于计量有确定功率因数极限值的视在电能，这些极限值应标在计量单位符号后面的括号中，示例见表3。

表3　被测量标志(示例)

序　号	符号意义	符　号
6.1	有功电能表	kWh
6.2	无功电能表	kvarh
6.3	带有两个计度器的感性和容性无功电能表	kvarh 
6.4	视在电能表	kVAh
6.5	限定 cosϕ 范围的视在电能表 例：cosϕ=(0.5…0.9)感性	kVAh (0.5…0.9) —⌒⌒⌒—
6.6	无功电能表工作范围	

7　表示准确度等级、电能表常数和绝缘等级的符号

示例见表4。

表4　表示准确度等级、电能表常数和绝缘等级的符号(示例)

序　号	符号意义	符　号
7.1	准确度等级 例：1 级	①或 Cl. 1
7.2	机电式电能表仪表常数 例：500 转每千瓦小时或 2 瓦时每转	500 r/kWh 或 2 Wh/r
7.3	静止式电能表仪表常数 例：500 转每千瓦小时或 2 瓦时每转	500 imp/kWh 或 2 Wh/imp
7.4	Ⅱ类防护绝缘包封电能表	 GB/T 5465.2—2008 (第3章的5172) Ⅱ类设备

8 经互感器工作的电能表符号

经互感器工作的电能表，互感器的变比按如下方式标志：

计入到计度器的互感器变比应标在电能表的名牌或标度盘上（对原边计度器为所有互感器的变比；对半初级计度器为已计入该计度器的互感器变比）。

未计入计度器的互感器变比应标在装有半原边初级或副边计度器的电能表的表盖上的固定辅助标牌上（对次级计度器为所有互感器的变比；对半初级计度器为未计入该计度器的互感器变比）。

在装有半初级或次级计度器的电能表的名牌上，应标以8.1、8.2、8.3和8.5所示的互感器的符号。该符号表示电能表设计为经互感器工作，且该互感器的变比未计入计度器。此时互感器初级端的电能值为计度器的读数乘以适当的系数。

用之与计度器的读数相乘以得到互感器原边电能值的系数应标在装有半初级或计度器的电能表的辅助标牌上，示例见表5。

表5 经互感器工作的电能表符号（示例）

序 号	符号意义	标志位置	
		名牌或标度盘	辅助标盘
8.1	装有副边计度器的电能表（原边电压和电流的标称值是可以改变的）	5 A  100 V	50/5 A 10 000/100 V 或 $\frac{50}{5}$ A, $\frac{10\,000}{100}$ V 倍乘系数＝1 000
8.2	装有半原边计度器的电能表（原边电流标称值是可以改变的）	10 000/100 V, 5 A  或 $\frac{10\,000}{100}$ V, 5 A	500/5 A 或 $\frac{500}{5}$ A 倍乘系数＝100
8.3	装有半原边计度器的电能表（原边电压标称值是可以改变的）	100 V, 50/5 A  或 100 V, $\frac{50}{5}$ A	10 000/100 V 或 $\frac{10\,000}{100}$ V 倍乘系数＝100
8.4	装有原边计度器的电能表	10 000/100 V 50/5 A 或 $\frac{10\,000}{100}$ V, $\frac{50}{5}$ A	—
8.5	装有半原边计度器的电能表（原边电流的标称值是可以改变的）	3×230/400 V  5 A	500/5 A 或 $\frac{500}{5}$ A 倍乘系数＝100

注：考虑到铭牌位置的不足，仅给出了一个符号。该符号为GB/T 5465.2—2008（第3章的5156）中规定的互感器的符号。

9 费率装置符号

相关电能表费率装置符号如下表示：

a) 多费率电能表

多费率电能表没有专用符号，但是各自的费率应标志在相应的标度盘或计度器旁。

例：	Ⅰ		白天	☼
	Ⅱ	或	夜间	☾
	Ⅲ		高峰	∧

注：大于三费率的计度器标志应按购货合同。

b) 超量电能表

记录超量电能的计度器应在其旁边标以符号Δ。

超量电能开始计度时的功率值，应以适当的单位永久性地标在该符号旁边，最好标在当调整该功率值时可更换的辅助标牌上。

c) 最大需量电能表

带有单指针最大需量指示器的电能表，不需要标志符号。所示标志按照 IEC 60211 中推荐的标志。

带有累积最大值指示器的指针式电能表，其累积计数器应标以适当的功率单位。

最大需量指示器在其计度器旁边应标出测量平均功率的最大值和适当的符号。累积计度器（如果有）应标以计度量的单位。

d) 双向电能表

如果电能表是设计用于计度输入电能和输出电能的，则应该用一个指示相应方向的箭头鉴别电能的流向。

箭头应标示在离各计度器很近的标牌或刻度盘上，或和相应的值一起在显示器上显示，示例见表 6。

表 6 费率装置符号（示例）

序 号	符号意义	符 号
9.1	超量电能表 三角形旁边的数字表示超过此电量后，计度器开始动作。 例：800 W 注：对于有两个固定动作功率限值的仪表，该值可通过继电器改变，两动作限值都应该标明。	 800 W
9.2	超量电能表的超量值是可调的	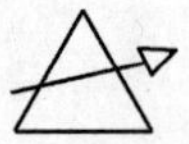
9.3	鼓轮式最大需量指示器 例：最大需量指示器倍率器 0.2 kW、积算周期 15 min、脱扣时间 9 s。	K 0.2 kW/div 15 min/9 s
9.4	装有报警装置的指针式或鼓轮式最大需量指示器 例：最大需量指示器倍率器 0.2 kW、积算周期 15 min、脱扣时间 9 s。	K 0.2 kW/div 15 min/9 s
9.5	双向电能表 在测量点接收电能（例：输入） 在测量点供给电能（例：输出）	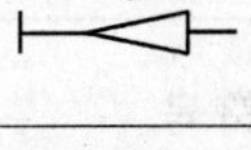
9.6	平均需量值的瞬时值（实时值）	P_{inst}
9.7	当前累积（记录）周期的最高平均需量值	P_{max}

表 6（续）

序　号	符号意义	符　号
9.8	累积最大需量值	P_{cum}
9.9	积算周期	I_m
9.10	制动时间	I_o
9.11	始终计量正涌的双向电能表（仪表总是按输入能量来计算，不考虑实际的电能方向）	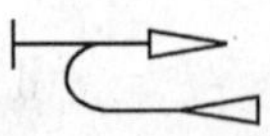
注：原打算用于电子式费率装置，但是最好使用 GB/T 19882.31—2007 和 GB/T 19882.32—2007 定义的标准标识码。		

10　辅助装置符号

示例见表 7。

表 7　辅助装置符号（示例）

序　号	符号意义	符　号
10.1	输送脉冲的电能表 标识每千瓦时脉冲数或每个脉冲瓦时数 例：10 imp/kWh 或 100 Wh/imp	10 imp/kWh 或 100 Wh/imp
10.2	装有转子夹的电能表	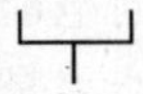
10.3	静止式电能表辅助电源电压（与测量电压分开时） 例：100 V(a.c.)	U_x=100 V　50 Hz
10.4	多费率电能表继电器辅助电压种类和数值（在接线图上表示） 例：60 V(d.c.)	 60 V —
10.5	止逆装置（机械的或电子的）	

关于信号端口标志的建议参见附录 A。

11　可动部件的支撑部件符号

见表 8。

表 8　可动部件的支撑部件符号

序　号	符号意义	符　号
11.1	双宝石下轴承	
11.2	用于消除转子对底部轴承部分压力的磁元件	
11.3	带有磁悬或磁推机构的可动部件	

12　预警符号

参考单独文件，应在铭牌上标注符号 。

附 录 A
（规范性附录）
通信端口符号

表 A.1 通信端口符号(示例)

序 号	符号意义	符 号
A.1	光端口,双向 A.1 信号端口符号(示例)	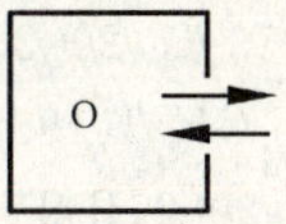
A.2	感应端口,双向	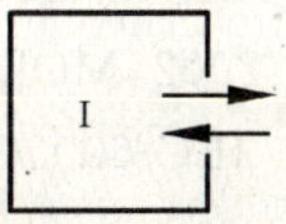
A.3	电端口,单向	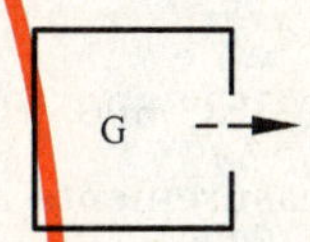
A.4	符合特殊标准(例如:GB/T 19897.1—2005,模式 C,IEC 62056)的端口	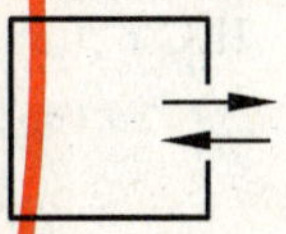

注：传递方向

——→ 输出(例如:读数)

←—— 输入(例如:设计)

—— 连续接通

- - - - 仅在需要时接通(例如:口令、开关)

参 考 文 献

[1] GB/T 2900.77—2008 电工术语 电工电子测量和仪器仪表 第1部分:测量的通用术语(IEC 60050(300-311):2001,IDT)

[2] GB/T 2900.79—2008 电工术语 电工电子测量和仪器仪表 第3部分:电测量仪器仪表的类型(IEC 60050(300-313):2001,IDT)

[3] GB/T 19882.31—2007 自动抄表系统 第3-1部分:应用层数据交换协议 对象标识系统(IEC 62056-61:2002,IDT)

[4] GB/T 19882.32—2007 自动抄表系统 第3-2部分:应用层数据交换协议 接口类(IEC 62056-62:2002,IDT)

[5] GB/T 19897.1—2005 自动抄表系统低层通信协议 第1部分:直接本地数据交换(IEC 62056-21:2002,MOD)

[6] IEC 60050(300-312):2001 International Electrotechnical Vocabulary—Electrical and electronic measurements and measuring instruments—Part 312:General terms relating to electrical measurements

[7] IEC 60050(300-314):2001 International Electrotechnical Vocabulary—Electrical and electronic measurements and measuring instruments—Part 314:Specific terms according to the type of instrument

[8] IEC 62056(all parts)Electricity metering—Data exchange for meter reading, tariff and load control

ICS 11.040.40
C 45

中华人民共和国国家标准

GB/T 17255.1—2009/ISO 13405-1:1996
代替 GB/T 17255.1—1998

假肢与矫形器　假肢部件的分类和描述
第1部分:假肢部件的分类

**Prosthetics and orthotics—
Classification and description of prosthetic components—
Part 1: Classification of prosthetic components**

(ISO 13405-1:1996,IDT)

2009-09-30 发布　　　　2009-12-01 实施

中华人民共和国国家质量监督检验检疫总局
中国国家标准化管理委员会　发布

前　言

GB/T 17255《假肢与矫形器　假肢部件的分类和描述》分为三个部分：

——第1部分：假肢部件的分类；

——第2部分：下肢假肢部件的描述；

——第3部分：上肢假肢部件的描述。

本部分为GB/T 17255的第1部分。

本部分等同采用ISO 13405-1:1996《假肢与矫形器　假肢部件的分类和描述　第1部分：假肢部件的分类》(英文版)。

为了便于使用，本部分做了下列编辑性修改：

a)　删除了国际标准的前言；

b)　“本国际标准”改为“本部分”。

本部分代替GB/T 17255.1—1998《假肢与矫形器　假肢部件的分类和描述　第1部分：假肢部件的分类》。本部分与GB/T 17255.1—1998相比，主要变化如下：

a)　在规范性引用文件中，引用了GB/T 14191.1《假肢学和矫形器学术语　第1部分：体外假肢和体外矫形器的基本术语》(GB/T 14191.1—2009,ISO 8549-1:1989,IDT)；

b)　在术语和定义中，将原标准中对“支撑性”、“稳定性”和“悬吊性”的定义，更改为对“支撑”、“稳定”和“悬吊”的定义。

本部分由中华人民共和国民政部提出。

本部分由全国残疾人康复和专用设备标准化技术委员会(SAC/TC 148)归口。

本部分起草单位：中国康复器具协会、北京市假肢矫形器技术中心、中国假肢矫形技术中等专业学校。

本部分主要起草人：杨成瑞、吴国士、方新。

本部分所代替标准的历次版本发布情况为：

——GB/T 17255.1—1998。

引　言

目前尚没有一个在国际范围内可采用的对假肢部件进行分类和描述的方法。可想而知，这种情况给生产商使用文字描述其产品和操作者在接待具体病人时书写病历报告带来了困难。

本部分标准的目的是用于保证使用者根据分类和描述系统能清晰阐述成品假肢各部件的基本特点。

生产商的商品名称、材料及所使用的生产过程不包含于此。

假肢与矫形器　假肢部件的分类和描述 第1部分:假肢部件的分类

1　范围

GB/T 17255的本部分规定了一种描述假肢部件及其结构分类的方法。

2　规范性引用文件

下列文件中的条款通过GB/T 17255的本部分的引用而成为本部分的条款。凡是注日期的引用文件,其随后所有的修改单(不包括勘误的内容)或修订版均不适用于本部分,然而,鼓励根据本部分达成协议的各方研究是否可使用这些文件的最新版本。凡是不注日期的引用文件,其最新版本适用于本部分。

GB/T 14191.1　假肢学和矫形器学术语　第1部分:体外肢体假肢和体外矫形器的基本术语(GB/T 14191.1—2009,ISO 8549-1:1989,IDT)

ISO 8549-2:1989　假肢学和矫形器学术语　第2部分:与体外肢体假肢和此类假肢使用者有关的术语

3　术语和定义

GB/T 14191.1、ISO 8549-2:1989中确立的以及下列术语和定义适用于GB/T 17255的本部分。

3.1

支撑　support

接合部件的用于传递假肢作用于人体的纵向作用力(指向肢体近端)的属性。

3.2

稳定　stabilization

接合部件的用于传递假肢与人体间横向作用力的属性,它使假肢相对人体的角度保持一致。

3.3

悬吊　suspension

接合部件的用于使假肢保持在人体上的属性,亦即传递假肢作用于人体的纵向作用力(指向肢体远端)。

4　分类

4.1　概述

假肢是由下列类别部件构成的整体:

a)　接合部件;

b)　功能部件;

c)　对线部件;

d)　结构部件;

e)　装饰部件。

注:某些部件可以属于一个以上的类别,例如:对线部件也可作为结构部件。

如果一个部件性能或特点被描述为可调,表明生产商、假肢制作师或用户使用之前可调。

如果一个部件性能或特点被描述为可更换，表明该部件在使用时随时可以更换。

4.2 接合部件

假肢接合部件同残肢直接接触，起到支撑、稳定及悬吊的作用(见第3章)。

接合部件包括：

a) 接受腔；

b) 保持假肢维持在身体上的悬吊部件。

注：接合部件可以含有某些原件，它是用于功能部件的激活和(或)控制的。

4.3 功能部件

假肢的功能部件用于代偿正常肢体的部分运动和感觉功能。

功能部件包括：

a) 踝足装置；

b) 手部装置；

c) 关节。

4.4 对线部件

假肢的对线部件使假肢部件之间的相对位置可以进行调整。

4.5 结构部件(假肢结构)

假肢的结构部件将接合部件、功能部件和对线部件连接起来构成假肢整体。

假肢的结构类型有：

a) 骨骼式结构，其结构部件通常被装饰部件所包覆；

b) 壳式结构，其结构部件置于假肢的外表，并形成假肢的外形。

4.6 装饰部件

假肢的装饰部件模拟正常人体的外观和感觉，它们包括：

a) 装饰性填充物和外壳，它们提供理想的假肢外形，在某种程度上模拟软组织的感觉；

b) 假肢皮肤和袜子，它们构成假肢的最外层，模拟人体皮肤的颜色，在某种程度上模拟皮肤的质感。

ICS 11.040.40
C 45

中华人民共和国国家标准

GB/T 17255.2—2009/ISO 13405-2:1996
代替 GB/T 17255.2—1998

假肢与矫形器　假肢部件的分类和描述
第2部分：下肢假肢部件的描述

Prosthetics and orthotics—Classification and description of prosthetic components—
Part 2:Description of lower-limb prosthetic components

(ISO 13405-2:1996,IDT)

2009-09-30 发布　　　　2009-12-01 实施

中华人民共和国国家质量监督检验检疫总局
中国国家标准化管理委员会　发布

前　言

GB/T 17255《假肢与矫形器　假肢部件的分类和描述》分为三个部分：

——第1部分：假肢部件的分类；

——第2部分：下肢假肢部件的描述；

——第3部分：上肢假肢部件的描述。

本部分为GB/T 17255的第2部分。

本部分等同采用ISO 13405-2:1996《假肢与矫形器　假肢部件的分类和描述　第2部分：下肢假肢部件的描述》(英文版)。

为了便丁使用，本部分做了下列编辑性修改：

a)　删除了国际标准的前言；

b)　“本国际标准”改为“本部分”。

本部分代替GB/T 17255.2—1998《假肢与矫形器　假肢部件的分类和描述　第2部分：下肢假肢部件的描述》。本部分与GB/T 17255.2—1998相比，主要变化如下：

a)　在规范性引用文件中，引用了GB/T 14191.1《假肢学和矫形器学术语　第1部分：体外假肢和体外矫形器的基本术语》(GB/T 14191.1—2009,ISO 8549-1:1989,IDT)；

b)　对部分表述不够准确的术语和定义进行了更改，如“支撑期”改为“支撑相”，“摆动期”改为“摆动相”，“瞬时转动轴”改为“瞬时转动中心”等。

本部分由中华人民共和国民政部提出。

本部分由全国残疾人康复和专用设备标准化技术委员会(SAC/TC 148)归口。

本部分起草单位：中国康复器具协会、北京市假肢矫形器技术中心、中国假肢矫形技术中等专业学校。

本部分主要起草人：杨成瑞、吴国士、方新。

本部分所代替标准的历次版本发布情况为：

——GB/T 17255.2—1998。

引　言

目前尚没有一个在国际范围内可采用的对假肢部件进行分类和描述的方法。可想而知,这种情况给生产商使用文字描述其产品和操作者在接待具体病人时书写病历报告带来了困难。

本部分标准的目的是用于保证使用者根据分类和描述系统能清晰阐述成品假肢各部件的基本特点。

生产商的商品名称、材料及所使用的生产过程不包含于此。

假肢与矫形器　假肢部件的分类和描述
第2部分：下肢假肢部件的描述

1　范围

GB/T 17255 的本部分规定了一种描述下肢假肢部件的方法。

2　规范性引用文件

下列文件中的条款通过 GB/T 17255 的本部分的引用而成为本部分的条款。凡是注日期的引用文件，其随后所有的修改单(不包括勘误的内容)或修订版均不适用于本部分，然而，鼓励根据本部分达成协议的各方研究是否可使用这些文件的最新版本。凡是不注日期的引用文件，其最新版本适用于本部分。

GB/T 14191.1　假肢学和矫形器学术语　第1部分：体外肢体假肢和体外矫形器的基本术语(GB/T 14191.1—2009，ISO 8549-1:1989，IDT)

GB/T 17255.1　假肢与矫形器　假肢部件的分类和描述　第1部分：假肢部件的分类(GB/T 17255.1—2009，ISO 13405-1:1996，IDT)

ISO 8549-2:1989　假肢学和矫形器学术语　第2部分：与体外肢体假肢和此类假肢使用者有关的术语

3　术语和定义

GB/T 14191.1、ISO 8549-2:1989 中确立的术语和定义适用于 GB/T 17255 的本部分。

4　分类

下肢假肢部件按照 GB/T 17255.1 中的定义包括五种类型。

5　接合部件

5.1　接受腔

5.1.1　概述

通过下列信息描述接受腔。

5.1.2　截肢部位

根据 ISO 8549-2 规定的系列，对与制作假肢接受腔有关的截肢部位表述如下：

a)　部分足截肢；

b)　踝离断；

c)　小腿截肢(膝下截肢)；

d)　膝离断；

e)　大腿截肢(膝上截肢)；

f)　髋离断；

g)　骨盆切除。

5.1.3　力传递性能

注：力传递性能与接受腔形状有直接关系，这些力对接受腔的支撑、稳定及悬吊是必须的。

5.1.3.1 支撑

支撑的主要方法表述如下：

a) 近端支撑：即通过接受腔近端区域的形状产生的基本支撑力；

b) 远端支撑：即通过接受腔远端区域的形状产生的基本支撑力；

c) 全面支撑：即通过接受腔的整体，而不是在任何近端或远端的形状产生的基本支撑力。

5.1.3.2 稳定

稳定有前后、内外及旋转三个方面的要求。必要时，说明与这三个方面与稳定有关的接受腔形状特征。

5.1.3.3 悬吊

接受腔可以具有以下悬吊方式：

a) 解剖学悬吊，系指通过可拆卸部分、开口或其他方法调节接受腔的形状，使其固定在人体的相应解剖部位上来获得悬吊；

b) 压力差（吸着）悬吊，系指制作底部密封的接受腔，通过负压的作用阻止移动来获得悬吊；

c) 以上两者兼有。

上述的任何一种方式都可与内衬套联合使用，以增强悬吊性能，内衬套可同接受腔连为一体。

所有这些方式中，残肢与接受腔之间的紧密附着可以增进悬吊性能。

适当时，说明接受腔的悬吊类型。

适当时，还应说明所使用内衬套的类型；必要时，还应说明接受腔形状的调节方法。

5.1.4 接触面

接受腔与残肢的接触面表述如下：

a) 全接触；

b) 部分接触。

5.1.5 刚度

注：接受腔的刚度与其正常使用时的弹性变形有关。

说明接受腔为：

a) 刚性（接受腔设计成不可变形）；

b) 柔性（接受腔设计成可变形）；

c) 部分柔性（接受腔的特定区域设计成可变形，或将一个柔性接受腔用硬性架或硬壳加以支撑）。

5.1.6 硅胶套（也可以是用凝胶或其他塑胶材料制作的）

说明接受腔是否与硅胶套一起使用。

注：这不包括普通的接受腔内衬套，也不包括残肢袜套。

5.1.7 激活与控制

接受腔的某些部分可以对功能部件起到激活和（或）控制作用。这可以包括在残肢和接受腔之间的接受腔某一部位的活动或在残肢和接受腔之间产生力。适当时，应说明任何上述部位运动的位置和方式。

5.2 悬吊部件（接受腔除外）

5.2.1 概述

通过下列信息描述悬吊部件。

5.2.2 悬吊位置

基本悬吊位置的解剖学位置表述如下：

a) 肩；

b) 骨盆；

c) 大腿；

d) 股骨髁；

e) 踝。

5.2.3 悬吊系统的设计

说明主要悬吊系统的设计及其与接受腔连接的位置。

注：外部关节(侧铰链)作为悬吊系统一部分被归类为功能部件，因为它们对悬吊系统和接受腔之间的运动有影响。见6.5。

6 功能部件

6.1 运动的描述

假肢功能部件[踝-足装置(6.2)、膝关节(6.3)、髋关节(6.4)、外部关节(侧铰链)(6.5)及扭转缓冲器(6.6)]的运动依据人体基准面描述，即：

a) 矢状面；

b) 额状面；

c) 水平面。

并参照该部件在其应用时的位置和人体的解剖位置。

6.2 踝-足装置

假肢的踝-足装置设计成通过运动受控的方法替代正常踝、足的一些功能。使用下列信息描述踝-足装置。

6.2.1 运动方式

踝-足装置具有的运动方式表述如下：

a) 跖屈/背屈(在矢状面的旋转)；

b) 内翻/外翻(在额状面的旋转)；

c) 内旋/外旋(在水平面的旋转)；

d) 装置的趾部背屈(在矢状面的旋转和替代部分趾关节的正常运动)。

如果是以上运动的复合，应加以说明。

6.2.2 运动类型

说明每种运动是否为：

a) 装置相邻部分之间的运动；

b) 装置部件变形；

c) 两者兼有。

6.2.3 控制

在目前所有装置中，运动是通过地面反作用力的作用产生的。

a) 在运动产生于装置相邻部分的装置中，控制机构的本质可以是：

1) 弹性的；

2) 能量吸收(例如：粘滞性的)。

b) 在那些通过部件变形而产生运动的装置中，控制是由所用材料的性质和装配方法所操作的。

说明控制机构和(或)材料的性质及每种允许运动的组合方式。

需说明对一般的控制性能是否可以调节(例如：一个可调节的刚性龙骨)，如果可调，再详细指出可调节性能。对控制性能的准确说明可能需要其测试数据。

6.2.4 特性

说明能否改变运动的正常范围(例如：一个允许固定最大跖屈的用于游泳的踝关节，或便于跪下的足扭转器)。

说明装置所设计的跟高是否可调节，并详细指出可调节范围。

6.3 膝关节

假肢膝关节通过受控运动代偿正常膝关节的一些功能。使用下列信息描述膝关节。

6.3.1 运动方式

通过屈曲/伸展表述膝关节的运动方式(即在矢状面的旋转)。

6.3.2 转动轴

转动方式为下列二者之一:

a) 单轴的,指转动中心在所有角度连续屈曲时不变;

b) 多轴的,指转动中心随屈曲角度改变。

需要时,说明转动类型和膝关节的设计。

6.3.3 控制

注:假肢的关节能够体现其在步行的支撑相和摆动相控制屈曲/伸展的设计特性。控制特性可以借助于机械和(或)电子方法改变。

6.3.3.1 支撑相控制

稳定性受到膝关节相对于接受腔和踝-足装置位置的影响。通过调整这种位置关系得到的稳定称为对线稳定。

附加稳定性由控制机构获得,包括:

a) 锁将关节固定在最大伸展位置;

锁的开关可以是手动,或自动锁住、手动打开;

b) 制动器,阻止屈曲和(或)伸展;

c) 单轴类,能自由屈曲和伸展,可通运动轴位置后移使膝关节稳定;

d) 多轴类,能自由屈曲和伸展,通过改变瞬时转动中心使膝关节稳定;

e) 屈曲限位可控类;

f) 上述类型的综合。

说明支撑相控制的类型,并在需要时,说明运动方式。

说明控制性能是否可以调节,并详细说明其调节性。对控制性能的准确说明可能需要其测试数据。

6.3.3.2 摆动相控制

摆动相控制的类型如下:

a) 通过下列二者之一限制屈曲/伸展类:

1) 恒定阻尼(定摩擦);

2) 可变阻尼,例如:随着膝角度和(或)膝角速度的变化对运动加以限制。

b) 限屈和助伸类;

c) 几种类型的组合。

在需要时,说明其摆动相控制机构的类型。

说明控制性能是否可以调节,并详细说明其调节性。

对控制性能的准确说明可能需要其测试数据。

6.3.4 特殊性能

说明能否改变正常的运动或其范围,例如:水平面的转动允许盘腿坐。

6.4 髋关节

假肢髋关节通过受控动运代偿正常髋关节的一些功能。使用下列信息描述髋关节。

6.4.1 运动方式

用屈曲/伸展表述髋关节运动方式(即:在矢状面的转动)。

6.4.2 转动轴

转动为下列二者之一:

a) 单轴的,指转动中心在所有角度连续屈曲时不变;

b) 多轴的,指转动中心随屈曲角度改变。

需要时,说明转动类型和髋关节的设计。

6.4.3 控制

注:假肢的髋关节能够体现其在步行的支撑相和摆动相控制屈曲/伸展的设计性能。

6.4.3.1 支撑相控制

稳定性通过髋关节的前置获得。其他附加稳定可以由一个固定在伸展位置的锁来提供。

锁的开关是下面二者之一:

a) 手动;

b) 自动锁住,手动打开。

说明锁是否适合提供摆动相控制,且适当时,说明开关的方式。

6.4.3.2 摆动相控制

摆动相控制的类型包括:

a) 在摆动相初期助屈和(或)限屈型;

b) 在摆动相后期阻止和(或)限屈型;

c) 多轴型,其自由屈曲和伸展,并通过改变瞬时转动中心便于髋关节控制;

d) 几种类型的组合。

说明摆动相控制的类型。

说明控制性能是否可以调节,并详细说明其调节性。

对控制性能的准确说明可能需要其测试数据。

6.4.4 特殊性能

说明能否更改运动的正常范围。

6.5 外部关节(侧铰链)

外部关节(侧铰链)能够对人体关节不正常的运动加以限制。外部关节包括髋铰链、膝铰链及踝铰链。说明所使用的外部关节(侧铰链)。

6.5.1 运动方式

外部关节(侧铰链)具有的运动方式表述如下:

a) 屈曲/伸展或跖屈/背屈(即在矢状面转动);

b) 外展/内收(即在额状面的转动);

c) 内旋/外旋(即在水平面的转动)。

6.5.2 转动轴

转动方式是下列二者之一:

a) 单轴的,指转动中心在所有角度连续屈曲时不变;或

b) 多轴的,指转动中心随屈曲角度改变。

适当时说明所使用的每个外部关节(侧铰链)的每种运动方式的类型。

6.5.3 控制

注:假肢外部关节(侧铰链)能够在支撑相控制其运动。

外部关节控制锁的种类分为下列两种方式:

a) 手动;

b) 自动锁住,手动打开。

需要时,说明锁是否具有摆动相控制功能,如果具有,说明控制方式。

6.6 扭转缓冲器

假肢扭转缓冲器设计成允许在水平面转动,以减少传递的扭矩。

6.6.1 运动方式

用内旋/外旋表述扭转缓冲器的运动方式(即在水平面的转动)。

6.6.2 控制

注：假肢扭矩缓冲器具有控制支撑相和摆动相内旋/外旋的性能。

说明设计性能。

7 对线部件

7.1 概述

对线部件(装置)可以是下列二者之一：

a) 一体的,它作为假肢结构的一部分保留在假肢上；

b) 可置换的,从假肢上拿掉,并由一个可保持其相同位置的结构部件所替代。

说明所用的对线部件的类型。

7.2 调节范围

说明对线部件在每个人体标准参考平面所提供的调节范围(见 6.1)如下：

a) 加长/缩短(即垂直于水平面的移动)；

b) 脚内移/外移,内外位移(即垂直于额状面的移动)；

c) 前后位移(即垂直于额状面的移动)；

d) 外展/内收,内外倾斜(即在额状面的转动)；

e) 屈曲/伸展,前后倾斜(即在矢状面的转动)；

f) 内旋/外旋(即在水平面的转动)。

8 结构部件(假肢结构)

说明假肢结构是否为：

a) 壳式；

b) 骨骼式。

9 装饰部件

假肢的装饰部件包括：

a) 外壳；

b) 填充物；

c) 假皮肤、袜子和脚套；

d) 以上几种的组合。

说明所使用的装饰部件。

ICS 11.040.40
C 45

中华人民共和国国家标准

GB/T 17255.3—2009/ISO 13405-3:1996
代替 GB/T 17255.3—1998

假肢与矫形器　假肢部件的分类和描述
第3部分:上肢假肢部件的描述

Prosthetics and orthotics—Classification and description of prosthetic components—Part 3:Description of upper-limb prosthetic components

(ISO 13405-3:1996, IDT)

2009-09-30 发布　　2009-12-01 实施

中华人民共和国国家质量监督检验检疫总局
中国国家标准化管理委员会　发布

前言

GB/T 17255《假肢与矫形器 假肢部件的分类和描述》分为三个部分：

——第1部分：假肢部件的分类；

——第2部分：下肢假肢部件的描述；

——第3部分：上肢假肢部件的描述。

本部分为GB/T 17255的第3部分。

本部分等同采用ISO13405-3:1996《假肢与矫形器 假肢部件的分类和描述 第3部分：上肢假肢部件的描述》(英文版)。

为了便于使用，本部分做了下列编辑性修改：

a) 删除了国际标准的前言；

b) “本国际标准”改为“本部分”。

本部分代替GB/T 17255.3—1998《假肢与矫形器 假肢部件的分类和描述 第3部分：上肢假肢部件的描述》。本部分与GB/T 17255.3—1998相比，主要变化如下：

a) 在规范性引用文件中，引用了GB/T 14191.1《假肢学和矫形器学术语 第1部分：体外假肢和体外矫形器的基本术语》(GB/T 14191.1—2009,ISO 8549-1:1989,IDT)；

b) 对部分表述不够准确的术语和定义进行了更改，如“支撑期”改为“支撑相”，“摆动期”改为“摆动相”，“瞬时转动轴”改为“瞬时转动中心”等。

本部分由中华人民共和国民政部提出。

本部分由全国残疾人康复和专用设备标准化技术委员会(SAC/TC 148)归口。

本部分起草单位：中国康复器具协会、北京市假肢矫形器技术中心、中国假肢矫形技术中等专业学校。

本部分的主要起草人：杨成瑞、吴国士、方新。

本部分所代替标准的历次版本发布情况为：

——GB/T 17255.3—1998。

引　言

目前尚没有一个在国际范围内可采用的对假肢部件进行分类和描述的方法。可想而知，这种情况给生产商使用文字描述其产品和操作者在接待具体病人时书写病历报告带来了困难。

本部分标准的目的是用于保证使用者根据分类和描述系统能清晰阐述成品假肢各部件的基本特点。

生产商的商品名称、材料及所使用的生产过程不包含于此。

假肢与矫形器 假肢部件的分类和描述 第3部分:上肢假肢部件的描述

1 范围

GB/T 17255 的本部分规定了一种上肢假肢部件的描述方法。

2 规范性引用文件

下列文件中的条款通过 GB/T 17255 的本部分的引用而成为本部分的条款。凡是注日期的引用文件,其随后所有的修改单(不包括勘误的内容)或修订版均不适用于本部分,然而,鼓励根据本部分达成协议的各方研究是否可使用这些文件的最新版本。凡是不注日期的引用文件,其最新版本适用于本部分。

GB/T 14191.1 假肢学和矫形器学术语 第1部分:体外肢体假肢和体外矫形器的基本术语(GB/T 14191.1—2009,ISO 8549-1:1989,IDT)

GB/T 17255.1 假肢与矫形器 假肢部件的分类和描述 第1部分:假肢部件的分类(GB/T 17255.1—2009,ISO 13405-1:1996,IDT)

ISO 8549-2:1989 假肢学和矫形器学术语 第2部分:与体外肢体假肢和此类假肢使用者有关的术语

3 术语和定义

GB/T 14191.1、ISO 8549-2:1989 中确立的术语和定义适用于 GB/T 17255 的本部分。

4 分类

上肢假肢部件按照 GB/T 17255.1 中的定义包括五种类型。

5 接合部件

5.1 接受腔

5.1.1 概述

通过下列信息描述接受腔。

5.1.2 截肢部位

根据 ISO 8549-2 规定的系列,对与制作假肢接受腔有关的截肢部位表述如下:

a) 部分手截肢;

b) 腕离断;

c) 肘下截肢;

d) 肘离断;

e) 肘上截肢;

f) 肩离断;

g) 肩胛带截肢。

5.1.3 力传递性能

注:力传递性能与接受腔形状有直接关系,这些力对接受腔的支撑、稳定及悬吊作用是必须的。

5.1.3.1 支撑

支撑的主要方法表述如下：

a) 近端支撑：即通过接受腔近端区域的形状产生的基本支撑力；

b) 远端支撑：即通过接受腔远端区域的形状产生的基本支撑力；

c) 全面支撑：即通过接受腔的整体，而不是在任何近端或远端的形状产生的基本支撑力。

5.1.3.2 稳定

稳定性能有前后、内外及旋转三个方面的要求。必要时，说明与这三个方面稳定性能有关的接受腔形状特征。

5.1.3.3 悬吊

接受腔可以具有以下悬吊方式：

a) 解剖学悬吊，系指通过可拆卸部分、开口或其他方法调节接受腔的形状，使其固定在人体的相应解剖部位上来获得悬吊；

b) 压力差(吸着)悬吊，系指制作底部密封的接受腔，通过负压的作用阻止移动来获得悬吊；

c) 以上二者兼而有之。

上述的任何一种方式都可与内衬套联合使用，以增强悬吊性，内衬套可同接受腔连为一体。

所有这些方式中，残肢与接受腔之间的紧密附着可以增进悬吊性。

适当时，说明接受腔的悬吊类型。

适当时，还应说明所使用内衬套的类型；必要时，还应说明接受腔形状的调节方法。

5.1.4 接触面

接受腔与残肢的接触面的表述如下：

a) 全接触，或

b) 部分接触。

5.1.5 刚度

注：接受腔的刚度与其正常使用时的弹性变形有关。

说明接受腔为：

a) 刚性(接受腔设计成不可变形)；

b) 柔性(接受腔设计成可变形)；

c) 部分柔性(接受腔的特定区域设计成可变形，或将一个柔性接受腔用硬性框架或硬壳加以支撑)。

5.1.6 硅胶套(也可以是用凝胶或其他塑胶材料制作的)

说明接受腔是否与硅胶套一起使用。

注：这不包括普通的接受腔内衬套，也不包括残肢袜套。

5.1.7 驱动与控制

接受腔的某些部分可以对功能部件起到激活和(或)控制作用。这可以包括在残肢和接受腔之间的接受腔某一部位的活动或在残肢和接受腔之间产生力。适当时，应说明任何上述部位运动的位置和方式。

5.2 悬吊部件(接受腔除外)

5.2.1 概述

通过下列信息描述悬吊部件。

5.2.2 悬吊位置

基本悬吊位置的解部学位置表述如下：

a) 躯干；

b) 肩；

c) 上臂；

d) 肱骨髁；

e) 桡骨茎突/尺骨茎突。

5.2.3 悬吊系统的设计

说明主要悬吊系统的设计及其附着接受腔的位置。

注：外部关节(侧铰链)作为悬吊系统的一部分被归入功能部件，因为它们对悬吊系统和接受腔之间的运动有影响。见6.6。

6 功能部件

6.1 运动的描述

假肢功能部件[手部装置(6.2)，腕关节(6.3)，肘关节(6.4)，肩关节(6.5)，外部关节(侧铰链)(6.6)，肱骨旋转组件(6.7)，肱骨屈曲辅助组件(6.8)]的运动依据人体基准面描述，即：

a) 矢状面；

b) 额状面；

c) 水平面。

并参照该部件在其应用时的位置和人体解剖位置。

6.2 手部装置

手部装置是为了替代正常手的某些功能而设计的。

6.2.1 类型

手部装置的类型包括：

a) 假手，即可以是如下任意一种：

 1) 被动的，手部形状的任何改变是通过运用外部的力而实现的；

 2) 主动的，即相邻的部分之间的运动是通过自身的动力来实现的。

b) 钩状手和其他起捏取作用的手部装置，由于它们具有的性质，属于主动性的装置；

c) 为实现多种具体功能而设计的专用工具手和工具，可以是：

 1) 被动的；

 2) 可调的；

 3) 主动的。

注：手部装置是可分离的，因此是可互换的。

说明手部装置是否为被动的、主动的或可调的，及其抓握形状或功能。需要时，再说明这个置是否可分离。

6.2.2 驱动

手部驱动装置包括如下各种：

a) 通过人体相关部位的运动来驱动的自身力源装置。

其运作模式可以是：

 1) 开手驱动(常闭)；

 2) 闭手驱动(常开)；

 3) 双向驱动。

其状态可以通过以下方式保持住：

 1) 被动锁定；

 2) 自动锁定。

b) 其电机可以是以下两种之一的外部力源装置：

 1) 一体的；

2） 通过一个机械联动装置安放在附近。

其运作方式可以是：

1） 双向驱动；

2） 开手驱动(常闭)；

3） 闭手驱动(常开)。

说明手部装置为自身力源还是外部力源驱动的，及其运作模式。必要时，再说明驱动源和电机的安放位置及锁定的方式。

6.2.3 控制

自身力源手部装置的驱动方式是内在的。通过人体相关部位和手部装置之间结合，将某些信息反馈给使用者。

外部驱动装置的控制是通过如下二者方式之一达到的：

a） 机械信号；

b） 肌电信号。

可使用上述任何一种传输方式来提供如下二者中的一种控制：

a） 数字(开/闭)控制；

b） 比例控制。

必要时，说明控制原理和参数。对控制部件的准确说明可能需要其测试数据。

6.2.4 特殊性能

说明是否有与外部力源装置抓握功能上有关的特殊性能，例如：

a） 使握力远远超过正常值；

b） 在紧急情况下使抓握功能解除。

6.3 腕关节

假肢腕关节组件通过受控运动代偿正常腕关节的一些功能。使用下列信息描述腕关节组件。

6.3.1 运动方式

旋前/旋后(绕前臂纵轴上的旋转)的活动范围通常是无限制的。旋转可以是以下二者之一：

a） 连续性的；

b） 步进性的，带一个制动器。

说明旋转是连续性的还是步进性的。

自动锁定的被动屈曲组件可位于腕关节和手部装置之间。

通过其他外部力源关节的运动来带动的腕关节主动性屈/伸可以是联动的。

说明屈/伸是否可能、是被动的还是主动的或控制方法，必在时，再说明设计。

6.3.2 转动轴

旋前/旋后转动是单轴转动。

6.3.3 类型和驱动力

假肢腕关节可以是以下二者之一：

a） 被动的，通过外力定位；

b） 主动的，即通过人体自身力源或外部力源定位。

自身力源的组件是通过以下二者之一驱动的：

1） 人体相关部位的运动为力源；

2） 其他功能部件的联动。

外部力源的组件的力的传递可以是以下二者之一：

1） 直接的；

2） 经过其他功能部件的联动。

说明组件是被动的，还是主动的。必要时，说明动力源的类型和驱动模式。

6.3.4 控制

假肢腕关节具有控制旋前/旋后的特性。

6.3.4.1 被动组件和自身力源的主动组件

在被动的和人体驱动的主动组件中具有控制运动的功能。其状态的保持可以是通过摩擦，或制动或用手或身体的相关部分将锁定部件打开和关闭。

说明保持状态的方法。

6.3.4.2 外部力源的组件

在外部力源的组件中，控制运动是通过以下二者方式之一实现的：

a) 机械信号；

b) 肌电信号。

必要时，说明控制原理和参数。对控制部件的准确说明可能需要其测试数据。

6.4 肘关节

假肢肘关节通过受控运动代偿正常肘关节的一些功能。使用下列信息描术肘关节组件。

6.4.1 运动方式

通过屈/伸表述运动方式(即在矢状面的转动)。

注：假肢肘关节组件可以具有肱骨扭转组件，目的是为了代偿因肘上截肢而穿戴假肢时肩关节旋转受限。这是作为一个单独的功能部件而考虑的。参见6.7。

6.4.2 转动轴

转动方式为下列二者之一：

a) 单轴的，指转动中心在所有角度连续屈曲时不变；

b) 多轴的，指转动中心随屈曲角度改变。

需要时，说明转动类型和肘关节的设计。

6.4.3 类型和驱动力

假肢肘关节组件可以是以下二者之一：

a) 被动的，通过外力定位；

b) 主动的，即通过人体的自身力源或外部力源。

自身力源的组件是通过以下二者之一驱动的：

1) 人体相关部位的运动为力源，它也可以驱动一个手部装置；

2) 其他功能部件的联动。

外部力源组件力的传递可以是以下二者之一：

1) 直接的；

2) 经过其他功能部件的联动。

说明组件是被动的，还是主动的。必要时，说明动力源的类型和驱动模式。

6.4.4 控制

假肢肘关节具有控制屈/伸的特性。

6.4.4.1 被动组件和自身力源的主动性组件

在被动的和人体驱动的主动性组件中具有控制运动的功能。其状态的保持可以是通过摩擦或锁定。

锁定方式是以下二者之一：

a) 自身驱动的，即手动或依靠身体某部位的运动；

b) 外驱动的，即通过来自机械信号或肌电信号。

说明锁定的方式和运作方法。

6.4.4.2 **外部力源组件**

在外部力源的组件中,控制动动是通过以下二者方式之一实现的:

a) 机械信号;或

b) 肌电信号。

必要时,说明控制原理和参数。对控制部件的准确说明可能需要其测试数据。

6.5 **肩关节**

假肢肩关节通过受控运动代偿正常肩关节的一些功能。

6.5.1 **运动方式**

肩关节的运动方式表述如下:

a) 屈曲/伸展(即在矢状面的转动);

b) 外展/内收(即在额状面的转动);

c) 内旋/外旋(即在水平面的转动)。

6.5.2 **转动轴**

转动方式为下列二者之一:

a) 单轴的,指转动中心在所有角度连续屈曲时不变;

b) 多轴的,指转动中心随屈曲角度改变。

需要时,说明转动类型和肩关节的设计。

6.5.3 **类型和驱动力**

假肢肩关节可以是以下二者之一:

a) 被动的,即通过外力定位;

b) 主动的,即通过外部力源。

说明组件是被动的,还是主动的,必要时,再说明动力源的类型。

6.5.4 **控制**

假肢肩关节组件具有为控制运动的部件。

6.5.4.1 **被动组件**

在被动组件中具有控制运动的功能。状态的保持可以是通过摩擦,或以下二者之一:

a) 手动;

b) 身体依靠某部分的运动将锁打开或关闭。

说明锁定类型和运作方法。

6.5.4.2 **外部力源组件**

在外部力源的组件中,控制运动是通过以下二者方式之一实现的:

a) 机械信号;

b) 肌电信号。

必要时,说明控制原理和参数。对控制部件的准确说明可能需要其测试数据。

6.6 **外部关节(侧铰链)**

外部关节(侧铰链)可以包括腕关节和/(或)肘关节,使用下列信息描述外部关节(侧铰链)。

6.6.1 **运动方式**

通过屈/伸表述外部关节(侧铰链)的运动方式(即在矢状面的转动)。

6.6.2 **转动轴**

转动方式为下列二者之一:

a) 单轴的,指转动中心在所有角度连续屈曲时不变;

b) 多轴的,指转动中心随屈曲角度改变。

说明包括人体哪个关节,转动的类型,必要时,再说明关节的设计。

6.6.3 类型,驱动力和控制

假肢外部关节要设计成以下二者之一:

a) 限制假肢关节的运动,方法如以下二者之一:

1) 伸展时锁定,通常是自动地运作;

2) 屈曲和伸展时锁定,其方式通常通过手动或身体相关部位的运动。

b) 通过以下二者之一的功能来辅助假肢关节的运动:

1) 辅助屈曲;

2) 辅助伸展。

c) 传递假肢关节的运动和动力,传递的方法以下二者之一:

1) 将一个小的人体关节角运动转换成一个大的假肢关节角运动;

2) 通过联运控制或驱运其他假肢功能部件来实现传递这种角运动和力。

说明所使用的假肢关节的目的和设计,必要时再说明锁定的类型。

6.7 肱骨旋转组件

肘上截肢所使用的接受腔向身体延伸,使肩关节旋内旋外的运动范围受限。这时可在组件中加一个肱骨旋转组件。

6.7.1 运动方式

通过旋内/旋外表述肱骨旋转组件的运动方式(即在水平面的转动)。

说明是否加进一个自由摆动模式。

对控制部件的准确说明可能需要其测试数据。

6.7.2 类型,驱动力和控制

肱骨旋转组件是被动的,即通过运用外力来保持状态,并具有控制运动的功能。

状态的保持依靠以下二者之一:

a) 摩擦,并带有或不带有一个手动锁;

b) 弹性制动器,带或不带手动锁。

说明保持状态的方法。

6.8 肱骨屈曲辅助组件

在肩离断假肢中,位于肩肘之间的肱骨外加屈曲组件起着增加肘部屈曲的作用,并使穿戴者使用其假肢时能够触及到脸部。该关节通过使用外力定位,并通过摩擦保持位置。

说明假肢是否是具有这样一个组件。

7 对线部件

7.1 概述

对线部件(装置)可以是以下二者之一:

a) 一体的:它作为假肢结构的一部分保留在假肢上;

b) 可置换的:从假肢上拿掉,并由一个可保持其相同位置的结构部件所代替。

说明所使用的对线部件的类型。

7.2 调节范围

说明对线部件在每个人体标准参考平面提供的调节的范围(见 6.1)如下:

a) 加长/缩短(即垂直于水平面的移动);

b) 内外位移(即垂直于矢状面的移动);

c) 前后位移(即垂直于额状面的移动);

d) 外展/内收,内外倾斜(即在额状面的转动);

e) 屈曲/伸展,前后倾斜(即在矢状面的转动);

f） 内旋/外旋（即在水平面的转动）。

8 结构部件（假肢结构）

假肢的结构是否为：

a） 壳式；

b） 骨骼式的。

9 装饰性部件

假肢的装饰性部件包括：

a） 外壳；

b） 填充物；

c） 假皮肤、袜子和手套；

d） 以上几种组合。

说明所使用的装饰性部件。

ICS 11.180.20
C 45

中华人民共和国国家标准

GB/T 17257.1—2009/ISO 8669-1:1988
代替 GB/T 17257.1—1998

集尿袋　第1部分:术语

Urine collection bags—Part 1: Vocabulary

(ISO 8669-1:1988,IDT)

2009-03-16 发布　　2009-09-01 实施

中华人民共和国国家质量监督检验检疫总局
中国国家标准化管理委员会　发布

前　言

GB/T 17257《集尿袋》分为二个部分：
——第1部分：术语
——第2部分：要求和检验方法
本部分为GB/T 17257的第1部分。
本部分等同采用ISO 8669-1:1988《集尿袋　第1部分：术语》(英文版)。
本部分代替GB/T 17257.1—1998《集尿袋　第1部分：术语》
本部分与GB/T 17257.1—1998相比变化如下：
——删除了GB/T 17257.1—1998中的2.23；
——补充了第1章范围；
——修订了2.1、2.3、2.4、2.7、2.8。
本部分由中华人民共和国民政部提出。
本部分由全国残疾人康复和专用设备标准化技术委员会(SAC/TC 148)归口。
本部分起草单位：国家康复器械质量监督检验中心、中国康复研究中心、北京红祥聚科贸有限公司。
本部分主要起草人：贾亚玲、史文博、张红涛、蔡志强。
本部分所代替标准的历次版本发布情况为：
——GB/T 17257.1—1998。

集尿袋 第1部分:术语

1 范围

GB/T 17257的本部分定义的术语仅适用于集尿袋的国家标准,相关医学术语不予定义。

本部分的术语无论单独或联合使用,都不作为规定或推荐某种产品的特殊设计、式样和规格。

注:如果一个术语有一个或多个认可的同义词,则按应用情况排列;不推荐的同义词用"不推荐"表示。术语按英文字母顺序检索。

2 术语和定义

2.1

贮尿袋 urine collection bag

贮存尿液的软性袋,并由戴在身上的另一器具(例如:导尿管)收集。

2.2

集尿袋总成(集尿袋) urine collection bag assembly

保证贮尿袋正常使用的所有组件和附件。

2.3

导入管 inlet tubing

尿液流入贮尿袋的导管,是集尿袋的一部分。

2.4

排出管 outlet tubing

尿液流出贮尿袋的导管,是集尿袋的一部分。

2.5

排出管止流夹 outlet tubing restraint

排出管的关闭装置。

2.6

滴尿腔 urine drip chamber

满足下列要求的腔体:

a) 使尿液间断流动,并降低微生物沿导入管向上运动;

b) 便于观察尿液流动。

2.7

连接头 connector

连接尿流通路中两个或多个部件的器件。

2.8

适配接头 adaptor

连接不同式样或不同尺寸的尿流通路中两个或多个部件的连接头。

2.9

接头帽 cap

连接头或适配接头上的遮盖物。

2.10

通气口 air vent

使贮尿袋中的压力与外部大气压相等的装置。

2.11

排放开关　drainage tap

使贮尿袋中排空和再关闭的装置。

2.12

单向(止回)阀　non-return valve

防回流阀(不推荐)　anti-reflux valve (deprecated)

阻止尿液回流的装置。

2.13

刻度　graduation or scale

在贮尿袋上表示大概容量的标记。

2.14

采样点　sampling site

允许在无菌情况下提取尿样并可重新密封的区域。

2.15

撕裂口　tear site

利于撕裂贮尿袋、以便排空的豁口。

2.16

联结点　attachment point

将贮尿袋联结在固定装置上的孔或突出部件。

2.17

固定装置　fastening device

使贮尿袋能固定在身体、轮椅、床上等地方的部件。

2.18

床挂钩　bed hanger

床旁悬挂贮尿袋的装置。

2.19

腿带　leg strap

围绕在腿部,固定贮尿袋的装置。

2.20

腰带　waist strap

围绕在腰部,固定贮尿袋的装置。

2.21

支撑袋　pocket support

容纳贮尿袋的固定装置。

注:支撑袋通常是由布制做。

2.22

落地架　floor stand

立在地板上悬挂集尿袋的可移动装置。

中 文 索 引

英 文 索 引

A

B

C

D

F

G

I

L

N

O

P

S

T

U

W

ICS 11.180.20
C 45

GB

中华人民共和国国家标准

GB/T 17257.2—2009/ISO 8669-2:1996
代替 GB/T 17257.2—1998、GB/T 17257.3—1998、GB/T 17257.4—1998

集尿袋
第2部分:要求和检验方法

Urine collection bags—
Part 2:Requirements and test methods

(ISO 8669-2:1996,IDT)

2009-03-16 发布 2009-09-01 实施

中华人民共和国国家质量监督检验检疫总局
中国国家标准化管理委员会 发布

前言

GB/T 17257《集尿袋》分为二部分。

——第1部分:术语

——第2部分:要求和检验方法

本部分为 GB/T 17257 的第2部分。

本部分等同采用 ISO 8669-2:1996《集尿袋 第2部分:要求和检验方法》(英文版)。

本部分代替 GB/T 17257.2—1998、GB/T 17257.3—1998、GB/T 17257.4—1998。

本部分与 GB/T 17257.2～17257.4—1998 相比主要变化如下:

——将 GB/T 17257.2—1998、GB/T 17257.3—1998、GB/T 17257.4—1998 合并为 GB/T 17257 的本部分。其中,GB/T 17257.2、GB/T 17257.3、GB/T 17257.4 分别作为 GB/T 17257 本部分第4章 4.9、4.1 和 4.2 的内容;

——增加了部分术语和定义;

——增加了加载泄漏、冲击泄漏、单向阀回流流量、附件强度、导入管强度的要求和相应检验方法。

本部分的附录 A 为规范性附录。

本部分由中华人民共和国民政部提出。

本部分由全国残疾人康复和专用设备标准化技术委员会(SAC/TC 148)归口。

本部分起草单位:国家康复器械质量监督检验中心、中国康复研究中心、北京红祥聚科贸有限公司。

本部分主要起草人:贾亚玲、史文博、张红涛、蔡志强。

本部分所代替标准的历次版本发布情况为:

——GB/T 17257.2—1998。

——GB/T 17257.3—1998。

——GB/T 17257.4—1998。

集尿袋
第2部分:要求和检验方法

1 范围

GB/T 17257的本部分规定了下列开口式和闭口式贮尿袋的要求和检验方法。

a) 穿在身上的集尿袋(穿着式);

b) 用挂钩或落地架悬挂的集尿袋(非穿着式)。

本部分不适用于尿道再生手术、女用和儿童用集尿袋。

2 规范性引用文件

下列文件中的条款通过GB/T 17257的本部分的引用而成为本部分的条款。凡是注日期的引用文件,其随后所有的修改单(不包括勘误的内容)或修订版均不适用于本部分,然而,鼓励根据本部分达成协议的各方研究是否可使用这些文件的最新版本。凡是不注日期的引用文件,其最新版本适用于本部分。

GB/T 17257.1 集尿袋 第1部分:术语(GB/T 17257.1—2009,ISO 8669-1:1988,IDT)

3 术语和定义

GB/T 17257.1中确定的和下列术语和定义适用于本部分。

3.1

闭口式贮尿袋 closed-ended urine collection bag

没有排放开口的软性尿收集袋。

3.2

开口式贮尿袋 open-ended urine collection bag

有排放开口的软性尿收集袋。

3.3

额定容量 rated volume

贮尿袋容量,用mL表示,由生产厂家规定。

3.4

测试量 test volume

测试量是在检验贮尿袋的强度和抗渗漏时,向贮尿袋注入液体的量(测试容积)或施加力的量(见6.1)。

4 要求

4.1 额定容积

按6.1测试后,贮尿袋的额定容积不应大于测试容积。

4.2 空载泄漏

按6.2检验后,贮尿袋不应泄漏。

4.3 加载泄漏

按6.3检验后,贮尿袋不应泄漏。

4.4 跌落泄漏

按6.4检验后，贮尿袋不应泄漏。

4.5 单向阀回流流量

带有单向阀的贮尿袋按6.5检验后，回流流量不应超过10 mL/min。

4.6 附件的强度

按6.6检验后，贮尿袋悬吊孔应无损坏。

按6.7检验后，贮尿袋扣和扣眼应无损坏。

按6.8检验后，贮尿袋悬吊系统应无损坏。

4.7 导入管连接强度

按6.9检验后，导入管不应与贮尿袋脱离。

4.8 注入压力、时间的要求和流速

按6.10检验时，水应在1 min内开始流入贮尿袋，平均流速应不小于10 mL/s。

4.9 尺寸

如果集尿袋标出尺寸则依照附录A测量。

5 一般检验条件

5.1 温度

检验的标准温度(环境和试剂)为23 ℃±2 ℃。

5.2 样品

检验用样品应为出厂检验合格品。

6 检验方法

6.1 测试容积

6.1.1 要求

将贮尿袋充满水，然后测量袋内水的体积。

6.1.2 试剂

6.1.2.1 自来水。

6.1.3 仪器

6.1.3.1 量筒：大于贮尿袋容积，且精度为±2%。

6.1.3.2 供水装置：其安装和尺寸如图1所示。

维持液面不变，水流入贮水器系统的速率应大于流入贮尿袋的速率。

6.1.3.3 秒表或类似的计时装置。

6.1.4 步骤

6.1.4.1 剪切导入管使贮水器开关尽量接近贮尿袋。

注：剪切前将贮尿袋延长管拉成最大长度。

6.1.4.2 尽量排出贮尿袋内的空气，然后关闭排放开关。

注：大多数贮尿袋都装有排放开关，通过排放开关将空气压出。

6.1.4.3 测量贮尿袋底部到上部$0.75l_4$(见图A.1中l_4)处的距离，并用横线标记。

6.1.4.4 非穿着式贮尿袋用生产厂家推荐的悬挂方式悬挂。穿着式贮尿袋垂直自由悬挂，不要限制其容积。

6.1.4.5 使用供水装置(6.1.3.2)时，先关闭贮水器开关，然后打开自来水开关(6.1.2.1)并调节液面与尿袋间距离为500 mm±5 mm。将贮水器与贮尿袋导入管连接。

6.1.4.6 打开贮水器开关，让水流入贮尿袋，确保不要带入空气。

单位为毫米

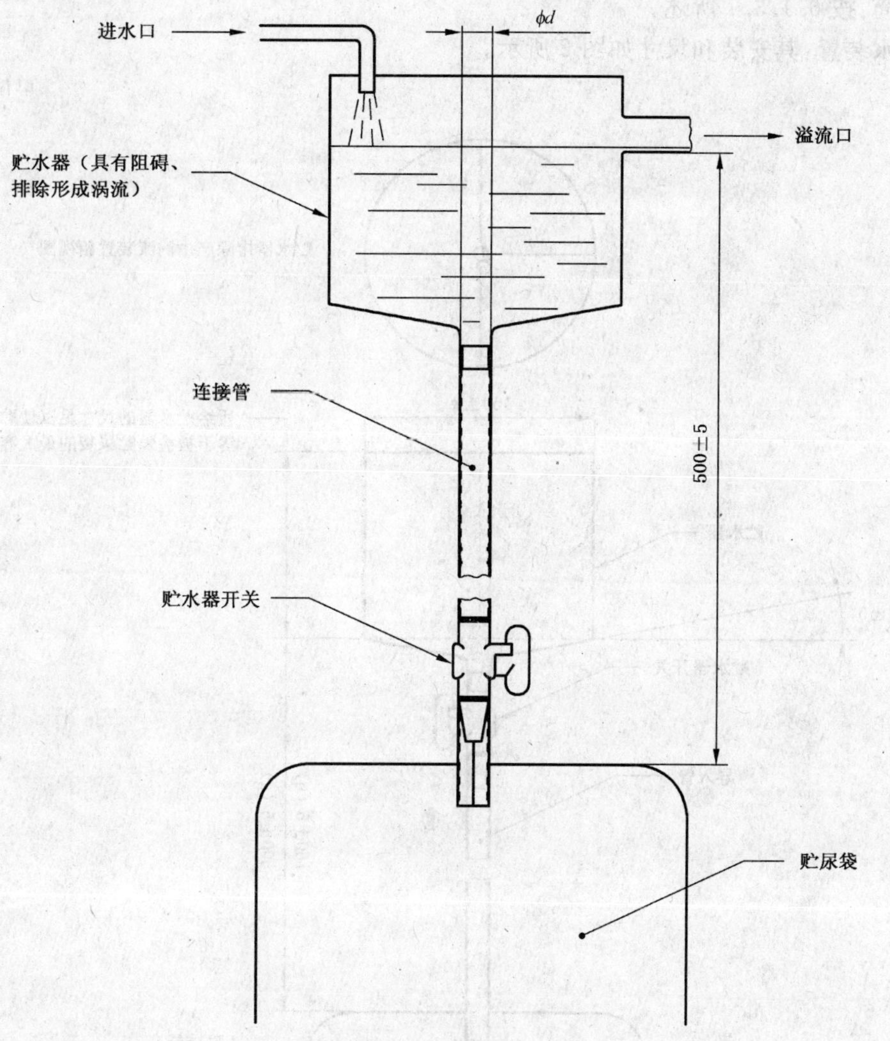

注：$d \geqslant$贮尿袋导入管最大内径。

图 1　容积检验用供水装置

6.1.4.7　当贮尿袋内水位上升到 $0.75l_4$时，开始计时(6.1.3.3)。

6.1.4.8　1 min 以后，1 min 10 s 以前，关闭贮水器开关。

6.1.4.9　目测检查贮尿袋，确定是否有泄漏。如果有泄漏，试验失败并重做；如果有必要，使用一个新贮尿袋。

6.1.4.10　夹紧导入管，使充入的水尽可能接近贮尿袋上表面。将贮尿袋与供水装置分开并将贮尿袋内水倒入量筒(6.1.3.1)，测量水的体积，用 mL 表示并记录，精确到±2%。

6.1.5　检验报告

检验报告应包括第 7 章列出的信息和测试容积。

6.2　空载泄漏检验

6.2.1　要求

将贮尿袋充入有色水后，水平放置并检查泄漏。然后将贮尿袋垂直悬挂，目测检查泄漏。

6.2.2　试剂

6.2.2.1　自来水

6.2.2.2　有色水：每升水加入 0.3 g 赤藓红(E127)。

6.2.2.3　吸水材料：白色吸水材料。

6.2.3 **设备**

6.2.3.1 量筒:按 6.1.3.1 所述。

6.2.3.2 供水装置:其安装和尺寸如图 2 所示。

单位为毫米

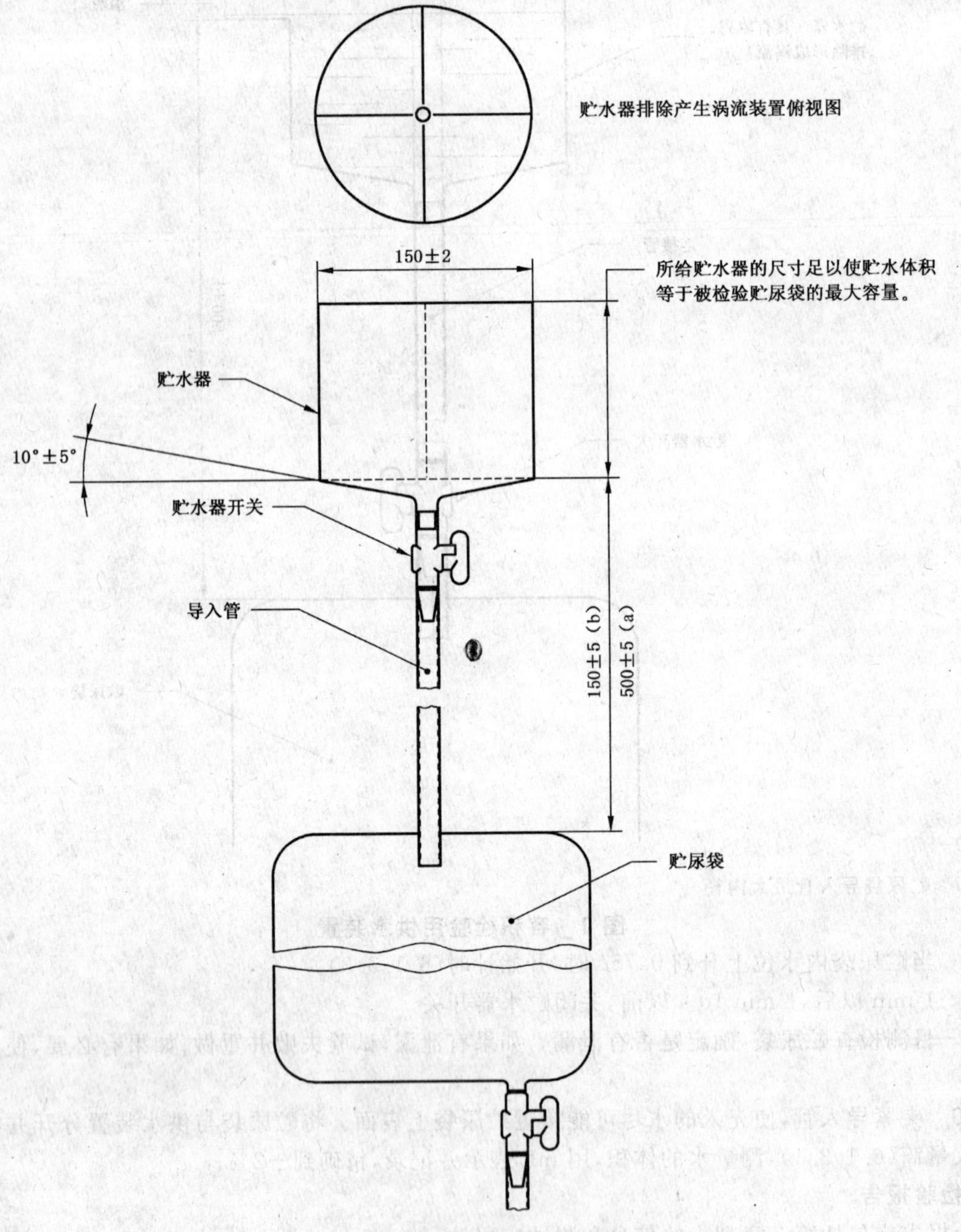

图 2 泄漏检验(a)和进水速率测量(b)用供水装置

6.2.4 **步骤**

6.2.4.1 非穿着式贮尿袋按厂商推荐的方式悬挂。穿着式贮尿袋自由悬挂,使其体积不受限制。

6.2.4.2 如果贮尿袋装有排放开关,向贮尿袋内注入少量的水(6.2.2.1),打开排放开关将水排出。打开、关闭排放开关 10 次。排空尿袋内水和空气,并关闭开关。

6.2.4.3 用量筒和供水装置(图 2 所示)向袋内注入有色水(6.2.2.2),水量为测试容积的 75%,同时确保不要带入空气。供水装置中贮水器底部与贮尿袋顶部之间距离为 500 mm±5 mm。

6.2.4.4 封闭导入管和通气孔。

6.2.4.5 将吸水材料放置在一平面上。从悬吊装置上取下贮尿袋水平放在吸水材料上。

6.2.4.6 在无干扰的情况下保持贮尿袋 17 h±1 h,然后目测检查尿袋和吸水材料有无泄漏痕迹。如果有痕迹,认为该贮尿袋有泄漏。

6.2.4.7 按 6.2.4.1 所述,将该贮尿袋垂直悬挂并处于吸水材料上方。

6.2.4.8 在无干扰的情况下保持 4 h±1 h,然后目测检查贮尿袋和吸水材料有无泄漏痕迹。如果有痕迹,认为该贮尿袋有泄漏。

6.2.5 检验报告

检验报告包括第 7 章列出的信息,和叙述贮尿袋是否有泄漏。如果有泄漏,标明泄漏情况和具体位置。

6.3 加载泄漏检验

6.3.1 要求

将贮尿袋充入有色水后,放在两平行平板之间,然后对平行板施加压力。目测检查贮尿袋的泄漏情况。

6.3.2 试剂

6.3.2.1 有色水:按 6.2.2.2 所述。

6.3.2.2 吸水材料:白色吸水材料。

6.3.3 设备

6.3.3.1 量筒:按 5.1.3.1 所述。

6.3.3.2 供水装置:其安装和尺寸如图 2 所示。

6.3.3.3 硬平板:其长、宽应大于贮尿袋。

6.3.3.4 限位器:允许平板在垂直方向自由运动,同时,水平误差≤±5°。

6.3.3.5 载荷:作用在贮尿袋上,方向向下,质量为 200 N±10 N。

6.3.3.6 秒表或类似的计时装置。

6.3.4 步骤

6.3.4.1 按 6.2.4.3 描述,将有色水(6.3.2.1)加入贮尿袋。

6.3.4.2 密封导入管。如果有通气口,应将其密封。

6.3.4.3 将吸水材料平放在硬平板上,再将贮尿袋平放在吸水材料上。

6.3.4.4 放硬平板(6.3.3.3)在贮尿袋上部,限位器(6.3.3.4)限位,并向硬平板上逐渐施加压力,施加在贮尿袋上的合力应为 200 N±10 N。

6.3.4.5 作用在贮尿袋上的力至少保持 1 min,但不要长于 1 min 10 s。卸载后目测检查贮尿袋和白色吸水材料有无泄漏痕迹。如果有痕迹则认为该贮尿袋有泄漏。

6.3.5 检验报告

检验报告包括第 7 章列出的信息,和叙述贮尿袋是否有泄漏。如果有泄漏,标明泄漏情况和具体位置。

6.4 跌落泄漏检验

6.4.1 要求

将贮尿袋充入水,然后跌落到一个光滑、硬质的地面上。目测检查贮尿袋的泄漏。

6.4.2 试剂

6.4.2.1 自来水。

6.4.3 设备

6.4.3.1 量筒:按 6.1.3.1 所述。

6.4.3.2 供水装置:其安装和尺寸如图 2 所示。

6.4.3.3　光滑、硬质地面，例如，瓷砖地面或厚钢板。

6.4.4　步骤

6.4.4.1　用量筒(6.4.3.1)和供水装置(如图2所示)向贮尿袋内注水(6.4.2.1)，贮水器底部与贮尿袋顶部之间距离为500 mm±5 mm，注水量为测试容积的50%(见6.1.4.10)，同时确保不要带入空气。

6.4.4.2　密封导入管。如有通气口，应将其密封。

6.4.4.3　将贮尿袋置于距离地面(6.4.3.3)500 mm±10 mm处，跌落贮尿袋，使其底部着地。

6.4.4.4　目测检查贮尿袋的泄漏。

6.4.4.5　重复6.4.4.1～6.4.4.4过程二次以上，每次用一新贮尿袋跌落：

a) 贮尿袋的表面着地；

b) 贮尿袋的边缘着地。

6.4.5　检验报告

检验报告包括第7章列出的信息，和叙述贮尿袋是否有泄漏。如果有泄漏，标明跌落高度和泄漏具体位置。

6.5　单向阀回流流量检验

6.5.1　要求

将贮尿袋充入水，然后施加一个压力，测量单向阀的回流流量。

6.5.2　试剂

6.5.2.1　自来水。

6.5.3　设备

6.5.3.1　量筒：其容积应适合被测贮尿袋和其单向阀的回流流量，精度为±2%。

6.5.3.2　硬平板：其长度和宽度应不小于被检验的贮尿袋。

6.5.3.3　限位器：允许硬平板在垂直方向自由运动，且水平误差≤±5°。

6.5.3.4　载荷：作用在贮尿袋上，方向向下，质量为100 N±5 N。

6.5.3.5　秒表或类似的计时装置。

6.5.4　步骤

6.5.4.1　如果贮尿袋的导入管长于50 mm，将其剪切为50 mm±10 mm。

如果贮尿袋有延伸管，剪切前将其拉出，使其长度处于最大长度。

有些贮尿袋的单向阀与导入管加工成一体，在切割时，不要损坏单向阀。

6.5.4.2　按6.4.4.1将水注入贮尿袋。

6.5.4.3　将贮尿袋放置在硬平板上，使导入管排放孔位于贮尿袋边缘上方。

6.5.4.4　放置一硬平板(6.5.3.2)在贮尿袋上，限位器(6.5.3.3)限位，轻轻向硬平板施加力(6.5.3.4)，使施加在贮尿袋上的合力为100 N±5 N。

6.5.4.5　作用在贮尿袋上的力至少保持5 min，但不要长于5 min 10 s。用量筒(6.5.3.1)收集并测量在这段时间从导入管排出的水量，精确到±2 mL，加压以前溢出的水量忽略不计。计算单向阀的回流速率，用mL/min表示。

6.5.5　检验报告

检验报告包括第7章列出的信息，和单向阀回流速率，用mL/min表示。

6.6　悬吊孔强度检验

6.6.1　要求

用一根杆穿过悬吊孔将贮尿袋悬挂，在其底部施加载荷，然后目测检查贮尿袋是否损坏。

6.6.2　设备

6.6.2.1　杆：直径6 mm±0.1 mm，并将其支撑在一水平高度。

6.6.2.2　夹具：夹在贮尿袋底部整个宽度上，能夹紧，并能加载。

6.6.2.3 载荷:将载荷施加到夹具上,载荷和夹具的总质量等于被检验贮尿袋容积质量的1.5倍。

6.6.3 步骤

6.6.3.1 按照企业使用说明,将杆(6.6.2.1)穿过贮尿袋顶部悬吊孔,如图3所示。

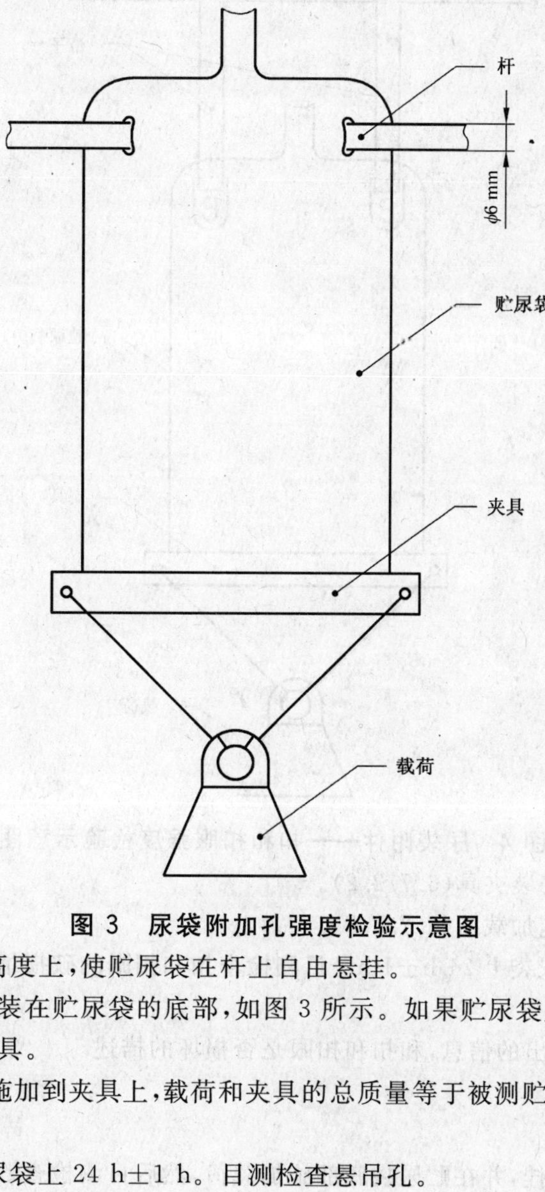

图3 尿袋附加孔强度检验示意图

6.6.3.2 将杆安放在一定高度上,使贮尿袋在杆上自由悬挂。

6.6.3.3 将夹具(6.6.2.2)装在贮尿袋的底部,如图3所示。如果贮尿袋底部有排放开关防碍夹具安置,则剪掉排放开关,安装夹具。

6.6.3.4 将载荷(6.6.2.3)施加到夹具上,载荷和夹具的总质量等于被测贮尿袋测试容积(见6.1.4.10)质量的1.5倍。

6.6.3.5 将载荷作用在贮尿袋上24 h±1 h。目测检查悬吊孔。

6.6.4 检验报告

检验报告包括第7章列出的信息,和悬吊孔是否破损的描述。

6.7 扣和扣眼的强度

6.7.1 要求

将扣扣上,悬吊贮尿袋,并在贮尿袋底部施加载荷,然后目测检查贮尿袋损伤情况。

6.7.2 设备

6.7.2.1 两条带子:与被测贮尿袋提供的材料型号一致,将两条带子水平固定在连接片的一端。

6.7.2.2 夹具:如6.6.2.2所述。

6.7.2.3 载荷:如6.6.2.3所述。

6.7.3 步骤

6.7.3.1 将两条带子(6.7.2.1)安装到固定支撑上,使安装点在同一水平高度上,同时与被测贮尿袋间的距离相等。

6.7.3.2 用扣和扣眼将贮尿袋系到带子上，如图 4 所示。

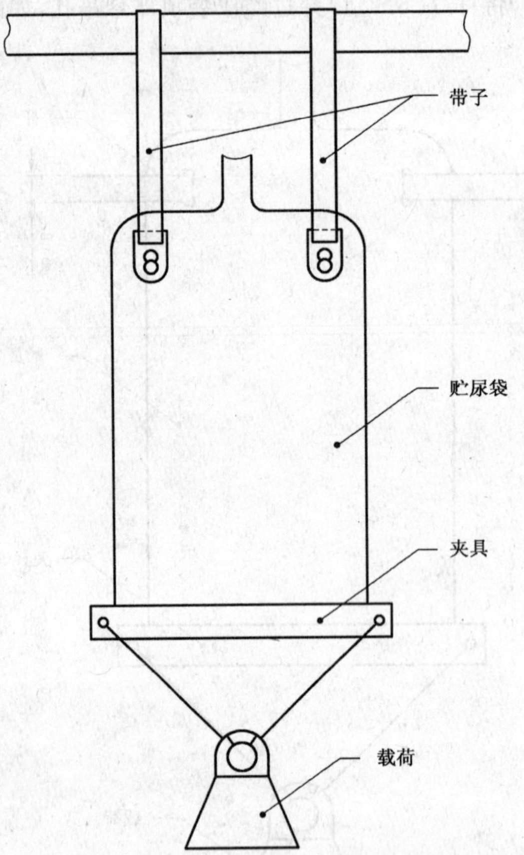

图 4 尿袋附件——扣和扣眼强度检验示意图

6.7.3.3 按 6.6.3.3 描述安装夹具(6.7.2.2)。

6.7.3.4 按 6.6.3.4 描述施加载荷(6.7.2.3)。

6.7.3.5 将载荷作用在贮尿袋上 24 h±1 h。目测检查扣和扣眼的破损情况。

6.7.4 检验报告

检验报告包括第 7 章列出的信息，和扣和扣眼是否损坏的描述。

6.8 悬吊系统的强度

6.8.1 要求

用悬吊系统将贮尿袋悬挂，并在贮尿袋底部施加载荷，然后目测检查贮尿袋损坏情况。

6.8.2 设备

6.8.2.1 支撑装置：允许按企业使用说明悬挂贮尿袋。

6.8.2.2 夹具：按 6.6.2.2 所述。

6.8.2.3 载荷：按 6.6.2.3 所述。

6.8.3 步骤

6.8.3.1 按企业使用说明，用悬吊系统将贮尿袋悬挂到支撑装置(6.8.2.1)上。

6.8.3.2 按 6.6.3.3 描述安装夹具(6.8.2.2)。

6.8.3.3 按 6.6.3.4 描述施加载荷(6.8.2.3)。

6.8.3.4 将载荷作用在贮尿袋上 24 h±1 h。目测检查悬吊系统。

6.8.4 检验报告

检验报告包括第 7 章列出的信息，和悬吊系统各部件损坏的描述。

6.9 导入管的连接强度

6.9.1 要求

在贮尿袋和导入管之间施加一拉力,观查导入管与贮尿袋是否分离。

6.9.2 设备

6.9.2.1 夹子:或类似的装置,用于悬挂贮尿袋。

6.9.2.2 载荷:施加到导入管上,施加的力等于 40 N±1 N。

6.9.2.3 秒表:或类似计时装置。

6.9.3 步骤

6.9.3.1 用夹子(6.9.2.1)悬挂贮尿袋,保持导入管向下。

6.9.3.2 施加载荷(6.9.2.2)到导入管的下端。

6.9.3.3 施加载荷时不要有冲击,直到自由悬挂,至少悬挂 1 min,但不超过 1 min 10 s,用计时装置(6.9.2.3)测量。

6.9.3.4 目测检查贮尿袋和导入管的连接。

6.9.4 检验报告

检验报告包括第 7 章列出的信息,和导入管与贮尿袋分离情况的描述。

6.10 注入压力和时间的要求和流速

6.10.1 要求

从流体静力学角度,描述水流入贮尿袋。并测试 50%测试容积的水流入贮尿袋的时间,计算平均流速。

6.10.2 试剂

6.10.2.1 自来水。

6.10.3 设备

6.10.3.1 量筒:按 6.1.3.1 所述。

6.10.3.2 供水装置:其安装和尺寸如图 2 所示。

6.10.3.3 秒表或类似计时装置。

6.10.4 步骤

6.10.4.1 尽量排出尿袋内的空气,然后关闭排放开关。

注:大多数集尿袋可以通过排放开关将气体排出。

6.10.4.2 非穿着式贮尿袋按企业推荐的悬挂方式悬挂。穿着式贮尿袋垂直自由悬挂,不限制其容积。

6.10.4.3 关闭贮水器开关。用量筒向贮水器内注入测试容量的 50%(见 6.1.4.10)的水(见 6.10.2.1),调节贮水器,使其底部距开关顶部 150 mm±5 mm,将贮水器开关与贮尿袋导入管连接。

注 1:如果连接需要一段管子,则该管内径应不小于导入管内径。

注 2:导入管的扭曲和弯曲不应影响输入,长于 150 mm 的导入管内应确保没有气泡。

6.10.4.4 打开贮水器开关,使用秒表(6.10.3.3)计时,时间单位为秒,将水注入贮尿袋。开关打开时开始计时,直到水流变为间断或者没有水注入贮尿袋时停止计时,应在 1 min~1 min 10 s 之间。

6.10.4.5 目测检查贮尿袋是否泄漏,如有泄漏,则试验失败并重做,如果有必要可使用新贮尿袋。

6.10.4.6 计算流入平均速度,用 mL/s 表示。

6.10.5 检验报告

报告应包含 7 章主要信息,和水是否在 1 min~1 min 10 s 的时间内流入贮尿袋,如果是,计算平均速度,并用 mL/s 表示。

7 检验报告

检验报告应包含以下信息:

a) 涉及本部分；
b) 样品的标识情况；
c) 检验时间和地点；
d) 样品数量；
e) 检验结果包括：6.1.5、6.2.5、6.3.5、6.4.5、6.5.5、6.6.4、6.7.4、6.8.4、6.9.4 和 6.10.5。

附 录 A
（规范性附录）
集尿袋的尺寸

本附录规定了集尿袋尺寸的测量方法，测试用样品为出厂检测合格品

尺寸测量的目的是为得到数据，对产品的设计、型号和大小并无特殊规定和要求。

A.1 方法

将空尿袋放在平面上并记录标称尺寸。

A.2 仪器

测量仪器，精度为 0.5 mm。

A.3 过程

A.3.1 将空尿袋放在水平面上，如果尿袋有排放开关，按厂商说明将开关关闭。

A.3.2 如果有连接头，测量其内径，精确到 0.5 mm（见图 A.1 中 d_1）。

A.3.3 测量注入流路中最小内径，包括导入管，连接头，滴尿腔，通气孔和采样点。精确到 0.5 mm（见图 A.1 中 d_2）。

A.3.4 测量管端或连接头顶部(如果有连接头)到集尿袋最低端的距离，精确到 10 mm(见图 A.1 中 l_1)。

A.3.5 测量管端或者连接头顶部(如果有连接头)至贮尿袋顶部的距离，即注入管长度，精确到 10 mm（见图 A.1 中 l_2）。

A.3.6 测量联结点(附着孔、附件孔)的几何中心间距，精确到 1 mm(见图 A.1 中 l_3)。

A.3.7 测量贮尿袋顶端至底端的距离，不包括导入管、输出管和排放开关，精确到 1 mm(见图 A.1 中 l_4)。

A.3.8 测量贮尿袋底部到集尿袋总程最低端的距离，即为排出管/排放开关长度，精确到 1 mm(见图 A.1 中 l_5)。

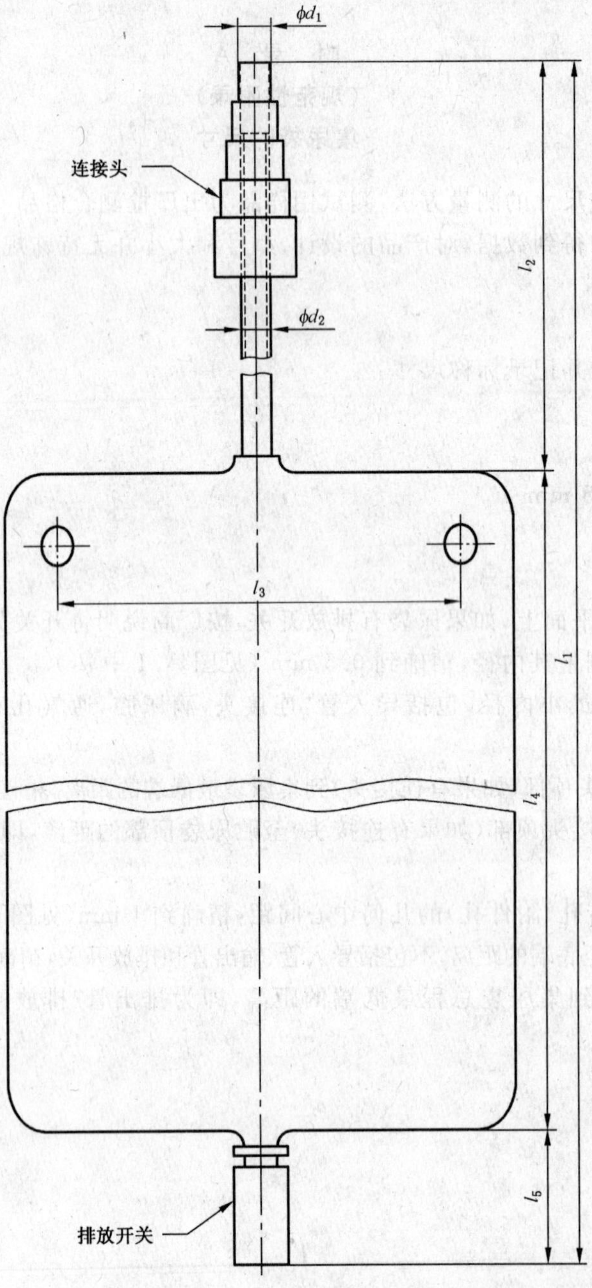

图 A.1 集尿袋参考尺寸

A.4 检验报告

报告应包含第 7 章主要信息，和按 A.3 测量的尺寸。

ICS 23.020.30
J 74

中华人民共和国国家标准

GB 17259—2009
代替 GB 17259—1998

机动车用液化石油气钢瓶

Steel cylinders for the liquefied petroleum gas for vehicles

2009-06-25 发布　　　　2010-04-01 实施

中华人民共和国国家质量监督检验检疫总局
中国国家标准化管理委员会　发布

前　言

本标准的全部技术内容为强制性。

本标准中水容积不大于150 L的机动车用液化石油气钢瓶参考了国际标准ISO 4706:1989《可重复充装的钢质焊接气瓶》的规定。

本标准代替GB 17259—1998《机动车用液化石油气钢瓶》。

本标准与GB 17259—1998相比，主要变化内容如下：

——修改了型式试验项目及要求，增加了型式试验豁免的条款；

——修改了寿命和定期检验的要求；

——修改了爆破试验时爆破压力实测值的要求；

——对部分条款进行了文字编辑及修改。

本标准附录A和附录B为规范性附录，附录C和附录D为资料性附录。

本标准由全国气瓶标准化技术委员会(SAC/TC 31)提出并归口。

本标准负责起草单位：常州蓝翼飞机装备制造有限公司。

本标准参加起草单位：鞍山澳华特种容器有限公司、上海元奉高压容器有限公司。

本标准主要起草人：叶勇、刘守正、田吉明、王正林。

本标准所代替标准的历次版本发布情况为：

——GB 17259—1998。

机动车用液化石油气钢瓶

1 范围

本标准规定了机动车用液化石油气钢瓶(以下简称车用钢瓶)的型式及基本参数、设计、制造、试验方法和检验规则、标志、包装、运输、存放。

本标准适用于工作环境温度为−40 ℃～60 ℃,公称工作压力为2.2 MPa,耐压试验压力为3.3 MPa,公称容积为1 L～240 L,可重复充装液化石油气的车用钢瓶。

2 规范性引用文件

下列文件中的条款通过本标准的引用而成为本标准的条款。凡是注日期的引用文件,其随后所有的修改单(不包括勘误的内容)或修订版均不适用于本标准,然而,鼓励根据本标准达成协议的各方研究是否可使用这些文件的最新版本。凡是不注日期的引用文件,其最新版本适用于本标准。

GB 150　钢制压力容器

GB/T 226　钢的低倍组织及缺陷酸蚀检验法(GB/T 226—1991,neq ISO 4969:1980)

GB/T 228　金属材料　室温拉伸试验方法(GB/T 228—2002,eqv ISO 6892:1998)

GB/T 232　金属材料　弯曲试验方法(GB/T 232—1999,eqv ISO 7438:1985)

GB/T 1804　一般公差　未注公差的线性和角度尺寸的公差(GB/T 1804—2000,eqv ISO 2768-1:1989)

GB 6653　焊接气瓶用钢板和钢带

GB 7144　气瓶颜色标志

GB 8335　气瓶专用螺纹

GB/T 9251　气瓶水压试验方法

GB/T 9252　气瓶疲劳试验方法

GB/T 12137　气瓶气密性试验方法

GB/T 13005　气瓶术语

GB 15385　气瓶水压爆破试验方法

GB 19159　车用液化石油气

GB 20561　机动车用液化石油气钢瓶定期检验与评定

JB 4708　钢制压力容器焊接工艺评定

JB/T 4730(所有部分)　承压设备无损检测

气瓶安全监察规程

3 术语和定义、符号

3.1 术语和定义

GB/T 13005 确立的以及下列术语适用于本标准。

3.1.1

批量　batch

指采用同一设计、同一牌号主体材料、同一焊接工艺、同一热处理工艺连续生产的钢瓶所限定的数量。

3.1.2

车用钢瓶专用阀　special steel cylinder valve for vehicles

指符合相关标准规定的专供车用钢瓶使用的阀门，其与车用钢瓶瓶体的联接方式为螺纹或螺栓法兰型式，该阀门应由充装装置、80%限充装置、安全阀(压力泄放阀)、截止阀、限流阀和液位计等装置组成，这些装置可以组合为一体(集成阀)或分别设置(分立阀)。

3.2 符号

下列符号适用于本标准。

A——断后伸长率，%；

A_o——车用钢瓶壳体外表面积，单位为平方米(m^2)；

a——封头曲面与样板间隙，单位为毫米(mm)；

b——焊缝对口错边量，单位为毫米(mm)；

c——封头表面凹凸量，单位为毫米(mm)；

d——弯曲试验的弯轴直径，单位为毫米(mm)；

D——公称直径，单位为毫米(mm)；

D_i——内直径，单位为毫米(mm)；

D_o——外直径，单位为毫米(mm)；

E——对接焊缝棱角高度，单位为毫米(mm)；

e——筒体同一横截面积最大最小直径差，单位为毫米(mm)；

h——封头直边高度，单位为毫米(mm)；

H_i——封头内凸面高度，单位为毫米(mm)；

K——封头形状系数；

L——瓶体长度(包括两端封头高度)，单位为毫米(mm)；

n——弯轴直径与试样厚度的比值；

P——公称工作压力，单位为兆帕(MPa)；

P_b——实测爆破压力，单位为兆帕(MPa)；

P_h——耐压试验压力，单位为兆帕(MPa)；

Q——安全阀排放量，单位为立方米每分(m^3/min)；

r——封头过渡区转角内半径，单位为毫米(mm)；

R_{eL}——屈服应力或常温下材料屈服点，单位为兆帕(MPa)；

R_i——封头球面部分内半径，单位为毫米(mm)；

R_m——标准规定的抗拉强度最小值，单位为兆帕(MPa)；

R_{ma}——实测抗拉强度值，单位为兆帕(MPa)；

S——瓶体设计壁厚，单位为毫米(mm)；

S_1——筒体设计壁厚，单位为毫米(mm)；

S_2——封头设计壁厚，单位为毫米(mm)；

S_b——试验前瓶体实测壁厚最小值，单位为毫米(mm)；

S_k——拉力试样焊缝宽度，单位为毫米(mm)；

S_h——试样厚度，单位为毫米(mm)；

S_n——瓶体名义壁厚，单位为毫米(mm)；

V——公称容积，单位为升(L)；

ΔH_i—封头内高度(H_i+h)公差，单位为毫米(mm)；

Φ——焊缝系数；

$\pi\Delta D_i$——内圆周长公差，单位为毫米(mm)。

4 型式及基本参数

4.1 车用钢瓶型号标记表示方法如下：

```
LPG  W  △-△-△-□
              │ │ │ └── 改型序号(罗马数字)
              │ │ └──── 第三特征数(公称工作压力)
              │ └────── 第二特征数(公称容积)
              └──────── 第一特征数(钢瓶内直径)
        └────────────── 有缝卧式
└────────────────────── 车用液化石油气瓶
```

注：改型序号用来表示一个系列中某一规格气瓶的设计改型，是指气瓶的材料牌号、热处理方式、瓶阀型号、瓶体开孔位置的改变。

型号示例：

公称工作压力 2.2 MPa，公称容积 52.2L，内径 φ314 mm，有缝卧式车用钢瓶(Ⅰ型)，其型号标记为："LPGW 314-52.2-2.2-Ⅰ"。

4.2 公称容积和内直径

车用钢瓶公称容积和内直径按表 1 规定。

表 1

公称容积 V/L	1～20	20～150	150～240
内径 D_i/mm	60 80 100 120 150 180 200	200 230 250 280 314 350 400 (217) (294) (367)	400 450 500
注：括号内数值不推荐使用； 筒体长度应满足取试件长度。			

4.3 公称工作压力和耐压试验压力

车用钢瓶公称工作压力为 2.2 MPa，耐压试验压力为 3.3 MPa。

5 材料

5.1 一般规定

5.1.1 所有材料应符合相应标准的规定并必须具有质量合格证书。

5.1.2 车用钢瓶主体(指封头、筒体)材料，必须采用电炉或吹氧转炉冶炼的镇静钢，具有良好的压延和焊接性能。化学成分应符合 GB 6653 的规定。

5.1.3 采用国外材料时，应符合下列规定：

a) 材料牌号应是国外压力容器或气瓶专用材料标准所列的牌号，技术要求和工艺要求不得低于 GB 6653 的规定；

b) 应进行冷热加工试验、焊接及热处理性能试验并制定出相应技术文件。

5.1.4 对车用钢瓶主体材料必须按炉、罐号进行成品化学成分验证分析，按批号验证力学性能，经验证合格的材料应有材料标记。

5.1.5 焊在车用钢瓶主体上的所有零部件，必须采用与主体材料焊接性相适应的材料。

5.1.6 采用的焊接材料应保证所焊成的焊缝抗拉强度不得低于母材抗拉强度规定值的下限。

5.1.7 与液化石油气接触的所有零部件材料应与液化石油气相容，不得与所盛装的液化石油气发生化学反应。

5.2 力学性能

5.2.1 车用钢瓶主体材料的屈强比(R_{eL}/R_m)应不大于0.8。

5.2.2 车用钢瓶主体材料的断后伸长率A不得低于20%。

6 设计

6.1 一般规定

6.1.1 车用钢瓶所盛装的液化石油气应符合GB 19159的规定。

6.1.2 新设计车用钢瓶应进行型式试验，考核设计的合理性。

6.1.3 车用钢瓶瓶体的组成不得超过三部分，即纵焊缝不得多于一条，对接环焊缝不得多于两条。

6.1.4 车用钢瓶封头的形状应为椭圆形[见图1 a)]、碟形[见图1 b)]或半球形，封头的直边高度h应不小于25 mm。

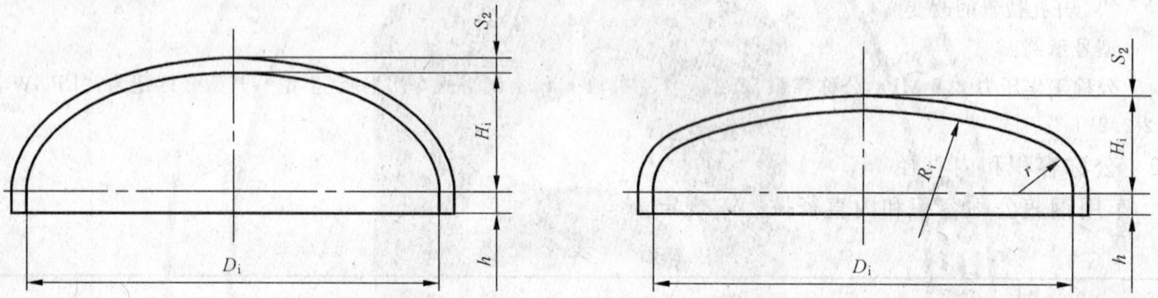

a) ($H_i \geqslant 0.2D_i$)　　b) ($R_i \leqslant D_i$, $r \geqslant 0.1D_i$)

图1

6.2 瓶体壁厚计算

6.2.1 筒体设计壁厚S_1按公式(1)计算，并向上圆整，保留一位小数。

$$S_1 = \frac{P_h D_i}{\frac{2R_{eL}\Phi}{1.3} - P_h} \quad \cdots\cdots(1)$$

式中，焊缝系数Φ值规定如下：

$\Phi=1.0$，逐只每条对接焊缝100%射线检测；

$\Phi=0.9$，逐只每条对接焊缝按大于等于20%长度射线检测。

6.2.2 封头设计壁厚S_2按公式(2)计算，并向上圆整，保留一位小数。

$$S_2 = \frac{P_h D_i K}{\frac{2R_{eL}}{1.3} - P_h} \quad \cdots\cdots(2)$$

式中，封头形状系数K值规定如下：

$K=1$，标准椭圆封头($H_i=0.25D_i$)；

其他封头的K值由图2查出。

R_{eL}为所选材料标准规定的屈服应力的最小值(MPa)。

6.2.3 瓶体设计壁厚S应取S_1、S_2两者最大值，并符合下列规定：

a) 当$D_i<250$ mm时，不小于2 mm；

b) 当$D_i \geqslant 250$ mm时，不小于按公式(3)计算的厚度。

$$S = \frac{D_o}{250} + 1 \quad \cdots\cdots(3)$$

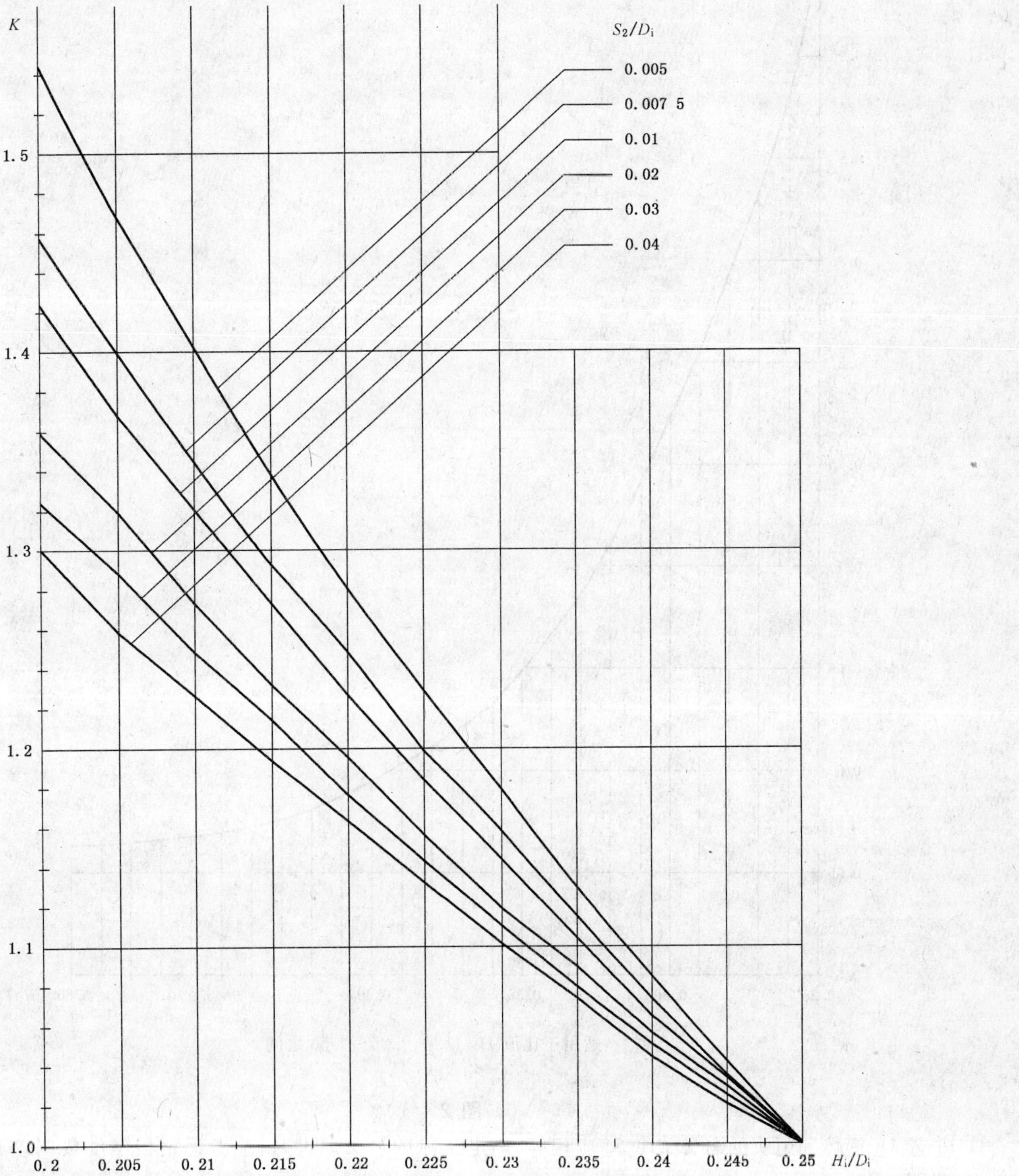

适用于比值 H_i/D_i 在 0.20～0.25 之间

a)

图 2

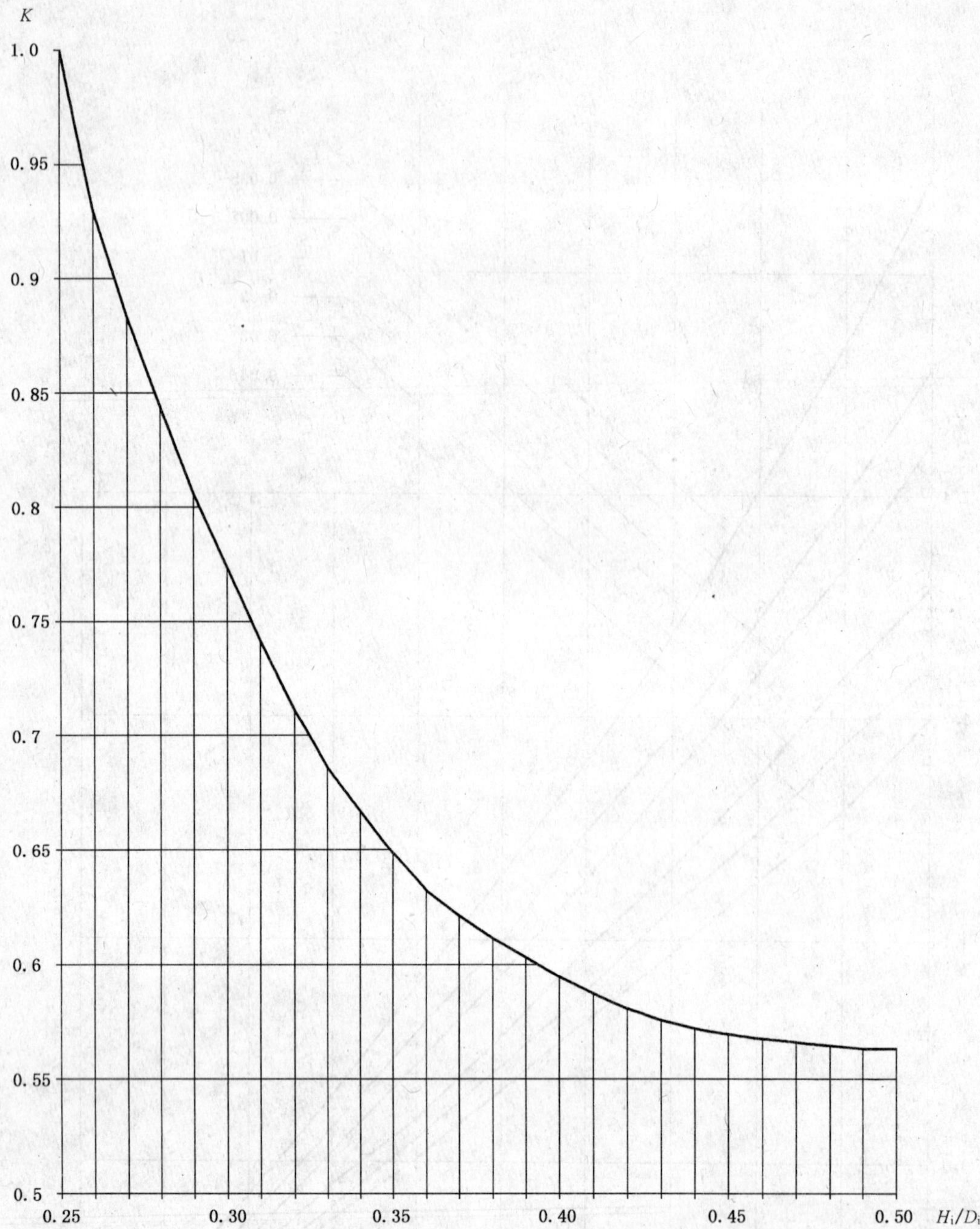

适用于比值 H_i/D_i 在 0.25～0.50 之间

b)

图 2（续）

6.2.4　筒体和封头的名义壁厚 S_n 应相等，确定瓶体的名义厚度时，应考虑钢板厚度负偏差和工艺减薄量。

6.3　开孔

6.3.1　允许在封头或筒体上开孔，开孔应避开应力集中和焊缝部位。孔边缘与对接焊缝边缘距离应不小于 25 mm。

6.3.2　开孔应考虑补强，补强方法与计算参照 GB 150 的相关规定或采用有限元分析法进行。补强所用材料应与瓶体材料焊接性能相适应。

6.3.3　圆形开孔直径不应超过瓶体外直径的 40%，沿封头的轴线垂直方向测量孔边缘与封头外圆周的距离不宜小于瓶体外直径的10%。

6.3.4 当进行非圆截面开孔或圆形开孔直径超过瓶体外直径的40%时，应进行有限元分析并按附录A中A.2.4的规定进行循环疲劳试验验证。

6.3.5 瓶体所有开孔与连接件的焊接应保证全焊透，包括阀座、管接头在内的焊后凸出部分距瓶体外表面不应大于35 mm。

6.4 焊接接头

a) 主体焊缝的焊接接头应采用全焊透对接形式；

b) 纵焊缝不得有永久性垫板；

c) 环焊缝允许采用永久性垫板，或者在接头的一侧做成台阶形的整体式垫板；

d) 其他焊接型式参照GB 150的相关规定。

6.5 车用钢瓶专用阀

6.5.1 车用钢瓶应装配车用钢瓶专用阀(以下简称阀门)，并在总体装配后检验无任何泄漏。

6.5.2 使用称重法充装的车用钢瓶，允许不装液面计。

6.5.3 阀门应符合相应国家标准的规定并同时满足下述要求：

a) 安全阀，必须设置在车用钢瓶气相部位，其开启压力应为2.5 MPa±0.2 MPa，回座压力不低于2.2 MPa，在2.64 MPa下排放量应不低于公式(4)的计算值：

$$Q \geqslant 10.66A_o^{0.82} \qquad \cdots\cdots(4)$$

式中：

Q——标准状态下(绝压0.1 MPa、15 ℃)空气的排放量，单位为立方米每分(m^3/min)；

A_o——车用钢瓶壳体外表面积，单位为平方米(m^2)。

b) 限充阀，当瓶内的液面高度达到额定高度即钢瓶水容积80%时应能确保自动停止进液，不超装。

c) 出液阀，当出液流量超过规定值或管路破裂时，应自动关闭切断出液。

d) 液面计，结构牢固、观测方便，液面测量必须灵敏、准确，在表盘上应有最高安全液位的红色标记，其凸出瓶体部分应加保护装置。

6.5.4 与瓶体连接的接口螺纹应符合GB 8335的规定，与瓶体连接的接口法兰应采用凹凸结构型式。

6.6 附件

6.6.1 附件的结构形状和布置应便于对气瓶的操作及对焊缝的检查。附件与瓶体的连接焊缝应避开瓶体的纵、环焊缝。附件的结构形状及其与瓶体的连接应防止造成积液。

6.6.2 瓶体上配备的管口及阀门应设置防护装置，并保证若不用切割工具或其他专用工具则不能将这些装置拆除，应保证使阀门或管口等连接件不突出防护装置之外。

6.6.3 钢印标记牌应是永久性标志，与瓶体联接应保证若不用切割工具或其他专用工具则不能拆除。

6.6.4 车用钢瓶安装在密闭的车箱或行李箱内时，应装备保护盒即将阀门等部件密封的附件，保证将瓶体上阀门包含在内，用于收集任何可能泄漏的气体并有排气口将收集的泄漏气体排放到车外大气中。

6.6.5 所有附件应保证有满足使用要求的强度，凡用焊接方法与瓶体连接的必须在热处理之前完成。

6.7 车用钢瓶固定

车用钢瓶应固定在机动车上进行充装(作业场内机动车除外)。

7 制造与加工

7.1 焊接工艺评定

7.1.1 在生产车用钢瓶之前或生产中需要改变瓶体材料、焊接材料、焊接工艺、焊接设备时，制造单位应进行焊接工艺评定。

7.1.2 焊接工艺评定可以在焊接评定试板上进行，也可以直接在瓶体上进行。进行工艺评定的焊缝，应能代表车用钢瓶的主体焊缝(纵焊缝、环焊缝、角焊缝)。

7.1.3 焊接工艺评定试板(瓶体)应经外观检查,对纵、环焊缝应100%射线检测,检测结果应符合7.3和7.4的规定。

7.1.4 对接接头应进行拉伸、弯曲试验。

7.1.5 瓶体阀座角焊缝均应做磁粉检测并按JB 4708切取角焊缝试件,按GB/T 226进行宏观酸蚀检测。

7.1.6 焊接工艺评定试验结果要求如下:

a) 焊接接头的抗拉强度应符合7.14.5;

b) 焊接接头的无损检测应符合7.4;

c) 角焊缝宏观酸蚀检测中焊缝应与母材完全熔合,不得有裂纹、夹渣、密集气孔以及未熔合等缺陷;

d) 弯曲试样弯曲至180°时应无裂纹,试样边缘先期开裂可以不计。

7.1.7 焊接工艺评定文件应经车用钢瓶制造单位技术负责人批准并存入技术档案。

7.2 焊接的一般规定

7.2.1 车用钢瓶的焊接工作,必须由具备相应资格且持有有效的"特种设备作业人员证"的焊工承担。施焊后,应在所焊焊缝附近的适当位置打上焊工钢印,并有可跟踪的记录。当图样有特殊要求时应按图样规定。

7.2.2 车用钢瓶主体纵、环焊缝的焊接应采用自动或机械化焊接方法,并严格遵守经评定合格的焊接工艺。

7.2.3 焊接坡口的形状和尺寸应符合图样规定。坡口表面清洁、光滑,不得有裂纹、分层和夹杂等缺陷。

7.2.4 焊接(包括焊缝返修)应在室内进行,室内相对湿度不得大于90%,否则应采取措施。当焊接件的温度低于0 ℃时,应在开始施焊的部位预热,预热温度不低于15 ℃。

7.2.5 施焊时不得在非焊接处引弧。纵焊缝应有引弧板和熄弧板,去除引、熄弧板时应采用切除的方法,去除处应磨平,严禁使用敲击的方法。

7.3 焊缝外观

7.3.1 瓶体对接焊缝的余高为0 mm~3.5 mm,同一焊缝最宽与最窄尺寸之差不大于4 mm。

7.3.2 角焊缝的焊脚应圆滑过渡至母材表面,焊脚尺寸不得小于瓶体壁厚。

7.3.3 瓶体上的焊缝不允许咬边,焊缝和热影响区表面不得有裂纹、气孔、弧坑、凹陷和不规则的突变,焊缝两侧的飞溅物必须清除干净。

7.4 焊缝的无损检测

7.4.1 从事车用钢瓶焊缝无损检测的人员,必须具备相应资格且持有有效的"特种设备无损检测人员资格证书"。

7.4.2 瓶体对接焊缝射线检测按JB/T 4730.2进行。射线检测技术等级不低于AB级,焊接接头质量等级纵焊缝不低于Ⅱ级,环焊缝不低于Ⅲ级。

7.4.3 未经射线透照的瓶体对接焊缝质量也应符合7.4.2的要求。

7.4.4 瓶体阀座角焊缝的磁粉检测应按JB/T 4730.4进行,不允许有任何裂纹和分层存在。发现裂纹、未熔合等线性缺陷,应进行修磨或补焊,对该部位按原无损检测方法重新检查,并随时做好记录。

7.5 焊缝返修

7.5.1 焊缝返修应按返修工艺进行。返修部位应重新按7.3及7.4进行外观和射线透照、磁粉检测。

7.5.2 焊缝同一部位的返修次数只允许一次。

7.5.3 返修部位应记入产品生产检验记录并在产品合格证中注明。

7.6 筒体

7.6.1 筒体由钢板卷焊而成时，钢板的轧制方向和筒体的环向一致。

7.6.2 筒体焊接成形后应符合下列要求：

a) 筒体同一横截面最大最小直径差 e 不大于 $0.01D$；

b) 筒体纵焊缝对口错边量 b 不大于 $0.1S_n$，见图 3；

c) 筒体纵焊缝棱角高度 E 不大于 $0.1S_n$ mm＋2 mm，见图 4，用长度为 $1/2D_i$ 的样板测量。

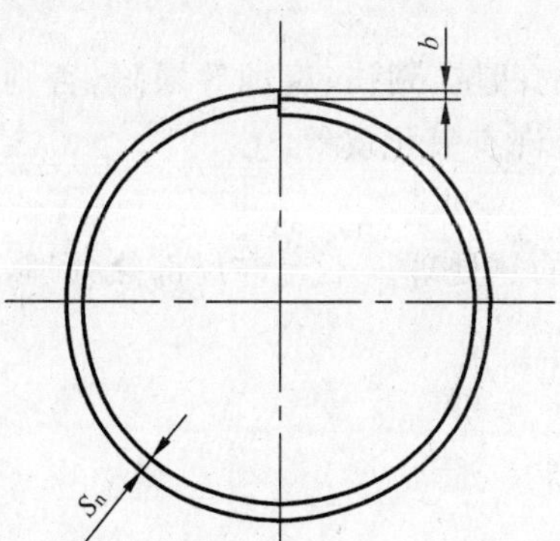

图 3

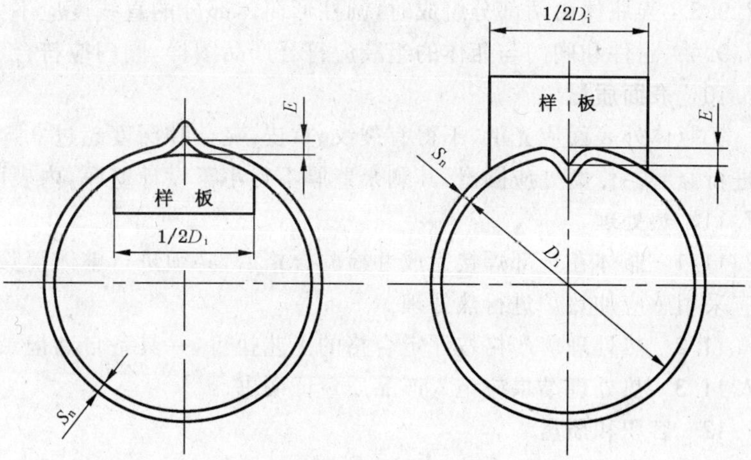

图 4

7.7 封头

7.7.1 封头应用整块钢板制成。

7.7.2 封头的形状公差与尺寸公差不得超过表 2 的规定，符号见图 5 所示。

7.7.3 封头最小壁厚实测值不得小于封头设计壁厚。

7.7.4 封头直边部分的纵向皱折深度不得大于 $0.25\%D_i$，且不得大于 1.5 mm。

表 2　　单位为毫米

公称直径 D	圆周长公差 $\pi\Delta D_i$	最大最小直径差 e	表面凹凸量 c	曲面与样板间隙 a	内高公差 ΔH_i
≤400	±4	2	1	2	+5
＞400～500	±6	3	2	3	−3

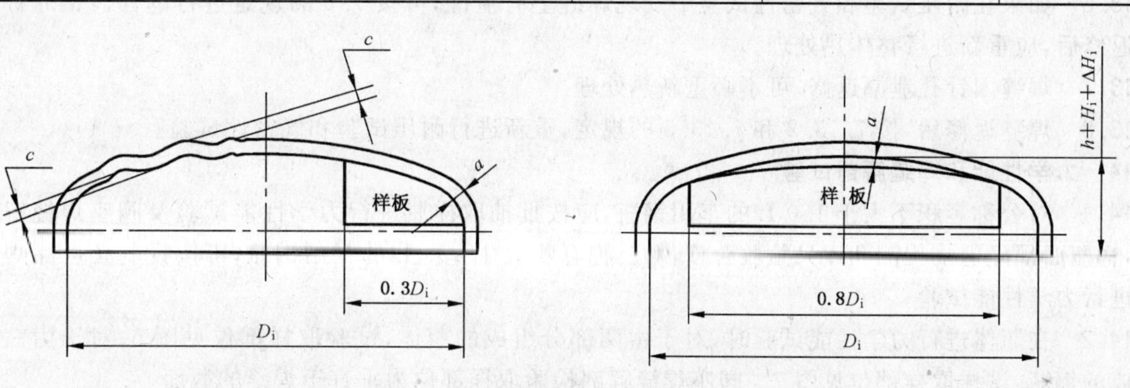

图 5

7.8 未注公差尺寸的极限偏差

未注公差尺寸的极限偏差按 GB/T 1804 的规定，具体要求如下：

a) 机械加工件为 GB/T 1804—m；

b) 非机械加工件为 GB/T 1804—c；

c) 长度尺寸为 GB/T 1804—v。

7.9 组装

7.9.1 车用钢瓶的受压元件在组装前均应进行外观检查，不合格者不得组装，且不准进行强力组装。

7.9.2 对接环焊缝的对口错边量 b 不大于 $0.20S_n$，棱角高度 E 不大于 $0.1S_n$ mm+2 mm，使用检查尺长度不小于 $1/2D_i$。

7.9.3 当瓶体由两部分组成时，圆柱形筒体部分的直线度应不大于千分之二。

7.9.4 附件和阀门与瓶体的组装应符合产品图样，阀门应符合 6.5 的要求，附件应符合 6.6 的要求。

7.10 表面质量

瓶体外表面应光滑，不得有裂纹、重皮、夹杂和深度超过 0.5 mm 的凹坑、划伤、腐蚀等缺陷，否则应进行修磨。修磨处应圆滑，其剩余壁厚不得小于设计壁厚，内表面不允许有氧化皮等。

7.11 热处理

7.11.1 瓶体在全部焊接完成并检验合格后，必须进行整体消除应力的热处理。不允许局部热处理，不应采用感应加热炉进行热处理。

7.11.2 热处理应严格按评定合格的工艺执行，并具备自动记录装置。

7.11.3 热处理结果应记入产品质量证明书。

7.12 容积和质量

7.12.1 车用钢瓶的水容积应不小于其公称容积。对于公称容积大于 150 L 的车用钢瓶，其实测容积可用理论容积代替，但不得有负偏差。容积单位为升(L)。

7.12.2 车用钢瓶制造完毕后应逐只进行质量的测定。质量单位为千克(kg)。

7.12.3 测定质量应使用量程为(1.5～3.0)倍理论质量的衡器，其精度应能满足最小称量误差的要求，其检定周期不应超过 3 个月。

7.13 耐压试验和气密性试验

7.13.1 耐压试验应在瓶体整体热处理后进行。

7.13.2 耐压试验压力为 3.3 MPa，在该压力下压力表不允许有回降现象。保压不少于 3 min 后，瓶体不得有宏观变形、渗漏。

7.13.3 耐压试验后，应对钢瓶内表面进行洁净处理并干燥。

7.13.4 瓶体气密性试验必须在耐压试验合格之后进行。

7.13.5 气密性试验压力为 2.2 MPa，在试验压力下保压不少于 1 min，被检瓶体不得有泄漏现象。

7.13.6 如果在耐压试验和气密性试验中发现焊缝上有泄漏，可按 7.5 的规定进行返修。钢瓶焊缝进行返修后，应重新进行整体热处理。

7.13.7 焊缝因针孔泄漏返修，可不必重新热处理。

7.13.8 焊缝返修后，按 7.13.2 和 7.13.5 的规定，重新进行耐压试验和气密性试验。

7.14 力学性能和焊缝解剖试验

7.14.1 对公称容积不大于 150 L 的车用钢瓶，应按批抽取样瓶进行力学性能试验及阀座焊缝解剖检验，样瓶必须经射线检测和逐只检验合格；对公称容积大于 150 L 的车用钢瓶，可按批制备产品焊接试板进行力学性能试验。

7.14.2 在瓶体进行力学性能试验时，对于由两部分组成的瓶体，试验取样部位见图 6；对于由三部分组成的钢瓶，试样取样部位见图 7。阀座焊缝解剖检验取样部位为垂直于焊缝的截面。

7.14.3 采用产品焊接试板进行力学性能试验时，产品焊接试板应和受检钢瓶在同一块钢板(或同一炉批钢板)上下料，作为受检钢瓶纵焊缝的延长部分，与纵焊缝一起焊成并与受检钢瓶同一炉热处理。试板应打上受检钢瓶的瓶号和焊工代号钢印。试板上的焊缝应进行外观检查和 100% 的射线检测并符合 7.3 和 7.4 的规定，焊接试板上取样位置见图 8。

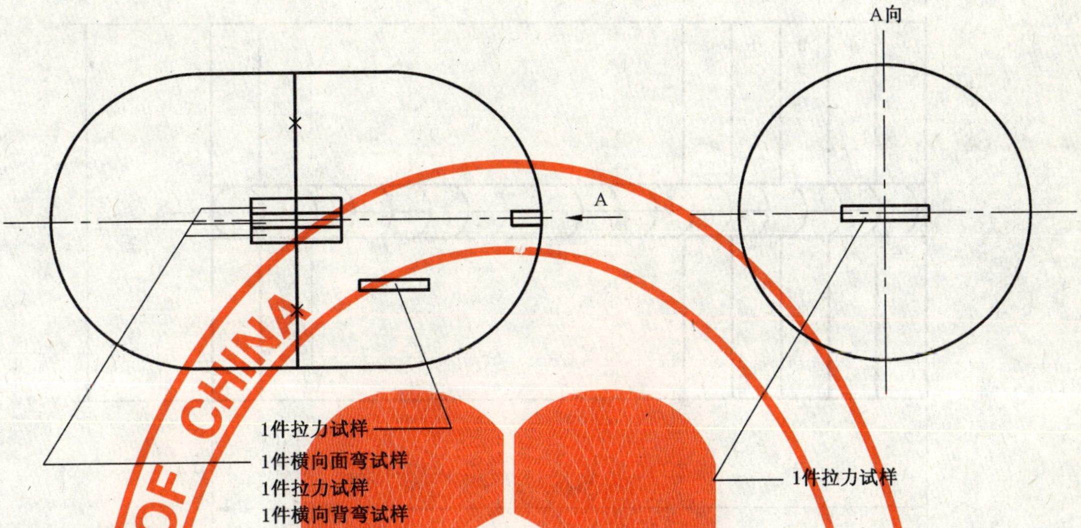

注：×表示焊缝。

图 6

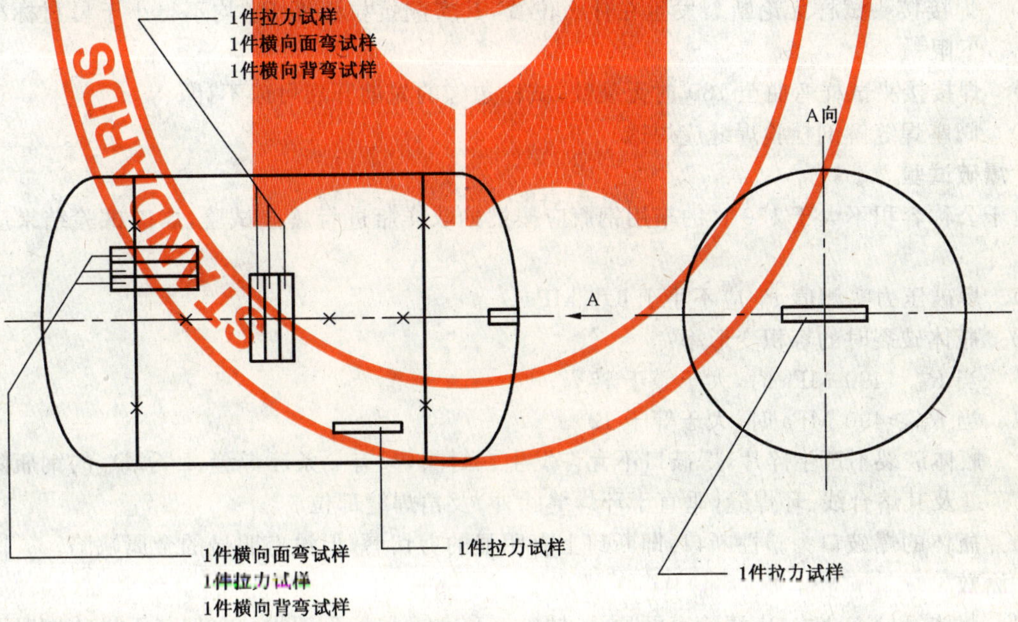

注：×表示焊缝。

图 7

单位为毫米

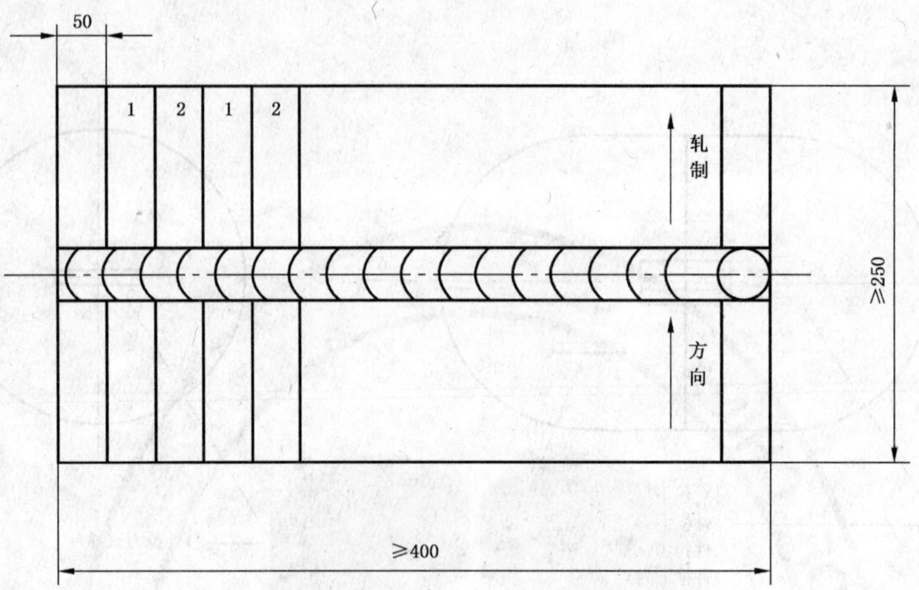

1——拉力试样；

2——弯曲试样，其余为舍弃部分。

图 8

7.14.4 试样的焊缝断面应良好，不得有裂纹、未熔合、未焊透、夹渣和气孔等缺陷。

7.14.5 力学试验结果应符合如下规定：

a) 瓶体母材的实测抗拉强度 R_{ma} 不得小于母材标准规定值的下限，伸长率 A 不小于 20%；

b) 焊接接头试样无论断裂发生在什么位置，其实测抗拉强度 R_{ma} 均不得小于母材标准规定值的下限；

c) 焊接接头试样弯曲至 180°时无裂纹，试样边缘的先期开裂可以不计；

d) 阀座焊缝解剖检验焊缝应焊透。

7.15 爆破试验

对于公称容积不大于 150 L 的车用钢瓶应按批抽取样瓶进行爆破试验，爆破试验结果应符合下列规定：

a) 爆破压力实测值 P_b 应不小于 6.6 MPa。

b) 瓶体破裂时的容积变形率：

当 R_m＜490 MPa 时，大于等于 15%；

当 R_m≥490 MPa 时，大于等于 12%。

c) 瓶体破裂不产生碎片，爆破口不允许发生在封头（只有一条环焊缝、$L \leqslant 2D_o$ 的钢瓶除外）、纵焊缝及其熔合线、环焊缝（垂直于环焊缝除外）及角焊缝部位。

d) 瓶体的爆破口为塑性断口，即断口上有明显的剪切唇，但没有明显的金属缺陷。

7.16 涂敷

7.16.1 瓶体经检查合格，应清除表面油污、锈蚀、氧化皮、焊接飞溅物并在保持干燥的情况下涂敷。

7.16.2 瓶体表面不允许涂腻子。

7.16.3 瓶体的外表面颜色为银灰色，应符合 GB 7144 的规定。

8 试验方法

8.1 材料验证试验

车用钢瓶材料化学成分和力学性能的验证试验，按其材料标准规定的方法取样分析和试验。

8.2 焊接工艺评定试板力学性能试验

8.2.1 按7.1.2的要求，从焊接工艺评定试板(尺寸参照图8)上截取样坯时，试板两端舍去部分不少于50 mm，样坯一般用机械加工方法截取。采用火焰切割时，必须除去热影响区。从瓶体上用火焰切割截取样坯时(截取部位参照图6和图7)，试样上不得留有热影响区。

8.2.2 焊接工艺评定用的焊接接头试样数量规定如下：拉力试样2件。横向弯曲试样4件(面弯、背弯各2件)。

8.2.3 试样上的焊缝的正面和背面均应进行机械加工，使其与母材齐平。对于不平整的试样，可以用冷压法矫平。

8.2.4 拉力试样按图9制备，拉力试验按GB/T 228进行。

8.2.5 弯曲试样宽度为25 mm，弯曲试验按GB/T 232进行。试验时，应使弯轴轴线位于焊缝中心，两支辊面间的距离应做到试样恰好不接触辊子两侧面(见图10)。弯轴直径 d 和试样厚度 S_h 之间的比值 n 应不超过表3的规定，弯曲角度应符合7.14.5的规定。

单位为毫米

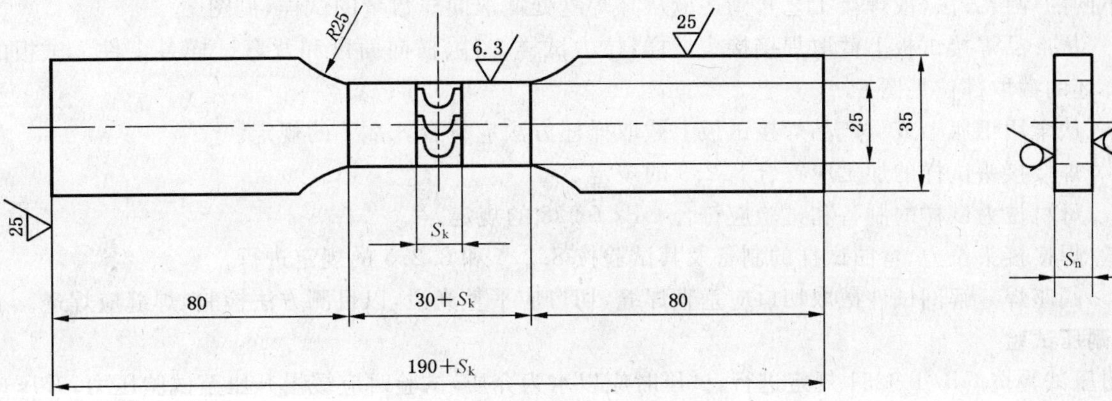

图 9

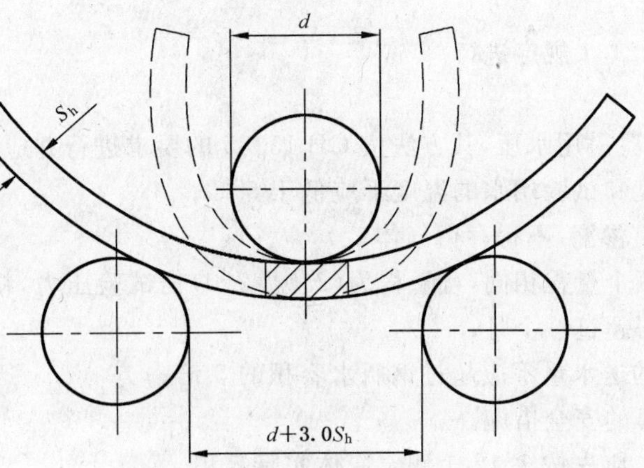

图 10

表 3

实测抗拉强度 R_{ma}/MPa	n
≤410	2
>410～520	3
>520	4

8.3 纵、环焊缝射线检测

车用钢瓶瓶体纵、环焊缝射线透照按 JB/T 4730.2 进行。采用焊缝系数 $\Phi=1.0$ 设计，应逐只对纵、环焊缝进行 100%射线透照检验；采用焊缝系数 $\Phi=0.9$ 设计，应逐只对纵或环焊缝进行不少于每条焊缝 20%总长度的射线检测。对有纵、环焊缝的车用钢瓶，透照的部位应包括纵、环焊缝的交接处并且从交接处向环焊缝两侧延伸范围每侧不少于 25 mm。纵向焊缝延伸范围不少于 100 mm。

8.4 角焊缝磁粉检测

角焊缝磁粉检测按 JB/T 4730.4 进行，工艺评定时角焊缝宏观酸蚀检测按 GB/T 226 进行。

8.5 母材和焊接接头力学性能试验及阀座焊缝解剖检验

8.5.1 从瓶体截取试样

8.5.1.1 由两部分组成的瓶体，从圆柱形筒体部分沿纵向截取母材拉力试样 1 件，如果筒体部分长度不够，则从封头凸形部分切取。从环焊缝处截取焊接接头的拉力、横向面弯及背弯试样各一件，见图 6。

8.5.1.2 由三部分组成的瓶体，母材拉力试样离纵焊缝 180°沿纵向从圆柱形筒体部分切取 1 件，从任一封头凸形部分切取 1 件。从纵焊缝处截取拉力、横向面弯和背弯试样各 1 件。如果环焊缝和纵焊缝采用不同的焊接方法(或焊接工艺)，则还应从环焊缝处截取同样数量的试样，见图 7。

8.5.2 从产品焊接试板上截取焊接接头试样：拉力试样 2 件、横向面弯和背弯试样各 1 件。试板的尺寸和样坯的截取部位见图 8。

8.5.3 从车用钢瓶上或从产品焊接试板上截取样坯方法应符合 8.2.1 的规定。

8.5.4 焊接接头试样的加工应符合 8.2.3 的规定。

8.5.5 母材拉力试样的制备和试验应符合 GB/T 228 的规定。

8.5.6 焊接接头拉力、弯曲试样的制备及其试验按 8.2.4 和 8.2.5 的规定进行。

8.5.7 阀座焊缝解剖试件截取切口应垂直焊缝，切口应平整光滑，以目测方法检验，焊缝应焊透。

8.6 耐压试验

耐压试验按 GB/T 9251 规定进行，试压时应以水为介质，试验时应缓慢升压至试验压力，升压速度不应超过 0.5 MPa/s，保压时间不少于 3 min。

8.7 气密试验

气密试验按 GB/T 12137 规定进行。

8.8 爆破试验

8.8.1 车用钢瓶爆破试验采用水压，其方法按 GB 15385 的要求进行并应遵循下列规定：

a) 试验的环境温度和试验用水的温度不应低于 5 ℃；
b) 试验系统不得有渗漏，不得存留气体；
c) 试验时必须用两个量程相同，且量程为(2.0～3.0)倍试验压力，精度不低于 1.5 级的压力表，其检定周期不得超过一个月；
d) 试压泵每小时的送水量不应超过钢瓶水容积的 5 倍；
e) 试验时应有可靠的安全措施。

8.8.2 进行爆破试验前，应先按 7.12.1 测定瓶体实际容积。

8.8.3 进行爆破试验时，应缓慢升压，直至爆破。在此过程中应实现自动测量，记录压力和相应的进水量，绘制相应的曲线，确定钢瓶开始屈服的压力、爆破压力和总进水量并计算爆破时瓶体容积变形率。

9 检验规则

9.1 材料检验

9.1.1 车用钢瓶制造单位应按 8.1 规定的方法对制造瓶体的材料按炉罐号进行成品化学成分验证分析，按批号进行力学性能验证试验。

9.1.2 成品化学成分验证分析结果和熔炼化学成分的偏差应符合该材料标准的规定。

9.1.3 力学性能验证试验结果应符合 5.2 的规定。

9.2 逐只检验

9.2.1 车用钢瓶逐只检验应按表 4 规定的项目进行。

9.2.2 对采用焊缝系数 $\Phi=0.9$ 设计的车用钢瓶，如发现超过标准规定的缺陷，应在该缺陷两端各延长该焊缝长度 20% 的射线检测，一端长度不够时，在另一端补足。若仍有超过标准规定的缺陷时，则该焊缝应进行 100% 的射线检测。若缺陷发生在一条环焊缝上，则另一条环焊缝也应进行 100% 的射线检测。

9.3 批量检验

9.3.1 分批的抽样规则

9.3.1.1 对于公称容积不大于 150 L 的车用钢瓶，以不多于 500 只为一批，从每批中各抽一只分别作为力学性能试验和水压爆破试验。

9.3.1.2 对于公称容积大于 150 L 的车用钢瓶，以不多于 50 只为一批，做一块产品焊接试板进行力学性能试验。

9.3.2 检验项目

车用钢瓶批量检验，应在逐只检验的基础上进行，批量检验项目按表 4 规定。

表 4

序号	检验项目		逐只检验	批量检验	检验方法	判定依据
1	筒体	最大最小直径差 e	△		7.6.2 a)	7.6.2 a)
2		纵焊缝对口错边量 b	△		7.6.2 b)	7.6.2 b)
3		纵焊缝棱角高度 E	△		7.6.2 c)	7.6.2 c)
4		直线度	△			7.9.3
5	封头	内圆周长公差 $\pi\Delta D_i$	△		7.7.2	7.7.2 表 2
6		表面凹凸量 c	△		7.7.2	
7		最大最小直径差 e	△		7.7.2	
8		曲面与样板间隙 a	△		7.7.2	
9		内高公差 ΔH_i	△		7.7.2	
10		直边部分纵向皱折深度	△		7.7.4	7.7.4
11	环焊缝对口错边量 b		△		7.9.2	7.9.2
12	环焊缝棱角高度 E		△		7.9.2	7.9.2
13	钢瓶表面		△		7.10	7.10
14	焊缝外观		△		7.3	7.3
15	钢瓶主体壁厚		△		7.7.3	7.7.3,7.10
16	射线透照		△		8.3	7.4.2
17	阀座角焊缝表面渗透探伤		△		8.4	7.4.4
18	力学性能试验及阀座焊缝解剖			△	8.5	7.14
19	质量		△			7.12.2
20	容积		△			7.12.1
21	耐压试验		△		8.6	7.13.2
22	气密性试验		△		8.7	7.13.5
23	爆破试验		△	△	8.8	7.15
24	附件		△		6.6	6.6

9.3.3 复验规则

9.3.3.1 在批量检验中,如有不合格项目应进行复验。

9.3.3.2 批量检验项目中,如有证据证明是操作失误或试验设备故障造成试验失败,则可在同一钢瓶(必要时也可在同批钢瓶中另抽一只)或原产品焊接试板上做第二次试验。第二次试验合格,则第一次试验可以不计。

9.3.3.3 公称容积不大于150 L的车用钢瓶瓶体进行的力学性能试验或爆破试验不合格时,应按表5的规定进行复验,复验钢瓶在同批中任选。

表5

批量/只	不合格项目	复验项目	
≤250	1M	2M	1B
	1B	1M	2B
>250～500	1M	2M	2B
	1B	1M	4B
注：M——力学性能试验； B——爆破试验。			

9.3.3.4 按9.3.3.3复验仍有一只以上钢瓶不合格时,则该批钢瓶为不合格。但允许对这批钢瓶进行修理,清除缺陷后再重新热处理并按9.3的规定,作为新的一批重新检验。

9.3.3.5 公称容积大于150 L的车用钢瓶,其产品焊接试板力学性能试验如有不合格的项目,经加倍复验仍不合格时,允许从该批钢瓶中任选一只,按8.5.1的规定截取试样重做试验。如还有不合格的项目,则该批车用钢瓶为不合格,但允许重新热处理,按8.5.1规定作为新的一批重新检验。

9.4 型式试验

凡新设计产品,均需进行型式试验,型式试验项目见附录A。

对原设计产品进行重大的设计、工艺变更时,也应按附录A的规定进行或补充型式试验。

10 标志、包装、运输、存放

10.1 车用钢瓶应附上永久性钢印标记牌,标记应清晰,格式及内容见附录B并同时符合国家质量监督检验检疫总局颁发的《气瓶安全监察规程》中附录1的规定。

10.2 车用钢瓶应印有明显的仿宋汉字"液化石油气"红色字样或同时印有"LPG"字样,字高60 mm～80 mm。

10.3 车用钢瓶出厂的包装,应根据与用户签订的协议中关于包装的要求进行;如用户无要求时,则按制造单位的技术规定进行。

10.4 车用钢瓶在运输和装卸过程中,要防止碰撞、划伤瓶体或损坏附件和阀门。

10.5 车用钢瓶应存放在没有腐蚀气体并通风、干燥、不受日光曝晒的地方。

11 出厂文件

11.1 出厂的每只车用钢瓶均应附有产品合格证,产品合格证所记入的内容应和制造单位保存的生产检验记录相符。产品合格证的格式和内容见附录C。

11.2 出厂的每批钢瓶均应附有批量检验质量证明书,该批钢瓶有一个以上用户时,可提供批量检验质量证书的复印件给用户。批量检验质量证明书的格式和内容见附录D。

11.3 制造单位应妥善保存钢瓶的检验记录和批量检验质量证明书的复印件(或正本),保存时间应不少于15年。

12 设计使用寿命及定期检验

12.1 按本标准设计和制造的车用钢瓶，其设计使用寿命为15年。

12.2 在使用期间必须对车用钢瓶进行定期检验，检验应由具备相应资格的检验单位进行。检验项目及评定标准按GB 20561的规定。车用钢瓶在使用过程中如发现有对安全性能有影响的腐蚀、损伤、阀门失灵等现象时，应提前进行检验。

12.3 车用钢瓶的安装使用，应满足以下要求：

a) 车用钢瓶的安装和使用应符合国家(行业)的有关规定；

b) 车用钢瓶出厂后，不得变更原设计选用的阀门型号或规格，如选用非原厂生产的阀门，应确认其满足型式试验要求；

c) 车用钢瓶在安装使用过程中，不得在瓶体上任何部位施焊；车用钢瓶的固定应避免对瓶体造成磨损或过度的附加应力。

12.4 凡经确定报废的车用钢瓶，应采取有效措施将其彻底毁坏，防止再次被使用。

附　录　A
（规范性附录）
型 式 试 验

A.1　试验要求

A.1.1　下列情况下，应进行型式试验：

a）　新设计的产品；

b）　设计有重大变更，如结构发生变化、应力水平增加、主体材料变更、配置的阀门型号规格或制造厂家发生变化等；

c）　制造工艺有重要变更，如焊接、热处理等基本制造方法发生改变。

A.1.2　型式试验应由具备相应资质的检验机构进行。试验批的数量应不少于50只，提交型式试验用的车用钢瓶，应在经逐只检验和批量检验合格的产品中抽取，对所配置的阀门应提交相应的出厂资料。

A.1.3　型式试验的项目要求：

a）　任选1只车用钢瓶按8.5进行母材和焊接接头力学性能试验及阀座焊缝解剖检验；

b）　任选1只车用钢瓶按8.8进行爆破试验；

c）　任选1只车用钢瓶按A.2.1进行振动试验；

d）　任选1只车用钢瓶按A.2.2进行火烧试验；

e）　任选1只车用钢瓶按A.2.3进行爆炸冲击试验；

f）　对瓶体上开孔符合6.3.4规定的车用钢瓶，任选1只按A.2.4进行循环疲劳试验。

A.1.4　型式试验的免除

A.1.4.1　对于新设计产品，如其选用的阀门已经在某一规格的车用钢瓶上经型式试验合格，且满足表A.1的要求，可免做A.2.1的振动试验和A.2.2的火烧试验。

A.1.4.2　对于设计变更，按表A.1的规定（"√"表示可免除的型式试验项目）。符合A.1.4.1规定的，按A.1.4.1执行。

表 A.1

		火烧	爆炸冲击	振动
阀门型号规格或制造厂家发生变化			√	
瓶体容积由小变大	直径不变或由大变小		√	√
	直径由小增大		√	
瓶体容积由大变小		√	√	√
应力水平增加、主体材料变更		√		√
阀门安装位置由封头、筒体相互变更		√		√

A.1.4.3　属于瓶体制造工艺（如焊接、热处理等）发生重大变更的，可免做A.2.1的振动试验和A.2.2的火烧试验。

A.2　型式试验方法及评定要求

A.2.1　振动试验

A.2.1.1　试验目的

在振动条件下，验证车用瓶所配置阀门的可靠性及对车用钢瓶性能的影响。

A.2.1.2 试验条件

实施振动试验应先将车用钢瓶充装液化石油气达到额定的充装量，试验在室温下进行，试验应沿被试验车用钢瓶的三个正交轴方向分别加载。

A.2.1.3 试验规程

A.2.1.3.1 试验在正弦振动台架上进行，其恒定加速度为 1.5g，频率范围为 5 Hz～200 Hz。试验应在三个正交轴向各进行 30 min。每个轴向应包括 5 Hz 和 200 Hz 到 5 Hz 两个试验历程，每个试验历程各进行 15 min。

A.2.1.3.2 如果试验不是在恒定加速度正弦振动台架上进行，试验的振幅、频率、加速度按表 A.2 提供的数据进行。每频段保持一个恒定的振幅，因此，理论的加速度就包括在 1g～2g（g=9.8 m/s^2）之间。

表 A.2

振幅/mm(峰值)	频率/Hz(加速度 1g～2g)	振幅/mm(峰值)	频率/Hz(加速度 1g～2g)
10	5～7	0.15	41～57
5	7～10	0.08	57～79
2.5	10～14	0.04	79～111
1.25	14～20	0.02	111～157
0.6	20～29	0.01	157～222
0.3	29～41		

A.2.1.4 试验评定

经振动试验后，对车用钢瓶进行检查。任何部位不得出现泄漏，阀门和附件不得有损坏。

A.2.2 火烧

A.2.2.1 试验目的

验证车用钢瓶在高温环境下的安全可靠性。

A.2.2.2 试验条件

试验用车用钢瓶应充装液化石油气到额定充装量；车用钢瓶应水平架起或吊装固定好；安全阀等阀门应朝上；不允许火焰直接烧到安全装置等阀门；允许用金属板作阀门的保护罩。车用钢瓶筒体外侧中心位置对称各固定一支测温用热电偶，其测温仪表及表线和压力表等应安全引到隐蔽体或防护屏障内，保证万一车用钢瓶爆炸不给试验人员带来危险，并保证试验过程中能正常测定温度和压力的变化。

A.2.2.3 试验规程

试验采用 20# 柴油为燃料。在车用钢瓶下部放油盆（槽），保证车用钢瓶的最低点距油面 120 mm～130 mm；油盆（槽）大小应足以使车用钢瓶的边缘完全置于火焰之中，因此油盆（槽）长度与宽度应至少超过车用钢瓶在水平面上投影长度与宽度的 200 mm，但不超过 400 mm；油盆高度从油面开始四周高出油面不超过 50 mm；燃料应能保证足够燃烧 10 min，或足以使容器内液化石油气完全排放。

试验场所应远离高大建筑物、人口集中区及森林并应采取必要的安全防火措施，试验场所的风速应不超过 2.2 m/s。

试验从点火使油面全部着火开始，每隔 1 min 观察并记录温度和压力，记录安全阀泄放时的温度、压力、时间。

A.2.2.4 试验评定

当车用钢瓶内压达到开启压力后，安全阀应正常动作，瓶体没有破裂或爆炸为合格。

A.2.3 爆炸冲击试验

A.2.3.1 试验目的

通过爆炸形成冲击波，评定瓶体在冲击（或相撞）作用下的安全可靠性。

A.2.3.2 试验方法及评定

将受试车用钢瓶充装液化石油气到额定充装量。瓶体水平固定在水泥地面上，在瓶体中部上表面堆放 50 g 硝胺当量的炸药，然后引爆，爆炸后钢瓶不破坏为合格。

A.2.4 循环疲劳试验

A.2.4.1 试验目的

通过试验，验证车用钢瓶在疲劳应力作用的安全性。

A.2.4.2 试验方法及评定

循环疲劳试验按 GB/T 9252 的规定进行，循环压力的上限值为 3.3 MPa，循环次数为 12 000 次，不破坏为合格。

A.3 型式试验失败的处理

凡是因操作失误或试验设备故障致使试验失败，允许排除故障后重新抽样试验，合格后即通过。

A.4 安全提示

在型式试验过程中应充分重视试验人员的安全，特别强调如 A.2.2、A.2.3，必须得到有关部门批准和配合，选取合适地点，加强安全防护措施。

附 录 B

（规范性附录）

车用钢瓶钢印标记牌

B.1 钢印标记包括制造钢印标记和检验钢印标记。

B.2 钢印标记牌规格及内容如图 B.1 所示。

(1) ××××厂		(2)	(3)
(4)	(5) S		
(6) TP3.3	(7) WP2.2	(14) △	
(8) V	(9) W	(15) △	
(10) LPG	(11) ≤80%V	(16) △	
(12) ○		(13) ▱	

(1)——制造单位名称；

(2)——车用钢瓶型号；

(3)——产品标准号；

(4)——主体材料牌号；

(5)——瓶体设计壁厚，单位为毫米(mm)；

(6)——耐压试验压力，单位为兆帕(MPa)；

(7)——公称工作压力，单位为兆帕(MPa)；

(8)——实测水容积，单位为升(L)；

(9)——空瓶净重，单位为千克(kg)；

(10)——充装介质；

(11)——最大充装量，为瓶体水容积的 80%[(对于使用称重法充装的车用钢瓶，为最大允许充装量，单位为千克(kg)]；

(12)——气瓶制造单位许可证编号和制造年月；

(13)——监制单位检验标记；

(14)、(15)、(16)——定期检测单位标记及年月。

图 B.1 钢印标记牌标记示例图

B.3 钢印字体高度均为(8±1)mm，深度必须超过 0.5 mm 以上。

B.4 钢印标记牌用钢板厚度 1.0 mm～3.0 mm，长 150 mm，宽 80 mm，焊接应符合 6.6.3 的规定，标记牌应安装在易于观察的位置。

B.5 允许将标记打印在永久性附件上，但其格式与内容必须符合图 B.1 所示要求。

附 录 C
（资料性附录）
产品合格证

×××× 厂

机动车用液化石油气钢瓶

产 品 合 格 证

钢瓶名称　　　型号　　　类别　　　阀门型号

产品编号

钢瓶批号

出厂日期

制造许可证

本产品的制造符合 GB 17259—2009 和设计图样要求。经检验合格。

检验部门负责人（章）　　　　质量检验专用章

年　　月　　日

注：规格要统一，表心尺寸推荐 150 mm×100 mm。

主要技术数据

公称容积　　　　L　　　　实测容积　　　　L

内直径　　　　mm　　　　总长度　　　　mm

充装介质　　　　　　　　最大充装量　　　　L

筒体设计壁厚　　　　mm　　　　封头设计壁厚　　　　mm

筒体、封头钢板牌号　　　　材料标准代号

材料化学成分规定值/%

C	Si	Mn	P	S	P+S

材料强度规定值：R_m　　　　MPa

R_{eL}　　　　MPa

钢瓶净重(不包括可拆件)　　　　kg

热处理方式　　　　加热温度　　　　℃

保温时间　　　　h　　　　冷却方式

耐压试验压力　　　　MPa　　　　气密性试验压力　　　　MPa

焊缝系数 Φ

焊缝射线检测

依据标准

检测比例

合格级别

检测结果

焊缝返修次数

1 次　　　　处

焊缝返修部位展开简图

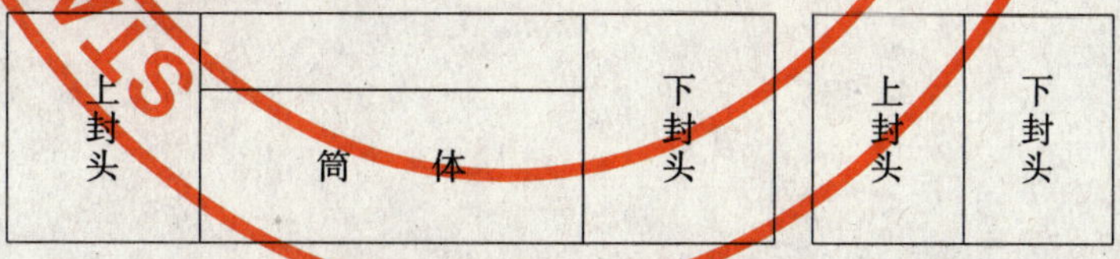

（三部分组成）　　　　（两部分组成）

使用说明：

（内容由制造单位编写，但必须有遵守国家质检总局有关规程、最高使用温度以及使用注意事项等方面的条款。）

钢瓶简图：

附 录 D
（资料性附录）
批量检验质量证明书

××××厂

机动车用液化石油气钢瓶批量检验质量证明书

钢瓶型号　　　　　　　类别　　　　　　　阀门型号

盛装介质

图　　号

出产批号

出产日期

制造许可证编号

本批钢瓶共　　　只，编号从　　号到　　号，经检查和试验符合 GB 17259—2009 和设计图样的要求，是合格产品。

监检单位检验专用章　　　　　　制造单位检验专用章

监检员　　　　　　　　　　　　检验部门负责人

年　月　日　　　　　　　　　　年　月　日

制造单位地址：　　　　　　　　邮政编码：

注：规格要统一，表心尺寸推荐为 150 mm×100 mm。

1　主要技术数据

公称容积　　L　　公称工作压力　　MPa
公称直径　　mm　　耐压试验压力　　MPa
瓶体名义壁厚　　mm　　气密性试验压力　　MPa

2　试验瓶的测量　（$V>150$ L时，指带试板的瓶）

试验瓶号	实际容积/L	净重/kg	最小实测壁厚/mm		热处理炉号
			筒体	封头	

注：净重不包括可拆件。

3　瓶体材料化学成分/%

编号	牌号	C	Si	Mn	P	S
标准的规定值						

4　焊接材料

焊丝牌号	焊丝直径/mm	焊剂牌号

5　钢瓶及试板热处理

方法　　加热温度　　℃
保温时间　　h　　冷却方式

6 焊缝射线检测

焊缝总长　　　mm　　　检查比例　　　%

按 JB/T 4730.2 检测　　　级合格

试验用瓶($V>150$ L 时，指带试板的瓶)

返修 1 次　　处

7 力学性能试验

试板编号	抗拉强度 R_{ma}/MPa	伸长率 A/%	弯曲试验	
			横向面弯	横向背弯
试样数量				

8 水压爆破试验($V \leq 150$ L)

试验瓶号	爆破压力/MPa	开始屈服压力/MPa	爆破时容积变形率/%

9　试验用瓶（公称容积 **V**＞150 **L** 时，指带试板的瓶）

返修部位（简图）

10　试验用瓶（**V**≤150 **L**）爆破位置和形状简图

质量检验员专用章

ICS 23.020.30
J 76

中华人民共和国国家标准

GB 17268—2009
代替 GB 17268—1998

工业用非重复充装焊接钢瓶

Non-refillable steel welded cylinders for industrial use

2009-06-25 发布

2010-04-01 实施

中华人民共和国国家质量监督检验检疫总局
中国国家标准化管理委员会 发布

前言

本标准的 11.3 和 11.4 为推荐性，其余的为强制性。

本标准参考了 ISO 11118《气瓶　非重复充装金属气瓶　规范和试验方法》(1999 年英文版)、CGA C-3《薄壁钢瓶焊接标准》(2005 年英文版)、CGA S-1.1《压力泄放装置标准　第 1 部分：压缩空气用气瓶》(2003 年英文版)及美国联邦管理条例 49 卷 178.65《规范 39　非重复使用(非重复充装)气瓶》等标准进行修订。

本标准代替 GB 17268—1998《工业用非重复充装焊接气瓶》。

本标准与 GB 17268—1998 相比，主要变化如下：

——修改了标准的适用范围(1998 版的第 1 章；本版的第 1 章)；

——将原标准中"引用标准"更改为"规范性引用文件"(1998 版的第 2 章；本版的第 2 章)；

——将原标准第 3 章"术语和符号"更改为"术语和定义"(1998 版的第 3 章；本版的第 3 章)；

——修改了"试验压力"定义(1998 版的 3.1.1；本版的 3.1)；

——修改了"批量"定义(1998 版的 3.1.2；本版的 3.2)；

——增加了第 4 章"符号"(见第 4 章)；

——材料拉伸试验由于采用了 GB/T 228《金属材料　室温拉伸试验方法》，本标准中力学性能常用符号做了相应改变(1998 版的 3.2；本版的第 4 章)；

——将原标准第 4 章"基本参数和型式"改为"钢瓶的型式"，并做了内容的更改(1998 版的第 4 章；本版的第 5 章)；

——增加了钢瓶型号标记表示方法(见 5.1)；

——修改了瓶体材料的要求(1998 版的第 5 章；本版的第 6 章)；

——修改了钢瓶设计的有关内容(1998 版的第 6 章；本版的第 7 章)；

——修改了爆破片安全泄放面积的要求(1998 版的 6.9.2；本版的 7.9.2)；

——修改了设计定型的内容(1998 版的第 7 章；本版的第 8 章)；

——修改了制造中的内容(1998 版的第 8 章；本版的第 9 章)；

——修改了检验规则和试验方法(1998 版的第 9 章；本版的第 10 章)；

——修改了标记、涂敷、包装、运输、贮存(1998 版的第 10 章；本版的第 11 章)；

——修改了型式试验项目及评判依据(1998 版的附录 A；本版的附录 A)；

——修改了焊接工艺评定(1998 版的附录 B；本版的附录 B)；

——修改了焊工考试规则(1998 版的附录 C；本版的附录 C)；

——增加了资料性附录"批量检验证明书的格式和内容"(见附录 D)。

本标准的修订依据国家质检总局《气瓶安全监察规程》(2000 版)的相关规定和要求。

本标准的附录 A、附录 B 和附录 C 为规范性附录，附录 D 为资料性附录。

本标准由全国气瓶标准化技术委员会(SAC/TC 31)提出并归口。

本标准起草单位：浙江巨程钢瓶有限公司、大连锅炉压力容器检验研究所、浙江省特种设备检验中心、上海容华高压容器有限公司、浙江省东阳化工机械有限公司。

本标准主要起草人：叶晓茹、魏春华、胡军、周贵柒、马夏康、林建华、张而立、杜正良。

本标准所代替标准的历次版本发布情况为：

——GB 17268—1998。

工业用非重复充装焊接钢瓶

1 范围

本标准规定了工业用非重复充装焊接钢瓶(以下简称钢瓶)的型式、设计、制造、检验规则和试验方法、标记、涂敷等。

本标准适用于在环境温度−40 ℃～60 ℃下使用的,试验压力 $P_T \leqslant 6.2$ MPa(表压)、容积 $V \leqslant 25$ L(当 $P_T > 3.5$ MPa 时,$V \leqslant 5$ L)、非重复充装毒性按 GB/T 7778 划为 A 类制冷剂(限低压液化气体)的钢瓶。

2 规范性引用文件

下列文件中的条款通过本标准的引用而成为本标准的条款。凡是注日期的引用文件,其随后所有的修改单(不包括勘误的内容)或修订版均不适用于本标准,然而,鼓励根据本标准达成协议的各方研究是否可使用这些文件的最新版本。凡是不注日期的引用文件,其最新版本适用于本标准。

GB 150 钢制压力容器

GB/T 222 钢的成品化学成分允许偏差

GB/T 223.59 钢铁及合金 磷含量的测定 铋磷钼蓝分光光度法和锑磷钼蓝分光光度法

GB/T 223.68 钢铁及合金化学分析方法 管式炉内燃烧后碘酸钾滴定法测定硫含量

GB/T 223.69 钢铁及合金 碳含量的测定 管式炉内燃烧后气体容量法

GB/T 228 金属材料 室温拉伸试验方法(GB/T 228—2002,eqv ISO 6892:1998)

GB/T 232 金属材料 弯曲试验方法(GB/T 232—1999,eqv ISO 7438:1985)

GB/T 1804 一般公差 未注公差的线性和角度尺寸的公差(GB/T 1804—2000,eqv ISO 2768-1:1989)

GB/T 2653 焊接接头弯曲试验方法(GB/T 2653—2008,ISO 5173:2000,Destructive tests on welds in metallic materials—Bend tests,IDT)

GB/T 2975 钢及钢产品 力学性能试验取样位置及试样制备(GB/T 2975—1998,eqv ISO 377:1997)

GB/T 7778 制冷剂编号方法和安全性分类

GB/T 13005 气瓶术语

GB 14193 液化气体气瓶充装规定

GB 15384 气瓶型号命名方法

GB 16918 气瓶用爆破片技术条件(GB/T 16918—1997,neq CCA S-1.1)

GB 17878 工业用非重复充装焊接钢瓶用瓶阀

GB/T 20066 钢和铁 化学成分测定用试样的取样和制样方法(GB/T 20066—2006,ISO 14284:1996,IDT)

3 术语和定义

GB/T 13005 确立的以及下列术语和定义适用于本标准。

3.1

试验压力 test pressure

用于计算钢瓶壁厚及进行钢瓶压力试验的压力。其值为钢瓶所充介质在 60 ℃时的饱和蒸气压与 2.3 MPa 二者中的大值。

3.2

批量　batch

指采用同一设计、同一炉号、同一焊接工艺、同一成型工艺在一个轮班(不超过12小时)连续生产的钢瓶所限定的数量。

4　符号

下列符号适用于本标准。

D_i——钢瓶内直径的数值,单位为毫米(mm);

D_o——钢瓶外直径的数值,单位为毫米(mm);

E——环缝棱角高度的数值,单位为毫米(mm);

e——钢瓶同一截面最大最小直径差的数值,单位为毫米(mm);

H——半瓶体筒体高度的数值,单位为毫米(mm);

h_i——椭圆形封头内曲面高度的数值,单位为毫米(mm);

P_b——钢瓶爆破压力(表压)的数值,单位为兆帕(MPa);

P_T——钢瓶试验压力(表压)的数值,单位为兆帕(MPa);

R_i——碟形封头的内球面半径的数值,单位为毫米(mm);

R_m——钢瓶拉伸成形后瓶体的最低抗拉强度保证值的数值,单位为兆帕(MPa);

$R_{P0.2}$——钢瓶拉伸成形后瓶体的最低规定非比例延伸强度保证值的数值,单位为兆帕(MPa);

r——碟形封头过渡区的转角内半径的数值,单位为毫米(mm);

S——钢瓶设计壁厚的数值,单位为毫米(mm);

S_n——钢瓶名义壁厚的数值,单位为毫米(mm);

V——钢瓶水容积的数值,单位为升(L);

ΔH——半瓶体高度公差的数值,单位为毫米(mm);

$\pi\Delta D_o$——圆周长公差的数值,单位为毫米(mm);

$[\sigma]$——瓶体设计许用应力的数值,单位为兆帕(MPa)。

5　钢瓶的型式

5.1　钢瓶的产品型号参照 GB 15384 进行命名,表示方法如下:

FCP △-△-△ □

- □——改进型号,用罗马字母 Ⅰ、Ⅱ、Ⅲ…… 等表示
- 第三个△——试验压力 /MPa
- 第二个△——公称容积 /L
- 第一个△——钢瓶内直径 /mm
- FCP——气瓶型式,FCP 表示立式单环缝工业用非重复充装钢瓶

注:改进型号用来表示一个系列中某一规格钢瓶的设计改型,是指钢瓶的材料牌号、瓶阀型号、瓶体开孔位置的改变。

型号应用示例:

FCP 240-13.4-2.3 Ⅰ

表示公称容积为 13.4 L,试验压力为 2.3 MPa,钢瓶内径为 240 mm,第一次改型的钢瓶。

5.2　钢瓶型式见图1。

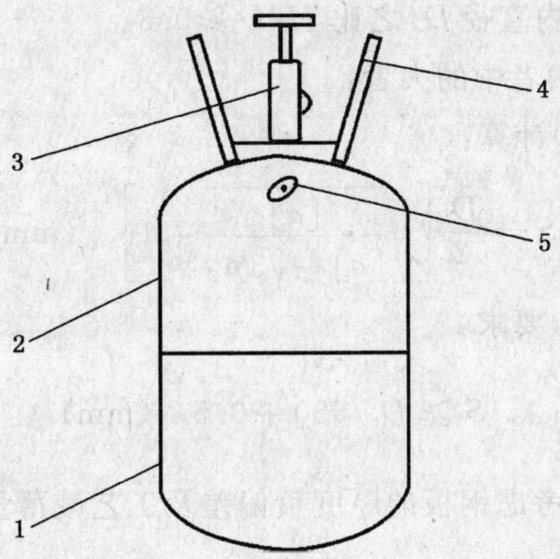

1——下瓶体；

2——上瓶体；

3——瓶阀；

4——把手；

5——爆破片。

图1 钢瓶型式

6 材料

6.1 一般规定

6.1.1 钢瓶瓶体材料应采用深冲压完全镇静钢，具有良好的焊接性能。

6.1.2 焊在钢瓶瓶体上的所有零部件应采用与瓶体材料焊接性相适应的材料。

6.1.3 所采用的焊接材料应保证焊接接头性能符合设计要求。

6.1.4 材料（包括焊接材料）应符合相应标准的规定，应具有质量合格证明文件，且与所要充装的介质有相容性。

6.1.5 瓶体材料应考虑在环境温度范围内使用的适用性。

6.1.6 瓶体材料应按炉号验证化学成分。

6.2 化学成分

瓶体材料的化学成分应符合：

——碳(C)的含量不大于0.12%；

——磷(P)的含量不大于0.025%；

——硫(S)的含量不大于0.020%。

7 设计

7.1 一般规定

7.1.1 钢瓶瓶体由上下瓶体两部分组成，只有一条环焊缝。

7.1.2 设计所依据的内压力为试验压力。

7.1.3 介质最大允许充装系数按 GB 14193 的规定。

7.1.4 设计图样应标明瓶体材料拉伸成形后的最低抗拉强度保证值 R_m、最低规定非比例延伸强度保证值 $R_{P0.2}$ 及焊接接头抗拉强度最低保证值。设计许用应力 $[\sigma] \leqslant R_{P0.2}/1.3$。

7.2 封头的形状应为椭圆形或碟形，并满足下列条件：

a) 椭圆形封头 $h_i \geqslant 0.2D_i$；

b) 碟形封头 $R_i \leqslant D_i, r \geqslant 0.15D_i$。

7.3 半瓶体筒体高度 H 与瓶体内直径 D_i 之比 $H/D_i \geqslant 0.3$。

7.4 瓶体的设计壁厚 S 取下述两者中的大者：

a) 瓶体设计壁厚按公式(1)计算：

$$S = \frac{D_i}{2}\left[\sqrt{\frac{[\sigma]}{[\sigma]-\sqrt{3}p_T}}-1\right] \quad (\text{mm}) \qquad \cdots\cdots(1)$$

b) 瓶体设计壁厚按公式(2)要求：

$$S \geqslant D_o/650 + 0.5 \quad (\text{mm}) \qquad \cdots\cdots(2)$$

7.5 钢瓶名义壁厚 S_n 的确定应考虑钢板的厚度负偏差及工艺减薄量。

7.6 瓶体开孔

7.6.1 瓶体开孔应考虑补强。补强材料应与瓶体材料相适应，并具有良好的焊接性。

7.6.2 瓶体的开孔只允许在封头上进行。所有的开孔和补强件均应布置在以封头轴心为轴心，直径为封头直径80%的假想圆柱范围内。

7.7 焊接接头

瓶体环焊缝应采用锁边坡口对接接头形式或带永久性垫板的对接接头形式。

7.8 瓶阀

7.8.1 应采用非重复充装瓶阀，瓶阀与瓶体应采用焊接连接，以保证钢瓶的非重复使用。

7.8.2 瓶阀应符合 GB 17878 的规定。

7.9 爆破片

7.9.1 钢瓶应装设爆破片。爆破片应符合 GB 16918 的规定。爆破片压印爆破片型号、许可证号。

7.9.2 爆破片安全泄放面积为每升钢瓶容积不小于 0.34 mm^2。

7.9.3 爆破片焊装后的爆破压力应在 1.05 P_T～1.6 P_T 范围中。

8 设计定型

8.1 型式试验

对每一种新设计的钢瓶应进行型式试验，生产厂应提供不少于50只试制瓶供型式试验机构随机抽取进行型式试验。型式试验的详细规定见附录A。

8.2 新设计

与已有的钢瓶相比，钢瓶的受压元件只要满足下列条件之一者，即认为是钢瓶的新设计：

a) 采用不同的工艺(主要生产工艺)；

b) 采用不同材料；

c) 钢瓶的形状发生变化；

d) 钢瓶壁厚发生变化；

e) 钢瓶长度增加50%；

f) 直径变化超过原直径的1%；

g) 钢瓶的试验压力 P_T 升高。

8.3 生产厂如中断生产超过六个月应重新进行型式试验。

8.4 型式试验报告

8.4.1 型式试验的报告应包括附录A中要求的所有项目。

8.4.2 制造厂应在该设计钢瓶的生产期内保留型式试验报告，停止生产后仍需保存5年。

9 制造

9.1 焊接工艺评定

焊接工艺评定及试验方法按附录B的要求进行。

9.2 焊接的一般规定

9.2.1 钢瓶的焊接，由按《锅炉压力容器压力管道焊工考试和管理规则》和附录C的规定经考试合格的持证焊工承担。

9.2.2 钢瓶焊缝(包括瓶阀、爆破片与瓶体的焊缝)的焊接应严格遵守经评定合格的焊接工艺。

9.2.3 钢瓶主体焊缝的焊接应采用机械化焊接或自动焊接方法。

9.2.4 焊接接头应符合图样规定。坡口表面应清洁、光滑，不得有裂纹、分层和夹杂等缺陷。

9.2.5 焊接(包括返修焊接)应在室内进行，若无有效防护措施，则相对湿度应不大于90%。

9.2.6 施焊时，不得在非焊接处引弧。

9.3 焊缝

9.3.1 瓶体环焊缝高度应不低于母材表面，其余高不大于2 mm，环焊缝最宽最窄处之差不大于2 mm。

9.3.2 角焊缝的焊脚尺寸应符合图样规定。

9.3.3 焊缝表面外观应符合下列规定：

a) 环焊缝和热影响区不得有裂纹、气孔、弧坑、夹渣及未熔合等缺陷；

b) 环焊缝不允许咬边，零部件与瓶体的焊缝在瓶体一侧不允许咬边；

c) 焊缝表面不得有凹陷或不规则的突变；

d) 焊缝两侧的飞溅物应清除干净；

e) 电阻焊接头表面无裂纹、烧穿、缩孔、电极粘损，压痕深度正常。

9.4 焊缝的返修

主体焊缝处如出现针孔泄漏，只允许进行一次返修，其余缺陷不允许返修。

9.5 瓶体

9.5.1 上、下瓶体应用整块钢板冷冲压成形。

9.5.2 瓶体形状公差与尺寸公差不得超过表1的规定。

表 1

单位为毫米

圆周长公差 $\pi\Delta D_{o}$	最大最小直径差 e	半瓶体高度公差 ΔH
$^{+2}_{0}$	1.5	$^{+4}_{0}$

9.5.3 瓶体实测壁厚不得小于瓶体设计壁厚。

9.5.4 瓶体不得存在皱折。

9.6 未注公差尺寸的极限偏差

未注公差尺寸的极限偏差按GB/T 1804的规定，具体要求如下：

a) 机械加工件为GB/T 1804—m；

b) 非机械加工件为GB/T 1804—c。

9.7 组装

9.7.1 钢瓶受压元件在组装前均应进行外观检查，不合格者不得组装。

9.7.2 瓶体内应清洁、无油、无水。

9.7.3 瓶体环焊缝棱角高度 E 不大于1 mm(见图2)，检查尺长度不小于200 mm，当瓶体直段长度不足200 mm时，检查尺长度等于直段长度。

9.7.4 零配件的装配应符合图样规定。

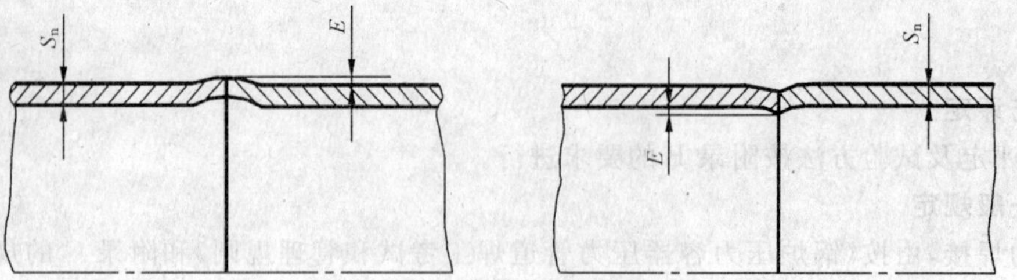

图2 环焊缝棱角高度

10 检验规则和试验方法

10.1 逐只检验

10.1.1 外观检验

10.1.1.1 钢瓶表面应光滑，不得有裂纹、重皮、夹杂和深度超过 0.5 mm 的凹坑及深度超过 0.1 mm 的划伤和腐蚀等缺陷。

10.1.1.2 焊缝外观应符合 9.3.3 的规定。

10.1.1.3 钢瓶的瓶阀应符合 7.8 的规定，其余附件符合图样要求。

10.1.2 气压试验

10.1.2.1 气压试验应用两个量程相同、精度不低于 1.6 级、在检定有效期内的压力表，压力表量程为试验压力的(1.5～3)倍，压力表的检定周期不得超过 3 个月。

10.1.2.2 试验环境温度不得低于 5 ℃。

10.1.2.3 试验时钢瓶整体浸入水中后，压力缓慢上升，达到试验压力后，保持 30 秒，然后进行泄漏检查。检查期间钢瓶不得发生泄漏。

10.1.2.4 若钢瓶在气压试验中发生宏观变形，该钢瓶应予以报废。

10.1.2.5 进行气压试验时，应采用有效措施将钢瓶与操作人员可靠隔离，以确保操作人员的安全。

10.1.2.6 经返修的钢瓶，应重新做气压试验。

10.2 批量检验

10.2.1 每批钢瓶从气压试验合格的钢瓶中随机抽取 1 只，用于压扁试验；该批钢瓶中，每 2 001 只(最多)气压试验合格的钢瓶随机抽取 1 只，用于水压爆破试验。

10.2.2 水压爆破试验

10.2.2.1 水压爆破试验应测定下列数据：

a) 钢瓶水容积；

b) 钢瓶爆破片爆破压力；

c) 钢瓶爆破压力 P_b。

10.2.2.2 进行水压爆破试验前应先测量钢瓶的水容积，实测容积应不小于设计容积。

10.2.2.3 试验用水泵的每小时送水量一般应为钢瓶容积的(1～2)倍。

10.2.2.4 进行水压爆破试验应先排净钢瓶内空气，然后以不超过 0.69 MPa/min 的速率升压，直至钢瓶爆破片爆破。对爆破片爆破口进行焊补后，继续按原速率要求升压，直至钢瓶爆破。

10.2.2.5 爆破片与钢瓶爆破应采用自动记录装置，绘制出压力-进水量-时间曲线。

10.2.2.6 爆破片爆破压力应符合 7.9.3 要求，钢瓶爆破压力应不小于 2 倍试验压力，否则水压爆破试验为不合格。

10.2.2.7 钢瓶的破裂应发生在瓶体圆筒部位的纵向方向上，且不得在焊缝部位先开裂。如破裂先发生在焊缝或发生在封头、任何开孔、补强、附件部位以及瓶体圆筒部位的非纵向方向上，则该钢瓶水压爆破试验为不合格。

10.2.3 压扁试验

10.2.3.1 将钢瓶的中部(避开焊缝及热影响区)放进垂直于瓶体轴线的两个压头之间进行试验。也可用宽度不小于 38 mm 的圆环试样代替整个气瓶做压扁试验。圆环可不包括焊缝及热影响区。

10.2.3.2 压头顶角为 60°,顶部圆弧半径为 13 mm,压头长度不小于试验瓶外径 D_o 的 1.5 倍,压头高度不小于试验瓶外径 D_o 的 0.5 倍,压头表面粗糙度 $Ra \leqslant 6.3\ \mu m$。

10.2.3.3 在负荷作用下,将钢瓶(或圆环)压扁至两压头顶部间距为 6 倍瓶体设计壁厚,检查压扁处无裂纹为合格。

10.3 试验规则

10.3.1 逐只检验不合格的钢瓶,进行处理或修复后,可重新进行检验,仍不合格者判废。

10.3.2 批量检验时,如有证据说明是操作失误或试验设备故障造成试验失败时,则可在同一钢瓶或者在同批钢瓶中另抽 1 只做第二次试验,如第二次试验合格,则第一次试验可以不计。

10.3.3 水压爆破试验不合格,允许从本批钢瓶中加倍随机取样进行复验。复验只要有 1 只钢瓶不合格,则该批钢瓶应予报废。

11 标记、涂敷、包装、运输、贮存

11.1 标记

11.1.1 钢瓶应以丝网印刷或类似方式作标记,标记应为中文,标记应明晰、持久、防水且不得损伤瓶体。

11.1.2 标记内容如下:

a) GB 17268—2009;
b) 试验压力,单位为兆帕(MPa);
c) 盛装介质;
d) 最大充装量,单位为千克(kg);
e) 制造厂的制造许可证号;
f) 批号;
g) 制造日期(若批号不能反映制造日期);
h) 声明:本钢瓶严禁重复充装。

11.1.3 11.1.2 a)~e)所列标记内容用至少 3 mm 高的中文、数字和字母顺序排列。

示例 1:GB 17268—2009　试验压力 2.3 MPa　介质××××　最大充装量×××× kg　许可证号××××
　　11.1.2 a)　11.1.2 b)　11.1.2 c)　11.1.2 d)　11.1.2 e)

11.1.4 11.1.2 f)和 g)所列标记内容,用至少 3 mm 高的中文、数字和字母顺序排列。若批号能反映制造日期(年、月、日),则不需标识制造日期。

示例 2:　批号 070815-A　制造日期 070815
　　11.1.2 f)　11.1.2 g)

11.1.5 11.1.2 h)标记内容,用至少 6 mm 高的文字表述。其余标记内容,可按照与用户签订的合同、协议要求增加。

11.2 钢瓶经检验合格,在消除表面上的油污、铁锈、氧化皮、焊接飞溅等杂物,并保持干燥的情况下,方可涂敷。

11.3 钢瓶的颜色应根据与用户签订的合同、协议要求进行涂敷。

11.4 钢瓶用纸箱包装出厂,也可根据与用户签订的合同、协议要求进行包装。

11.5 钢瓶在运输、装卸时要防止碰撞、划伤。

11.6 钢瓶应贮存在没有腐蚀性气体、通风、干燥且不受日光曝晒的地方。

12 产品合格证和质量证明书

12.1 每只出厂钢瓶均应有产品合格证,每批出厂的钢瓶应提供批量质量证明书,该批钢瓶有一个以上用户时,可提供批量检验证明书的复印件给用户。批量检验证明书的格式和内容见附录 D。

12.2 制造厂的产品资料至少保存 4 年。

附　录　A
（规范性附录）
型式试验项目及评判依据

A.1　范围

本附录给出了新设计钢瓶满足本标准要求所需完成的型式试验项目及评判依据。

A.2　材料

材料应有质保书，并复验化学成分，复验结果符合本标准要求。

A.3　拉伸试验

A.3.1　拉伸试样应从随机抽取的3只型式试验钢瓶上截取，每只钢瓶上取3件试样，共取9件，取样位置见图A.1。

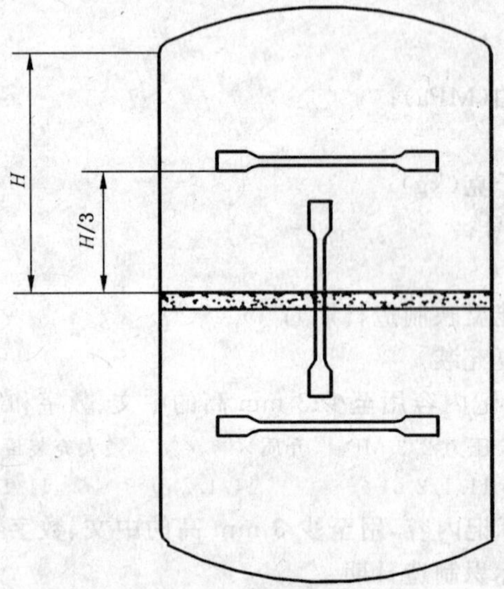

瓶体2件、焊缝1件

图A.1　试样取样位置

A.3.2　试样制备及拉伸试验按国家标准的规定。瓶体母材试样要求测定抗拉强度和规定非比例延伸强度，焊接接头试样要求测定抗拉强度，并注明断口位置。

A.3.3　评判依据

a）瓶体试样的抗拉强度和规定非比例延伸强度应不小于设计规定的最低保证值；

b）焊缝试样的抗拉强度不小于设计规定的最低保证值，且断口不在焊缝金属上。

A.4　阀体与瓶体的角焊缝检验、爆破片与瓶体电阻焊焊缝检验

A.4.1　检验项目包括外观检查和金相检验（宏观），试件数量为各1件，按四等分截取相对的2块作为金相试样，每块试样的两个截面都要进行金相检验。

A.4.2　评判依据

a）外观检查

角焊缝试件接头表面无裂纹和未熔合，焊缝形状和焊脚尺寸符合图纸要求。

电阻焊焊缝试件表面无裂纹和烧穿，压痕深度正常。

b) 金相检验

角焊缝试件根部应焊透，焊缝和热影响区无裂纹、气孔和未熔合。电阻焊焊缝试样截面无裂纹，熔合良好。

A.5 尺寸检验

A.5.1 将瓶体沿纵向对中剖成两半，测量壁厚，确定瓶体的最小壁厚应不小于设计壁厚。

A.5.2 检查钢瓶的直径、高度、封头尺寸是否符合图样要求。

A.6 爆破试验

A.6.1 随机抽样不少于3只钢瓶，用于水压爆破试验。

A.6.2 测量每只钢瓶的皮重、水容积并记录。

A.6.3 钢瓶的爆破试验及评判依据按10.2.2的规定。

A.7 压扁试验

A.7.1 随机抽样不少于1只钢瓶，用于压扁试验。

A.7.2 压扁试验及评判依据按10.2.3的规定。

A.8 跌落试验

A.8.1 应从最终发货包装状态的钢瓶中随机抽样不少于3只钢瓶，用于跌落试验。

A.8.2 撞击表面为一块面积1 m×1 m，厚度0.1 m的单独浇铸混凝土表面，其表面覆盖一块厚10 mm钢板，表面水平偏差不超过2 mm。

A.8.3 钢瓶在试验前应装满水，但不得带内压进行试验。跌落试验程序如下：

a) 一只钢瓶从1.2 m高度，以底部朝下撞击符合A.8.2要求的地面，如图A.2 a)所示；

b) 一只钢瓶从1.2 m高度，以瓶身朝下撞击符合A.8.2要求的地面，如图A.2 b)所示；

c) 一只钢瓶从1.2 m高度，以阀门一端朝下，瓶身轴线与地面成45°的位置撞击厚10 mm的钢板，如图A.2 c)所示。

A.8.4 评判依据

a) 承受A.8.3 a)和b)要求试验的钢瓶，不得有泄漏并通过10.2.2要求的爆破试验；

b) 承受A.8.3 c)要求试验的钢瓶，不得有泄漏，阀门仍能正常工作并通过10.2.2要求的爆破试验。

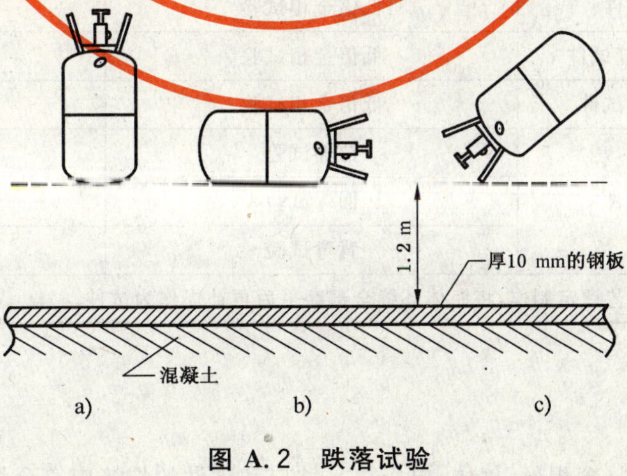

图A.2 跌落试验

附 录 B
（规范性附录）
焊接工艺评定

B.1 适用范围

仅适用于工业用非重复充装焊接钢瓶(以下称钢瓶)。

B.1.1 钢瓶在制造前均应按本附录进行焊接工艺评定。

B.1.2 本附录规定钢瓶主要受压元件间焊缝的焊接工艺评定规则、试验方法和合格指标。

B.2 总则

B.2.1 焊接工艺评定过程是:拟定焊接工艺指导书,根据本附录的规定施焊试件、检验试件和试样,测定焊接接头是否具有所要求的使用性能,提出焊接工艺评定报告,从而验证所拟定的焊接工艺的正确性。

B.2.2 焊接工艺评定报告应经过制造单位技术总负责人审查批准,并存入工厂技术档案。

B.3 焊接工艺评定规则

B.3.1 焊接工艺评定直接在钢瓶瓶体上进行。

B.3.2 改变材料(母材、焊接材料)须重新进行焊接工艺评定。

B.3.3 改变焊接方法或焊接工艺参数(包括电流、电压范围、混合气体配比、焊嘴前倾改为后置、焊丝直径、焊接速度、焊缝结构形式)须重新进行焊接工艺评定。

B.3.4 评定合格的对接焊缝试件的焊接工艺适用于焊件母材厚度有效范围,最大值为试件厚度,最小值为试件厚度的 0.75 倍。

B.3.5 焊接工艺评定的试件类型、试验项目、试样数量列于表 B.1。

表 B.1

试件类型	试验项目	试样数量
瓶体环向对接焊缝试件	拉伸试验	2
	面弯试验	2
	背弯试验	2
瓶阀与瓶体角焊缝试件	低倍金相试验	2
爆破片与瓶体电阻焊焊缝试件	低倍金相试验	2
把手与瓶体电阻焊焊缝试件	低倍金相试验	2
焊缝返修对接焊缝试件	拉伸试验	2
	面弯试验	2
	背弯试验	2
注:焊缝返修的焊接工艺评定制作,将瓶体环缝全部磨平后再补焊作为试件。		

B.4 试件、试样和检验

B.4.1 试件制备

B.4.1.1 母材、焊接材料(含焊丝、气体、电极等)、坡口和试件的焊接应符合焊接工艺指导书的要求。

B.4.1.2　试件的数量应满足制备试样的要求。

B.4.2　对接焊缝试件和试样的检验、试验

B.4.2.1　外观检查

试件接头表面不得有裂纹、气孔、烧穿、咬边和未熔合。

B.4.2.2　力学性能试验

B.4.2.2.1　取样位置

见图 B.1,应保证每对同类试样相对 180°截取。

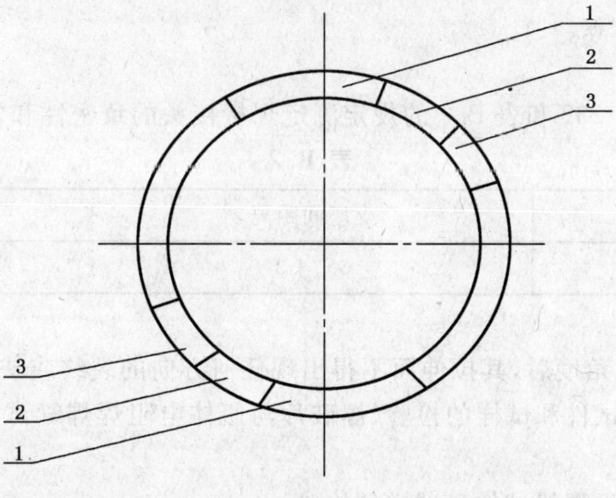

1——拉力试验;
2——面弯试验;
3——背弯试验。

图 B.1　对接焊缝取样位置图

B.4.2.2.2　拉伸试验

a)　试样形状和尺寸见图 B.2。

单位为毫米

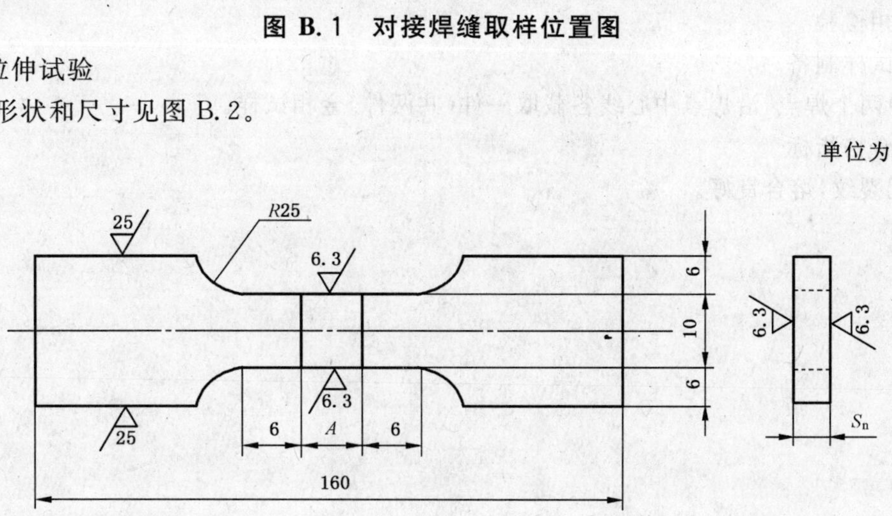

注：A 为受试焊缝实际宽度。

图 B.2　拉伸试样

b)　试验方法

拉伸试验按 GB/T 228 的规定,测定焊接接头的抗拉强度,并注明断口位置。

c)　合格指标

每个试样的抗拉强度应不低于设计规定的最低保证值,且断口不在焊缝金属上。

B.4.2.2.3　弯曲试验

a)　试样型式见图 B.3。

单位为毫米

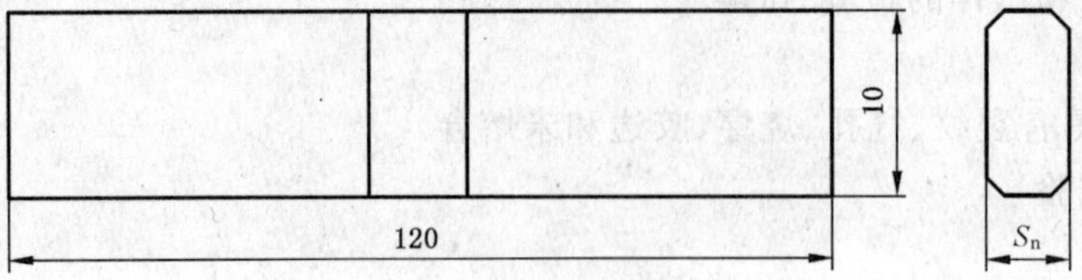

图 B.3 弯曲试样

注：试样的焊缝余高、垫板应以机械加工去除，面弯、背弯试样的拉伸面应平齐且保留母材原始表面，面弯、背弯试样拉伸面棱角应圆滑过渡。

b) 试验方法

弯曲试验按 GB/T 232 和表 B.2 的规定测定焊接接头的致密性和塑性。

表 B.2

弯轴直径	支座间距离	弯曲角度
$4S_n$	$6S_n+3$	180°

c) 合格指标

试样弯曲到规定的角度后，其拉伸面不得出现任何方向的裂纹或缺陷，否则为不合格。

B.4.3 阀体与瓶体角焊缝试件和试样的检验、爆破片与瓶体电阻焊焊缝试件和试样的检验，按附录 A 的 A.4 进行。

B.4.4 把手板与瓶体电阻焊焊缝试件和试样的检验。

B.4.4.1 外观检查

试件接头表面无裂纹、烧穿，压痕深度正常。

B.4.4.2 金相检验

B.4.4.2.1 试样制备

任选其中两个焊点，沿焊点中心线各截取一件（共两件）金相试样。

B.4.4.2.2 合格指标

截面上无裂纹，熔合良好。

附　录　C
（规范性附录）
焊工考试规则

C.1　总则

C.1.1　焊工考试的组织、监督、发证、持证焊工的管理等应遵守国家质量监督检验检疫总局颁发的《锅炉压力容器压力管道焊工考试与管理规则》（以下简称"考规"）的规定。

C.1.2　本附录根据工业用非重复充装焊接钢瓶（以下简称"钢瓶"）的特点，对焊工焊接操作技能考试的内容与方法、考试结果评定作出专门规定。

C.1.3　本附录仅适用于钢瓶的焊工资格考试。

C.2　焊工考试的监督管理与组织按"考规"执行，经省级以上（含省级）批准的焊工考试委员会组织考试。

C.3　考试内容和方法

C.3.1　焊工基本知识考试按"考规"，并增加电阻焊基本知识。焊接操作技能考试按本附录。

C.3.2　钢瓶母材按表C.1中所规定的化学成分要求进行分类。焊工采用某一类别中牌号的母材经焊接操作技能考试合格后，焊接与该牌号相同类别的其他牌号母材的焊件时，不需要重新进行焊接操作技能考试。未能归入表C.1中的材料应重新考试。

表C.1　钢瓶用母材的分类号

类　别	代号	母材化学成分/%						
		C	Mn	P	S	Si	Cr	Ni
碳素钢	Ⅰ	≤0.25	≤1.00	≤0.035	≤0.035	≤0.50		
奥氏体不锈钢	Ⅳ	≤0.08	≤2.00	≤0.035	≤0.030	≤1.00	16.0～20.0	8.0～14.0

C.3.3　实际操作技能考试项目列于表C.2。

表C.2　钢瓶焊工考试项目

项目代号	焊接方法	适用范围
T-P/F-P	凸焊/缝焊	爆破片与上瓶体的焊接
D-B	点焊	板状把手与上瓶体的焊接
GMAW-Y	熔化极气体保护焊	瓶阀与上瓶体的焊接
GMAW-R	熔化极气体保护焊	瓶体环缝

C.3.4　焊工操作技能考试直接在钢瓶瓶体上进行。焊接工艺应经焊接工艺评定合格并由工厂提供，焊接条件与实际生产相同。

C.3.5　从事焊缝返修的手工钨极氩弧焊焊工操作技能考试，按"考规"进行考试。

C.3.6　《焊工考试基本情况表》、《焊工操作技能考试检验记录表》和《焊工焊绩记录表》按"考规"中的附件。

C.4　考试结果与评定

C.4.1　每个项目抽两个试件进行焊后检验并任选其中一件进行破坏性试验。合格标准按表C.3。

C.4.2　非破坏性试验中的试压允许在工厂进行。焊工考试委员会予以监督确认。

C.4.3　T-P/F-P和GMAW-Y的金相试样按附录A的A.4制备。D-B的金相试样按附录B的B.4.4制备。

表 C.3 钢瓶焊工考试合格标准

项目代号	非破坏性试验	破坏性试验	
		试样数量	合格指标
T-P/F-P	无裂纹、烧穿，压痕深度正常，气压试验合格	金相两件	金相低倍检查截面无裂纹、缩孔，熔合良好
D-B	试件表面无裂痕、烧穿，压痕深度正常	金相两件	金相低倍检查断面无裂纹、缩孔，熔合良好，熔核尺寸符合要求
GMAW-Y	无裂纹、气孔、夹渣、未熔合、焊瘤、烧穿、咬边等缺陷，整瓶气压试验合格	金相两件	金相低倍检查截面无裂纹、气孔、未熔合等缺陷，焊缝根部应焊透
GMAW-R	无裂纹、气孔、夹渣、未熔合、焊瘤、烧穿、咬边等缺陷，宽(6.5±0.5)mm，余高≤2 mm(重叠段不计)，整瓶气压试验合格	面弯一件 背弯一件	任何方向无裂纹或缺陷

C.4.4 弯曲试验按附录B的B.4.2.2.3进行。

附　录　D
（资料性附录）
批量检验证明书的格式和内容

××××××公司

工业用非重复充装焊接钢瓶

批量检验质量证明书

钢瓶型号________________

充装介质________________

产品批号________________

制造许可证号________________

生产日期________________

本批钢瓶共______只，经检验符合 GB 17268《工业用非重复充装焊接钢瓶》的要求，是合格产品。

监督检验专用章　　　　制造厂检验专用章

监检员________　　　　质量保证工程师________

年　月　日　　　　年　月　日

制造厂地址：

邮编：　　　　电话：

注：规格要统一，表心尺寸为 150 mm×100 mm。

1. 主要技术数据

钢瓶型号		钢瓶批号	
公称容积/L		瓶体内径/mm	
试验压力/MPa		设计壁厚/mm	

2. 试验瓶的测量

试验瓶号	钢瓶自重/kg	实际水容积/L	最小实测壁厚/mm

3. 瓶体材料化学成分/%

编　号	牌　号	C	S	P
标准的规定值		≤0.12	≤0.02	≤0.025

4. 瓶体材料机械性能

材料厚度/mm	规定非比例延伸强度 $R_{P0.2}$/MPa	抗拉强度 R_m/MPa	延伸率 A/%

5. 焊接材料

焊丝牌号	焊丝直径/mm

6. 水压爆破试验

试验瓶号	爆破片爆破压力/MPa	钢瓶爆破压力/MPa	破口检验	试验结论

试验瓶爆破位置和形状简图：

质量检验员专用章

钢瓶使用说明：
(由制造厂编写)

ICS 07.040
A 79

中华人民共和国国家标准

GB/T 17278—2009
代替 GB/T 17278—1998,GB/T 18315—2001

数字地形图产品基本要求

Basic requirements for products of digital topographic map

2009-05-06 发布　　2009-10-01 实施

中华人民共和国国家质量监督检验检疫总局
中国国家标准化管理委员会　发布

前 言

本标准代替 GB/T 17278—1998《数字地形图产品模式》和 GB/T 18315—2001《数字地形图系列和基本要求》。

本标准与 GB/T 17278—1998 和 GB/T 18315—2001 相比，主要变化如下：

a) 改变了标准的名称。

b) 改变了标准的结构，在标准的技术要素中参考了 ISO 19131:2007《地理信息 数字产品规范》的结构。该改变不影响参考引用 GB/T 17278—1998《数字地形图产品模式》与 GB/T 18315—2001《数字地形图系列及基本要求》标准的相关国家和行业标准，但相关标准的更新版本应引用本标准。

c) 基本覆盖了 GB/T 17278—1998 和 GB/T 18315—2001 两项标准的内容，取消了按比例尺分类。

d) 增加了附录 A、附录 B。

本标准的附录 A、附录 B 是资料性附录。

本标准由国家测绘局提出。

本标准由全国地理信息标准化技术委员会(SAC/TC 230)归口。

本标准起草单位：中国测绘科学研究院、国家测绘局测绘标准化研究所、国家基础地理信息中心、建设综合勘察研究设计院。

本标准主要起草人：苏山舞、邓国庆、于荣花、李莉、殷红梅、黄坚。

数字地形图产品基本要求

1 范围

本标准规定了数字地形图产品的分类、构成、产品标识、内容结构、数据质量等方面的基本要求。

本标准适用于数字地形图产品研制与生产，其他数字地图产品可参照执行。

2 规范性引用文件

下列文件中的条款通过本标准的引用而成为本标准的条款。凡是注日期的引用文件，其随后所有的修改单（不包括勘误的内容）或修订版均不适用于本标准，然而，鼓励根据本标准达成协议的各方研究是否可使用这些文件的最新版本。凡是不注日期的引用文件，其最新版本适用于本标准。

GB/T 7408 数据元和交换格式 信息交换 日期和时间表示法（GB/T 7408—2005，ISO 8601：2000，IDT）

GB/T 13923 基础地理信息要素分类与代码

GB/T 13989 国家基本比例尺地形图分幅和编号

GB/T 14268—2008 国家基本比例尺地形图更新规范

GB/T 16820 地图学术语

GB/T 17694—2009 地理信息 术语（ISO 19104：2008，IDT）

GB/T 17798 地理空间数据交换格式

GB/T 17941 数字测绘成果质量要求

GB/T 18316 数字测绘成果质量检查与验收

GB/T 19710 地理信息 元数据（GB/T 19710—2005，ISO 19115：2003，MOD）

GB/T 20257 国家基本比例尺地图图式

GB/T 20258 基础地理信息要素数据字典

GB/T 21336 地理信息 质量评价过程（GB/T 21336—2008，ISO 19114：2003，MOD）

GB/T 21337 地理信息 质量原则（GB/T 21337—2008，ISO 19113：2002，IDT）

GB/T 22022 地理信息 时间模式（GB/T 22022—2008，ISO 19108：2002，IDT）

GB/T 23707 地理信息 空间模式（GB/T 23707—2009，ISO 19107：2003，IDT）

CH/T 1007 基础地理信息数字产品元数据

3 术语和定义

GB/T 16820、GB/T 17694—2009 确立的及下列术语和定义适用于本标准。

3.1

地图 map

按一定的数学法则，使用符号系统、文字注记，以图解的、数字的或多媒体等形式表示各种自然和社会经济现象的载体。

［GB/T 16820］

3.2

普通地图 general map

综合反映地表的一般特征，包括主要自然地理和人文地理要素，但不突出表示其中的某一种要素的地图。

［GB/T 16820］

3.3

地形图　topographic map

表示地表居民地、道路网、水系、境界、土质与植被等基本地理要素且用等高线等表示地面起伏的普通地图。

［GB/T 16820］

3.4

数字地形图　digital topographic map

以数字形式表示的地形图。

3.5

地图符号库　map symbol base

按照预定结构组织成的供地图编制选用的各种地图符号的数据信息的集合。

［GB/T 16820］

3.6

要素　feature

现实世界现象的抽象。

［GB/T 17694—2009］

注：要素可以是类型或实例出现。当只表达一种含义时，应使用要素类型或要素实例。

3.7

要素属性　feature attribute

要素的性质。

［GB/T 17694—2009］

示例1：一个名为"颜色"的要素属性有一个属于"文本"数据类型的属性值"绿色"。

示例2：一个名为"长度"的要素属性有一个属于"实型数"数据类型的属性值"82.4"。

注1：要素属性包括名称、数据类型和与其相关的值域。要素实例的要素属性也有一个从值域中获得的属性值。

注2：在要素目录中，要素属性可以包括一个值域，但并不列举要素实例的属性值。

4　数字地形图产品分类

4.1　按产品类别分类

数字地形图产品按产品类别分为：基本产品、非基本产品。

基本产品：数字形式的符合相应测绘标准规范的国家基本比例尺地形图。

非基本产品：内容包括地形图上主要要素，可复合影像或晕渲等成果；形式上根据需求设计表达方式和比例尺的数字地形图。

4.2　按数据结构分类

数字地形图按数据结构分为：

a）　矢量；

b）　栅格；

c）　矢栅混合。

4.3　按空间范围分类

a）　标准分幅

标准分幅按 GB/T 13989 执行。

b）　非标准分幅

根据需求进行分幅，包括按行政区域、自然区域及其他区域分幅。

示例1：按行政区域分幅，如按省级区域或县级区域。

示例2：按自然区域分幅，如按流域。

示例3：按其他区域分幅，如按自然保护区。

5 数字地形图产品构成

数字地形图产品应由数据集、数据说明、演示软件(可选)等构成。

数据集的要求见第 9 章～第 14 章,数据说明的要求见第 6 章、第 7 章、第 8 章、第 15 章、第 16 章,演示软件的要求见第 17 章。

6 产品概述

产品概述是对数字地形图的概要描述,主要包括以下几方面:

a) 产品(包括系列产品)的名称、适用范围、服务对象;

b) 产品的数学基础、比例尺、格式;

c) 产品的内容及其分类代码;

d) 覆盖范围;

e) 数据源和数据处理的一般过程。

7 产品覆盖范围

数字地形图的覆盖范围包括地理空间和时间两部分。

7.1 地理空间范围

7.1.1 平面覆盖范围

数字地形图的地理空间范围可用以下几种方式描述:

a) 用地理坐标描述。

示例:经度 114°～120°,纬度 36°～40°。

b) 用数字地形图图上直角坐标描述(应明示参照系、坐标系统、地图投影及其参数)。

c) 用覆盖范围区多边形坐标串描述,给出多边形闭合坐标串。

d) 用相关的地理标识范围描述。

示例:山东省;长江流域;××市及周边地区等。

e) 用地形图图号描述。

地形图图号描述应按 GB/T 13989 执行

示例:J50。

f) 用索引图方法描述。

用各类索引地图表示数字地形图的地理(平面)范围。示例见附录 A。

7.1.2 高程覆盖范围

描述高程覆盖范围时应明示高程基准,高程范围的度量单位描述应采用米(m)。

示例:1985 国家高程基准,2 350 m～8 180 m。

7.2 时间覆盖范围

数字地形图信息内容时间覆盖范围一般用 GB/T 7408 指定使用的公历、24 h 计时制和国际协调时间(UTC),及其他时间表示法。

示例:1985-04-12—1986-04-12。

8 产品标识

数字地形图的产品标识应包括以下内容:

——产品名称:数据产品的名称;

——产品主题:数据产品的主题;

——产品简介:对数据产品内容的简短的叙述性综述;

——产品目的:生成数据产品的用途的综述;
——产品覆盖范围描述:数字地形图覆盖地理区域的范围;
——产品空间分辨率:数字地形图的比例尺或栅格数字地形图的分辨率;
——产品数据结构:数据的物理格式;
——产品密级:产品保密等级;
——日期:生产日期(或编号)或生产批号;
——产品附加信息:对数据产品的其他描述信息,例如版本和时间信息、产品版权信息等。

产品标识应简洁,原则上应能在产品包装中完整标识,在网络中传输的数字地形图的产品标识宜在一个网页中完整标识。

9 内容和结构

9.1 矢量数字地形图

9.1.1 数据组织

一个矢量数字地形图按空间区域范围,可以划分为一个或多个分区,每个分区包括产品所覆盖的全部区域或一个子区域的信息。分区可以按政区、经纬度、图幅等多种方式划分。例如:覆盖某省区的数字地形图,按政区可以分为多个县级子区域。宜用示意图方式描述产品的分区。示例见附录A。

一个矢量数字地形图按要素内容可以分为一个或多个图层。

示例:基于地形图的数字线划地图分为境界、交通、居民地、水系等多层。宜用表格方式描述产品分层。示例见附录B。

9.1.2 要素

矢量数字地形图是基于要素的。图层由要素构成。

9.1.2.1 要素分类代码与属性

数字地形图要素分类代码应包括:名称、定义、代码,可包括要素作用、要素属性名、要素关系等内容。数字地形图基本产品的要素分类代码按GB/T 13923执行。

数字地形图要素的要素属性的规定应包括:名称、定义、数据类型、值域,可包括代码、数据单位、值域类型等内容。如果值域是枚举型的应枚举全部值。数字地形图基本产品的要素属性按GB/T 20258执行。

数字地形图中各类要素标识码应根据产品的用途和内容采用相应的国家标准代码,在没有国家标准时,可采用相应的行业代码或由生产者与用户商定自行编制代码。产品要素内容分类与分类代码应明示在产品说明中。

9.1.2.2 要素几何表达

宜采用GB/T 23707中定义的点、曲线、曲面、体几何单形及结点、边、拓扑面、拓扑体拓扑单形对要素进行几何表达。

9.1.2.3 要素时间位置表达

时间位置表达是对象的时间组成部分的数字描述,宜采用GB/T 22022中定义的时刻和时段几何单形对要素进行时间表达。

9.2 栅格数字地形图

9.2.1 格网单元属性

格网单元属性(cell attribute)表示单元中心位置附近的主要特征,例如:
——格网单元属性表示单元中心位置特征;
——格网单元属性表示单元西南角位置特征;
——格网单元属性表示单元内平均特征等。

栅格数字地形图格网单元属性表达的位置特征应明示在相关数据说明中。

9.2.2 头文件

头文件包括数字地形图的定位信息，应包括：字符顺序；文件中段的结构；横向方向的格网单元行数；纵向方向的格网单元列数；分层（或：波段）数；格网单元的字节数；无数据区的数值；文件定位坐标（如：起始格网单元坐标）；横向和纵向格网单元宽度等内容。

9.2.3 属性的描述

栅格数字地形图属性是格网单元的值。

示例：模拟（纸制）地图经扫描、几何纠正及色彩归化后形成的数字栅格地图（DRG）用 R＝78，G＝125，B＝208（蓝色）作为格网单元值表示水涯线和线状水系。

9.3 矢栅混合的数字地形图

矢量和栅格两种数据叠加的数字地形图坐标系统、地图内容和位置精度应相互协调一致，各类数据的内容及结构要求分别见 9.1、9.2。

注：影像地形图与晕渲地形图是矢栅混合的数字地形图的实例。

10 参照系

10.1 空间参照系

数字地形图基本产品所采用的大地坐标系、高程基准及深度基准应符合国家相关规定。

数字地形图基本产品投影：

a) 1∶1 000 000 采用正轴等角割圆锥投影；

b) 1∶25 000～1∶500 000 采用高斯—克吕格投影，按 6°分带；

c) 1∶5 000～1∶10 000 采用高斯—克吕格投影，按 3°分带；

d) 1∶500～1∶2 000 采用高斯—克吕格投影，按 3°分带。亦可选择任意经度作为中央经线的高斯—克吕格投影。

数字地形图非基本产品的空间参照系根据用户要求确定，应描述以下内容。

a) 椭球体名称和/或椭球体参数；

示例：a（赤道半径）＝6 378 137 m，f（扁率）＝1/298.257 222 101。

b) 坐标系的名称；

示例：2000 国家大地坐标系（CGCS2000）。

c) 地图投影的名称及其参数；

示例 1：高斯投影，6°分带，东移 500 km；

示例 2：双标准纬线等积圆锥投影，中央经线 106°，第一标准纬线 39.5°，第二标准纬线 40°。

10.2 时间参照系

在需要时，数字地形图中规定的时间参照系应采用在 GB/T 22022 中定义的参照系统，其包括三种公共时间参照系类型：日历（在高分辨率时与时钟一起使用）、时间坐标系统和顺序时间参照系。

11 数据获取

数字地形图的制图资料和数据源应具有权威性。

应根据产品需求对数字地形图及其制图资料的时效性（现势性）做出要求。在同一产品中可对不同的制图要素制定不同的时效性的要求。

各类数字地形图宜选用最新的国家基本比例尺地形图或国家基础地理信息系统系列比例尺数据库信息作为基础信息。

通过制图资料采集的数据，应符合相应的测绘技术规范。

12 数据质量

12.1 基本要求

数字地形图质量要求的制定宜按 GB/T 21337、GB/T 21336 执行。

数字地形图基本产品质量应符合 GB/T 17941 要求。

数字地形图产品质量检查与验收应符合 GB/T 18316 的要求。

非基本产品质量应根据产品性质和规范及用户需求做相应规定。

12.2 位置精度

12.2.1 平面位置精度

12.2.1.1 基本产品平面位置精度

地物点对最近野外控制点的图上点位中误差不得大于表 1 的规定。特殊和困难地区地物点对最近野外控制点的图上点位中误差按地形类别放宽 0.5 倍。

表 1 平面位置精度

单位为毫米

地形图比例尺	平地、丘陵地	山地、高山地
1∶500～1∶2 000	0.6	0.8
1∶5 000～1∶100 000	0.5	0.75
1∶250 000～1∶1 000 000(编绘法)	用于编绘的原图应符合精度要求	

12.2.1.2 非基本产品平面位置精度

非基本产品平面位置精度应根据产品性质和规范及用户需求做相应规定。

12.2.2 高程精度

12.2.2.1 基本产品高程精度

高程注记点、等高线对最近野外控制点的高程中误差不得大于表 2 的规定。特殊和困难地区高程中误差可按地形类别放宽 0.5 倍。

表 2 高程精度

单位为米

		平地	丘陵地	山地	高山地
1∶500	注记点	0.2	0.4	0.5	0.7
	等高线	0.25	0.5	0.7	1.0
1∶1 000	注记点	0.2	0.5	0.7	1.5
	等高线	0.25	0.7	1.0	2.0
1∶2 000	注记点	0.4	0.5	1.2	1.5
	等高线	0.5	0.7	1.5	2.0
1∶5 000	注记点	0.35	1.2	2.5	3.0
	等高线	0.5	1.5	3.0	4.0
1∶10 000	注记点	0.35	1.2	2.5	4.0
	等高线	0.5	1.5	3.0	6.0
1∶25 000	注记点	1.2	2.0	3.0	5.0
	等高线	1.5	2.5	4.0	7.0
1∶50 000	注记点	2.5	4.0	6.0	10.0
	等高线	3.0	5.0	8.0	14.0

表 2（续）

单位为米

		平地	丘陵地	山地	高山地
1∶100 000	注记点	5.0	8.0	12.0	20.0
	等高线	6.0	10.0	16.0	28.0
1∶100 000～1∶1 000 000		用于编绘的原图应符合精度要求			

12.2.2.2　**非基本产品高程精度**

非基本产品高程精度应根据产品性质和规范及用户需求做相应规定。

12.2.3　**最大误差**

基本产品以两倍中误差为最大误差。

非基本产品最大误差应根据产品性质和规范及用户需求做相应规定。

12.3　**基本等高距、高程注记点密度**

基本产品基本等高距(1∶1 000 000 数字地形图除外)依据地形类别划分，按表 3 规定执行。

表 3　基本等高距

单位为米

图比例尺	平地	丘陵地	山地	高山地
1∶500	1.0(0.5)	1.0	1.0	1.0
1∶1 000	1.0	1.0	1.0	2.0
1∶2 000	1.0	1.0	2.0(2.5)	2.0(2.5)
1∶5 000	1.0	2.5	5.0	5.0
1∶10 000	1.0	2.5	5.0	10.0
1∶25 000	5(2.5)	5	10	10
1∶50 000	10(5)	10	20	20
1∶100 000	20(10)	20	40	40
1∶250 000	50	50	100	100
1∶500 000	100	100	200	200

1∶1 000 000 数字地形图等高距为：高度 0 m～2 000 m，等高距为 200 m，并加绘 50 m 等高线；高度 2 000 m 以上，等高距为 250 m。

当地势十分平坦或用图需要时，基本等高距可选用括号内的数值，其高程精度通过比例换算确定。

高程注记点密度为图上每 100 cm^2 内 8～20 个。

13　维护

数字地形图基本产品更新周期参照 GB/T 14268—2008 规定。

数字地形图非基本产品宜根据产品内容和要求，按需要进行周期或不定期进行数字地图产品更新。

14　图示表达

数字地形图基本产品要素的图示表达应符合 GB/T 20257 的规定。

由两种或两种以上基本产品经内容选取合成的非基本产品，应综合兼顾派生因素的表达效果和用户需求。数字影像地形图和数字晕渲地形图，在用户需求以影像和高程信息为主时，宜从选取数量和表达方式上，适当淡化矢量信息突出用户需求，当用户需求仅将影像与高程信息作为背景时，宜将其放在第二平面，突出展示矢量信息。

15 分发

a） 数字地形图产品分发时应描述下列信息：

——格式名称：数据存储格式。数字地形图宜采用 GB/T 17798 格式。在采用非国家标准格式和常用格式时，应详细描述产品的格式，宜提供格式转换工具。

——文件结构：数据存储目录。

——语言：数据属性及描述所使用的语言。

——分发单元：分幅、分区的空间范围。

——传输大小：数据量大小。

——介质名称：存储数据的介质。

——其他分发信息：对数据产品的其他描述信息。

b） 数字地形图产品以光盘为主要存储介质，也可使用磁盘、磁带等，不涉密的数字地形图产品亦可在网络上传输使用。外包装上应包括产品的名称、类别、数学基础、比例尺、数据格式、内容及覆盖范围等内容。

16 元数据

数字地形图元数据应基于 GB/T 19710 结合具体的成果类型确定具体成果的元数据内容。

数字地形图基本产品元数据应符合 CH/T 1007 的规定。

17 演示软件

有演示软件的数字地形图，其演示软件宜具备图形（图像等）显示、要素内容检索查询、生成统计图表等方面的功能。

18 密级

数字地形图应包含密级要求，密级的划分按国家有关的保密规定执行。

附 录 A
（资料性附录）
索引图表示数字地形图的地理（平面）范围与分区实例

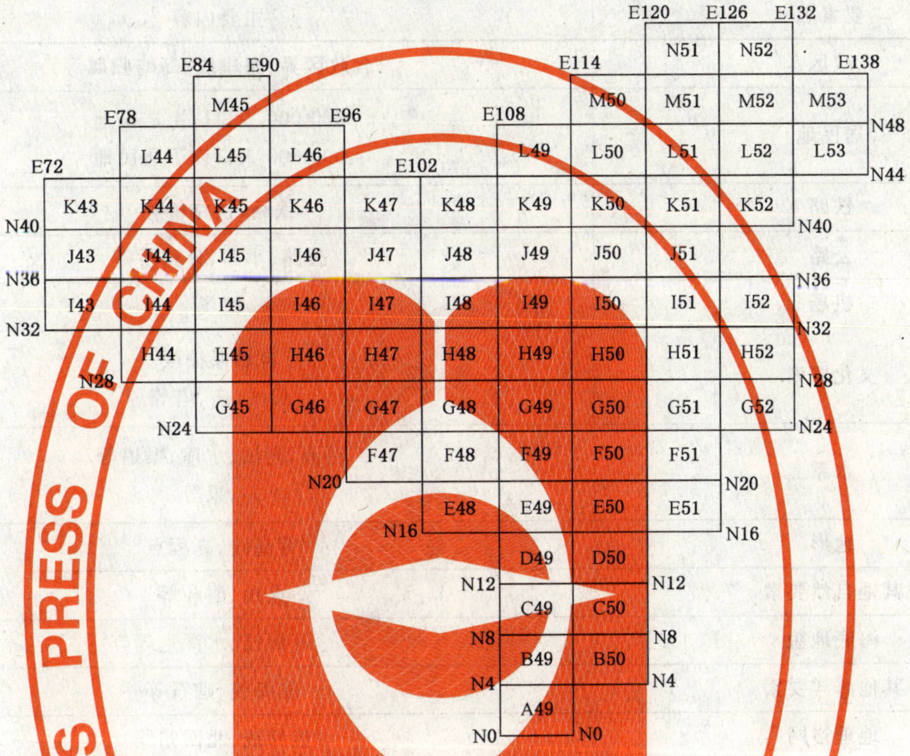

图 A.1 中国数字地图 1∶1 000 000 国际版覆盖范围及分区

附 录 B
（资料性附录）
中国数字地图 1：1 000 000 国际版 2002 版矢量数据逻辑分层表

要素名	主要内容
政区	含政区界、海岸线、岛屿归属等
居民地	500 000 人口以上居民地 500 000 人口以下居民地
铁路	铁路、铁路桥等
公路	公路、小路、公路桥等
机场	机场
文化要素	自然保护区 长城、庙、塔等
水系	河流、湖泊、水库、渠道等 井、泉等
地形	等高线、高程点
其他自然要素	火山、溶斗等
海底地貌	等深线、水深点等
其他海洋要素	航海线、礁石等
地理格网	经纬线、北回归线

ICS 75.040
E 21

中华人民共和国国家标准

GB/T 17280—2009
代替 GB/T 17280—1998

原油蒸馏标准试验方法 15-理论板蒸馏柱

Standard test method for distillation of crude petroleum—15-Theoretical plate column

2009-04-08 发布

2009-11-01 实施

中华人民共和国国家质量监督检验检疫总局
中国国家标准化管理委员会 发布

前言

本标准修改采用美国试验与材料协会标准 ASTM D2892:2005《Standard test method for distillation of crude petroleum(15-Theortical plate column)(原油蒸馏标准试验方法)(15-理论板蒸馏柱)》,对 GB/T 17280—1998《原油蒸馏标准试验方法》进行修订。

由于我国的标准计量温度是 20 ℃,本标准将 ASTM D2892:2005 标准中规定的测定试样 15 ℃的密度和体积,改为测定试样 20 ℃或 15 ℃的密度和体积。

本标准做了下列编辑性修改:

a) "本试验方法"一词改为"本标准"。

b) "附录 A1~A8"改为按"附录 A、附录 B、附录 C、附录 D、附录 E、附录 F、附录 G、附录 H"编排,"附录增补 X1 和 X2"改为按"附录 I 和附录 J"编排。

本标准代替 GB/T 17280—1998《原油蒸馏标准试验方法》。

本标准与 GB/T 17280—1998 相比,主要修订内容如下:

——将标准名称《原油蒸馏标准试验方法》改为《原油蒸馏标准试验方法 15-理论板蒸馏柱》。

——增加的规范性引用文件:GB/T 13377 原油和液体或固体石油产品密度或相对密度测定法、SH/T 0604 原油和石油产品密度测定法、ASTM D2887 石油馏分沸点范围分布测定方法、ASTM D3710 汽油和汽油馏分沸点范围分布测定方法、ASTM D4177 石油和液体石油产品自动取样方法、ASTM D5134 石油中石脑油组分精细分析的试验方法(正壬烷毛细管气相色谱法)、ASTM D6729 火花点火发动机燃料各组分测定方法(100 米毛细柱高分辨率气相色谱法)、ASTM D6730 火花点火发动机燃料各组分测定方法[100 米毛细柱(预处理柱)高分辨率气相色谱法]、ASTM D6733 火花点火发动机燃料各组分测定方法(50 米毛细柱高分辨率气相色谱法)。

——删除的引用文件:GB/T 260 石油产品水分测定法、GB/T 9168 石油产品减压蒸馏测定法、SY/T 0542 稳定轻烃组分分析和 SY/T 7504 原油中正辛烷及以前烃组分分析。

——增加了"仪器性能评定"一章。

——增加了相应的"注解"部分。

——增加了"F.3.2 试验步骤"一条。

——将原标准中"试样水含量>0.1%"时应脱水,改为本标准中"试样水含量>0.3%"时应脱水。

——将原标准中的附录 H 改为本标准中的资料性附录 I,将原标准中的附录 J 改为本标准中的规范性附录 H。

——增加了资料性附录 J 的内容,代替原标准中附录 K 的内容。

——增加了图 J.1、图 J.2 和表 1、表 2、表 J.1、表 J.2、表 J.3、表 J.4、表 J.5。

——删除了原标准中的图 2、图 5、图 F4、图 K1、图 K2 和表 1、表 2、表 3、表 4、表 K1。

——删除了原标准中附录 K 的内容。

本标准的附录 A、附录 B、附录 C、附录 D、附录 E、附录 F、附录 G、附录 H 为规范性附录,附录 I 和附录 J 为资料性附录。

本标准由中国石油天然气集团公司提出。

本标准由全国石油天然气标准化技术委员会归口。

本标准由大庆油田工程有限公司负责起草、中国石化化工科学研究院、克拉玛依石化公司炼油化工研究院参加起草。

本标准主要起草人：宋一青、范登利、李剑新、赵中福。

本标准所代替标准的历次版本发布情况为：

——GB/T 17280—1998。

原油蒸馏标准试验方法 15-理论板蒸馏柱

1 范围

1.1 本标准规定了对稳定原油进行蒸馏，最终达到一个相当于常压温度(AET)400 ℃的切割温度的操作过程。本标准使用具有14块～18块理论塔板的蒸馏柱，在回流比5∶1条件下操作。本标准规定了所需仪器的性能，并列举了一些典型仪器的流程图。本标准兼顾效率和时间，便于实验室之间蒸馏数据的比较。

注：规定试样的雷德蒸气压不大于82.7 kPa。

1.2 本标准详细介绍了从分析数据上如何得到标准量的液化气、蒸馏馏分及残渣产品的切割质量，并确定上述各馏分的质量收率或体积收率。由蒸馏数据可以绘出温度与蒸馏馏分的质量收率（质量分数，%）曲线图。该蒸馏曲线符合实验室技术，定义为15/5(15理论板蒸馏柱，5∶1回流比)或称为实沸点(TBP)曲线。

1.3 本标准除液化石油气，很轻的石脑油及初馏点高于400 ℃以上的石油馏分外，可用于任何石油混合物。

1.4 本标准不涉及与安全有关的事项，仅与使用有关。但在应用本标准的仪器和操作时可能会涉及到有害物质，用户有必要在使用前考虑和建立适当的安全和防护措施。某些特定条款的警告内容见第10章。

2 规范性引用文件

下列文件中的条款通过本标准的引用而成为本标准的条款。凡是注日期的引用文件，其随后所有的修改单(不包括勘误的内容)或修订版均不适用于本标准，然而，鼓励根据本标准达成协议的各方研究是否可使用这些文件的最新版本。凡是不注日期的引用文件，其最新版本适用于本标准。

GB/T 1884　原油和液体石油产品密度实验室测定法(密度计法)(GB/T 1884—2000,eqv ISO 3675:1998)

GB/T 1885　石油计量表(GB/T 1885—1998,eqv ISO 91-2:1991)

GB/T 2540　石油产品密度测定法(比重瓶法)

GB/T 4756　石油液体手工取样法(GB/T 4756—1998,eqv ISO 3170:1988)

GB/T 8929　原油水含量的测定　蒸馏法(GB/T 8929—2006,ISO 9029:1990 MOD)

GB/T 13377　原油和液体或固体石油产品密度或相对密度测定法(毛细管塞比重瓶和带刻度双毛细管比重瓶法)(GB/T 13377—1992,neq ISO 3838:1983)

SH/T 0604　原油和石油产品密度测定法(U型振动管法)(SH/T 0604—2000,eqv ISO 12185:1996)

ASTM 2887　石油馏分沸点范围分布测定方法(气相色谱法)

ASTM D3710　汽油和汽油馏分沸点范围分布测定方法(气相色谱法)

ASTM D4177　石油和液体石油产品自动取样方法

ASTM D5134　石油中石脑油组分精细分析的试验方法(正壬烷毛细管气相色谱法)

ASTM D6729　火花点火发动机燃料各组分测定方法(100米毛细柱高分辨率气相色谱法)

ASTM D6730　火花点火发动机燃料各组分测定方法[100米毛细柱(预处理柱)高分辨率气相色谱法]

ASTM D6733　火花点火发动机燃料各组分测定方法(50米毛细柱高分辨率气相色谱法)

3 术语和定义

下列术语和定义适用于本标准。

3.1

绝热性 adiabaticity

整个蒸馏柱没有明显的热量增加或热量损失状况。

当蒸馏一个化合物的混合物时，如原油，在回流比下降时，蒸馏柱回流有正常的增加。当蒸馏柱发生热量损失，其柱内回流比柱头回流异常的增大。而柱保温套加热过量时，情况则相反。

3.2

蒸出速率 boilup rate

单位时间内进入蒸馏柱的蒸气量。

对给定的蒸馏柱以 mL/h 表示，或为了便于比较，以 mL/(h·cm^2)表示。在后者的情况下，可参考正庚烷-甲基环己烷试验混合物蒸馏柱效率测定部分(见附录 A)，在蒸馏柱底部进行测量。正庚烷-甲基环己烷试验混合物的最大蒸出速率是在蒸馏稳定无液泛的条件下测定的。常规的绝热操作，蒸出速率可由流出速率乘以回流比加 1 估算。

3.3

原油的脱丁烷 debutanization of crude petroleum

脱去原油中包括正丁烷在内之前的轻烃，保留较重的烃类。

在实际中，原油脱丁烷是指将存在原始试样中多于 95%的 C_2～C_4 和少于 5%的 C_5 的烃类收集在冷阱中。

3.4

蒸馏压力 distillation pressure

蒸馏压力测量应尽可能靠近出现蒸气的部位，通常在冷凝器的顶端。

3.5

蒸馏温度 distillation temperature

在蒸馏柱顶部测定的饱和蒸气温度。

此温度也称为柱头温度或气相温度。

3.6

动滞留量 dynamic hold-up

在正常操作条件下，蒸馏柱中滞留液体的量。

对填料柱以填充的体积百分数表示，以便该数据能与其他填料进行比较。对板式蒸馏柱，以毫升每板表示，由于板式柱的塔板间距各不相同，其数据仅能在相同直径的板式柱之间比较。填料柱与板式柱之间的数据不能比较，除非这些数据都以毫升每理论板(mL/理论板)的绝对单位表示(见表 1)。动滞留量随蒸出速率增大而增加，直到泛点，且随蒸馏柱种类不同而异。

3.7

泛点 flood point

在蒸馏柱中迅速上升的蒸气阻碍液体向下回流，当柱中瞬间充满液体时即为泛点。

此时，蒸气无法到达蒸馏柱的顶部，应降低蒸馏釜的加热量，重新建立正常的操作。泛点通常是在用正庚烷-甲基环己烷试验混合物评定蒸馏柱效时测定(见附录 A)。

3.8

内回流 internal reflux

液体在蒸馏柱内正常向下流动。

在蒸馏柱绝热条件下，蒸馏一个纯化合物时，内回流从柱顶到柱底是恒定不变的，等于分配器内的回流。蒸馏原油时，因在滞留量中出现分馏作用形成温度梯度，使柱底部的内回流量变得较大。

3.9

压力降 pressure drop

冷凝器和蒸馏釜之间的压力差。

填料柱的压力降以填料高度的 kPa/m 表示，板式柱的压力降以塔柱总高度的 kPa 表示。在给定蒸出速率下，芳烃的压力降比链烷烃的压力降高，分子量大的压力降比分子量小的压力降高。

3.10

回流比 reflux ratio，*R*

回流液与馏出液之比。

蒸气到达蒸馏柱的头部全部冷凝成液体，它分为两部分：一部分回到蒸馏柱中称为回流液(L)；另一部分作为蒸馏的产品流出，称为馏出液(D)。回流比为($R=L/D$)，它可由零($L=0$，无回流)到无穷大($D=0$，全回流)。

3.11

静滞留量或润湿量 static hold-up or wettage

蒸馏结束排除液体后，蒸馏柱中保留液体的量。

静滞留量表明填料或塔板设计的特性，它取决于在最后切割点时柱内物质的组成和最终温度。

3.12

流出速率 takeoff rate

由回流分配器流出产品的速率，以 mL/h 表示。

3.13

理论板 theoretical plate

气液相之间达到热力学平衡所需要的蒸馏柱段即为理论板。

填料柱以一块理论板的相应高度即等板高度(HETP)mm 表示，对实际的板式柱，其效率是以一块实际塔板相当于一块理论板的百分数表示。

表 1 常压下在最大蒸出速率的 75%时正庚烷-甲基环己烷试验混合物数据

填料名称		填料 Propak			填料 Helipak		多孔板 Peforated Plate		丝网 Goodloe Wire Mesh	
塔内径/mm		25	50	70	25	50	25	50	25	50
填料尺寸/mm		4	6	6	No. 2917	No. 2918	不适用	不适用	不适用	不适用
蒸出速率/[mL/(h·cm²)]		650	670	675	300	350	640	660	810	1 050
动滞留量	填料体积分数/%	17	15.3	17.0	15	14.3	不适用	不适用	8.0	10.0
	mL/理论板	3.2	16	39	1.6	8.7	2.8	12.3	2.0	12.9
压力降	kPa/m	1.2	1.05	0.94	1.53	1.41	不适用	不适用	0.97	0.75
	kPa/理论板	0.045	0.056	0.06	0.03	0.045	0.15	0.16	0.05	0.05
等板高度(HETP)/mm (实际板数的%)		38	53	61	21	32	(60%)	(65%)	48	66
对 15 理论板的塔	填料高度/cm(板数)	57	80	91	31.5	48	(25)	(23)	72	99
	填料体积/mL	280	1 570	3 460	155	917	不适用	不适用	353	1 940
	动滞留量/mL	47	240	590	23	131	42	184	28	194
	压力降/(kPa/m)	0.68	0.84	0.86	0.48	0.68	2.2	2.4	0.70	0.73
装样体积/L										
最小(4%滞留量)		1.2	6.0	15	0.575	3.3	1.0	4.6	0.7	4.9
最大(1%滞留量)		4.8	24.0	60	2.3	13.0	4.2	10.4	2.8	19.4

4 试验方法概述

4.1 称量 1 L 到 30 L 的稳定原油，蒸馏到最高温度为常压相当温度(AET)400 ℃，蒸馏柱的效率，在全回流时具有 14 块～18 块理论塔板数。

4.2 除在最低压力段，即在 0.674 kPa 和 0.27 kPa 之间蒸馏时，其回流比选择为 2∶1 外，其余各段压力下的回流比均为 5∶1。在合作试验或出现疑问时，对低压力段回流比和切割点温度的确定，在蒸馏开始前各有关方应协调一致。

4.3 温度、压力及其他变量的观测，应按一定时间间隔进行，并在每个馏分达到切割点时或馏分切割结束后记录下来。

4.4 得到每个切割馏分的质量和密度，从包括液化气和残液在内的所有馏分计算出蒸馏的质量收率，根据质量和密度计算出所有馏分和残液在 20 ℃或 15 ℃的体积收率。

4.5 根据所得数据，用常压相当温度与质量收率或体积收率的二者之一绘图，绘出实沸点蒸馏曲线(TBP)。

5 意义和用途

5.1 本标准是评价原油价值的方法之一，它提供了不同沸点范围馏分收率的估计值，并由此技术研究它具有的商业价值。

5.2 本标准符合实验室蒸馏标准，蒸馏柱效为 15/5。蒸馏所得馏分可作为产品或配制成一系列样品以便进一步分析研究、工程应用和评价产品的质量。这些馏分样品的预配制及其性质评价不包括在本标准中。

5.3 除液化石油气、很轻的石脑油及初馏点高于 400 ℃(AET)以上的混合物外，本标准可作为任何石油混合物的分析检验手段。

6 仪器

6.1 常压蒸馏

仪器所有部件应符合第六章要求，自动仪器也应符合同样的要求，典型的蒸馏仪器如图 1 所示。

6.1.1 蒸馏釜

蒸馏釜的体积应与蒸馏柱相匹配：蒸馏釜装样量多少应由蒸馏柱的滞留量特性来决定(具体数据见表 1 和附录 B)；蒸馏釜的体积至少应大于试样体积的 50%。一般蒸馏釜的体积在 1 L～30 L 之间，蒸馏釜应有两个侧口臂(至少一个)。

6.1.1.1 蒸馏釜上的一个侧口臂用来安装热电偶套管，套管插入深度距离釜底约 5 mm，确保在蒸馏结束时，热电偶套管末端仍浸在液体中。另一个侧口臂用于吹氮气、测量压力降或为机械搅拌，也可两者兼用。

6.1.1.2 如果使用磁力搅拌器用于球型蒸馏釜，要求蒸馏釜的釜底稍平或稍凹，目的是使磁力搅拌器在搅拌时不碰撞玻璃壁。在这种情况下，为避开磁性搅拌子，热电偶套管末端应偏离釜底中心(40±5)mm。也可用防暴沸材料代替搅拌器。

6.1.1.3 玻璃蒸馏釜的优点是透明可见，但不宜太大，因为试样装入越多危险越大。体积大于 10 L 的蒸馏釜不宜采用玻璃材质。

6.1.2 加热系统

蒸馏釜的加热，在各个压力段下蒸馏时加热速度应始终维持平稳状态，并保持液体充分沸腾。电加热套能够包围住不少于蒸馏釜一半的体积，加热套的热量分布为底部中央占 1/3，周围占 2/3。使用比例式控制器时，可通过手动调节每个回路上的可变变压器来调节加热量，压力传感器根据不同压差，自动控制较小的加热器或者由蒸馏速率直接控制加热量。

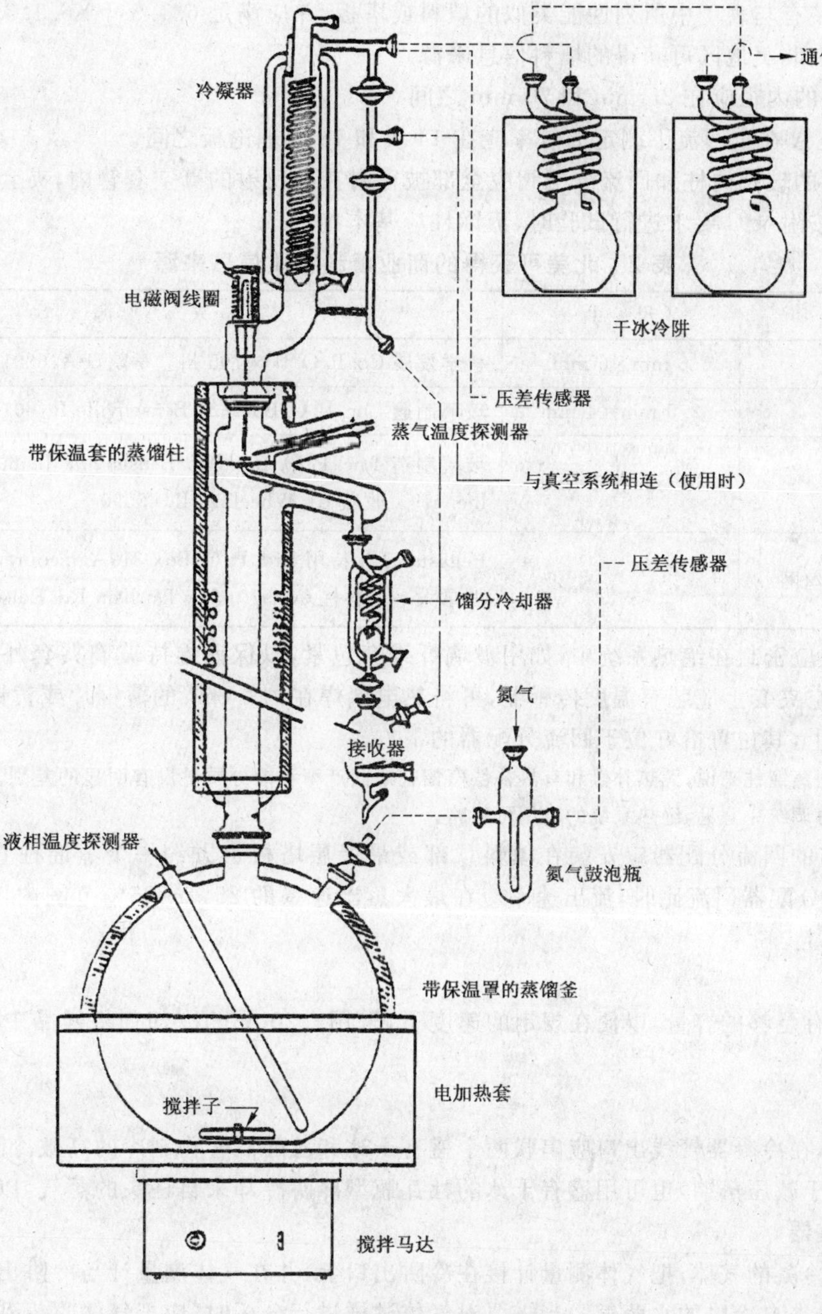

图 1　蒸馏系统示意图

6.1.2.1　为确保原油在蒸馏过程中充分沸腾，最小加热功率需要约为 0.125 W/mL 试样。为了快速加热，宜采用上述两倍的加热功率(即 0.25 W/mL 试样)进行加热。

6.1.2.2　加热套的加热密度大约在 0.5 W/cm²～0.6 W/cm² 之间，为保证加热套的使用寿命，应使用镍加固的石英纤维编织物。

6.1.2.3　浸没式加热器也可使用，且具有传热快的优点，但易损坏，并要求使用专门设计的蒸馏釜，确保蒸馏结束时，加热元件仍保持浸没在液体中，其加热密度约为 4 W/cm²。

6.1.2.4　蒸馏釜的上半部应覆盖一个半圆形的加热套，防止蒸馏釜上部表面的热量损失，该加热套应具有在满载电压下提供最大加热功率约为 0.25 W/cm² 的能力。

6.1.3 **蒸馏柱**

蒸馏柱内应装有与表1中所列性能类似的填料或塔板，并应满足6.1.3.1～6.1.3.4的技术规范要求。表2列举了在北美地区可获得的填料信息来源。

6.1.3.1 蒸馏柱的内径应在25 mm和70 mm之间。

6.1.3.2 按附录A在全回流下测定的效率应在14块和18块理论板之间。

6.1.3.3 蒸馏柱的玻璃内柱和回流分配阀应全部被密封在高反射的真空套管内，夹套中的残压始终低于0.1 mPa。当按附录C要求进行试验时，蒸馏柱应基本绝热。

表2 北美可获得的商业填料物质信息来源

名 称	尺 寸	来 源
Propak 填料	6 mm×6 mm	科学发展 Co. P. O. Box 795 州立学院，PA16801
Helipak 填料	2.5 mm×4 mm	玻璃制造 Lnc. P. O. Box 825 Bensenville IL 60106
多孔板	25 mm 和 50 mm	玻璃制造 Lnc. P. O. Box 825 Bensenville IL 60106 W. A. 销售 lnc. 419 收获 Ct. Wheeling，IL 60090
Goodloe multiknit 丝网		Pegasus 工业特用 Ltd. P. O. Box 319Agincourt，Ontarial MIS 3B9 加拿大 填料柱 Co. 970 New Durham Rd. Edison，NJ 08817

6.1.3.4 蒸馏柱应密封在绝热系统中，如用玻璃纤维套包紧，以保证维持玻璃夹套外壁温度与内部蒸气温度相近。真空夹套上应装有温度传感器，可将热电偶焊在约6 cm^2 的薄铜片或黄铜片上，并固定在玻璃夹套的外壁上，其位置恰好位于回流分配器的下方。

注：对某些类型蒸馏柱来说，无热补偿和有热补偿蒸馏柱之间产率和馏分质量没有明显的差别。在这种情况下，各用户经过协调统一意见，绝热系统的应用可忽略。

6.1.3.5 可调节的回流分配器应安装在填料顶部或最上层塔板上方约一个蒸馏柱直径距离的位置。当按附录G测定分配器回流比时，流出速率应在最大蒸出速率的25%～95%范围内，对冷凝液的分离精度应在90%以上。

6.1.4 **冷凝器**

冷凝器应具有足够的容量，以便在规定的速度下，采用−20 ℃的冷却剂将样品中所有 C_4 到 C_5 组分完全冷却。

6.1.5 **冷阱**

蒸馏开始时，在冷凝器管线出口应串联两个盛有干冰和乙醇混合物制冷的高效冷阱，冷凝蒸馏初期产生的轻烃。对于减压蒸馏，也可用盛有干冰的杜瓦瓶型冷阱冷却来自柱头的蒸气，以保护真空仪表。

6.1.6 **气体收集器**

如需计量未冷凝的气体，把气体测量计接在冷阱出口上，并在气体测量计与冷阱出口之间接一个氯化钙干燥管，除去来自冷阱的水蒸气。当需要对气体试样进行分析时，应把气体收集到放在计量计附近或接在测量计后的一个合适体积的空塑料气球中。气体试样进入已知体积的抽真空的瓶中，由气体膨胀产生的压力升高计算出气体组分的体积。

6.1.7 **馏分收集器**

蒸馏仪器的一部分，用以收集蒸馏得到的馏分。馏分接收器可在常压、减压蒸馏操作时连续地接收蒸出馏分，此期间无需中断蒸馏。在减压蒸馏时，可在不破坏蒸馏柱内的条件下取出馏分。

6.1.8 **产品接收管**

接收管应有合适的体积，要与蒸馏开始时装入蒸馏釜中原油的体积相对应，每个接收管的容量一般为100 mL～500 mL，其刻度应经过标定，最小刻度读数允许读至总体积的1%。

6.2 **减压蒸馏**

除6.1所列仪器以外，减压蒸馏时还应包括下列仪器设备：

6.2.1 **真空泵**

真空系统在各段减压操作时应保持系统压力平稳，具有在 30 s 内把馏分收集器从常压抽真空至 0.25 kPa 的能力，以避免收集器在减压下排空时干扰系统压力。也可单独使用一个真空泵，专为接收馏分时用。

6.2.2 **真空压力表**

真空压力表与系统的连接点应靠近回流分配阀头部，连接管的直径应足够大，确保在管线中无可测得的压力降产生，不应将真空压力表连接到靠近真空泵的地方。也可在压力表安放处进行缓冲设计(如装在缓冲瓶上)，以确保数据稳定、可靠；同时可防止来自冷凝器的蒸气组分和水蒸气的影响。

6.2.3 **压力调节器**

在所有减压操作过程中，压力调节器的作用应保持系统压力基本恒定。当要求恒压时，压力调节器就能在靠近真空泵的抽气管线上间断地吸进空气，以实现自动恒压的目的。电磁阀是理想的压力调节器，它应安装在真空泵与容量最少 10 L 的缓冲罐之间。此外，也可靠训练有素的操作人员谨慎地手动调节泄气阀达到恒压的目的。

6.3 **传感器和记录仪**

6.3.1 **温度传感器**

仅用于温度测量系统，并应满足 6.3.1.1 和 6.3.1.2 的需求。

6.3.1.1 蒸气温度传感器可使用铂电阻，其顶部焊接在热偶套管底部的一种 J 型温度传感器，或任何满足本条和 6.3.1.2 要求的传感器。温度传感器的触点应置于填料的顶部或最高层玻璃塔板上紧靠近回流分配器，而又接触不到回流液体的地方。蒸气温度传感器的安装位置应按附录 D 检验；温度传感器的冷却时间按附录 E 测定，冷却时间不应超过 175 s。

6.3.1.2 蒸气温度传感器测量仪器应具有 0.5 ℃或更高的测量精度，及 0.1 ℃或更低的分辨率。液相温度测量仪器应具有 1.0 ℃或更高的测量精度，及 0.5 ℃或更低的分辨率。记录温度分为手动或自动两种方式，可任意选择。

6.3.1.3 按附录 F 对温度传感器进行校准。经过检定的传感器也可使用，应提供一个传感器的校准和能够溯源到原始温度标准的记录仪器。在首次使用一个温度传感器及与其相关联的仪器时，应对所测定的全部温度范围(从 0 ℃～400 ℃)进行校准。任何传感器或仪器被检修或维修后，都应重新进行校准。温度传感器的校准应按统一规定的标准进行，蒸气温度传感器宜一个月进行一次校准，液相温度传感器宜每 6 个月进行一次校准。温度传感器的校准，可用标准精密电阻或蒸馏一种已知准确沸点的纯化合物来完成。

6.3.2 **真空表**

作为原始标准真空表的非侧倾麦式真空表和水银压力计，如使用正确和保养得当，无需校准也可使用。尽管水银压力计应能够将压力降到约 1 kPa 的准确度，但是也只有在带有好的测高计(望远镜装在带刻度游尺上，可非常准确地测定各压力段的一种仪器)时才可读到。如果传感器和它连接的记录仪能够溯源到原始的压力标准，也可选择气体压力计或已鉴定的电子传感器，隔膜型的传感器也能得到满意的效果。以热线圈，辐射或电导检测器为基础的真空表都不宜使用。

6.3.2.1 测量减压的压力时，真空压力表准确度至少不应低于表 3 数值。

表 3 真空压力表准确度要求

蒸馏压力/kPa	准确度/kPa
100～13.3	0.13
13.3～1.33	0.013
1.33～0.266	0.006

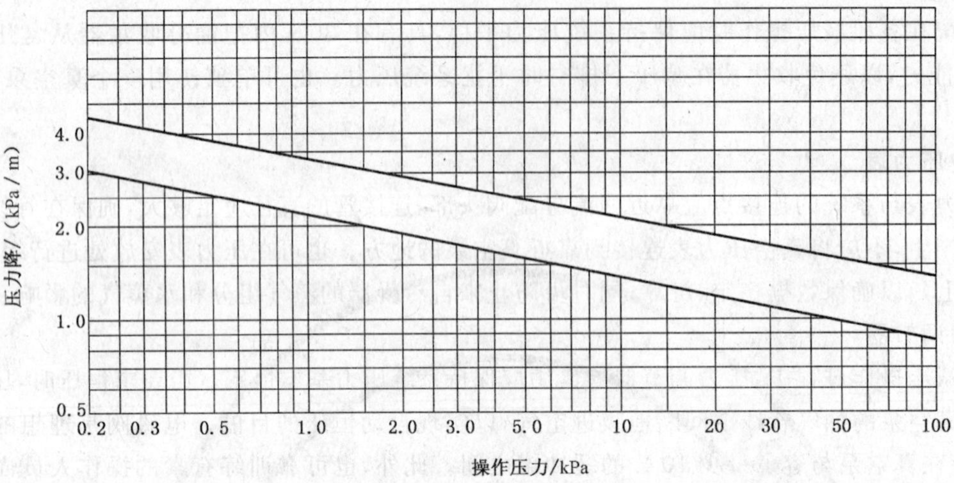

图 2 使用 Propak 填料蒸馏柱近似压力降

6.3.2.2 对没有经过标定的压力表，可用麦式真空表或可溯源到原始标准的次级电子标准器进行标定。压力表标定方法见附录 F。任何传感器或仪器被检修或维修后，都应重新进行标定。电子压力传感器的校准应按统一规定的标准进行，压力传感器宜一个月应至少进行一次校准。传感器的校准应按附录 F 进行或与经过检定合格的参考系统进行对比。

6.3.3 蒸出速率

蒸出速率通常由蒸馏柱中敏感的压力降控制，操作期间的压力降，由连接在蒸馏釜和冷凝器之间的压力计或压力传感器进行测量。为防止连接管凝结堵塞，可在压力传感器和蒸馏釜（见图 1）之间接入非常小流量的氮气（8 cm^3/s）或在压力传感器和蒸馏釜之间安装一个小的水冷却制冷装置。另外，蒸出速率也可通过测量流出速率来控制。

7 仪器性能评定

7.1 本标准提供一个标准的试验框架，针对原油的实验室蒸馏，按照规定质量切割产品（为进一步的试验准备）并同时绘制产品的沸点曲线。由于各公司应用的领域，在数量的需求及切割点上各不相同。因此，本标准不对仪器设备设计提出标准化要求，而对仪器性能作出统一规定。

7.2 由于方法的特性（需要样品量大和耗费试验时间长）及进行试验的产品特性（高挥发和不稳定的物质），妨碍标准统计控制技术的应用。本标准获得的不是单一试验结果，而是在严密规定条件下（见 4.2）获得的一系列结果（实沸点曲线）。

7.3 本标准中讨论的仪器性能包括两个组成要素：

a) 蒸馏柱效率；

b) 确定切割产品的质量、切割点（AET）的正确性以及确定实沸点曲线。

7.4 AET 的正确性是主要的，它不仅仅取决于蒸气温度和操作压力传感器（附录 F）的准确性，也受其他因素的影响。影响实沸点曲线准确度和精密度的其他因素如下：

a) 蒸馏柱的效率（附录 A）；

b) 蒸馏柱的热损失（附录 C）；

c) 温度和压力传感器的位置（附录 D）；

d) 传感器的动态响应（附录 E）；

e) 回流分配器的正确操作（附录 G）。

这些影响因素通过相应的附录检验，可基本覆盖并得到补偿。但是，它只实现对独立组分影响因素的控制，而不包括小的偏差的综合影响。由于上述试验或多或少都是在静态条件下进行的，不一定代表实际动态条件下系统的运转状态。

7.5 切割质量主要由蒸馏柱的效率来决定(附录A),但是也受以下因素的影响:

a) 蒸馏柱的动滞留量(附录B);

b) 蒸馏柱的热损失,即内回流(附录C);

c) 回流分配器的正确操作(回流速率)(附录G)。

蒸馏柱的效率在表1和附录A中给出。但表1给出的仅是一种理想的效率,不能保证就是实际的效率。附录A也只给出了在静态条件下,对内回流速率、稍微低于实际的温度和一个二元组分体系的检查。尽管本标准在执行中有一些预防措施,始终与附录A、附录B、附录C和附录G保持一致,但能否真正代表实际操作条件下的蒸馏柱效率,仍然存有一些疑问。

7.6 理论上来讲,上述全面性能评定(见附录J),可以检查蒸馏柱在实际操作条件下的性能和AET的正确性。原则上,附录J衡量了所有影响因素对本标准试验结果的综合影响。

7.6.1 最小理论塔板数如附录J中所定义的,是对全部切割质量的测定,设定切割点(AET)和有效切割点(ECP)的差值(见附录J)可以用来衡量AET的准确性,然而,由于目前没有足够的数据严格按统计方法确定公差,同时,本方法劳动强度很大,不可能在规定的短期间隔使用,因此,它的使用仅是一个统计控制技术。

7.6.2 附录J仅提供关于蒸馏柱性能的统计控制,包括AET正确性及蒸馏柱效率在内的推荐性指导。实验室有责任提供适当的质量控制确保试验方法的一致性。

8 取样

8.1 依据GB/T 4756或ASTM D4177方法进行取样,试样应放在密闭容器中,并且没有渗漏的迹象。

8.2 在盛试样容器打开以前,将其放在冰箱中冷至0 ℃～5 ℃几小时(最好在前一天晚上放入冰箱)。

8.3 如果试样有蜡析出或太粘稠,升高温度在其倾点5 ℃以上融化试样。

8.4 无论试样量多少,采用何种搅拌方法,都应使试样混合均匀。

8.5 按GB/T 8929试验方法或任何适当的方法测定试样的水含量。如果水含量大于0.3%(质量分数或体积分数)时,试样在蒸馏前应进行脱水。合适的原油脱水试验方法在附录I中表述。

注:尝试在玻璃蒸馏柱中蒸馏含水原油会损坏玻璃器件,蕴藏潜在的火灾危害。而且,原油含水影响石脑油馏分段的准确度,对100 ℃前蒸出含有少量碳氢化物的较重原油影响更明显。对于轻的原油,从其共沸混合物常常产生足够烃类蒸气,通过蒸馏柱驱赶水蒸气没有问题。

9 仪器的准备

9.1 蒸馏开始前,蒸馏柱及全部玻璃仪器均应清洗和干燥。

9.2 检查并确认系统的密闭性。确保所有加热器、控制装置和仪器仪表均达到工作状态,时钟或其他定时器都处于备用状态。

10 试验步骤

10.1 装入试样

10.1.1 装入样量多少应由附录B测定的动滞留量决定,当按最大蒸出速率的75%(见表1)操作时,动滞留量应为装入试样量的1%～4%。此时,冷却蒸馏釜到不低于0 ℃的温度。

10.1.2 插入搅拌器或放入一些玻璃珠或磁片于蒸馏釜中,防止暴沸。

10.1.3 按试验方法GB/T 1884和GB/T 1885测定原油试样的密度。

10.1.4 按进样量体积的±5%计算出相应原油的质量,装入蒸馏釜中的试样称准至1%。

10.1.5 将盛有试样的蒸馏釜连接到蒸馏柱上,并连接压力测量装置。安装好加热系统、搅拌器和支架(**警告——在蒸馏原油时,常常从原油中蒸出有毒的硫化氢气体,应采取防范措施,可将气体通入冷阱吸收或排放到安全地带**)。

10.2 脱丁烷

10.2.1 脱丁烷所需仪器见 6.1.5 和 6.1.6。

10.2.2 在冷凝器、冷却器和接收器中的制冷剂开始循环时，其温度应不高于−20 ℃。

10.2.3 记录蒸馏开始时的大气压力和定期记录整个蒸馏期间的大气压力。

10.2.4 加热蒸馏釜，控制加热速率，使其在开启后 20 min～50 min 内蒸气由釜底上升到蒸馏柱的顶部。调节蒸馏釜的加热量，控制填料柱的压力降低于 0.13 kPa/m，板式柱的压力降低于 0.065 kPa。根据以上要求设定出自动控制器的控制程序，启动搅拌器。

10.2.5 蒸馏柱在全回流下操作，从回流分配器中有第一滴冷凝液体出现，到蒸气温度达到平衡，这段时间不应超过 15 min。

10.2.6 记录此时蒸气温度作为初始的蒸气温度。

10.2.7 停止冷却液的循环，并观测蒸气温度，当蒸气温度达到 15 ℃时，再次启动循环冷却液。

10.2.8 如果蒸气温度下降到低于 15 ℃，连续回流至少 15 min。重复 10.2.7 操作。如果蒸气温度保持 15 ℃或升高，可以继续进行常压蒸馏（**警告——要确保所有轻的气体组分已经全部回收，直到常压第一段石脑油馏分切割结束后，才应进行下面三个步骤。**）

10.2.9 从干冰冷阱中取出盛有轻烃液体的容器，小心擦拭干净后称重。

10.2.10 用 10 mL～50 mL 抽真空到压力不低于 26.6 kPa 的耐压瓶，从第一个干冰冷阱冷凝下来的冷却物中取样。把所有容器置于干冰中存放以免挥发。靠近冷凝器的第一个冷阱，应包括全部试样。如果发现第二个冷阱中有冷凝物，则应把两个冷阱中的冷凝物合并后再进行取样。

10.2.11 冷阱中的轻烃试样和气球中收集的气样，应用合适的气相色谱试验法进行分析，以固定不变的独立气体为基础报告出。试验方法用 ASTM D6729、ASTM D6730、和 ASTM D6733，为方便进样，装备有液体或气体进样阀或两者兼备的气相色谱仪，这些试验方法已成功得到应用。

10.3 常压蒸馏

10.3.1 使冷却器管线和接收器与冷凝器温度一致，均保持低于−20 ℃。打开蒸馏柱保温套加热控制开关，并使蒸馏柱夹套的温度低于蒸气温度 0 ℃～5 ℃。

10.3.2 调整加热量，维持蒸出速率在最大蒸出速率的 75%左右。Propak 填料的使用指导见图 3，其他尺寸蒸馏柱的蒸馏速率，可由从表 1 中查得的蒸出速率乘以蒸馏柱的横截面积再除以回流比加上 1 来估算。

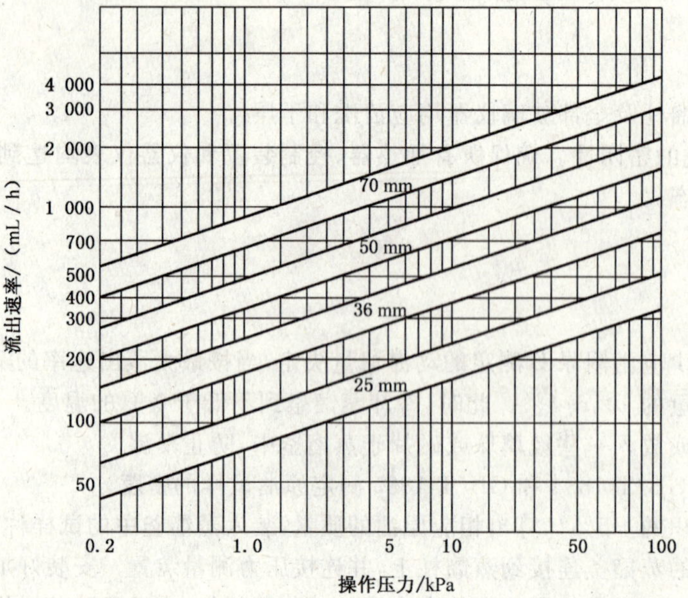

图 3 使用 Propak 填料蒸馏柱 5∶1 回流比下预期流出速率

10.3.3 控制回流比为5∶1,周期在18 s～30 s之间。

10.3.4 蒸馏时切取适当范围的馏分,通常的馏分宽度宜是5 ℃或10 ℃。在收集沸点低于65 ℃馏分时,接收器要冷却到0 ℃或更低一些的温度。当蒸气温度达到65 ℃时,要中断冷凝器及相应冷却器中的致冷剂,改用环境温度适合的自来水进行冷却。

10.3.5 每个馏分切割结束或到达切割点时,记录以下观测内容:

a) 时间,单位为小时(h)或分(min);

b) 体积,单位为毫升(mL);

c) 蒸气温度,单位为摄氏度(℃),读准至0.5 ℃;

d) 液相温度,单位为摄氏度(℃),读准至1 ℃;

e) 大气压力,单位为千帕(kPa);

f) 蒸馏柱内压力降,单位为千帕(kPa)。

10.3.6 如果观察到有液泛现象时,应降低蒸馏釜的加热强度,继续馏出到恢复正常操作状态。如果在这期间有馏分需要切割,应停止蒸馏,冷却蒸馏釜中的试样,并将此时已经切割出的馏分倒回蒸馏釜中。重新开始蒸馏,保持全回流不超过15 min,并在馏分继续流出前恢复到正常操作条件。在刚开始的5 ℃内不应切割馏分。

10.3.7 继续切割馏分直至达到设置的最高蒸气温度或蒸馏釜中试样出现裂化迹象时为止。明显的裂化迹象是在蒸馏釜内及稍后在回流分配器上部出现油雾。此时,蒸气温度不应超过210 ℃,而蒸馏釜内液体温度不应超过310 ℃。

10.3.8 关闭回流阀和加热系统,冷却蒸馏釜中的液体,使其冷却到在13.3 kPa压力条件下能够开始蒸馏而不发生液泛现象的温度。这个温度可由减压时预期的初始蒸气温度加Δt来估算,Δt是常压操作时蒸馏釜内液体温度和蒸气温度之差或由最后记录的液体温度减去Δt来估算。

注:冷却蒸馏釜中液体时,移开加热套后,用压缩空气轻轻吹扫蒸馏釜,避免使用冷空气强烈喷射,也可打开蒸馏釜冷却盘管中的冷却液。

10.3.9 称量全部馏分的质量,并分别测量各馏分在20 ℃或15 ℃的密度。

10.3.10 第一个馏分宜用气相色谱法进行组成分析。

10.4 在13.3 kPa压力下蒸馏

10.4.1 如果需要进一步切割更高温度下的馏分,可在减压下继续进行,其最高温度仍以蒸馏釜中沸腾的液体不产生裂化迹象为准,多数情况是310 ℃。也有个别原油含有热稳定性差的硫化物,裂解温度较低。任何情况下,在开始馏出温度的5 ℃内不应切割馏分,因为此时蒸馏柱还没有达到平衡。

10.4.2 连接真空泵和控制系统到仪器上,如图1所示,打开压力控制系统。

10.4.3 启动真空泵,调节压力逐渐达到13.3 kPa或采用压力调节器控制到此压力值。蒸馏釜中液体的温度应低于在13.3 kPa压力下将要沸腾的温度。如果在压力到达13.3 kPa之前液体沸腾,则应立即提高压力并进一步冷却,直到在此压力下液体不再沸腾为止。

10.4.4 加热蒸馏釜,使回流分配器内有适当流速的回流,加热蒸馏柱到操作温度,这一过程约需15 min。立刻停止加热并通入氮气升高压力约1 min,使滞留在蒸馏柱里的液体返回到蒸馏釜中。

10.4.5 重新加热蒸馏釜、调整加热速度,维持恒定的操作压力,使之在此压力条件下,蒸出速率相当最大蒸出速率的75%左右,并及时切割馏分。维持操作压力如图3所示的近似值。在整个蒸馏过程中,蒸馏柱夹套温度应比蒸气温度低0 ℃～5 ℃。

10.4.6 按10.3.4切割适当范围的馏分。

10.4.7 每个馏分切割结束并达到切割点时,记录以下观测内容:

a) 时间,单位为小时(h)或分(min);

b) 室温下的体积,单位为毫升(mL);

c) 蒸气温度及修正值,单位为摄氏度(℃),读准至 0.5 ℃;

d) 液相温度,单位为摄氏度(℃),读准至 1 ℃;

e) 蒸馏柱内的压力降,单位为千帕(kPa);

f) 蒸馏柱顶部测得的操作压力应进行修正,单位为千帕(kPa);

g) 由附录 H 查出常压相当温度(AET),单位为摄氏度(℃)。

10.4.8 连续切取馏分直到达到所要求的最高切割点温度或直到试样出现裂化迹象。蒸馏时有明显的裂化现象,表现为蒸馏釜中有油雾出现,系统压力升高。蒸馏釜内温度不应超过 310 ℃(**警告——自动真空压力控制器可能掩盖裂化现象引起的压力稍微升高,应留心避免这种现象。**)

10.4.9 这段减压蒸馏完成后,关闭回流阀和加热系统。冷却蒸馏釜液体使其温度降到在更低的压力下蒸馏时不沸腾。此温度可由低压力下操作时预计的初始蒸气温度加上气液两相温度差 Δt 来估算,也可由最终记录的液相温度减去 Δt 来估算。

10.4.10 称量全部馏分的质量并测定其 20 ℃或 15 ℃的密度。

10.5 在低压下蒸馏

10.5.1 如果没有达到最终切割温度,受到前面同样的限制(见 10.4.1),蒸馏可在更低的压力下继续进行,可使用 13.3 kPa 和 0.266 kPa 之间的一个压力。由于最高切割温度是 400 ℃,宜采用在最小压力下进行蒸馏。

10.5.2 调节压力达到预定值,如果在压力到达此值之前液体已沸腾,则应升高压力并进一步冷却,直到在预定压力下液体不沸腾,而后按 10.4.4 进行操作。

10.5.3 冷凝器和液体冷却器选用室温循环水冷却,或将循环水加温到在冷凝器或流出管线中无蜡析出的温度;也可将水冷盘管放空和停止循环,或以空气流代替冷却水。

10.5.4 按 10.4.5～10.4.8 继续减压操作,在操作期间,如果事先约定同意回流比用 2∶1,应在报告上注明。按附录 H 转换和修正切割点的蒸气温度到常压相当温度(AET)。

10.5.5 定期检查冷凝器中的冷凝液滴落得是否正常,馏出物在流出线中流动是否均匀,如果发现有结晶物析出,应按 10.5.3 要求加热冷凝器中的冷却剂。

10.5.6 当蒸馏达到最终切割点或液相温度和柱内压力达到极限妨碍进一步蒸馏时,应关闭回流阀和加热系统,保持在减压下冷却系统。

10.5.7 当蒸馏釜中残留液体的温度降至 230 ℃以下时,关掉真空泵。向蒸馏系统中通入氮气或其他惰性气体吹扫,但不能通入空气(**警告——当蒸馏釜残留液的温度较高时,放入空气易导致着火、爆炸等危害**)。

10.5.8 停止冷凝器及辅助设备的循环冷却水,取下装有残液的蒸馏釜。装上一个盛有一定量溶剂(甲苯)的蒸馏釜,加热至沸腾清洗蒸馏柱、冷凝器和流出管线中滞留的残留物,回收残留在蒸馏柱中的静滞留量。在高于溶剂沸点 10 ℃以上温度时回收残留物,用少量纯的氮气流吹扫以脱出溶剂。对蒸馏无不同意见或互相同意,滞留量可由图 4 估算,而且它的密度可由前面切割的馏分密度曲线外延估算。静滞留量可单独作为一个馏分来处理或与蒸馏釜中的残液合并测定密度。

10.5.9 称量全部馏分和蒸馏釜中残液质量,并且用试验方法 SH/T 0604、GB/T 2540、GB/T 13377 或任何适当的方法测定 20 ℃或 15 ℃的密度。如果需要,换算密度到 15 ℃。

注:使用内径 50 mm 和 70 mm 蒸馏柱时,较重的蒸馏釜,通常不拆下来称重,可用约 6.7 kPa 压力的氮气,残液应在不高于 200 ℃的情况下压入容器中称重,包括与蒸馏釜内液体合并的静滞留量。

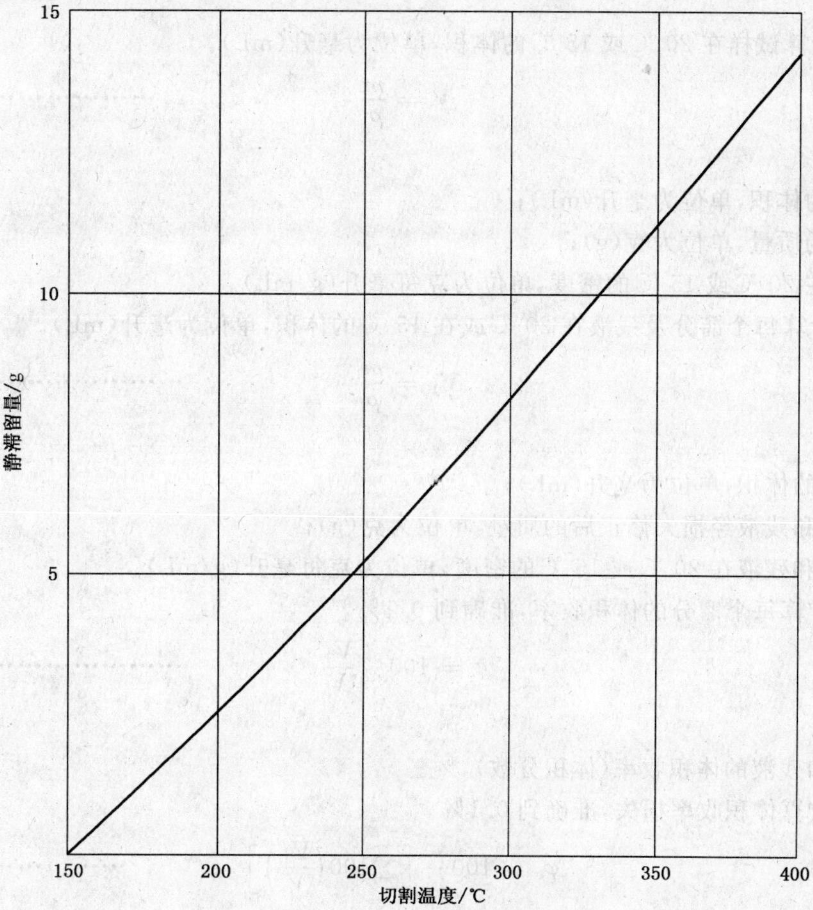

图 4　25 mm×570 mm 蒸馏柱用 4 mm Propak 填料一般原油的近似静滞留量

11　计算

11.1　按式(1)计算每个馏分及残液的质量收率，准确到 0.1%。

$$w = \frac{m_1}{m} \times 100 \quad \cdots\cdots(1)$$

式中：

w——馏分和残液的质量收率(质量分数)，%；

m_1——馏分和残液的质量，单位为克(g)；

m——无水原油试样的质量，单位为克(g)。

11.1.1　第一个馏分是在气球中收集的气体馏分，如果(质量分数)小于 0.1%，可忽略不计。

11.1.2　第二个馏分(如果没有气体，视为第一个馏分)是干冰冷阱中收集的冷凝物，用气相色谱分析其组成，计算 15 ℃或 20 ℃密度，再由密度计算出冷凝物的体积。

11.1.3　滞留量作为一个单独馏分或并入残液中，可按 10.5.8 回收测定或由图 4 估算。

11.2　按式(2)计算质量收率损失，其质量分数准确到 0.1%。

$$w_1 = 100 - \left[\sum 100\left(\frac{m_1}{m}\right)\right] \quad \cdots\cdots(2)$$

式中：

w_1——质量收率损失(质量分数)，%。

计算出的质量收率损失应不大于 0.4%，否则蒸馏结果无效。当损失小于 0.4%时，则把损失的2/3归到冷阱的馏分中，1/3 归到第一个石脑油馏分中。如果冷阱中没有收集到冷凝物，则把损失归一地分配到各个馏分中。

11.3 按式(3)计算试样在20 ℃或15 ℃的体积,单位为毫升(mL)。

$$V = \frac{m}{\rho} \quad \cdots\cdots(3)$$

式中:

V——试样的体积,单位为毫升(mL);

m——试样的质量,单位为克(g);

ρ——试样在20 ℃或15 ℃的密度,单位为克每毫升(g/mL)。

11.4 按式(4)计算每个馏分及残液在20 ℃或在15 ℃的体积,单位为毫升(mL)。

$$V_1 = \frac{m_1}{\rho_1} \quad \cdots\cdots(4)$$

式中:

V_1——馏分的体积,单位为毫升(mL);

m_1——馏分和残液经损失修正后的质量,单位为克(g);

ρ_1——馏分和残液在20 ℃或15 ℃的密度,单位为克每毫升(g/mL)。

11.5 按式(5)计算每个馏分的体积收率,准确到0.1%。

$$\varphi = 100 \times \frac{V_1}{V} \quad \cdots\cdots(5)$$

式中:

φ——馏分和残液的体积收率(体积分数),%。

11.6 按式(6)计算体积收率损失,准确到0.1%。

$$\varphi_1 = 100 - \left[\sum 100\left(\frac{V_1}{V}\right)\right] \quad \cdots\cdots(6)$$

式中:

φ_1——体积收率损失(体积分数),%。

按上式计算结果得出负值,这是由体积膨胀引起的,对沸点低于150 ℃的各个馏分,按体积膨胀或缩小与其收率成比例进行归一化处理。

注:由上述测定收率规律看,用质量和体积之比计算各馏分或残液的密度是不够精确的。

12 报告

12.1 蒸馏结果汇总表,应包括以下内容:

a) 装入试样的质量,单位为克(g);
b) 试样在20 ℃或15 ℃的密度,单位为克每毫升(g/mL);
c) 试样在20 ℃或15 ℃的体积,单位为毫升(mL);
d) 质量收率和体积收率的增加或损失,准确到0.1%;
e) 每个馏分的质量收率或体积收率,质量分数或体积分数,准确到0.1%;
f) 累计的质量收率或体积收率,质量分数或体积分数,%;
g) 试样含水的质量,单位为克(g)。

12.2 气体、脱丁烷石脑油和沸点高于石脑油的每个馏分及残液,应按沸点由低到高的顺序列表。

12.3 将10.3.5、10.4.7和10.5.4中得到的操作数据,列在第二张表中,该表通常附在总表的后面。

12.4 以沸点温度为纵坐标(Y轴),质量收率或体积收率为横坐标(X轴)作图,绘出实沸点蒸馏曲线。

13 精密度和偏差

13.1 本方法的精密度经实验室之间的统计结果见表4。

表 4 重复性和再现行

	质量收率(质量分数)/%	体积收率(体积分数)/%
常压蒸馏	1.2	1.2
减压蒸馏	1.4	1.5

13.2 重复性

由同一操作者以同样的试样、仪器和操作条件，经过长期的和正确的使用本方法，得到不同的试验结果，在20次试验结果数据中，仅允许有1次数据超过上述值。重复性是统计下观察的结果。

13.3 再现性

在不同实验室由不同操作者使用同类仪器和同一试样，经过长期和正确使用本方法，得到各自独立的试验结果，在20次试验结果数据中，仅允许有1次数据超过上述值。

13.4 偏差

13.4.1 绝对偏差

本标准由于没有公认的合适的参照物质对原油蒸馏性质进行偏差测定，因此，不能够确定绝对偏差。

13.4.2 相对偏差

TPB是在本标准规定条件下定义的(见1.2)。

注：用于精密度试验的原油在15 ℃的相对密度为0.859，平均斜率等于6 ℃/%蒸馏。

14 关键词

实沸点蒸馏；原油蒸馏；蒸馏；馏分蒸馏；TBP曲线。

附 录 A
（规范性附录）
蒸馏柱效率测定试验方法

A.1 范围

A.1.1 本试验方法使用正庚烷-甲基环己烷混合物，在常压全回流条件下测定蒸馏柱的效率。

A.1.2 蒸馏柱效率不能在减压条件下测定，因为在减压下，没有适合的随着压力变化具有相对恒定挥发度的试验混合物。

A.2 意义和用途

A.2.1 本试验方法中蒸馏柱的效率应在14块～18块理论板数之间（见6.1.3.2）。

A.2.2 本试验方法中有关填料的性质，见表1所给出的数据。

A.3 仪器

A.3.1 相关仪器如图A.1所示。它由以下部分组成。

A.3.1.1 具有合适体积、经过标定的可加热的球型釜，见图A.2。

A.3.1.2 蒸馏柱和冷凝器。

A.3.1.3 压力计或相当的测量蒸馏柱内压力降的仪器。

A.4 试剂和材料

A.4.1 试验混合物是体积比为50/50正庚烷-甲基环己烷混合物，折光率如下：

正庚烷： $n_D^{20}=1.387\ 64$

甲基环己烷： $n_D^{20}=1.423\ 12$

A.4.2 试验混合物由气相色谱分析其组成，较轻化合物杂质含量应低于0.01%，纯度应高于99.75%；它们应透明，用紫外光谱在260 nm～270 nm处分析没有芳烃。

A.4.3 如果使用试剂纯度达不到上述要求，可用30塔板～50塔板的精密分馏柱重新蒸馏提纯，或用0.076 mm硅胶吸附精制，在吸附时弃去开始流出的10%的液体。用硅胶吸附时应注意不要超过其吸附量。

A.5 仪器的准备

A.5.1 蒸馏前应对蒸馏柱及全部的玻璃器件进行清洗、干燥。用强力去污剂对仪器进行清洗，再用清水冲净、干燥后重新安装起来。

A.5.2 在高蒸出速率下用少量纯的正庚烷蒸馏至少5 min，从柱头分几次间隔接取少量正庚烷，然后停止加热，取下蒸馏釜，趁热用空气吹干蒸馏柱，确保仪器完全干燥。在柱头上部冷凝器的出口连接过滤水分的一个干燥管。

A.6 试验步骤

A.6.1 装入蒸馏釜中的试样量应等于蒸馏柱的最小允许体积（见表1），但是不应超过蒸馏釜容量的2/3。加入一些玻璃珠或瓷块，以防止暴沸。

A.6.2 将蒸馏柱与蒸馏釜连好，再接上如图A.1所示压力计。

A.6.3 打开冷凝器室温下的循环水。

A.6.4 加热蒸馏釜直到试验混合物沸腾，逐渐增大加热量使之达到泛点，表现为在填料里或塔板上及冷凝器的颈部被液体充满，并且压力降突然升高。减小加热量使液泛消退。逐渐增大加热量恰好控制到低于泛点的温度。记录并测量低于泛点下的蒸出速率和压力差。此速率被认为最大蒸出速率。

A.6.5 调节加热量，直到蒸馏柱的回流速率在柱的横截面积上稳定相当约 200 mL/(h·cm^2)。

A.6.6 保持全回流 1 h，记录压力降，并用充满已标定的球型釜的时间来测定蒸出速率。

A.6.7 迅速由蒸馏釜和回流液取样口处同时分别取样，样品的量应能满足在 20 ℃测定折光率的需要，但不应超过 0.5 mL，取样时间不应超过 2 s。

A.6.8 分别测定取出试样的折光率。

A.6.9 每间隔 12 min～30 min，重复 A.6.7 和 A.6.8 一次，直到测出的折光率显示已达到最大柱效率的稳定状态。

A.6.10 用紫外光谱检测蒸馏釜中的试样，如果在 260 nm 和 270 nm 有吸收峰，表明含有芳烃，测定柱效率试验无效。重新清洗、干燥仪器，试验混合物用硅胶重新精制。

A.6.11 重复 A.6.5～A.6.10 一系列操作，不需要预液泛操作，取四个或更多一些大致等间隔在 200 mL/(h·cm^2)和最大速率之间的蒸出速率，其中一个应是最大蒸出速率的 90%以上。

A.7 计算

A.7.1 对每一对试样由折光率曲线查出每个试样的分子组成，由表 A.1 数据绘出正庚烷摩尔分数与折光率曲线。

表 A.1 正庚烷摩尔分数与折光率

正庚烷摩尔分数 x	折光率 n_D^{20}
0.00	1.423 1
0.10	1.419 1
0.20	1.415 1
0.30	1.411 3
0.40	1.407 6
0.50	1.404 0
0.60	1.400 5
0.70	1.397 1
0.80	1.393 9
0.90	1.390 7
1.00	1.387 6

A.7.2 蒸馏柱理论塔板数按式(A.1)计算：

$$N = \frac{\lg \frac{x_D}{1-x_D} - \lg \frac{x_O}{1-x_O}}{\lg\alpha} - 1 \quad \cdots\cdots(A.1)$$

式中：

N——蒸馏柱的理论板数；

α——正庚烷与甲基环基烷的相对挥发度；

x_D——正庚烷在回流液中的摩尔分数；

x_O——正庚烷在蒸馏釜中液体的摩尔分数。

A.7.3 图 A.3 是正庚烷与甲基环己烷二元混合物方程的图解。气液平衡已经由 Adier 等测定，相对挥发度由 IUPAC 推荐值为 1.075。

A.7.4 蒸馏柱的效率在数值上等于曲线上由蒸馏柱顶部和蒸馏柱底部液体所查出的二者板数之差。注意单独计算蒸馏柱效率时，是由蒸馏柱底部取样而不是由蒸馏釜取样得到的理论板数减 1。

A.7.5 对于填料柱，画出等板高度(HETP)以 mm 表示，Δp 以 kPa/m 表示，蒸出速率以 mL/h 表示和绝对速度以 mL/h×cm^2 表示的关系曲线。对于塔板柱，其效率应以每块板相当一块理论板的百分数和 Δp 以 kPa/板或在绝对单位中以 kPa/理论板表示，用与上述填料柱的蒸出速率相同的单位绘图，柱效率相应的 N 值从曲线在最高蒸出速率的 75%处查得。

A.7.6 普通型填料柱和板式柱的典型曲线如图 A.4～A.7 中所示。这些蒸馏柱被用在无液泛的条件下，文献中的其他填料数据是不确定或不完善的，因此不包括在图解中。

A.7.7 在图上最大蒸出速率 75%处画一垂线，读出等板高度(HETP)数值和相应速率下的塔板效率。

A.7.8 填料柱，以 mm 为单位按比例放大等板高度(HETP)，乘以 14 或 18，可获得本标准允许的填料高度范围。如果填料柱效率高于上面测量 18 块理论板时，在不影响性能情况下，适当取出一定量的填料可以降低柱效率。

A.7.9 板式柱，可接受的蒸馏柱，用板效率除以 14 和 18 获得实际塔板数(运算到最接近的整数位)。

A.8 精密度和偏差

在附录 A 中，对蒸馏柱效率测定，任何涉及精密度和偏差的事项在此不作叙述，因为试验结果用来确定是否符合本标准的相关规定。

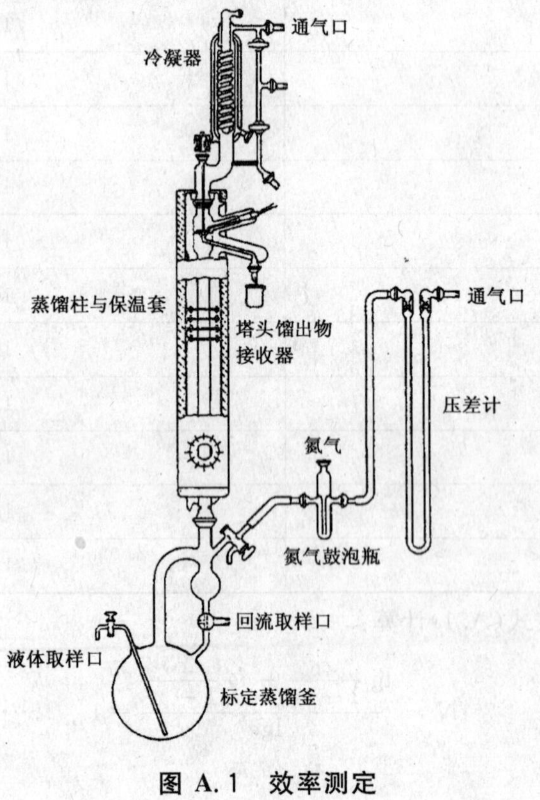

图 A.1 效率测定

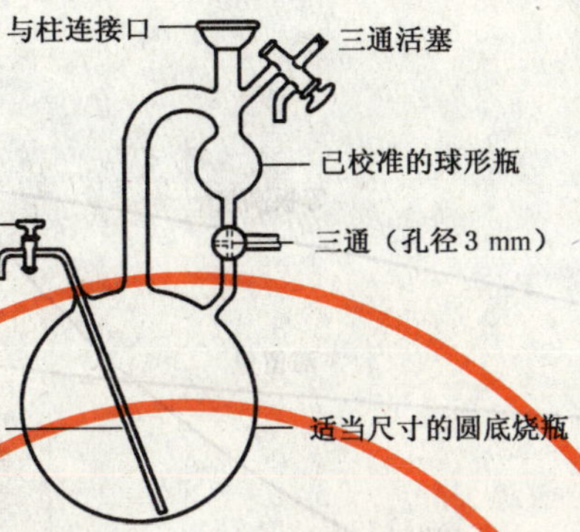

图 A.2　蒸出速率计时器

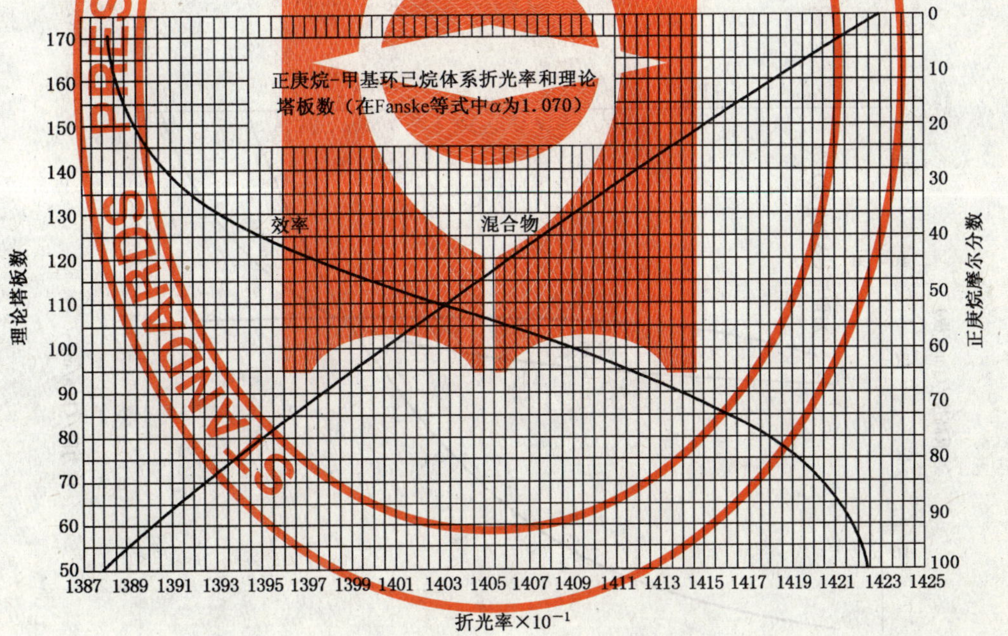

图 A.3　折光率

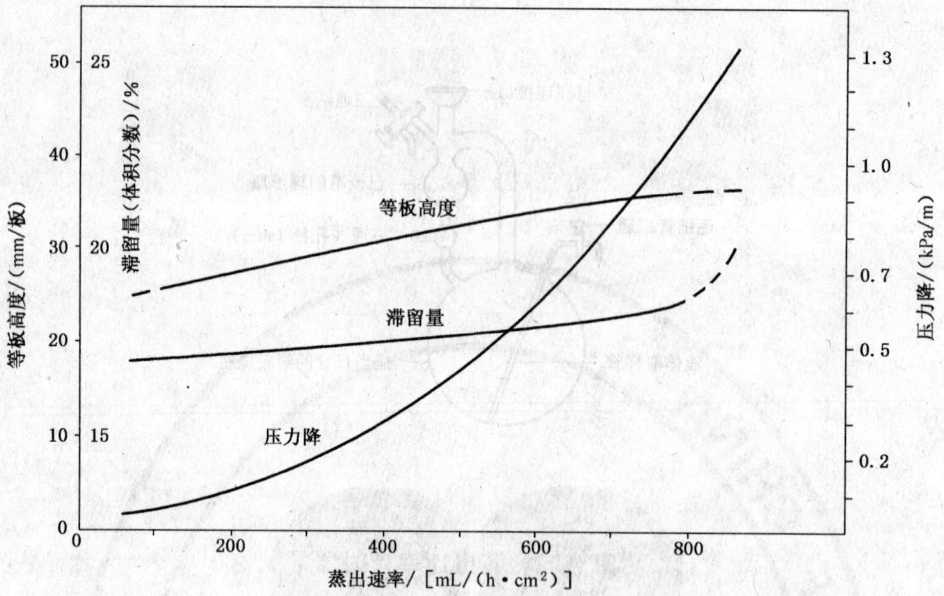

图 A.4　25 mm 内径蒸馏柱用 4 mm Propak 填料

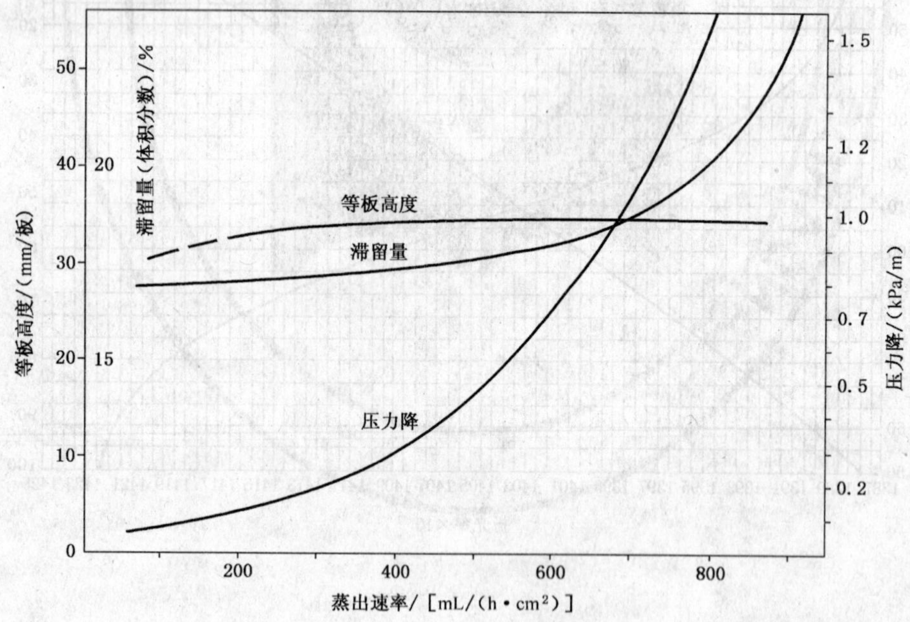

图 A.5　50 mm 内径蒸馏柱用 4 mm Propak 填料

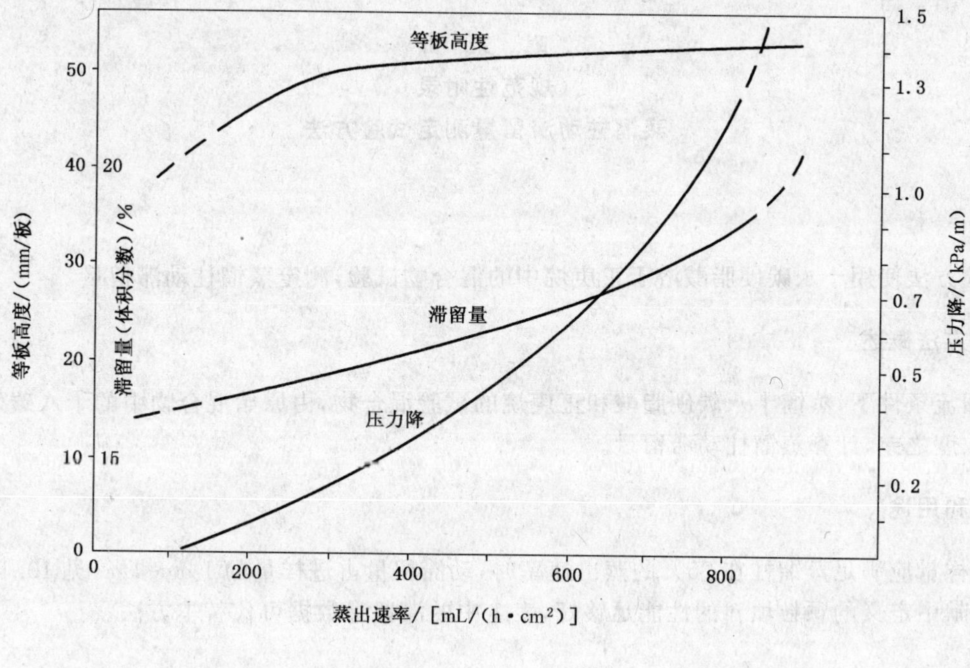

图 A.6 50 mm 内径蒸馏柱用 6 mm Propak 填料

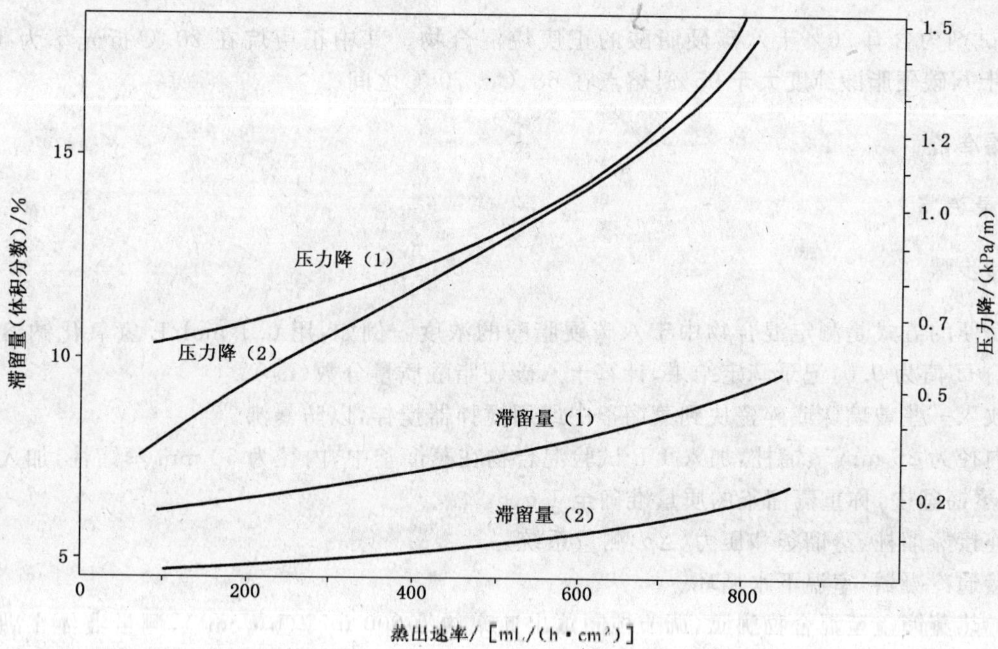

图 A.7 50 mm 内径蒸馏柱用多孔板

附 录 B
（规范性附录）
蒸馏柱动滞留量测定试验方法

B.1 范围

本试验方法使用十八碳硬脂酸溶于正庚烷中的混合物试验，测定蒸馏柱动滞留量。

B.2 试验方法概述

在全回流条件下，蒸馏十八碳硬脂酸和正庚烷的试验混合物，由原始混合物中的十八碳硬脂酸浓度与回流时浓度之差，计算蒸馏柱动滞留量。

B.3 意义和用途

B.3.1 进样量应满足蒸馏柱在75%的蒸出速率时，动滞留量占进样量的1%～4%（见10.1.1）。

B.3.2 文献中定义的颗粒填料的性能足够好，表1中的滞留量数据可代替本方法。

B.4 仪器

所用仪器见附录A.3和图A.1。

B.5 试剂和材料

试验试剂为含有20%十八碳硬脂酸的正庚烷混合物。其中正庚烷在20 ℃折光率为1.387 8±0.000 2，十八碳硬脂酸纯度大于95%，熔点在68 ℃～70 ℃之间。

B.6 仪器准备

见附录A.5。

B.7 试验步骤

B.7.1 简便的方式是测定混合物中十八碳硬脂酸的浓度。例如，用0.1 mol/L氢氧化钠溶液进行电位滴定到pH值为9.0，记录滴定结果，计算十八碳硬脂酸质量分数（w_0）。

B.7.2 放入一些玻璃珠或碎瓷块到蒸馏釜中或用搅拌器搅拌，以防暴沸。

B.7.3 内径为25 mm蒸馏柱，加入1 L试验混合物在蒸馏釜中，内径为50 mm蒸馏柱，加入4 L试验混合物在蒸馏釜中，称重蒸馏釜的质量准确至1 g。

B.7.4 连接蒸馏柱、蒸馏釜和压力（Δp）测量系统。

B.7.5 接通冷凝器，室温下水循环。

B.7.6 加热蒸馏釜至混合物沸腾，调节控制蒸出速率约为200 mL/(h · cm^2)，测量液体充满球型刻度瓶的时间。当预期蒸出速率达到时，保持30 min，注意压力降的变化。

B.7.7 分别接取回流液和蒸馏釜中液体样品，试样量够分析用即可，立即观察并记录蒸出速率和压力降（ΔP）。

B.7.8 分析回流液和蒸馏釜中样品，测定十八碳硬脂酸的质量分数（w）。

B.7.9 每间隔15 min重复B.7.7和B.7.8一次，直到蒸馏釜试样中的十八碳硬脂酸浓度稳定为止。

B.7.10 在原蒸出速率基础上增加200 mL/(h · cm^2)，重复B.7.7～B.7.9步骤。

B.7.11 继续测量每次增加蒸出速率200 mL/(h · cm^2)，直到接近泛点，至少测定4个点，可得到包括最接近最大可操作速率的那一个点。

B.8 计算

B.8.1 蒸馏柱动滞留量按式(B.1)计算：

$$V_h = \frac{w - w_0}{w} \times \frac{m}{\rho} \qquad \text{(B.1)}$$

式中：

V_h——蒸馏柱在 20 ℃或 15 ℃时的动滞留量，单位为毫升(mL)；

m——蒸馏釜中试验混合物质量，单位为克(g)；

w_0——十八碳硬脂酸初始浓度(质量分数)，%；

w——蒸馏后试验混合物中十八碳硬脂酸的浓度(质量分数)，%；

ρ——正庚烷 20 ℃的密度为 0.684，单位为克每毫升(g/mL)或 15 ℃的密度为 0.688，单位为克每毫升(g/mL)。

B.8.2 测定的每个蒸出速率下的一块理论板的动滞留量，按式(B.2)计算：

$$h = \frac{V_h}{N} \qquad \text{(B.2)}$$

式中：

h——一块理论板的动滞留量，单位为毫升每理论板(mL/理论板)；

N——在该蒸出速率下全回流时蒸馏柱的理论板数(见附录 A)。

B.8.3 将测得蒸出速率单位为 L/h 的换算成 mL/(h·cm²)，测得压差(Δp)换算成 kPa/m 及测得的动滞留换算成 mL/理论板。

B.8.4 以测得的动滞留量数据为纵坐标，蒸出速率 L/h[或 mL/(h·cm²)]为横坐标作关系曲线。通过以 mL 或 mL/理论板为单位的各个滞留量值绘出一条平滑曲线。如果可能，用测定的蒸出速率与对应的压差同在柱效率测量中已取得的这些数据进行比较，保证它们之间有较好的吻合。

B.8.5 在最大蒸出速率 75%处作一垂线，从动滞留量曲线和在最大蒸出速率 75%线交点可读出蒸馏柱的动滞留量。在动滞留量为 2%～4%范围内，进样量应是上图数值的 50～25 倍。

B.9 精密度和偏差

在附录 B 中，关于蒸馏柱动滞留量的测定，任何涉及精密度和偏差的事项在此不作叙述，因为试验结果用来确定是否符合本标准的相关规定。

附 录 C
（规范性附录）
蒸馏柱热损失测定试验方法（静态条件）

C.1 范围

本方法在静态条件下测定蒸馏柱内外壁温差来确定蒸馏柱的热损失。

C.2 试验方法概述

加热蒸馏柱真空夹套的外壁，升高并保持到一恒定温度。蒸馏柱内部温度随之升高，由回流分配器内温度传感器记录下来，此即为蒸馏柱获得或损失的热量的量度。

C.3 意义和用途

C.3.1 用高效镀银玻璃真空夹套包裹蒸馏柱和回流分配器是很重要的，它可减少环境温度对蒸馏仪器的影响，并容易控制最高蒸馏温度。使用蒸馏柱保温加热套，可将蒸馏柱内部与环境之间的温度梯度减小，进而降低其热损失。

C.3.2 所有新的玻璃真空夹套在使用前都应通过试验，以后每年应至少检验一次。

C.3.3 用本试验方法测得的蒸馏柱热损失应小于30%，才能符合本标准的要求。

C.4 仪器

C.4.1 蒸馏柱包装在一个热补偿夹套内，柱壁上装有一只热电偶。

C.4.2 使用一种双笔记录仪，监测记录蒸馏柱外壁和热传感器显示的温度；由自动比例控制器控制加热量。

C.5 仪器准备

C.5.1 热传感器的位置、响应时间和标定应按附录D～附录F进行检查。

C.5.2 在测定期间，为减小蒸馏柱内对流引起的抽空作用，冷凝器顶部应封闭。

C.6 试验步骤

C.6.1 记录时间和环境温度。

C.6.2 加热真空夹套外壁，逐步调节加热量，直到蒸馏柱外壁上的温度传感器记录到一个比环境温度高100 ℃的温度。此条件提供一个适当的温差，测量玻璃器件上无法估计的热变形。达到100 ℃的温差应在30 min内完成，并使蒸馏柱在该温度下保持1 h。

C.6.3 记录时间、柱外壁温度和柱内温度。

C.7 计算

蒸馏柱热损失按式(C.1)计算：

$$Q=\frac{t_b-t_a}{t_c-t_a}\times 100 \qquad \cdots\cdots(C.1)$$

式中：

Q——蒸馏柱热损失，%；

t_a——环境温度，单位为摄氏度(℃)；

t_b——蒸馏柱内部温度，单位为摄氏度(℃)；

t_c——蒸馏柱外部温度，单位为摄氏度(℃)。

当温差正好为 100 ℃时，蒸馏柱热损失按式(C.2)计算：

$$Q = t_b - t_a \quad \cdots\cdots (C.2)$$

C.8 精密度和偏差

在附录C中，关于蒸馏柱热损失的测定，任何涉及精密度和偏差的事项在此不作叙述，因为试验结果用来确定是否符合本标准的相关规定(见 C.3.3)。

附 录 D
（规范性附录）
温度传感器位置检验试验方法

D.1 范围

本试验方法目的是检验温度传感器是否处于最佳位置。

D.2 试验方法概述

由传感器和它的记录仪测量一个纯化合物的蒸气温度，并与该化合物公认的沸点相比较，该试验要在常压和 0.133 kPa 压力下进行。

D.3 意义和用途

D.3.1 如果温度传感器位置摆放不合适，显示的蒸气温度会出现误差，尤其在减压条件下，蒸气的热焓是最小的，提供热量不够，也会造成温度差。

D.3.2 正常情况下，这一步骤在设计同意的情况只需做一次，以后不需再重复。

D.4 试验步骤

D.4.1 常压蒸馏

D.4.1.1 装好常压蒸馏仪器，使用室温冷却水。在蒸馏釜中装入 0.5 L～1 L 纯的、干燥过的正十四烷，用气相色谱检测其所含轻的杂质含量应少于 0.1%。按附录 F 校准温度传感器。

D.4.1.2 加热正十四烷至沸腾，控制蒸出速率约为 400 mL/(h·cm^2)，填料柱其相应的压力降(Δp)为 0.4 kPa/m，或板式柱其相应的压力降(Δp)为 0.09 kPa/板。在这个条件下保持 15 min。如果蒸气温度降低超过 0.2 ℃，在 5：1 回流比时取出 2%柱头流出物，然后再保持全回流 15 min。每次出现上述情况，应连续切取 2%柱头流出物，直到蒸气温度稳定在 0.2 ℃以内，并保持全回流 15 min。

D.4.1.3 记录沸点温度读准至 0.5 ℃和大气压力读准至 0.1 kPa，使用的仪器应按附录 F 校准。

D.4.1.4 如果观察到的正十四烷沸点温度不在(253.5±0.5)℃以内，说明温度传感器位置不当，使用前应纠正。

D.4.2 减压蒸馏

D.4.2.1 安装好减压蒸馏仪器，在蒸馏瓶中装入 0.5 L～1 L 纯的、干燥过的正十六烷，用气相色谱检测其所含轻的杂质含量应少于 0.1%。按附录 F 校准温度传感器和真空仪表。

D.4.2.2 降低系统压力至 0.133 kPa，用空气循环冷凝器以防出现结晶。

D.4.2.3 加热蒸馏瓶，使蒸出速率保持在 25 mL/(h·cm^2)～50 mL/(h·cm^2)之间。填料柱压降(Δp)为 0.133 kPa 或更低一些。50 mm 内径板式柱压力降(Δp)为 0.08 kPa/板，并保持此条件下 15 min。

D.4.2.4 在回流比 20：1 下取出 2%柱头流出物，继续全回流 5 min。记录沸点温度读准至 0.5 ℃，操作压力读准至 0.05 kPa，使用的仪器应按附录 F 校准。

D.4.2.5 如果在 0.133 kPa 压力下，沸点不能稳定在 0.2 ℃以内，应在回流比 5：1 下切取 2%柱头产物，并保持全回流 15 min，重复上述步骤直到全回流条件下产生一个稳定的温度。该试验不应超过三次。

D.4.2.6 在 0.133 kPa 压力下，如果观察到的沸点温度不在(105.2±0.5)℃以内，说明温度传感器位置不当，使用前应纠正。

D.5 精密度和偏差

在附录 D 中，关于温度传感器位置的检查试验，任何涉及精密度和偏差的事项在此不作叙述，因为试验结果用来确定是否符合本试验方法 D.4.1.4 和 D.4.2.6 中的相关规定。

附 录 E
（规范性附录）
温度传感器响应时间测定试验方法

E.1 范围

本方法是在规定的条件下通过测定温度传感器的冷却速度来确定其响应时间。

E.2 意义和用途

E.2.1 本方法用于确认传感器对温度变化快速响应能力，使之在快速升温曲线上不出现滞后。

E.2.2 本方法在减压条件下，蒸气热焓很小时更为重要。

E.3 试验步骤

E.3.1 在加热板上放置一个装有 1 L 水的烧杯，将一个玻璃温度套管垂直地架于水中。水温保持在(90±5)℃。

E.3.2 将温度传感器与精度 0.1 ℃的数字显示器连接。或采用传感器与适当范围其精度为 0.1 ℃的带状绘图记录仪相连接。为了精确测定，记录仪走纸速度设置为 30 cm/h。

E.3.3 将温度传感器插入一个边长约 30 cm 的封闭纸盒一侧的中央孔中，传感器被紧密固定在连接口上。等待传感器达到温度平衡，当温度变得稳定时记录该温度。

E.3.4 取出温度传感器插入盛水烧杯的温度计套管中，当传感器温度达到 80 ℃后，取出并立即把传感器插入到纸盒中央的孔中。用秒表或带状记录纸，记录温度传感器从高于 E.3.3 中记录温度 30 ℃冷却至高于 E.3.3 中记录温度 5 ℃所需的时间间隔。

E.3.5 测得的时间间隔超出 175 s，该温度传感器不能使用。

E.4 精密度和偏差

在附录 E 中，对于测量温度传感器响应时间，任何涉及精密度和偏差的事项在此不作叙述，本试验的目的用来确定是否符合 E.3.5 中的相关规定。

附 录 F
（规范性附录）
传感器的标定方法

F.1 原理

F.1.1 本方法详细介绍了对温度传感器、压力传感器以及相关记录仪器进行标定的操作方法。

F.1.2 通过观察和记录纯化合物或共融混合物的熔点和沸点，标定温度传感器及相关仪器。

F.1.3 用麦氏真空表对比来标定压力传感器及相关仪器。

F.2 温度传感器

F.2.1 仪器

仪器如图F.1所示。在杜瓦瓶中装满碎冰和水，可测得水的结晶点。对于水的沸点，可用平衡蒸馏器、沸点计、压力计以及其他测量气液平衡的仪器。

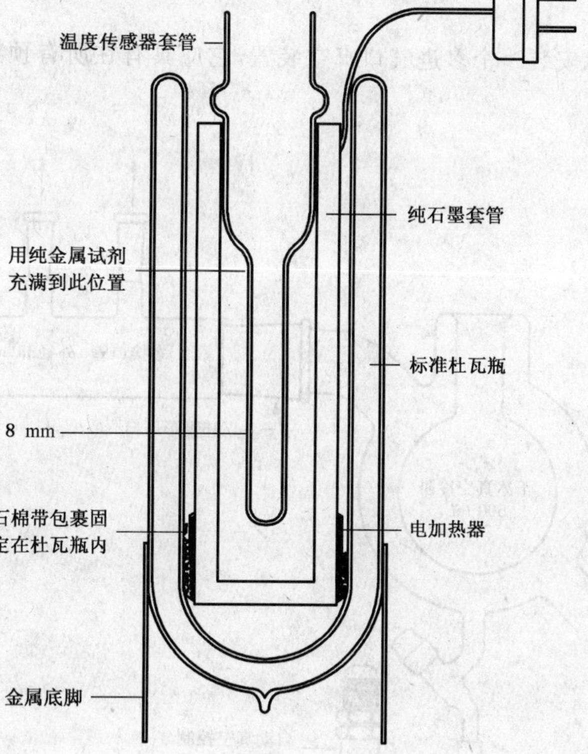

图F.1 标定温度用金属熔点浴

F.2.2 试验步骤

F.2.2.1 将约0.5 mL硅油或其他惰性液体放入测温套管底部，插入一支或多支热电偶或其他传感器，并且与各自相关的测量仪器连接。

F.2.2.2 加热熔点恒温浴到高出浴内金属熔点温度约10 ℃，并保持这一温度至少5 min，确保恒温浴内金属全部熔化。

F.2.2.3 停止加热熔点浴，观察和记录冷却曲线。当曲线上出现恒温平直段部分的时间超过1 min时，记录平稳段温度作为标定的温度点。如果结晶时温度恒定的时间太短，可在冷却阶段稍微加热以延长时间。另外，熔点浴宜被污染或甚至被氧化，此时应更换金属。

F.2.2.4 记录下面各点标定温度见表 F.1，准确至 0.1 ℃。

表 F.1 温度传感器标定所用物质的熔点和沸点

物 质	温 度/℃	
冰	熔点	0.0
水	沸点	100.0
锡-铅-镉（50∶32∶18）	熔点	145.0
锡	熔点	231.9
铅	熔点	327.4

F.2.2.5 列出校正表，将观测到的温度用数学方法，加到各标定温度点上给出实际温度。用前面校正的温度点绘出平滑曲线，以便日常使用。

F.3 压力传感器

F.3.1 仪器

F.3.1.1 如图 F.2 所示安装一个多进气口真空装置，它应具有在所有预期的压力水平下，将压力稳定在 1% 以内的能力。

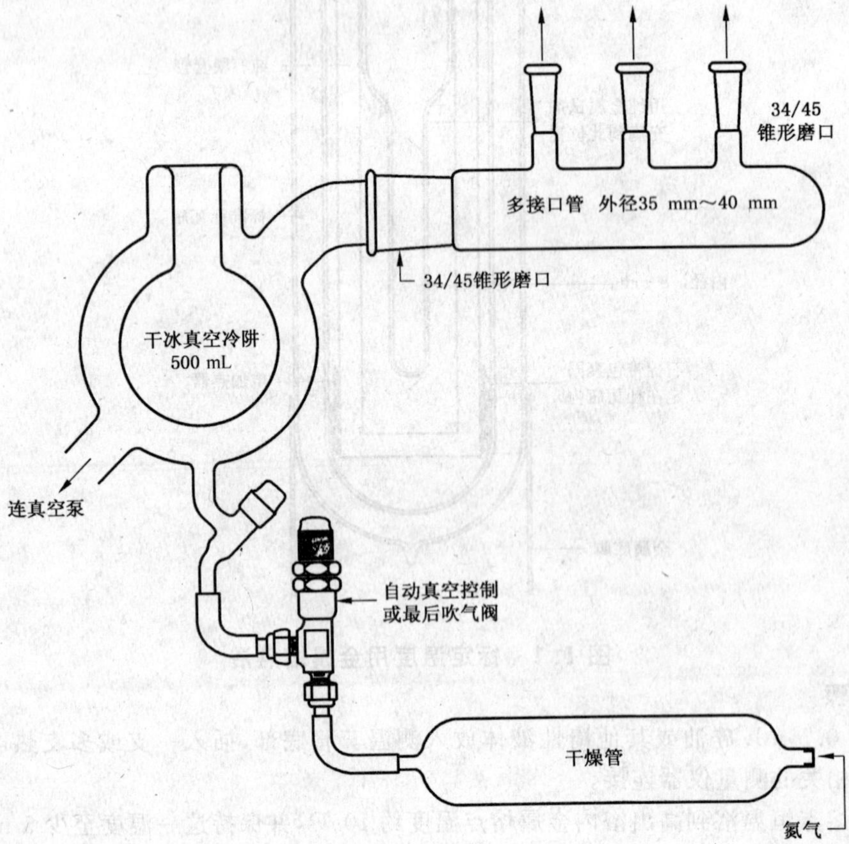

图 F.2 真空表的标定

F.3.1.2 在常压到13.3 kPa之间，可用抽空水银压力计或压力表作为原始标准。图F.3所示是一个简便设计的真空压力计，时常可以看到水银中有空气集中于顶端。对于一个合格的真空压力计，当与大气相通时，在顶端靠肉眼应看不到空气泡。玻璃真空压力计的内部宜用化学清洗剂清洗。

单位为毫米

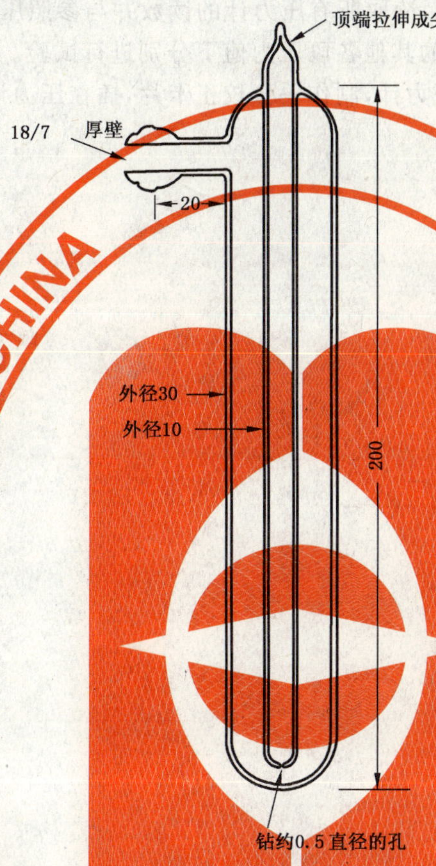

图 F.3 真空压力计

F.3.1.3 如果在顶端仍看见有气泡，应将真空压力计放置水平位置并使与真空系统连接的那面朝上，而且真空压力计的上部放置应比底部低一些，使真空压力计管底部中心小口露出来。将真空压力计与低于0.013 3 kPa真空系统相连，用红外灯或热空气加热装满水银的一端至水银沸腾继续慢慢加热直到中心管内水银流出到外管，此时能在管壁清楚地看见凝结的水银。然后轻轻转动真空压力计到垂直位置并慢慢放空，当完全放空时，中心管顶端应看不见空气，该真空压力计方可使用(**警告——水银蒸气有毒，如果吸入将危害健康甚至致命**)。

F.3.1.4 对压力低于13.3 kPa，用非倾侧式麦氏表作为原始参照标准并应细心保留下来。

F.3.1.5 所选用麦氏表的量程，要使所标定的压力降落在该量程的10%～90%之间。压力表用新的水银重新充满之前，应在250 ℃和压力低于10 Pa条件下，加热麦氏表至少30 min。要小心保护基准压力表，避免暴露在潮湿空气中。如果认可该试验压力，表示系统没有受潮气和其他可冷凝物质的影响。宜选择两块压力范围不同的基准麦氏表。

注：麦氏表结构通用原理已充分建立。表的尺寸和允许限量不在本试验方法的规定范围内。

F.3.1.6 经过检定的次级压力计、电子的或其他器件也可使用，应提供可溯源到原始标准的信息。次级压力表应标出有规律的偏差，一年至少应检定一次。

F.3.2 试验步骤

F.3.2.1 试验用多口进气装置见图F.2，该装置是密封的，在需要条件下能保持压力稳定。相应的泄漏试验是用泵抽吸使压力低于0.1 kPa，然后停止抽吸，观察压力变化至少1 min，如果在此期间压力升高不超过 0.01 kPa，认为该仪器可以使用。

F.3.2.2 连接参照(原始)真空压力计和其他压力计到多口装置上进行标定，这些压力计的标定范围应在其量程的 10%～90%之间。在多口装置和真空泵之间连一个装有干冰的冷阱，调节压力到试验要求的值，进行上述最终的泄漏试验。

F.3.2.3 保持此条件稳定至少 3 min 后，读取所有压力计的读数并与参照压力计进行对比。

F.3.2.4 重复前面的步骤，在试验要求的其他各段压力值下分别进行试验。

F.3.2.5 为每一段压力下标定的各种压力计，制作一张校正卡片，插在压力计上。

附 录 G
（规范性附录）
回流分配阀检验试验方法

G.1 范围

本方法用于确定液体回流分配阀是否产生规定的回流比。

G.2 试验方法概述

一般用中等密度的烃类馏分，在回流分配阀中以正常方式运行，得到两个液流的比例，测得回流比。这一试验是在常用的蒸馏速率范围进行的，以确保其性能在所有条件下都可以接受。

G.3 意义和用途

本试验的目的是保证回流分配阀在实际操作中准确地按要求的比例分配回流。

G.4 仪器

G.4.1 仪器由蒸馏柱、带有控制器的回流分配阀和必要时方便将液体注入分配阀的冷凝器组成。

G.4.2 提供一种平稳注入试验液体的仪器，使其在试验条件下，注入液体量应在蒸馏柱最大加样能力的10%～90%范围内。这种仪器可以是泵，或用简单的重力流动系统，但其储液槽应保证每次试验时液体都以比较均匀的速度流出。此外需要提供已称重的400 mL烧杯和秒表。

G.5 试剂和材料

试验用的液体可使用从煤油到柴油(150 ℃～300 ℃)范围的任何烃类馏分。

G.6 仪器准备

G.6.1 将回流分配阀装在蒸馏柱的正常位置，冷凝器连接到便于将试验液体引入回流分配器的正确位置，控制器与回流分配阀相连接。

G.6.2 取两个大小适当未称重的空烧杯，一个放在蒸馏柱底部，另一个烧杯放置在流出口。

G.6.3 安装液流系统以便提供需要的流速范围。

G.7 试验步骤

G.7.1 设定回流分配阀的开阀时间在4 s～6 s之间，关阀是开阀时间的5倍(回流比是5∶1)。

G.7.2 试验时，以蒸馏柱最大蒸出速率约10%的速度把液体引至分配阀。

G.7.3 2 min以后，同时用两个已知质量的烧杯换下柱底和流出口的烧杯。

G.7.4 以精确5 min的间隔，用另外一对已称重的烧杯同时换下柱底和流出口的烧杯，连续三次收集试样，回收未称重烧杯，关闭液体流出口。

G.7.5 称量每次盛有液体烧杯的质量并减去空烧杯质量，获得每次流出液体的质量，称准至1 g。

G.7.6 计算三次5 min试验中每次得到的蒸馏柱底部和柱头液体的质量的比值。

G.7.7 如果得到比值偏差不在±5%以内，应重复G.7.1～G.7.6。

G.7.8 在流出速率约等于蒸馏柱试验条件下的最大蒸出速率的30%、60%和90%时，分别按G.7.1～G.7.7重复连续进行试验。

G.7.9 重复G.7.1～G.7.7，按回流分配阀关阀是开阀时间2倍的周期进行循环试验(2∶1比例)。

G.7.10 当实际回流比与给定的比例差值大于10%时，该分配阀不能使用，应进行校正。图G.1为一种性能合格的典型分配阀的试验结果。

G.8 精密度和偏差

在附录G中，对于回流分配阀的检验，任何涉及精密度和偏差的事项在此不作叙述，因为试验结果用来确定是否符合本试验方法G.7.10中的相关规定。

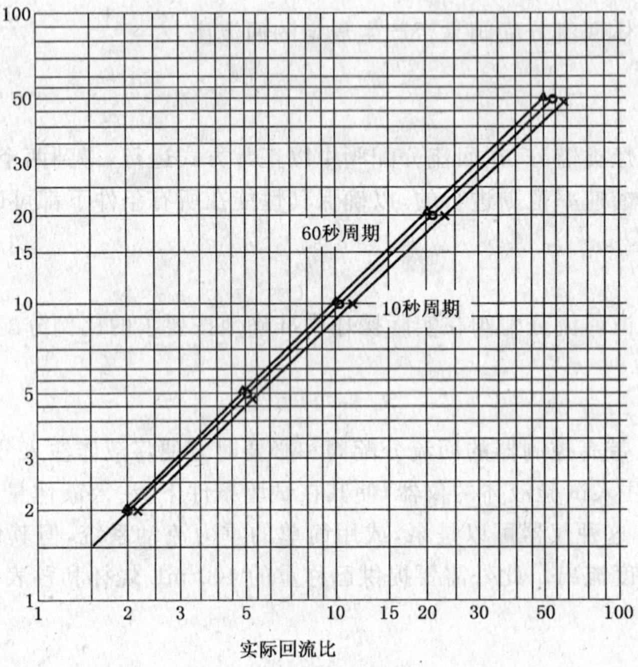

图G.1 一种典型回流分配阀实际回流比图解

附 录 H
（规范性附录）
实测蒸气温度与常压相当温度（AET）的换算

H.1 范围

本方法是将在常压和减压下得到的实际蒸馏温度，换算成对应于压力在 101.3 kPa 的常压相当温度（AET）。公式是由 Maxwell 和 Bonnell 推导出的。

H.2 意义和用途

通过计算得到常压相当温度的最终数据。

H.3 计算

H.3.1 实测的蒸气温度换算到常压相当温度用式（H.1）计算：

$$t_{AET}=\frac{748.1A}{[1/(t+273.1)]+0.386\,1A-0.000\,516\,06}-273.1 \qquad \cdots\cdots\cdots\cdots(H.1)$$

式中：

t_{AET}——常压相当温度，单位为摄氏度（℃）；

t——实测蒸气温度，单位为摄氏度（℃）；

A——压力转换系数。

A 值用式（H.2）计算：

$$A=\frac{5.143\,222-0.972\,546\lg p}{2\,579.329-95.76\lg p} \qquad \cdots\cdots\cdots\cdots(H.2)$$

式中：

p——操作压力，单位为千帕（kPa），（操作压力 $p \geqslant 0.266$ kPa）。

H.3.2 上述公式仅适用于特性因数 K 为 12±0.2 的馏分校正。除非有与此相反意见，否则 K 因数通常设定为 12。

H.3.3 如果需要校正，按式（H.3）计算：

$$K=\frac{\sqrt[3]{1.8(t_B+273.1)}}{D} \qquad \cdots\cdots\cdots\cdots(H.3)$$

式中：

K——特性因数；

t_B——中平均沸点，单位为摄氏度（℃）；

D——在 15.6 ℃/15.6 ℃时的相对密度。

H.3.3.1 计算特性因数时，一般可用任意馏分的中沸点温度或气相色谱蒸馏的馏分的中沸点温度作为平均沸点。无论那一种情况，都必须注明所用方法。

H.3.3.2 由图 H.1 估算特性因数 K。

H.3.4 适用的常压相当温度 AET 校正值按式（H.4）计算：

$$t=-1.4[K-12]\left[\lg\frac{p_a}{p_o}\right] \qquad \cdots\cdots\cdots\cdots(H.4)$$

式中：

t——校正值，单位为摄氏度(℃)；

p_a——大气压力，单位为千帕(kPa)；

p_o——实测压力，单位为千帕(kPa)。

沸点校正值由图 H.2 来估算。

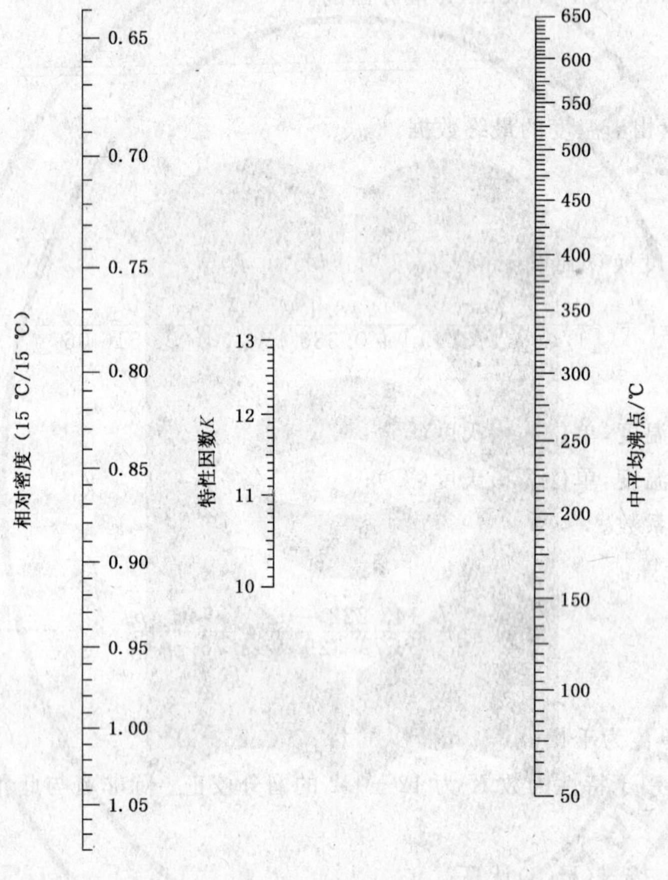

图 H.1 原油馏分特性因数

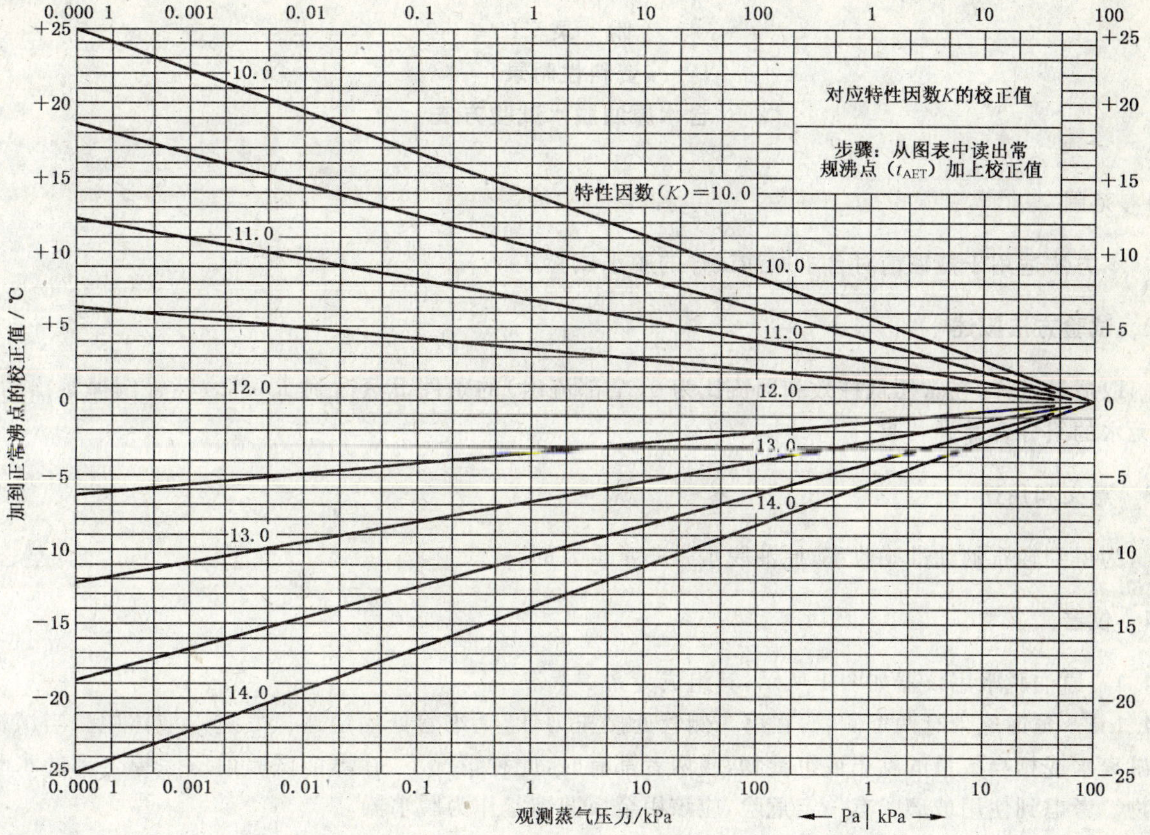

图 H.2　对应 K 因数的沸点校正值

附 录 I
(资料性附录)
含水原油脱水试验方法

I.1 范围

本方法适用于蒸馏前对含水原油试样的脱水试验。

I.2 试验方法概述

取适量试样，在常压低柱效和回流比为0(全部流出)的条件下蒸馏到130 ℃，轻轻倒掉蒸出的水，将无水的组分合并到一起。

I.3 意义和用途

为得到轻石脑油准确收率，原油脱水是非常重要的。

I.4 仪器

I.4.1 原油脱水用仪器如图1所示，其组成为：

I.4.1.1 蒸馏釜带有两个侧管，在第二侧管处接压力计，毛细管处固定通氮气进入液体中。当试样含有游离水或相当数量的粘土或沉淀物，或两者都有时，此种情况下，在蒸馏试验前应除掉全部的水和沉淀物。考虑到使用玻璃釜有一定危险，应该用金属蒸馏釜作为脱水器。

I.4.1.2 蒸馏柱，如6.1.3所述类型。

I.4.1.3 其他仪器同6.1所述。

I.5 仪器准备

试验开始前应洗净、干燥蒸馏柱和所有玻璃仪器。

I.6 试验步骤

I.6.1 冷却试样到不低于0 ℃的温度，如果有游离水，轻轻倒掉试样中大量的水，用减差法将试样称入已冷却的蒸馏釜中。对高凝点原油，倒掉水分后，应加热到倾点5 ℃以上再称入蒸馏瓶中，称准至1 g。放入一些玻璃珠或瓷块到蒸馏釜中，并给出含水原油的体积。

I.6.2 将蒸馏釜与蒸馏柱相连接，从毛细管侧缓慢通入氮气流，流量控制为8/cm^3。在冷凝器出口串联两个保持干冰温度的冷阱，冷凝器通入－20 ℃循环冷却液。

I.6.3 加热蒸馏釜，按10.2.4～10.2.8调节加热量，使之达到中速回流并进行脱丁烷。在全馏出(回流比为0)的条件下慢慢取走馏出物，直到蒸气温度达到130 ℃。用冷至－20 ℃或更低温度的接收器，收集温度低于65 ℃的馏分。

I.6.4 关闭回流阀和加热系统，冷却蒸馏釜和试样至室温，保持冷阱在干冰温度。称量蒸馏获得的馏分。

I.6.5 为了从每个馏分中分离出水分，应把馏分冷至－5 ℃，然后倒出轻烃液体，称量水的质量。

I.6.6 拆掉冷凝器，用乙醇或丙酮清洗，除掉粘附的水滴。用空气干燥并用另一干净的冷凝器替换它。

I.6.7 将已冷却的馏分重新倒回蒸馏釜中与残液组合，此时要采取常用的预防措施避免轻油损失。且勿将冷阱中冷凝的馏分并入蒸馏釜中。

I.6.8 记录脱水后试样的质量，如果脱水后重新混合试样质量少于蒸馏釜中原始试样质量，则该釜中试样可用于后面连续蒸馏。

I.7 计算

水含量计算用式(I.1)：

$$w = \frac{m_1}{m} \times 100 \qquad \cdots\cdots\cdots\cdots (\text{I.1})$$

式中：

w——水含量(质量分数),%；

m_1——接收到的水质量,单位为克(g)；

m——试样质量,单位为克(g)；

100——百分数恒量。

I.8 精密度和偏差

在附录I中,对于原油水含量(质量分数或体积分数)的测定,任何涉及精密度和偏差的事项在此不作陈述,因为试验目的是为本标准准备符合蒸馏的原始样品。

附 录 J
（资料性附录）
性能检验方法

J.1 范围

J.1.1 本方法包括一个步骤，在本标准规定的实际的蒸馏条件下，蒸馏一般原油[API(重度)在 30～40 之间]获得馏分和残液，用气相色谱法测定馏分和残液的沸点分布来计算蒸馏柱性能。

注：限制 API(重度)为 30～40 之间没有理论根据。但是，使用此范围的原油，可确保或多或少获得到满意的产品，用于蒸馏柱性能评定，无论在温度刻度较高段或较低段都可以满足。使用较重的原油在低温度段不能获得满意的质量收率，对于较轻的原油反之亦然。

J.1.2 蒸馏柱性能评定可在任何切割点下进行，由气相色谱分析两个相邻馏分样品或一个残液，无论新鲜的或储存的馏分试样均可用于分析，长期保存的馏分试样应避免挥发损失。宜给定馏分个数和切割点间隔用于性能分析。

J.1.3 用一种精确的数学方法计算多组分混和物的蒸馏效率。为方便起见，也可使用同样方法基础上的一个简单图解。

J.1.4 蒸馏柱综合性能按照蒸馏柱效率(最小塔板数)、设定的切割点温度(AET)和计算的有效切割点温度(ECP)之间的差异来评定。规定指标作为蒸馏柱性能验收标准，并指出可能进行的修正。

J.2 意义和用途

除了在蒸馏开始和蒸馏结束柱效率很低时，在不同条件下蒸馏应得到一致的馏分收率，因为柱效对馏分收率没有可测量的影响。然而，在柱效高时，蒸馏得到的馏分沸点范围窄，因而与低柱效时相比，得到的同一馏分性质会有所不同。为使柱效达到标准水平和标准化的馏分质量，宜采用全面检验以评定系统的实际性能。如果本次试验结果不能被接受(附录 J)，则应考虑附录 A～附录 E 和包括附录 G 在内的所有基本性能测定造成的影响。本附录中所表述的全面性能检查结果，为在此种情况下可产生的影响及修正提供指导。

J.3 方法概述

通过气相色谱分析两个相邻馏分(或残液)计算尾部和头部之间重叠组分(假定)的分布。经过线形化变换的分布系数与相应组分(假定)的沸点作图。通过线性回归，尽可能获得一条直线，并由经过变换的 Fenske 等式的斜率计算出柱效率。ECP 定义为重叠部分等于进样量用质量分数(%)为底数表示时的温度或在数学术语中，规定分布系数等于 0.5 时的温度。柱效率计算式在数学上恒等于由 Butlter 和 Pasternak 表述的图解步骤。

J.4 检验步骤

J.4.1 对每个压力水平下获得的相邻馏分或(残液)试样，按照恰当的沸点分布方法分析它们。这些馏分段要有足够宽的范围，因为用气相色谱分析重叠度不能延长超过其馏分范围。宜采用 25 ℃宽度的馏分，而更宽温度范围的馏分也可使用，但没有评定其可靠性。所用馏分的个数和切割点间隔在 J.6 中讨论。在 J.4.1.1～J.4.1.3 中，介绍了通过气相色谱分析得到的沸点分布范围与本标准推荐的沸点切割范围结合使用的方法。尽管可由不同试验方法分析相邻馏分，但宜使用同一试验方法分析相邻馏分。

注：不同的气相色谱沸点范围测定试验法会出现彼此对应的相对偏差。如果存在偏差，可影响回归直线的斜率，因而导致柱效结果错误。

J.4.1.1 馏分切割点≤150 ℃，用试验方法 ASTM D3710 进行分析。馏分的终沸点在 150 ℃～260 ℃之间，应换成试验方法 ASTM D5134 进行分析。对切割点≤100 ℃的也只能使用后者。如果使用 ASTM D5134 方法，能很好定义和分离单个化合物并计算出分布系数。可使用任何数量的化合物，最少应有四个化合物。芳香族类化合物不能用于柱效计算。

注：由于共沸点的影响，芳香族类化合物不能落在同一直线上，如与链烷烃具有相同沸点的。

J.4.1.2 馏分切割点＞100 ℃，用试验方法 ASTM D2887 进行分析。

J.4.1.3 残液（终沸点 FBP＞538 ℃），在文献手册上，目前没有关于残渣沸点分布特性的标准方法。但是对残渣所含的物质正在进行研究中。一开始，用室内实验方法，在同样原理的基础上提供沸点的分离和标定，即是用一个甲基硅柱和试验方法 ASTM D2887 分析，用沸点已确定的链烷烃来标定保留时间。

注：由 ASTM D02.04.H 开发的高温模拟蒸馏(SIMDIST)方法仍然在研究中，而在它目前草案中仅适用于原油蒸馏。在工业中对于残渣的沸点分布测量分类非常广泛，因此，设想对后面的数据，残液应包括本试验方法的斜率中。

J.4.2 利用气相色谱分析的两个连续蒸馏馏分的结果，按等间隔温度范围（假定组分）定义格式化分组。这些组应列成这样形式，在列出第一组的温度范围之后，接下来列出馏分有重叠部分归类的那一组的温度范围。对应每一组（假定组分），列出每一馏分的温度范围和非累积收率（质量分数，%，参照如收率 o.f.）。温度范围宽度选择应不小于 5 ℃和不大于 15 ℃。气相色谱分析所用的一份相邻馏分试样，应与本标准得到的切割馏分的沸点范围相同。为确保有满意的精确度，在限制的馏分宽度范围内，至少需要四个不超出范围的组分，可用分布系数≥0.05 和分布系数≤0.95 的一个值来判断(J.5.1)。气象色谱分析及结果计算举例见表 J.1 和表 J.2。

表 J.1　160 ℃～240 ℃组分相关柱效值计算方法

组分	沸点 t_i/℃	馏分 1		馏分 2		D_i	x_i
		收率 o.f.	收率 o.c. $Y1_i$	收率 o.f.	收率 o.c. $Y2_i$		
160-170	165	19.75	1.68	0.21	0.02	0.989	1.948 5
170-180	175	19.40	1.65	0.62	0.06	0.967	1.470 6
180-190	185	17.95	1.53	2.03	0.18	0.893	0.921 7
190-200	195	13.04	1.11	6.39	0.58	0.658	0.285 0
200-210	205	6.96	0.59	12.52	1.13	0.344	−0.279 8
210-220	215	2.05	0.17	16.67	1.50	0.104	−0.935 0
220-230	225	0.77	0.07	18.45	1.66	0.038	−1.404 3
230-240	235	0.18	0.02	18.72	1.68	0.009	−2.041 9

注：摘录自 GC 分析数据(J.4.2)，计算分布系数(J.5.1)和 x_i(J.5.2)，馏分组分收率 o.f. 是以%，质量分数表示（来自 GC 分析馏分结果）。

表 J.2　260 ℃～340 ℃组分相关柱效值计算方法

组分	沸点 t_i/℃	馏分 1 收率 o.f.	馏分 1 收率 o.c. $Y1_i$	馏分 2 收率 o.f.	馏分 2 收率 o.c. $Y2_i$	D_i	x_i
260-270	265	16.43	1.69	0.08	0.01	0.995	2.334 2
270-280	275	16.26	1.67	0.27	0.03	0.984	1.801 4
280-290	285	15.00	1.55	1.58	0.15	0.909	0.999 1
290-300	295	11.07	1.14	5.92	0.58	0.663	0.293 4
300-310	305	5.23	0.54	11.85	1.16	0.317	−0.333 6
310-320	315	1.50	0.15	15.77	1.55	0.091	−1.000 1
320-330	325	0.30	0.03	16.98	1.66	0.018	−1.731 2
330-340	335	0.08	0.01	17.27	1.69	0.005	−2.312 6

注：摘录自 GC 分析数据(J.4.2)，计算分布系数(J.5.1)和 x_i(J.5.2)，馏分组分收率 o.f. 是以%，质量分数表示(来自 GC 分析馏分结果)。

J.4.3　计算(假定)组分占初始进样量(本标准)的收率(质量分数)，以%计：

$$\text{收率 o.c.} = \text{收率 o.f.} \times \frac{\text{馏分质量}}{\text{进样质量}} \qquad \text{(J.1)}$$

按起始沸点和终点沸点温度的一半分配每一(假定)组分。

注：如果用试验方法 ASTM D5134 获得的实际组分计算，选定出一个沸点如从文献获得的这一组分一样。

J.5　计算

J.5.1　每一个(假定)组分的分布系数(D)按下式(J.2)计算：

$$D_i = \frac{w_{1i}}{(w_{1i} + w_{2i})} \qquad \text{(J.2)}$$

式中：

D_i——每一个(假定)组分的分布系数；

w_{1i}——馏分 1 中(假定)组分 i 的收率(质量分数，%，占进样量)；

w_{2i}——馏分 2 中(假定)组分 i 的收率(质量分数，%，占进样量)。

J.5.2　线性方程的系数按下列等式计算：

$$t = aX + b \qquad \text{(J.3)}$$

其中：

$$a = \frac{\sum t_i x_i - (\sum t_i \sum x_i / n)}{\sum t_i^2 - [(\sum t_i)^2 / n]} \qquad \text{(J.4)}$$

$$b = \sum x_i / n - a(\sum t_i / n) \qquad \text{(J.5)}$$

式中：

n——(假定)组分的个数；

t——(假定)组分沸点，单位为摄氏度(℃)。

并且：$x_i = \lg\left(\frac{D_i}{1-D_i}\right)$

J.5.3　由定义知道，ECP 是分布系数为 0.5 时的温度。式中：$D_i = 0.5$，$x_i = 0$，则 ECP$=b$。

J.5.4　柱效率计算用下式(J.6)：

$$N=\frac{x\times(t_t+273)}{4.6\times(t_c-t_b)} \qquad \cdots\cdots(J.6)$$

式中：

N——柱效率；

x——参照组分的 $\lg\left(\frac{D_X}{1-D_X}\right)$；

t_t——蒸馏柱的平均温度，单位为摄氏度(℃)；

t_c——切割点温度，单位为摄氏度(℃)；

t_b——参照组分的沸点温度，单位为摄氏度(℃)。

J.5.4.1 选择任何(假定)组分作参考化合物的两个相邻沸点范围重叠馏分，沸点(t_b)等于 ECP 的组分应除外。用式(J.1)计算相应的 X 值。

J.5.4.2 常压和实际塔板数的条件下获得的切割点用以下温度：

$t_c=$ECP$=$AET；且 $t_t=$实际(设定的)切割点温度。

J.5.4.3 减压条件下切割点和柱效率(N 最小柱效率)的获得，为了比较效果，应使用实际的蒸馏柱温度。在这一情况中应考虑蒸馏柱温度 t_t 等于设定切割点(AET)的实际蒸气温度，因为减压条件下主要是设定切割点。

J.5.5 常压下获得的切割点计算柱效率举例：

本标准分析摘录：

操作压力	101.3 kPa
设定切割点(AET)	200 ℃
实际切割点	200 ℃
收率%，质量分数，占进样量；馏分 1(<200 ℃)	8.5
收率%，质量分数，占进样量；馏分 2(>200 ℃)	9.0

J.5.5.1 x_i 与 t_i 线形回归方程(J.5.2)为：

$t=-17.32X+199.9$；式中：$D_i=0.5$，$x_i=0$，ECP$=199.9$ ℃

J.5.5.2 取一个参考组分，沸点 $t=180$ ℃($t_b=180$ ℃)，代入等式中导出相应的 $x=1.150\ 3$。而且，$t_t=200$ ℃，将这些数代入等式(J.5)中，得出柱效率 $N=5.9$；或 $N_{实际}=N_{最小}=5.9$。

J.5.6 减压条件下获得的切割点计算柱效率举例：

本标准分析摘录：

操作压力	13.3 kPa
设定切割点(AET)	300 ℃
实际切割点	221.4 ℃(来自附录 H)
收率%，质量分数，占进样量；馏分 1(<200 ℃)	10.3
收率%，质量分数，占进样量；馏分 2(>200 ℃)	9.8

J.5.6.1 x_i 与 t_i 线形回归方程(J.5.2)为：

$t=-14.77x+300.1$；式中：$D_i=0.5$，$x_i=0$，ECP$=300.1$ ℃

J.5.6.2 取一个参照组分，沸点 $t=280$ ℃($t_b=280$ ℃)代入等式中导出相应的 $x=1.360\ 5$。

J.5.6.3 对实际效率用 $t_t=300$ ℃，对最小效率(校正压力下的)用 $t_t=221.4$ ℃的数值代入等式(J.5)中，得出实际效率 $N_{实际}$ 为 8.4 和一个最小效率 $N_{最小}$ 为 7.3。

J.5.7 图解

J.5.7.1 等式(J.2)的图解见图 J.1。在图表"A"上，以百分数为底数对应(假定)组分的沸点(BP)作图。通过这些点最好尽可能绘出直线，并向下延长通过图表 B。

J.5.7.2 从图表"A"中，沸点对应的直线与 50%为底数的直线相交读出有效切割点 ECP 值。

J.5.7.3 从图表"B"中，直线与代表有效切割点 ECP 温度的曲线相交，在垂直轴线处读出柱效率 $N_{实际}$。对于常压蒸馏，最小效率 $N_{最小}$ 等于实际效率 $N_{实际}$。对于减压蒸馏，最小柱效应用式(J.7)计算：

$$N_{最小} = N_{实际} = \frac{t_t + 273}{t_n + 273} \qquad \cdots\cdots(J.7)$$

式中：

t_t——实际切割温度，单位为摄氏度(℃)；

t_n——设定切割温度，单位为摄氏度(℃)。

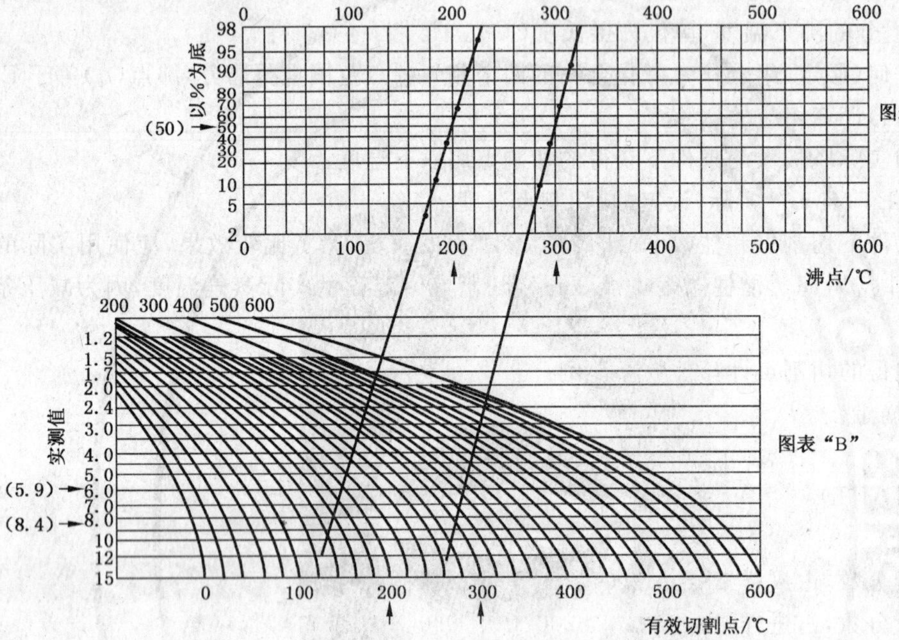

图 J.1 效率计算

J.5.7.4 在 J.5.5 和 J.5.6 中，是用相同底数表示的数据举例。以百分数为底数只是分配系数的另一种表示方式，与分布系数的关系是：

$$百分数为底数 = (1 - D_i) \times 100$$

图解中使用的相关数值见表 J.3。

表 J.3 图解相关的数值

BP	例 1 D_i	以%为底数	BP	例 2 D_i	以%为底数
165	0.989	1.0	265	0.995	0.5
175	0.967	3.0	275	0.984	1.6
185	0.893	10.7	285	0.909	9.1
195	0.658	34.2	295	0.663	33.7
205	0.344	65.6	305	0.317	68.3
215	0.104	89.6	315	0.091	90.9
225	0.038	96.2	325	0.018	98.2
235	0.009	99.1	335	0.005	99.5

注：选自图表 A 数据，例 1，ECP200 ℃ 的；例 2，ECP 为 300 ℃。选自图表 B 数据，例 1 对应柱效 $N_{实际}=5.9$；例 2 对应柱效 $N_{实际}=8.4$。常压蒸馏，例 1 柱效 $N_{实际}=N_{最小}=5.9$。减压蒸馏，例 2 柱效 $N_{最小}$ 从等式 J.7 获得值为 7.2。

J.5.8 分离物，由于气相色谱分析数据不精确，尤其是在(GC)蒸馏曲线的开始和结束时更明显，观察分布系数<0.05 和>0.95 的离散点是异乎寻常的，因此，应检查分离点的 T 对 X 绘制曲线的线性。对图解同样有效，而且出现分离物应很容易观察。如果有分离物出现，应将它们去掉，因为它们对直线的斜率有非常显著的影响，进而影响柱效率 N 值。在数据中出现分散数据的另一个原因可能是试样量不正确(太小)、蒸馏柱的内径或动滞留量等因素都要考虑其影响或两者兼顾。试样量的正确使用，核对表1或附录B或两者兼顾。不精确的气相色谱分析数据，可能在沸点范围窄的馏分中更加明显。在更低沸点馏分段(<100 ℃)中的影响是非常显著的。如果气相色谱检测结果不正常，注意到有适当的弯曲(柱负荷重)和信号的线性(检测器负荷重)是合理的。如果使用试验方法 ASTM D3710 测定，应注意结果是典型的以体积分数(%)进行计算的，而不是在 J.1.4 中提到的其他方法，是以质量分数(%)进行计算的。确保使用正确单位进行比较(使用试验方法 ASTM D3710 应获得以质量分数(%)表示的结果)。

J.5.9 结果计算

J.5.9.1 对应每一切割点计算效率 $N_{最小}$ 和 ECP(℃)。计算出每一切割点 ECP 和 AET 的差值。

J.5.9.2 表 J.4 定义了本标准 TBP(15/5)蒸馏的标准柱效率性能，包括对单个数据点的标准分布。图 J.2 是一个图解，展示标准效率和本标准规定柱效性能(14 理论板～18 理论板)可接受的上下限。对于可接受的偏差，产生的原因和修正等在 J.6 中介绍。

表 J.4 本标准蒸馏柱(15/5)的标准柱效

切割点/℃	标准效率 $N_{最小}$
50	4.1±0.5
100	4.7±0.6
150	5.3±0.6
200	5.9±0.7
250	6.6±0.8
300	7.2±0.9
350	7.8±0.9

注：来自表 J.4 数据评定柱效结果，在 1978 年用 API(重度)为 35 的原油进行离心环绕试验。但是，由于缺乏这些结果详细记录文件，妨碍严格的统计处理。

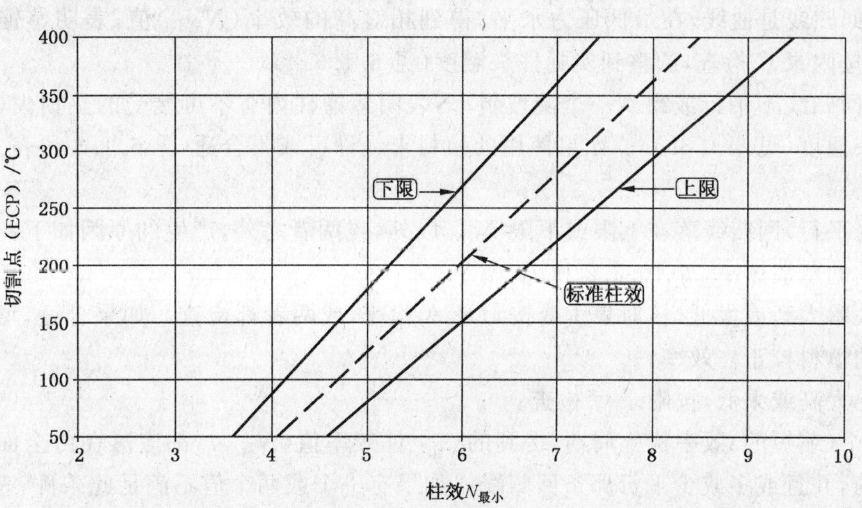

图 J.2 效率列线图

J.6 试验频率和数据处理

J.6.1 当设备有显著变化时，宜在使用期限第一时间或任何时间对仪器进行全面检查。以后如果按规定间隔进行检查，缩短评定时间也有令人满意的效果，例如，一年一次或两次，检验设备运行状况是否仍然良好。

J.6.2 全面性能检查，测定 ECP 和效率 $N_{最小}$ 至少应进行两次，但如果有可能进行三次，在各个切割点每一压力水平使用频率最多三次。在适当压力水平下获得实际切割点(AET)应是最大切割点之一，而在适当压力水平下通常包括获得温度范围更低的末端的切割点之一。表 J.5 给出这样方案的例子。

表 J.5 性能检验，切割点分配

压力/kPa	推荐的切割点范围/℃		
	低	中间	高
101.3	60～70	130～140	190～200
13.3	230～240	260～270	290～300
1.33	330～340	—	360～370
0.266	330～340	360～370	390～400

本标准仅允许三段减压蒸馏，并在 0.266 kPa 到 1.33 kPa 下提供一个压力转换。但是，这些压力水平都不应连续在同一个蒸馏操作中使用。在所有情况下，回流比均应是 5∶1，包括在 0.266 kPa 压力下的蒸馏。

J.6.3 性能验证，在三个适当压力水平测定 ECP 和最小柱效 $N_{最小}$，而在这些压力水平下通常只能在最高切割点时实现。

J.6.4 效率数据处理

J.6.4.1 得到的柱效 $N_{最小}$ 与 AET 的回归方程，应显示出最适用的线性回归，并绘出一条或多或少与这些线平行的直线，如图 J.1 所示。该回归线不应超过图 J.1 所示上限值和下限值。各个点应沿着回归线不规则散布且在回归线 0.7 理论板数以内。如果有一个点跑出界限外，重新进行相应的气相色谱分析，再次进行检查并计算柱效率。如果本次检查失败，或依据准则有多于一个点的失败试验，则蒸馏柱的性能值得怀疑。可考虑 J.6.4.2～J.6.4.4 引起的原因，进行修正并重复整个步骤，包括蒸馏在内(见注)。

J.6.4.2 如果回归线是曲线，在最低压力水平，得到相对高的效率($N_{最小}$)值，表明蒸馏柱内有不可接受的热损失，应按附录 C 检查，调整到实际柱头温度(见 6.1.3.4)。

J.6.4.3 如果回归线不平行或得到一个陡坡斜率，表明蒸馏柱内有不可接受的热损失(按录 C 检查)，调整到实际柱头温度(见 6.1.3.4)。如果使用的填料未经许可或不合适(见 6.1.3 和表 1)，回归线也可能不平行。

J.6.4.4 如果(平行)回归线落在上限或下限 $N_{最小}$ 以外，或两者之外，产生的原因如下：

a) 不正确的蒸馏速率，见 10.3.2 和 10.4.5；

b) 填料效率太高或太低，核对表 1 或按附录 A 检查，或两者都检查。如果合适，增加或减少蒸馏柱内的填料校正柱效率；

c) 回流比太高或太低，按附录 G 检查。

J.6.4.5 对一个(缩短的)效率检验周期，得到的三个柱效率值($N_{最小}$)，都应落在由全面性能检查得到的回归线范围内，并且或多或少平行那条回归线。如果有一个或两个值不满足此条件，表示蒸馏柱的性能有变化，产生原因见 J.6.4.1～J.6.4.4。

注：设定可接受允许限控制，修正和判别实验室的可靠性。但是，不应超过指示的界限范围。

J.6.5 切割点数据处理

性能检验时推荐使用的切割点分配方案见表 J.5。

J.6.5.1 在 TBP(15/5)条件下，蒸馏中等原油(API 为 30～40)时，预期的 ECP 和 AET 之间差值不超过试验方法再现性的 0.7 倍。试验方法的再现性以摄氏度 ℃表示，在任何压力水平下，对中等原油，试验性地估计出大约为 8 ℃。因此，偏差超过 6 ℃应考虑有疑问(见注 1)。

J.6.5.2 ECP 与 AET 值超差产生的原因如下：

a) 热损失过大。对后者的证明，通过仔细检查 T 与 X 的曲线图可以得到。热损失过大的情况下分布不均衡，在高温段比低温段出现更多的离散点；加热保温套(6.1.3.4)过热将导致 ECP 温度比 AET 温度低；

b) 试样量不正确(太小)，考虑蒸馏柱内径或动滞留量，或两者兼顾。核对表 1 或按附录 B 检查，或两者兼顾；

c) ECP 始终高于或低于 AET，表示温度测量不正确，按附录 D～附录 F 进行检查；

d) 在一个或多个减压水平下 ECP 和 AET 之差都非常大，表示压力测量不正确，按附录 F 进行检查；

e) 柱效率不正确(太低)，见 J.6.4。

注 1：设定可接受允许界限控制、修正并来判别实验室的可靠性。在本标准多年应用中给出允许界限，已证实了有不正确性能的显示。

注 2：太高的效率对 ECP-AET 差值没有测量可能产生的影响。

ICS 29.020
K 09

中华人民共和国国家标准

GB 17285—2009/IEC 61293:1994
代替 GB 17285—1998

电气设备电源特性的标记 安全要求

Marking of electrical equipment with ratings related to electrical supply—Safety requirements

(IEC 61293:1994,IDT)

2009-05-06 发布 2010-02-01 实施

中华人民共和国国家质量监督检验检疫总局
中国国家标准化管理委员会 发布

前言

本标准的全部技术内容为强制性。

本标准等同采用IEC 61293:1994《电气设备电源特性的标记　安全要求》(英文版)。

本标准与IEC 61293:1994的编辑性差异为:

——取消了IEC标准的前言,增加了我国标准的前言;

——规范性引用文件中,用国家标准替代了采用的国际标准。

本标准代替GB 17285—1998《电气设备电源额定值的标记　安全要求》。

本标准与GB 17285—1998相比,主要差异如下:

——标准的编写格式按GB/T 1.1—2000进行修改和规范;

——取消了IEC前言;

——标准名称修改为《电气设备电源特性的标记　安全要求》;

——规范性引用文件中,国际标准已转化为国家标准的,直接引用国家标准;

——规范性引用文件中,对不涉及引用标准年代的,取消了标准的年代号;

——附录A中,系统的相线制与IEC 61293:1994的相线制一致。

本标准的附录A为资料性附录。

本标准由全国电气安全标准化技术委员会(SAC/TC 25)提出并归口。

本标准主要起草单位:机械工业北京电工技术经济研究所、机械科学研究院。

本标准参加起草单位:西门子(中国)有限公司、德力西电气有限公司、北京司坎·拓普国际电气有限公司。

本标准的主要起草人:曾雁鸿、郭汀、范一兵、黄蓉蓉、金卫东、李霞。

本标准所代替标准的历次版本发布情况为:

——GB 17285—1998。

电气设备电源特性的标记　安全要求

1　范围

本标准规定了标记电气设备(见注1)电源额定值及其他相关特性的最低要求(见注2)和一般规则，以正确而安全地选择和安装与任一供电电源相连的电气设备。

本标准的目的是：

——为标记与任意电源系统的有关特性，如电压、电流、频率及功率，提供一般要求；

——为各类产品标准提供标记产品电气额定值的统一方法。

各有关产品标准在对与任一供电电源相连接的电气设备、附件及元件的额定值规定标记的最低要求时，可一般性地应用本基础安全标准。各有关产品标准对供电特性的标记可规定一些补充要求。

注1：电气设备的定义见 GB/T 2900.71。

注2：进一步的标记见 GB/T 20000.4[1]1)。

2　规范性引用文件

下列文件中的条款通过本标准的引用而成为本标准的条款。凡是注日期的引用文件，其随后所有的修改单(不包括勘误的内容)或修订版均不适用于本标准，然而，鼓励根据本标准达成协议的各方研究是否可使用这些文件的最新版本。凡是不注日期的引用文件，其最新版本适用于本标准。

GB/T 156　标准电压(GB/T 156—2007,IEC 60038:2002,MOD)

GB/T 2900.71　电工术语　电气装置(GB/T 2900.71—2008,IEC 60050-826:2004,IDT)

GB 3100　国际单位制及其应用(GB 3100—1993,eqv ISO 1000:1992)

GB 3101　有关量、单位和符号的一般原则(GB 3101—1993,eqv ISO 31-0:1992)

GB/T 4026　人机界面标志标识的基本方法和安全规则　设备端子和特定导体终端标识及字母数字系统的应用通则(GB/T 4026—2004,IEC 60445:1999,IDT)

GB/T 4728.2　电气简图用图形符号　第2部分：符号要素、限定符号和其他常用符号(GB/T 4728.2—2005,IEC 60617 DB,IDT)

GB/T 5465.2　电气设备用图形符号　第2部分：图形符号(GB/T 5465.2—2008,IEC 60417 DB:2007,IDT)

GB/T 6988.1　电气技术用文件的编制　第1部分：规则(GB/T 6988.1—2008,IEC 61082-1:2006,IDT)

GB/T 16273(所有部分)　设备用图形符号(ISO 7000,NEQ)

IEC 60027　电气技术用文字符号

3　标记的要求

3.1　基本要求

电气设备上应有按适当方式，例如用铭牌或标签来标示电气额定值的标记，这种标记在设备的预期寿命内应清晰可见、易读，并能经久耐用，标记不应设置在可拆除的部件上。设备安装时暂被拆除，安装后又重新装配上的外壳部件除外(见注1、注2和注3)。

某些设备需要标记输入和输出特性。在某些情况下，输入和输出特性的标记由有关产品标准提供。

1)　本标准中方括号内的数字为参考文献中的文献序号。

某些电气设备可设计成能在一个以上的供电电压或频率下使用;对于某些设备,要求使用者在设备上进行调整,以便在某给定标称电压的供电系统上使用;某些设备设计成可在几个标称电压下,或在某个电压范围内工作而不需作任何调整。上述设备均需作相应的标记。

标记方式的细节应由有关产品标准具体规定。

设备的标记应与 GB/T 6988.1 用于电气技术文件编制的规定一致。

应当用 GB/T 4026 规定的标准缩写或用 GB/T 4728 和 GB/T 5465.2 或 GB/T 16273 规定的标准图形符号作为额定值的标记。

物理量仅能用数值及其十进制倍数和约数表示,其后应标出符合 GB 3100、GB 3101 和 IEC 60027 中规定的单位符号。

应采用不宜误解的方式表示出尺寸和公差(见注 4)。

注 1:标记的材料、方式和位置或进一步的要求由有关产品标准具体规定。

注 2:包装上或设备说明书中可给出附加的标记。

注 3:如果需要作标记的耐用性试验,由有关产品标准规定。

注 4:示例见 GB/T 1.1[2]。

3.2 电气设备特性的标记

按 3.1 规定,设备上应标记与任意电源有关的额定值及其他特性。

为了正确安全地使用设备,各产品标准应按需选用 3.2 所列特性。不需要的额定值和其他特性可省略。

对于体积过小而不能容纳一块额定值标牌的产品,宜根据标准规定采用颜色或其他方式,或采用公认的代码标记。

3.2.1 供电系统的特性

设备应具有与之相连接的供电系统的下述特性标记:

——供电系统的类型(AC、DC),见 GB/T 156;

——相导体数(例如 1、2、3);

——其他特定的导体(例如 N、M、PE,见 GB/T 4026);

——与供电系统相一致的电压(见 GB/T 156)。

应采用不带句号的大写字母。

可按 GB/T 5465.2 的规定,以图形符号代替字母数码记号。这些规则的推荐应用示例以及特性排列顺序和斜线分隔符“/”的应用示例,均见附录 A 表 A.1。

不应使用已废除(供选择)的单线直流(DC)标记符号(见 GB/T 4728.2 的 S01348)。

3.2.2 设备的额定值

——额定电压,伏特(V);

——额定频率,赫兹(Hz);

——额定电流,安培(A);

和/或:

——额定输入和/或输出功率,瓦特(W)或伏安(VA)。

允许使用标准的倍数缩写,如附录 A 中表 A.1 所示。

注:有关产品标准可更多的规定特性标记,例如:

——根据 GB 4208—2008 标记 IP 代码[3];

——根据 GB/T 17045—2008[4]标记设备防电击保护类别。

3.3 额定值及其他特性的顺序

如需要按规定顺序或为篇幅所限,例如书写空间限制到一行,则推荐下列顺序:

——供电系统的特性(3.2.1);

——额定值和单位符号(3.2.2)；

——其他特性。

例：3/N/PE～400/230 V 50 Hz。

为避免造成混淆，在纵向排列的额度值之间可以使用一条横线隔开(见表A.1)。

3.4 数值的表述

每一标记应由数值及其单位符号组成，如不会造成混淆可省去单位符号。

3.4.1 单值

每一额定值的组成应包括：

——一个数值；

——单位符号。

例：60 kV。

3.4.2 两个及以上的数值

运行时需作手动调节，以适用于几种输入特性额定值中的一种设备应标记如下：

——以斜线隔开的几个按序排列的数值；

——单位符号。

例：24/12/6 V。

对用于能自动转换数值的具有各种不同电压或频率的设备，在标记后面应紧接着大写字母AUTO，AUTO标记可用以下图形符号取代：

ISO 7000-0017 

例： 230/110 V AUTO 230/110 V

注1：电气设备上用于设定不同数值的开关或其他选择器上应有清晰标记，以便能清楚无误地表示设定的数值。

注2：推荐使用递减的数值顺序。

3.4.3 数值的范围

额定值(例如额定电压)具有一定范围的设备，如能在不作任何调节的情况下在规定的上下限数值及其范围内使用时，则应同时标示出：

——用三点(…)或连接号(—)隔开的上下限数值；

——单位符号。

例：6 V…12 V (6…12)V

6 V—12 V (6—12)V

注1：见3.1关于设备的标记和文件间的一致性和连贯性。

注2：推荐使用递增的数值顺序。

4 应用

符合第3章中要求的标记示例见附录A中表A.1。

进一步的应用宜从这些例子派生出来。

附　录　A
（资料性附录）
示　　例

表 A.1　电气设备供电电源特性标记的示例

全　　称	图形符号	缩　　写
直流电流 10 A	⎓ 10 A	DC 10 A
交流电流 1 kA	∼ 1 kA	AC 1 kA
直流电压 230 V	⎓ 230 V	DC 230 V
交流电压 400 V	∼ 400 V	AC 400 V
直流或交流电压 250 V	≂ 250 V	AC/DC 250 V
直流电压范围 0～400 V	⎓ 0…400 V	DC 0…400 V
有两根相导体的单相双线系统 230 V	2 ∼ 230 V	2AC 230 V
有一根相导体、一根中性导体和一根保护导体的单相三线系统 230 V,50 Hz	1/N/PE ∼ 230 V 50 Hz （见注 1）	1/N/PEAC 230 V50 Hz （见注 1）
有两根相导体、一根中性导体的单相三线系统 220/110 V,60 Hz	2/N ∼ 220/110 V 60 Hz	2/N AC 220/110 V60 Hz
直流三线系统 220 V	2/M ⎓ 220 V	2/M DC 220 V
三相三线系统 400 V	3 ∼ 400 V	3AC 400 V
有中性导体的三相四线系统 480/277 V	3/N ∼ 480/277 V	3/N AC 480/277 V
中性导体和保护导体分开的三相五线系统 400/230 V	3/N/PE ∼ 400/230 V （见注 1）	3/N/PE AC 400/230 V （见注 1）
用于交流电压的小型附件 250 V,16 A	∼ $\frac{16\ \text{A}}{250\ \text{V}}$ （见注 2） 或 ∼ 250 V16 A	AC $\frac{16\ \text{A}}{250\ \text{V}}$ （见注 2） 或 AC 250 V16 A

注 1：美国和加拿大不使用符号 PE。

注 2：如果不致造成混淆可省去单位符号。

表 A.2 字母代号和图形符号举例

项目	字母	图形符号[a]	
		符号	GB/T 5465.2 中的号
电流类型：			
——交流	AC	∿	5032
——直流	DC	⎓	5031
——直流或交流	AC/DC	≂	5033
端子：			
——中性导体	N[b]	N	
——保护导体	PE[b]	⏚	5019
设备类别：			
——Ⅱ类	—	⧈	5172
——Ⅲ类	—	◇Ⅲ	5180

[a] GB/T 5465.2 中的符号。

[b] GB/T 4026 中的文字符号。

参 考 文 献

[1] GB/T 20000.4—2003 标准化工作指南 第4部分:标准中涉及安全的内容(ISO/IEC Guide 51:1999,MOD)

[2] GB/T 1.1—2000 标准化工作导则 第1部分:标准的结构和编写规则

[3] GB 4208—2008 外壳防护等级(IP代码)(IEC 60529:2001,IDT)

[4] GB/T 17045—2008 电击防护 装置和设备的通用部分(IEC 61140:2001,IDT)

ICS 75.180.30
E 08

中华人民共和国国家标准

GB/T 17288—2009/ISO 2714:1980
代替 GB/T 17288—1998

液态烃体积测量 容积式流量计计量系统

Liquid hydrocarbons—Volumetric measurement by displacement meter systems

(ISO 2714:1980 Liquid hydrocarbons—Volumetric measurement by displacement meter systems other than dispensing pumps,IDT)

2009-03-16 发布　　2009-10-01 实施

中华人民共和国国家质量监督检验检疫总局
中国国家标准化管理委员会　发布

前　言

本标准等同采用国际标准 ISO 2714:1980《液态烃体积测量　容积式流量计计量系统》(英文版)。

本标准等同翻译 ISO 2714:1980,为便于使用,本标准做了下列编辑性修改:

——'本国际标准'一词改为'本标准';

——删除了 ISO 标准的前言;

——将 ISO 标准正文中前言部分单独列出,修改作为引言。

本标准代替 GB/T 17288—1998《液态烃体积测量　容积式流量计计量系统》。鉴于目前 ISO 2714 标准没有最新版本发布,国内相关技术标准没有本质上的变化和更新,此次修订只对原国家标准 GB/T 17288—1998 中不准确描述部分和编写格式做了修改。

本标准的附录 A 是规范性附录。

本标准由中国石油天然气集团公司提出。

本标准由全国石油天然气标准化技术委员会归口。

本标准起草单位:中国石油天然气集团公司计量测试研究所。

本标准主要起草人:方井涛、曹阳、王萍、李鹏、赵成海。

本标准所代替标准的历次版本发布情况为:

——GB/T 17288—1998。

引　言

容积式流量计是将液体分成若干个体积单元，通过累计这些体积单元的数量进行测量。流量计的测量部件旋转一周或进行一次循环，完成一次测量，测量的体积量就是测量的理论液体体积加上漏失量。使用前，通过检定将流量计记录的体积与标准器的体积进行比较，确定流量计的准确度。

本标准用于指导容积式流量计计量系统的设计、安装、操作与维修，是容积式流量计的通用性指南。附录A是具有三台容积式流量计计量站的典型布置。

对用于原油贸易计量的容积式流量计计量系统的安装，可遵照GB/T 9109.2—1988《原油动态计量　容积式流量计安装技术规定》的技术要求执行。容积式流量计检定执行相关国家计量检定规程。

液态烃体积测量
容积式流量计计量系统

1 范围

本标准规定了容积式流量计计量系统选型、安装、操作和维修的一般原则。

本标准适用于容积式流量计对液态烃的流量测量，但不适用于两相液体的测量。

2 规范性引用文件

下列文件中的条款通过本标准的引用而成为本标准的条款。凡是标注日期的引用标准，其随后所有的修改单(不包含勘误的内容)或修订版均不适用于本标准，然而，鼓励根据本标准达成协议的各方研究是否可使用这些文件的最新版本。凡是不注日期的引用文件，其最新版本适用于本标准。

GB/T 17287—1998 液态烃动态测量 体积计量系统的统计控制(ISO 4124:1994，Liquid hydrocarbons—Dynamic measurement—Statistical control of volumetric metering systems，IDT)

ISO 91-2:1991 石油计量表

3 计量系统设计、流量计及辅助设备的选型

3.1 计量系统设计原则

3.1.1 计量系统应适合被测液体，并满足流量、压力、温度的变化要求。必要时，应安装保护设备，保证计量系统在设计条件下正常工作。

3.1.2 在危险区域内安装的计量系统，应遵守国家或地方有关电气设备使用的安全规定。

3.1.3 与液态烃接触部件的材质，要求既不能影响介质性质，也不能受介质的影响。

3.1.4 计量系统的设计应保证流量计有最长的使用寿命。这可能需要安装过滤器、滤网或其他保护设备，以清除液体中的杂质颗粒，防止测量机构卡死和过度磨损。可以使用差压计判断滤网或过滤器何时应该清洗。当流量计用于测量清洁液体或经确认流量计不需保护，也可以不安装保护设备。保护设备应安装压力表，以确定是否需要清洗。

3.1.5 应在合适的地方为检定设备提供接头，检定设备的安装应符合国家有关规程规范。

3.2 容积式流量计及辅助设备的选型

3.2.1 选择容积式流量计及辅助设备时考虑的内容(见图 A.1)。也可向制造厂家咨询。

3.2.1.1 计量装置及检定设备的安装空间。

3.2.1.2 流量计连接型式和压力等级，附属设备的尺寸。

3.2.1.3 被测液体的性质，包括黏度、密度、饱和蒸气压、腐蚀性和润滑性等，将影响流量计的性能及其结构材料的选择。黏度增加通常会增加流量计压力损失和轴承负载，黏度变化可以使检定曲线漂移或改变形状。测量非润滑性液体时会增加流量计的磨损。

3.2.1.4 流体中可能会夹带一定数量的杂质，以及一定数量的水或蒸气。考虑流量的流通能力和压力损失，这些物质会影响过滤器、滤网和气液分离设备的尺寸。

3.2.1.5 最大和最小流量，是连续流或是间断流。

3.2.1.6 在最大流量下，流量计的压力范围和通过流量计的压力损失。

3.2.1.7 流量计运行的温度范围，是否需要将容积修正到标准参比温度，是否需要伴热。

3.2.1.8 维修方法及费用、需要的备件。

3.2.1.9　检定的方式、方法和周期。

3.2.1.10　流量计的流量范围和要求的准确度等级。

3.2.1.11　利用流量计容差调整器，可以对流量计系数进行修正，容差调整器应方便、可靠并方便铅封。

3.2.1.12　显示或记录的方式、需要的显示或记录仪器、要求输出的标准体积单位，如果流量计带有显示质量流量的积算仪，要求给出质量流量的单位。

3.2.1.13　远程计数设备的适应性。

3.2.1.14　是否需要其他附属设备，如数量预置设备、脉冲发讯器、润滑油注入装置、自动温度补偿器、适配器等。当使用靠流量计驱动的机械式附属设备时，应限制施加到计量部件上的总扭矩。流量计上使用电子设备（变送器）实现各种电子操作功能时，也应给予同样的考虑。

3.2.2　如果安装自动温度补偿器，选择的补偿器应与测量液体的温度范围相符合，并满足要求的测量准确度等级。

3.2.3　流量计的计量能力取决于其流量范围和允许的压力损失，流量计进、出口的连接尺寸不一定表示流通能力。

4　计量系统安装

本章包含计量系统中容积式流量计的安装细则。

4.1　流量计安装应防止空气或蒸气通过流量计，如果需要，应在流量计上游并尽可能靠近流量计处安装消气器，排气管道应连接到适当的安全位置或容器。排气管道应符合安全规程要求。

4.2　计量系统的设计应防止空气或蒸气进入系统，例如流量计下游设置的安全泄压阀不应与流量计上游设置的安全泄压阀相连接。

4.3　设计单向流动的流量计，应采取措施防止逆流。

4.4　所有阀门，特别是安全阀和自力阀，应确保空气不能进入。

4.5　通过合理设计避免液体中逸出蒸气。

4.6　流量计和管线的安装，要通过合理的系统设计，或采用背压控制手段，使流量计在制造厂规定的范围内运行。在流量计下游安装合适类型的阀（背压、节流阀或减压阀），可以避免液体汽化。

4.7　应安装检定用连接管线，在计量系统和计量标准器之间的管线中应避免聚集气体，并提供足够多的放空接头。

4.8　应按厂家建议的方式安装流量计，不应使流量计承受过分的应力和振动。

4.9　推荐采用并联方式安装流量计组，特别是在连续计量或流量太大不能用一台流量计测量的场所。应防止流量计组中的每台流量计超出其流量范围，应提供措施平衡各个流量计之间的流量。

4.10　流量计停用时，由于液体的热膨胀可能引起计量管线超压，应提供释放计量管线超压的措施。

4.11　在测量和检定期间，对于计量系统上可能影响测量准确度的阀门，应能迅速而平稳地开启与关闭。阀门应无泄漏关断，并应具有双关断可检漏的功能（DBB 阀）。

4.12　如果国家规范允许，流量计或流量计组的旁通管路应安装盲板，或者装有双关断可检漏阀（DBB 阀）或报警排放阀等可靠的截断设备。

4.13　为减小液流启动和停止的不利影响，保证断续流动的控制，应该选用动作快速、无冲击类型的阀门。

4.14　应有足够的保护措施，防止流量计压力脉动和过大的波动，以及液体热膨胀引起的超压。根据需要可安装缓冲罐、膨胀器、限压阀或其他保护设备。设在流量计下游的限压阀不应与设在流量计上游的限压阀相连。应具有限压阀漏失的检查措施。在流量计上游安装限压阀时，建议按防止逆流通过流量计的方法设计汇管，防止限压阀产生蒸气。

4.15　应在流量计进口或出口处安装温度计或温度测量仪表的测温孔，其插入方向和深度应符合相关规定。使用温度补偿器时，需要有检验温度补偿器运行状态的方法。

4.16 测定流量计压力时,应在靠近流量计的出口处安装合适准确度和量程的压力表。

4.17 为防止流量超过流量计的最大流量,在流量计的下游可安装限流阀或节流孔板。如果使用节流型控制阀,节流后的流量不应低于流量计最小允许流量。如果流量计进口端需要有减压措施,减压设备应尽量在远离流量计的上游安装。应调节这些设备使流量计下游保持足够的压力,防止液体汽化。

4.18 在新安装的系统投入使用前,应该用短管替换流量计运行,或者用流量计旁通管路运行,直到确认流体中的杂质已用过滤设备彻底清除。另外,在安装流量计前,尽可能在最大设计流量下进行管线的最初清洗。

4.19 如果使用管道密封胶,密封胶应涂在外螺纹上,防止流量计被管道密封胶胶结。

4.20 流量计的准确度受计数器需要的转动力矩和被流量计驱动的辅助设备的影响很大,因此,对扩大计量系统中流量计计数器和读出设备的可能性应予特殊的考虑。

4.21 伴热系统的设计,液体温度不应超过流量计和自动温度控制的额定值,即使在初始启动期间和管线闲置一段时间以后也应该如此。

4.22 消气器的排气管道应有足够的尺寸,排气管道的设计应特别注意将该管道敷设到安全的地方。

4.23 在低于最小工作压力时消气器不能排气,甚至可能导致空气吸入系统,因此,计量系统的设计要确保有足够的背压操作排气阀。

4.24 由于液态烃是易燃物质,应采取有效措施预防静电火花进入计量系统。

5 流量计性能

5.1 概述

本章阐述如何建立计量系统并实现准确的测量。流量计交付使用时,应检定或校准合格。

5.2 流量计系数

根据使用情况,有两种方法对流量计进行调校。

5.2.1 第一种方法是调节流量计的容差调整机构,直至流量计在检定期间的仪表示值等于或接近于检定装置的测量体积。

5.2.2 第二种方法是采用流量计系数。流量计系数是检定期间通过流量计的实际液体体积与流量计指示体积的比值。在检定后的测量中,是用流量计记录的体积乘以流量计系数来确定实际的流量或总体积。

5.2.3 应根据使用和操作条件选择检定方法。

5.2.4 第一种方法(见5.2.1)常用于零售加油机、零售运输卡车、汽车和铁路罐车装油栈桥等地方。这些地方通过流量计直接读数,对流量计读数不进行修正。

5.2.5 某些地方不采用流量计直接读数,而使用流量计系数。首先,容差调整机构无法在0.02%准确度的范围内调整,而流量计系数具有0.02%的分辨力。另外,使用容差调整机构,需要一次到多次重复检定。更重要的是:当流量计测量几种不同的液体或在不同的流量下使用时,应按不同液体、不同流量的组合确定不同的流量计系数。用5.2.1中使用的流量计,只是按检定时的一种液体和一种流量进行修正。对于大多数管道、转运油库、装船和卸油系统,推荐在计量的平均条件下把流量计调节到近似准确,并在调节好的状态铅封校准机构,然后按每种液体的每个流量点确定流量计系数。使用该流量计系数,可在整个范围内保证最高的计量准确度。

5.2.6 利用流量计系数控制图(见GB/T 17287—1998),能更好地对流量计性能进行评价。流量计系数控制图,实际上是给定液态烃在一个较长的时间内连续测得的流量计系数随时间变化的曲线,直观地反映出流量计系数复现性的变化。

5.2.7 影响流量计系数的因素有:

a) 液体黏度;

b) 由于磨损等原因使测量元件的间隙发生变化,从而影响滑移量;

c) 通过流量计的压力损失；

d) 液体的清洁度和润滑性；

e) 流量；

f) 流体温度；

g) 测量腔内的压力；

h) 驱动计数器、打印器及所有附属设备需要的扭矩。

5.3 流量计系数变化的原因和该变化对石油体积计算的影响

除流量计本身的性能外，许多其他因素可使流量计的特性发生变化。像异物进入流量计内部这种情况，只要消除问题的起因就可补救。测量原油和成品油时，含有的固体物质和水对流量计同样具有影响，但是在测量原油时，标准含量以下的固体物质和水被认为是正常组成部分包含在测量值内。取决于被测液体性质的其他影响，可通过计量系统的正确设计和操作予以减小。

对计量系统影响很大的是介质的温度、压力、黏度、流量和润滑性。如果流量计检定和工作时的液体性质基本相同，运行条件相近，可以有很高的准确度。如果检定和工作时有一项或多项参数存在差别，则检定和使用状态之间的流量计系数值会有变化。

5.3.1 流量的变化

在流量计的流量范围下限，流量计系数曲线的线性比其在流量范围中部或上部的线性差。如果建立了的流量计系数随流量变化的曲线，就可以从这条曲线上选取流量计系数。如果检定装置与流量计固定安装在一起，应该对流量计进行重检，确定新的流量计系数。如果汇管总的流量经常变化，通常并联安装流量计组，让两台、三台或更多的流量计同时运行，通过改变使用的流量计台数，避免单台流量计的流量过高或过低，在并联安装的容积式流量计组中实现总流量的分配。

5.3.2 黏度的变化

因为黏度变化会导致漏失量变化，所以容积式流量计的流量计系数受流体黏度影响很大。当被测液体改变，或者被测液体不变温度发生变化时，黏度都可能改变。因此应设法绘制出流量计系数随黏度变化的曲线。在付油结算前，考虑哪些参数已经变化很重要。当被测液体改变，或者液体不变但温度发生明显变化时，最好重新检定流量计。

5.3.3 温度的变化

液体温度变化除对液体黏度带来影响，对流量计性能也有很大的影响，这种影响反映在流量计系数值上。因为测量腔周期运动置换出的体积受温度影响，容积式流量计的机械间隙也受温度影响。过高的温度还会使部分液体汽化形成两相流，使测量很不准确。

流量计系数变化的另一原因是黏度变化将引起漏失量变化，这是液体温度变化影响避免不了的方面。

5.3.3.1 检定容积式流量计时，流量计和标准器内的液体温度应相同，或者将两者修正到一个参比温度，以得到正确的流量计系数，修正时将使用 ISO 91-2:1991。

5.3.3.2 将流量计记录的体积修正为标准参比温度下的体积，可使用自动温度补偿器的方法，也可用输油平均温度人工进行修正计算的方法。

5.3.4 压力的变化

5.3.4.1 在 5.2.2 中规定的流量计系数适用于所有的测量压力。受压力影响显著的液体，装油票据上的计量体积应经过压力修正。只有工作压力的变化高到足以使制造材料发生弹性变形影响测量腔体的几何尺寸时，流量计系数才会受影响；使用双壳体流量计可以避免这种影响。

5.3.4.2 容积式流量计两端的压差增加会导致漏失量增加，从而增大流量计系数。

5.3.4.3 因为要用流量计记录的体积值和计量标准器记录的体积值比较计算出流量计系数，对饱和蒸气压高于大气压的被测量液体，应对检定压力下测定的体积值进行压力修正，把该体积修正到标准参比温度时饱和蒸气压下的等效体积值。这种修正包括两个步骤，首先，将体积值修正到检定温度时液体饱和蒸气压下的等效体积值，然后再将此体积值修正到标准参比温度时液体饱和蒸气压下的等效体积值。在 ISO 91-2:1991(表 6 和表 24)提供关于体积随温度变化的值，温度变化导致蒸气压变化的压力修正系数，要从其他关标准中获得。

6 计量系统的运行与维护

6.1 概述

本章含有推荐的容积式流量计计量系统运行与维护方法，及相关部门接受的测量数据(包括流量计系数控制图)。

6.2 计量系统运行

6.2.1 容积式流量计测量的准确度取决于流量计的状态、检定系统、检定周期、检定条件与运行条件之间的变化。为达到要求的准确度，应按照规程、规范及有关各方的协议，选择、操作或维修所有的设备。

6.2.2 容积式流量计在规定的流量范围内和规定的运行条件下运行，才能产生理想的准确度。流量计应配备必要的附属设备，当流量低于流量计的最小允许流量时，流量计应停止使用，因为低于最小允许流量时，传动机构带来的影响相当大。

6.2.3 容积式流量计应防止流体逆向通过流量计，按双向设计流量计的除外。可双向使用的流量计在两个流动方向上都应有流量计系数，在流量计两端都应安装保护设备。

6.2.4 应向计量站操作人员提供计量系统操作和油量计算的方法。内容包括：

a) 流量计检定的标准程序；

b) 当总输送流量多大时，启用流量计组中的备用流量计，当总输送流量多小时，停用备用流量计；

c) 流量计的最大流量，最小流量，最高操作温度和最高操作压力；

d) 温度、压力修正系数的使用说明；

e) 记录和报告流量计计量量及其他观测数据的修正方法；

f) 流量计故障期间流过流量计体积量的估算方法；

g) 流量计系数控制图使用说明，流量计系数值超出许用范围时应采取的措施；

h) 流量计检定和维护人员须知；

i) 流量计铅封损坏的报告程序；

j) 流量计检定报告、记录表格及计量票据的说明；

k) 日常维护说明；

l) 取样方法；

m) 流量计的检定周期，当流量变化或其他变化影响流量计准确度时，流量计需重新检定的细则；

n) 上述条款中没有涉及的，但对个别系统可能是重要的操作说明。

6.2.5 对流量计检定结果进行统计分析，使用流量计系数控制图(见 GB/T 17287—1998)，将有助于确定以下几方面问题：

a) 两次检定的最佳时间间隔；

b) 是否需要维修；

c) 流量计系数的稳定性和定量性。

6.3 流量计维护

容积式流量计应按照制造厂要求制定维修办法，以便对流量计和附属设备提供良好的检修。长期存放的流量计，应予罩盖。有些内部部件可能需要清洗并加油，但对于碳化钨轴承表面，只能清洗不能加油。

由于流量计的尺寸、使用情况、被测介质、流量和压力的不同，很难确定统一的流量计维修时间表。通过保留每台流量计对每种介质(或原油)的控制图，可以很好地确定流量计维修(或检修)的时间。在正常运行中，流量计系数必然有微小的变化，如果流量计系数的这种变化值超出控制图中的标准偏差

3 倍($\pm 3\sigma$),则应查找产生变化的原因。可以使用 3σ 作为流量计系数允许的变化界限,以确定是否需要进行故障检查(见 GB/T 17287)。

6.4 流量计系数控制图

6.4.1 流量计系数控制图是将统计控制方法应用于液态烃动态测量中(见 GB/T 17287—1998)。

6.4.2 流量计系数控制图是以时间为横坐标,流量计系数为纵坐标绘成的曲线,并标注表示 $X\pm 1\sigma$,$X\pm 2\sigma$,$X\pm 3\sigma$ 三组横线,其中 σ 是用一组检定数据计算的流量计系数的标准偏差,X 是流量计系数的平均值。每台流量计针对每种油品或原油,在其使用的流量范围之内,都可建立这样的控制图。

6.4.3 流量计系数控制图可用作故障的报警信号,表示流量计偏离允许标准值的时间和偏离程度。控制图可以用来发现故障,但不能确定故障的原因。在计量系统出现故障时,建议对测量系统进行全面检查。检查的内容是(不必按顺序检查):

a) 进入计量标准量器的最初流量和最后流量;换向阀的开关应平滑而迅速;

b) 容积式流量计运动部件和轴承表面的状态;磨损或固体杂质会增加漏失;

c) 润滑性能的变化;含有高比例芳香烃的汽油通常润滑性很差,检定期间可导致容积式流量计停、走、又停,特别是用静止启停的方法检定情况;

d) 流量计和标准罐之间的管线进入空气形成气袋的可能性;

e) 检定时如使用体积管,需要检查检测开关及置换器的直径;

f) 压力、温度和密度测量仪表;

g) 检定时如使用体积管,应检查流速计、脉冲计数器、线圈、前置放大器、信号传输系统、电源和所有显示仪表。

附 录 A
（规范性附录）
具有三台容积式流量计计量站的典型布置图

容积式流量计计量站的典型布置见图 A.1。

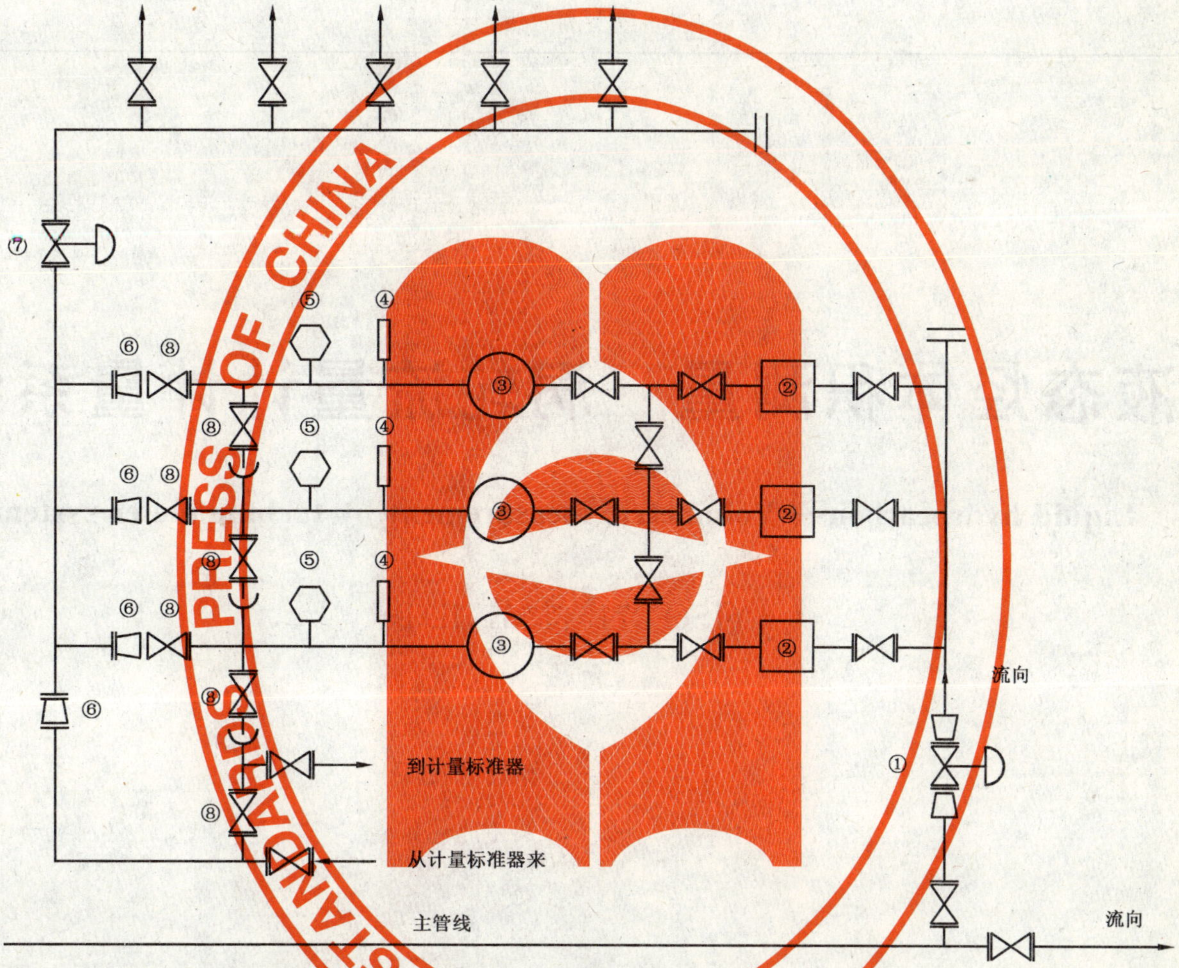

1——手动或自动减压阀；
2——单台流量计或整个计量站(可以选择)用的过滤器和消气器；
3——容积式流量计和记数器；
4——温度计；
5——压力表；
6——止回阀；
7——背压阀；
8——关断阀。

图 A.1 具有三台容积式流量计计量站的典型布置图

ICS 75.180.30
E 98

中华人民共和国国家标准

GB/T 17289—2009/ISO 2715:1981
代替 GB/T 17289—1998

液态烃体积测量　涡轮流量计计量系统

Liquid hydrocarbons—Volumetric measurement by turbine meter systems

(ISO 2715:1981,IDT)

2009-03-16 发布　　2009-10-01 实施

中华人民共和国国家质量监督检验检疫总局
中国国家标准化管理委员会　发布

前　言

本标准等同采用 ISO 2715:1981《液态烃体积测量　涡轮流量计计量系统》。

本标准等同翻译 ISO 2715:1981。

本标准对 ISO 2715:1981 做了如下编辑性修改：

——删除了 ISO 国际标准的前言；

——将“本国际标准”一词改为“本标准”。

本标准替代 GB/T 17289—1998《液态烃体积测量　涡轮流量计计量系统》。

本标准与 GB/T 17289—1998 相比主要变化如下：

——将全文中的 ISO 6551:1982 改为 GB/T 17746—1999；

——把全文中的 GB/T 17288—1998 修改为 GB/T 17287—1998；

——删除引言中关于容积式流量计的论述。

本标准的附录 A 为规范性附录、附录 B 为资料性附录。

本标准由中国石油天然气集团公司提出。

本标准由全国石油天然气标准化技术委员会归口。

本标准负责起草单位：中国石油天然气股份有限公司计量测试研究所。

本标准主要起草人：安树民、焦学峰、刘宪英、赵成海、李鹏。

本标准所代替标准的历次版本发布情况：GB/T 17289—1998。

引 言

涡轮流量计主要是由检测管路中流体平均速度的转子构成。流体将径向的动能冲击表面带有导向角侧筋的转子,并部分分解成切向动能,使转子转动,转子的转动与流量成正比。转子的转动用机械的、光学的、磁的、或电子的方法进行检测,并记录在读出仪表上。必须通过检验将这种记录的容积与已知容积进行比对。

为指导液态烃涡轮流量计计量装置的设计、安装、操作和维修,制定本标准。附录A给出了涡轮流量计部件的详图及特性。附录B提供排除故障的指南。

液态烃体积测量　涡轮流量计计量系统

1　范围

本标准根据涡轮流量计的特性和被测液体的性质，规定了涡轮流量计计量系统的选择、安装、操作和维修的一般规则。

本标准适用于石油工业中，在不同场合下，采用各种涡轮流量计，对不同性质的液态烃进行流量测量。

本标准不适用于两相流体的测量。

2　规范性引用文件

下列文件中的条款通过本标准的引用而成为本标准的条款。凡是注日期的引用文件，其随后所有的修改单(不包括勘误的内容)或修订版均不适用于本标准，然而，鼓励根据本标准达成协议的各方研究是否可使用这些文件的最新版本。凡是不注日期的引用文件，其最新版本适用于本标准。

GB/T 17287—1998　液态烃动态测量　体积计量系统的统计控制(idt ISO 4124:1994)

GB/T 17746—1999　石油液体和气体动态测量　电和(或)电子脉冲数据电缆传输的可靠性和保真度(idt ISO 6551:1982)

3　计量系统设计、流量计及辅助设备的选择

3.1　计量系统设计原则

3.1.1　计量系统应适合流量、压力、温度的变化和被测液体类型。如果需要，应安装保护设备，以确保计量系统在设计条件下正常工作。

3.1.2　如果计量系统安装在危险区域内，应遵守国家或地方关于电气设备安全使用的规定。

3.1.3　与液态烃接触的所有部件的材质，既不能影响介质性质，也不受介质的影响。

3.1.4　有保证流量计在接近工况条件下进行全量程检定的措施。

3.2　涡轮流量计和辅助设备的选择

3.2.1　选择涡轮流量计及辅助设备时，应向有关的制造厂家咨询，并考虑以下内容：

a)　计量系统及相应检定设备的安装空间；

b)　流量计连接型式和压力等级；

c)　被测液体的特性，包括黏度、密度、饱和蒸汽压、腐蚀性和润滑性等；

d)　被测液体夹带的磨损或腐蚀杂质的性质和数量，包括固体杂质的大小和分布；

e)　流动特性，包括工作流量、最大流量、最小流量、流动连续性及波动性；

f)　工作压力范围。在最大流量下运行时，通过流量计及辅助设备的压力损失；

g)　工作温度范围及自动温度补偿的适应性；

h)　维修方法、费用及所需备件；

i)　检定的方式、方法和周期；

j)　流量计特性，包括线性度、允许的最大压力损失、输出的频率和电压(见图 A.2)；

k)　显示仪表及信号前置放大器的类型(见图 A.3)；

l)　流量计显示仪表间的兼容性及读数调整方法；

m)　显示仪表供电电源的要求；

n)　有关电气技术规范的要求；

o)　电子传输系统的可靠性。

3.2.2 如果安装自动温度补偿器,应选择在所要求的环境条件下和允许的测量偏差内,都能对被测量液体的温度作出响应的补偿器。

3.3 显示仪表的选择

3.3.1 涡轮流量计显示仪表的选择,应考虑环境条件、系统布局和电气的不兼容性可能引起的偏差。

3.3.1.1 环境条件:查明仪表对电气安全、防风雨、防腐蚀和防霉的需要。估计出温度、湿度范围,并且采取相应的保护措施。

3.3.1.2 系统布局:系统布局应易于维修;电子数字显示仪表及机电式记数器有一定的故障率,应易于获得备品、备件;连续运行的计量系统,应有备用或替换仪表及备用电源。

3.3.1.3 电气的兼容性:所有显示仪表要与涡轮流量计及传输系统相互兼容。显示仪表是数据传输系统的一个环节时,应特别注意它的输出与数据传输系统兼容。

3.3.2 显示仪表能完成许多不同的功能,应按使用要求选择,并注意它的使用范围。显示仪表有模拟式的,也有数字式的。

3.3.3 数字式显示仪表具有分辨一个脉冲的能力,在给定的时间间隔内可记录到涡轮流量计产生的所有脉冲。基本的脉冲计数器不显示流量单位,需要用适当的系数将累积的脉冲数转换成为体积流量。

3.3.4 涡轮流量计的脉冲计数器与流量计的输出电压和频率应相互兼容。它可按以下方法分类:

a) 检定计数器:该计数器有由检定系统中检测开关信号触发的特殊控制电路,以便启动和停止计数器。当流量计产生的脉冲频率较低时,可利用脉冲插入技术对这种检定计数器进行补偿,提高检定结果的分辨力。

b) 数字流量显示器:在预定的时间间隔内,由内部控制电路启动和停止的计数器。在预置的时间间隔内,它可提供未修正的流量显示值,为提供修正的读出值,流量计系数、温度、压力修正系数可加到时间基准内,预置可变的时间间隔就可提供修正的流量数字显示。

3.3.5 累加计数器:该计数器的显示值是计数器接收的脉冲数或脉冲数的倍数。这类计数器的显示值要求用输入脉冲的分倍数显示。这些计数器可按以下方法分类:

a) 固定比率累加计数器:这种计数器通常将输入的脉冲按 10、100、1 000 等分,因此,显示值是接收总脉冲数的 1/10、1/100、1/1 000。有些计数器的设计不是按 10 的倍数进行等分。

b) 可变比率累加计数器:这种计数器是用可变等分电路等分输入的脉冲(有时乘有时除)。等分电路可按涡轮流量计的具体操作条件,根据涡轮流量计单位体积的脉冲数,用外部按钮或选择盘手动选择。按单位体积的脉冲数或单位体积脉冲数的倒数,并依据计数器的结构进行选择。显示值是实际操作条件下的体积数。上述计数器可将计量温度、压力的修正编成可变系数,将读出的净体积修正到标准参比条件下的体积。计数器能显示 4 位或 5 位数字,在单次检定过程中计数器至少应记录 10 000 个脉冲。

4 安装

4.1 总则

本章描述了包括涡轮流量计在内的计量系统的安装细节。涡轮流量计计量系统见图 A.4 所示。

4.2 流动状态的调整

4.2.1 涡轮流量计上、下游管线的形状,阀门、泵、不对中接头、凸入的垫片、焊接毛刺或其他障碍物,都可能引起流体旋涡和流速的不均匀分布,从而影响流量计的特性。为克服旋涡和不均匀的速度分布,应安装调整流动状态的管段。

4.2.2 调整流动状态的常用方法是:在涡轮流量计上、下游安装足够长的直管段或者使用直管段与计量管段内加整流器相结合的做法来实现整流。

4.2.3 只使用直管段时,液体的剪切变形或液体和管壁之间的内摩擦力应满足调整流动状态的要求。

4.2.4 整流器通常由轴向插入直管段内的一束管子、叶片或等效部件组成(见图 A.5)。这种整流器能有效地调整流动状态。整流器也可由一系列开孔板或金属网组成，但这种结构引起的压力损失通常要比由管束、叶片组成的整流器大。

4.2.5 为保证不产生旋涡，又不失去流动状态调整器的功能，整流器的设计和合理的结构是非常重要的。所以建议如下：

a) 横截面近似于均匀、尽可能对称；

b) 结构应十分坚固，防止在大流量时发生畸变或移动；

c) 内表面光滑，没有焊接的凸出物或其他障碍物；

4.2.6 除了采用调整流动状态的直管段外，计量管段与能产生旋涡或不均匀流速分布的泵、弯头、阀门和其他配件之间应有足够的距离。法兰和垫片内部要对中，垫片不得伸入液流中。为确保组装后整流器和流量计的正确对中，流量计法兰应安装定位销或有匹配的标志。

4.2.7 阀门要求

4.2.7.1 在测量和检定期间，对于计量系统上可能影响测量准确度的阀门，应能迅速而平稳地开启与关闭。阀门应有防泄漏关断，或具有双隔断排放，或能检泄漏的功能。

4.2.7.2 如果国家规范允许，流量计或流量计组的旁通管路应装盲板，或者装有双隔断排放或报警排放阀等可靠的截断设备。

4.2.7.3 所有阀门，特别是安全阀或自力阀，应该有这样的结构，在经受水击或真空状态时，不会打开让空气进入。

4.2.7.4 为减小启动和停止液流的不利影响，控制断续流动的阀门应该选用快速动作、无冲击的阀门。

4.3 管路安装

4.3.1 流量计及有关设备安装设计见涡轮流量计计量系统示意图(见图 A.4)。在实际使用中有些项目可以增加或减少。

4.3.2 涡轮流量计通常水平安装，如果空间限制不能按要求位置安装时，应与制造厂家协商。

4.3.3 由于使用或检定条件的限制，1 台流量计测量的流量范围太大时，可使用并联安装的流量计组。应该注意，流量计组中的每台流量计都应在流量范围内运行，并且通过每台流量计的流量应大致相同。

4.3.4 流量计的安装应确保流量计不得承受过分的应力，应采取减少管线膨胀或收缩引起流量计变形的措施。

4.3.5 计量系统的安装应保证可靠的最长运转期限。在某些使用中，要求安装保护设备，以消除液体中可能阻塞流量计或引起测量机构永久性磨损的杂质，或其他夹带的颗粒。如果需要安装滤网、过滤器、沉淀物收集器、沉降罐、水收集器，或其他合适的设备时，应按所需的尺寸安装，以防止流体通过流量计之前产生闪蒸。根据流量计连续使用的要求，保护设备可以单个安装，也可以组合安装。流量计在清洁液体中使用、或者经确认流量计不需保护设备，也是可以不安装保护设备。保护设备应安装压力表，确定需要被清洗的时间。

4.3.6 计量系统的安装，应保证在使用的粘度、压力、温度和流量范围内正常地运行。

4.3.7 流量计应有足够的保护措施，以防止压力脉动和过大的波动，以及液体热膨胀引起的超压。如果需要应安装缓冲罐、膨胀室、限压阀或其他保护设备。当限压阀位于流量计下游时，应提供检测限压阀泄漏的方法。

4.3.8 可根据计量介质的特性以及工艺状况，决定在计量管段的下游安装背压、限流装置或节流孔板。计量系统应安装流量下限报警设备。上述装置应安装在计量管段的出口，以保持足够的压力，防止被测量液体汽化。如果在流量计进口侧安装减压装置，应尽量远离流量计计量管段的上游。

4.3.9 通过合理的系统设计，使流量计在制造厂规定的流量范围内运行，可避免液体汽化。在流量计下游(大约 4 倍管径处)保持足够的背压，可减少或消除蒸汽的释放。对低饱和蒸汽压的液体，背压值 p_b(表压)应按式(1)计算：

$$p_b = 2\Delta p + 1.25 p_e \qquad \cdots\cdots(1)$$

式中：

p_b——最小背压，单位为千帕(kPa)；

Δp——流量计最大工作流量下的压降，单位为千帕(kPa)；

p_e——液体在工作温度下的饱和蒸汽压，单位为千帕(kPa)。

在流量计下游安装合适类型的阀(背压、节流阀或减压阀)，就可以达到上述背压值，避免液体汽化。对高饱和蒸汽压的液体，根据流量计制造厂的推荐和有关方面相互协商，背压值可以减小。

注：上面推荐的背压值是一典型值。某些制造商按他们的设备实际上推荐更高的背压值。

4.3.10 按上述方法安装流量计，可防止蒸汽或空气通过流量计。如有必要，在流量计上游应安装消气器。消气器应靠近流量计处安装，但不能靠得太近，避免在流量计进口产生旋涡或速度分布不均。气体应使用安全方法排放。

4.3.11 流量计和管线的安装应避免液体意外的漏失和汽化。管线内不能有集聚的空气或蒸汽，否则流量增加产生紊流会把聚集的气体带进流量计。应确保空气不会通过检漏孔、泄漏的阀门、管线、密封压盖、泵的轴端密封、分离器或连接管等进入计量系统。

4.3.12 从流量计到检定装置之间的管线，应尽量减少可能的气体聚集。流量计和检定装置的距离应尽量短，连接管线的直径应足够大，以防止检定时流量明显减小。在多台流量计的计量站，为补偿流量计检定时流体通过体积管造成压降出现流量不平衡的情况，在流量计下游可安装流量调节阀。为排放空气，在管线的最高点应安装手动放气阀，检定之前由此放气。

4.3.13 从流量计到检定装置入口处的管线设计，应做到检定期间管线内液体体积保持不变。

4.3.14 在测量不同液体时，应特别考虑流量计、辅助设备和管汇的位置，以减少不同液体的混合。

4.3.15 虽然大多数涡轮流量计能双向测量流量，但流量计系数很少相同。如果计量系统的设计只允许流体单向流动，应采取防止反向流动的措施。

4.3.16 温度计或温度测量设备的测温孔，应在或接近计量管段的进、出口处安装，其插入方向和深度应符合相关规定。测温孔不得安装在上游整流部分或下游厂家推荐范围内。如果使用温度补偿器，需要有检验温度补偿器运行状态的合适方法。

4.3.17 需要确定流量计壳体的压力时，在靠近每一条计量管的进口或出口处，应安装量程和准确度合适的压力仪表。

4.4 电气安装

4.4.1 涡轮流量计计量系统至少由三个部分组成：流量计(产生脉冲)、传输线(传送脉冲)和显示仪表(计数和显示结果)。这三部件应相互兼容，并且每个部分都应满足涡轮流量计制造厂推荐的技术要求。

4.4.2 对于低电平信号输出的涡轮流量计计量系统，电噪声可能是最大的干扰因素。即使在高电平输出系统中，消除噪声或杂乱电信号也是必要的。噪声信号通过三种不同性质的方式叠加到流量计信号上，这三种方式是电磁感应、静电或电容耦合、电传导。

4.4.3 应特别注意系统与外部电气影响的有效隔离，以减少噪声信号。流量计和体积管检测开关的信号传输电缆必需屏蔽，并且独立接地，详细内容参见 GB/T 17746—1999。

4.4.4 确定涡轮流量计系统传输线的最大长度，应查阅 GB/T 17746—1999。

4.4.5 大多数涡轮流量计都具有产生电输出信号的能力，可用提供给多种类型的显示仪表。根据 GB/T 17746—1999 的要求，涡轮流量计可能需要一个以上的输出信号。

4.4.6 涡轮流量计系统正常运行必须满足两个要求：①显示仪表应有足够的灵敏度，对涡轮流量计在量程范围内产生的每个脉冲，都能作出响应。②信噪比要足够高，防止杂散电信号对显示仪表的影响。

4.4.7 涡轮流量计的输出信号可看成是一系列的电脉冲，每个脉冲代表通过流量计的液体的一个不连续的体积。有两种产生电脉冲的方法，第一种方法是通过磁感应直接把转子的机械运动转换成电信号。第二种方法是由外部供电的接近开关或光电开关产生电信号。

第一种方法脉冲频率和脉冲幅值一般都与流量成比例。第二种方法输出电压的幅值是常数，脉冲频率只与流量成比例。

4.4.8 大多数电子显示仪表都有脉冲整形的功能，以便对脉冲进行计数，或者测量流量计的输出频率给出流量显示。脉冲信号可能是相对低的电平信号，因此，安装条件应适合低电平信号。本标准涉及的低电平信号系统的安装条件，并不适合所有涡轮流量计。

4.4.9 影响系统正常运行的脉冲特性是：

a) 脉冲幅值：与脉冲发讯器（流量计）连接的显示仪表，应有一定的灵敏度，适应额定流量范围内产生的脉冲幅值。

b) 脉冲频率：在预期最高流量下，显示仪表应具有适应脉冲发讯器（流量计）输出最高频率的能力。

c) 脉冲宽度：脉冲发讯器（流量计）产生的每个脉冲整形后的持续时间应足够长，便于用显示仪表检测和计数。

d) 脉冲波形：没经前置放大和整形的正弦波输出，不适用于要求方波输入的显示仪表。

4.4.10 在电信号传输系统的安装中，应特殊考虑使涡轮流量计发出的信号幅值保持在最高电平，同时要降低噪声信号的等级。为了维持最佳信号电平，可采取下列措施：

a) 限制流量计到显示仪表间传输电缆的长度；

b) 确保正确的阻抗；

c) 按设备制造厂的建议，使用最适用、最匹配的信号传输电缆；

d) 如果传输距离远或制造厂有特殊要求，在涡轮流量计的传输系统中可增加信号前置放大器；

e) 确保供给前置放大器、脉冲发讯器的电源具有合适的电压，并且不超过设备制造厂规定的最大噪声电平和波动的要求；

f) 确保检测线圈安装牢固、设置正确；

g) 定期检查和清理所有的端子、接头、插座和布线接头；

h) 更换引起信号衰减的老化部件。

5 流量计的性能

5.1 总则

本章论述确立计量系统并实现准确测量的原则。涡轮流量计交付使用时，应确定流量计系数。

5.2 流量计系数

5.2.1 依据流量计使用场所，确定流量计系数的检定方法有两种。

5.2.1.1 第一种方法是调节流量计的校准机构，使流量计读数等于或近似等于检定装置的示值。

5.2.1.2 第二种方法是不调节流量计的校准机构，而计算流量计系数。流量计系数是检定期间通过流量计的实际液体体积，除以流量计指示体积得到的一个系数。在计量操作中，用流量计记录的体积乘以流量计系数来确定实际流量或测量的总体积。

5.2.2 应依据使用和操作条件确定使用的检定方法。

5.2.3 第一种方法（见 5.2.1.1）常用于零售加油机、零售运输卡车、汽车和铁路罐车装载台等地方。这些地方希望流量计直接读数，对流量计读数不需进行修正。

5.2.4 在不考虑流量计直接读数的地方，应选择使用流量计系数。原因是，流量计校准机构很难在0.02%准确度范围内调整仪表读数，但可按0.02%的分辨率确定流量计系数。另外，为达到准确度要求，一般需要进行一次或多次调节及重复检定。最重要的理由是：流量计用于测量几种不同的液体，或在几个不同的流量下测量时，应按不同液体、流量及其不同组合，确定不同的流量计系数。用5.2.1.1方法调整的流量计，只能按调节时的一种液体和一种流量进行修正。对于大多数的管道，转运油库，装船和卸油设备，推荐按计量的平均条件调节到近似准确，并在调节好的状态下铅封校准机构，然后按每种石油液体和（或）每个流量点确定流量计系数。使用该系数流量计就可在整个范围内维持较高准确度。

5.2.5 利用保存的流量计系数控制图（见 GB/T 17287—1998），能很好地对流量计特性进行评价。流量计系数控制图实质上是对给定液态烃,在一个较长时间内连续测得的流量计系数,随时间的变化曲线,直观地表示了特定流量计的流量计系数复现性的变化。

5.2.6 影响流量计系数的因素有:

a) 液体黏度;

b) 由于磨损或故障使机械间隙、叶片角度或长度发生的变化;

c) 管线压力和通过流量计的压力损失;

d) 液体的清洁度和润滑性;

e) 流量;

f) 液体温度;

g) 检定装置的状况;

h) 流量计或整流器内部的异物堵塞;

i) 进口流速分布的变化或旋涡。

5.3 流量计系数变化的原因和该变化对石油体积计算的影响

5.3.1 概述

使涡轮流量计特性发生变化的因素有许多。像异物进入流量计内部这种情况,只要消除问题的起因就可补救。测量原油和成品油流量时,流体中的固体物质和水对流量计都有影响,但正常含量的固体物质和水被认为是被测介质的正常组分,不考虑对流量计的影响。另外,取决于被测液体性质的其他因素,可通过计量系统的正确设计和操作减小这些因素的影响。

对计量系统有较大影响的因素是介质的温度、压力、黏度、流量和润滑性。如果流量计检定和工作时使用的液体具有基本相同的性质,使用条件相近,可以有很高的准确度。如果检定和操作期间存在一项或多项参数差别,则检定和操作时的流量计系数值会发生变化。

5.3.2 流量的变化

在流量范围的下限,流量计系数曲线的线性比流量范围的中部或上限的线性差(见图 A.2 中的线性 A、B 部分)。如果已经建立流量计系数与流量的关系曲线,可以按这条曲线选择流量计系数。如果检定系统与流量计固定安装在一起,应对流量计进行重新检定,并应用确定的新流量计系数。如果流量的变化超过允许线性的下限或上限(见图 A.2)时,应在使用流量下检定流量计。

5.3.3 黏度的变化

针对每台涡轮流量计,可以找出流量计系数与液体黏度之间的经验公式或曲线。但该公式或曲线不适用于其他的涡轮流量计。

涡轮流量计对黏度很敏感,而液态烃的黏度是随温度变化,特别是相对密度高的液体,所以涡轮流量计对温度变化的反应,不能只归因于液体温度变化的影响。

另外,对于相对密度低的液体,如汽油,其黏度在温度变化时基本上不变,实际上流量计系数同样不变。涡轮流量计在高黏烃类和原油中使用时,流量计系数不能按一种烃类进行修正。已检定的涡轮流量计在检定条件范围内使用时,数学上的修正将只适用个别的流量计。推荐在最接近于流量计使用条件检定流量计。

5.3.4 温度的变化

液体温度的变化除引起黏度变化外(见 5.3.3),由于流体的热膨胀或收缩,显著的温度变化将引起流量计整体尺寸的变化,使流量计测得的视体积发生变化,从而引起流量计性能的变化。可使用相关标准中的数据表或公式计算液体膨胀或收缩量。流量计整体尺寸的变化可应用被承认的修正方法修正,但象与特定流量计有关的部件之间的间隙和叶片角度的变化等可能产生的影响,不可能按单一一种涡轮流量计修正。对准确度高的流量计,应在使用条件范围内检定。

5.3.5 压力的变化

由于液体的可压缩性,被测液体的压力偏离检定时的压力将引起液体相对体积的变化。在压力作用下出现流量计壳体的膨胀或压缩，流量计的几何尺寸也发生变化。对这两种影响可使用确认的修正系数表修正，但潜在误差将随检定和操作条件下的压力差增大而增加。对于准确度高的流量计，应在使用条件的范围内检定。

5.3.6 修正到标准参比条件

如果不将计量的体积换算到标准参比条件(标准的参比温度和压力)下，流量计的误差可能带入液态烃的测量结果。无论计量条件是否需要进行上述的修正，都应使用推荐的修正方法进行修正以减小误差。

6 计量系统的操作和维修

6.1 概述

本章包括推荐的涡轮流量计计量系统的操作、常用维修方法及与测量有关的所有操作数据(包括流量计系数控制图)。

6.2 影响操作的条件

6.2.1 涡轮流量计测量的准确度取决于流量计的状态、检定系统、流量计的检定频率、检定与操作条件之间的变化。为达到所要求的准确度，应遵守规程、规范及有关各方的协议，选择、操作或维修所有的设备。

6.2.2 为了获得所希望的准确度，涡轮流量计应与需要的附属设备一起安装，在规定的流量范围和操作条件下运行。当测量流量小于流量计的下限流量时，由于随机误差可能降低准确度，不宜使用涡轮流量计。

6.2.3 如果涡轮流量计用于测量双向流动的液体流量时，应按每个流动方向取得流量计系数。通常在流量计两边都应安装保护设备。

6.2.4 应给计量站操作人员提供操作计量系统和计算测量油量的方法。内容包括：

a) 流量计检定的标准、程序；

b) 备用流量计的操作方法；

c) 流量计的最大流量，最小流量，以及温度、压力等操作条件；

d) 使用温度、压力修正系数的说明；

e) 记录和报告流量计计量体积及其他观测数据的修正方法；

f) 在流量计出现故障或计量不准时，估算通过流量计体积量的方法；

g) 流量计系数控制图的使用方法，以及当流量计系数超出确定的允许范围时应采取的措施；

h) 流量计检定和维修人员须知；

i) 流量计铅封损坏的报告程序；

j) 有关流量计检定报告、记录表格及计量交接凭单的说明；

k) 日常维护说明；

l) 取样方法；

m) 流量计的检定周期，以及当流量变化或其他变化影响流量计准确度时，流量计需重新检定的细则；

n) 上述条款中没有涉及到的，但对个别系统可能是重要的操作说明。

6.2.5 流量计检定结果的统计分析和控制图的使用(见 GB/T 17287—1998)，将有助于确定以下几方面问题：

a) 两次检定的最佳时间间隔；

b) 是否需要维修；

c) 平均流量计系数的稳定性和平均值。

6.3 流量计维护

6.3.1 涡轮流量计的维修应依照制造厂的说明书制定维修办法，以便对流量计和附属设备提供满足要求的检修。长期存放的流量计应予遮盖。有些内部部件可能要清洗并加油,但对于碳化钨轴承表面只能清洗不能加油。

6.3.2 由于涡轮流量计的尺寸、使用情况、被测介质、流量和压力的不同,很难确立统一的流量计维修时间表。通过保留每台流量计对每种介质(或原油)的控制图,可以很好地确定流量计维修(或检修)的时间。在正常运行中,流量计系数必然有微小的变化,如果这种变化值超出流量计系数控制图记录的标准偏差的 3 倍($\pm 3\sigma$),则应查找产生变化的原因。使用 3σ 作为流量计系数允许的变化界限,以确定是否检查故障(见 GB/T 17287—1998)。

6.3.3 应定期检查累加计数器、温度与压力测量仪表。

6.4 流量计系数控制图

6.4.1 流量计系数控制图是广泛使用的统计控制方法,在液态烃动态测量领域的特殊应用(见 GB/T 17287—1998)。

6.4.2 流量计系数控制图是在沿时间横坐标、流量计系数纵坐标上,在标注表示 $X\pm 1\sigma$,$X\pm 2\sigma$,$X\pm 3\sigma$ 三组横线范围间,将逐次得到的流量计系数值绘成的曲线,其中 σ 是由一组检定值求得的平均流量计系数的标准偏差,X 是该组流量计系数的平均值。每台流量计对每种油品(或原油),在其使用的流量范围之内,都可建立有这样的控制图。

6.4.3 流量计系数控制图可用作测量故障的报警信号,表示流量计偏离允许标准值的时间和偏离的程度。控制图可用来发现测量故障,但不能确定故障的原因。在计量系统出现故障时,建议对测量系统进行全面检查。检查的内容是(不必按顺序检查):

a) 影响流量计检定的所有阀门;
b) 过滤器、滤网、消气器、油水分离器;
c) 脉冲计数器,线圈、前置放大器、信号传输系统、电源和所有显示仪表;
d) 涡轮流量计的运动部件及轴承表面;
e) 流量计的其他部件和计量管段;
f) 体积管的检测开关,容积式检定装置的附属设备;
g) 体积管的置换器;
h) 压力、温度及密度检测仪表。

为帮助诊断涡轮流量计计量系统的故障,可参见附录 B 中绘制的三种诊断图。

附 录 A
（规范性附录）
涡轮流量计部件及特性

本附录提供了涡轮流量计的特性、可能使用的辅助显示仪表、推荐的整流组件、流量计特性曲线和涡轮流量计部件的名称等说明（见图 A.1～图 A.6）。

除提供图示的资料外，还对推荐的标准术语和数据进行说明。该标准化的目的是为设计者、操作者和制造商之间的交流提供方便。

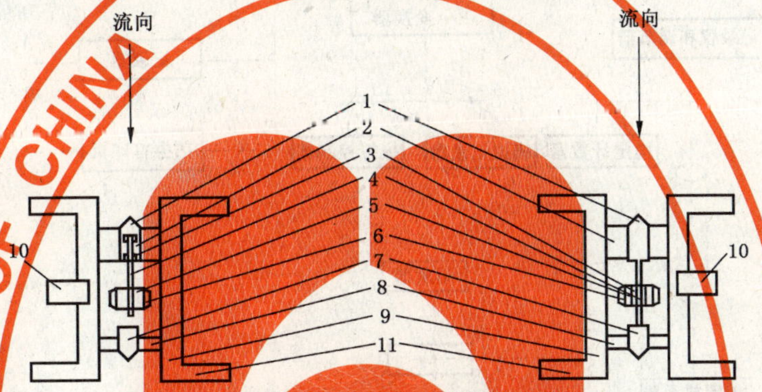

1——上游导流器；
2——上游导流器支架；
3——轴承；
4——轴；
5——轮毂；
6——转子叶片；
7——下游导流器；
8——下游导流器支架；
9——流量计外壳；
10——传感器线圈；
11——连接部分。

图 A.1　涡轮流量计结构示意图

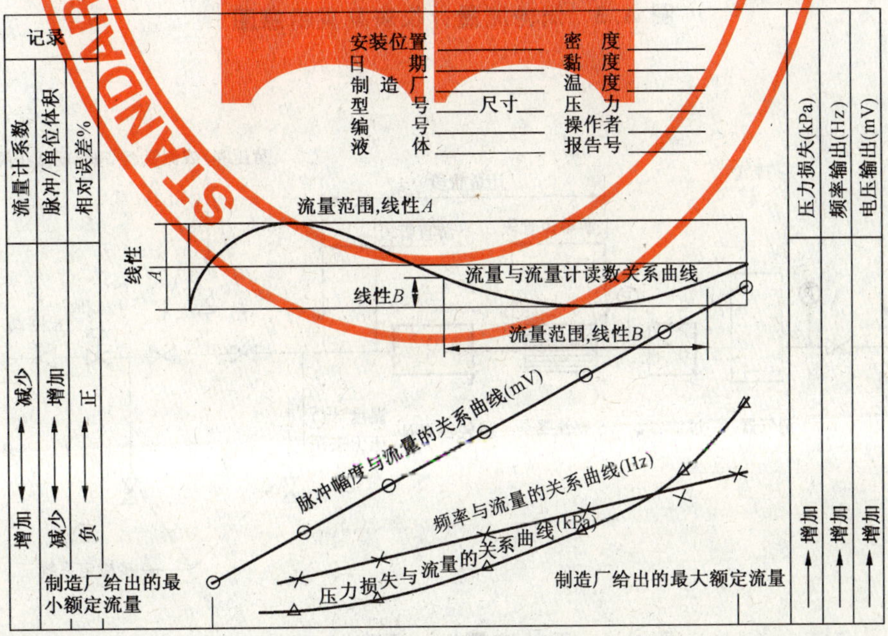

注：给出的流量计特性曲线只用于说明问题，不应看作任何型号、尺寸的流量计可能具有的特性。

图 A.2　涡轮流量计特性曲线图

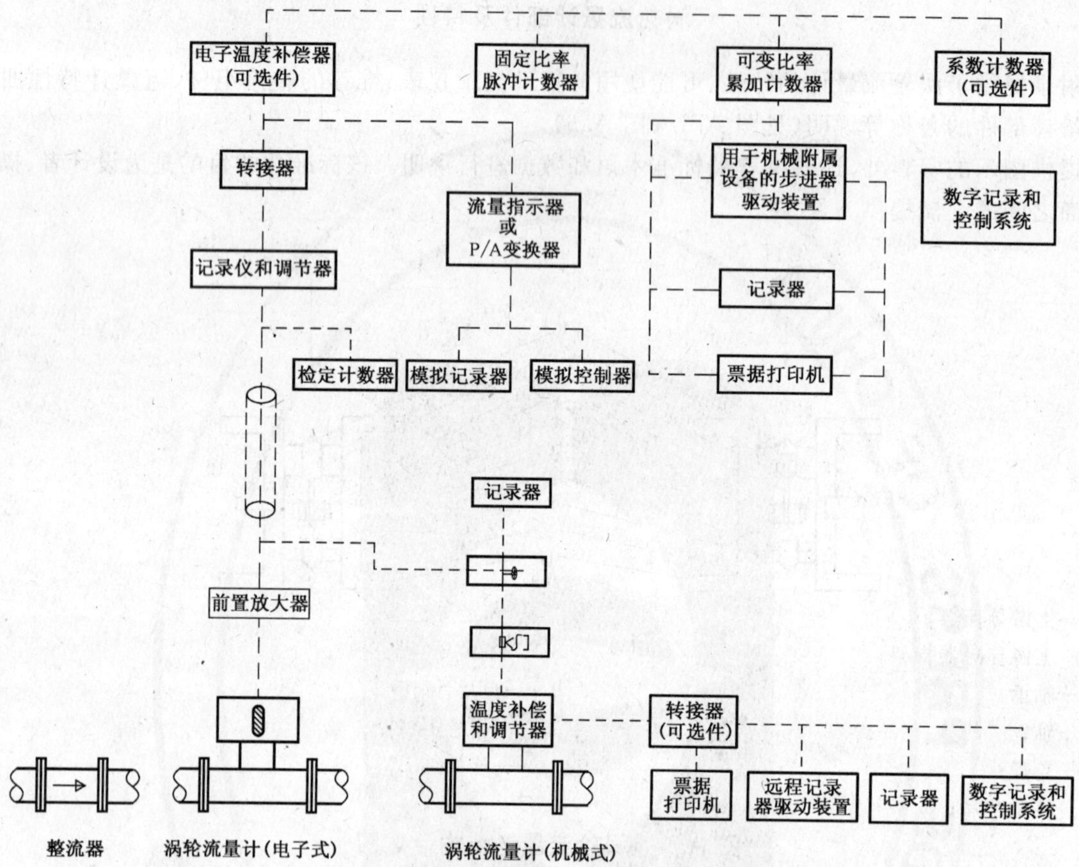

图 A.3 涡轮流量计仪表配置示意图

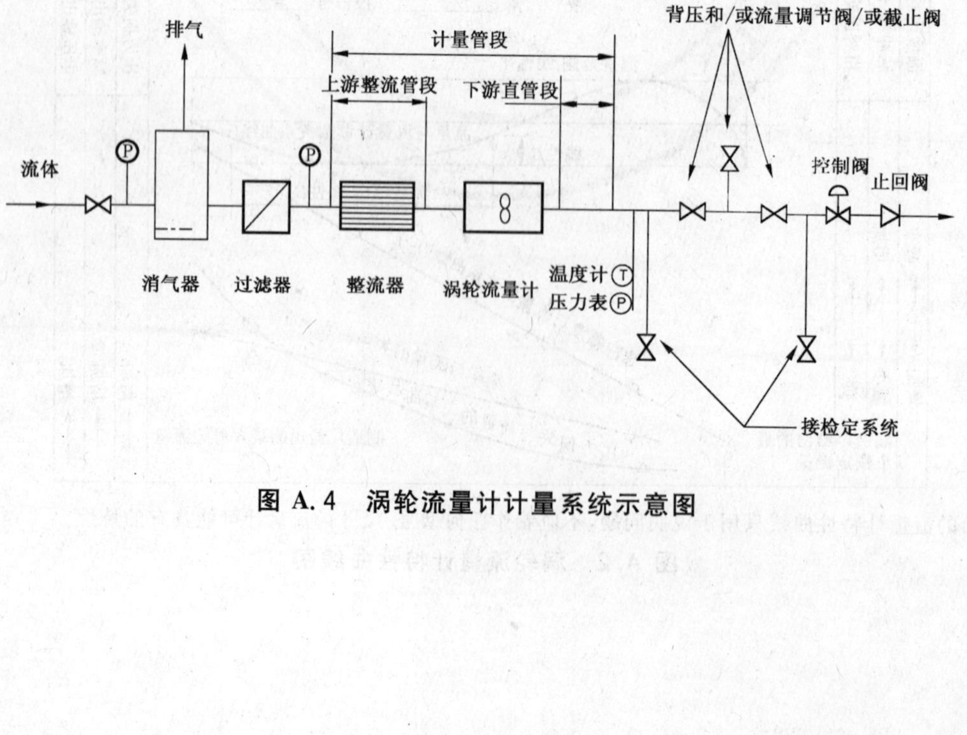

图 A.4 涡轮流量计计量系统示意图